U0375719

超低损耗激光薄膜技术

刘华松　季一勤　王占山　崔玉平　著

国防工業出版社
·北京·

内 容 简 介

本书系统地归纳总结了作者多年来从事超低损耗激光薄膜技术研究的成果。全书成体系地论述了超低损耗激光薄膜的设计、制备、表征和应用四个方面，涵盖了薄膜材料光学常数表征、超低损耗薄膜的设计、薄膜材料性能调控、多层膜总损耗的测试以及超低损耗激光薄膜应用等内容。本书可供光学工程、光电信息技术以及薄膜材料物理等相关学科的科研人员、工程技术人员，以及高等院校相关专业的研究生和高年级本科生参考。

图书在版编目（CIP）数据

超低损耗激光薄膜技术 / 刘华松等著. -- 北京：
国防工业出版社，2025. 5. -- ISBN 978-7-118-13634-0
Ⅰ. TB43
中国国家版本馆 CIP 数据核字第 2025SG5319 号

※

国防工业出版社出版发行

（北京市海淀区紫竹院南路 23 号　邮政编码 100048）
雅迪云印（天津）科技有限公司印刷
新华书店经售

*

开本 710×1000　1/16　**印张** 27　**字数** 484 千字
2025 年 5 月第 1 版第 1 次印刷　**印数** 1—1500 册　**定价** 188.00 元

国防书店：(010)88540777　　书店传真：(010)88540776
发行业务：(010)88540717　　发行传真：(010)88540762

前　言

自世界上第一台激光器问世以来，随着激光技术的快速发展，超高精度激光测量技术成为现代科学与技术领域的重要分支，例如环形激光干涉测量、引力波激光探测、原子光钟和痕量气体检测等，已成为当前基础科学和工业应用的核心关键技术。超低损耗激光薄膜元件是超高精度激光测量系统的核心元件，高精度激光测量系统的灵敏度和性能强烈依赖于激光薄膜的总损耗，没有性能优异的超低损耗激光薄膜元件，这些系统的优异性能甚至连基本功能都不可能实现。

20 世纪 70 年代以前，光学薄膜制备技术主要有热蒸发、离子束辅助或磁控溅射等。对于超低损耗光学薄膜，这些技术具有明显缺点：其一，容易形成柱状生长或者结晶生长的微结构，导致薄膜的光散射损耗大；其二，蒸发源或溅射源的污染不可完全消除，在薄膜中形成波长量级微尺度缺陷，造成严重的散射损耗和吸收损耗。1978 年，美国 Litton 公司研制出世界上第一台离子束溅射沉积系统，首次制备出总损耗小于 1×10^{-3} 的激光多层膜。离子束溅射制备的薄膜具有无定形结构、致密度高、表面粗糙度小、化学计量比与体材料相近等优点，可以完全杜绝溅射源喷溅引起的波长量级微尺度缺陷，是迄今为止最好的低损耗光学薄膜制备技术。

在离子束溅射制备技术发展的同时，超光滑基板加工技术和超低损耗薄膜特性检测技术也得到快速发展，光学薄膜的总损耗纪录不断被刷新，很快就达到 1×10^{-4} 以下。尤其是以激光陀螺为代表的超低损耗激光薄膜的应用，很快形成了超低损耗激光薄膜技术体系。无论是激光技术发展的需求还是作为光学薄膜技术发展的源动力，超低损耗激光薄膜技术仍是当前的研究热点，也成为衡量国家光学薄膜技术水平的重要指标之一。我国激光技术的发展并不缓慢，在部分研究领域跻身于世界前列，同时也积极带动了激光薄膜技术的发展。自 2000 年以来，我国在超低损耗激光薄膜技术方向投入了大量的人力和物力，已经形成超低损耗激光薄膜的自主创新能力和工程化能力，相关产品也广泛应用于激光技术领域。

本书主要探讨了超低损耗激光薄膜的设计、制备与表征，全书共分为8章：第1章是超低损耗激光薄膜技术引论，介绍了超低损耗激光薄膜技术应用的背景和现状；第2章是超低损耗激光薄膜基本理论，结合国内外的进展总结了相关的光学薄膜理论；第3章是低损耗薄膜光学常数表征方法，针对薄膜光谱特性表征测试、光学薄膜赝布儒斯特角、光谱数据点的选择以及光谱反演物理模型的合理性进行研究；第4章是超低损耗激光薄膜设计方法，分别对高反射膜和低反射膜进行了详细设计研究；第5章是超低损耗激光薄膜散射损耗抑制，重点研究表面粗糙度对散射的影响，探讨了超光滑表面加工方法和多层膜制备方法；第6章是超低损耗激光薄膜吸收损耗控制，针对常用的Ta_2O_5、HfO_2和SiO_2薄膜材料，研究离子束溅射工艺和后处理方法对薄膜性能的影响，最后讨论了薄膜光学和力学特性之间的关联性；第7章是超低损耗激光薄膜表征技术，讨论了超低损耗激光薄膜的积分散射、低透射率、低反射率和总损耗的测试方法，对离子束溅射制备的高反膜元件和减反膜元件进行测试分析；第8章是宽带激光薄膜面形误差控制，研究了多层膜面形误差的控制方法，并在宽带激光反射镜和激光滤光薄膜元件中得到应用。

本书是作者多年来从事超低损耗激光薄膜技术研究的总结，凝聚了作者的大量心血，相关研究成果已经实现工程化应用。本书中相关的研究先后获得以下支持：国家高层次人才支持计划、国家自然科学基金项目、中国博士后科学基金、天津市人才发展特殊支持计划、天津市“131”创新型人才培养工程、天津市创新人才推进计划和天津市自然科学重点基金。在本书的撰写过程中，得到了天津市人才发展特殊支持计划“高性能多层薄膜光学滤波器技术”高层次创新团队、天津市创新人才推进计划“多功能一体化光学薄膜器件”重点领域创新团队核心骨干人员的大力支持。在超光滑表面加工技术方面，同济大学沈正祥教授和马彬教授提供了部分实验素材，矫灵艳高级工程师和林娜娜高级工程师提供了部分光学表面清洗的研究成果。

在多年的超低损耗激光薄膜技术研究中，非常感谢同济大学程鑫彬教授、沈正祥教授、马彬教授、焦宏飞教授和张锦龙教授，哈尔滨工业大学陈德应教授和樊荣伟教授，北京自动化控制设备研究所的姜福灏研究员、田海峰研究员、汪世林研究员、钟德贵研究员和李路且研究员给与的指导和帮助。同时本书在撰写过程中得到了单位领导的大力支持，以及国防工业出版社冯晨老师的帮助，谨在此致以由衷的谢意!

作者希望本书能为读者在超低损耗激光薄膜的研究上提供思路方法和参考资料。限于作者的知识水平和对光学薄膜的认知深度，书中难免有疏漏和不当之处，恳请广大读者特别是同行专家、学者不吝赐教，提出宝贵的批评和建议，以便有机会在再版时更正、修订和扩充。

刘华松　季一勤　王占山　崔玉平

2024 年 7 月 1 日

目　录

第1章

超低损耗激光薄膜技术引论

1.1 超低损耗激光薄膜技术需求

1.1.1 环形激光传感技术

1914年，法国科学家Sagnac建造了世界上首个环形光学干涉系统[1]，同一光源经过分光后在环形光路中沿着顺时针和逆时针两个方向传播，原理如图1-1所示。当环形光路静止时，顺时针和逆时针两个方向传播的光是简并态；当环形干涉系统以一定角速度旋转时，顺、逆两个方向传播的光之间出现相位差，在接收屏处产生干涉条纹。环形光路产生的干涉条纹与转速的关系恰好能够用狭义相对论解释，即真空中光速在任何参照系下具有不变性，与参照系相对速度无关。

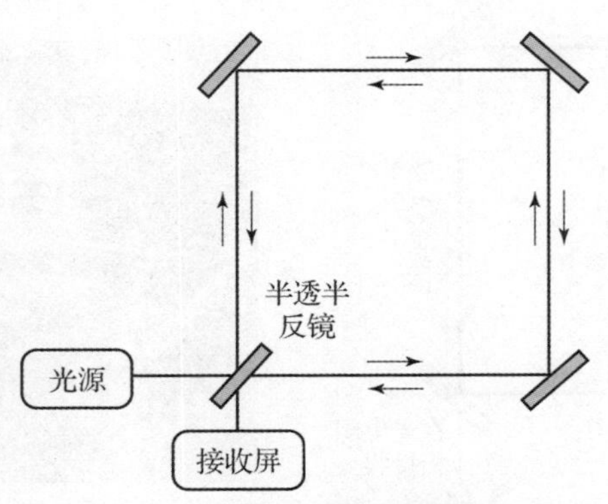

图1-1 Sagnac实验原理图

为了研究地球自转对地球附近光传播是否产生影响，1925年，Michelson和Gale设计了大型环形光路Sagnac干涉仪[2]。该干涉仪建造在美国芝加哥农村，平面环形光路面积达到612m×339m，如图1－2所示。在地面环形干涉仪上，由地球自转速率产生了0.23条纹的偏移，测量不确定度优于0.005条纹，相当于测量误差只有2%，达到了天文学测量地球角速度的精度。

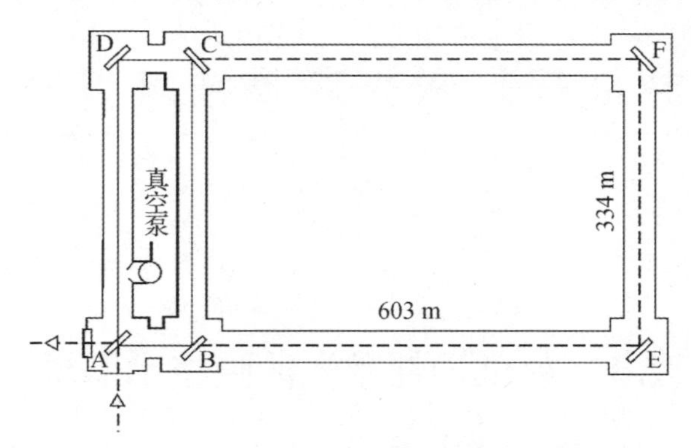

图1－2　Michelson－Gale实验装置示意图

为了进一步提高环形光路干涉仪的精度，人们致力于寻找新型光源。1960年，美国物理学家梅曼博士演示了世界上第一台红宝石激光器。1962年，Rosenthal提出采用环形激光谐振腔增强Sagnac效应，相向传播的两束光波沿着闭合的谐振腔多次传播，提高了Sagnac效应灵敏度，如图1－3所示。1963年，Macek和Davis等人将He－Ne激光器用于Sagnac干涉仪，演示了世界上第一台环形激光测角速度的实验装置，就此诞生了环形激光器原型，如图1－4所示。

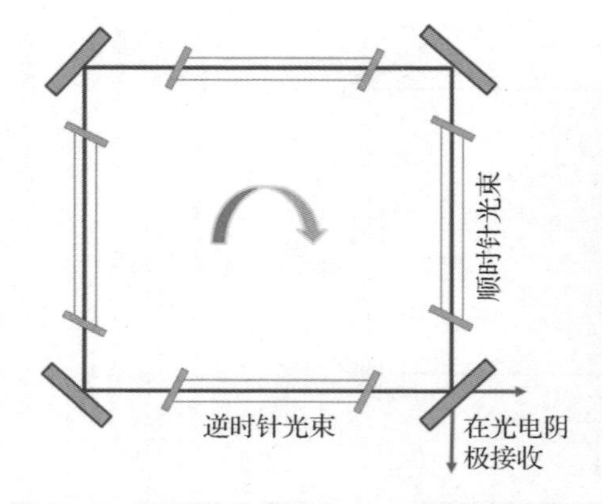

图1－3　环形激光增强Sagnac效应实验装置

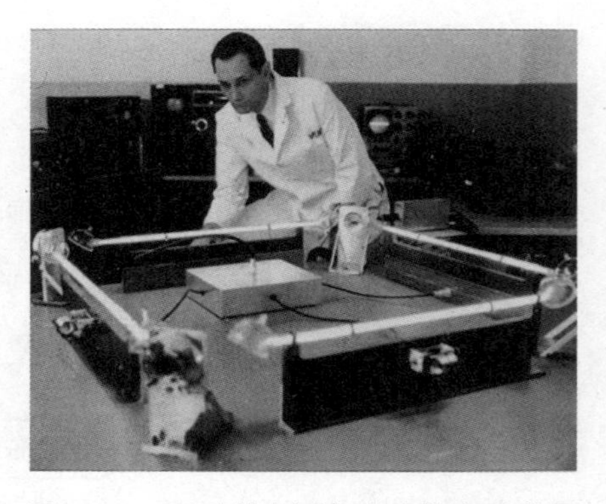

图1－4　环形激光测角速度的实验装置

环形激光器作为旋转角速度传感器引起了工业界关注。与传统依赖于角动量守恒原理的陀螺仪相比，环形激光干涉仪对旋转角速度的灵敏度来自于所有惯性参考系的光速不变性，其重要的优势在于环形激光器没有运动部件，极大地促进了惯性导航技术的发展。自环形激光器原型出现后，环形激光物理学同时也取得重要进展。到20世纪70年代，人们将环形光路集成到单块Zerodur玻璃中，各种构型的激光陀螺专利及相关技术陆续公开，典型激光陀螺结构原理如图1－5所示。

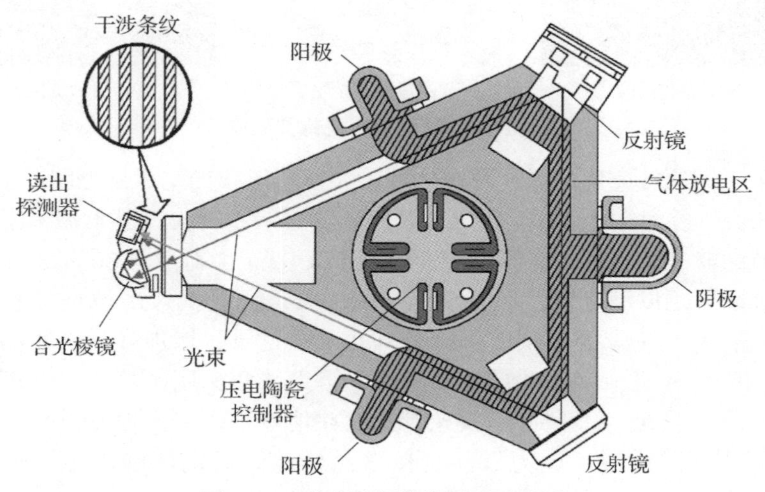

图1－5　激光陀螺结构原理示意图

1983年，美国霍尼韦尔公司和波音公司首次将激光陀螺应用于波音757－200，自此激光陀螺技术逐渐成熟并实现工程化应用，产品呈现多样化和系列化，并成功应用于各种军用和民用激光惯性导航系统。目前，在激光陀螺技术和产品应用方面，美国、俄罗斯、德国和法国处于国际领先地位，激光陀螺应用的工程化水平：零偏稳定性0.01～0.00015(°)/h，标度因子非线性度1×10^{-7}～1×10^{-5}，随机游走系数0.005～0.0005(°)/$h^{1/2}$，寿命200000h以上。

自20世纪70年代起，国防科技大学高伯龙院士带领激光陀螺技术研究团队，经过长期艰辛的探索研究，奠定了我国激光陀螺的理论基础并取得重要突破，使我国成为世界上第四个掌握激光陀螺技术的国家。当前，国内工业部门已有多家单位能独立自主开展激光陀螺的设计、研制和生产，如中国航天科工飞航技术研究院、中国航空工业集团飞行自动控制研究所和中国航天电子技术研究院等。激光陀螺的发展和应用主要有两个趋势：一是高精度、高可靠性的发展趋势，应用于航天、航空和航海领域；二是高度集成小型化的发展趋势，应用于战术导弹、中近程火箭弹和火炮等领域。图1－6给出了典型的激光陀螺实物图。

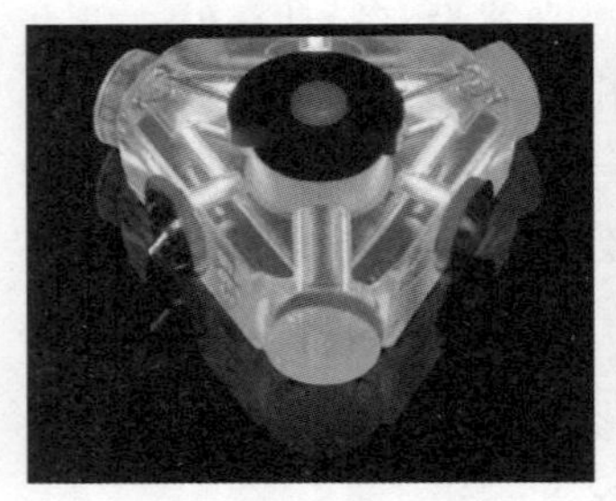

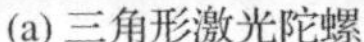

(a) 三角形激光陀螺　　(b) 四边形激光陀螺　　(c) 三轴激光陀螺

图 1-6　典型激光陀螺实物图

除了工业领域应用的激光陀螺仪外，大型环形激光陀螺仪也用于重大科学问题的研究。在过去的 20 年里，人们已经建立一系列大型环形激光器。用于惯性导航的激光陀螺环形光路面积通常小于 0.02m^2，对应于 30cm 或更小光路周长，灵敏度足以满足惯性导航系统需求。但是，对于大多数地球物理科学研究而言，激光陀螺的灵敏度仍需提升几个数量级，增加环形光路的面积是提高比例因数和灵敏度的关键技术手段，可以将角速度的测量灵敏度和稳定性提高 6 个数量级。大型环形激光陀螺仪在地球物理、大地测量和地震学领域得到了全新的应用，成为目前直接参照地球瞬时旋转轴的唯一可行测量技术[3]。

20 世纪 90 年代初，新西兰坎特伯雷大学的 Stedman 教授率先开展了大型环形激光器研究，用于地球物理源引起地球自转微小变化的测量研究，例如地震、潮汐效应和周日运动。Stedman 教授设计并领导在新西兰基督城的 Crocroft 洞穴建造了光路面积为 0.748m^2 的环形激光干涉仪。随后逐渐升级环形光路面积，在新西兰坎特伯雷大学、德国慕尼黑工业大学和德国卡尔·蔡司光学公司等通力合作下，设计并制造了 C-Ⅱ、GEO sensor、G-0、G-ring、UG1 和 UG2 等大型环形激光干涉仪，当前最大的环形光路面积达到 834m^2 以上[4]。如图 1-7（a）所示，C-Ⅱ干涉仪位于新西兰基督城的 Crocroft 洞穴，由德国卡尔·蔡司光学公司制造；如图 1-7（b）所示，1997 年，在新西兰基督城 Crocroft 洞穴内建造大型钢和混凝土的 G-0 干涉仪原型；图 1-7（c）为 GEO sensor 干涉仪，位于美国南加州安扎附近的Pinon Flat 地震观测站，主要用于监测地震引起的地球参数波动，并开展大地科学方面的研究；图 1-7（d）为 G-ring 干涉仪，位于德国巴伐利亚森林山区 Wettzell 大地观测站的地下实验室内，由德国卡尔·蔡司光学公司制造，是当前最稳定、具有最高灵敏度的环形干涉仪；图 1-7（e）和（f）为异质构造的 UG2 干涉仪，位于新西兰基督城 Crocroft 洞穴，许多小型混凝土支柱支撑着 834m^2 环形光路。上述典型环形激光干涉仪的性能参数见表 1 – 1。将环形激光干涉仪安装于地下，可以避免水文、温度和气压变化等外界干扰，对于具有挑战性的科学实验至关重要。

(a) C–Ⅱ 干涉仪　(b) G–0干涉仪　(c) GEO sensor干涉仪

(d) G–ring干涉仪　(e)UG2干涉仪光路　(f)UG2干涉仪

图 1 – 7　世界上典型的大型环形激光干涉仪

表 1 – 1　典型的大型环形激光干涉仪性能参数

装置	边长 a/m	边长 b/m	面积 /m^2	精细度 F	品质因子 Q	$\tau/\mu s$	p/nW	f_{Sagnac} /Hz	闭锁阈值 $f_{lock-in}$/Hz	传感器分辨率 S /($\times 10^{-12}$rad/(s/$\sqrt{Hz}$))
C – Ⅱ	1	1	1	8.5×10^4	5.3×10^{11}	180	20	79.4	0.24	146.2
GEO sensor	1.6	1.6	2.56	3.0×10^5	3.0×10^{12}	1000	5	102.6	0.014	108.1
G – 0	3.5	3.5	12.25	1.13×10^4	2.5×10^{12}	829	50	288.6	0.013	11.6
G – ring	4	4	16	1.38×10^5	3.5×10^{12}	1200	20	348.5	0.010	12.0
UG1	21	17.5	367.5	2.1×10^3	1.2×10^{12}	409	10	1512.8	0.010	17.1
UG2	21	39.7	834.34	1.1×10^3	1.5×10^{12}	640	10	2180	0.008	7.8

根据环形 He – Ne 激光器的原理可知，超低损耗薄膜反射镜是环形激光器运行的核心元件，对环形激光传感技术的发展起到决定性作用。在环形谐振腔内工作介质增益有限的情况下，只有降低反射镜的总损耗，才能保证环形激光器的正常工作。超低损耗激光薄膜反射镜的重要性主要表现在以下两点。①环形激光器用于角速度干涉测量的重要物理参数是闭锁阈值，闭锁阈值直接决定

了环形激光器的探测灵敏度[5]。通过大量理论研究和工程实践证明，激光薄膜反射镜的非均匀（折射率非均匀性、吸收和背向散射）损耗是限制提高环形激光器灵敏度的关键因素之一，单纯通过提高环形光路的面积无法弥补激光薄膜反射镜非均匀损耗带来的影响。②从当前环形激光器研究的公开数据分析，高质量反射镜多层膜的散射率、吸收率和透射率的总和应控制在 5×10^{-5} 以下甚至更低。因此，可以肯定地说，超低损耗激光薄膜技术是决定环形激光器的成败、精度和可靠性的核心技术。

1.1.2 引力波天文观测技术

1915 年，爱因斯坦在广义相对论中预测了引力波，这种引力被视为由时空曲率引起的现象，时空曲率的变化从波源以光速向外传播，这种现象被称为引力波，波能量的传播类似于电磁辐射能量。在时空中每个加速运动的物体都会产生引力波，例如人、汽车和飞机等，但是在地球上物体的质量和加速度太小，引力波太弱以至于无法使用科学仪器检测。为了寻找足够强的引力波，必须将目光转移到宇宙中。在宇宙空间中，两个相互绕转的大质量物体向外辐射引力波并慢慢靠近，引力波辐射带走能量和动量，从而使相互绕转轨道逐渐缩小，如图 1－8 所示，结果导致两个大质量物体发生剧烈碰撞，引力波辐射达到最强，最终合并形成新的星体。

图 1－8　两个白矮星合并产生超新星的过程

从天文学的发展历史来看，科学家通常使用电磁辐射的手段对宇宙进行研究，用到的电磁谱段已经覆盖 X 射线、γ 射线、可见光、红外和无线电波等，每个谱段的应用都为研究宇宙提供了新视角，在对新理论进行验证的同时也获得了新发现。20 世纪末，通过对太阳中微子的探测拓展了中微子天文学领域，可以深入了解以前无法研究的现象，例如太阳内部的工作原理。引力波辐射与电磁辐射完全无关，它们与电磁辐射的区别就类似于人类“听觉”和“视觉”的区别。引力波辐射具有两个重要特点：一是不需要通过任何物质即可传播；二是能够穿透电磁辐射无法穿透的空间。引力波天文学为天体物理学研究提供了更高级的手段，例如白矮星、中子星和黑洞形成的双星系统等，以及包括大爆炸之后早期宇宙的形成过程等。

尽管在宇宙空间辐射的引力波随时都能通过地球，但是由于遥远的距离到达地球上的引力波振幅很小（应变约为 10^{-21}），在地球上引力波信号不容易被检测，因此需要非常高灵敏度的探测器，并且能够从各种噪声源中提取出引力波信号。为了精准确定引力波源的位置，只有在地球上不同地理位置的多个仪器同时探测引力波，收集有关引力波源的信号信息，才能声称发现了引力波。当前世界上引力波探测的地基天文台主要有美国 LIGO（Laser Interferometer Gravitational Wave Observatory）、意大利 VIRGO（VIRGO interferometer）、德国 GEO600、印度 LIGO 和日本 KAGRA。

（1）美国 LIGO 引力波探测装置位于路易斯安那州利文斯顿和华盛顿州汉福德，两台孪生引力波探测器相距 3000km，每台探测器的单臂为 4km，如图 1－9（a）和图 1－9（b）所示。LIGO 于 1999 年建成，2002 年正式进行第一次引力波探测任务，到 2010 年共执行了 6 次科学探测。尽管当时未探测到引力波，但是探测器的最高灵敏度已经达到 10^{-19}。2010—2015 年，应用新材料和新技术后将 LIGO 灵敏度进一步提高到 10^{-23}，升级后探测器被称为"先进 LIGO"，于 2015 年再次开启运行。

(a)美国利文斯顿激光引力波探测装置

(b) 美国汉福德激光引力波探测装置

图 1－9　美国 LIGO 引力波激光干涉探测天文台

（2）VIRGO 引力波探测器位于意大利比萨市，如图 1－10（a）所示，两个互相垂直的臂长均为 3km。该探测器由法国、意大利、荷兰、波兰和匈牙利五个国家共同建造。自 2007 年起，VIRGO 开始进行科学观测，具有和 LIGO 相当的灵敏度，与 LIGO 共享并共同分析探测的数据，共同发表研究结果。经过升级之后的 VIRGO 被称为"先进 VIRGO"，2017 年正式加入 LIGO 两个探测器，搜索来自宇宙空间的引力波，三个探测器同步探测并提供确定引力波的相互支撑数据。

（3）GEO600 引力波探测器位于德国汉诺威，由马克斯·普朗克引力物理研究所、马克思·普朗克量子光学研究所、汉诺威莱布尼兹大学和英国格拉斯哥大学、卡迪夫大学合作设计，如图 1－10（b）所示，GEO600 引力波探测器的单臂长为 600m。2015 年开始，GEO600 与先进 LIGO 同时测量数据。2016 年，LIGO 公开宣布了对引力波的首次探测，但是由于 GEO600 灵敏度不够，因此无法确认引力波信号。

(a) 位于意大利比萨市卡希纳的激光引力波探测装置

(b) 位于德国汉诺威的激光引力波探测装置

图 1－10　欧洲的引力波探测装置（图片来自 www. virgo－gw. eu 和 www. geo600. org）

（4）KAGRA 引力波探测器由东京大学宇宙射线研究所开发，自 2010 年到 2019 年历时 9 年建设完成。KAGRA 项目采取了与 LIGO 和 VIRGO 不同的技术途径，两个激光干涉臂长 600m，建造在 200m 的岩石下可以降低地震噪声的影响，并且使用低温反射镜降低热噪声，如图 1－11 所示。KAGRA 是亚洲第一个引力波天文台，也是国际上第一个使用低温反射镜的引力波探测器。

图 1－11　2015 年日本在建 KAGRA 干涉仪臂的一部分
（图片来自 www. gwcenter. icrr. u－tokyo. ac. jp）

2016 年，在爱因斯坦预言引力波百年之际，美国国家科学基金会召集了来自加州理工学院、麻省理工学院以及 LIGO 科学合作组织的科学家，在华盛顿特区国家媒体中心宣布人类首次直接探测到了引力波[6]。这次探测到的是由 13 亿光年之外的两颗黑洞合并最后阶段产生的引力波。两颗黑洞的初始质量分别为 29 个太阳质量和 36 个太阳质量，合并成了一颗 62 个太阳质量高速旋转的黑洞，亏损的质量以强大的引力波释放到宇宙空间，经过 13 亿光年达到地球，被美国 LIGO 的两台孪生引力波探测器同时探测。2017 年，Weiss、Barish、Thone 三位科学家获得了 2017 年诺贝尔物理学奖，主要表彰他们建造激光干涉引力波探测装置和首次观测到引力波的贡献。

引力波探测装置的原理并不复杂，由两个相互垂直的“L”型干涉臂构成迈克尔逊干涉仪，如图 1－12 所示[7]：从激光器发射出的激光经过分光镜分成强度相同的两束光分别进入两个干涉臂中，在干涉臂末端再反射回来，两束光经过多次反射在输出端产生光干涉现象。无引力波到来时，两路光束满足干涉相消的条件，光电探测器不会检测到光子；当引力波到来时，时空弯曲会使一个方向的臂长增加，另一个方向上的臂长缩短，从而使两束光产生与引力波强度相关的光程差，在光电探测器上有光子信号输出，探测到这个信号即表明探测到引力波。以 LIGO 为例，激光干涉臂全部在真空环境中，真空腔体积仅次于目前欧洲的大型强子对撞机（LHC），因此美国人曾表示“LIGO 是世界上最精密的测量仪器”。干涉臂长变化十分微小，甚至还不足原子核直径的 0.1%，因此 LIGO 能测量到 10^{-19}m 的长度变化！

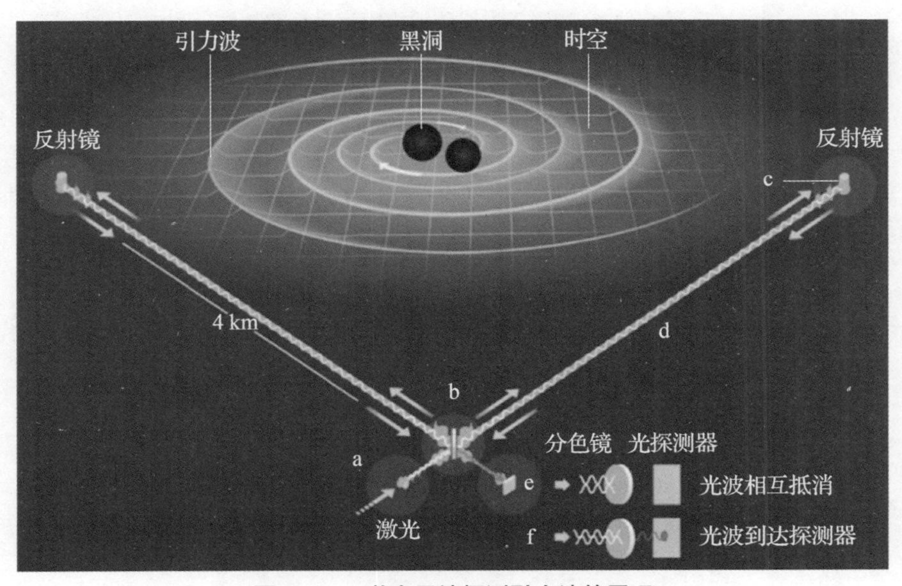

图 1－12　激光干涉探测引力波的原理

在引力波探测的大型激光干涉仪中，为了能够探测到两臂之间产生约为 10^{-19}m 的光程差，需将光路中由光学元件缺陷带来的噪声降到最低，超低损耗激光薄膜元件是唯一选择，如图 1 – 13 所示。干涉仪中使用的超低损耗激光薄膜元件的技术难题主要有[8]：①反射镜总损耗小于 1×10^{-4}：降低反射镜吸收损耗达到 10^{-6}量级，抑制由温度升高引起的镜面变形热透镜效应，同时要降低反射镜的散射损耗达到 5×10^{-6}以下，抑制激光干涉系统的光噪声；②两个法布里 – 珀罗腔（迈克尔逊干涉仪的臂）必须尽可能相同，即具有相同的镜面透射率和相同的精细度；③反射镜尺寸为 350mm × 200mm，质量达到 40kg，在控制表面散射损耗的同时，对表面的光学均匀性提出更高要求；④分束镜的最大尺寸达到 550mm，散射损耗、吸收损耗和表面光学均匀性都需要达到与低损耗高反射镜相应的要求。

(a) LIGO干涉仪反射镜基板

(b) LIGO干涉仪镀膜反射镜

(c) KAGRA蓝宝石镀膜反射镜

图 1 – 13　激光干涉系统的端部反射镜实物图

法国 Laboratoire des Matériaux Avancés 已经为先进 LIGO、先进 VIRGO 和 KAGRA 引力波干涉仪提供了高质量镀膜光学元件，对光学元件基板和薄膜的技术要求见表 1 – 2。从公开发表的文献来看，所有低损耗薄膜反射镜都是采用离子束溅射沉积技术制备的，并且研发了相应高精度的散射损耗、吸收损耗和表面质量等性能检测装置。

表 1 – 2　激光引力波探测装置对基板和薄膜的技术要求

分类	项目	指标要求
熔融石英基板（Heraeus，Suprasil 3002）	粗糙度	RMS < 0. 1nm
	平面度	Φ15cm 内，RMS < 0. 5nm（低空间频率 < $1\mathrm{mm}^{-1}$）
	点缺陷密度	Φ15cm 内：< 0. 25/mm^{-2}(尺寸 < 5μm)；< 15 个(缺陷尺寸 5 ~ 50μm)

续表

分类	项目	指标要求
镀膜要求	镀膜后平面度	Φ15cm 内，RMS < 0.5nm（低空间频率 < 1mm^{-1}）
	往返损耗	$< 5 \times 10^{-5}$
	平均吸收损耗	$< 5 \times 10^{-7}$（1064nm）
	输入镜透射率	$< (1.4 \pm 0.1)\%$
	三波长减反射薄膜	反射率 $< 1 \times 10^{-4}$（532nm，800nm，1064nm）

1.1.3 光钟时间计量技术

基于频标的精密时间计量在精密测量、基础物理验证、卫星导航定位和高速网络通信等领域中有重要应用。新国际单位制生效后，除了物质的量基本单位摩尔，其他五个基本单位都直接/间接与时间基本单位（s）相关联，如电流的基本单位安培，可以通过电子电量 e 与秒联系起来；长度的基本单位是米，可以通过物理常数光速与秒直接联系起来。在国际单位制七个基本单位中，由于计量精度最高的单位是时间，因此通过直接/间接测量时间就可以提高其他物理量的测量精度。

1967 年，在第 13 届国际计量大会上，第一次使用原子时间来定义“秒”，即无干扰的铯原子 133 同位素基态超精细能级跃迁辐射周期的 9192631770 倍，从此原子时间正式进入历史舞台。原子钟的准确性取决于两个因素：第一个是样品原子的温度，较低温度的原子移动得更慢，允许更长的探测时间；第二个是基态超精细能级跃迁的频率和固有线宽，较高的频率和较窄的线宽会提高精度。基于微波共振跃迁频率建立起来的时间/频率标准有时被称为“微波钟”，也就是现行的秒时间定义方法。随着激光冷却技术与 Ramsey 分离场振荡技术的应用和发展，以铯喷泉原子钟为代表的微波原子钟取得了飞跃式发展，其中英国国家物理实验室（NPL）、美国国家标准技术研究所（NIST）和法国巴黎天文台（ODP）等单位的铯喷泉原子钟精度已达到 10^{-16} 水平。图 1－14 为 2004 年瑞士开始运转的连续冷铯喷泉原子钟 FOCS－1，准确度达到 3000 万年的误差小于 1s。

1975 年，美国华盛顿大学的德默尔特（Dehmelt）首次提出了光原子钟。光原子钟的工作频率在光频段，比微波原子钟高约 4～5 个数量级，可以获得更低的不确定度和更高的稳定度。美国 NIST 的超稳定 Yb 晶格原子钟如

图 1-14 瑞士的连续冷铯喷泉原子钟 FOCS-1

图 1-15所示。光原子钟的关键技术有以下三点[9]。①中性原子团或单离子长时间囚禁冷却技术。目前光原子钟有两种原子体系，一是单离子囚禁光钟，二是冷原子光晶格钟。单离子囚禁光钟使用较多的是 Hg^+、Ba^+、Yb^+、Sr^+、Ca^+、Al^+、In^+和 Mg^+等离子，冷原子光晶格钟中使用较多的是基于碱土金属（Mg、Ca、Sr 或类碱土金属 Yb）原子的玻色子光晶格钟和费米子光晶格钟。②超窄线宽、高稳定性的激光光源。光频跃迁的自然线宽为赫兹量级，原子光钟需要亚赫兹量级线宽的超稳激光源，品质因数（Q 值）达到约 10^{15} 量级。③光频率测量技术。飞秒激光光学频率梳是原子光钟的关键技术之一，它实现了从可见光频率直接向微波频率以及不同光学频率之间的相干传递，用来产生波长范围很宽的激光，大大降低了绝对光学频率测量的难度。

图 1-15 美国 NIST 的超稳定 Yb 晶格原子钟

在原子光钟的发展历程中，高稳定、超窄线宽激光技术是瓶颈技术之一[10]。由于原子/离子钟跃迁谱线的自然线宽一般在几毫赫兹至几赫兹，需要激光线宽和自然跃迁线宽（≤mHz 量级）相匹配。商用激光器的线宽大约是

kHz ~ MHz 量级，长期的频率漂移也不可预测，远不能满足原子光钟的需求。实现窄线宽激光并提高激光频率稳定度，通常使用 Pound – Drever – Hall（PDH，目前该技术无通用中文翻译）稳频方法，将激光频率锁定在光学腔共振频率上。该方法得到了广泛应用，包括激光干涉引力波探测器、原子物理和原子光钟测量标准，该方法的原理如图 1 – 16 所示[11]：将光学谐振腔的共振频率作为参考频率标准，使用电光调制器（EOM）对本机振荡器的输出进行调制，产生分布在激光频率两侧、幅度相等且相位相反的两个边带；从法布里 – 珀罗谐振器反射的光（载波和边带）被光电探测器接收，并与本机振荡器的输出混合，从而产生与反射强度导数成比例的信号；将这个信号放大并用作改变激光频率执行器的控制信号；由于 PDH 信号与腔体反射率 R 的导数成比例，因此它相对于腔共振是非对称的，从而使伺服电子设备能够区分出激光频率在共振频率的哪一侧。产生超窄线宽激光的核心技术是采用高精细度（F）、超低损耗（$R>99.99\%$）激光谐振腔。通常选择超低热膨胀系数玻璃（ULE）制作成圆柱状或长方体形状谐振腔，在谐振腔端面制备低损耗高反射薄膜，如图 1 – 16 所示。谐振腔精细度 F 达到 10^6 量级，对应的高反射率谐振腔单程光损耗为 10^{-6} 量级，也就是说光在两面腔镜之间反射约 50 万次，其强度才降低到初始值的一半。只有在使用超高精细度 F – P 谐振腔的情况下，才有可能获得赫兹甚至亚赫兹的线宽。

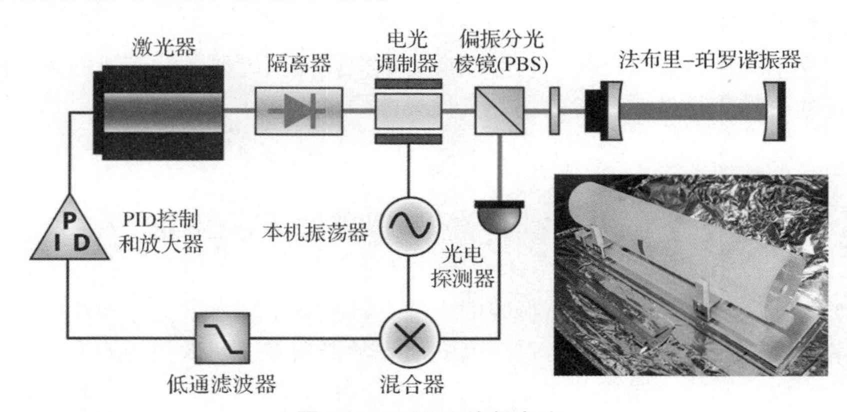

图 1 – 16 PDH 稳频方法

2008 年，德国 Alnis 等人[12]使用垂直安装 F – P 谐振腔，如图 1 – 17（a）所示，腔长为 77.5mm，具有良好的机械稳定性和高机械共振频率。腔镜高反射薄膜采用 Ta_2O_5 和 SiO_2 薄膜交替镀制 38 层多层膜，总厚度约 5μm。针对 972nm 波长，优化可实现的最高谐振腔精细度 F 达到 4×10^5，最终可获得线宽为 0.5Hz、频率漂移为 0.1Hz/s 的高稳定度超窄线宽激光。2017 年，美国科罗拉多大学 Zhang 等人[13]采用一个 6cm 的 Si 腔系统，反射镜曲率半径为 1m，高反射薄膜采用 SiO_2/Ta_2O_5 介质多层膜，TEM_{000} 模式的 F 数达到 4×10^5，实现了在 4K 条件下超稳腔，获得激光线宽平均为 17mHz 的 1542nm 激光输出，不稳定度达到 1×10^{-16}。2020 年，Zhang 研究组报道了一个光子原子激光器，该激光器由高精细谐振腔和微加工的 Rb 原子蒸汽室组成[14]，如图 1－17（b）所示。谐振腔是长 1in①、直径 0.5in 的熔融石英圆柱体，对两个端面进行了超级抛光，并使用离子束溅射制备了高反射薄膜，反射率达到 99.998%，熔融石英材料的光学损耗为 1.3×10^{-4}，谐振腔的 F 数达到 2×10^4。

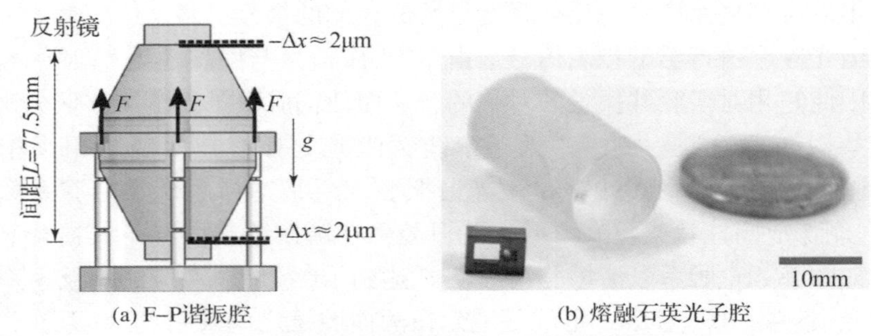

图 1－17　超窄线宽的 F－P 光学谐振腔

从高稳定窄线宽激光器的发展来看，低损耗高反射率腔镜是研制高品质谐振腔的关键，不断提高谐振腔性能仍然是需要长期努力的工作。与引力波探测系统对光学元件的需求一样，在降低反射镜损耗的同时要关注其热噪声，降低反射镜的热噪声仍是一项长期的极具挑战性的工作。

1.2　超低损耗激光薄膜技术的发展

如上所述，高品质光学谐振腔的发展直接推动了环形激光陀螺仪、引力波探测装置和光原子钟的发展，对于高品质光学谐振腔，超低损耗激光薄膜具有决定性意义，同时也带动了基础光学工业技术的发展。1965 年，美国贝尔实验室 Perry 在研究 He－Ne 激光器时，首次提出了低损耗薄膜的概念，指出 He－Ne 激光器性能与谐振腔反射镜直接相关，影响反射率的两个重要因素是吸收损耗和散射损耗。多年来，人们在多层膜的散射损耗和吸收损耗研究方面，从基础理论、制造到测试表征技术等方面取得了重要进展。

① 1in＝25.4mm。

1.2.1　多层膜的理论与设计技术

1.2.1.1　多层膜从规整1/4波长多层膜向非1/4波长多层膜的发展，为吸收损耗的控制提供重要思路

1960年，Koppelman提出了1/4波长多层膜吸收率的解析公式。1972年，Debell设计了一种非1/4波长厚度膜系反射镜，它的特点是降低高折射率膜层内电场强度。1976年，Apfel研究了光线倾斜入射到多层膜的电场分布，给出了薄膜中两个偏振电场分布、最高电场强度和时间平均值的关系，设计了用于高能激光器的偏振分光镜，给出了具有吸收的多层膜电场强度计算结果。1977年，Apfel详细分析了多层膜结构的驻波场和表面保护膜，激光损伤阈值与多层膜中驻波电场分布具有直接关系，调整驻波电场主要有两个方法：一个方法是将电场最强位置调整到抗激光损伤能力较高的膜层内；另一个方法是整体降低电场强度。在此以后，驻波电场设计发展成为激光多层膜的重要设计方法。同年，Sparks从膜系驻波电场分布入手，提出了新的Koppelman公式推导方法。1978年，Lissberger推导出非1/4波长膜系的吸收率公式，证明了当反射率达到极限时，再增添一对H/L膜层也不会增加反射率。1979年，Sparks和Flannery对1/4波长膜系提出一种新的处理方法。1980年，Arnon和Baumeister讨论了用导纳矩阵方法计算多层膜内电场分布，并给出了非均质膜层中的电场分布。同年，Carniglia对非1/4波长膜系提出“优化对”的设计方法。Baumeister通过实验发现，只要高低折射率膜层匹配厚度满足1/2波长的要求，某一膜层厚度的变化对整体反射率没有较大影响。

经过半个世纪发展，低损耗多层膜的设计理论已成熟。驻波电场理论和实验的研究结果也已证明，多层膜中的吸收损耗不仅依赖于材料的消光系数，而且还与膜层中电场分布密切有关，通过调整电场分布控制吸收损耗已经得到广泛应用。

1.2.1.2　薄膜制造的微小误差源对理论设计结果的微扰，在多层膜设计中需耦合薄膜的制造误差信息

当前光学多层膜的设计方法、光谱特性调控主要依靠膜层的折射率、膜层厚度和多层膜之间的匹配关系。通常假设薄膜具有理想的物理和化学结构特征，如各向同性、多层膜界面光滑、化学计量比完整、膜层内无杂质等，但是在膜层制备精度很高的情况下，制备的薄膜仍然会偏离理想情况。因此，只有将制造误差耦合到多层膜设计中，才能更好地实现多层膜设计和制备的一致性。

首先，薄膜的化学计量比、多层膜的界面、杂质对吸收损耗的影响可以归一化为膜层的广义消光系数，在多层膜设计中使用膜层的复折射率进行设计。当前的商用薄膜设计软件，如 TFCalc、Essential Macleod、OptiLayer、FilmStar 和 MultiLayer 等，都可以基于复折射率对多层膜光谱进行设计，能够实现上述误差的耦合设计，但是如何细分误差因素的影响，则需要对制备工艺进一步研究才能确定。还有一类薄膜制造误差源就是折射率的非均质性，非均质性会导致薄膜性能下降，并使得光学厚度精确监控更加困难。光学薄膜的非均质性研究贯穿了光学薄膜技术发展的整个过程，主要集中在以下两个方面。

1）薄膜折射率非均质性对薄膜光学性能的影响

1941 年，Schröder 推导出薄膜光谱反射率的极大值和极小值与薄膜平均折射率、基板和入射介质界面处的折射率之间的关系式。对于弱折射率非均质性，Schröder 近似非常有效。对于折射率随膜厚呈指数变化、两侧为非吸收半无限大均匀介质的薄膜，Monaco 推导出正入射光反射率和反射相移公式，使用矩阵理论方法，得出了由均质膜和非均质膜组成的非吸收多层膜正入射光反射率精确公式。1965 年，Jacobsson 基于麦克斯韦方程总结了非均质薄膜中光传播的解析方法和数值方法，并讨论了非均质薄膜在光学中的应用。1990 年，Carniglia 基于椭圆偏振法对单层膜中线性折射率梯度进行了理论分析。在一阶近似理论下，薄膜折射率非均质性对光学厚度为 $\lambda/4$ 极值的影响仅与薄膜平均折射率有关，而对光学厚度为 $\lambda/2$ 的极值影响最大。对“基板 | 薄膜”系统进行大量研究发现，薄膜透射率极大值与 Schröder 预测的结果基本一致，但是在透射率极小值处产生很大的调制。这种变化不能用 Schröder 预测，也不能完全将其归因于吸收损耗。Tikhonravov 等人将折射率非均质性分为几种情况，包括膜层光滑非均质性、入射介质界面和基板界面的弱非均质性等，推导出光谱极值变化的解析表达式。无论弱非均质性靠近入射介质还是靠近基板界面，透射率极小值都有相同的变化规律：靠近基板界面的弱非均质性，导致透射率极大值的变化与靠近入射介质界面弱非均质性导致的变化相反。通过正入射光谱透射率和反射率的变化，通常可以确定非均质薄膜折射率分布的具体特征。

2）利用薄膜非均质特性设计特殊光谱

通过调控薄膜折射率非均质性的分布规律，可以实现对薄膜光谱的调制，主要研究包括变折射率薄膜的理论设计、制备原理以及性能测试等，在该方面的研究形成了渐变折射率光学薄膜技术分支。有两类具有典型应用需求的变折射率薄膜。①对如何制备宽谱段、宽角谱高透射率的减反膜，Potras 和 Dobrowolski进行了详细的阐述与探讨。具有渐变折射率特性的减反膜也可以应用在紫外谱段上，最短可应用到70nm波长处，剩余反射率可达到1%以下。②Rugate滤光片是目前研究最多的非均质薄膜。在对非均质薄膜的理论研究上，利用矩阵理论来分析合成光谱特性，也有用耦合波理论分析合成光谱特性，目前采用傅里叶变换设计是最常用且最有效的方法。通常Rugate滤光片是通过改变薄膜的组分实现折射率的连续变化，但也有通过改变单一材料的微结构实现折射率连续变化。

1.2.2　低损耗薄膜制备技术发展

在激光陀螺中应用的超低损耗激光薄膜反射镜，不仅需要降低薄膜的散射损耗和吸收损耗，而且在激光陀螺的苛刻放电环境中，也面临着长时间耐等离子放电和抗紫外光辐射的迫切需求。20世纪70年代，美国Litton公司开发激光陀螺低损耗薄膜反射镜时，最早使用电子束蒸发制备薄膜技术，严格控制电子束蒸发的制备工艺过程：将基板清洗后放置密闭容器中，由专人运输并安装到供应商的镀膜真空室内进行镀膜。即便如此仍然无法保证镀膜的重复性和一致性。热蒸发制备的薄膜暴露在大气环境中一般都会出现光谱漂移的现象，当时采用二极管、三极管和磁控管的溅射镀膜技术制备薄膜没有光谱漂移现象，但是当时溅射技术制备的薄膜中存在大量缺陷，产生的散射损耗仍然无法满足激光陀螺技术发展提出的迫切需求。

随着离子源技术的快速发展，出现了离子束辅助热蒸发沉积技术，光学薄膜的微结构特性和光学性能得到进一步提升。20世纪70年代中后期，美国Xerox公司微光电子中心的Wei和Litton公司的Louderback设计了世界上第一台离子束溅射沉积设备[15]，并授权给美国Litton公司使用。美国Litton公司在离子束溅射沉积设备上的成功，激发了许多公司对离子束溅射沉积技术的研究兴趣。对离子束溅射沉积光学薄膜技术有重要贡献的人如下：诺思罗普·格鲁曼公司的Holmes，光学镀膜实验室（OCLI）公司的Allen，Systems的Camiglia和Pond，美国粒子监测系统公司的Lalezari，阿莫科公司（AMOCO）的Howe和Phillips，汉诺威大学的Ristau和科罗拉多州立大学的Sites等人。Litton公司的后续几代离子束溅射沉积设备和其他公司的离子束溅射沉积设备，都可以追溯到Louderback的创造性工作以及Ion Tech、Commonwealth和Oxford Instruments对离子束溅射沉积系统设计的贡献[16]。1989年，Wei[17]详细报道了离子束溅射技术制备薄膜的研究结果，并给出了超低损耗激光薄膜技术的发展历程，指出了离子束溅射技术在薄膜制备中的优点，使人们深刻认识到离子束溅射技术的重要性。尤其是在改善薄膜微结构特性方面，离子束溅射沉积技术具有突出的技术优势。

与传统镀膜技术应用的评价方法一样，人们不仅关注离子束溅射制备的薄膜纵向结构特性，而且还重点研究了薄膜的横向均匀性。随着大口径激光薄膜元件的应用，对薄膜的横向面均匀性提出新的需求，重要技术进展如下：

（1）20 世纪 90 年代中期，美国 VEECO 公司开发出成熟商用的离子束溅射沉积系统 Spector[18]。基于美国 VEECO 公司的 Spector 离子束溅射镀膜设备，在超低损耗激光薄膜、高损伤阈值激光薄膜、紫外光学薄膜的研究上，已经有大量的研究成果发表。尤其是在光纤通信领域内的 DWDM 滤光薄膜制备上，可以实现 200GHz、100GHz 甚至 50GHz 滤光片组件的批量生产。

（2）基于激光引力波探测装置对光学元件的需求，低损耗光学元件的镀膜口径达到 350mm。为了解决如此大口径的反射镜镀膜问题，1999 年，法国 Laboratoire des Matériaux Avancés 科学家们自行研制了离子束溅射沉积系统（2.4 ×2.4 ×2.2）m^3，也是当时世界上最大尺寸的离子束溅射沉积系统[19]。经过多次改进，在 150mm 口径的镀膜非均匀性达到 0.1% 以内，制备出的低损耗反射镜已经用于激光引力波探测装置。

（3）20 世纪 90 年代初，Leybold Optics 开始研发离子束溅射沉积设备，由于离子束溅射沉积速率低，该公司开发的重点仍是研发传统的热蒸发和离子束辅助沉积技术[20]。2013 年，Leybold Optics 重新启动离子束溅射沉积设备的开发，开发了 1400mm 和 1600mm 两种尺寸的镀膜设备，600mm 口径基板的镀膜非均匀性达到 0.7%。

（4）2015 年，为了实现 2m 口径、大曲率半径、质量为几千克的光学基板镀膜，德国 LASEROPTIK 研发了新型离子束溅射镀膜机（MAXIMA）[21]，采用定制的线性驱动器，在质量达 100kg 的光学元件上实现镀膜，使离子束溅射沉积技术适应沉积更大面积的光学元件。

（5）德国的 Cutting Edge Coatings GmbH（CEC）公司研制了新型 IBS 系统（NAVIGATOR 系列）[22]，在不使用膜层厚度修正板的情况下，400mm 口径内的非均匀性优于 1%。

综上所述，随着高稳定宽束离子源、快速光谱仪、各种传感器和计算机技术的发展，离子束溅射沉积技术得以快速发展。除了最初对高质量激光陀螺反射镜的需求外，已经在激光引力波探测、光纤通信、超短脉冲激光、紫外激光技术、激光受控核聚变等领域得到广泛应用。有关离子束溅射制备高质量光学薄膜的研究仍在继续，人们致力于离子束溅射镀膜均匀性的改进，但是大曲率元件或大面积元件的均匀离子束溅射沉积技术仍是挑战。

1.2.3 低损耗激光薄膜材料体系

尽管通过多层膜的设计可以调控吸收损耗，但是低吸收薄膜材料仍然是低损耗薄膜的必要条件，人们也在积极探索降低薄膜材料吸收缺陷的制备工艺。多年来，人们对薄膜吸收损耗机制的认识可以概括为以下五个方面。

（1）本征吸收：薄膜材料的本征吸收来源于自身的能带结构和本征微结构特性，块体材料的研究结果可以作为参考，但是还要关注沉积工艺参数带来的影响。

（2）界面吸收：由于薄膜分层结构的特点，界面吸收不可忽略，甚至有可能会高于薄膜材料的体吸收。

（3）杂质吸收：首先，基板表面的残余附着物，如抛光粉颗粒、表面油污、基板气泡、吸附的灰尘颗粒、吸附的水汽分子等，在薄膜沉积后均成为吸收源；其次，薄膜原材料中的杂质在沉积过程中发生的喷溅、分解和再合成，也会导致沉积后薄膜形成吸收特性；最后，在薄膜沉积过程中，真空室内残余物随机移动吸附到基板表面，形成污染物缺陷吸收中心。

（4）结构性缺陷吸收：在薄膜生长过程中，膜层结构生长的不完整性和非均质性，导致膜层内存在结构性缺陷吸收。

（5）化学计量比失配：在沉积过程中，膜料分子在分解与合成过程中造成的化学计量比例失调，导致薄膜组分化学计量比的失配，进而产生光吸收损耗。

离子束溅射沉积技术在吸收损耗控制上具有独特的技术优势，目前已经成熟应用的激光薄膜材料主要有 TiO_2、Ta_2O_5、ZrO_2、HfO_2、Nb_2O_5 和 SiO_2 薄膜。相关研究主要集中在以下几个方面。

1.2.3.1 薄膜材料体系基本完备，离子束溅射的重要工艺参数基本清楚

20 世纪 80 年代中期，在美国空军武器实验室资助下，美国科罗拉多州立大学开展了离子束溅射制备氧化物薄膜技术研究，研究了 Ta、Ti、Zr、In 等氧化物薄膜特性，重点分析了溅射离子束中氧/氩的比例对薄膜特性的影响，并确定了相对最佳的比例关系。另外，也开展了离子束溅射 SiO_2 内掺杂 TiO_2 薄膜的实验研究，得到了禁带宽度可调的光学薄膜材料。

1984 年，Rossnagel 利用 X 射线光电子能谱研究了离子束溅射制备 SiO_2、TiO_2 和 Ta_2O_5 薄膜的化学计量比特性。使用溅射靶材分别为 SiO_2、Ti 和 Ta 靶，溅射时充入氧气的比例不低于 25%。透射电子显微镜和 X 射线衍射的结果显示膜层均为无定形结构，所有薄膜的吸收都低于 1×10^{-4}(1.06μm)。在 3kV 高能 Ar 离子的轰击下，SiO_2 薄膜的微结构没有变化，在 TiO_2 薄膜的 X 射线光电子能谱中观察到了亚稳态的氧化物结构，在 Ta_2O_5 薄膜的能谱中发现失氧现象，但是没有观察到亚稳态氧化物结构。

1985 年，Demiryont 等人研究了离子束溅射沉积 Ta_2O_5 薄膜的光学特性与

成分的关系，结果表明 Ta_2O_5 薄膜的光学特性强烈依赖于离子束中氧/氩的比例。氧气比例从接近 0 变化到 56%，得到从 Ta 到 Ta_2O_5 成分不同的薄膜。在完全氧化的制备条件下，可见光波长的折射率为 2.18，禁带宽度为 4.3eV，在钽的亚氧化物薄膜吸收光谱中显示有大幅度的能带尾。

自 1992 年起，美国利弗莫尔实验室 Stolz 等人开始使用离子束溅射技术制备抗激光损伤薄膜。1992 年，美国粒子监测系统光电公司使用离子束溅射沉积技术制备 Al_2O_3、HfO_2、SiO_2、Ta_2O_5、TiO_2 和 ZrO_2 单层膜，并且制备了三种组合 Ta_2O_5/SiO_2、ZrO_2/SiO_2、HfO_2/SiO_2 的高反射膜。在所有单层膜中，TiO_2 薄膜的吸收高于其他单层膜。在激光损伤的测试中，Al_2O_3 和 SiO_2 的激光损伤阈值最高，其次是 HfO_2 薄膜，而 Ta_2O_5、TiO_2 和 ZrO_2 三种薄膜的激光损伤阈值水平相当。多层膜的吸收损耗测试结果表明：Ta_2O_5/SiO_2 总损耗最低，其次是 HfO_2/SiO_2 和 ZrO_2/SiO_2。但是在激光损伤测试中，HfO_2/SiO_2 多层膜的激光损伤阈值最高，Ta_2O_5/SiO_2 多层膜的激光损伤阈值最低。通过对大量实验结果的分析，人们意识到离子束溅射无定形结构高折射率薄膜在抗激光损伤特性上不一定是最优的。1995 年，Stolz 等人通过调整沉积条件获得了从无定形结构到多晶结构的 HfO_2 薄膜，研究了 HfO_2 薄膜的折射率和热扩散系数：随着晶相从无定形到多晶结构的变化，HfO_2 薄膜的折射率（$\lambda = 800$nm）和热扩散系数增加，多晶结构的 HfO_2 薄膜具有较高损伤阈值。

1995 年，Cevro 等人开展了单离子束和双离子束溅射 Ta_2O_5 薄膜的实验研究，得到了 Ta_2O_5 薄膜的光学特性、化学组分、化学键、污染物、应力和环境适应性数据，并获得了这些特性与沉积参数的关系。同时，也对比了电子束蒸发制备的相应薄膜。实验表明，双离子束溅射的效果不一定优于单离子束溅射，使用氧离子辅助沉积薄膜时，膜层折射率略有增加，但使用 Ar 离子束辅助沉积时，膜层的吸收损耗增加。两种制备方法的 Ta_2O_5 薄膜均为无定形结构，膜层的压应力随着离子束流的增加而增加。同年，Cevro 等人使用上述离子束溅射沉积技术，在室温下制备了 TiO_2 薄膜，并与电子束蒸发制备的 TiO_2 薄膜进行了比较，对于溅射技术制备的 TiO_2 薄膜，氧偏压对薄膜的特性影响最大。薄膜在 632.8nm 波长下折射率为 2.41 ~ 2.47，消光系数为 10^{-4} 量级；在室温下沉积的 TiO_2 薄膜为无定形结构，而在基板温度≥320℃条件下，电子束蒸发制备的 TiO_2 薄膜为多晶结构。低能（200 ~ 300eV）、低电流（0 ~ 35μA/cm^2）的氩/氧混合离子辅助沉积对改进 TiO_2 薄膜特性无益，并不会改变 TiO_2 薄膜的折射率和吸收。

1996 年，Tabata 等人研究了基板温度为 120℃，分别在不同离子束流和氧气流量下离子束溅射制备 SiO_2 薄膜的结构，使用可见光分光光度计、X 射线光电子能谱仪和红外光谱分析了薄膜样品特性，得到的结论为：①在不通入氧气的条件下，SiO_2 薄膜在可见光范围具有一定的吸收，在通入氧气的情况下，SiO_2 薄膜的透射率不依赖于离子束流和氧气流量；②SiO_2 薄膜的 X 射线光电子能谱分析表明，离子束制备的 SiO_2 薄膜 X 射线光电子能谱半宽度值不同于热氧化的 SiO_2 薄膜，其结构与热氧化 SiO_2 薄膜的结构不同；③在 700 ~ 1300cm^{-1}的红外吸收谱中共有 6 个高斯峰，说明离子束溅射 SiO_2 薄膜的 [SiO_4] 四面体结构与热氧化 SiO_2 薄膜的结构不同，主要是类柯石英结构，而热氧化 SiO_2 薄膜主要是类石英结构。

1998 年，Hsu 等人研究了单离子束溅射和双离子束溅射沉积钛氧化物薄膜的光学特性和表面形貌。在单离子束溅射过程中，氧气偏压从 9×10^{-6}torr①到 4×10^{-5}torr，550nm 波长下薄膜的折射率从 2.555 下降到 2.471。在 275℃大气氛围热处理后，薄膜折射率下降到 2.43，薄膜的消光系数降到 1.51×10^{-3}；在 450℃大气氛围热处理后，薄膜微结构从无定形转化到结晶态。在双离子束溅射沉积过程中，使用氧百分比为 44% 的氩氧混合气体为工作气体时，辅助离子束的电压最佳值为 50V，双离子束溅射沉积比单离子束溅射薄膜具有更好的化学计量比和较低的表面粗糙度。

2005 年，韩国 Yoon 等人研究了基板温度对离子束溅射 Ta_2O_5 光学特性和表面粗糙度的影响。基于美国 VEECO 公司的 Spector 镀膜机，使用单离子束和双离子束溅射沉积方式，分别在 50℃、100℃、150℃和 200℃温度下制备了 Ta_2O_5 薄膜样品。实验结果表明：随着基板温度增加，单离子束溅射的沉积速率从 1.08μm/h 增加到 1.24μm/h，双离子束溅射的沉积速率从 1.07μm/h 增加到 1.17μm/h；在基板温度为 150°C 时，双离子束溅射制备的 Ta_2O_5 薄膜折射率为 2.112，薄膜的均方根粗糙度为 0.1535nm，优于同样基板温度下单离子束溅射制备的 Ta_2O_5 薄膜均方根粗糙度（0.1822nm）。

1.2.3.2　薄膜应力调控技术取得重要进展

离子束溅射制备的氧化物薄膜较高的压应力限制了其应用范围[23]，人们在离子束溅射薄膜的应力起源和控制技术方面取得了大量的成果，尝试在离子束溅射沉积技术中使用掺杂的方法调整薄膜的光学特性和应力特性。

1987 年，Windischmann 基于离子束溅射技术研究了 Al、Ti、Fe、Ta、Mo、W、Ge、Si、AlN、TiN 和 Si_3N_4 等薄膜，结果表明金属、半导体和介质薄膜的应力为压应力，归因于高能粒子撞击薄膜引起的畸变。提出了前向溅射线性级联理论的模型，预测了应力与粒子质量和溅射通量、轰击粒子能量平方根的关

① 1torr≈133.322Pa。

系，证明了应力与粒子的动量相关。定义了每摩尔弹性能 $Q = EM/(1-\nu)D$（E 是弹性模量、M 是原子质量、D 是密度、v 是泊松比）。高能粒子和薄膜特性之间相互作用的细节反映在摩尔体积 M/D 中，应力的大小与材料相关且与每摩尔弹性能成比例。与其他沉积技术制备的薄膜应力相比，包括原子喷丸诱发的应力，在大量薄膜材料中都显示出与 Q 的良好相关性。

1989 年，Pond 等人研究了离子束溅射 ZrO_2 混合物薄膜的特性。在沉积过程中采用共溅射的方法，通过调整离子束流将 SiO_2 以 0～100% 的体积比例掺入 ZrO_2 中，随着掺杂比例的增加，混合膜的折射率、消光系数、应力、晶相和折射率非均质性均有所改善，在掺杂比例为 10%～70% 之间时，膜层应力可以降低约 80%。

1991 年，Chao 等人给出了一种离子束溅射复合膜的装置，采用基板架快速旋转的方法交替沉积氧化物薄膜，给出了 TiO_2-SiO_2 混合薄膜的初步实验结果。

1995 年，Cevro 研究了离子束溅射制备 $(Ta_2O_5)_x-(SiO_2)_{1-x}$ 复合薄膜。在实验中使用分光光度计、X 射线衍射、X 射线光电子能谱和卢瑟福背散射技术四种测试方法，研究了复合薄膜的光学特性、化学计量比和应力，实验结果表明：①随着 $(1-x)/x$ 的变化，复合薄膜的折射率从 1.485 到 2.12 线性变化，因此可以利用复合薄膜实现在石英基板上 1060nm 波长光的零反射；②通过对卢瑟福背散射技术的分析，在复合薄膜中的中性 Ar 原子含量为 0.1%～2.5%；③复合薄膜具有压应力，依赖于 Ta_2O_5 和 SiO_2 的比例，应力范围为 $(3.25\sim5.5)\times10^8$ Pa；④通过对薄膜 X 射线衍射分析，复合薄膜的结构均为无定形结构。

1999 年，Chao 等人研究了在 TiO_2 薄膜中掺杂 SiO_2 薄膜。SiO_2 薄膜的掺杂比例为 0～17%，随着 SiO_2 薄膜比例的增加，折射率和消光系数逐渐减小。在 SiO_2 薄膜的比例为 17% 时，混合膜在可见光的折射率为 2.3。在高温下退火，可以进一步降低薄膜的吸收，随着退火温度的增加，膜层结构由无定形向锐钛矿结构转变，转变温度与 SiO_2 的掺杂比例呈正比例关系。

2003 年，Tien 等人进行了离子束溅射沉积 Ta_2O_5 薄膜研究，得到了离子能量对薄膜应力和光学性能的影响。结果表明，在固定离子束流 30mA 的情况下，随着离子能量从 750eV 变化到 1150eV，应力从 −0.560GPa 变化到 0.382GPa，离子能量的增加会导致薄膜压应力的降低。

2009 年，EdaÇetinörgü 等人系统地研究了双离子束溅射制备的 Nb_2O_5、Ta_2O_5 和 SiO_2 薄膜的机械和热学特性：Nb_2O_5 薄膜的硬度为 6GPa、弹性模量为 125GPa、膨胀系数为 4.9×10^{-6}℃$^{-1}$ 和泊松比为 0.22；Ta_2O_5 薄膜的硬度为

7GPa、弹性模量为133Gpa、膨胀系数为4.4×10^{-6}℃$^{-1}$和泊松比为0.17；SiO_2薄膜的硬度为9.5GPa、弹性模量为87Gpa、膨胀系数为2.1×10^{-6}℃$^{-1}$和泊松比为0.11。2015年，该课题组又研究了退火对在室温下双离子束溅射制备的Nb_2O_5、Ta_2O_5薄膜的光学和力学特性影响。所有沉积的薄膜初始结构均为非晶态，仅在700℃退火后才出现结晶，两种材料的应力都由压应力变为张应力。沉积和退火后的薄膜中氧与金属的原子比都接近2.5，表明该薄膜是近似理想的Nb_2O_5和Ta_2O_5化学计量比。Nb_2O_5薄膜的折射率从2.30降至2.20（550nm波长），硬度从5.6GPa增加到7.4GPa，弹性模量从121GPa增加到132GPa；Ta_2O_5薄膜折射率从2.14降至2.08，硬度从6.5GPa增加到8.3GPa，弹性模量从132GPa增加到144GPa。

2020年，Davenport使用高能离子束辅助DIBS制备SiO_2薄膜，在高能和大电流轰击下，使用氧离子辅助改变了SiO_2薄膜的微观结构，SiO_2薄膜的应力降低到48MPa，吸收损耗仅为9×10^{-6}。使用氧离子辅助比使用Ar/O_2混合离子辅助更有利于降低SiO_2薄膜应力，获得高光学质量的SiO_2薄膜。因此，SiO_2薄膜的最佳沉积条件将在应力和沉积速率之间做出选择。

1.2.3.3 零维缺陷对吸收损耗影响研究开始起步

经过多年的超低损耗薄膜技术研究，随着实验室条件改进、基板清洗技术和薄膜制备技术的发展，可以将微米量级缺陷密度控制到很低，薄膜性能得到大幅度提升。在高损伤阈值激光薄膜领域，虽然在亚波长量级缺陷的控制上达到了很高水平，但是仍不能进一步提高薄膜的抗激光损伤特性，美国科罗拉多州立大学的研究人员将注意力转向薄膜的低维缺陷。

2012年，美国科罗拉多州立大学Menoni等人率先开展了离子束溅射氧化物薄膜点缺陷的相关研究工作，将电子顺磁共振技术（EPR）用于薄膜点缺陷测试分析。他们研究了氧缺陷密度、应力特性和吸收损耗之间的关联性，证明了点缺陷的存在直接影响到薄膜的吸收和应力。离子束溅射技术制备的金属氧化物薄膜，点缺陷主要来源于薄膜沉积过程中的残余氧。使用脉宽为375ps的激光进行损伤阈值测量，具有最低氧缺陷密度的样品激光损伤阈值最高。

2014年，Menoni等人研究了离子束溅射制备Sc_2O_3薄膜的点缺陷，通过实验确定了以氧间隙形式存在于Sc_2O_3薄膜中的点缺陷，缺陷浓度达到$10^{18}cm^{-3}$。使用离子束溅射金属靶，通过改变沉积条件，控制吸附在Sc_2O_3薄膜中的间隙氧浓度，间隙氧的增加与薄膜中应力和光吸收的增加有关。在沉积过程中，采用离子束辅助优先溅射去除氧，可以降低氧缺陷的密度。在低氧分压和离子束电压条件下，制备了应力和光吸收损耗最小的Sc_2O_3薄膜。

2016 年，Jena 等人研究了退火处理对 HfO_2/SiO_2 多层膜微结构和损伤阈值特性的影响，在 400℃ 退火温度下处理多层膜后，选择 532nm（脉宽 7ns）进行激光损伤测试，多层膜的激光损伤阈值可以从 $44.1J/cm^2$ 提高到 $77.6J/cm^2$，他们的解释是通过调控氧空位缺陷以及晶粒尺寸热导率改善了多层膜激光损伤阈值。

光学薄膜中零维缺陷的研究正在起步，VIRGO 激光干涉仪的薄膜研究团队也注意到点缺陷对薄膜性能的影响，但是其尺度与上述的研究不在同一量级，在 1.2.4 节中将介绍他们的研究结果。零维缺陷对吸收损耗的影响没有定量化的研究报道，如何获得薄膜零维缺陷对吸收损耗的影响仍需进一步研究。

1.2.3.4 高精度激光测量技术发展对薄膜材料机械损耗提出更高要求

在激光引力波探测、时间频率标准和量子计算机的研究中，多层膜之间内摩擦引起的热噪声，成为超高精度激光测试技术的瓶颈问题之一。以地基激光干涉引力波探测器来说，在几十到几百赫兹的频带内，高反射镜薄膜中的布朗波动是主要噪声源，尽管离子束溅射沉积技术能够制备均匀高质量光学特性的薄膜，但这些薄膜仍是探测器热噪声的主要来源。因此，高精度激光测量系统对光学薄膜元件不仅提出低吸收、低散射和低损耗等光学性能需求，而且还提出了低热噪声的机械性能需求。2000 年以来，以激光引力波探测系统应用为代表的低损耗激光多层膜，研究重点是致力于降低多层膜的热噪声。

研究结果表明，反射镜的热噪声取决于膜层的损耗角、弹性模量和膜层厚度[24]。降低热噪声主要有三种方案：降低反射镜的温度，增加光学元件的口径（激光光束口径），以及通过在高折射率薄膜材料中掺杂的方法降低损耗角、提高多层膜的高折射率和低折射率比值，进而降低多层膜的总厚度。由于高折射率薄膜材料的损耗角高于低折射率材料，因此人们重点研究了高折射率薄膜材料的损耗角，先后对 Ta_2O_5、TiO_2、$TiO_2:Ta_2O_5$、SiO_2 薄膜材料开展了研究，损耗角达到 $2\times10^{-4}\sim5\times10^{-4}$，未来激光引力波探测的需求是将多层膜的损耗角降低到 2×10^{-4}以下。

在先进 LIGO 和先进 VIRGO 引力波探测装置中，在熔融石英基板上制备周期结构的 SiO_2 薄膜和 $TiO_2:Ta_2O_5$ 薄膜作为反射镜基本周期结构；在日本的 KAGRA 探测装置中，采用沉积在蓝宝石（Al_2O_3）基板上周期结构的 SiO_2 薄膜和 Ta_2O_5 薄膜。2020 年，Granata 等人报道了用离子束溅射制备的 Nb_2O_5、$TiO_2:Nb_2O_5$、$ZrO_2:Ta_2O_5$、MgF_2、AlF_3 和 SiN_x 等薄膜新的研究结果，简要讨论了非晶硅、晶体薄膜（GaAs/AlGaAs 和 GaP/AlGaP）、多种薄膜材料的复合多层膜。到目前为止，薄膜材料结构分析和分子动力学模拟的研究可能为解决薄膜热噪声问题提供理论支撑，同时引入新的复合薄膜材料的多层膜设计，有望满足新一代激光引力波探测装置灵敏度提升的迫切需求。

1.2.4 多层膜散射损耗控制技术

光学表面散射是由表面和薄膜的制造误差引起的光损耗效应，与基板表面特征、薄膜特性和入射波长密切相关。20 世纪以来，科学家在光学表面散射理论研究上取得了很大的进展，先后提出了标量散射理论和矢量散射理论。标量散射理论成功地描述了单个光学界面的散射现象，为多层膜散射研究提供了理论基础。光学矢量散射用于描述多层膜的角分辨散射，对于高精度激光测量系统的光噪声抑制具有更重要意义。在多层膜散射控制中，采用超光滑表面基板是必要条件，表面评价方法也由均方根粗糙度发展为功率谱密度，提供了镀膜过程表面演化规律的评价方法。另外，除了对多层膜界面的散射控制之外，表面缺陷研究也由微米量级拓展到亚波长量级，甚至涉及薄膜的零维缺陷。

1.2.4.1 超低损耗多层膜的散射理论基本成熟

1978 年，Eastman 总结了 Beckmann 表面散射理论，运用 Kirchhoff 边界条件，详细地讨论了多层膜的光学标量散射理论。在光线垂直入射情况下，将矩阵方法用于光学多层膜的散射计算和分析，研究了相关界面粗糙度（膜层界面相同粗糙度）模型和非相关界面粗糙度（每层界面的粗糙度是随机和统计独立）模型的散射。Ebert 和 Carniglia 在 Eastman 理论基础上提出了附加表面粗糙度和非相关体非均质性的两种散射模型，并给出了标量散射计算方法，丰富了多层膜标量散射理论。2002 年，Carniglia 提出了粗糙表面的单层膜模型，将两层膜之间的粗糙界面假设为一层非常薄的各向同性单层膜，其等效折射率与相邻两层介质的折射率相关，消光系数与两侧折射率和界面粗糙度相关。Tikhonravov 等人将标量散射理论模型加入到 OptiLayer 光学薄膜设计软件中。光学表面的标量散射理论能够解释表面 2π 立体角内散射光与入射光波长、入射角度和表面均方根粗糙度之间的关系。但是，该理论不能反映散射光偏振特性，表面粗糙度的横向统计信息对散射特性评价误差影响较大。上述的理论使用了近轴假设（小角度），当入射角和散射角很大时，散射特性计算的误差增大。

标量散射理论无法准确预测角散射，角散射不仅取决于表面微小的不规则度，而且还取决于它们的斜率，因此必须考虑表面自相关函数。20 世纪 70 年代，Elson 和 Amra 将矢量散射理论应用于多层膜光散射。该理论的优点在于：

一方面能够说明入射光与散射光偏振之间的关系，解释散射光的空间分布规律；另一方面可以表征表面结构的统计特性，即表面功率谱密度。因此，光学表面矢量散射理论成为评价光学表面散射的重要理论，构建了角微分散射和表面功率谱密度的桥梁。

在几乎所有的散射理论模型中，均假设表面是“非常光滑”或“非常粗糙”的两种极端条件，都是利用了随机表面的统计特性，而不是依赖于精确的表面形貌特征。严格的电磁理论为散射问题提供了精确解，例如严格耦合波分析（RCWA）和时域有限差分法（FDTD），在处理不同表面结构方面具有不同的优势和能力。使用严格电磁场理论可以计算相对准确的一维周期性表面散射，但是对于复杂的表面特征，即使在提高计算能力的基础上，也可能无法获得结果或提升计算的准确性。在严格的电磁场理论方法中，通常会忽略表面散射的统计效应。

1.2.4.2　基板表面的表征方法由一维拓展到二维

20 世纪 70 年代中后期，Stover 和 Elson 通过对光学散射量化以及表面粗糙度的研究奠定了光学表面频谱分析的理论基础，Church 第一次明确提出了光学表面功率谱密度函数的表达式。1989 年，Janeczko 首次采用表面功率谱密度函数评价红外光学元件的表面粗糙度。功率谱密度函数是将表面轮廓作傅里叶分解，将表面形貌转换成不同空间频率光栅的叠加，不仅反映了表面轮廓高度起伏变化和横向周期变化，而且还能将不同条件的测试结果进行比较。对于许多抛光的表面，功率谱密度函数可以用非常简单的代数形式来描述，根据 Parseval 定理，还可以从功率谱密度函数中得到表面均方根粗糙度 σ 和相关长度 l。

在美国国家点火装置（National Ignition Facility）中，LLNL 实验室使用功率谱密度函数评价大口径强激光光学元件，并于 1997 年发布了国际标准 ISO10110[25]。根据光学元件的口径、自适应光学校正技术和空间滤波器的设计原则，按照空间频率将光学表面制造误差分为三个频段，如图 1 - 18 所示。①低频段：空间波长 $\Lambda > 33\text{mm}$，对应空间频率 $f < 0.03\text{mm}^{-1}$，称为面形误差。②中频段：空间波长 $0.12\text{mm} < \Lambda < 33\text{mm}$ 称为波纹度，对应空间频率 $0.03\text{mm}^{-1} < f < 8.3\text{mm}^{-1}$。由于没有任何相移干涉仪能够覆盖整个中频段，因此整个中频段被分为两部分，$2.5\text{mm} < \Lambda < 33\text{mm}$ 称为波纹度 - 1，$0.12\text{mm} < \Lambda < 2.5\text{mm}$ 称为波纹度 - 2。使用传统的面形参数（PV）和局部误差参数（RMS）很难对中频段误差准确评价。③高频段：空间波长 $\Lambda < 0.12\text{mm}$，对应空间频率 $f > 8.3\text{mm}^{-1}$，称为粗糙度。与原有评价体系相比，ISO10110 增加了评价光学元件和系统的新参数（如功率谱密度），并完整地指出了这些参数在制图时的表达和公差标注方法。

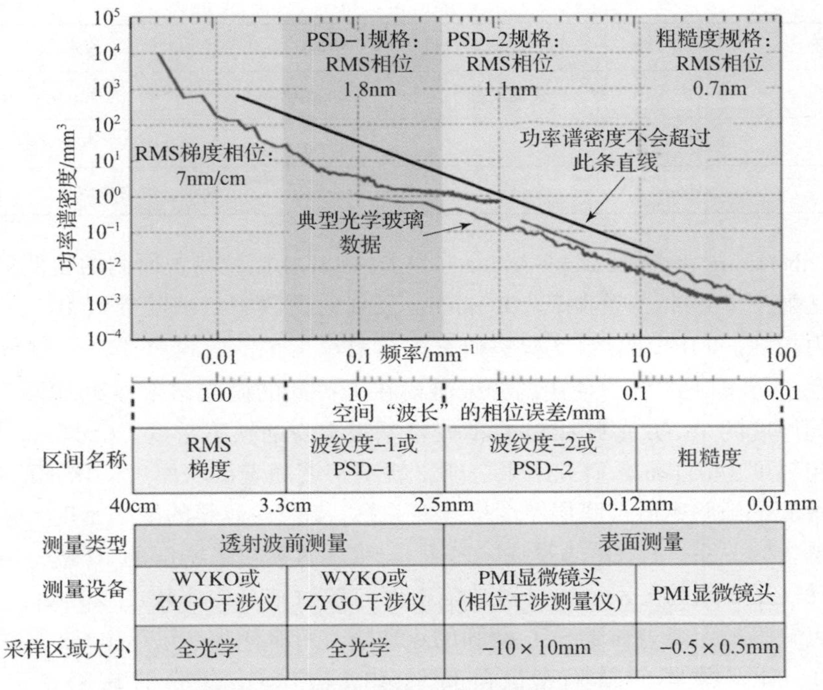

图1-18 光学表面空间频段的划分方法

1.2.4.3 人们对薄膜缺陷尺度的研究发展到亚波长量级及零维尺度

薄膜结构性散射主要源于膜层结构的非均匀性，包括膜层生长过程中的蒸发源喷溅、基板表面微尘、膜层结晶和针孔，这些缺陷的存在导致膜层折射率突变，因此结构性散射对低损耗薄膜的影响不可忽略。很多年来，将薄膜材料结构制备成无缺陷结构，是研究人员追求的极限目标。在高倍视场显微镜下，对光学薄膜的散射源进行分析，分类结果见表1-3。

表1-3 光学薄膜制造过程的散射源分析[17]

分级	尺度	现象	机制	备注
A	>1μm	大星状	凹痕，团状	基板缺陷，真空室膜层碎片
A	>1μm	油滴	扩散泵回流	真空系统
A	>1μm	团簇	点状腐蚀	放电损伤
B	100nm~1μm	离散的散射点	颗粒物，空隙	米氏散射
C	10~100nm	蓝色雾状	结晶	瑞利散射

续表

分级	尺度	现象	机制	备注
C	10 ~ 100nm	模糊反射	界面缺陷	非均匀沉积，附着力差
D	1 ~ 10nm	—	色心	吸收，拉曼散射
E	<1nm	—	杂质能级	吸收，折射率改变，拉曼散射

Laboratoire des Matériaux Avancés 为美国 LIGO 探测装置研制的超低损耗反射镜透射率 <3ppm、吸收率 <0.3ppm，反射镜薄膜中点缺陷导致 10^{-5} 数量级的散射损耗。2019 年，该实验室研究人员对反射镜薄膜材料 Ta_2O_5 和 SiO_2 的点缺陷进行了研究[26]。使用离子束溅射在 1 英寸的抛光熔融石英基板上沉积了不同厚度的 Ta_2O_5 薄膜和 SiO_2 薄膜，基板本身的缺陷密度 $<0.04mm^{-2}$，均方根粗糙度为 0.1nm。研究结果表明：缺陷密度随着沉积厚度的增加而增加，SiO_2 薄膜的缺陷密度与膜层厚度呈线性关系，Ta_2O_5 薄膜的缺陷密度与膜层厚度成幂指数关系。Ta_2O_5 薄膜缺陷密度是 SiO_2 薄膜缺陷密度的 10 倍，但是散射损耗仅是 2 倍的关系。通过对缺陷密度与散射结果的比较可以判断，Ta_2O_5 薄膜点缺陷散射能力弱于 SiO_2 薄膜的点缺陷。所有样品在烘箱中 500℃ 热处理 10h 后，SiO_2 薄膜的缺陷密度降低约 40%，Ta_2O_5 薄膜的缺陷密度降低约 50%。

1.2.5 超低损耗薄膜的表征技术

超低损耗薄膜测试表征技术与制备技术的发展基本同步，由于超低损耗薄膜总损耗以及损耗分量仅为 10^{-6} 量级，引领了光学薄膜高精度测试技术的变革性发展。例如，基板的超光滑表面测试技术、基于积分球的弱散射损耗测试、基于光热效应的弱吸收测试和基于谐振腔光强时间衰荡法的总损耗测试等，构成了完备的超低损耗薄膜性能表征体系。只有准确地测试薄膜性能才能精确地调整薄膜制备工艺。

1.2.5.1 散射损耗测试技术

自 20 世纪 60 年代以来，人们在研究光学表面散射理论的同时，也深入开展了散射测量技术研究，以积分散射测试和角微分散射测试为代表的两大类薄膜散射测试技术得到广泛应用[27]。

(1) 积分散射测试技术：许多实验室采用乌布利希积分球和科布伦茨积分球开发了积分散射测试仪，如图 1 - 19 所示。在积分球内壁使用如特氟龙、硫酸钡等涂层，可以实现紫外到红外的宽光谱区高反射率，但是当入射波长低于200nm时没有漫散射涂层材料可用。积分球几何结构对光散射测量灵敏度影响较大，诸如内侧壁的散射次数、积分球的探测面积与表面积的比值等，都会降低测量信号的灵敏度。在乌布利希积分球的结构中，探测器的大视场容易受空气分子瑞利散射的影响，也会限制散射仪的灵敏度。相比之下，科布伦茨积分球的结构能够给探测器提供较强的信号，具有更高的灵敏度。因此，如果覆盖从短波到长波的散射损耗测试，积分球一般选择科布伦茨积分球。根据ISO13696标准，乌布利希和科布伦茨积分球都有很小光出射孔，在2°内镜向散射光线会从出口离开积分球，这部分散射光不能被探测器检测。

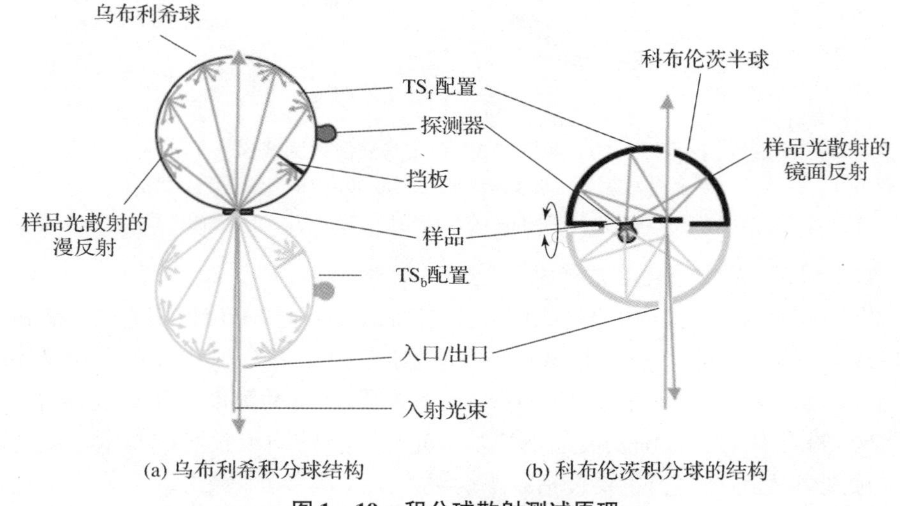

(a) 乌布利希积分球结构　　(b) 科布伦茨积分球的结构

图1-19　积分球散射测试原理

（2）角微分散射测试技术：研究人员开发了基于电耦合器件（CCD）或互补金属氧化物半导体（CMOS）探测器的固定照明和探测系统，可以测量散射平面内不同位置的散射角分布，大多数散射测试系统主要工作在可见光谱段。此外，还专门设计了光刻波长13.4nm和193nm的微分散射仪，以及红外光谱区的测量仪器。通常情况下，微分散射仪主要分为平面散射仪和3D散射仪，平面散射仪探测入射平面上的散射光，3D散射仪可以用于覆盖整个散射球的探测，图1-20给出了常用的3D微分散射仪结构示意图。在这个经典配置之外还有其他配置，例如，将光源和探测器固定只需要旋转样品，更容易实现旋转机械结构的设计，但由于散射角和入射角同时改变，所以测试的分析过程更复杂。使用固定探测器的其他方法包括改变照明方向，其优点是不必使用长的探测臂。在这种情况下探测器很笨重，并且额外增加了诸如单色仪之类的光学元件。样品可以固定在照明方向上，也可以相对于入射光束自由移动。对于后者，由于入射角的不同，样品上采样位置的照明光斑大小随着入射角变化而变化，在测量过程中会导致测量点发生变化，需要在光路中增加可调谐狭缝补偿光斑大小变化对测量的影响。然而，在狭缝边缘也会引起额外的散射和衍射。德国夫琅禾费应用光学与精密工程研究所 Sven 等人开发了系列角微分激光散射仪，在国内外已经得到推广应用。

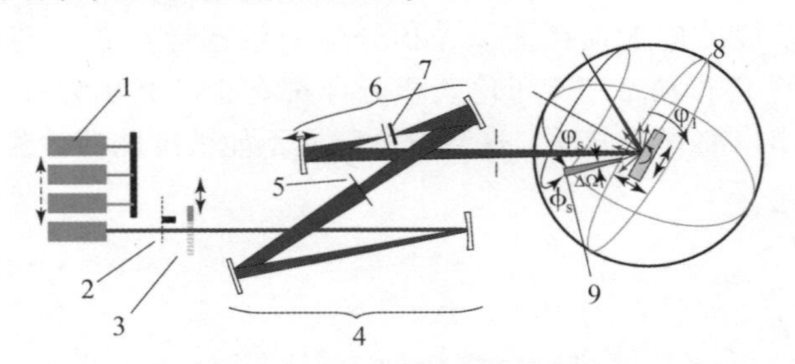

图 1－20　典型的 3D 角分辨光散射测试仪

1—激光光源；2—机械斩波器；3—可变中性密度滤光片；
4—包含 5，6，7 的光束系统；5—光阑；6—空间滤光片；7—波片；8—被测样品；9—探测器。

1.2.5.2　吸收损耗测试技术

在薄膜吸收率大于 10^{-4} 量级时，采用高精度分光光度计测试反射率和透射率即可计算出吸收率，但是这个吸收率是广义吸收率，其中还包含薄膜体散射损耗。而对于吸收率小于 10^{-4} 量级时，需要更高灵敏度的吸收检测方法。20 世纪 60 年代后，逐渐发展起来的基于光热效应的弱吸收测试技术，最高测试灵敏度可达到 10^{-8}，主要包括以下两类测试技术。

（1）激光量热法：使激光辐照样品表面，通过热电偶、热敏电阻、薄膜电阻和激光干涉测温等方法测量样品的温升，通过测试“辐照升温－停止辐照－样品降温”的变化曲线可以得到薄膜吸收率。升温与降温都可以通过相应的模型进行拟合并用于数据分析，进而推算出薄膜的吸收，国际标准 ISO11551 给出了相关测试标准。激光量热法很大的优点是可以绝对校准，可使用的激光波长有 193nm、532nm、1053nm 和 1064nm 等，目前报道最高的测试灵敏度可达到 10^{-7}[28]。

（2）激光光热法：人们发展了基于光热效应的薄膜弱吸收测试技术，通过探针光束特性的热诱导变化间接检测吸收率。这些技术大多采用共线的“泵浦－探针”结构，即泵浦光束和探针光束在非常小的角度下相互交叉。1980 年，Boccara 提出了光热偏转法并用于薄膜吸收的测量。根据探测光与泵浦光的夹角，光热偏转探测技术分为共线光热偏转（夹角为 0°）和横向光热偏转（夹角为 90°），根据探测光在样品表面的反射或透射，可选择表面透射和反射两种测试方式。在光热偏转技术的基础上，Kuo 和 Saito 分别提出了表面热透镜技术，不仅保持了光热偏转技术高灵敏性的特点，而且还能获得整个样品表面的吸收情况。无论采用何种光热偏转的方式，均可以获得 10^{-7} 的测试精度。

1.2.5.3　总损耗测试技术

1984 年，Anderson 首先提出了谐振腔光强时间衰荡技术用于光学元件高反射率测量。该方法将连续激光注入由待测样品构成的谐振腔中，当谐振腔内建立稳定的振荡后用高速光开关迅速关闭光源，此后谐振腔输出光强呈指数衰荡，腔内光子寿命（光强下降到初始值 $1/e$ 所需的时间）与整个谐振腔的损耗具有明确关系，继而计算出谐振腔反射率。该方法提出后就得到了快速发展和应用[29]。

1992 年，加利福尼亚工学院 Rempe 等人报道了基于谐振腔衰荡技术测量薄膜超高反射率的方法。谐振腔衰荡测试原理如图 1－21 所示，激光器为掺钛蓝宝石连续激光器，发射激光经 L_1 转换成横基模，入射到谐振腔中产生共振，M_1 为待测样品，谐振腔光强衰荡的信号使用示波器检测。针对离子束溅射制备的低损耗高反射薄膜样品，测得入射激光（850nm）在谐振腔内的衰荡时间为 8.2μs，因此推算出薄膜总损耗为 1.6×10^{-6}，反射率为 99.99984%，在 830～880nm 范围内具有较高的反射率（>99.9996%）。目前，超高反射率的测试由最初的单波长逐渐拓展到可调谐波长，适用不同波长反射镜的反射率测量。另外，通过增加样品表面的扫描机构，还可以获得样品表面的反射率均匀性。

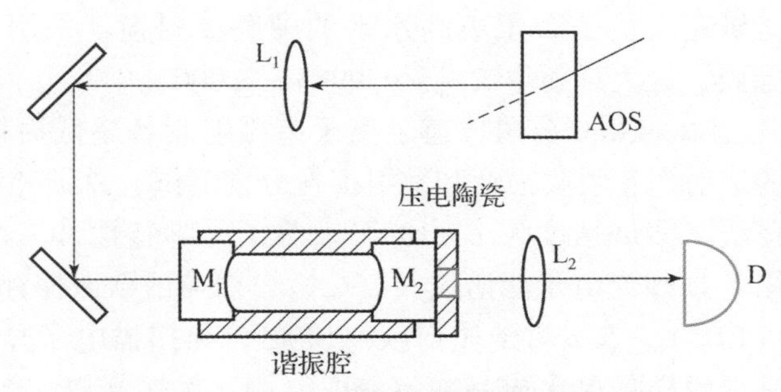

图 1－21　谐振腔衰荡测试原理图

为了获得足够高的反射率，超低损耗多层膜可能达到几百层，并且需要足够高的制造精度。多层膜的制造商通常不提供精确反射率的测量值，精确测量反射率仍然是最终用户的任务。2011 年，在美国光学干涉薄膜（Optical Interference Coatings，OIC）学术会议上，公布了不同国家、不同机构和不同方法对高反射薄膜样品反射率的测试结果，全球共16个实验室参与样品测试工作，同时比较了几种反射率的测量方法[30]。①分光光度法：使用商用分光光度计测量高反射薄膜样品透射率或反射率。该方法可以在宽光谱区得到反射率或透射率，能可靠测量的最大反射率由分光光度计的精度决定，测量的极限反射率 $R<0.995$。②激光比率法：该技术确定入射和反射/透射激光束的比值，并据此计算出高反射薄膜样品反射率，但是不能可靠地测量 $R=0.9999$ 的反射率。激光比率法的精度受激光功率波动和探测精度的限制，测量反射率极限为 $R<0.999$。③谐振腔光强衰荡时间法：使用环形谐振腔衰荡技术（CRD），可以测量 $R>0.998$ 的镜面反射率，而且反射率越高测试结果越可靠。

1.3 国内外超低损耗激光薄膜的性能

1.3.1 国外报道的超低损耗薄膜性能

1.3.1.1 以激光陀螺应用为代表的超低损耗激光薄膜

在离子束溅射沉积技术出现之前，热蒸发是制备光学薄膜的主流技术，采用电子束和热蒸发制备的薄膜具有含孔隙的柱状多晶结构特征，很容易吸收空气中的水分。1977年，在美国光学学会年会上Baumeister等人报道了用真空蒸发制备的可见光谱段27层 Ta_2O_5/SiO_2 周期结构多层膜，最大反射率达到99.9%。次年，研究人员公布了更高水平的硬膜反射镜：采用33层 Ta_2O_5/SiO_2 结构的多层膜，最大反射率 $R_{max}=0.9996\pm0.0002$。

1986年，美国Rockwell公司报道了离子束溅射制备超低损耗高反膜的结果。对高反膜的透射率、吸收损耗和散射损耗分别测试，总损耗测试使用环形谐振腔时间衰荡法（测试精度为 1×10^{-8}）。除了光学特性外，在膜层微结构性能方面，使用X射线光电子能谱仪（ESCA）、扫描俄歇微探针（SAM）、卢瑟福背散射仪（RBS）、二次离子质谱仪（SIMS）和扫描电子显微镜（SEM）等仪器测试。高反膜样品单次成品率 >85%，用s偏振光以45°入射角检测，25层的高反膜吸收率 $<4\times10^{-5}$，透射率 $<2\times10^{-6}$，膜层结构为无定形，表面散射几乎完全来自基板表面粗糙度。

1988年，德国DLR飞行控制研究所基于“金属｜介质”的多层膜结构，制备了工作角度30°、工作波长为632.8nm的激光高反射膜。在实验中分别制备了 $Ag/TiO_2/SiO_2$、TiO_2/SiO_2 和 Ta_2O_5/SiO_2 多层膜（TiO_2 和Ag采用射频溅射制备，SiO_2 采用电子束蒸发制备，Ta_2O_5/SiO_2 多层膜采用电子束蒸发制备），基板表面粗糙度为0.6～0.8nm，反射膜样品反射率>99.96%，积分散射损耗$1\times10^{-4}\sim2\times10^{-4}$，前两种多层膜的中心波长没有漂移，而$Ta_2O_5/SiO_2$多层膜的中心波长漂移约30nm。

1992年，美国国家标准局PMS Electro－Optics公司在美国国家科学基金的支持下，制备了850nm的低损耗反射薄膜样品。在实验中使用表面粗糙度小于0.1nm的熔融石英和BK7基板。采用低温泵真空系统的离子束溅射沉积技术（Oxford Instruments公司的离子束溅射镀膜机），沉积了41层的Ta_2O_5/SiO_2周期多层膜。使用波长范围为790～880nm的环形谐振腔时间衰荡法测试总损耗，总损耗小于1.6×10^{-6}（其中散射率$S\approx5\times10^{-7}$，透射率$T\approx5\times10^{-7}$），反射膜的反射率为99.99984%。

1999年，在国际光学干涉薄膜会议上，俄罗斯Polyus研究所科研人员报道了45°入射角的TiO_2/SiO_2圆偏振低损耗反射镜的测量结果。膜层数为23～25层，吸收为$3\times10^{-5}\sim7\times10^{-5}$，全积分散射$5\times10^{-5}\sim7\times10^{-5}$，圆偏振透射损耗$4\times10^{-5}\sim6\times10^{-5}$。圆偏振总损耗使用谐振腔频率谐振法进行测试，总损耗为$2.5\times10^{-4}\sim3\times10^{-4}$，各向异性为0.03～0.05rad。

2004年，George使用美国VEECO公司的离子束溅射沉积设备制备高反射膜。高反射膜的工作波长为632.8nm、工作角度为45°，基于环形腔时间衰荡法测试总损耗，测试结果见表1－4。

表1－4　离子束溅射制备低损耗薄膜的测试结果

材料组合	总损耗/$\times10^{-6}$	透射损耗/$\times10^{-6}$	散射损耗/$\times10^{-6}$	吸收损耗/$\times10^{-6}$
SiO_2/Ta_2O_5	7.8	3.9	0.8	3.1
SiO_2/Ta_2O_5	8.4	3.9	0.9	3.6
SiO_2/TiO_2	20.8	1.7	1.1	18
SiO_2/TiO_2	24.1	1.5	1.1	21.5

2012年，韩国Cho等人开展了微晶玻璃基板的超低损耗薄膜技术研究。他们从General Optics公司购买的超光滑微晶玻璃基板（RMS<0.04nm），选择Ta_2O_5作为高折射率薄膜材料、SiO_2作为低折射率薄膜材料，设计和制备了工作角度分别为30°和45°、工作波长为633nm的高反射膜。超低损耗薄膜的散射损耗均值为$6\times10^{-6}\sim8\times10^{-6}$，通过450℃热处理，散射损耗降到$4\times10^{-6}$，吸收损耗从$1.2\times10^{-4}$降到$4\times10^{-5}$，透射损耗从$3\times10^{-6}$增加到$4\times10^{-6}$。

1.3.1.2 以激光干涉引力波探测应用为代表的超低损耗激光薄膜

2017 年，Laboratoire des Matériaux Avancés 已经为先进 LIGO 和先进 VIRGO 引力波探测干涉仪提供了高质量反射镜和减反射薄膜元件[8]，实际测试结果如图 1－22 所示，在国际上首次完成了引力波探测：高反射薄膜的吸收率为 $2\times10^{-7}\sim3\times10^{-7}$，散射率 $<5\times10^{-6}$（最好结果是 2.3×10^{-6}），高反射薄膜的平面度 RMS 在 150mm 口径内达到 0.19nm；三波长（532nm、800nm、1064nm）减反射薄膜元件在 1064nm 波长处的剩余反射率 $<5\times10^{-5}$，最低剩余反射率仅为 1.3×10^{-5}。

(a) 反射镜基板实物

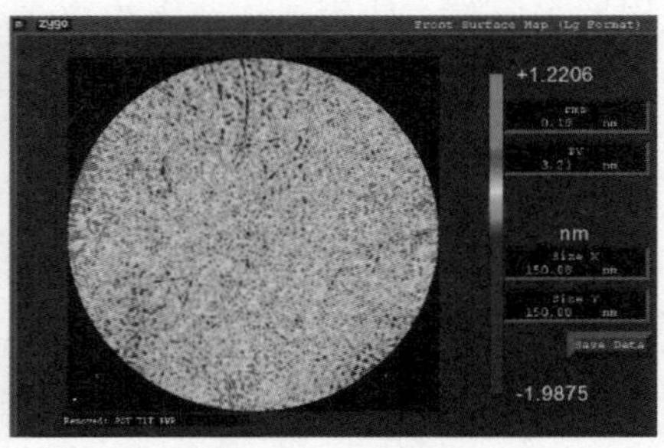

(b)干涉面形图

图 1－22 Φ150mm 口径低损耗激光薄膜反射镜测试结果

为了降低激光薄膜的热噪声，2013 年，美国加利福尼亚一家公司发明了基板转移 $GaAs/Al_xGa_{1-x}As$ 多层晶体薄膜技术，是近年来在光学干涉薄膜领域中出现的一种突破性技术，并且在大面积近红外环形激光陀螺仪中进行了演示。在随后的两年中，通过优化晶体生长和基板转移工艺，极大地降低了光散射损耗。中心波长为 1064～1560nm 的薄膜光学损耗（散射损耗＋吸收损耗）降低至 3×10^{-6}，透射损耗为 1×10^{-5}，接近于离子束溅射制备的低损耗薄膜反射镜总损耗水平（总损耗 $\approx6\times10^{-6}$），反射镜的多层膜结构如图 1－23 所示。同时，他们还研究了这些薄膜的中红外谱段性能，在 3300nm 和 3700nm 波长时，总损耗水平在 10^{-4} 量级。

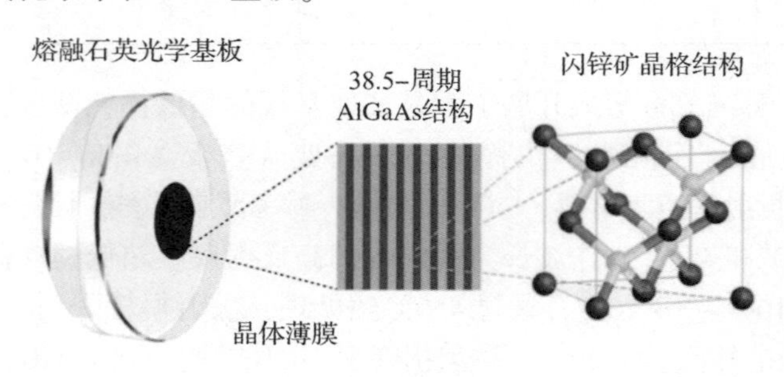

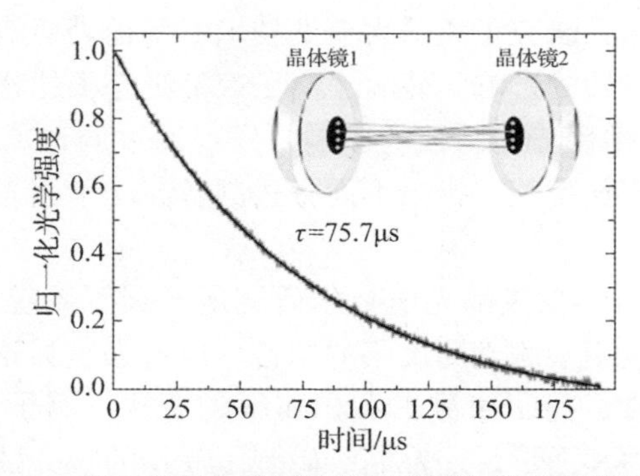

图1-23　近红外晶体薄膜结构示意图和总损耗测试结果

1.3.2　国内报道的超低损耗薄膜性能

自20世纪70年代，我国开始了激光陀螺技术研究，对超低损耗薄膜提出了迫切的需求。受到离子源等核心关键技术的限制，国内离子束溅射技术的研究远远落后于国外。多年来，我国的离子束溅射沉积技术得到了长足的进步，与国外技术水平的差距也逐渐缩小。

1992年，汤雪飞等人在中国电子科技集团公司第48研究所的专用离子束溅射设备上开展了氧化物薄膜的溅射制备实验，并对比了电子束蒸发和离子辅助沉积方式制备的薄膜，主要考察了薄膜的折射率、吸收和激光损伤阈值，证明了离子束溅射技术制备的薄膜具有良好的光学和力学特性，同时也指出离子束溅射沉积中也存在着非薄膜材料的溅射污染。1994年，汤雪飞等人在理论上假设离子源的高斯型离子束流强度分布，模拟计算了具有一定口径的离子束以不同入射角溅射的沉积速率分布，并通过溅射金属Zr靶沉积ZrO_2薄膜的实验加以验证，为优化离子束溅射沉积系统的设计提供了重要的实验数据。1995年，汤雪飞等人对双离子束溅射沉积TiO_2、ZrO_2和SiO_2等氧化物薄膜进行了系统实验研究，制备的薄膜折射率接近于相应的块体材料，显著降低了三种薄膜材料的吸收损耗，TiO_2和ZrO_2薄膜的抗激光损伤阈值也得到提高，制备出反射率大于99.5%的1064nm波长高反射薄膜。

2000年，中国科学院上海光学精密机械研究所在激光薄膜的研制中使用了离子束溅射技术，并配备了美国VEECO的离子束溅射沉积系统。王英剑使用离子束溅射沉积技术制备了化学氧碘激光薄膜，并与电子束蒸发制备的高反膜进行了对比，实现了反射镜的反射率大于99.99%；黄建兵讨论离子束溅射沉积技术在光学薄膜制备中的应用，制备出用于空间探测、神光激光、嫦娥工程、全固态激光器等系统的高性能光学薄膜元件；张大伟讨论了离子束在高功率激光薄膜中的应用，研究了离子束清洗技术对基板表面清洁度、表面能、粗糙度和表面形貌等特性的影响，建立了离子束清洗基板的物理模型，研究了离子束流密度对 HfO_2 薄膜光学特性的影响，发现通过调整离子源工作参数可显著改变薄膜抗激光损伤特性，指出不同方式制备高功率激光薄膜所需要控制的缺陷类型。

2001 年，中国科学院成都光电技术研究所开展了系统的离子束溅射沉积技术研究工作，并应用于激光高反膜的制备。研究人员讨论了 Ta_2O_5、TiO_2 和 SiO_2 薄膜的光学特性，离子束溅射沉积速率的变化，离子束溅射沉积薄膜的均匀性，薄膜内应力和面形误差控制，研制了专用的积分散射仪、损耗测试仪和弱吸收测试仪等。研制的 22.5°工作角的 1064nm 高反膜（Ta_2O_5/SiO_2）的反射率达到 99.997%，吸收损耗为 1×10^{-5}；研制的 45°工作角的 1064nm 高反膜（HfO_2/SiO_2）的反射率达到 99.9%，吸收损耗为 5×10^{-5}。

2002 年开始，天津津航技术物理研究所开展了离子束溅射制备光学薄膜技术研究。季一勤、崔玉平和刘华松等人建立了超低损耗薄膜设计、制备与表征的激光光学薄膜实验室，开展了超低损耗激光薄膜的相关研究工作。基于离子束溅射沉积技术，采用 Ta_2O_5/SiO_2 周期结构膜系，制备了工作角度 22.5°、工作波长 632.8nm 圆偏振激光高反膜，成功应用于环形激光陀螺系统中，使用环形腔时间衰荡法测试反射率达到 99.996%。同时，在熔融石英基板上制备了激光（632.8nm）减反射薄膜，剩余反射率达到 5×10^{-5}以下。

综上所述，自 20 世纪 70 年代，人们将超低损耗激光薄膜技术应用于激光陀螺技术和环形干涉测量系统中，深入研究了多层膜的损耗机制并着重研究如何降低多层膜的各个损耗分量；20 世纪 90 年代，人们将离子束溅射制备技术应用于高损伤阈值激光薄膜领域，而且重点开展了大口径基板的超低损耗激光薄膜研究。早在 1994 年，Bilger 在理论上研究了低损耗反射薄膜的损耗极限。通过对薄膜散射和吸收的物理机制分析，预测在 20 年后低损耗薄膜总损耗会控制在 10^{-9}量级，但是时至今日，未见低损耗薄膜总损耗达到 10^{-9}量级的报道。在21 世纪前 20 年，超低损耗激光薄膜应用在美国的 LIGO、欧洲的 VIRGO 等引力波探测大型科学装置中。随着激光技术的发展，尤其是短波长激光的发展，为超低损耗激光薄膜技术的发展提供了源动力。随着工作波长向短波移动，不仅需要合理设计多层膜的结构，而且薄膜材料体系也随之发生变化，更需要建立高精度的薄膜性能表征方法。对于超低损耗激光薄膜这一主题，在薄膜光学中的理论假设都已经成为实现低损耗特性的误差源，需要从损耗分量的角度深入研究和分析低损耗薄膜特性，力争实现薄膜的设计和制备工艺的高度一致性。

参考文献

[1]ANDERSON R, BILGER H R, STEDMAN G E. "Sagnac" effect: a century of earth – rotated interferometers[J]. American Journal of Physics, 1998, 62(11):975 – 985.

[2]MICHELSON A A , GALE H G . The effect of the earth's rotation on the velocity of light[J]. Nature, 1925, 115(2894):566.

[3]STEDMAN G E. Ring – laser tests of fundamental physics and geophysics[J]. Reports on Progress in Physics, 1997, 6097(6):615 – 688.

[4]STEDMAN G E, BILGER H R , ZIYUAN L , et al. Canterbury ring laser and tests for nonreciprocal phenomena [J]. Australian Journal of Physics, 1993, 46(1):87 – 101.

[5]CHOW W W, GEA – BANACLOCHE J, PEDROTTI L M, et al. The ring laser gyro[J]. Reviews of Modern Physics, 1985, 57(1): 61 – 104.

[6]ABBOTT B P, ABBOTT R, ABBOTT T, et al. Observation of gravitational waves from a binary black hole merger[J]. Physical Review Letters, 2016, 116(6): 061102.

[7]MILLER M C, YUNES N. The new frontier of gravitational waves[J]. Nature, 2019, 568(7753): 469 – 476.

[8]PINARD L, MICHEL C, SASSOLAS B, et al. Mirrors used in the ligo interferometers for first detection of gravitational waves[J]. Applied Optics, 2017, 56(4): 11 – 15.

[9]管桦，黄垚，高克林. 光钟的发展和应用[J]. 现代物理知识，2019，31(03)：63 – 69.

[10]沈辉，李刘锋，陈李生. 超窄线宽激光 – 激光稳频原理及其应用[J]. 物理，2016，45(07)：441 – 448.

[11]ÁLVAREZ M D. Optical cavities for optical atomic clocks, atom interferometry and gravitational – wave detection [M]. Berlin:Springer, 2019.

[12]ALNIS J, MATVEEV A, KOLACHEVSKY N, et al. Subhertz linewidth diode lasers by stabilization to vibrationally and thermally compensated ultralow – expansion glass Fabry – Pérot cavities [J]. Physical Review A, 2008, 77(5): 053809.

[13]ZHANG W, ROBINSON J, SONDERHOUSE L, et al. Ultrastable silicon cavity in a continuously operating closed – cycle cryostat at 4 k[J]. Physical Review Letters, 2017, 119(24): 243601.

[14]ZHANG W, STERN L, CARLSON D, et al. Ultranarrow linewidth photonic – atomic laser [J]. Laser & Photonics Reviews, 2020, 14(4): 1900293.

[15]Wei D T , Louderback A W . Method for fabricating multi – layer optical films: US05/896133[P]. 1979 – 04 – 12.

[16]STEWART A F, LU S M , TEHRANI M M , et al. Ion beam sputtering of optical coatings [J]. Proc. SPIE, 1994, 2114(1): 662 – 677.

[17] WEI D T. Ion beam interference coating for ultralow optical loss [J]. Applied Optics, 1989, 28 (14): 2813 – 2816.

[18] RISTAU D, GROSS T. Ion beam sputter coatings for laser technology [J]. Proc. SPIE, 2005 (5963):596313.

[19]FOY R,FOY F C. Optics in astrophysics[M]. Berlin: Springer,2006: 327 – 341.

[20] ALEX R, JÜRGEN P, HARRO H, et al. Production of high laser induced damage threshold mirror coatings using plasma ion assisted evaporation, plasma assisted reactive magnetron sputtering and ion beam sputtering [J]. Proc. SPIE, 2018(10805): 1080511.

[21] MATHIAS M, JÜRGEN K, WOLFGANG E. Ion beam sputtering for plane and curved optics on 2 – meter scale [J]. Proc. SPIE,2015(27): 96271.

[22] SAKIEW W, SCHRAMEYER S,SCHWERDTNER P, et al. Large area precision optical coatings by reactive ion beam sputtering [J]. Applied Optics,2020(59): 4296.

[23] WINDISCHMANN H. Intrinsic stress in sputter – deposited thin films [J]. Critical Reviews in Solid State and Material Sciences, 1992, 17(6): 547.

[24] HARRY G M, GRETARSSON A M, SAULSON P R, et al. Thermal noise in interferometric gravitational wave detectors due to dielectric optical coatings [J]. Classical & Quantum Gravity, 2002, 19 (5): 897 –917.

[25] AIKENS D M, WOLFE C R, LAWSON J K. Use of power spectral density (PSD) functions in specifying optics for the National Ignition Facility [J]. Proc. SPIE, 1995(2576): 281 –292.

[26] SAYAH S,SASSOLAS B,DEGALLAIX J, et al. Point defects in IBS coating for very low loss mirrors[J]. Applied Optics,2021, 60(14): 4068 –4073.

[27] 奥拉夫·斯坦泽尔,米洛斯拉夫·奥里达尔. 固体薄膜的光学表征[M]. 刘华松,刘丹丹,译. 北京:国防工业出版社, 2021.

[28] WILLAMOWSKI U, RISTAU D, WELSCH E. Measuring the absolute absorptance of optical laser components[J]. Applied Optics, 1998, 37(36): 8362 –8370.

[29] KEEFE O A, DEACON D A. Cavity ring – down optical spectrometer for absorption measurements using pulsed laser sources [J]. Review of Scientific Instruments, 1988, 59(12): 2544 –2551.

[30] DUPARRÉ A, RISTAU D. Optical interference coatings 2010 measurement problem [J]. Applied Optics, 2011, 50(9): 172 –177.

第 2 章

超低损耗激光薄膜基本理论

2.1 概 述

20 世纪 30 年代，光学薄膜技术是应用光学技术领域的重要进展之一，可以实现对光谱分离、能量平衡、偏振控制和相位操控等功能。20 世纪 70 年代，环形激光干涉测量技术对超低损耗激光薄膜提出了迫切需求，急需解决光谱损耗、散射损耗和吸收损耗等关键问题。在常规光学薄膜设计中，通常假定薄膜为各向同性、无散射和无吸收的理想情况，尽管制备工艺水平不断提升，但是实际薄膜的性能与理想设计仍有一定差距。因此，必须深入研究薄膜的损耗机制，对设计与制备同时采取相应技术手段，对薄膜的光损耗分量分别控制。本章从光学薄膜基本理论出发[1,2,3]，分别阐述光学薄膜的能量调控理论、散射损耗理论和吸收损耗理论。

2.2 光学薄膜的能量调控理论

由 m 层均匀各向同性薄膜构成的多层膜如图 2 - 1 所示，假设入射光波为均匀平面波。定义 z 轴方向朝向入射介质，坐标原点 $z=0$ 选择在基板界面。从入射介质到基板方向对膜层进行编号，膜层复折射率依次分别为 N_1，$N_2,\cdots,N_m$，膜层厚度分别为 $d_1,d_2,\cdots,d_m$，入射介质复折射率为 N_0，基板复折射率为 N_s。

根据多层膜的光传输理论，多层膜可以用虚拟的等效界面代替，等效界面的导纳为 Y。根据多层膜的电磁场传输连续性，第 j 层膜的电磁场传输特征矩阵为

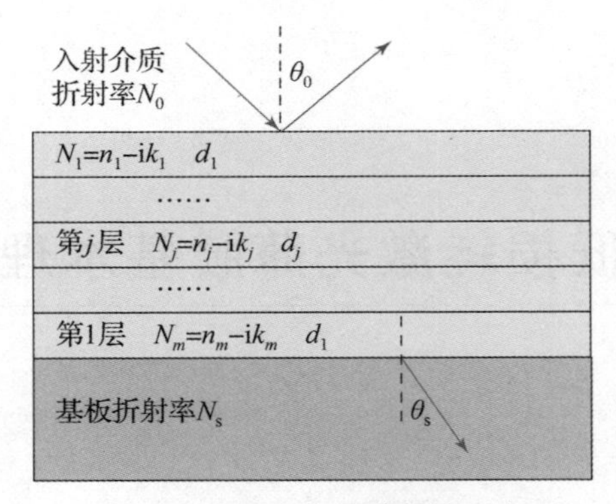

图 2-1　光波在多层膜传输示意图

$$\boldsymbol{M}_j=\begin{bmatrix}\cos\delta_j & \frac{\mathrm{i}}{\eta_j}\sin\delta_j\\ \mathrm{i}\eta_j\sin\delta_j & \cos\delta_j\end{bmatrix}\tag{2-1}$$

于是多层膜的特征矩阵为

$$\begin{bmatrix}B\\C\end{bmatrix}=M_j=\prod_{j=1}^{m}\begin{bmatrix}\cos\delta_j & \frac{\mathrm{i}}{\eta_j}\sin\delta_j\\ \mathrm{i}\eta_j\sin\delta_j & \cos\delta_j\end{bmatrix}\tag{2-2}$$

无论入射光偏振为 p 偏振还是 s 偏振，相位厚度 δ_j 表示为

$$\delta_j=\frac{2\pi N_j d_j\cos\theta_j}{\lambda}\tag{2-3}$$

第 j 层膜中光波折射角 θ_j 由斯涅耳定律决定，即

$$N_0\sin\theta_0=N_j\sin\theta_j=N_s\sin\theta_s=\alpha\tag{2-4}$$

对于入射介质、膜层和基板，等效导纳为

$$\eta_j=\begin{cases}\dfrac{N_j}{\cos\theta_j}, & \text{p 偏振}\\ N_j\cos\theta_j, & \text{s 偏振}\end{cases}\tag{2-5}$$

因此，基板多层膜系统的组合导纳 $Y=C/B$，反射率 R 表达式为

$$R=\left(\frac{\eta_0B-C}{\eta_0B+C}\right)\left(\frac{\eta_0B-C}{\eta_0B+C}\right)^*\tag{2-6}$$

透射率 T 的表达式为

$$T=\frac{4\eta_0\mathrm{Re}(\eta_s)}{(\eta_0B+C)(\eta_0B+C)^*}\tag{2-7}$$

吸收率 A 的表达式为

$$A = (1 - R)\left[1 - \frac{\mathrm{Re}(\eta_s)}{\mathrm{Re}(BC^*)}\right] \tag{2-8}$$

反射的相位变化为

$$\phi = \arctan\left[\mathrm{i}\eta_0 \frac{(CB^* - BC^*)}{(\eta_0^2 BB^* - CC^*)}\right] \tag{2-9}$$

2.3　多层介质薄膜的散射理论

2.3.1　多层介质膜标量散射理论

2.3.1.1　随机粗糙单表面的散射理论

基板表面特征决定了光从随机粗糙表面散射的行为，如图2-2所示，给出了典型基板表面一维轮廓及评价参数。①表面轮廓函数：相对于 $z=0$ 平面的位移表示为 $z=f(x)$，位移函数平均值为0。②表面粗糙度：$f(x)$ 是 x 的正态高斯分布随机函数，均方根表面粗糙度 σ_s 是正态分布的标准偏差。③表面自相关函数：表示了表面横向距离均方根粗糙度的相似性，定义自相关函数在 $1/e$ 高度的半宽度为相关长度 l，在 l 距离上 $f(x)$ 函数相对恒定。④对于良好抛光的光学表面和薄膜表面，表面轮廓函数 $f(x)$ 的斜率值很小，即 $|f'(x)| \ll 1$，即 $\sigma_s \ll \lambda$ 和 $l \gg \lambda$。

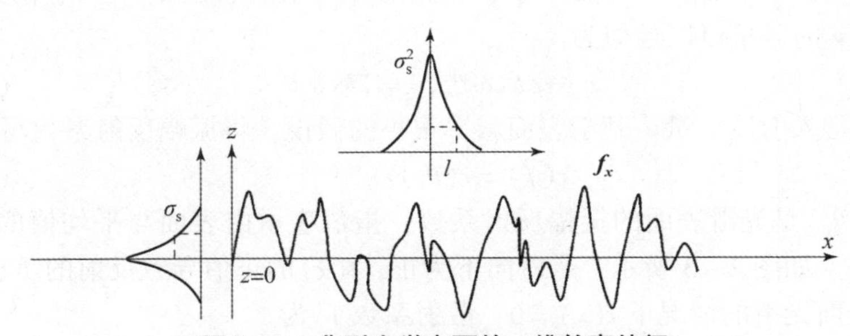

图2-2　典型光学表面的一维轮廓特征

Beckmann 详细讨论了粗糙表面的标量散射理论[4]，根据表面的粗糙度给出了镜面反射率的变化。Eastman 将标量散射理论推广到光学多层膜的情况[5]，根据薄膜系统的传输矩阵计算镜面的反射率和透射率、反射散射和透射散射的变化，应用于具有完全不相关粗糙表面或完全相关（相同粗糙）表面的多层膜结构。在 Eastman 理论的基础上，不考虑散射的偏振退化效应，Carniglia 引入了新散射源进一步丰富了 Eastman 标量散射理论[6]。

如图 2-3 所示，考虑折射率为 n_1 和 n_2 两种介质之间的粗糙界面，波长为 λ 的光以与 z 轴成 θ_1 角度入射到有限长度为 $2L$ 的粗糙界面上。表面轮廓函数 $f(x)$ 的概率密度函数 $w(z)$ 为

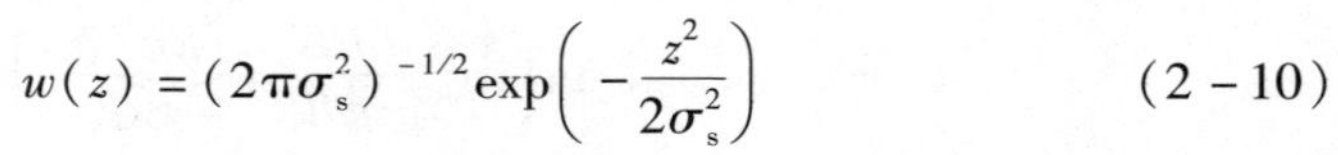

$$w(z)=(2\pi\sigma_s^2)^{-1/2}\exp\left(-\frac{z^2}{2\sigma_s^2}\right) \quad (2-10)$$

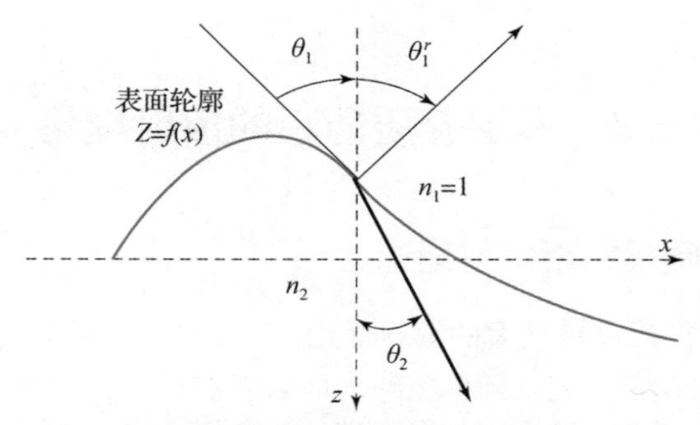

图 2-3　粗糙表面的入射、反射和透射示意图

Beckmann 将散射系数 $\Gamma(\theta_1,\theta_1^r,f)$ 定义为在光滑表面以角度 θ_1^r 散射电场与镜面方向($\theta_1^r=\theta_1$)反射电场的比值，不考虑 $e^{i\omega t}$ 时谐因子，只考虑镜面反射光束附近的区域，可以将散射系数 Γ 写为

$$\Gamma=\frac{1}{2L}\int_{-L}^{L}r(f)\,e^{-iv_x x}\,dx \quad (2-11)$$

式中：$r(f)=r(f(x))$ 为表面上 x 点的振幅反射系数。在非常小的角度偏离 ε 情况下，$\boldsymbol{v}$ 的分量可以近似为

$$v_x\cong\varepsilon\boldsymbol{k}\cos\theta_1,\ v_z\cong2\boldsymbol{k}\cos\theta_1 \quad (2-12)$$

式中：$\boldsymbol{k}$ 是入射波矢量。基于表面斜率很小的假设，将振幅反射系数写为

$$r(f)=r(\theta_1)\,e^{-iv_z f(x)} \quad (2-13)$$

式中：$r(\theta_1)$ 是光滑表面的振幅反射系数，指数表示由表面与平均值的偏差引起的相移。如图 2-3 所示，$f(x)$ 向下为正，$f(x)$ 的正值导致反射的负相移。

在表面光滑的情况下 $f(x)=0$，散射系数 Γ 为

$$\Gamma=r(\theta_1)\,\mathrm{sinc}(v_x L) \quad (2-14)$$

光滑表面的反射率用振幅反射系数的绝对值平方表示为

$$R_0=|r(\theta_1)|^2 \quad (2-15)$$

对于随机粗糙表面，将 $\langle\Gamma\rangle$ 定义为粗糙表面的镜面反射，并在 $f(x)$ 范围内取平均值，得到

$$\langle\Gamma\rangle=\langle r(f)\rangle\,\mathrm{sinc}(v_x L) \quad (2-16)$$

同理，可以将粗糙表面的反射率 R 定义为

$$R=\langle r(f)\rangle^2 \tag{2-17}$$

将式（2-15）代入式（2-13）中得到

$$R=R_0\,|\chi(v_z)|^2 \tag{2-18}$$

定义

$$\chi(v_z)=\langle \mathrm{e}^{-iv_z f(x)}\rangle=\int w(z)\mathrm{e}^{-iv_z z}\mathrm{d}z \tag{2-19}$$

对于表面粗糙度为 σ_s 的高斯分布情况，有

$$\chi(v_z)=\mathrm{e}^{\frac{-v_z^2\sigma_s^2}{2}} \tag{2-20}$$

表面的反射率为

$$R=R_0\mathrm{e}^{v_z^2\sigma_s^2} \tag{2-21}$$

在 $\sigma_s \ll \lambda$ 的情况下，高斯表面反射率 R 的变化近似为

$$\Delta R=R-R_0=-R_0\left(\frac{4\pi\sigma_s\cos\theta_1}{\lambda}\right)^2 \tag{2-22}$$

为了计算表面散射，需要确定散射场强度的期望值 $\langle\Gamma\Gamma^*\rangle$，即

$$\langle\Gamma\Gamma^*\rangle=\langle\Gamma\rangle\langle\Gamma^*\rangle+D(\Gamma)=\frac{1}{4L^2}\int_{-L}^{L}\int_{-L}^{L}\mathrm{e}^{-iv_x(x_1-x_2)}\langle rr^*\rangle\mathrm{d}x_1\mathrm{d}x_2 \tag{2-23}$$

式中：$\langle rr^*\rangle$ 为 $\langle r(f(x_1))r(f(x_2))\rangle$，可以用 r 的方差 $D(r)$ 表示为

$$\langle\Gamma\Gamma^*\rangle=\langle\Gamma\rangle\langle\Gamma^*\rangle+D(\Gamma)=\frac{1}{4L^2}\int_{-L}^{L}\int_{-L}^{L}\mathrm{e}^{-iv_x(x_1-x_2)}[\langle r\rangle\langle r^*\rangle+D(r)]\mathrm{d}x_1\mathrm{d}x_2 \tag{2-24}$$

式中：$\langle\Gamma\rangle\langle\Gamma^*\rangle$ 为镜面光束反射强度；$D(\Gamma)$ 为漫反射到镜面光束中的散射强度。令 $s=x_1-x_2$，$D(\Gamma)$ 可以写为

$$D(\Gamma)=\frac{1}{2L}\int_{-L}^{L}\mathrm{e}^{-iv_x s}D(r)\mathrm{d}s \tag{2-25}$$

为了准确地计算上述积分，必须知道曲面的自相关函数 $G(s)$，才能够得到相关长度为 l 的表面近似解。在非零的 $D(r)$ 范围内且在有限的角度范围内，积分中的指数项近似等于1，式（2-25）可以简化为

$$D(\Gamma)=\frac{1}{2L}\int_{-l}^{l}D(r)\mathrm{d}s \tag{2-26}$$

由于 $D(r)$ 在 $s=0$ 具有最大值，并且可以扩展到 $\pm l$，该积分的近似解为

$$D(\Gamma)\propto(l/L)D_0(r) \tag{2-27}$$

式中：$D_0(r)$ 为 $D(r)$ 在 $s=0$ 时的值。当 $s\to0$，$G\to1$ 且为 σ_s 的二次方，$D_0(r)$ 简化为

$$D_0(r)=R_0\left(\frac{4\pi\cos\theta_1\sigma_s}{\lambda}\right)^2 \tag{2-28}$$

在这种情况下，$D_0(r)$为镜面反射率的降低量，相当于总积分散射。

在 Beckmann 理论中，自相关函数为高斯函数的轻微粗糙表面，在镜面方向的漫反射散射解为

$$D(\Gamma)\propto(\pi/4)^{\frac{1}{2}}(l/L)R_0\left(\frac{4\pi\cos\theta_1\sigma_s}{\lambda}\right)^2 \tag{2-29}$$

在 Eastman 理论中，自相关函数为指数函数的轻微粗糙表面，在镜面方向的漫反射散射解为

$$D(\Gamma)\propto(2/\pi)^{\frac{1}{2}}(l/L)R_0\left(\frac{4\pi\cos\theta_1\sigma_s}{\lambda}\right)^2 \tag{2-30}$$

综上可以确定，由表面粗糙度引起的散射效应服从 $1/\lambda^2$ 定律，而不是经典瑞利散射的 $1/\lambda^4$ 定律。单表面的镜面透射率和透射漫散射表达式与反射的推导过程相同。对于高斯表面，透射率的变化近似为

$$\Delta T\cong -T_0\left[\frac{2\pi(n_1\cos\theta_1-n_2\cos\theta_2)\sigma_s}{\lambda}\right]^2 \tag{2-31}$$

类似可以得到漫散射透射率为

$$D_0(\tau)\cong T_0\left[\frac{2\pi(n_1\cos\theta_1-n_2\cos\theta_2)\sigma_s}{\lambda}\right]^2 \tag{2-32}$$

2.3.1.2 多层膜标量散射的模型理论

如图 2-1 所示多层膜结构，膜层序号从上向下依次为 $1,2,\cdots,m$，入射波电场振幅 E_0^+，反射波电场振幅 E_0^-，基板透射波电场振幅 E_s^+，三者之间的关系通过矩阵 $\boldsymbol{P}_0$ 关联，即

$$\begin{bmatrix}E_0^+\\E_0^-\end{bmatrix}=\boldsymbol{P}_0\begin{bmatrix}E_s^+\\0\end{bmatrix}=\begin{bmatrix}p_1 & p_3\\p_2 & p_4\end{bmatrix}\begin{bmatrix}E_s^+\\0\end{bmatrix} \tag{2-33}$$

在多层膜界面光滑的理想情况下，第 j 层和第 $j+1$ 层之间界面电场传输矩阵为

$$\boldsymbol{I}_{j,j+1}=\frac{1}{t_{j,j+1}}\begin{bmatrix}1 & r_{j,j+1}\\r_{j,j+1} & 1\end{bmatrix} \tag{2-34}$$

式中：$r_{j,j+1}$和 $t_{j,j+1}$分别为第 j 层膜和第 $j+1$ 层膜界面的振幅反射系数和振幅透射系数。电场在第 j 层薄膜的传输矩阵为

$$\boldsymbol{T}_j=\begin{bmatrix}e^{i\frac{2\pi}{\lambda}n_jd_j} & 0\\0 & e^{-i\frac{2\pi}{\lambda}n_jd_j}\end{bmatrix} \tag{2-35}$$

因此，多层膜电场传输矩阵 $\boldsymbol{P}_0$ 为

$$\boldsymbol{P}_0 = \boldsymbol{I}_{01}\boldsymbol{T}_1\boldsymbol{I}_{12}\boldsymbol{T}_2\cdots\boldsymbol{T}_m\boldsymbol{I}_{ms} \tag{2-36}$$

根据 $\boldsymbol{P}_0$ 矩阵计算得到多层膜的振幅反射系数和透射系数为

$$r = \frac{p_2}{p_1},\quad t = \frac{1}{p_1} \tag{2-37}$$

$\langle r\rangle$、$\langle t\rangle$、$D(r)$ 和 $D(t)$ 可以用上述的结果来计算镜面反射率和透射率的变化以及漫反射散射。

在多层膜界面之间加入界面粗糙度，如图 2-4 所示。下面分别考虑界面粗糙度非相关模型、界面粗糙度部分相关模型、非相关的体非均匀性模型，通过修正电场传输矩阵获得多层膜的光学特性，描述多层膜系统的散射可能需要将三种散射模型结合起来应用。

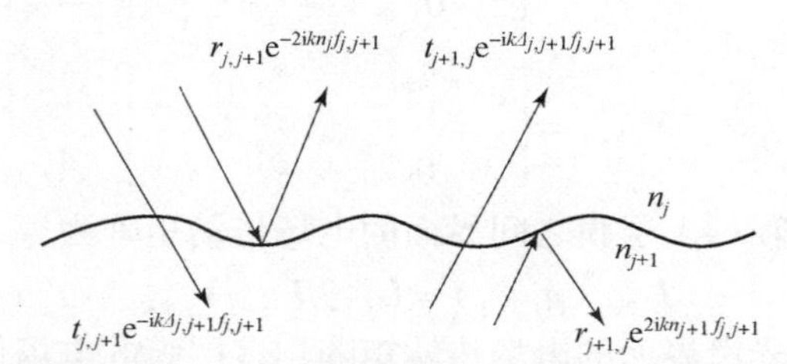

图 2-4　第 j 层膜和第 $j+1$ 层膜之间粗糙界面对反射波和透射波相位的影响

1）界面粗糙度非相关模型

用 d_j 表示第 j 层膜的平均厚度，用 $f_{j,j+1}$ 表示界面从其平均位置开始的位移，所有界面的 $f_{j,j+1}$ 是独立随机变量，导致菲涅耳反射系数和透射系数引入小相移，在界面粗糙度非相关的情况下，第 j 层膜和第 $j+1$ 层膜之间界面的等效电场传输矩阵 $\boldsymbol{I}_{j,j+1}(f_{j,j+1})$ 为

$$\boldsymbol{I}_{j,j+1}(f_{j,j+1}) = \frac{1}{t_{j,j+1}}\begin{bmatrix} e^{ik\Delta_{j,j+1}f_{j,j+1}} & r_{ij}e^{ik\sum_{j,j+1}f_{j,j+1}} \\ r_{j,j+1}e^{-ik\sum_{j,j+1}f_{j,j+1}} & e^{-ik\Delta_{j,j+1}f_{j,j+1}} \end{bmatrix} \tag{2-38}$$

式中：$\Delta_{j,j+1} = n_j - n_{j+1}$；$\sum_{j,j+1} = n_j + n_{j+1}$。令

$$a = e^{ik\Delta_{j,j+1}f_{j,j+1}},\ b = e^{ik\sum_{j,j+1}f_{j,j+1}}$$

定义矩阵 $\boldsymbol{S}_{j,j+1}$ 为

$$\boldsymbol{S}_{j,j+1} = \frac{1}{(1-r_{j,j+1}^2)}\begin{bmatrix} a - r_{j,j+1}^2 b & r_{j,j+1}(b-a) \\ r_{j,j+1}(b^{-1}-a^{-1}) & a^{-1}-r_{j,j+1}^2 b^{-1} \end{bmatrix} \tag{2-39}$$

矩阵（2-38）可以表示为两个矩阵乘积，即

$$\boldsymbol{I}_{j,j+1}(f_{j,j+1}) = \boldsymbol{S}_{j,j+1}\boldsymbol{I}_{j,j+1} \tag{2-40}$$

式中，使用矩阵 $\boldsymbol{S}_{j,j+1}$ 引入界面粗糙度的影响，因此多层膜的电场传输矩阵 $\boldsymbol{P}_1$ 表示为

$$\boldsymbol{P}_1 = \boldsymbol{S}_{01}\boldsymbol{I}_{01}\boldsymbol{T}_1 S_{12}\boldsymbol{I}_{12}\cdots\boldsymbol{T}_m\boldsymbol{S}_{ms}\boldsymbol{I}_{ms} \tag{2-41}$$

式中：矩阵 $\boldsymbol{P}_1$ 是 $m+1$ 个独立随机变量 $f_{j,j+1}$ 的函数。

2）界面粗糙度部分相关模型

第二个模型是多层膜界面之间粗糙度为部分相关，每个薄膜界面重复其前面已经沉积膜层的粗糙度，另外，每层膜的厚度也存在随机起伏。假设第 j 层膜和第 $j+1$ 层膜之间界面相对于其平均值的位移由 $g_{j,j+1}$ 给出，在平均界面的上方和下方的电场传输矩阵分别为

$$\boldsymbol{U}_{j,j+1} = \begin{bmatrix} e^{i\frac{2\pi}{\lambda}n_i g_{j,j+1}} & 0 \\ 0 & e^{-i\frac{2\pi}{\lambda}n_i g_{j,j+1}} \end{bmatrix} \tag{2-42}$$

$$\boldsymbol{V}_{j,j+1} = \begin{bmatrix} e^{-i\frac{2\pi}{\lambda}n_j g_{j,j+1}} & 0 \\ 0 & e^{i\frac{2\pi}{\lambda}n_j g_{j,j+1}} \end{bmatrix} \tag{2-43}$$

在第 j 层膜和第 $j+1$ 层膜之间界面的电场传输矩阵为

$$\boldsymbol{I}_{j,j+1}(g_{j,j+1}) = \boldsymbol{U}_{j,j+1}\boldsymbol{I}_{j,j+1}\boldsymbol{V}_{j,j+1} \tag{2-44}$$

式中：$\boldsymbol{I}_{j,j+1}$ 是理想光滑界面的电场传输矩阵。多层膜的电场传输矩阵 $\boldsymbol{P}_2$ 为

$$\boldsymbol{P}_2 = \boldsymbol{U}_{01}\boldsymbol{I}_{01}\boldsymbol{V}_{01}\boldsymbol{T}_1\boldsymbol{U}_{12}\boldsymbol{I}_{12}\boldsymbol{V}_{12}\cdots\boldsymbol{T}_m\boldsymbol{U}_{ms}\boldsymbol{I}_{ms}\boldsymbol{V}_{ms} \tag{2-45}$$

多层膜界面的位移 $g_{j,j+1}$ 彼此之间部分相关，每个界面特征为

$$g_{j,j+1} = g_{ms} - \sum_{l=j}^{m} g_l \tag{2-46}$$

式中：g_{ms} 为基板面形；g_l 为第 j 层膜相对基板面形 g_{ms} 的厚度变化。基板和第 j 层膜的粗糙度分别为 σ_{ms} 和 σ_l，则 $g_{j,j+1}$ 的均方根粗糙度相对于基板的变化为

$$\sigma_{j,j+1} = \left(\sigma_{ms}^2 + \sum_{l=j}^{m}\sigma_l^2\right)^{1/2} \tag{2-47}$$

如果在制备中每层膜并未引入新的粗糙度变化，那么多层膜复制了基板表面特征，所有界面轮廓都与基板相同，即界面粗糙度完全相关，多层膜的电场传输矩阵 $\boldsymbol{P}_2$ 简化为

$$\boldsymbol{P}_2 = \boldsymbol{U}_{01}\boldsymbol{P}_0\boldsymbol{V}_{ms} \tag{2-48}$$

3）非相关的体非均匀性模型

假设多层膜界面粗糙度完全相关，第 j 层膜的平均折射率 n_j 且有空间变化 Δn_j，导致膜层光学厚度发生变化，h_j 是由折射率非均匀引起的第 j 层膜厚度的等效变化，定义为

$$[n_j + \Delta n_j] d_j = n_j [d_j + h_j] \tag{2-49}$$

所以有

$$h_j = d_j \left[\frac{\Delta n_j}{n_j}\right] \tag{2-50}$$

假设 h_j 是独立的随机变量，则式（2－35）的矩阵等效为

$$\boldsymbol{H}_j = \begin{bmatrix} e^{i\left(\frac{2\pi}{\lambda}n_j h_j\right)} & 0 \\ 0 & e^{-i\left(\frac{2\pi}{\lambda}n_j h_j\right)} \end{bmatrix} \tag{2-51}$$

多层膜的矩阵 $\boldsymbol{P}_3$ 可以表示为

$$\boldsymbol{P}_3 = \boldsymbol{I}_{01}\boldsymbol{T}_1 H_1 \boldsymbol{I}_{12}\boldsymbol{T}_2\boldsymbol{H}_2\cdots\boldsymbol{T}_m\boldsymbol{H}_m\boldsymbol{I}_{ms} \tag{2-52}$$

光学薄膜透射率特性与光的入射方向无关，在薄膜具有吸收的情况下，反射率与入射方向直接相关。为了研究从基板方向入射光的散射，必须以相反的顺序对膜层和表面重新编号：基板成为入射介质，原来的入射介质变成基板，f、g 和 h 也相应地重新编号。由于附加表面粗糙度模型是从多层膜顶部向下而不是从底部向上相关，因此重新编号后 $g_{j,j+1}$ 变为

$$g_{ij} = g_{01} + \sum_{l=1}^{i} g_l \tag{2-53}$$

矩阵 $\boldsymbol{V}_{ms}$ 包含了所有独立变量的组合，在计算中必须特别注意。

通过上述对电场传输矩阵的修正，在大角度入射和膜层具有吸收的情况下，需要考虑以下三个问题。①倾斜入射的偏振效应不可避免。尤其是入射角接近布儒斯特角或者更大的角度，反射率对入射角和偏振态非常敏感，表面粗糙度的一维模型和小表面斜率的近似无效。②多层膜界面的相关性随着角度的变化显著。在大入射角时多层膜内各种反射波产生横向位移，前述的相关长度假设可能不适用。③当薄膜具有吸收的情况下，将第 j 层膜的折射率 n_j 替换为复折射率 $n_j - ik_j$，膜层内折射角和菲涅耳系数都为复数。使用膜层体非均匀性的修正矩阵要慎重，在折射率的实部和虚部均成比例时才能使用 H_j，其他修正矩阵仍然可以使用。

2.3.2　多层介质膜矢量散射理论

2.3.2.1　多层膜角微分散射模型

在多层膜表面入射光波的能量不仅可以直接散射，而且还可以耦合成多层膜的导波模式，导波能量进一步再辐射为散射光或被薄膜吸收。20 世纪 90 年代，Elson 发展了基于导波耦合的多层膜角微分散射理论[7,8]，该理论模型主要包括入射光偏振、入射角、波长、界面粗糙度特征（自相关和互相关函数）

以及多层膜参数（膜厚和介电常数）。Macleod 基于该理论在薄膜软件中集成了多层膜角微分散射计算模块。

多层膜结构包含基板、m 层薄膜和入射介质。对图 2－1 进行补充修改，如图 2－5 所示。定义基板的序号 $j=1$，从基板向外标记膜层的序号为 $j=1\to m+1$，入射介质序号为 $j=m+2$。每层膜的物理厚度为 d_j，介电常数为 $\tilde{\varepsilon}_j$，入射介质的介电常数为 $\tilde{\varepsilon}_{\mathrm{a}}$，基板的介电常数为 $\tilde{\varepsilon}_{\mathrm{s}}$。入射光束的偏振态由电矢量相对于入射平面的角度 φ 决定，θ_{a} 和 θ 分别是入射角和散射角，散射场方向为 $(\theta,\ \varphi)$。因此，在入射介质中包含了入射场、反射场和反射散射场，在基板中包含了透射场和透射散射场。多层膜的第 j 个界面的坐标 $z=d_j+\Delta z_j(\boldsymbol{\rho})$，$\boldsymbol{\rho}(x,y)$ 是平面 z 上的点，$\Delta z_j(\boldsymbol{\rho})$ 是第 j 个界面粗糙度的随机变量，用于表示在平均平面位置附近的波动，均方根粗糙度为 $\langle\,|\Delta z_j(\boldsymbol{\rho})|^2\rangle=\delta_j^{\,2}$。

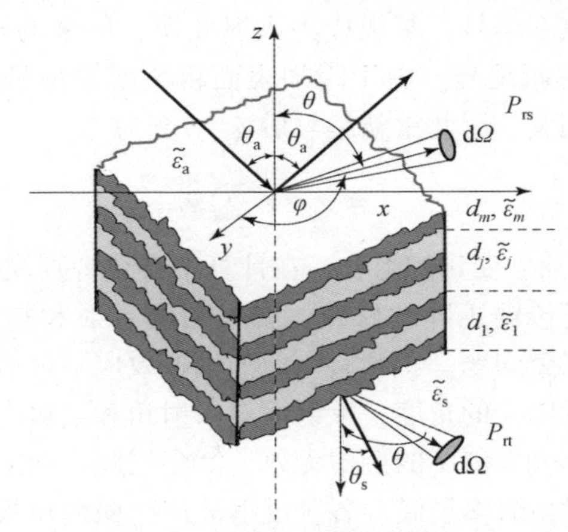

图 2－5　多层膜光散射示意图

在现代精密光学技术中，光学表面的均方根粗糙度一般为 0.1～10nm，这样的表面可以看成完美平面上叠加微粗糙度扰动的结果。因此，可使用微扰法处理这类表面的散射问题。根据麦克斯韦方程和电磁场边界条件，计算得到第 j 层膜的 s 偏振和 p 偏振的一阶微扰电场强度和磁场强度，即可得到散射光的强度。

在讨论矢量散射时使用角分辨散射（ARS），描述了散射到某一方向的相对光通量。归一化的 ARS 为立体角 $\mathrm{d}\Omega$ 方向上散射光功率 $\mathrm{d}S$ 除以入射功率 S_0 和立体角 $\mathrm{d}\Omega$ 乘积，反射半球空间的 ARS 与双向反射分布函数（BRDF）有关，透射半球空间的 ARS 与双向透射分布函数（BTDF）有关，表达式为

$$\begin{cases} \text{ARS} = \dfrac{1}{S_0}\dfrac{\text{d}S}{\text{d}\Omega} = \text{BRDF}\cos\theta \\ \text{ARS} = \dfrac{1}{S_0}\dfrac{\text{d}S}{\text{d}\Omega} = \text{BTDF}\cos\theta \end{cases} \tag{2-54}$$

使用坡印亭向量法线方向分量的面积积分计算 ARS，第 j 层膜产生散射光的平均能流为

$$P_j = \frac{c}{8\pi}\text{Re}\left[\int_A \text{d}^2\rho(\boldsymbol{E}_j^{(1)} \times \boldsymbol{H}_j^{(1)*}) \cdot \hat{z}\right] \tag{2-55}$$

下面分别考虑入射能量散射到反射半球空间和透射半球空间所对应的一阶解。

1）反射空间的角微分散射

$j=m+2$ 为反射半球空间，半球空间介质的复介电常数为 $\tilde{\varepsilon}_a$，从式（2-55）可以得到反射半球空间的能量为

$$P_{\text{rs}} = \frac{c^2}{32\pi^3\omega}\int \text{d}^2k q_a^{(1)}(|a_{m+2}^{(1)}|^2 + |g_{m+2}^{(1)}|^2) \times \text{e}^{-2z\text{Im}(q_a^{(1)})} \tag{2-56}$$

式中：$a_{m+2}^{(1)}$ 和 $g_{m+2}^{(1)}$ 分别为反射半球空间 p 偏振和 s 偏振散射场的振幅系数；$q_a^{(1)}$ 为反射半球空间散射场波矢量的 z 分量。

由于散射波矢量方程为

$$\boldsymbol{k} = (k_x, k_y) = (\omega/c)\sqrt{\tilde{\varepsilon}_a}\sin\theta(\cos\varphi, \sin\varphi) \tag{2-57}$$

因此有

$$q_a^{(1)} = \sqrt{(\omega/c)^2\ \tilde{\varepsilon}_a - k^2} = \sqrt{(\omega/c)^2\ \tilde{\varepsilon}_a\cos\theta} \tag{2-58}$$

在式（2-56）中，d^2k 的表达式为

$$\text{d}^2k = (\omega/c)^2\ \tilde{\varepsilon}_a\cos\theta\sin\theta\text{d}\theta\text{d}\varphi = (\omega/c)^2\ \tilde{\varepsilon}_a\cos\theta\text{d}\Omega \tag{2-59}$$

假定入射介质是无损耗介质 $\text{Im}(\tilde{\varepsilon}_a)=0$ 且 $\text{Re}(\tilde{\varepsilon}_a)\geqslant 1$。如果 $\text{Im}(q_a^{(1)})>0$，阻止能量传播到反射半球空间。对于 $k<(\omega/c)\sqrt{\tilde{\varepsilon}_a}$，$\text{Im}(\tilde{\varepsilon}_a)=0$，指数项为 1，就可能产生反射散射；对于 $k>(\omega/c)\sqrt{\tilde{\varepsilon}_a}$，则对应于倏逝波解。

反射半球空间的 ARS 表达式为

$$\frac{1}{S_0}\left\langle\frac{\text{d}S_{\text{rs}}}{\text{d}\Omega}\right\rangle = \frac{(\omega/c)^4\ \tilde{\varepsilon}_a(\cos\theta)^{3/2}}{16\pi^2\ \sqrt{\cos\theta_a}A} \times \left[\frac{\langle|A_p(\boldsymbol{k}_0-\boldsymbol{k})|^2\rangle}{|P_{1,11}^{(1,m+1)}|^2} + \frac{\langle|A_s(\boldsymbol{k}_0-\boldsymbol{k})|^2\rangle}{|S_{1,11}^{(1,m+1)}|^2}\right] \tag{2-60}$$

式中：加和项中第一项和第二项分别为 p 偏振和 s 偏振的散射强度。A_p 和 A_s

的表达式分别为

$$\begin{cases} A_{\mathrm{p}}(\boldsymbol{k}_0 - \boldsymbol{k}) = \sum_{j=1}^{m+1} \mu_{\mathrm{p}}^{(j)} \Delta Z_j(\boldsymbol{k}_0 - \boldsymbol{k}) \\ A_{\mathrm{s}}(\boldsymbol{k}_0 - \boldsymbol{k}) = \sum_{j=1}^{m+1} \mu_{\mathrm{s}}^{(j)} \Delta Z_j(\boldsymbol{k}_0 - \boldsymbol{k}) \end{cases} \tag{2-61}$$

其中

$$\Delta Z_j(\boldsymbol{k}_0 - \boldsymbol{k}) = \int \mathrm{d}^2 \rho \Delta z_j(\boldsymbol{\rho}) \mathrm{e}^{\mathrm{i}(\boldsymbol{k}_0 - \boldsymbol{k}) \cdot \boldsymbol{\rho}} \tag{2-62}$$

是第 j 个界面轮廓的傅里叶变换。上述公式中的 $\mu_{\mathrm{s}}^{(j)}$、$\mu_{\mathrm{p}}^{(j)}$、$P_{1,11}^{(1,m+1)}$ 和 $S_{1,11}^{(1,m+1)}$ 的表达式参见文献[7,8]。

2）透射空间的角微分散射

$j=1$ 为透射半球空间，从式（2－55）可以得到透射半球空间的散射能量为

$$S_{\mathrm{ts}} = \frac{c^2}{32\pi^3\omega} \int \mathrm{d}^2 k q_{\mathrm{s}}^{(1)} (|b_1^{(1)}|^2 + |f_1^{(1)}|^2) \times \mathrm{e}^{2z\mathrm{Im}(q_{\mathrm{s}}^{(1)})} \tag{2-63}$$

式中：$b_1^{(1)}$ 和 $f_1^{(1)}$ 分别为透射空间 p 偏振和 s 偏振散射场的振幅系数；$q_{\mathrm{s}}^{(1)}$ 为透射空间散射波矢量的 z 分量。

由于透射空间的散射波矢量方程为

$$\boldsymbol{k} = (k_x, k_y) = (\omega/c)\sqrt{\tilde{\varepsilon}_{\mathrm{s}}} \sin\theta(\cos\varphi, \sin\varphi) \tag{2-64}$$

因此有

$$q_{\mathrm{s}}^{(1)} = \sqrt{(\omega/c)^2 \ \tilde{\varepsilon}_{\mathrm{s}} - k^2} = \sqrt{(\omega/c)^2 \ \tilde{\varepsilon}_{\mathrm{s}}} \cos\theta \tag{2-65}$$

在式（2－63）中，$\mathrm{d}^2 k$ 的表达式为

$$\mathrm{d}^2 k = (\omega/c)^2 \ \tilde{\varepsilon}_{\mathrm{s}} \cos\theta \sin\theta \mathrm{d}\theta \mathrm{d}\varphi = (\omega/c)^2 \ \tilde{\varepsilon}_{\mathrm{s}} \cos\theta \mathrm{d}\Omega \tag{2-66}$$

如果 $\mathrm{Im}(q_s^{(1)}) > 0$ 则阻止能量传播到透射半球。如果基板是无损耗的介质 $\mathrm{Im}(\tilde{\varepsilon}_{\mathrm{s}}) = 0$ 且 $\mathrm{Re}(\tilde{\varepsilon}_{\mathrm{s}}) \geqslant 1$，对于 $k < (\omega/c)\sqrt{\tilde{\varepsilon}_{\mathrm{s}}}$，式（2－63）的指数项可以为 1，在这种情况下就可能发生光波的透射散射。对于 $k > (\omega/c)\sqrt{\tilde{\varepsilon}_{\mathrm{s}}}$ 的情况，对应于导波解。

透射半球空间的 ARS 表达式为

$$\frac{1}{S_0}\left\langle \frac{\mathrm{d}S_{\mathrm{ts}}}{\mathrm{d}\Omega} \right\rangle = \frac{(\omega/c)^4 \ (\tilde{\varepsilon}_{\mathrm{s}} \cos\theta)^{3/2}}{16\pi^2 \sqrt{\tilde{\varepsilon}_{\mathrm{a}} \cos\theta_{\mathrm{a}}} A} \times \left[\frac{\langle |B_{\mathrm{p}}(\boldsymbol{k}_0 - \boldsymbol{k})|^2 \rangle}{|P_{1,11}^{(1,m+1)}|^2} + \frac{\langle |B_{\mathrm{s}}(\boldsymbol{k}_0 - \boldsymbol{k})|^2 \rangle}{|S_{1,11}^{(1,m+1)}|^2} \right] \tag{2-67}$$

式中：加和项的第一项和第二项分别为 p 偏振和 s 偏振的散射强度。B_{p} 和 B_{s}

的表达式分别为

$$\begin{cases} B_{\mathrm{p}}(\boldsymbol{k}_0 - \boldsymbol{k}) = \sum_{j=1}^{m+1} \alpha_{\mathrm{p}}^{(j)} \Delta Z_n(\boldsymbol{k}_0 - \boldsymbol{k}) \\ B_{\mathrm{s}}(\boldsymbol{k}_0 - \boldsymbol{k}) = \sum_{j=1}^{m+1} \alpha_{\mathrm{s}}^{(j)} \Delta Z_n(\boldsymbol{k}_0 - \boldsymbol{k}) \end{cases} \tag{2-68}$$

上述公式中的 $\alpha_{\mathrm{s}}^{(j)}$、$\alpha_{\mathrm{p}}^{(j)}$、$P_{1,11}^{(1,m+1)}$ 和 $S_{1,11}^{(1,m+1)}$ 的表达式参见文献[7,8]。

2.3.2.2　多层膜界面功率谱密度

由于无法准确知道界面 j 的表面粗糙度函数 $\Delta z_j(\boldsymbol{\rho})$，因此需要对 ARS 的平均或预期结果进行统计处理。假设表面积 $A\to\infty$，并且统计过程是平稳、遍历和各向同性的。式（2-61）和式（2-68）的一般表达式为

$$T(\boldsymbol{k}_0 - \boldsymbol{k}) = \sum_{j=1}^{m+1} t_j \Delta Z_j(\boldsymbol{k}_0 - \boldsymbol{k}) \tag{2-69}$$

式中：t_j 为界面的透射系数。式（2-69）模平方的平均值除以面积 A 得到

$$\begin{aligned} \frac{\langle |T(\boldsymbol{k}_0 - \boldsymbol{k})|^2 \rangle}{A} &= \frac{1}{A} \left\langle \left| \sum_{j=1}^{m+1} t_j \Delta Z_j(\boldsymbol{k}_0 - \boldsymbol{k}) \right|^2 \right\rangle \\ &= \frac{1}{A} \sum_{j=1}^{m+1} \sum_{j'=1}^{m+1} t_j t_{j'}^* \times \langle \Delta Z_j(\boldsymbol{k}_0 - \boldsymbol{k}) \Delta Z_{j'}^*(\boldsymbol{k}_0 - \boldsymbol{k}) \rangle \end{aligned} \tag{2-70}$$

定义

$$g_{jj'}(\boldsymbol{k}_0 - \boldsymbol{k}) = \frac{\langle \Delta Z_j(\boldsymbol{k}_0 - \boldsymbol{k}) \Delta Z_{j'}^*(\boldsymbol{k}_0 - \boldsymbol{k}) \rangle}{A} \tag{2-71}$$

表示界面 j 和界面 j' 之间粗糙度的平均互功率谱密度。将式（2-62）代入到式（2-71），得到式（2-71）与界面粗糙度相关函数的关系为

$$\begin{aligned} g_{jj'}(\boldsymbol{k}_0 - \boldsymbol{k}) &= \int \mathrm{d}^2\boldsymbol{\tau} \left\{ \lim_{A\to\infty} \left[\frac{1}{A} \int \mathrm{d}^2\boldsymbol{\rho} \Delta z_j(\boldsymbol{\rho} + \boldsymbol{\tau}) \Delta z_{j'}(\boldsymbol{\rho}) \right] \right\} \mathrm{e}^{\mathrm{i}(\boldsymbol{k}_0 - \boldsymbol{k})\boldsymbol{\tau}} \\ &= \int \mathrm{d}^2\boldsymbol{\tau} G_{jj'}(\boldsymbol{\tau}) \mathrm{e}^{\mathrm{i}(\boldsymbol{k}_0 - \boldsymbol{k})\boldsymbol{\tau}} \end{aligned} \tag{2-72}$$

其中，界面粗糙度的相关函数为

$$G_{jj'}(\boldsymbol{\tau}) = \langle \Delta z_j(\boldsymbol{\rho} + \boldsymbol{\tau}) \Delta z_{j'}(\boldsymbol{\rho}) \rangle = \lim_{A\to\infty} \left[\frac{1}{A} \int \mathrm{d}^2\boldsymbol{\rho} \Delta z_j(\boldsymbol{\rho} + \boldsymbol{\tau}) \Delta z_{j'}(\boldsymbol{\rho}) \right] \tag{2-73}$$

式（2-73）给出了由滞后长度 $\boldsymbol{\tau}$ 横向分离的界面 j 和 j' 的粗糙度函数 Δz_j 和 $\Delta z_j'$ 之间的平均关系。请注意，在式（2-72）和式（2-73）中，遍历、平稳和各向同性的假设意味着 $G_{jj'}(\boldsymbol{\tau}) = G_{jj'}(\tau)$ 和 $\tau = |\boldsymbol{\tau}|$。

对于界面粗糙度的相关性，考虑两种不同的情况：在第一种情况下，每个界面的粗糙度相同，称为多层膜界面相关；在第二种情况下，给定界面的粗糙

度在统计上是随机变量，称为多层膜界面非相关。对于所有界面 j 和 j'，界面相关和界面非相关两个模型的相关函数可以写成

$$\begin{cases} G_{jj'} = G(\tau) & \text{，相关模型} \\ G_{jj'}(\tau) = \delta_{jj'} G(\tau) & \text{，非相关模型} \end{cases} \tag{2-74}$$

其中，两个模型中的相关函数 $G(\tau)$ 相同，唯一的区别是在非相关的模型中引入互相关函数。可以进行更复杂的建模，如改变界面之间的相关程度，将相关函数 $G(\tau)$ 写为指数函数和高斯函数之和，有

$$G(\tau) = l_1^2 \exp\left[-\frac{|\tau|}{\sigma_1} \right] + l_s^2 \exp\left[-\left(\frac{\tau}{\sigma_s}\right)^2 \right] \tag{2-75}$$

从式（2-72）中得到功率谱密度函数为

$$g(\boldsymbol{k}_0 - \boldsymbol{k}) = \frac{2\pi l_1^2 \sigma_1^2}{(1 + |\boldsymbol{k}_0 - \boldsymbol{k}|^2 \sigma_1^2)^{3/2}} + \pi l_s^2 \sigma_s^2 \exp\left(\frac{-|\boldsymbol{k}_0 - \boldsymbol{k}|^2 \sigma_s^2}{4} \right) \tag{2-76}$$

式中：$|\boldsymbol{k}_0 - \boldsymbol{k}|^2 = k_0^2 + k^2 - 2k_0 k\cos\varphi$；$\sigma_1$ 和 l_1 分别为长程粗糙度和长程相关长度；σ_s 和 l_s 分别为短程粗糙度和短程相关长度。在式（2-74）的假设下，将式（2-70）改写为

$$\langle |T(\boldsymbol{k}_0 - \boldsymbol{k})|^2 \rangle = \begin{cases} g(\boldsymbol{k}_0 - \boldsymbol{k}) \left| \sum_{j=1}^{m+1} t_j \right|^2, & \text{相关模型} \\ g(\boldsymbol{k}_0 - \boldsymbol{k}) \sum_{j=1}^{m+1} |t_j|^2, & \text{非相关模型} \end{cases} \tag{2-77}$$

因此，用式（2-61）和式（2-68）替换式（2-77）中相应项，得到

$$A_p(\boldsymbol{k}_0 - \boldsymbol{k}) = g(\boldsymbol{k}_0 - \boldsymbol{k}) \begin{cases} \left| \sum_{j=1}^{m+1} \mu_p^{(j)} \right|^2, & \text{相关模型} \\ \sum_{j=1}^{m+1} \left| \mu_p^{(j)} \right|^2, & \text{非相关模型} \end{cases} \tag{2-78a}$$

$$A_s(\boldsymbol{k}_0 - \boldsymbol{k}) = g(\boldsymbol{k}_0 - \boldsymbol{k}) \begin{cases} \left| \sum_{j=1}^{m+1} \mu_s^{(j)} \right|^2, & \text{相关模型} \\ \sum_{j=1}^{m+1} \left| \mu_s^{(j)} \right|^2, & \text{非相关模型} \end{cases} \tag{2-78b}$$

$$B_p(\boldsymbol{k}_0 - \boldsymbol{k}) = g(\boldsymbol{k}_0 - \boldsymbol{k}) \begin{cases} \left| \sum_{j=1}^{m+1} \alpha_p^{(j)} \right|^2, & \text{相关模型} \\ \sum_{j=1}^{m+1} |\alpha_p^{(j)}|^2, & \text{非相关模型} \end{cases} \tag{2-78c}$$

$$B_s(\boldsymbol{k}_0-\boldsymbol{k}) = g(\boldsymbol{k}_0-\boldsymbol{k})\begin{cases}\left|\sum_{j=1}^{m+1}\alpha_s^{(j)}\right|^2, & \text{相关模型}\\ \sum_{j=1}^{m+1}\left|\alpha_s^{(j)}\right|^2, & \text{非相关模型}\end{cases} \quad (2-78\text{d})$$

2.4 多层介质薄膜的吸收理论

2.4.1 多层介质膜电场分布理论

多层膜结构示意图如图 2-1 所示。Newnam 和 Apfel 最早发展了薄膜内正向电场 $\boldsymbol{E}_0^+$ 和反向电场 $\boldsymbol{E}_0^-$ 的计算方法[9,10]，电场强度平方的归一化参数定义为

$$\xi = \frac{|\boldsymbol{E}(z)|^2}{|\boldsymbol{E}_0^+|^2} \quad (2-79)$$

式中：$\boldsymbol{E}(z)$ 是膜层、入射介质和出射介质中 z 位置的电场；$\boldsymbol{E}_0^+$ 是入射波电场。

多层膜的层数为 m，从靠近基板表面开始对多层膜编号，则第 j 层膜之外所有膜层干涉矩阵的乘积为

$$\boldsymbol{M}(z) = \prod_{l=m}^{l}\boldsymbol{M}_l = \prod_{l=m}^{l}\begin{bmatrix}\cos\delta_l & \mathrm{i}\dfrac{\sin\delta_l}{\eta_l}\\ i\eta_l\sin\delta_l & \cos\delta_l\end{bmatrix} = \begin{bmatrix}z_{11} & iz_{12}\\ iz_{21} & z_{22}\end{bmatrix} \quad (2-80)$$

在第 j 层膜处，将出射介质中的切向电场 $\boldsymbol{E}_{z=0,t}$ 传输到第 j 层膜边界处 z_{j-1} 的电场为

$$\begin{bmatrix}\boldsymbol{E}_{z=z_j,t}\\ \boldsymbol{H}_{z=z_j,t}\end{bmatrix} = \boldsymbol{M}(z)\begin{bmatrix}1\\ \eta_s\end{bmatrix}\boldsymbol{E}_{z=0,t} \quad (2-81)$$

薄膜内任意位置 z 的切向电场矢量与出射介质切向电场矢量的转换关系为

$$\boldsymbol{E}_t(z) = (z_{11} + \mathrm{i}z_{12}\eta_s)\boldsymbol{E}_{z=0,t} \quad (2-82)$$

对于多层膜，同样可以得到入射介质中电场($\boldsymbol{E}_{0,t}^{+} + \boldsymbol{E}_{0,t}^{-}$)与基板界面处电场 $\boldsymbol{E}_{z=0,t}$ 的关系为

$$\begin{bmatrix}\boldsymbol{E}_{0,t}^+ + \boldsymbol{E}_{0,t}^-\\ \eta_0\boldsymbol{E}_{0,t}^+ - \eta_0\boldsymbol{E}_{0,t}^-\end{bmatrix} = \boldsymbol{M}_m\cdots\boldsymbol{M}_j\cdots\boldsymbol{M}_1\begin{bmatrix}1\\ \eta_s\end{bmatrix}\boldsymbol{E}_{z=0,t} = \begin{bmatrix}m_{11} & \mathrm{i}m_{12}\\ \mathrm{i}m_{21} & m_{22}\end{bmatrix}\begin{bmatrix}1\\ \eta_s\end{bmatrix}\boldsymbol{E}_{z=0,t}$$

(2-83)

所以得到

$$\boldsymbol{E}_{0,t}^{+}+\boldsymbol{E}_{0,t}^{-}=(m_{11}+\mathrm{i}m_{12}\boldsymbol{\eta}_{\mathrm{s}})\boldsymbol{E}_{z=0,t}$$

$$\boldsymbol{E}_{0,t}^{+}-\boldsymbol{E}_{0,t}^{-}=(\mathrm{i}m_{21}/\boldsymbol{\eta}_{0}+m_{22}\boldsymbol{\eta}_{\mathrm{s}}/\boldsymbol{\eta}_{0})\boldsymbol{E}_{z=0,t}$$

因此有

$$4\,|\boldsymbol{E}_{0,t}^{+}|^{2}=[(m_{11}+m_{22}\boldsymbol{\eta}_{\mathrm{s}}/\boldsymbol{\eta}_{0})^{2}+(m_{21}/\boldsymbol{\eta}_{0}+m_{12}\boldsymbol{\eta}_{\mathrm{s}})^{2}]\,|\boldsymbol{E}_{z=0,t}|^{2} \tag{2-84}$$

所以，得到第 j 层膜界面处的切向电场相对强度为

$$\xi_{t}(z)=\frac{|\boldsymbol{E}_{0,t}^{+}(z)|^{2}}{|\boldsymbol{E}_{0}^{+}|^{2}}=\frac{4\,|(z_{11}+\mathrm{i}z_{12}\boldsymbol{\eta}_{\mathrm{s}})|^{2}}{[(m_{11}+m_{22}\boldsymbol{\eta}_{\mathrm{s}}/\boldsymbol{\eta}_{0})^{2}+(m_{21}/\boldsymbol{\eta}_{0}+m_{12}\boldsymbol{\eta}_{\mathrm{s}})^{2}]} \tag{2-85}$$

上述的分析针对切向电场分量有效，因此对 s 偏振也有效。对于 p 偏振的情况，p 偏振的切向电场分量与电场矢量的关系为 $\boldsymbol{E}_{t}=\boldsymbol{E}_{\mathrm{p}}\cos\theta$，因此膜层内任意界面处的出射介质和入射介质的电场均进行角度转化，得到

$$\boldsymbol{E}_{\mathrm{p}}(z)\cos\theta_{j}=(z_{11}+\mathrm{i}z_{12}\boldsymbol{\eta}_{\mathrm{s}})\boldsymbol{E}_{\mathrm{p},z=0}\cos\theta_{\mathrm{s}} \tag{2-86}$$

$$4\,|\boldsymbol{E}_{\mathrm{p}}^{+}\cos\theta_{0}|^{2}=[(m_{11}+m_{22}\boldsymbol{\eta}_{\mathrm{s}}/\boldsymbol{\eta}_{0})^{2}+(m_{21}/\boldsymbol{\eta}_{0}+m_{12}\boldsymbol{\eta}_{\mathrm{s}})^{2}]\,|\boldsymbol{E}_{\mathrm{p},z=0}\cos\theta_{\mathrm{s}}|^{2} \tag{2-87}$$

式中：θ_0、θ_j 和 θ_{s} 分别为入射角、第 j 层膜的折射角、出射介质的折射角。

对于 p 偏振，第 j 层膜内任意位置的电场相对强度表达式为

$$\begin{aligned}\xi_{\mathrm{p}}(z)&=\frac{|\boldsymbol{E}_{\mathrm{p}}(z)|^{2}}{|\boldsymbol{E}_{\mathrm{p}}^{+}|^{2}}=\frac{4\,|(z_{11}+\mathrm{i}z_{12}\boldsymbol{\eta}_{\mathrm{s}})|^{2}}{[(m_{11}+m_{22}\boldsymbol{\eta}_{\mathrm{s}}/\boldsymbol{\eta}_{0})^{2}+(m_{21}/\boldsymbol{\eta}_{0}+m_{12}\boldsymbol{\eta}_{\mathrm{s}})^{2}]}\frac{|\cos\theta_{0}|^{2}}{|\cos\theta_{j}|^{2}}\\&=\xi_{t}(z)\frac{|\cos\theta_{0}|^{2}}{|\cos\theta_{j}|^{2}}\end{aligned} \tag{2-88}$$

按上述方法，用计算机实现起来简单可行，不仅局限于计算多层膜界面的电场强度，如果将每个膜层进行细分，则可以获得在多层膜中任意位置的电场强度，从而获得整个膜系的电场强度分布。在获得多层膜电场分布后，就可以得到多层膜的吸收，与时间周期内平均场强的平方成正比，即

$$A\propto\sum_{j=1}^{m}\frac{\int n_{j}k_{j}\,\overline{|\boldsymbol{E}(z)|^{2}}\mathrm{d}z}{n_{0}\,\overline{|\boldsymbol{E}_{0}|^{2}}\cos\theta_{0}} \tag{2-89}$$

其中，在复折射率 $N=n-\mathrm{i}k$ 的每层膜上进行积分，总吸收率 A 为对所有膜层求和。

2.4.2 典型多层膜的吸收解析解

2.4.2.1 极值厚度单层膜吸收解析解

在光学薄膜研究中，单层膜系统具有重要意义[3]。假设基板折射率为 n_{s}，膜层光学常数为 $N_{\mathrm{f}}=n_{\mathrm{f}}-\mathrm{i}k_{\mathrm{f}}$、膜层厚度为 d_{f}，单层膜的相位厚度 δ_{f} 为

$$
\begin{cases}
\delta_f = \dfrac{2\pi}{\lambda} N_f d_f = \dfrac{2\pi}{\lambda} n_f d_f - \mathrm{i}\dfrac{2\pi}{\lambda} k_f d_f = \alpha - \mathrm{i}\beta \\
\alpha = \dfrac{2\pi}{\lambda} n_f d_f \\
\beta = \dfrac{2\pi}{\lambda} k_f d_f
\end{cases}
\tag{2-90}
$$

$\lambda_0/4$ 单层膜的光学厚度为 $n_f d_f = \lambda_0/4$，假设 $k_f \ll n_f$，相位厚度 δ_f 的三角函数为

$$
\cos\delta_f \approx -\varepsilon + \mathrm{i}\beta, \quad \sin\delta_f \approx 1 \tag{2-91}
$$

ε 为无穷小量，膜层特征矩阵为

$$
\begin{bmatrix} B \\ C \end{bmatrix} = \begin{bmatrix} -\varepsilon + \mathrm{i}\beta & \dfrac{\mathrm{i}}{n_f} \\ \mathrm{i}n_f & -\varepsilon + \mathrm{i}\beta \end{bmatrix} \begin{bmatrix} 1 \\ \eta_s \end{bmatrix} = \begin{bmatrix} -\varepsilon + \mathrm{i}\left(\beta + \dfrac{n_s}{n_f}\right) \\ \mathrm{i}(n_f + \beta n_s) - \varepsilon \end{bmatrix} \tag{2-92}
$$

单层膜的势透射率为

$$
\Psi_{\lambda_0/4} = \frac{\mathrm{Re}(Y_s)}{\mathrm{Re}(BC^*)} = \frac{n_s}{\left(\varepsilon^2 + \beta n_f + n_s + \beta \dfrac{n_s^2}{n_f}\right)} \tag{2-93}
$$

略去高阶项，得到

$$
\Psi_{\lambda_0/4} \approx 1 - \beta\left(\frac{n}{\eta_s} + \frac{\eta_s}{n}\right) \tag{2-94}
$$

根据势透射率 Ψ 的定义，得到 $\lambda_0/4$ 单层膜的吸收率 $A = (1-R)(1-\Psi)$ 为

$$
A_{\lambda_0/4} \approx (1-R)\frac{\pi k_f}{2n_f}\left(\frac{n_f}{n_s} + \frac{n_s}{n_f}\right) \tag{2-95}
$$

式中：R 为薄膜的反射率。同理，对于 $\lambda_0/2$ 单层膜，按照上述推导过程得到

$$
A_{\lambda_0/2} \approx (1-R)\frac{\pi k_f}{n_f}\left(\frac{n_f}{n_s} + \frac{n_s}{n_f}\right) \tag{2-96}
$$

2.4.2.2　周期结构多层膜吸收的解析解

在正入射的情况下，高/低折射率膜层交替构成的 1/4 波长多层膜是典型的基本结构，膜层等效折射率分别为 η_H 和 η_L，所有膜层都具有 $\lambda_0/4$ 的光学厚度，多层膜共 $m = 2x + 1$ 层，x 值足够大以确保多层膜的高反射率。四种基本周期结构如下。膜系 A：基板 | $(1\mathrm{H}\ 1\mathrm{L})^x 1\mathrm{H}$ | 空气。膜系 B：基板 | $(1\mathrm{H}\ 1\mathrm{L})^x$ | 空气。膜系 C：基板 | $(1\mathrm{L}\ 1\mathrm{H})^x\ 1\mathrm{L}$ | 空气。膜系 D：基板 | $(1\mathrm{L}\ 1\mathrm{H})^x$ | 空气。

利用 2.4.1 中的电场分布理论，以膜系 A 为例，其驻波电场的典型分布如图 2－6 所示。驻波的波腹和波节均位于界面，电场强度极大值出现在 H－L 界面，电场强度极小值出现在 L－H 界面，最高的电场强度集中在多层膜的入

射介质侧。越靠近基板的膜层，电场强度下降越快，在基板中的场强近似为零，这意味着通过周期结构膜系的电场分布调控可以抑制多层膜的吸收损耗[11]。

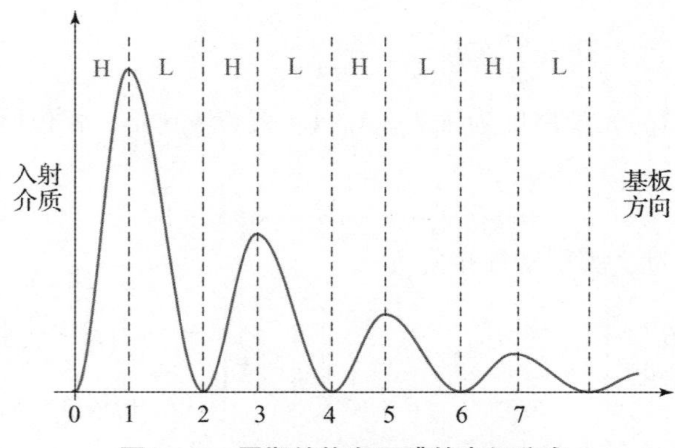

图 2-6　周期结构多层膜的电场分布

下面考虑膜系 A 和膜系 B 的基本结构。如图 2-1 所示，从入射介质方向开始膜层计数，依次去掉每层薄膜，剩余多层膜系的等效导纳依次为 Y_1，Y_2，…。两种典型膜系 A 和膜系 B 的等效导纳具体见表 2-1。

表 2-1　“基板｜多层膜”系统的等效导纳

<table>
<tr><th rowspan="2">膜层序号</th><th colspan="2">Sub｜(HL)^{x}H｜Air</th><th colspan="2">Sub｜(HL)^x｜Air</th></tr>
<tr><th>等效膜系</th><th>等效导纳</th><th>等效膜系</th><th>等效导纳</th></tr>
<tr><td>入射介质</td><td>Sub｜(HL)^{x}H｜Air</td><td>$Y=\left(\frac{\eta_H}{\eta_L}\right)^{2x}\frac{\eta_H^2}{\eta_s}$</td><td>Sub｜(HL)^x｜Air</td><td>$Y=\left(\frac{\eta_L}{\eta_H}\right)^{2x}\eta_s$</td></tr>
<tr><td>第 1 层</td><td>Sub｜(HL)^x｜H</td><td>$Y_1=\left(\frac{\eta_L}{\eta_H}\right)^{2x}\eta_s$</td><td>Sub｜(HL)$^{x-1}$H｜L</td><td>$Y_1=\left(\frac{\eta_H}{\eta_L}\right)^{2x-2}\frac{\eta_H^2}{\eta_s}$</td></tr>
<tr><td>第 2 层</td><td>Sub｜(HL)$^{x-1}$H｜L</td><td>$Y_2=\left(\frac{\eta_H}{\eta_L}\right)^{2x-2}\frac{\eta_H^2}{\eta_s}$</td><td>Sub｜(HL)$^{x-1}$｜H</td><td>$Y_2=\left(\frac{\eta_L}{\eta_H}\right)^{2x-2}\eta_s$</td></tr>
<tr><td>……</td><td>……</td><td>……</td><td>……</td><td>……</td></tr>
<tr><td>第 j 层（奇数层）</td><td>Sub｜(HL)$^{x-(j-1)/2}$｜H</td><td>$Y_j=\left(\frac{\eta_L}{\eta_H}\right)^{2x-(j-1)}\eta_s$</td><td>Sub｜(HL)$^{x-(j+1)/2}$H｜L</td><td>$Y_j=\left(\frac{\eta_H}{\eta_L}\right)^{2x-(j+1)}\frac{\eta_H^2}{\eta_s}$</td></tr>
<tr><td>第 j 层（偶数层）</td><td>Sub｜(HL)$^{x-j/2}$H｜L</td><td>$Y_j=\left(\frac{\eta_H}{\eta_L}\right)^{2x-j}\frac{\eta_H^2}{\eta_s}$</td><td>Sub｜(HL)$^{x-j/2}$｜H</td><td>$Y_j=\left(\frac{\eta_L}{\eta_H}\right)^{2x-j}\eta_s$</td></tr>
</table>

从表 2－1 中可以得到，对于"基板 | (1H 1L)^x 1H | 空气"膜系，去掉第 j 层的多层膜等效导纳为

$$Y_j=\begin{cases}\left(\dfrac{\eta_L}{\eta_H}\right)^{2x-(j-1)}\eta_s=\dfrac{\eta_H^2}{Y}\left(\dfrac{\eta_H}{\eta_L}\right)^{j-1}, & j\text{为奇数}\\ \left(\dfrac{\eta_H}{\eta_L}\right)^{2x-j}\dfrac{\eta_H^2}{\eta_s}=Y\left(\dfrac{\eta_L}{\eta_H}\right)^{j}, & j\text{为偶数}\end{cases} \tag{2-97}$$

根据式（2－95），每层膜的吸收 A_j 为

$$A_j=\begin{cases}\beta_H\left\{\dfrac{Y}{\eta_H}\left(\dfrac{\eta_L}{\eta_H}\right)^{j-1}+\dfrac{\eta_H}{Y}\left(\dfrac{\eta_H}{\eta_L}\right)^{j-1}\right\}, & j\text{为奇数}\\ \beta_L\left\{\dfrac{\eta_L}{Y}\left(\dfrac{\eta_H}{\eta_L}\right)^{j}+\dfrac{Y}{\eta_L}\left(\dfrac{\eta_L}{\eta_H}\right)^{j}\right\}, & j\text{为偶数}\end{cases} \tag{2-98}$$

式中：β_H 和 β_L 的定义见式（2－90）。膜系的总吸收为

$$A=(1-R)\sum_{j=1}^{2x+1}A_j=(1-R)\left\{\beta_H\sum_{\text{奇数层}}^{2x+1}\left\{\frac{Y}{\eta_H}\left(\frac{\eta_L}{\eta_H}\right)^{j-1}+\frac{\eta_H}{Y}\left(\frac{\eta_H}{\eta_L}\right)^{j-1}\right\}\right.$$
$$\left.+\beta_L\sum_{\text{偶数层}}^{2x}\left\{\frac{\eta_L}{Y}\left(\frac{\eta_H}{\eta_L}\right)^{j}+\frac{Y}{\eta_L}\left(\frac{\eta_L}{\eta_H}\right)^{j}\right\}\right\} \tag{2-99}$$

由于最外层为高折射率薄膜，周期结构高反膜的导纳 $Y\gg n_0$，因此 $1-R=4\eta_0/Y$，将式（2－99）改写为

$$A=4\eta_0\sum_{j=1}^{2x+1}\left\{\beta_H\sum_{\text{奇数层}}^{2x+1}\left\{\frac{1}{\eta_H}\left(\frac{\eta_L}{\eta_H}\right)^{j-1}+\frac{\eta_H}{Y^2}\left(\frac{\eta_H}{\eta_L}\right)^{j-1}\right\}\right.$$
$$\left.+\beta_L\sum_{\text{偶数层}}^{2x}\left\{\frac{\eta_L}{Y^2}\left(\frac{\eta_H}{\eta_L}\right)^{j}+\frac{1}{\eta_L}\left(\frac{\eta_L}{\eta_H}\right)^{j}\right\}\right\} \tag{2-100}$$

由于 $1/Y^2\ll1$，忽略 $1/Y^2$ 项得到

$$A\approx4\eta_0\sum_{j=1}^{2x+1}\left\{\beta_H\sum_{\text{奇数层}}^{2x+1}\left\{\frac{1}{\eta_H}\left(\frac{\eta_L}{\eta_H}\right)^{j-1}\right\}+\beta_L\sum_{\text{偶数层}}^{2x}\left\{\frac{1}{\eta_L}\left(\frac{\eta_L}{\eta_H}\right)^{j}\right\}\right\} \tag{2-101}$$

式（2－101）中求和项是以 $(\eta_L/\eta_H)^2$ 为比例的等比级数，得到

$$A\approx4\eta_0\left\{\frac{\beta_H}{\eta_H}\left[\frac{1}{1-(\eta_L/\eta_H)^2}\right]+\beta_L\frac{\eta_L}{\eta_H^2}\left[\frac{1}{1-(\eta_L/\eta_H)^2}\right]\right\} \tag{2-102}$$

同理，对于"基板 | (1H 1L)^x | 空气"膜系，去掉 $j-1$ 层的多层膜等效导纳为

$$Y_j=\begin{cases}\dfrac{\eta_H\eta_L}{Y}\left(\dfrac{\eta_L}{\eta_H}\right)^j, & j\text{ 为奇数}\\ Y\left(\dfrac{\eta_H}{\eta_L}\right)^j, & j\text{ 为偶数}\end{cases} \tag{2-103}$$

所以，第 j 层膜的吸收 A_j 为

$$A_j=1-\Psi_j=\begin{cases}\beta_H\left\{\dfrac{Y}{\eta_L}\left(\dfrac{\eta_H}{\eta_L}\right)^j+\dfrac{\eta_L}{Y}\left(\dfrac{\eta_L}{\eta_H}\right)^j\right\}, & j\text{ 为奇数}\\ \beta_L\left\{\dfrac{\eta_L}{Y}\left(\dfrac{\eta_L}{\eta_H}\right)^j+\dfrac{Y}{\eta_L}\left(\dfrac{\eta_H}{\eta_L}\right)^j\right\}, & j\text{ 为偶数}\end{cases} \tag{2-104}$$

膜系的总吸收为

$$A=(1-R)\sum_{j=1}^{2x}A_j=(1-R)\left\{\beta_H\sum_{\text{奇数层}}^{2x-1}\left\{\frac{Y}{\eta_L}\left(\frac{\eta_H}{\eta_L}\right)^j+\frac{\eta_L}{Y}\left(\frac{\eta_L}{\eta_H}\right)^j\right\}\right.$$

$$\left.+\beta_L\sum_{\text{偶数层}}^{2x}\left\{\frac{\eta_L}{Y}\left(\frac{\eta_L}{\eta_H}\right)^j+\frac{Y}{\eta_L}\left(\frac{\eta_H}{\eta_L}\right)^j\right\}\right\} \tag{2-105}$$

由于最外层为低折射率材料的高反膜导纳 $Y\ll n_0$，因此 $1-R=4Y/\eta_0$，并且略去 Y^2 高阶项，进一步将式（2-105）改写为

$$A\approx 4\eta_0\left\{\frac{\beta_H}{\eta_H}\left[\frac{1}{1-(\eta_L/\eta_H)^2}\right]+\frac{\eta_L\beta_L}{\eta_H^2}\left[\frac{1}{1-(\eta_L/\eta_H)^2}\right]\right\} \tag{2-106}$$

显然，上述两类典型周期结构多层膜的吸收损耗完全不同，进一步代替方程中的 β_H 和 β_L，可以得到两类多层膜的吸收损耗为

膜系 A 的吸收损耗： $$A=\frac{2\pi n_0(k_H+k_L)}{n_H^2-n_L^2} \tag{2-107}$$

膜系 B 的吸收损耗： $$A=\frac{2\pi(n_H^2k_L+n_L^2k_H)}{n_0(n_H^2-n_L^2)} \tag{2-108}$$

同理可以证明，膜系 C 与膜系 B 的吸收损耗表达式相同，膜系 D 与膜系 A 的吸收损耗表达式相同。

参考文献

[1]唐晋发，顾培夫，刘旭. 现代光学薄膜技术[M]. 杭州：浙江大学出版社，2006.

[2]FURMAN S A, TIKHONRAVOV A V. Basics of optics of multilayer systems [M]. Moscow: Atlantica Séguier Frontieres, 1992.

[3]MACLEOD H A. Thin - film optical filters [M]. 5th ed. Tucson: CRC Press, 2018.

[4]BECKMANN P. Scattering of light by rough surfaces [J]. Progress in Optics, 1967(6): 53 - 69.

[5]EASTMAN J M. Scattering by all - dielectric multilayer bandpass filters and mirrors for lasers [M]. New York: Academic Press, 1978(10): 167 - 226.

[6]CARNIGLIA C K. Scalar scattering theory for multilayer optical coatings [J]. Optical Engineering, 1979, 18(2): 104 - 115.

[7]ELSON M, MERLE J. Multilayer - coated optics: guided - wave coupling and scattering by means of interface random roughness[J]. Journal of the Optical Society of America A, 1995, 12(4): 729 - 742.

[8]ELSON J M. Infrared light scattering from surfaces covered with multiple dielectric overlayers[J]. Applied Optics, 1977, 16(11): 2872 - 2881.

[9]ARNON O, BAUMEISTER P. Electric field distribution and the reduction of laser damage in multilayers [J]. Applied Optics, 1980, 19(11): 1853 - 1855.

[10]APFEL J H. Electric fields in multilayers at oblique incidence[J]. Applied Optics, 1976, 15(10): 2339 - 2343.

[11]ARNON O. Loss mechanisms in dielectric optical interference devices[J]. Applied Optics, 1977, 16(8): 2147 - 51.

第3章

低损耗薄膜光学常数表征方法

3.1 概　述

基于物理气相沉积的薄膜制备技术，将块体材料转化为薄膜材料，这种转化过程是强烈非平衡的物理过程和化学过程。如图3-1所示，在材料形态转化过程中，块体材料的化学特性、微结构特性、系统能量等均发生变化，从而导致薄膜材料与块体的光学常数（折射率 n_f 和消光系数 k_f）产生差异，并且这种差异是制备方法和工艺参数的函数。因此，不同方法制备同种薄膜材料的光学常数特性也各不相同，即便是同种方法在不同参数下制备的薄膜特性也会不同。薄膜光学常数是实现光学多层膜设计的重要参数，首要工作就是对薄膜光学常数进行测试和表征[1]。

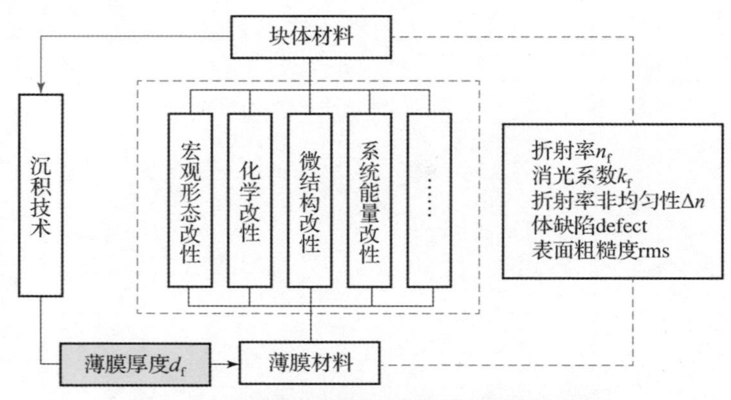

图3-1　光学薄膜与块体材料的光学常数差异

首先，薄膜光学常数的标定需要构建光波传输的物理模型，理想的“基板|薄膜”系统模型在实际应用中已经不够精确。根据光学薄膜理论的基本假设，理想“基板|薄膜”系统共有三个界面：空气-薄膜、薄膜-基板和基

板－空气。实际制备的薄膜与理论假设的主要差异在于：界面扩散特性、表面粗糙度、薄膜非均质性、薄膜体结构缺陷、薄膜的杂质等。因此，需要将理想“基板|薄膜”系统模型转化为多层膜系统模型，Tikhonravov 等人[2]给出了理想单层膜物理模型的修正方法：在修正的多层膜系统模型中增加基板|薄膜之间的界面层（Intermix）、薄膜－空气之间的表面层（Srough），于是理想单层膜模型的界面就由三个变成五个。其次，通过测试手段获得“基板|单层膜”系统的光学特性，如光谱反射率、光谱透射率、椭偏参数等，然后将其作为目标函数反解出薄膜的光学常数和物理厚度，可获得的薄膜光学常数光谱范围取决于测试的光谱范围。目前，常用的薄膜光学常数表征方法为光谱极值法、光谱包络线法、椭圆偏振光谱反演法和全光谱反演法[3]，四种方法的对比见表3－1。

表3－1　薄膜光学常数表征的主要方法对比

方法	适用条件	优点	缺点
光谱极值法	无吸收或极弱吸收的光学薄膜透明区	光谱只需两个极值点即可	必须有精确的基板折射率值；只对单层膜有效，无法对单层膜物理模型修正
光谱包络线法	无吸收或弱吸收的光学薄膜透明区	通过光谱透射率或光谱反射率可以直接计算	在可测波长范围内的极值不明显，即薄膜太薄无法计算，且仅对单层膜有效
椭圆偏振光谱反演法	光学薄膜的无吸收到强吸收光谱区	单层膜时可得非常精确的光学常数值，可实现对单层膜物理模型的修正	椭圆偏振仪价格相对昂贵，对薄膜的消光系数敏感度低
全光谱反演法	光学薄膜的无吸收到强吸收光谱区	只需光谱透射率或光谱反射率，也可实现对单层膜物理模型的修正	需要光学常数初始值，强吸收区的光谱透射率无法使用；短波光谱反射率测试精度较低

在光学镀膜实践工作中，经常用到椭圆偏振光谱反演法和全光谱反演法，这两种方法的关键如下：①根据所需的光谱范围选择合适的测试仪器，往往一种仪器不能完全覆盖整个光波谱段；②根据实际情况对“基板|薄膜”系统进行多层膜物理模型修正；③选择或构建合适的光学常数色散方程，强化薄膜光学常数的物理意义；④选择光谱反演计算的评价函数和快速反演算法。这四个方面直接决定了薄膜光学常数反演计算的精度和效率。本章重点讨论基于分光

光度法和椭圆偏振光谱反演法的薄膜光学常数反演方法，从实际应用出发研究光学常数反演方法的几个问题。

3.2 常用薄膜光谱特性测试方法

3.2.1 分光光度法表征光谱性能

分光光度计是常用的薄膜光谱特性测试仪器，已经有成熟的商业化产品。分光光度计系统一般包括光源、分光系统、样品池、探测器和光谱记录软件五个重要部分。本书中的研究使用了 Perkin Elmer 公司 Lambda 900 分光光度计，该仪器配备氘灯和卤钨灯两个光源，辐射波长范围分别为 175 ~ 340nm 和 340 ~ 3300nm；探测器为光电倍增管和 PbS 探测器，光电倍增管用于紫外光及可见光光谱的光强探测，PbS 探测器用于近红外光谱光强探测[4]。

该仪器基于扫描式双光路测量的原理，其中不放置任何样品的光路为参考光路，其透射光强度为 $I_r(\lambda)$，放置待测试样品的光路为测量光路，透射光强度为 $I_m(\lambda)$，定义两束光的强度均为出口处的光强度（系统分光强度）。使用斩波器使测量光束和参考光束交替进入探测系统，参考光强 $I_r(\lambda)$ 和测量光强 $I_m(\lambda)$ 由接收器转换成电信号后，将 $I_m(\lambda)/I_r(\lambda)$ 的比值按波长用记录仪记录下来，再使用背景校准时参考光路与测量光路光强的比值对分光比进行修正。因此，可以直接得到透射率随波长变化的光谱曲线，配备专用的反射率测试附件也可以得到薄膜样品的光谱反射率。

3.2.2 椭圆偏振法表征光谱性能

椭圆偏振测量术是以椭圆偏振光为基础的光谱技术，检测斜入射偏振光经样品反射后偏振态变化的光谱信息。1901 年，Drude 在出版的书中描述了第一套以人眼为探测器的椭偏装置[5]；1945 年，Rothen 正式命名“椭偏术”一词[6]；1969 年，Jaspersan 根据偏振调制原理研制出自动椭偏仪；1964 年，McCrackin 和 Calsane 提出“可调相位多次测量”和“多入射角”的测试方法[7]；1973 年，Hazebraek 和 ilolscher 等人提出用干涉测量技术确定表面的 p 与 s 分量复振幅反射系数比；1975 年，美国贝尔实验室 Aspnes 利用光栅单色仪产生可变波长，波长范围为 220 ~ 720nm，可以测量不同波长下固体材料的光学特性；1975 年，Stobie 等人研制出 2.5 ~ 4.5μm 的红外自动椭偏仪，将波长从紫外 - 可见光谱段拓展到红外谱段[8]；1981 年，出现了 2.5 ~ 50μm 谱段的红外椭偏仪；1993 年椭偏仪的测试波长延展到 200μm。

反射椭圆偏振仪的结构主要包括光源、偏振器、补偿器、光束调制器和探测器。本书使用美国 J. A. Woollam 公司的 VASE 反射椭圆偏振仪进行椭圆偏振光谱测试[9]，光谱范围 240～2200nm，入射角范围 20°～80°，反射椭偏参数 Ψ 和 Δ 的测试精度为 ±0.05°。如图 4－3 所示，光波经过起偏器后变成线偏振光，然后入射到“基板|薄膜”系统表面，在光与系统的相互作用下，表面的反射光变成椭圆偏振态，反射的椭圆偏振光经过旋转的检偏器，入射到探测器后转换为电信号，通过对电信号和检偏器的角度进行傅里叶分析，即可获得反射椭偏参数 Ψ 和 Δ。通过反解椭偏参数 Ψ 和 Δ，进而得到基板折射率、薄膜的光学常数和物理厚度。

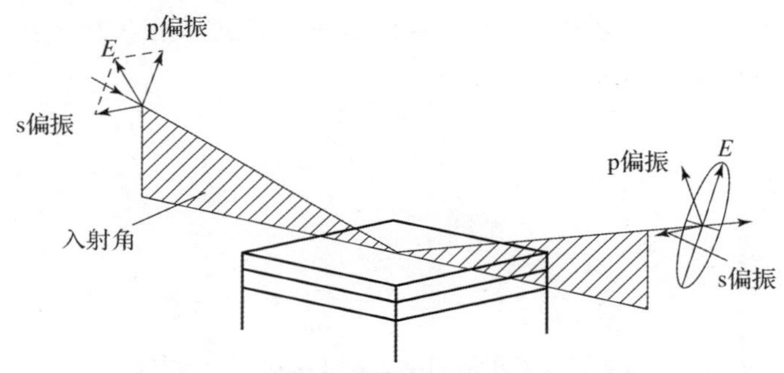

图 3－2　反射椭圆偏振仪测试原理示意图

3.3　光学常数反演方法对比分析

3.3.1　光谱极值包络线法

“基板|薄膜”系统的光谱具有极大值和极小值的反射率/透射率等特征。1976 年，Manifacier[10] 提出了基于极值包络线计算薄膜光学常数的方法，经过 Swanepoel[11] 改进后，该方法可以用于弱吸收/无吸收基板的“基板|薄膜”系统。在获得“基板|薄膜”样品的光谱透射率后，找出极值对应的波长点，然后对透射率极大值和极小值分别进行数学拟合，获得极值点的包络线，继而得到每个波长点所对应的光谱透射率的极大值和极小值，如图 3－3 所示。在此基础上，通过如下的运算得到薄膜的折射率和消光系数。该方法对极值点波长定位和光学特性测试精度要求很高。

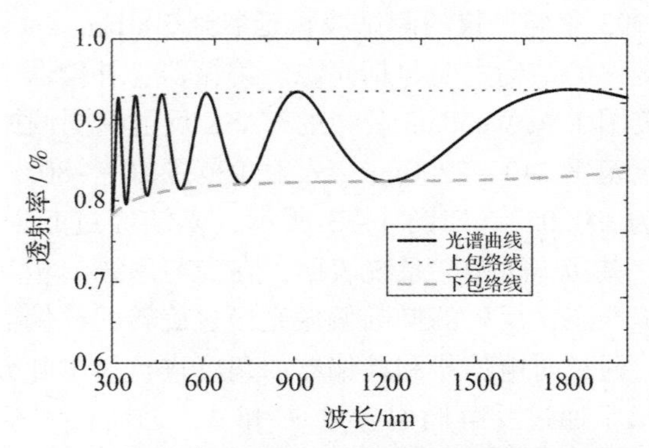

图 3-3 "基板|薄膜"系统光谱透射率包络线示意图

对于有限厚度的"基板|薄膜"系统，光波经过薄膜是相干传输，在基板中则是非相干传输，系统透射率 T 为

$$T=\frac{AX}{B-CX+DX^2} \tag{3-1}$$

其中

$$\begin{cases} X=\mathrm{e}^{-\frac{4\pi kd}{\lambda}} \\ A=16n_s(n^2+k^2) \\ B=[(n+1)^2+k^2]\cdot[(n+1)(n+n_s^2)+k^2] \\ C=2[(n^2-1+k^2)(n^2-n_s^2+k^2)-2k^2(n_s^2+1)]\cos 2\alpha \\ \quad -2k[2(n^2-n_s^2+k^2)+(n_s^2+1)(n^2-1+k^2)]\sin 2\alpha \\ D=[(n-1)^2+k^2]\cdot[(n-1)(n-n_s^2)+k^2] \end{cases} \tag{3-2}$$

式中：$\alpha=2\pi nd/\lambda$；n 和 k 分别为薄膜的折射率和消光系数；d 为薄膜厚度；n_s 为基板折射率。

令 m 为正整数，当 $n>n_s$、$n\gg k$ 且 $\alpha=m\pi$ 时，有

$$C=-2[(n^2-1+k^2)(n^2-n_s^2+k^2)-2k^2(n_s^2+1)] \tag{3-3}$$

当 $\alpha=(2m+1)\pi$ 时，C 的表达式为

$$C=2[(n^2-1+k^2)(n^2-n_s^2+k^2)-2k^2(n_s^2+1)] \tag{3-4}$$

光谱透射率的极大值 $T_{\max}$ 和极小值 $T_{\min}$ 分别表示为

$$T_{\max}=\frac{AX}{B-CX+DX^2} \tag{3-5}$$

$$T_{\min}=\frac{AX}{B+CX+DX^2} \tag{3-6}$$

将光谱透射率的极大值和极小值的方程合并为

$$\frac{1}{T_{\min}}-\frac{1}{T_{\max}}=\frac{2C}{A} \tag{3-7}$$

$$\frac{1}{T_{\min}}-\frac{1}{T_{\max}}=\frac{[(n^2-1+k^2)(n^2-n_s^2+k^2)-2k^2(n_s^2+1)]}{4n_s(n^2+k^2)} \tag{3-8}$$

在k很小的情况下，得到

$$\frac{T_{\max}-T_{\min}}{T_{\min}T_{\max}}=\frac{[(n^2-1)(n^2-n_s^2)]}{4n_s n^2} \tag{3-9}$$

假设

$$N=2n_s\left(\frac{T_{\max}-T_{\min}}{T_{\max}T_{\min}}\right)+\frac{n_s^2+1}{2} \tag{3-10}$$

式（3－9）变为

$$n^4-2Nn^2+n_s^2=0 \tag{3-11}$$

薄膜折射率n为

$$n=[N\pm(N^2-n_s^2)^{1/2}]^{1/2} \tag{3-12}$$

通过式（3－12）可以计算得到满足$n>n_s$的解。

在获得极值点的薄膜折射率后，通过相邻极大值或极小值计算薄膜的厚度，即

$$d=\frac{\lambda_{j,M}\lambda_{j+1,M}}{2[n(\lambda_{j+1,M})\lambda_{j,M}-n(\lambda_{j,M})\lambda_{j+1,M}]}\text{或}$$
$$d=\frac{\lambda_{j,m}\lambda_{j+1,m}}{2[n(\lambda_{j+1,m})\lambda_{j,m}-n(\lambda_{j,m})\lambda_{j+1,m}]} \tag{3-13}$$

式中：下角标j为极值的干涉级次；M为干涉极大值；m为干涉极小值。

薄膜的消光系数k值通过式（3－1）计算X得到，获得X的方法有以下三种。

（1）通过光谱的极大值进行计算，式（3－1）变为

$$T_{\max}=\frac{AX}{B-CX+DX^2} \tag{3-14}$$

代入A、B和D相应的表达式，并且令

$$E_{\max}=\frac{8n^2n_s}{T_{\max}}+(n^2-1)(n^2-n_s^2) \tag{3-15}$$

得到X值为

$$X=\frac{E_{\max}-[E_{\max}^2-(n^2-1)^3(n^2-n_s^4)]^{1/2}}{(n-1)^3(n-n_s^2)} \tag{3-16}$$

（2）通过光谱的极小值进行计算，式（3－1）变为

$$T_{\min}=\frac{AX}{B+CX+DX^2} \tag{3-17}$$

代入 A、B 和 D 相应的表达式，并且令

$$E_{\min}=\frac{8n^2n_s}{T_{\min}}-(n^2-1)(n^2-n_s^2) \tag{3-18}$$

得到 X 值为

$$X=\frac{E_{\min}-[E_{\min}^2-(n^2-1)^3(n^2-n_s^4)]^{1/2}}{(n-1)^3(n-n_s^2)} \tag{3-19}$$

（3）通过光谱的极大值和极小值同时进行计算，将 $T_{\min}$ 和 $T_{\max}$ 合并处理，即

$$\frac{1}{T_{\min}}+\frac{1}{T_{\max}}=\frac{T_{\min}+T_{\max}}{T_{\min}T_{\max}}=\frac{2(B+DX^2)}{AX} \tag{3-20}$$

变换得到

$$\frac{2T_{\min}T_{\max}}{T_{\min}+T_{\max}}=\frac{AX}{(B+DX^2)}$$

令

$$T_i=\frac{2T_{\min}T_{\max}}{T_{\min}+T_{\max}},\quad F=\frac{8n^2n_s}{T_i}$$

代入 A、B 和 D 相应的表达式得到

$$X=\frac{F-[F^2-(n^2-1)^3(n^2-n_s^4)]^{1/2}}{(n-1)^3(n-n_s^2)} \tag{3-21}$$

最后根据方程组（3-2）可以计算出薄膜的消光系数。对于 $n<n_s$ 的情况，可以使用类似方法计算。

基于极值包络线计算薄膜光学常数的方法在实际中应用关键如下：

（1）光学基板：该方法适于无吸收或弱吸收的基板和薄膜，同时要求基板与薄膜的折射率对比度高，有利于建立光谱透射率/反射率的极值包络线。

（2）光谱极值数：光谱极值数不够无法建立包络线，因此需制备较厚的薄膜。

（3）光谱极值包络线：理想的包络线应是极值点的切线，非极值点对应的包络线一般采用数据插值的方法，不能使用外延的极值点。

（4）目标光谱数据：只能使用光谱透射率或光谱反射率。

（5）合理色散方程：该方法获得的光学常数为离散值，必须使用合适的色散方程，例如柯西和塞默尔方程，最后对方程参数拟合才能获得光学常数色散。

3.3.2　全光谱拟合反演法

1966 年，Bennett 首次对全光谱拟合光学常数进行了研究[12]，使用计算机计算了熔融石英基板上铝薄膜的折射率和消光系数。基于全光谱法反演薄膜光学常数已经逐渐成为当前的主流技术，全光谱的内涵也从光谱透射率/反射率拓展到椭圆偏振光谱等所有可用的光谱信息。

该方法的主要思路如图 3－4 所示：以理想的“基板|单层膜”系统或者修正的多层膜系统为基本物理模型，首先选择或者构建薄膜光学常数的色散方程，通过测试得到光学特性数据（透射/反射光谱数据或椭偏光谱数据），使用非线性约束优化算法，逐步迭代获得最优的色散方程参数值和物理厚度值，继而从色散方程中计算出薄膜的折射率和消光系数的色散。整个反演过程的效率与优化算法直接相关，优化算法决定了解空间的搜索速度和反演计算效率。例如，椭圆偏振仪测量得到椭偏参数 ψ 和 Δ，而椭偏参数 ψ 和 Δ 分别是入射角度 θ、薄膜厚度 d_f、折射率 $n(\lambda)$ 和消光系数 $k(\lambda)$ 的函数，因此通过测量连续可变入射角度 θ 下“基板|薄膜”的 ψ 和 Δ 值，使用非线性约束优化算法，逐步迭代获得最优的折射率、消光系数和物理厚度的解。

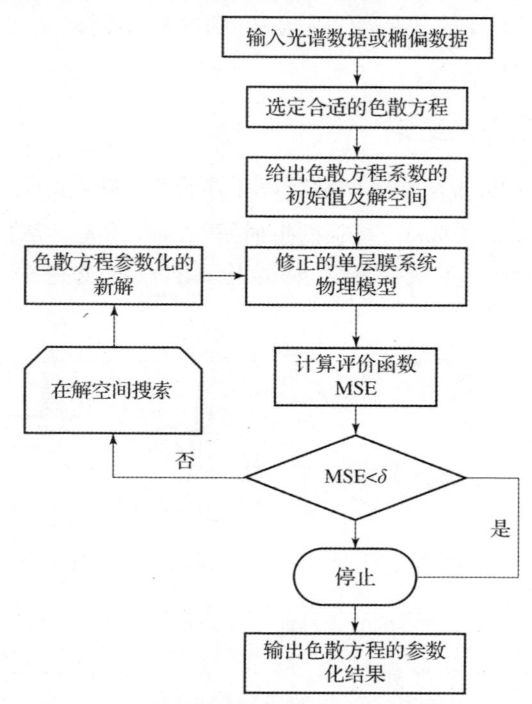

图 3－4　全光谱法光学常数拟合计算的流程

在反演优化算法中，需定义合适的评价函数（例如均方根误差 MSE），用于表征实测光谱数据与理论计算的吻合程度。目标优化的评价函数一般采用如下定义的均方根误差[13]：

$$\mathrm{MSE}=\left\{\frac{1}{2N-M}\sum_{i=1}^{N}\left[\left(\frac{\Psi_i^{\mathrm{mod}}-\Psi_i^{\mathrm{exp}}}{\sigma_{\Psi,i}^{\mathrm{exp}}}\right)^m+\left(\frac{\Delta_i^{\mathrm{mod}}-\Delta_i^{\mathrm{exp}}}{\sigma_{\Delta,i}^{\mathrm{exp}}}\right)^m+\left(\frac{R_i^{\mathrm{mod}}-R_i^{\mathrm{exp}}}{\sigma_{R,i}^{\mathrm{exp}}}\right)^m+\left(\frac{T_i^{\mathrm{mod}}-T_i^{\mathrm{exp}}}{\sigma_{T,i}^{\mathrm{exp}}}\right)^m\right]\right\}^{\frac{1}{m}} \tag{3-22}$$

MSE 实际上是测量值与理论模型计算值的均方差：N 为测量波长点的数量；M 为变量个数；ψ_i^{exp} 和 Δ_i^{exp} 分别为第 i 个波长的椭偏参数测量值；ψ_i^{mod} 和 Δ_i^{mod} 分别为第 i 个波长的椭偏参数计算值；$\sigma_{\Psi,i}^{\mathrm{exp}}$ 和 $\sigma_{\Delta,i}^{\mathrm{exp}}$ 分别为第 i 个波长的 ψ 和 Δ 的测量误差；R_i^{exp} 和 T_i^{exp} 分别为第 i 个波长的反射率和透射率测量值；R_i^{mod} 和 T_i^{mod} 分别为第 i 个波长的反射率和透射率计算值；$\sigma_{R,i}^{\mathrm{exp}}$ 和 $\sigma_{T,i}^{\mathrm{exp}}$ 分别为第 i 个波长的光谱反射率和透射率的测量误差。根据实际可用的光谱数据，选择一种或者几种光谱的组合；m 值的选择一般取值为整数，当 m 值很高时，个别波长的偏差容易导致评价函数增大，因此需根据测试仪器的实际精度和测量误差选择 m 值。对于反演计算的效果而言，评价函数越小则表明测试结果与理论计算结果的吻合程度越好。

3.3.3 两种方法对比结果

为了对比上述两种方法在光学常数表征方面的优缺点，假设基板上 Ta_2O_5 薄膜的物理厚度 $d_f=452.028\mathrm{nm}$，基板的折射率和薄膜的光学常数如图 3－5 所示，计算出“基板 | 薄膜”系统在正入射情况下的双面透射率，结果如图 3－6 所示。

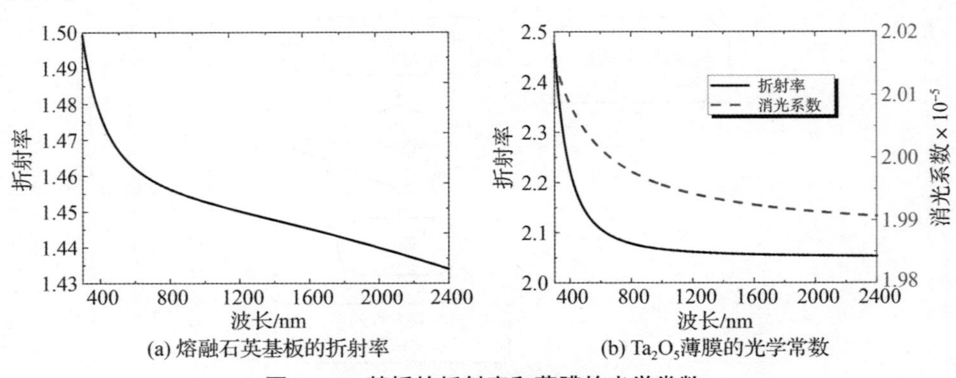

(a) 熔融石英基板的折射率　　(b) Ta_2O_5薄膜的光学常数

图 3－5　基板的折射率和薄膜的光学常数

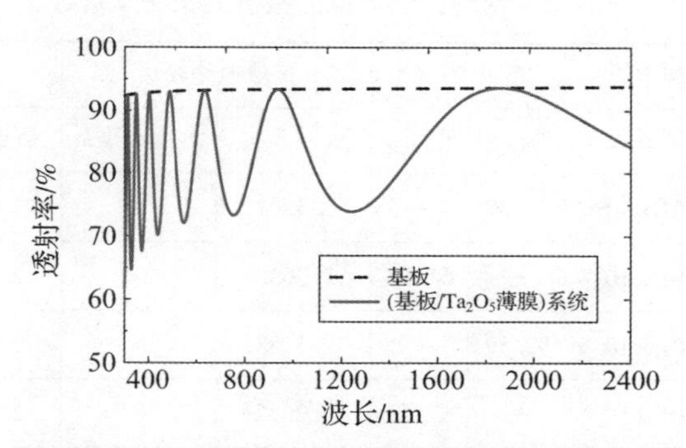

图3-6　"基板｜Ta_2O_5 薄膜"系统双面透射率

将"基板｜Ta_2O_5 薄膜"系统光谱透射率作为光学常数反演计算的目标，使用两种方法对光谱进行反演计算[14]。基于极值法计算光学常数使用 Macleod 薄膜软件中的 Optical Constant 模块，使用 OptiLayer 薄膜软件中的 OptiChar 模块进行全光谱段拟合，基于式（3-22）构建光谱透射率的反演评价函数（$m=2$），得到的结果如下：

（1）极值包络线法计算的结果：利用三次样条插值方法获得光谱极值的包络线，如图3-7所示。提取光谱透射率极值，分别见表3-2中的第4列和第5列，计算得到薄膜的折射率 n_f（表第6列），消光系数 $k_f \approx 0$，薄膜物理厚度为452.12nm，极值波长处的反演评价函数 MSE = 0.184335。

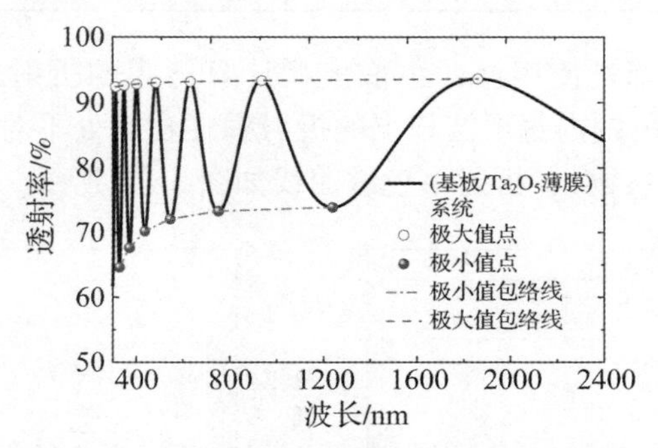

图3-7　"基板｜Ta_2O_5 薄膜"系统极值透射率

（2）全光谱拟合法计算的结果：将测试的光谱透射率作为目标值，拟合的容差为0.5%，薄膜光学常数色散模型选择柯西色散模型。通过拟合色散模型的参数并计算各极值波长点的折射率值，结果见表3-2的第8列和第9列，薄膜的物理厚度为452.02nm，在极值波长处的反演评价函数为 MSE = 0.00524。

表 3-2　两种方法计算的极值波长光学常数

波长/nm	Ta_2O_5 薄膜（理论值）		透射率/%		极值包络线法		全光谱拟合法	
	折射率 n_f	消光系数 k_f	$T_{极大值}$	$T_{极小值}$	折射率 n_f	消光系数 k_f	折射率 n_f	消光系数 k_f
313	2.4219	2.01×10^{-5}	92.37	—	2.4231	0	2.4219	1.97×10^{-5}
329	2.3673	2.01×10^{-5}	—	64.64	2.3650	0	2.3673	1.98×10^{-5}
349	2.3139	2.01×10^{-5}	92.59	—	2.3158	0	2.3139	1.98×10^{-5}
372	2.2670	2.01×10^{-5}	—	67.63	2.2627	0	2.2670	1.98×10^{-5}
402	2.2220	2.01×10^{-5}	92.81	—	2.2229	0	2.2220	1.99×10^{-5}
438	2.1840	2.01×10^{-5}	—	70.17	2.1798	0	2.1840	2.00×10^{-5}
486	2.1500	2.00×10^{-5}	93.02	—	2.1499	0	2.1500	2.00×10^{-5}
547	2.1227	2.00×10^{-5}	—	72.08	2.1173	0	2.1226	2.01×10^{-5}
633	2.0998	2.00×10^{-5}	93.20	—	2.1001	0	2.0998	2.01×10^{-5}
752	2.0827	2.00×10^{-5}	—	73.31	2.0791	0	2.0827	2.02×10^{-5}
936	2.0697	2.00×10^{-5}	93.37	—	2.0703	0	2.0697	2.03×10^{-5}
1241	2.0608	1.99×10^{-5}	—	73.93	2.0587	0	2.0608	2.03×10^{-5}

上述两种方法都是使用柯西色散模型计算薄膜的折射率色散，拟合得到 300~1400nm 光谱范围内每个波长点的折射率（在此处不对比消光系数，用包络线法未获得消光系数），折射率色散曲线如图 3-8 所示。

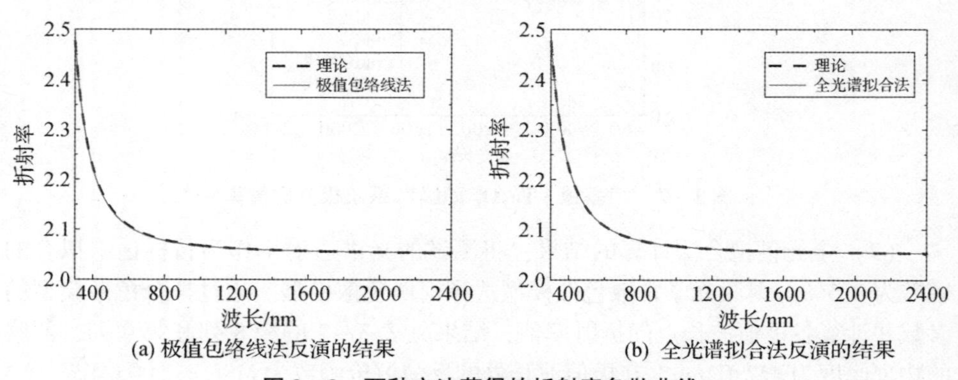

(a) 极值包络线法反演的结果　　(b) 全光谱拟合法反演的结果

图 3-8　两种方法获得的折射率色散曲线

最后，将两种方法计算的折射率色散与物理厚度为初始值，计算得到光谱透射率和实测光谱之间的残差分布，如图3－9所示，在全谱段范围内全光谱拟合法获得折射率精度较高，最大残余误差在1×10^{-4}以内，总体评价函数MSE＝0.00002，而极值包络线法的最大残余误差为5.5×10^{-3}，虽然在个别波长点的误差较小，但是总体评价函数MSE＝0.085091。

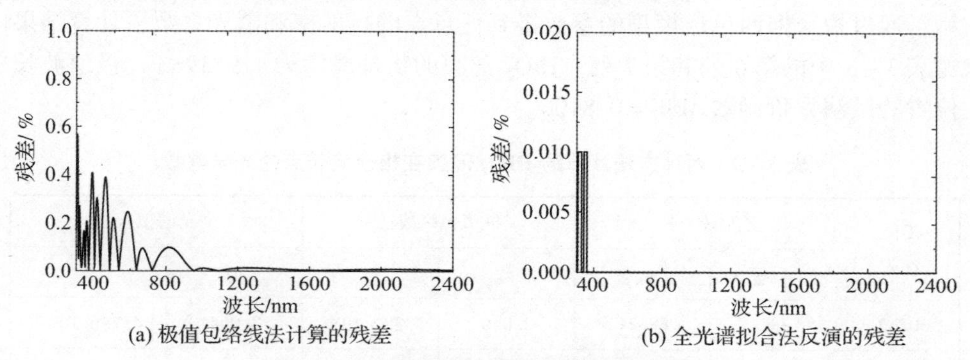

(a) 极值包络线法计算的残差　　(b) 全光谱拟合法反演的残差

图3－9　两种方法反演计算的残余误差

对比两种方法对Ta_2O_5薄膜光学常数的反演计算，折射率与物理厚度的计算结果基本相同，能够满足常规光学薄膜的设计需求。两种方法对光谱透射率测试的共同要求：①光谱透射率的测试误差小；②光谱测试波长精度高；③光谱透射率的随机误差必须修正。

下面对实际制备的HfO_2薄膜进行光学常数反演表征，选择方程（3－22）中的光谱透射率作为评价函数（$m=2$）。HfO_2薄膜沉积在超光滑的熔融石英表面，实际测试的光谱透射率和极值包络线如图3－10所示。

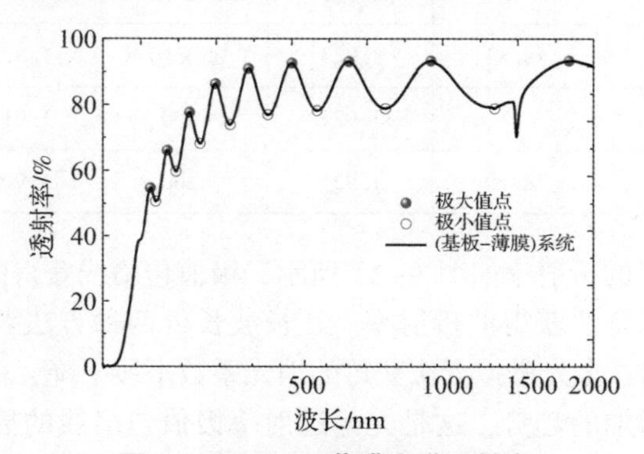

图3－10　HfO_2薄膜光谱透射率

（1）极值包络线法计算结果：从图3－10中提取光谱透射率的极大值和极小值，结果见表3－3中第2列和第3列。采用三次样条插值法得到包络线，计算得到薄膜折射率 n_f、消光系数 k_f 和物理厚度 d_f，结果见表 3－3 中的第 4 列和第 5 列。HfO_2 薄膜的物理厚度为 479.17nm，极值波长处的反演评价函数 MSE＝1.1984。

（2）全光谱拟合法计算结果：以“基板｜HfO_2 薄膜”系统的光谱透射率为目标，采用非线性约束数值优化方法，光学常数的色散模型选择柯西色散模型，通过拟合柯西色散模型的参数得到任意点的折射率和消光系数，计算结果见表 3－3 中的第 6 列和第 7 列。HfO_2 薄膜的物理厚度为 479.39nm，极值波长位置的反演评价函数 MSE＝0.8106。

表 3－3　两种方法计算的 HfO_2 薄膜在极值波长点的光学常数

波长 /nm	透射率/%		极值包络线法		全光谱拟合法	
	$T_{极大值}$	$T_{极小值}$	n_f	k_f	n_f	k_f
303.3	—	68.21	2.056	5.28×10^{-3}	2.064	4.78×10^{-3}
326	86.39	—	2.031	3.29×10^{-3}	2.035	2.89×10^{-3}
350.1	—	73.88	2.010	2.01×10^{-3}	2.012	1.67×10^{-3}
382.5	91.03	—	1.987	1.10×10^{-3}	1.990	7.80×10^{-4}
419.3	—	76.88	1.970	5.70×10^{-4}	1.972	3.22×10^{-4}
469.4	92.67	—	1.954	2.60×10^{-4}	1.955	9.36×10^{-5}
531	—	78.19	1.942	1.00×10^{-4}	1.942	1.99×10^{-5}
616.8	93.14	—	1.931	4.00×10^{-5}	1.931	2.21×10^{-6}
734.5	—	78.84	1.923	1.00×10^{-5}	1.922	1.03×10^{-7}
918.1	93.32	—	1.921	0.00	1.915	8.00×10^{-10}
1245.3	—	78.79	1.921	0.00	1.909	0.00

两种方法获得的折射率如图 3－11 所示，极值包络线获得的折射率在短波长处略低于全光谱拟合法获得的折射率。在长波长处两种方法获得的消光系数对比如图 3－12 所示，全光谱拟合法获得的消光系数平缓下降，而极值包络线法获得的消光系数有增加的趋势，这是光谱透射率极值包络线的插值精度引起的误差。最后，利用折射率色散和物理厚度计算“基板｜HfO_2 薄膜”系统的透射光谱，与实际测试得到的光谱透射率相比得到反演计算的残差分布，如图 3－13 所示。从图中可以看出，采用全光谱拟合得到全光谱范围内的残差小于 0.6%，评

价函数 MSE = 0.8599，而包络线法的残差较大，虽然个别波长的误差较小，但总体评价函数 MSE = 1.3510。

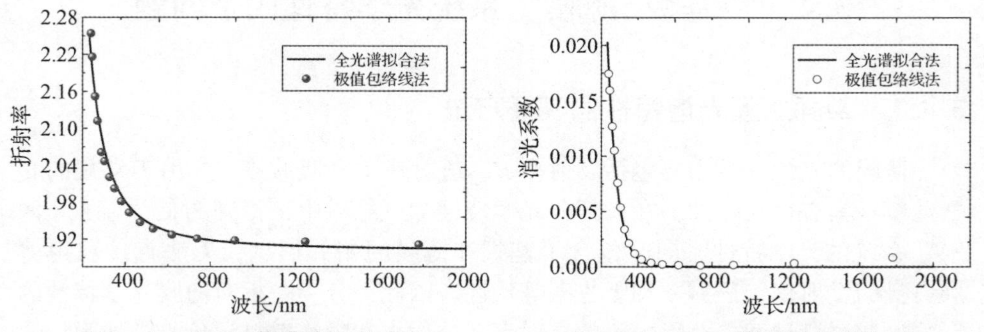

图 3-11　HfO_2 薄膜折射率对比　　**图 3-12　HfO_2 薄膜消光系数对比**

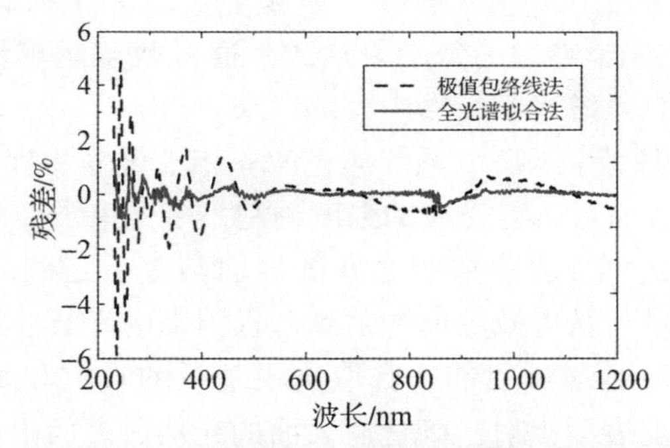

图 3-13　两种光学常数表征方法的光谱透射率残差对比

两种光学常数表征方法的光谱透射率残差对比如图 3-13 所示，通过上述分析可以确定两种光学常数表征方法之间的差别如下：

（1）极值包络线法只能得到极值波长的光学常数，非极值波长的光学常数必须通过色散模型拟合获得，在光谱极值波长附近的光学常数计算误差较大，而且对弱吸收的消光系数反演计算误差较大；全光谱拟合法直接定义色散模型，通过拟合色散方程的参数而获得全光谱的光学常数，所以不存在长波消光系数增加的问题。

（2）因为极值包络线法要求“基板 | 薄膜”系统在某一波长点的极大值或极小值，必须通过数学插值方法获得另一个相邻极值，而且包络线法要求薄膜的厚度较厚，尽量控制相邻极值波长位置的间隔较近，所以数值插值的精度直接影响到包络线的精度；全光谱拟合法的拟合精度取决于各波长点的测试精度，不引入插值的计算误差，与极值包络线法相比，全光谱拟合法的影响因素较少、使用方便，获得的光谱透射率残差也更小。

3.4 “基板|薄膜”系统光学特性四个问题

3.4.1 单面薄膜光谱特性的表征方法

薄膜的光学特性主要包括反射率 R、透射率 T 和吸收率 A。由于常规的光学薄膜不具有自支撑性，在大部分光学特性测试结果中，得到的是“基板|薄膜”系统的光学特性，同时包含了基板和薄膜的相关信息，无法直接获得薄膜自身的反射率、透射率和吸收率等特性。因此，分离基板对薄膜光学特性的影响，通过测试间接获得薄膜的反射率、透射率和吸收率是评价光学薄膜特性的关键之一。下面基于“基板|薄膜”系统光波非相干传输物理模型，推导“基板|薄膜”系统光学特性的数学表达式，通过数学运算将薄膜自身光学特性从“基板|薄膜”系统光学特性中分离出来。

首先，建立“基板|薄膜”系统的光波非相干传输物理模型[15,16]。“基板|薄膜”系统的前表面对入射光波的强度调制是多光束干涉的结果，并非简单的光强度叠加，因此可以将多层膜之间的界面与基板之间的界面等效为单界面，如图 3－14 所示。从等效界面透射到基板内部的光波经过基板下表面反射后在基板内部多次反射（反射的次数取决于基板的吸收和基板的横向尺寸），到达前表面的光从前表面出射，到达后表面的光从后表面出射，每个表面出射光波总强度是多次内反射光波强度的非相干叠加。在反射/透射光束中均含有光波相干叠加和非相干叠加的耦合效应。

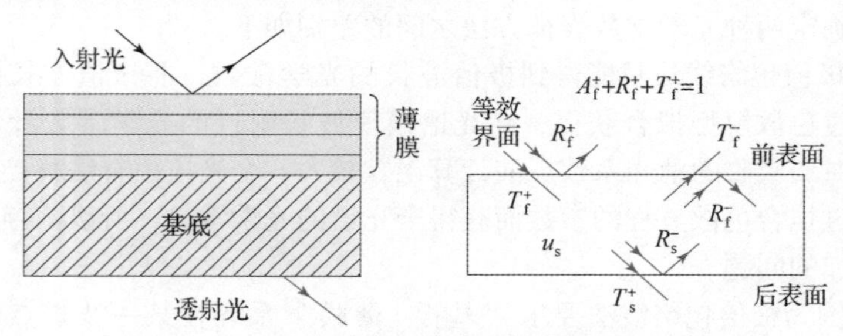

图 3－14 “基板|薄膜”系统等效界面示意图

定义光束从薄膜方向入射为正方向，表面光学特性参数如下：R_f^+ 为前表面的外反射率，R_f^- 为前表面的内反射率，T_f^+ 为前表面的正向透射率，A_f^+ 为前表面的正向吸收率，T_f^- 为前表面的反向透射率（$T_f^+ = T_f^-$）；u_s 为基板材料

内透射率；R_s^- 为后表面内反射率，T_s^+ 和 T_s^- 为后表面的透射率（$T_s^+ = T_s^-$）。对于薄膜特性而言，R_f^+、T_f^+ 和 A_f^+ 分别为薄膜的反射率、透射率和正向吸收率。在此，不考虑基板作为平行平板的干涉效应，在基板内部多次内反射的光波在前/后表面出射后是非相干强度叠加。如图 3－15 所示，当光束从薄膜方向入射时，整个“基板 | 薄膜”系统的反射率和透射率分别为 R_{front} 和 T_{front}。当光束从基板方向入射时，如图 3－16 所示，整个系统的反射率和透射率分别为 R_{rear} 和 T_{rear}。无论光从哪个方向入射“基板 | 薄膜”系统，光束在基板内部多次传播，基板内透射率 u_s 对整个系统吸收率具有较大的影响。在实际的测试中，得到的是“基板 | 薄膜”系统的反射率、透射率和吸收率，因此需要进一步运算，才能得到单面薄膜的反射率 R_f^+、透射率 T_f^+ 和吸收率 A_f^+。

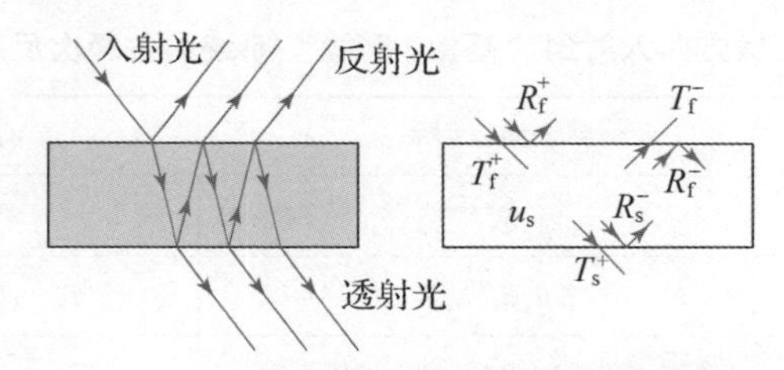

图 3－15　光从“基板 | 薄膜”系统前表面入射

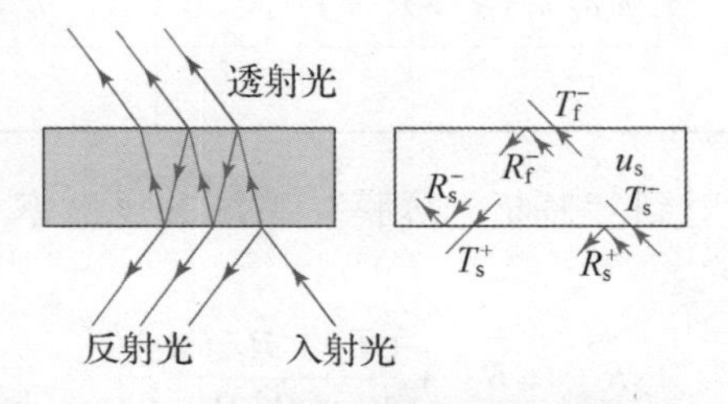

图 3－16　光从“基板 | 薄膜”系统后表面入射

表 3－4 和表 3－5 分别给出从前后两个表面入射“基板 | 薄膜”系统的不同级次反射率和透射率的表达式。将多次反射/透射的光束进行非相干强度叠加，根据等比级数的前 n 项和方程和多层膜系透射定理（$T_f^+ = T_f^-$、$T_s^+ = T_s^-$，$R_s^+ = R_s^-$），得到从前表面方向入射到“基板 | 薄膜”系统的反射率 R_{front} 和透射率 T_{front} 分别为

$$R_{\text{front}} = R_f^+ + \frac{(T_f^+)^2 R_s^+ (u_s)^2}{1 - (R_f^- R_s^+ u_s^2)} \tag{3-23}$$

$$T_{\text{front}} = \frac{T_f^+ T_s^+ u_s}{1 - (R_f^- R_s^+ u_s^2)} \tag{3-24}$$

表 3－4　从薄膜方向入射到“基板｜薄膜”系统的各级次反射率/透射率

	级次	前表面反射率	后表面透射率
从前表面方向入射	1	R_f^+	$T_f^+ u_s T_s^+$
	2	$T_f^+ u_s R_s^- u_s T_f^-$	$T_f^+ u_s (R_s^- u_s R_f^- u_s) T_s^+$
	3	$T_f^+ u_s R_s^- u_s (R_f^- u_s R_s^- u_s) T_f^-$	$T_f^+ u_s (R_s^- u_s R_f^- u_s)^2 T_s^+$
	4	$T_f^+ u_s R_s^- u_s (R_f^- u_s R_s^- u_s)^2 T_f^-$	$T_f^+ u_s (R_s^- u_s R_f^- u_s)^3 T_s^+$
	5	…	…

表 3－5　从基板方向入射到“基板｜薄膜”系统的各级次反射率/透射率

	级次	后表面反射率	前表面透射率
从后表面方向入射	1	R_s^+	$T_s^- u_s T_f^-$
	2	$T_s^- u_s R_f^- u_s T_s^+$	$T_s^- u_s (R_f^- u_s R_s^- u_s) T_s^+$
	3	$T_s^- u_s R_f^- u_s (R_s^- u_s R_f^- u_s) T_s^+$	$T_s^- u_s (R_f^- u_s R_s^- u_s)^2 T_s^+$
	4	$T_s^- u_s R_f^- u_s (R_s^- u_s R_f^- u_s)^2 T_s^+$	$T_s^- u_s (R_f^- u_s R_s^- u_s)^3 T_s^+$
	5	…	…

从后表面方向入射到“基板｜薄膜”系统的反射率 R_{rear} 和透射率 T_{rear} 分别为

$$R_{rear} = R_s^+ + \frac{(T_s^+)^2 R_f^- (u_s)^2}{1 - (R_s^+ R_f^- u_s^2)} \tag{3-25}$$

$$T_{rear} = \frac{T_f^+ T_s^+ u_s}{1 - (R_f^- R_s^+ u_s^2)} \tag{3-26}$$

基板的光谱特性可以用上述方法获得，双面反射率 R_s、双面透射率 T_s 和内透射率 u_s 分别为

$$R_s = R_s^+ + \frac{(T_s^+)^2 R_s^+ (u_s)^2}{1 - (R_s^+ R_s^+ u_s^2)} \tag{3-27}$$

$$T_s = \frac{(T_s^+)^2 u_s}{1 - (R_s^+ R_s^+ u_s^2)} \tag{3-28}$$

$$u_s = \frac{R_s - R_s^+}{T_s R_s^+} \tag{3-29}$$

上述给出了“基板|薄膜”系统的光学特性表达式，可以通过测试方法获得系统的 R_{front}、T_{front}、R_{rear} 和 T_{rear}。下面推导单面薄膜的光学特性 R_f^+、T_f^+ 和 A_f^+。

将式（3-23）除以式（3-24），有

$$\frac{R_{front}-R_f^+}{T_{front}}=\left(\frac{T_f^+R_s^+}{T_s^+}\right)u_s \tag{3-30}$$

将式（3-25）除以式（3-26），有

$$\frac{R_{rear}-R_s^+}{T_{front}}=\left(\frac{T_s^+R_f^-}{T_f^+}\right)u_s \tag{3-31}$$

将式（3-25）的两边变换得到

$$R_f^-=\frac{R_{rear}-R_s^+}{[(R_{rear}-R_s^+)R_s^++(T_s^+)^2](u_s)^2} \tag{3-32}$$

将式（3-32）代入到式（3-31），得到单面透射率为

$$T_f^+=\frac{T_{front}T_s^+}{[(R_{rear}-R_s^-)(R_s^+)+(T_s^+)^2]u_s} \tag{3-33}$$

将式（3-33）代入到式（3-30），得到单面反射率为

$$R_f^+=R_{front}-\frac{R_s^+T_{front}T_{front}}{[(R_{rear}-R_s^-)(R_s^+)+(T_s^+)^2]} \tag{3-34}$$

薄膜的正向吸收率为

$$A_f^+=1-R_f^+-T_f^+ \tag{3-35}$$

根据上述的方程，单面薄膜的透射率、反射率和吸收率可以通过两种方法计算。

第一种方法：在一块双面抛光的样品上实现单面薄膜的透射率、反射率和吸收率的表征。在这种情况下，采用图3-15所示的入射方向，测试得到前表面的双面反射率 R_{front}，再采用图3-16所示的入射方向，测试得到后表面的双面反射率 R_{rear}。保证两种测试方法必须采用相同的入射角度，再测试得到双面透射率 T_{front}，根据式（3-33）~式（3-35）即可计算得到单面薄膜的光学特性。

第二种方法：采用双面抛光镀膜和单面抛光镀膜两块样品。通过测量两块样品的双面反射率 R_{front}、单面反射率 R_f^+ 以及双面透射率 T_{front}，利用式（3-30）直接获得单面透射率 T_f^+，而吸收率 A_f^+ 则由式（3-35）直接计算得到。

上述给出的薄膜光学特性两种表征方法各有优缺点，这种间接表征单面薄膜光学特性必然存在测试误差，重要的是如何能够获得误差小的光学特性数据。下面分析两种测试方法的误差传递特性，假设基板无吸收 $u_s=1$。

3.4.1.1 第一种方法

由于在间接测量中系统误差会被修正，因此考虑误差的代数传递关系，从式（3－33）推出单面透射率 T_f^+ 的误差传递方程为

$$\Delta T_f^+ = \left|\frac{\partial T_f^+}{\partial T_f}\right|\Delta T_{\text{front}} + \left|\frac{\partial T_f^+}{\partial R_{\text{back}}}\right|\Delta R_{\text{back}} + \left|\frac{\partial T_f^+}{\partial R_s^+}\right|\Delta R_s^+ =$$

$$\left|\frac{1-R_s^+}{R_{\text{back}}R_s^+-2R_s^++1}\right|\Delta T_{\text{front}} + \left|\frac{R_s^+}{(R_{\text{back}}R_s^+-2R_s^++1)^2}\right|\Delta R_{\text{back}} + \left|\frac{\partial T_f^+}{\partial R_s^+}\right|\Delta R_s^+ \tag{3-36}$$

由式（3－34）推出单面反射率 R_f^+ 的误差传递方程为

$$\Delta R_f^+ = \left|\frac{\partial R_f^+}{\partial R_{\text{front}}}\right|\Delta R_{\text{front}} + \left|\frac{\partial R_f^+}{\partial T_f}\right|\Delta T_f + \left|\frac{\partial R_f^+}{\partial T_f^+}\right|\Delta T_f^+ =$$

$$\Delta R_{\text{front}} + \left|\frac{T_f^+R_s^+}{1-R_s^+}\right|\Delta T_f + \left|\frac{T_fR_s^+}{1-R_s^+}\right|\Delta T_f^+ \tag{3-37}$$

式（3－36）中的第三项可以采用标准基板数据，通过其他高精度标定方法，误差可达到 1×10^{-5} 量级，因此可以忽略此项的影响。定义透射率的单项误差传递系数如下：

$$f_1^T = \left|\frac{1-R_s^+}{R_{\text{back}}R_s^+-2R_s^++1}\right| \tag{3-38}$$

$$f_2^T = \left|\frac{R_s^+}{(R_{\text{back}}R_s^+-2R_s^++1)^2}\right| \tag{3-39}$$

单面透射率误差表达式为

$$\Delta T_f^+ = f_1^T\Delta T_f + f_1^T\Delta R_{\text{rear}} \tag{3-40}$$

反射率的单项误差传递系数为

$$f_2^R = \left|\left(\frac{T_f^+R_s^+}{1-R_s^+}\right)(1+f_1^T)\right| \tag{3-41}$$

$$f_3^R = \left|\left(\frac{T_fR_s^+}{1-R_s^+}\right)f_2^T\right| \tag{3-42}$$

单面反射率误差表达式为

$$\Delta R_f^+ = f_1^R\Delta R_{\text{front}} + f_2^R\Delta T_f + f_3^R\Delta R_{\text{rear}} \tag{3-43}$$

式中：$f_1^R=1$。

在实验中使用离子束溅射在熔融石英基板表面制备了 HfO_2 薄膜。利用 Lambda 900 分光光度计测试“基板｜HfO_2 薄膜”系统的光谱透射率和光谱反射率。首先，得到熔融石英基板的双面透射率、双面反射率和单面反射率，如图 3－17 所示。然后，测试得到“基板｜HfO_2 薄膜”系统的双面透射率、前

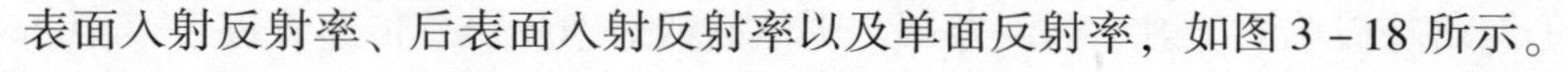

表面入射反射率、后表面入射反射率以及单面反射率，如图3－18所示。

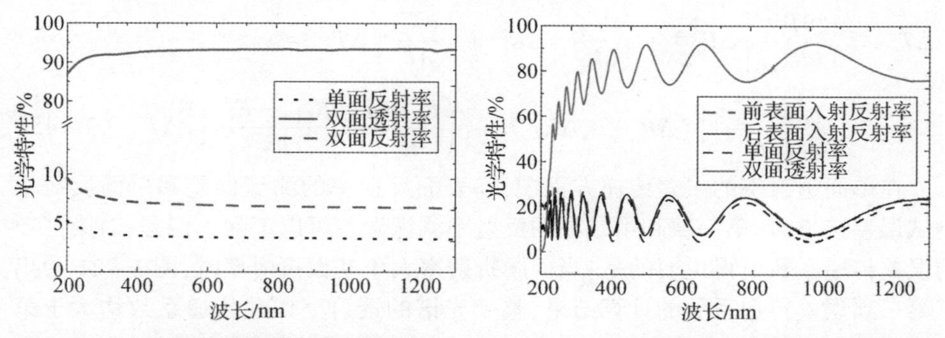

图3－17　熔融石英基板光学特性　**图3－18　“基板｜HfO_2薄膜”系统光学特性**

对于图3－18中HfO_2单层膜的光谱特性，利用式（3－38）~式（3－41）计算单面透射率和反射率的误差传递系数，分别见图3－19和图3－20。在透射率误差传递系数中，式（3－40）的第一项误差传递系数大于第二项的误差传递系数近两个数量级，说明ΔT_f的测试误差决定了薄膜单面透射率的误差；在反射率误差传递系数中，式（3－43）的误差传递系数共3项，其中第一项误差传递系数为f_1^R，第二项和第三项的误差传递系数小于0.1，说明第一项误差决定了反射率测试误差，即主要由前表面入射反射率的测量误差ΔR_{front}决定测试误差。

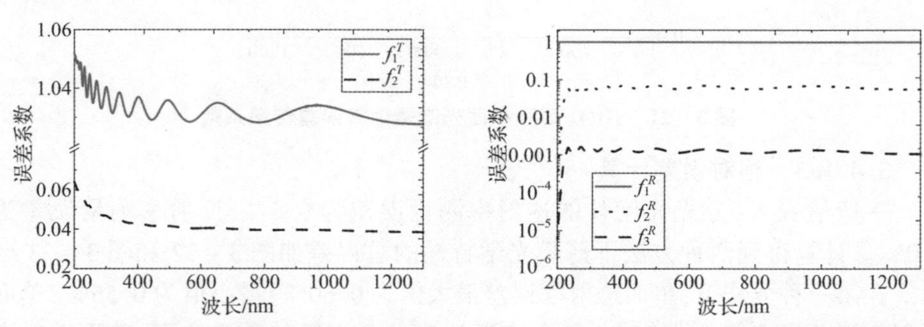

图3－19　HfO_2薄膜光谱透射率误差传递系数　**图3－20　HfO_2薄膜光谱反射率误差传递系数**

3.4.1.2　第二种方法

在实验中采用单面抛光的镀膜样品直接获得单面反射率，反射率的误差传递系数为1，说明误差由反射率测量误差所决定。根据式（3－30）变换得到单面透射率表达式为

$$T_f^+ = \left(\frac{R_{\text{front}} - R_f^+}{T_f}\right)\left(\frac{1 - R_s^+}{R_s^+}\right) \tag{3-44}$$

仍忽略基板单面反射率的误差项，则单面透射率的误差传递方程为

$$\begin{aligned}\Delta T_{\mathrm{f}}^{+} &= \left|\frac{\partial T_{\mathrm{f}}^{+}}{\partial R_{\mathrm{front}}}\right|\Delta R_{\mathrm{front}} + \left|\frac{\partial T_{\mathrm{f}}^{+}}{\partial R_{\mathrm{f}}^{+}}\right|\Delta R_{\mathrm{f}}^{+} + \left|\frac{\partial T_{\mathrm{f}}^{+}}{\partial T_{\mathrm{f}}}\right|\Delta T_{\mathrm{f}} \\ &= \left|\left(\frac{1-R_{\mathrm{s}}^{+}}{T_{\mathrm{f}}R_{\mathrm{s}}^{+}}\right)\right|(\Delta R_{\mathrm{front}} - \Delta R_{\mathrm{f}}^{+}) + \left|\left(\frac{R_{\mathrm{s}}^{+}-1}{R_{\mathrm{s}}^{+}}\right)\left(\frac{R_{\mathrm{front}} - R_{\mathrm{f}}^{+}}{T_{\mathrm{f}}^{2}}\right)\right|\Delta T_{\mathrm{f}} \quad (3-45)\end{aligned}$$

在单面透射率的误差传递方程中，前表面反射率的测试误差和单面反射率测试误差接近时，第一项和第二项的反射率测试误差可以消除。但是，对第三项的误差传递系数值得说明的是：当薄膜折射率大于基板折射率时，图 3－21 给出了第三项误差传递系数的计算结果，整个光谱的透射率误差传递系数均大于第一种方法，说明透射率的测试误差决定了单面透射率的测试误差，并且对透射率极大值影响最小，对极小值影响最大。因此，第二种测试方法对判断透射率极大值具有较好的效果。

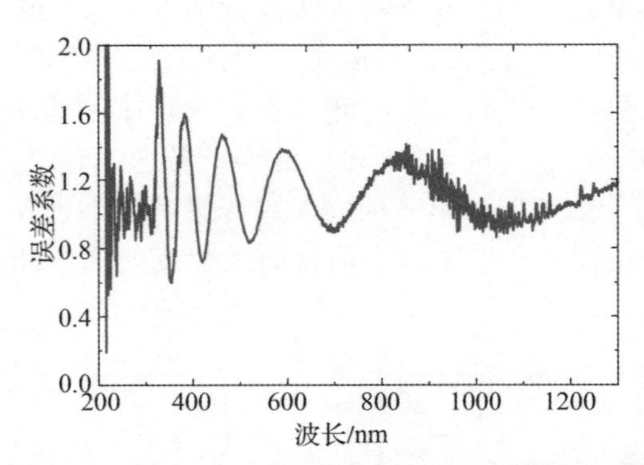

图 3－21　HfO_2 薄膜单面光谱透射率误差传递系数

3.4.1.3　绝对误差计算

一般情况下，分光光度计的透射率测量误差为 0.5%，反射率测量误差为 1.0%。计算得到两种方法下薄膜光学特性的总误差如图 3－22 和图 3－23 所示。在第一种方法下，单面透射率误差最大值为 0.60%，最小值为 0.55%；单面反射率误差最大值为 1.04%，最小值为 1.00%。在第二种方法下，单面透射率误差最大值为 1.75%，最小值为 0.06%；单面反射率误差与测试误差同为 1.00%。

将图 3－17 和图 3－18 中的光谱数据代入到式(3－33) ~式 (3－35) 中，计算得到单层 HfO_2 薄膜反射率、透射率和吸收率，如图 3－24、图 3－25 和图 3－26 所示：HfO_2 薄膜在短波处有较大吸收，呈干涉振荡增加趋势，反映出了 HfO_2 薄膜真实吸收光谱特征。

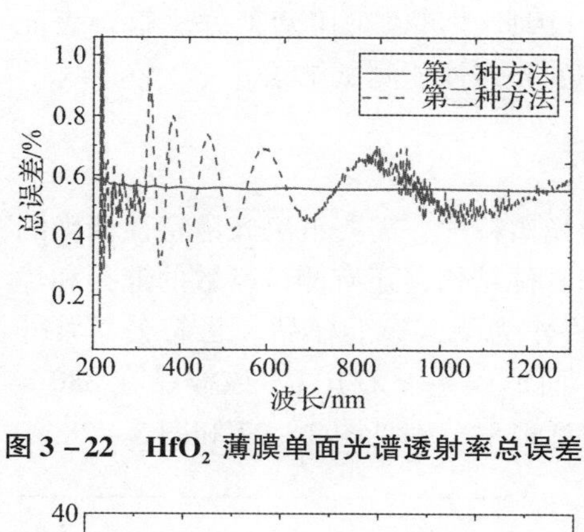

图 3-22　HfO_2 薄膜单面光谱透射率总误差

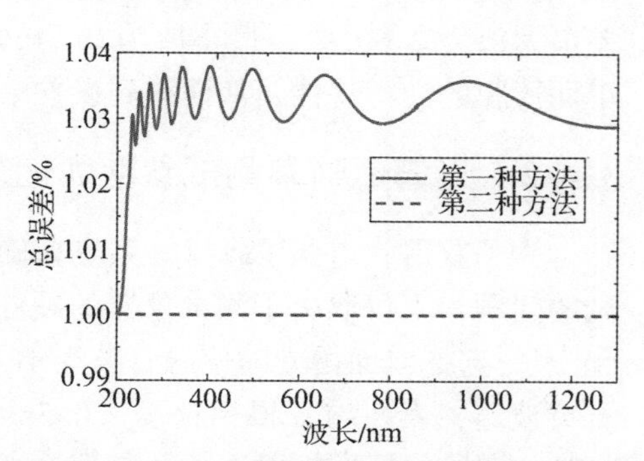

图 3-23　HfO_2 薄膜单面光谱反射率总误差

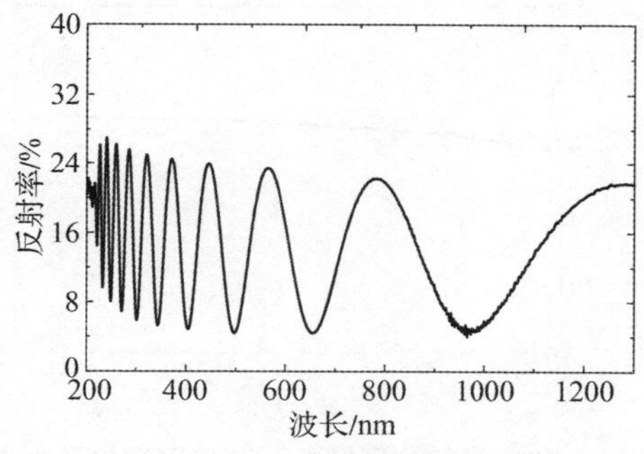

图 3-24　HfO_2 薄膜单面反射率

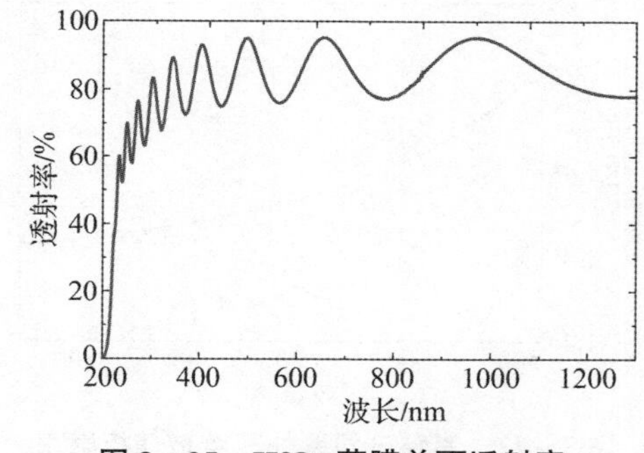

图 3-25　HfO_2 薄膜单面透射率

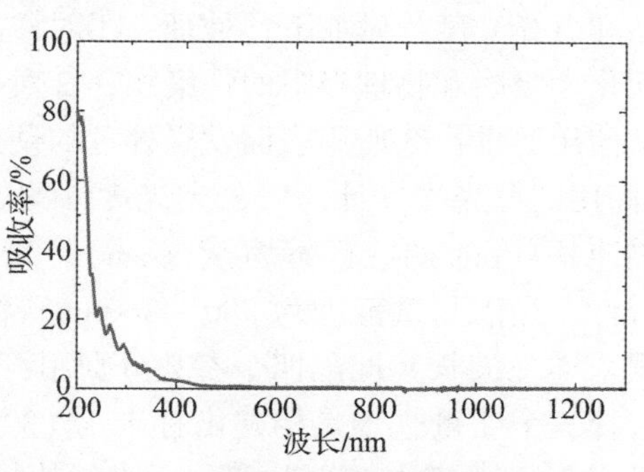

图 3-26　HfO_2 薄膜单面吸收率

综上所述，“基板 | 薄膜”系统的光学特性可以通过选择合理的测试方法直接获得，通过合适的数学计算方法，可以将薄膜的单面反射率、透射率和吸收率等特性从“基板 | 薄膜”系统光学特性中分离出来。研究结果表明，使用文中的两种方法均可实现弱吸收薄膜单面光学特性的表征，但从误差传递方程分析结果来看，薄膜的单面反射率特性最好采用直接测试方法获得，反射率的误差直接由仪器测量误差所决定。薄膜单面透射率则最好选用第一种方法，误

差最大值为 0.601%，最小值为 0.546%。因此，可以采用两种方法组合表征单面薄膜的光学特性，从而得到误差最小的光谱性能测试结果。

3.4.2 光谱透射率测试参数优化方法

为了获得“基板 | 薄膜”系统精确的光谱特性，需要解决光谱特性精确测试的问题，不仅取决于测试仪器的硬件和软件结构，还有测试参数的选择和优化[17]。选择双面抛光的熔融石英光学元件作为测试标准样品（肖特公司紫外石英玻璃，表面均方根粗糙度 <0.5nm，面形误差 <λ/10），该样品在 380 ~ 860nm 谱段的标准折射率色散与理论光谱透射率分别见图 3-27 和图 3-28。

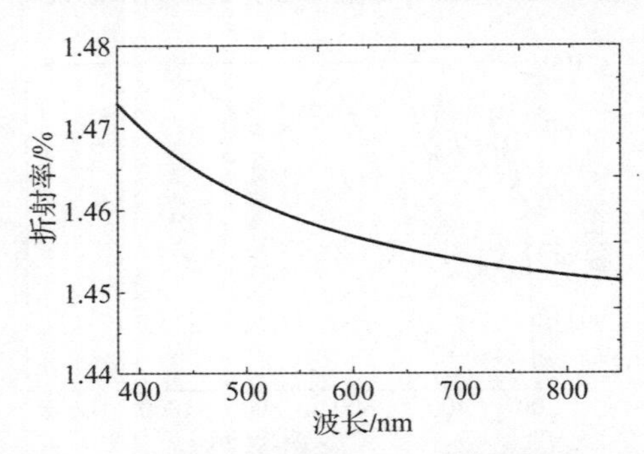

图 3-27　肖特公司紫外石英玻璃折射率

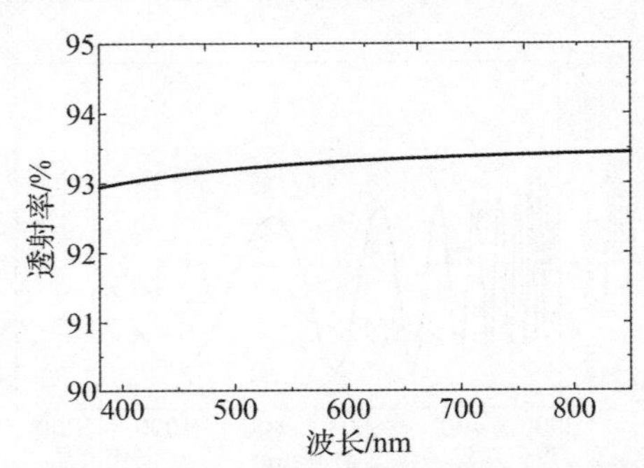

图 3-28　肖特公司紫外石英玻璃理论透射率

首先对测试样品和分光光度计做如下预处理：①对样品表面进行无损化学清洗处理，去除表面化学吸附和物理吸附的污染物；②对分光光度计进行系统光强校正，达到测试使用要求；③使用表面发黑处理的硬边圆孔光阑，光阑孔径误差 <1%。针对商用的分光光度计，对分光光度计的四个主要参数进行测试优化实验，即扫描速率（nm/s）、狭缝宽度（nm）、光阑孔径（mm）和数据采样波长间隔（nm），光谱测试范围为 380 ~ 860nm。将扫描速率、狭缝宽度、光阑孔径和数据采样（波长）间隔四个参数分别用符号 A、B、C 和 D 表示，在每个参数下选择三个变量，于是构建出标准 $L_9(3^4)$ 正交表进行测试实验，测试实验安排见表 3-6，表中“通”表示无光阑的状态。

表 3-6　熔融石英光谱透射率测试实验的参数组合表

序号	变量			
	扫描速率 A/(nm/s)	狭缝宽度 B/nm	光阑孔径 C/mm	数据采样间隔 D/nm
1	50(A1)	1(B1)	2(C1)	0.2(D1)

续表

序号	变量			
	扫描速率 A/(nm/s)	狭缝宽度 B/nm	光阑孔径 C/mm	数据采样间隔 D/nm
2	50(A1)	2(B2)	5(C2)	0.6(D2)
3	50(A1)	3(B3)	通(C3)	1(D3)
4	150(A2)	1(B1)	5(C1)	1(D3)
5	150(A2)	2(B2)	通(C2)	0.2(D1)
6	150(A2)	3(B3)	2(C3)	0.6(D2)
7	250(A3)	1(B1)	通(C1)	0.6(D2)
8	250(A3)	2(B2)	2(C2)	1(D3)
9	250(A3)	3(B3)	5(C3)	0.2(D1)

按照上述实验参数组合进行光谱测试实验，建立光谱透射率的评价函数，用来表征测试值与理论值的吻合程度，定义

$$\mathrm{MSE}=\frac{1}{N}\sqrt{\sum_{j=1}^{N}\left(\frac{T_{\mathrm{m}}(\lambda_j)-T_0(\lambda_j)}{\sigma(\lambda_j)}\right)^2} \tag{3-46}$$

式中：N 为测试波长的数量；$\sigma(\lambda_j)$ 为第 j 个波长点的光谱透射率测试误差值；$T_{\mathrm{m}}(\lambda_j)$ 为第 j 个波长点的光谱透射率测试值；$T_0(\lambda_j)$ 为第 j 个波长点的光谱透射率理论值。MSE 越小则说明测试结果与真实值越接近，在下面光谱透射率测试分析中，选择使 MSE 最小化的测试参数为最优。

图 3－30 给出 9 组实验光谱透射率测试值和理论值的对比结果，光谱透射率是经过百线修正、平滑滤波后的曲线，理论光谱透射率在图 3－29 中给出。从图 3－29 中可以看出，每组测试实验得到的光谱透射率误差不同，长波处的随机误差比短波长处大。在第 1 组、第 2 组、第 4 组、第 6 组和第 8 组实验中，尽管对测试结果进行 100% 基线修正和随机误差的处理，但光谱透射率的结果仍存在较大误差，各组实验光谱透射率的 MSE 值见表 3－7。

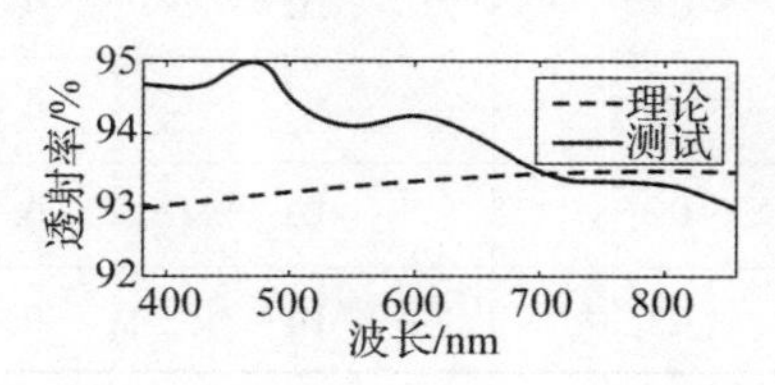

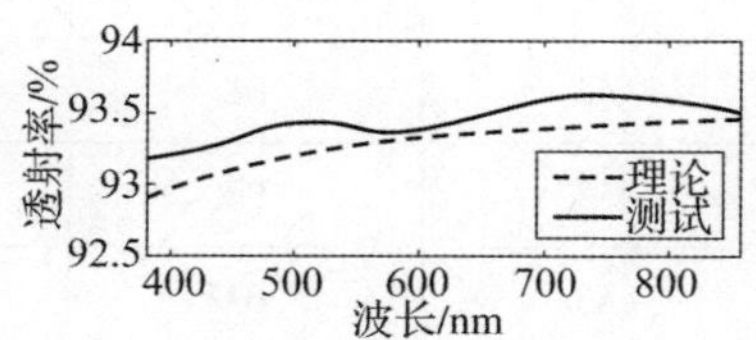

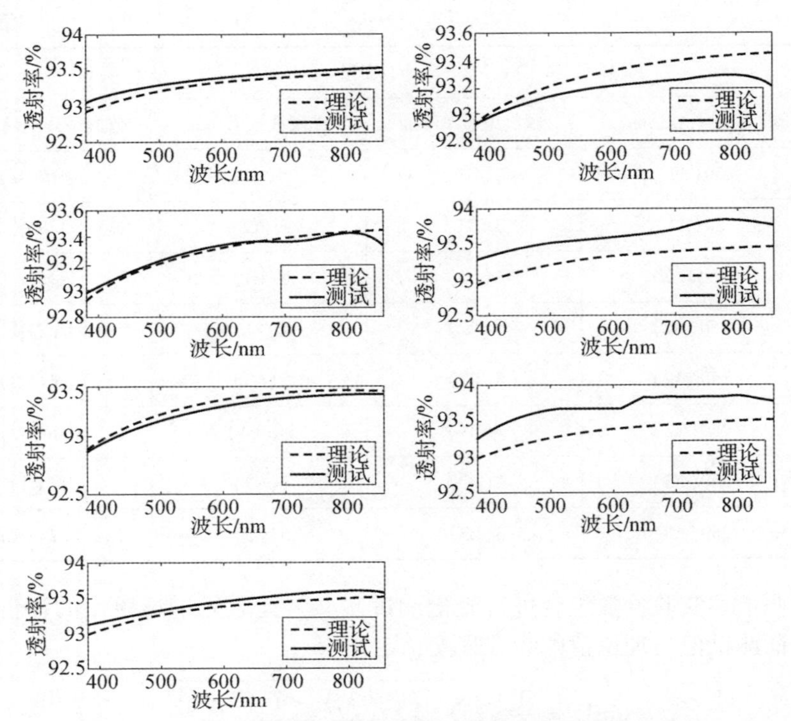

图 3-29　9 组测试实验的测试光谱与理论光谱透射率的对比

表 3-7　不同参数组合光谱测试实验结果的评价函数

序号	扫描速率(A)	狭缝宽度(B)	光阑孔径(C)	数据采样间隔(D)	MSE
1	A1	B1	C1	D1	0.97511
2	A1	B2	C2	D2	0.17534
3	A1	B3	C3	D3	0.08444
4	A2	B1	C1	D3	0.12016
5	A2	B2	C2	D1	0.02106
6	A2	B3	C3	D2	0.33273
7	A3	B1	C1	D2	0.03777
8	A3	B2	C2	D3	0.30584
9	A3	B3	C3	D1	0.06808

对表3－7结果进行正交实验的极差分析，在每个因素下分析不同水平对MSE的影响，结果见表3－8。从表中可以看出，四个测试参数对测试结果的影响从大到小依次为C、A、B、D，即光阑孔径、扫描速率、狭缝宽度和数据点间隔。使MSE达到最小的水平均为每个因素下的第三个水平，则最优的测试参数设置应该为C3、A3、B3和D3的组合。因此，对于基板光谱透射率的测试，应选择最优的组合测试参数。如果测试参数选择不当，则增加了系统测试误差与随机误差，并且随机误差出现的概率与幅度较大，不利于光谱透射率测试误差的修正。

表3－8　评价函数极差分析结果

参数	扫描速率(A)	狭缝宽度(B)	光阑孔径(C)	数据采样间隔(D)
水平1	1.23490	1.13301	1.61371	1.06423
水平2	0.47395	0.50224	0.36358	0.54584
水平3	0.41169	0.48525	0.14327	0.51044
极差	0.82322	0.64782	1.47042	0.55381

通过上述测试实验的极差分析，确定光阑孔径和扫描速率是对测试结果影响最大的因素。在下面实验中选择三组测试参数，将光阑孔径选择为最大，将数据采样间隔取为1nm，光谱测试范围仍为380～860nm，具体测试参数如下：

（1）狭缝宽度为1nm，扫描速率分别为50nm/s、150nm/s和250nm/s。

（2）扫描速率为150nm/s，狭缝宽度分别为1nm、2nm和3nm。

（3）扫描速率为250nm/s，狭缝宽度分别为1nm、2nm和3nm。

图3－30、图3－31和图3－32给出了三组测试参数下的光谱透射率测试结果和测试误差的计算结果。通过测试结果可以看出，当狭缝宽度一定时，在中等扫描速率下，获得的光谱透射率测试误差最小；当扫描速率一定时，狭缝宽度的影响较大，狭缝宽度越大光谱透射率误差越小。通过实验结果分析可以确定，在250nm/s扫描速率下，狭缝宽度选择3nm，对于测试基板的光谱透射率具有较小的测试误差，绝对误差最大值为0.1355%，最小值为0.0771%。

综上所述，四个基本测试参数对基板光谱透射率测试有不同程度的影响，四个参数的影响定性分析如下。

（1）光阑孔径：在参考光路与测试光路中，光阑孔径的大小影响到参考光路与测试光路的光强不平衡度和随机误差。

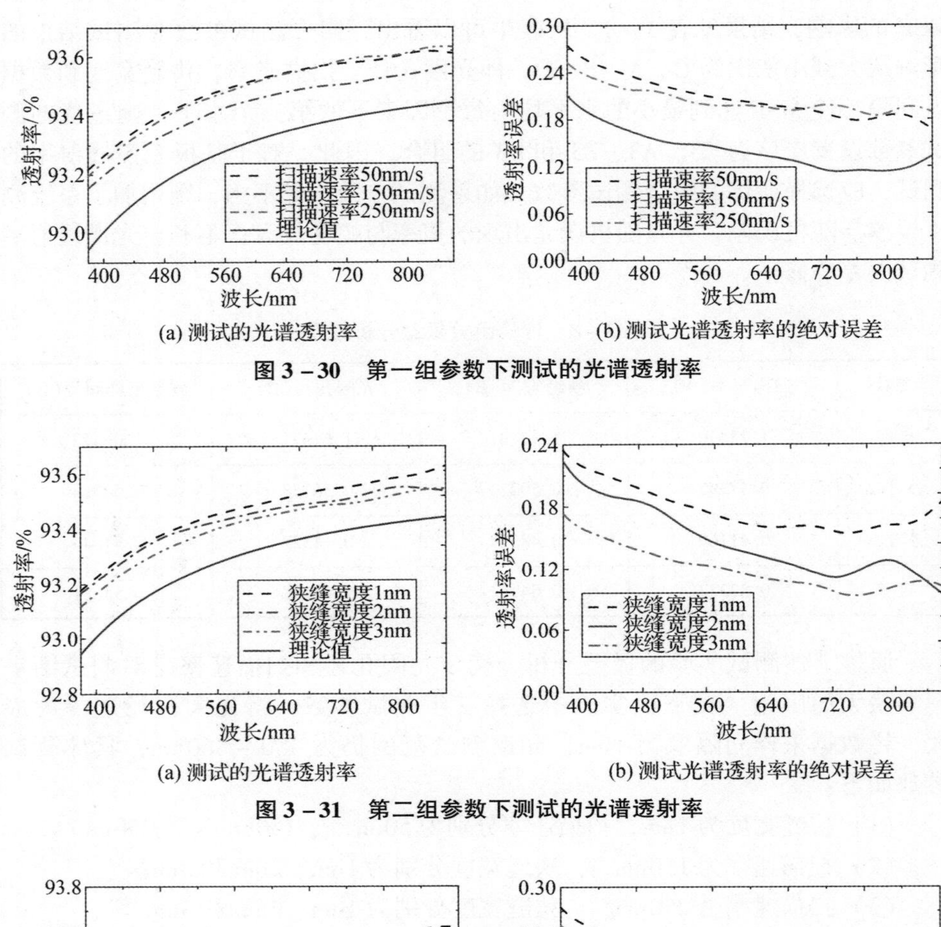

(a) 测试的光谱透射率　　(b) 测试光谱透射率的绝对误差

图 3-30　第一组参数下测试的光谱透射率

(a) 测试的光谱透射率　　(b) 测试光谱透射率的绝对误差

图 3-31　第二组参数下测试的光谱透射率

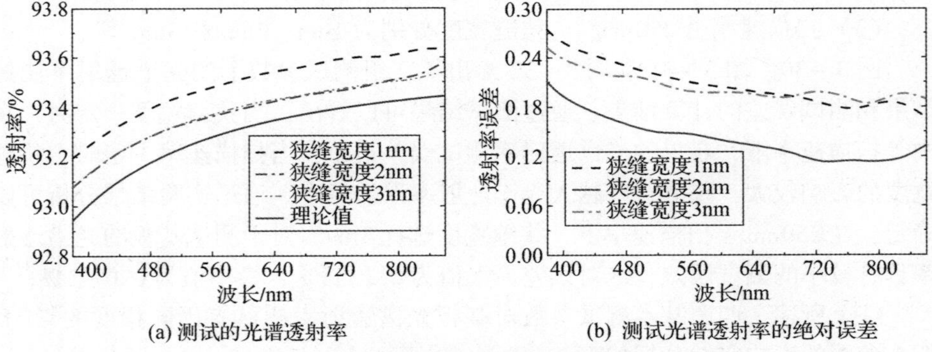

(a) 测试的光谱透射率　　(b) 测试光谱透射率的绝对误差

图 3-32　第三组参数下测试的光谱透射率

(2) 扫描速率：提高扫描速率可以降低随机噪声，在探测器同样的响应时间内，相当于对相邻波长光强度的均化。

（3）狭缝宽度：狭缝宽度影响到波长分辨率，增加狭缝宽度相当于均化相邻波长的光强度，尽管对于降低随机误差的作用较大，但是由于“基板｜薄膜”系统的光强度干涉效应，必须谨慎选择狭缝宽度。

（4）数据采样间隔：数据采样间隔是对光强度的记录，如果间隔太短则包含了噪声信号强度，增加采样间隔可以提高信噪比。

上述基板光谱透射率特性测试实验的结果表明，测试参数的选择直接影响到光谱透射率测试的准确性。对光谱测试数据的百线修正和平滑滤波方法，显然能够降低部分随机测试误差。通过优化测试参数，得到了误差小于2‰的光谱透射率测试结果，此误差可用于其他光学基板的光谱透射率测试修正，对光谱反射率的测试分析也可采用上述方法。

3.4.3 角度光谱的赝布儒斯特角效应

在固体表面反射的物理现象中，布儒斯特角是重要的参数之一。在固体材料无吸收的情况下，当光波以布儒斯特角入射到固体表面时，p偏振反射光波消失。当固体材料有吸收时，p偏振反射光波不存在反射率为零的入射角，只存在反射率最小的入射角 θ_B，该角度称为赝布儒斯特角；p偏振反射率与s偏振的反射率之比最小的入射角为 θ'_B，在该角度下反射椭偏参数 ψ 最小，该角度被称为第二赝布儒斯特角；p偏振反射相移 δ_p 与s偏振的反射相移 δ_s 之间的差值 $\Delta=\delta_s-\delta_p=90°$时的入射角度为 θ''_B，该角度称为主角。三个角度是衡量固体材料表面反射特性的关键参数，数学定义为

$$\theta_B: \left.\frac{\partial R_p}{\partial \theta}\right|_{\theta_B}=0 \tag{3-47}$$

$$\theta'_B: \min\left(\frac{R_p}{R_s}\right), \theta'_B: \min(\psi) \tag{3-48}$$

$$\theta''_B: \delta_p-\delta_s=90° \tag{3-49}$$

基于上述三个角度定义，针对熔融石英和单晶硅两种材料，在入射光波长632.8nm条件下，分别计算了p偏振反射率 R_p、反射椭偏参数 ψ 和 Δ，分析了熔融石英和单晶硅的特征反射角度。图3-33（a）给出了熔融石英角反射特性的归一化曲线，三个特征角度均为55.611°；图3-33（b）给出了硅基板的角反射特性的归一化曲线，三个特征角度均为75.53°。由于熔融石英和单晶硅材料在632.8nm波长吸收特性不同，这样的计算结果表明，对于有吸收的固体材料，三个角度在某种意义上相互等价。

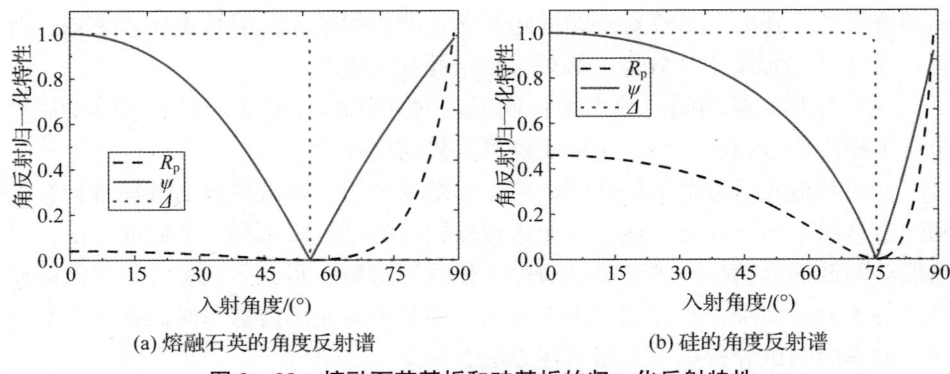

(a) 熔融石英的角度反射谱　　(b) 硅的角度反射谱

图 3-33　熔融石英基板和硅基板的归一化反射特性

综上分析，赝布儒斯特角实质上是布儒斯特角的广义定义，下面主要讨论基板和“基板｜薄膜”系统的赝布儒斯特角特性。在基板表面上沉积薄膜后，膜层和基板的折射率、消光系数和膜层厚度三个重要变量对赝布儒斯特角产生调制。对基板和“基板｜薄膜”系统的赝布儒斯特角计算，采用如图 3-34 所示的计算方法[18]。

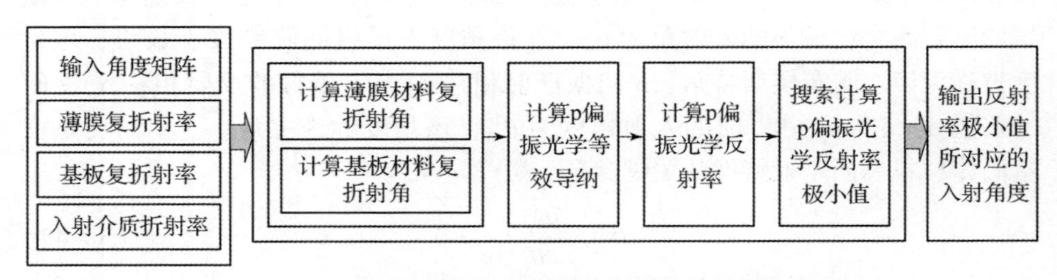

图 3-34　“基板｜薄膜”系统的赝布儒斯特角计算流程图

基板的赝布儒斯特角与基板的折射率和消光系数相关。假设基板折射率 n_s 的取值范围为 1.38 ~ 4，消光系数 k_s 的取值范围为 1×10^{-8} ~ 10（对数取值范围为 -8 ~ 1），基板赝布儒斯特角的计算结果如图 3-35 所示。从计算结果分析：①在消光系数小于 $10^{-0.4}$ 时，随着折射率的增加，赝布儒斯特角变大，消光系数对赝布儒斯特角的贡献不大，只有折射率影响赝布儒斯特角；②在消光系数大于 $10^{-0.4}$ 时，消光系数对赝布儒斯特角产生调制，随着折射率和消光系数的增加，消光系数对赝布儒斯特角的影响权重逐渐增大，赝布儒斯特角变大的速率变缓。因此，使用吸收基板和非吸收基板时，如果消光系数小于 $10^{-0.4}$，可忽略消光系数对赝布儒斯特角的贡献。

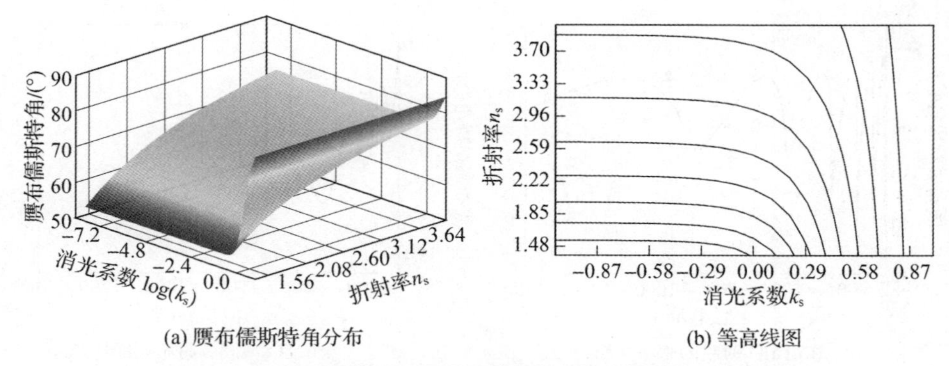

(a) 膺布儒斯特角分布　　(b) 等高线图

图3-35　基板的折射率和消光系数对膺布儒斯特角的影响

熔融石英和硅是常用的基板材料，下面对这两种基板的膺布儒斯特角分析。图3-36和图3-37分别给出了两种材料在300~1400nm的膺布儒斯特角分布。熔融石英在该谱段无吸收，所以其膺布儒斯特角随折射率的增大而单调增大；硅基板在200~400nm之间的膺布儒斯特角先减小后增大，主要是由于折射率和消光系数的反常色散同时作用产生的影响，即在该谱段折射率变小、消光系数变大，两者共同作用导致膺布儒斯特角的变化。

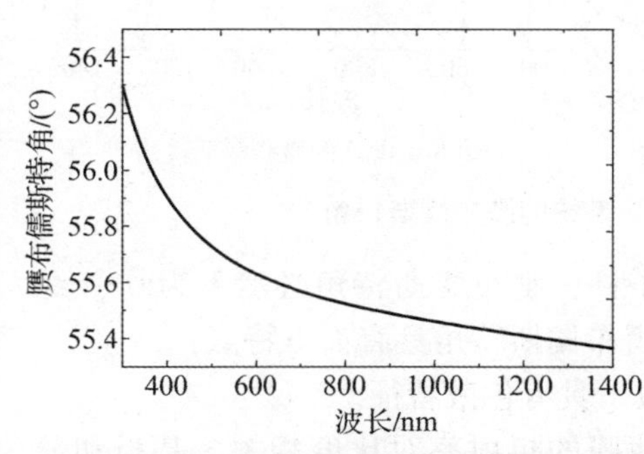

图3-36　熔融石英基板的膺布儒斯特角色散

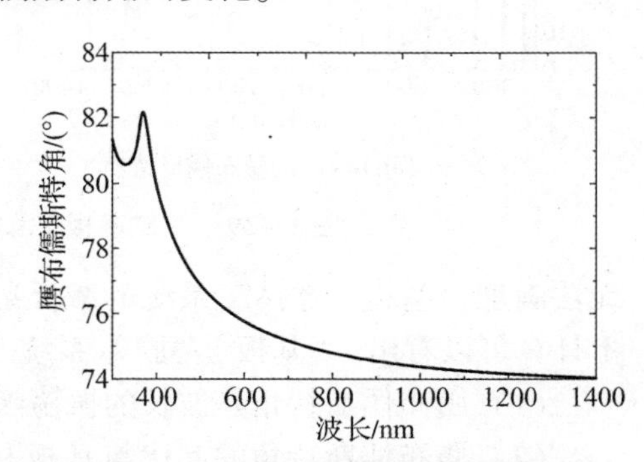

图3-37　硅基板的膺布儒斯特角色散

假定膜层的光学厚度为$6\lambda_0/4(\lambda_0=632.8\text{nm})$，基板材料选择熔融石英基板和硅基板，分别计算熔融石英和硅基板上的Ta_2O_5薄膜和SiO_2薄膜的膺布儒斯特角色散，如图3-38和图3-39所示。

“基板|薄膜”系统的典型特征是光学干涉效应，不同波长下s和p偏振的角反射谱与薄膜厚度和折射率相关，因此可能存在多个膺布儒斯特角。对于“基板|薄膜”系统的膺布儒斯特角注意以下两点：①在薄膜折射率小于基板折射率的情况下，如果在某一角度下整个“基板|薄膜”系统满足p偏振减反射条件，膺布儒斯特角可能为0°；②在薄膜折射率大于基板折射率的情况下，

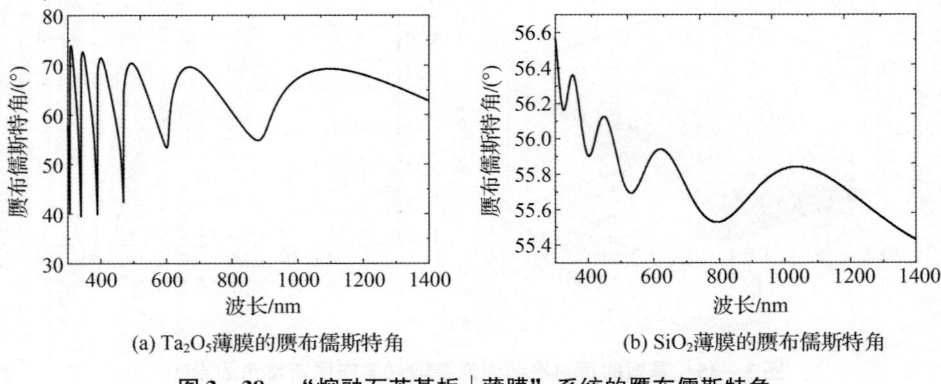

(a) Ta_2O_5薄膜的赝布儒斯特角　　(b) SiO_2薄膜的赝布儒斯特角

图 3-38　“熔融石英基板｜薄膜”系统的赝布儒斯特角

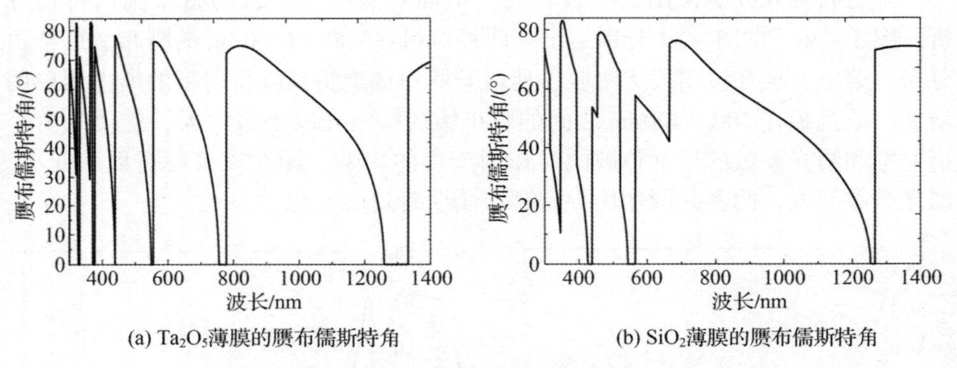

(a) Ta_2O_5薄膜的赝布儒斯特角　　(b) SiO_2薄膜的赝布儒斯特角

图 3-39　“硅基板｜薄膜”系统的赝布儒斯特角

无法满足“基板｜薄膜”系统的减反射条件，赝布儒斯特角必然不为0°。综上计算可以看出，“基板｜薄膜”系统的赝布儒斯特角具有如下特点：

（1）赝布儒斯特角是波长的振荡函数，具有色散特征。

（2）赝布儒斯特角的起伏与基板和薄膜的折射率对比度相关，基板和薄膜的折射率相差越大，则赝布儒斯特角的起伏越大，相反则起伏就小。

（3）在基板折射率高于薄膜折射率时，某一波长的p偏振反射率最低点在0°入射角，因此“基板｜薄膜”系统的赝布儒斯特角为0°；如图3-39所示，在部分波长处，硅基板上两种薄膜的赝布儒斯特角为0°。

对于某一波长 λ，光学厚度为 $\lambda_0/4$ 偶数倍时，反射光学特性会复现，“基板｜薄膜”系统的赝布儒斯特角也具有同样的干涉周期特征。当薄膜和基板都具有吸收特性时，“基板｜薄膜”系统的光谱透射率会下降，但不改变极值的位置，仅当膜层厚度增加到一定时，干涉效应消失透射率极值也随之消失。假定膜层的周期厚度为0～10QW，计算了熔融石英基板和硅基板上的 Ta_2O_5 薄

膜和 SiO_2 薄膜的赝布儒斯特角色散，图 3－40 和图 3－41 分别给出了四个“基板 | 薄膜”系统的布儒斯特角周期效应图。

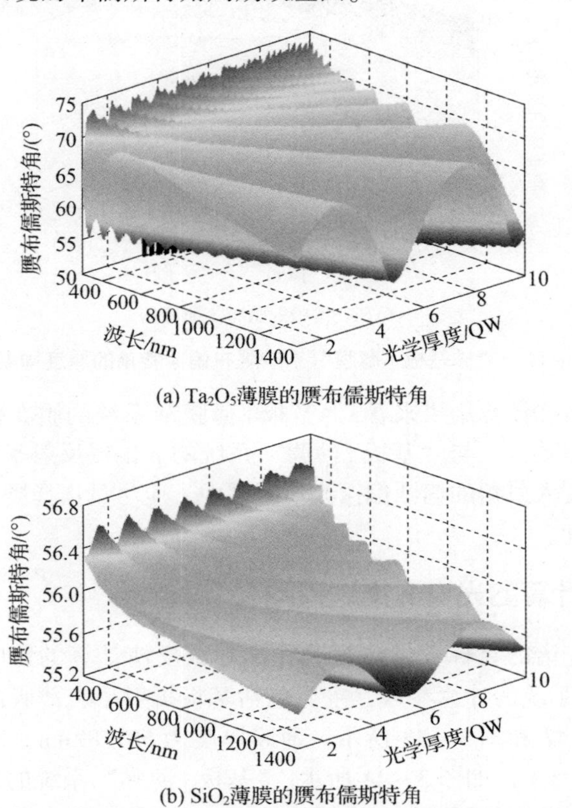

(a) Ta_2O_5薄膜的赝布儒斯特角

(b) SiO_2薄膜的赝布儒斯特角

图 3－40　“熔融石英基板 | 薄膜”系统赝布儒斯特角的厚度周期效应

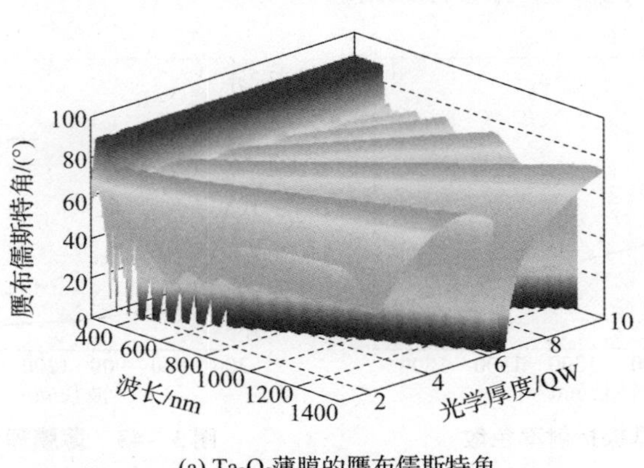

(a) Ta_2O_5薄膜的赝布儒斯特角

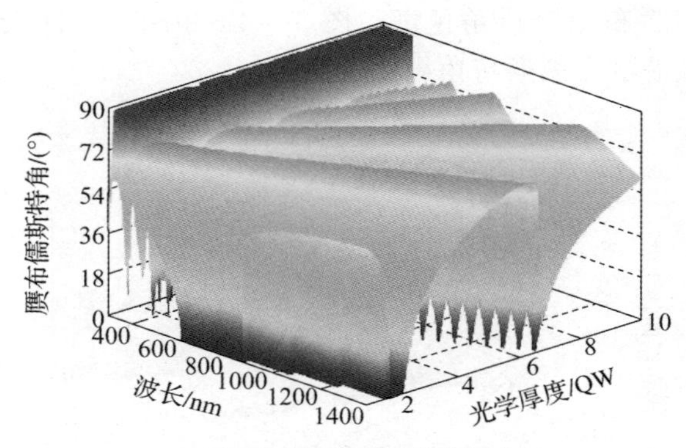

(b) SiO_2薄膜的赝布儒斯特角

图 3-41 "硅基板|薄膜"系统赝布儒斯特角的厚度周期效应

从上述分析和计算结果来看，"基板|薄膜"系统的赝布儒斯特角均存在膜层厚度的周期效应，与"基板|薄膜"系统的 p 偏振反射率直接相关，因此在连续波长可变入射角的椭圆偏振光谱测试中，应尽量选择赝布儒斯特角作为测试的入射角度。

3.4.4 反演计算的光谱数据选择问题

下面讨论光谱的目标数据特征对光学常数反演计算的影响。首先，选择"基板|薄膜"系统的计算参数，主要包括基板折射率、薄膜的折射率和消光系数，如图 3-42 和图 3-43 所示。薄膜厚度为 587.82nm，厚度方向折射率非均质性为 -0.5%，如图 3-44 所示。"基板|薄膜"系统的单面反射率与双面光谱透射率，分别见图 3-45 和图 3-46，下面使用单面反射率和双面光谱透射率作为反演计算的复合目标数据。

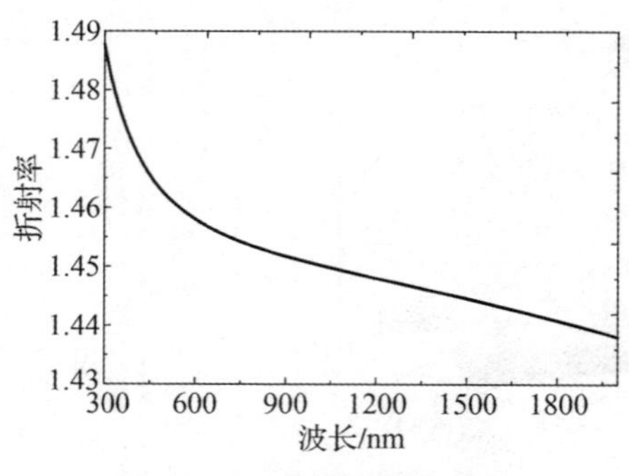

图 3-42 基板折射率色散

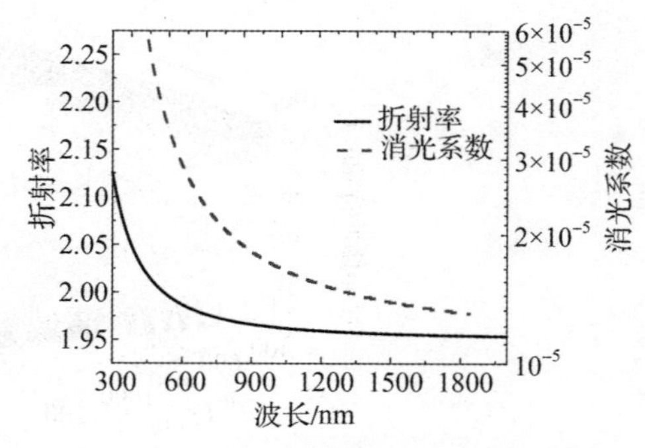

图 3-43 薄膜理论光学常数

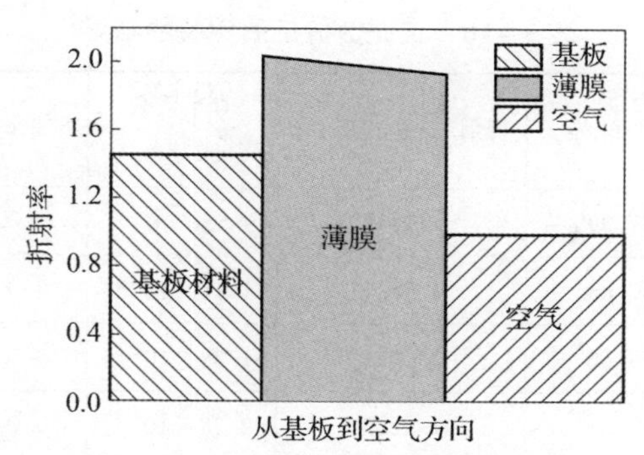

图3-44 薄膜折射率非均质性示意图

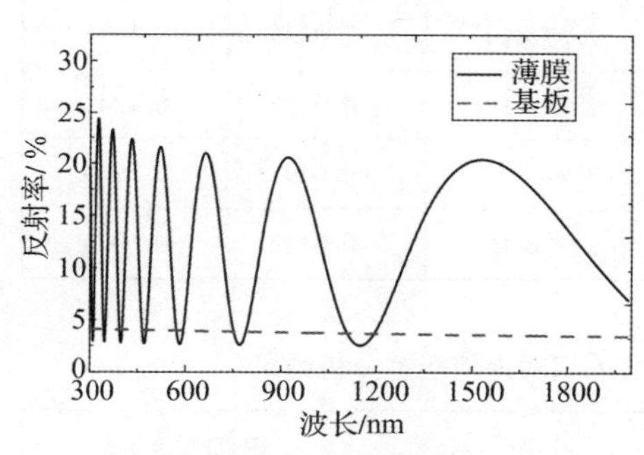

图3-45 “基板|薄膜”系统和基板的光谱反射率

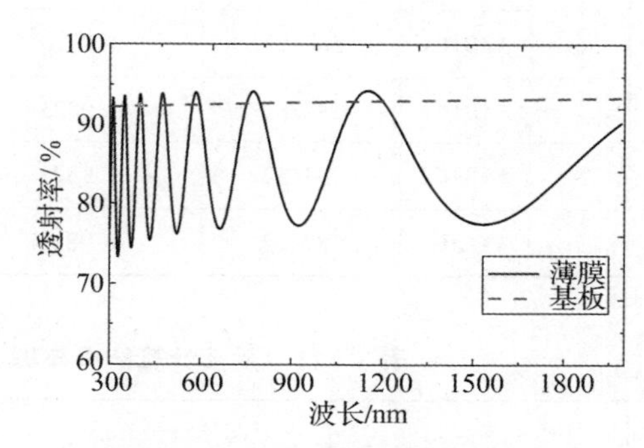

图3-46 “基板|薄膜”系统和基板的光谱透射率

下面的分析实验仍然基于正交实验设计思想，将光谱数据的起始波长、截止波长和数据间隔作为三个主要因素，每个因素下面选择三个水平，实验过程使用$L_9(3^4)$正交表安排数值实验，具体计算的参数组合见表3-9，实验安排与数值反演计算结果见表3-10。根据正交实验的极差分析方法，分别针对折射率、折射率非均质性、消光系数和物理厚度进行极差分析，结果见表3-11。

表3-9 光谱反演计算实验的安排

水平	起始波长/nm		截止波长/nm		数据间隔/nm	
	值	符号	值	符号	值	符号
1	250	A1	1200	B1	10	C1
2	350	A2	1600	B2	20	C2
3	450	A3	1990	B3	30	C3

表 3-10 正交数值反演实验的结果

序号	实验	物理厚度/nm	折射率(632.8nm)	消光系数(632.8nm)	非均质性	评价函数
1	A1B1C3	587.99	1.9818	9.55×10^{-6}	-0.0489	0.1044
2	A1B2C1	587.88	1.9821	1.14×10^{-5}	-0.0491	0.1302
3	A1B3C2	587.86	1.9822	1.38×10^{-5}	-0.0493	0.1310
4	A2B1C2	587.83	1.9823	2.28×10^{-5}	-0.0499	0.1712
5	A2B2C3	587.83	1.9823	2.35×10^{-5}	-0.0498	0.1468
6	A2B3C1	587.83	1.9823	2.35×10^{-5}	-0.0498	0.1314
7	A3B1C1	587.82	1.9823	2.33×10^{-5}	-0.0499	0.1248
8	A3B2C2	587.82	1.9823	2.34×10^{-5}	-0.0499	0.0930
9	A3B3C3	587.82	1.9823	2.37×10^{-5}	-0.0499	0.0930

表 3-11 反演计算结果与理论值的相对差值极差分析结果

特性	起始波长/nm	截止波长/nm	数据间隔/nm
折射率	2.34×10^{-4}	1.32×10^{-4}	1.29×10^{-4}
消光系数	1.19×10^{-5}	1.80×10^{-6}	1.10×10^{-6}
折射率非均质性	-1.64×10^{-2}	-1.65×10^{-2}	-1.65×10^{-2}
物理厚度	9.03×10^{-2}	4.73×10^{-2}	4.57×10^{-2}

不同因素对折射率、物理厚度、消光系数和折射率非均质性反演的影响权重分别见图 3-47～图 3-50。在图 3-47 中，对折射率反演计算误差影响最大的因素是起始波长，截止波长和数据间隔对反演计算结果的影响相当；在图 3-48 中，对消光系数反演计算误差影响最大的因素为起始波长，其次为截止波长，数据间隔的影响最小；在图 3-49 中，对物理厚度反演计算误差影响最大的因素为起始波长，而截止波长和数据间隔的影响相当；在图 3-50 中，三个因素对折射率非均质性的反演计算结果的影响相当。通过上述极差分析可以得到，对薄膜光学常数反演计算影响的主要因素依次为起始波长、截止波长和光谱采样数据间隔。

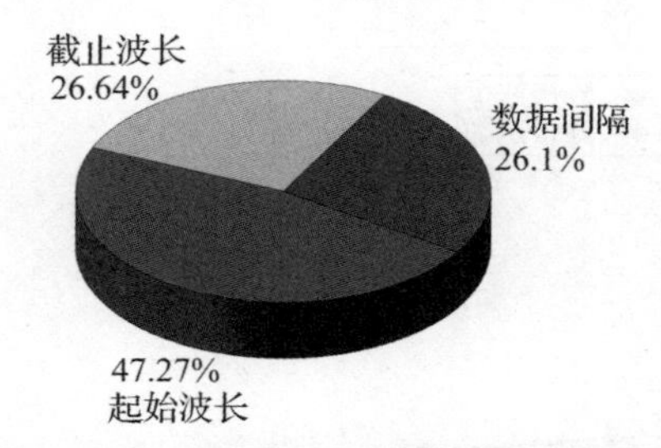

图3-47 目标特性对折射率影响的分析

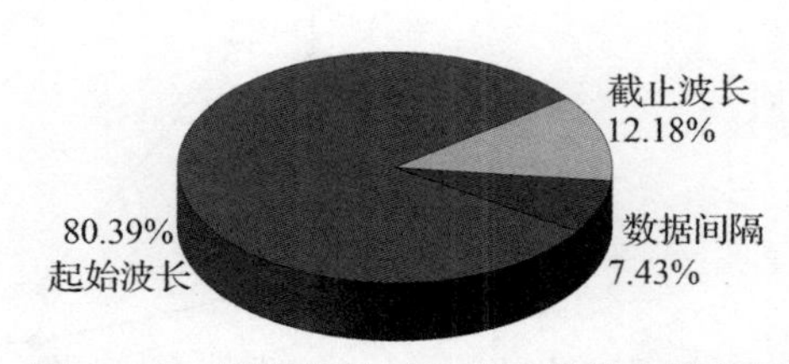

图3-48 目标特性对消光系数影响的分析

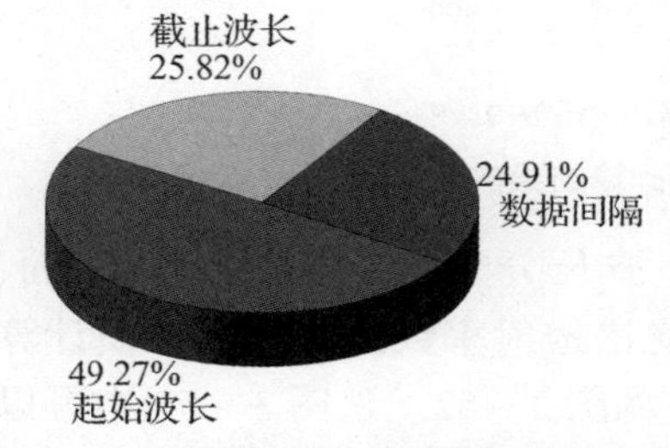

图3-49 目标特性对物理厚度影响的分析

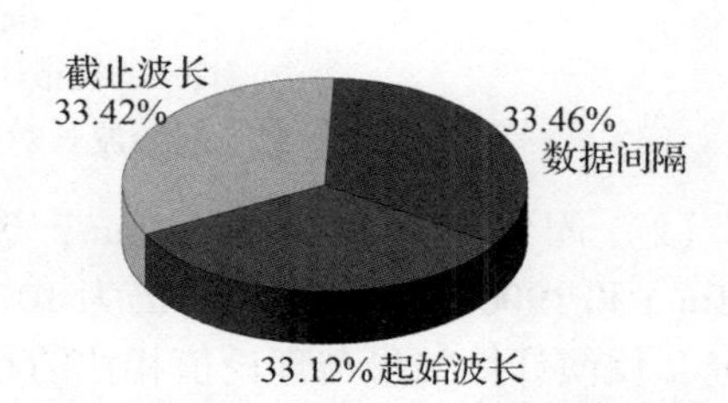

图3-50 目标特性对折射率非均质性影响的分析

在对薄膜光学常数反演计算误差影响最大的因素确定后，针对目标光谱透射率数据集，开展如下的光学常数反演数值实验，进一步确定因素的定量化影响：

（1）固定截止波长为1200nm，选择起始波长分别为250nm、300nm、350nm和400nm，数据间隔为10nm，分别进行数值反演计算研究，反演计算结果与理论值的相对误差见图3-51。从图3-51可以看出，随着起始波长的增加，折射率、消光系数、折射率非均质性和物理厚度的相对误差逐渐下降，MSE也呈现下降的趋势。在起始波长为400nm时，光学常数的整体拟合误差最小，而MSE则在起始波长为300nm以后降低的趋势减缓。

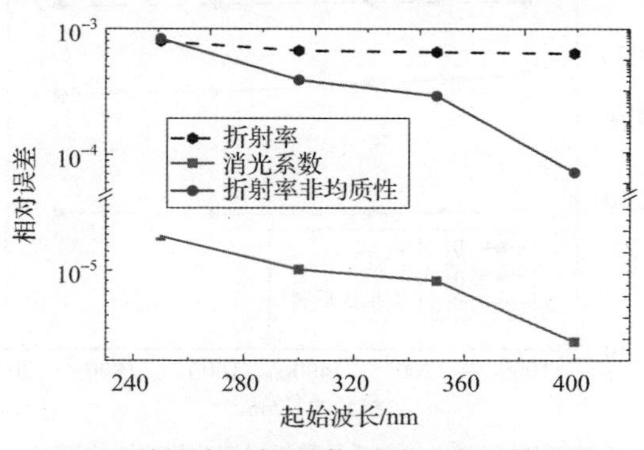

(a) 对折射率、消光系数和折射率非均质性的影响

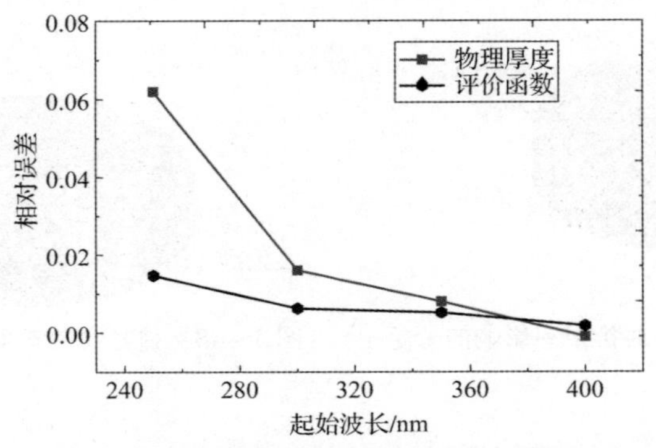

(b) 对物理厚度相对误差和反演评价函数的影响

图 3-51　起始波长对数值反演计算结果的影响

（2）固定起始波长为 400nm，选择截止波长分别为 1000nm、1300nm、1600nm 和 1900nm，数据间隔仍为 10nm，对光谱透射率数据集进行反演计算研究，反演计算结果与理论值相比的相对误差见图 3-52。从图 3-52 中可以看出，截止波长对折射率、消光系数和折射率非均质性的反演误差影响变小，只有对物理厚度的相对误差影响处于下降趋势。总体看来，物理厚度的拟合精度已经达到 Å 量级，该厚度用于薄膜设计和沉积速率标定的精度已经足够，因此截止波长对光学常数反演误差的影响可以忽略。

通过上述光学常数反演计算的数值实验研究，得到如下结论：对于透明基板上薄膜光学常数的反演，起始波长对计算误差影响最大，其次是截止波长，而波长数据间隔的影响最小。由此可知，在实际测试光谱透射率时需重点关注的参数已经清楚，既能满足光学常数反演计算精度的需求，也可以提高测试工作的效率。

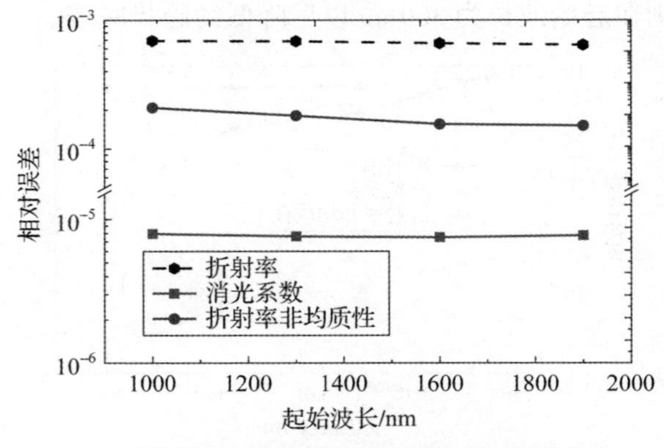

(a) 对折射率、消光系数和折射率非均质性的影响

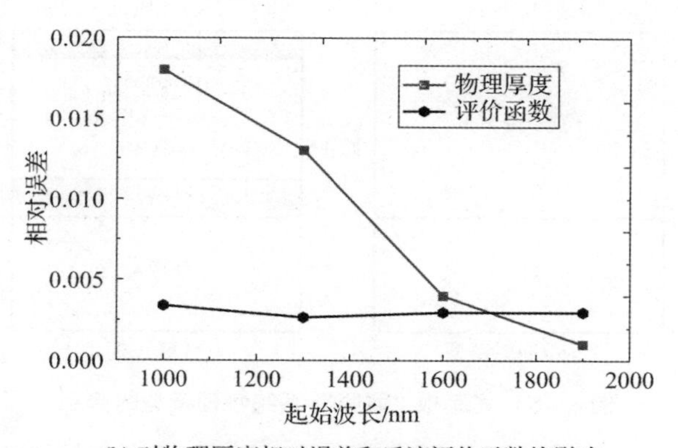

(b) 对物理厚度相对误差和反演评价函数的影响

图3-52　截止波长对数值反演计算结果的影响

3.5　光学常数反演的误差源

3.5.1　光学常数反演物理模型的合理性

3.5.1.1　“基板|薄膜”系统模型修正

上述光学常数反演计算基于理想的“基板|薄膜”系统物理模型，对于实际制备薄膜的情况，光谱数值反演计算薄膜光学常数的准确性与“基板|薄膜”系统的物理模型直接相关。随着薄膜光谱特性测试精度提升，为了进一步提高光学常数反演的精度，研究人员在“基板|薄膜”系统的物理模型上做出了重要改进，先后提出了薄膜折射率非均质性（折射率梯度）、薄膜表面层、“基板|薄膜”界面层、薄膜内部孔隙等真实物理模型[2,19,20]。在不同制备方法下使用这些模型，根据实际制备情况对“基板|薄膜”系统物理模型进行修正：首先引入新的界/表面，包括薄膜表面层和“基板|薄膜”界面层；其次引入薄膜体缺陷，包括折射率非均质性和孔隙。因此，将理想的“基板|薄膜”系统修正为多层膜系统，如图3-53所示。下面针对典型氧化物薄膜的光学常数反演对物理模型选择合理性进行分析[21,22]。

3.5.1.2　样品的制备实验和测试方法

1）薄膜制备方法

使用离子束溅射沉积技术分别制备了HfO_2薄膜、Ta_2O_5薄膜和SiO_2薄膜，使用电子束蒸发技术制备了SiO_2薄膜，具体制备方法如下：

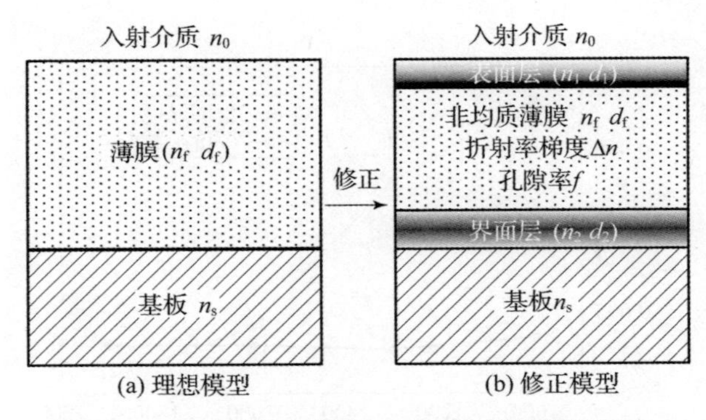

图 3-53 "基板|薄膜"系统物理模型的修正

（1）离子束溅射制备金属氧化物薄膜（HfO_2 和 Ta_2O_5）：薄膜样品使用超光滑表面的熔融石英基板（表面粗糙度≈0.5nm，尺寸为 Φ40mm×6mm）。靶材选用高纯金属靶材（Hf 靶纯度 >99.9%，Ta 靶纯度 >99.99%），本底真空度优于 1.0×10^{-3}Pa。制备 HfO_2 和 Ta_2O_5 薄膜时，离子束压为1250V，离子束流为600mA，氧气流量为30sccm①，沉积时间分别为 1500s 和 3600s。其中，HfO_2 薄膜在制备后进行了大气氛围中400℃热处理。

（2）离子束溅射制备 SiO_2 薄膜：采用超光滑表面的硅单晶基板（表面粗糙度≈0.3nm，尺寸为 Φ40mm×0.30mm），使用高纯紫外熔融石英靶材（纯度≥99.999%），本底真空度优于 1.0×10^{-3}Pa，离子束压为1250V，离子束流为600mA，氧气流量为25sccm，沉积时间为3000s。

（3）电子束蒸发制备 SiO_2 薄膜：超光滑表面的硅单晶基板特性如上，SiO_2 膜料为高纯紫外熔融石英（纯度≥99.995%），本底真空度优于 1.0×10^{-3}Pa，基板温度为200℃，沉积速率为0.3nm/s，膜层厚度采用晶振监控方式，物理厚度为1500nm。

2）薄膜测试方法

利用 J. A. Woollam 公司的 VASE 椭圆偏振仪进行反射椭偏光谱测量，波长范围 300~2000nm，波长间隔为 5nm，HfO_2 和 Ta_2O_5 薄膜的测试入射角度为 65°，SiO_2 薄膜的测试入射角度为 55°和 65°。由于薄膜折射率与消光系数为波长的函数，选择薄膜光学常数的色散模型为带 Urbach 吸收的柯西模型，将对薄膜折射率 $n(\lambda)$ 和消光系数 $k(\lambda)$ 的拟合转化为对色散方程参数的拟合。薄膜折射率和消光系数的色散方程为

① 1sccm = 0.943mL/min（温度为0℃，压力为1个大气压时）。

$$n(\lambda) = a + \frac{b}{\lambda^2} + \frac{c}{\lambda^4} \tag{3-50}$$

$$k(\lambda) = a' \exp\left(\frac{b' - \gamma}{\lambda}\right) \tag{3-51}$$

式中：a、b、c、a'和b'分别为拟合参数；γ为非拟合参数。评价测量值和理论值吻合程度的评价函数为

$$\mathrm{MSE} = \left\{\frac{1}{2N - M}\sum_{i=1}^{N}\left[\left(\frac{\Psi_i^{\mathrm{mod}} - \Psi_i^{\exp}}{\sigma_{\Psi,i}^{\exp}}\right)^2 + \left(\frac{\Delta_i^{\mathrm{mod}} - \Delta_i^{\exp}}{\sigma_{\Delta,i}^{\exp}}\right)^2\right]\right\}^{\frac{1}{2}} \tag{3-52}$$

式中右侧参数的意义见式（3-22）。

3）构建物理模型分析实验方法

在对氧化物薄膜的反演计算中，仅针对薄膜的界面层、折射率梯度、孔隙、表面层等物理模型进行研究。首先暂不考虑薄膜弱吸收的影响，仅对折射率进行反演计算，通过正交实验方法确定不同模型对评价函数的贡献。表3-12给出了正交实验的因素和水平，水平为“1”时表示使用该模型，水平为“0”时为不使用该模型。采用$L_8(2^2)$正交表进行实验设计，按照设计的8次实验分别进行数值反演计算，数值反演计算实验的组合物理模型见表3-13。

表3-12　薄膜光学常数反演计算的物理模型

水平	界面层		孔隙		折射率梯度		表面层	
	值	符号	值	符号	值	符号	值	符号
1	1	A	1	B	1	C	1	D
2	0	A′	0	B′	0	C′	0	D′

表3-13　氧化物薄膜物理模型反演计算实验组合

序号	模型组合	界面层	孔隙	折射率梯度	表面层
1	ABCD	A	B	C	D
2	ABCD′	A	B	C	D′
3	AD	A	B′	C′	D
4	A	A	B′	C′	D′
5	BD	A′	B	C′	D

续表

序号	模型组合	界面层	孔隙	折射率梯度	表面层
6	B	A′	B	C′	D′
7	CD	A′	B′	C	D
8	C	A′	B′	C	D′

3.5.1.3 金属氧化物薄膜的分析结果

HfO_2 薄膜和 Ta_2O_5 薄膜的反射椭偏参数测量结果分别见图 3-54 和图 3-55，分别按照表 3-13 的“基板|薄膜”修正模型组合进行反演计算，从图 3-54 和图 3-55 中反演计算得到的评价函数见表 3-14。

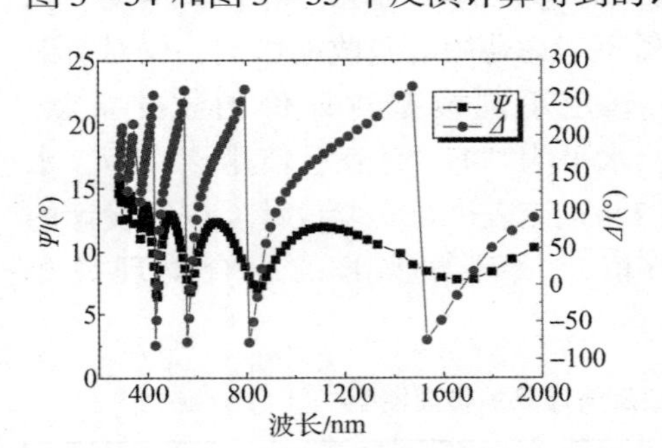

图 3-54 “基板|HfO_2 薄膜”系统椭偏光谱

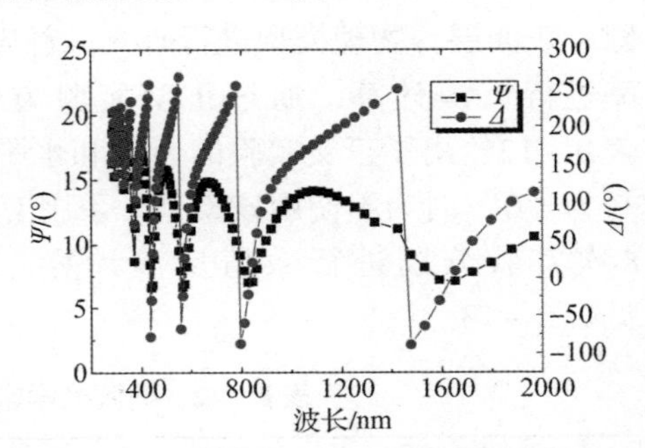

图 3-55 “基板|Ta_2O_5 薄膜”系统椭偏光谱

表 3-14 金属氧化物薄膜的实验结果

序号	实验组合	界面层	孔隙	折射率梯度	表面层	拟合评价函数	
						Ta_2O_5	HfO_2
1	ABCD	A	B	C	D	2.596	1.298
2	ABCD′	A	B	C	D′	3.131	5.219
3	AD	A	B′	C′	D	3.088	1.843
4	A	A	B′	C′	D′	3.532	5.315
5	BD	A′	B	C′	D	3.356	1.803
6	B	A′	B	C′	D′	3.957	5.709
7	CD	A′	B′	C	D	3.282	1.540
8	C	A′	B′	C	D′	2.564	5.585

对表3－14正交实验的结果进行极差分析和方差分析，HfO_2 薄膜反演计算的方差分析结果见表3－15，通过方差分析可以确定不同模型应用对评价函数影响的可信概率。通过对表3－15中极差项的对比，在 HfO_2 薄膜反演计算过程中，对评价函数降低贡献的大小依次为“表面层→折射率梯度→界面层→孔隙”；在方差分析中，引入孔隙模型的离差平方和均方值小于误差均方值，可认为该物理模型对整个光学常数的计算是误差项，因此对误差均方值进行修正，将孔隙模型的误差归为正交实验误差，则误差均方值的修正值见表3－15。根据表3－15中的统计量，计算表面层、折射率梯度、界面层模型在置信区间(1,3)对光学常数计算影响的可信概率分别为99.99%、89.24%和87.67%。由极差和方差的分析结果最终可以确定：在对 HfO_2 薄膜光学常数拟合过程中，在选定柯西色散模型后，应依次加入表面层、折射率梯度和界面层模型进行计算，膜层的孔隙模型对反演计算结果的影响最小。

表3－15 物理模型对 HfO_2 薄膜反演计算评价函数影响的极差与方差分析

统计量	基于不同物理模型拟合的 MSE			
	界面层	孔隙	折射率梯度	表面层
水平和	13.68	14.03	13.64	6.48
	14.64	14.28	14.67	21.83
水平均值	3.42	3.51	3.41	1.62
	3.66	3.57	3.67	5.46
极差	0.24	0.06	0.26	3.84
离差平方和均方值	0.116	0.008	0.132	29.430
总平方和	29.780			
误差均方值	0.031	0.031	0.031	0.031
误差均方修正值	0.026	—	0.026	0.026
统计量	4.527	—	5.169	1151.676
置信区间	(1,3)	—	(1,3)	(1,3)
可信概率	87.67%	—	89.24%	99.99%

对 Ta_2O_5 薄膜的极差与方差分析结果见表3－16。通过对极差项的对比，在 Ta_2O_5 薄膜光学常数的拟合过程中，对降低 MSE 贡献的大小依次为“折射

率梯度→表面层→界面层→孔隙”，说明在 Ta_2O_5 薄膜的物理模型中折射率梯度是重要模型。在方差分析中，表面层、界面层和孔隙三个物理模型的评价函数离差平方和均方值均小于误差均方值，因此这三个模型的误差可作为实验误差处理，误差均方值的修正见表 3－16。根据统计量，计算得到折射率梯度物理模型对 Ta_2O_5 薄膜光学常数反演计算评价函数影响的可信概率为 89.31%。因此，在 Ta_2O_5 薄膜光学常数反演计算中，在选定柯西色散模型后，首选折射率梯度模型，依次为表面层、界面层和孔隙模型。

表 3－16　物理模型对 Ta_2O_5 薄膜反演计算评价函数影响的极差与方差分析

统计量	基于不同物理模型拟合的 MSE			
	界面层	孔隙	折射率梯度	表面层
水平和	12.35	13.04	11.57	12.32
	13.16	12.47	13.93	13.18
水平均值	3.09	3.26	2.89	3.08
	3.29	3.12	3.48	3.30
极差	0.20	0.14	0.59	0.22
离差平方和均方值	0.082	0.041	0.696	0.093
总平方和	1.500			
误差均方值	0.196	0.196	0.196	0.196
误差均方修正值	0.134	0.134	0.134	0.134
统计量	—	—	5.198	—
置信区间	—	—	(1,3)	—
可信概率	—	—	89.31%	—

从表 3－15 和表 3－16 中可以看出，孔隙模型对两种薄膜反演计算效果的影响是不显著的，主要是因为离子束溅射沉积技术制备的薄膜致密度高。至此，可以确定在对两种薄膜光学常数反演计算过程中，首先基于理想物理模型选择柯西色散模型进行反演计算，其次按照相应的顺序依次加入物理模型分别进行反演计算，最后加入薄膜的吸收模型。两种薄膜反演计算的评价函数变化趋势如图 3－56 和图 3－57 所示，HfO_2 薄膜反演计算的评价函数相对理想模型反演计算下降 79%，Ta_2O_5 薄膜反演计算的评价函数相对理想模型反演计算

下降39%。两个反演计算过程的评价函数变化趋势均呈现单调下降的趋势，因此可以确定上述物理模型的选择非常合理，依次加入后能够有效降低评价函数，反演计算过程的物理意义明确。

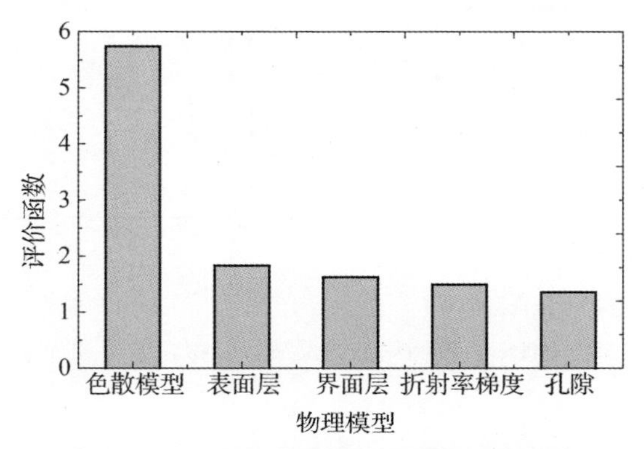

图3-56 HfO_2 薄膜系统反演的评价函数

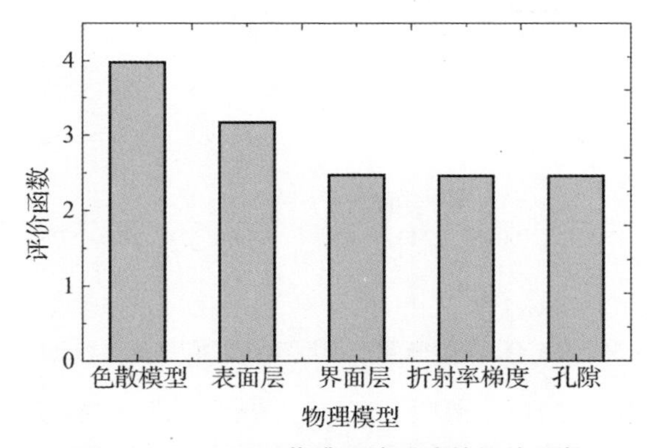

图3-57 Ta_2O_5 薄膜系统反演的评价函数

最终两种薄膜反演计算的结果见图3-58和图3-59。图3-58（a）给出了 HfO_2 薄膜椭圆偏振光谱拟合效果，图3-58（b）给出了 HfO_2 薄膜光学常数的计算结果，HfO_2 薄膜在500nm波长处的平均折射率和消光系数分别为2.0276和 2.21×10^{-4}，折射率梯度为3.5%；图3-59（a）给出了 Ta_2O_5 薄膜椭圆偏振光谱拟合效果，图3-59（b）给出了 Ta_2O_5 薄膜光学常数的计算结果，Ta_2O_5 薄膜在500nm波长处的平均折射率和消光系数分别为2.1591和 3.18×10^{-5}，折射率梯度为7.15%。Ta_2O_5 薄膜在生长过程中产生的折射率梯度大于 HfO_2 薄膜，说明Hf金属与Ta金属相比容易氧化形成稳定的氧化物，Ta_2O_5 薄膜中含有低含量亚氧化物，亚氧化物折射率高于完全氧化物。

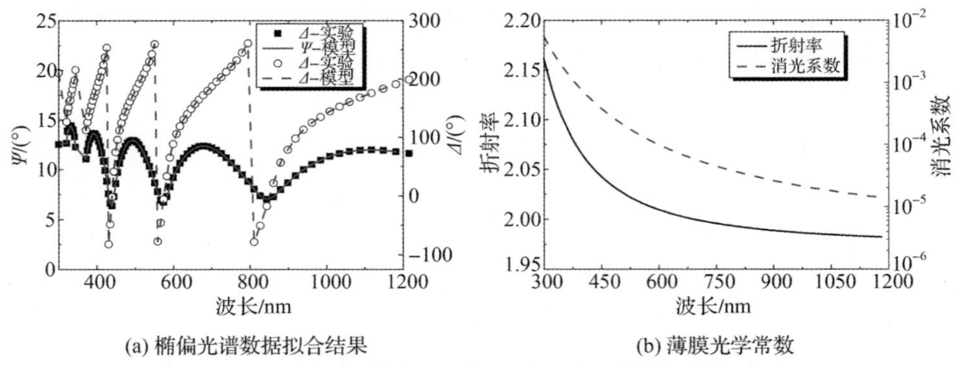

(a) 椭偏光谱数据拟合结果　　(b) 薄膜光学常数

图 3-58　HfO_2 薄膜椭偏光谱反演计算拟合效果和光学常数

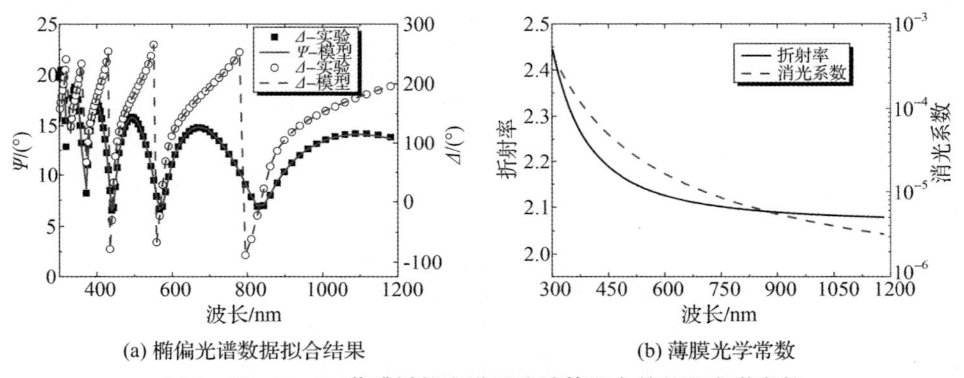

(a) 椭偏光谱数据拟合结果　　(b) 薄膜光学常数

图 3-59　Ta_2O_5 薄膜椭偏光谱反演计算拟合效果和光学常数

利用金相显微镜对 HfO_2 薄膜和 Ta_2O_5 薄膜样品的表面进行测试，选择物镜放大倍数为 100X，图 3-60 和图 3-61 分别给出了 HfO_2 薄膜和 Ta_2O_5 薄膜样品的表面形貌图：Ta_2O_5 薄膜表面形貌较为平滑，并未出现任何结晶现象和

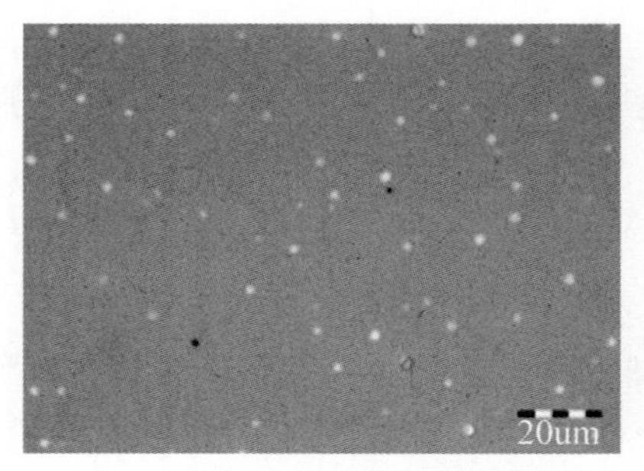

图 3-60　HfO_2 薄膜的表面形貌

图 3-61　Ta_2O_5 薄膜的表面形貌

表面损伤现象；HfO_2 薄膜则出现了大量的表面结晶现象，由于结晶导致膜层出现了微裂纹。这说明在该薄膜中由于表面结构的晶化而导致散射增加，并且该散射引入的消光效应在反演计算过程中被计算到消光系数中。因此，HfO_2 薄膜的消光系数大于 Ta_2O_5 薄膜的消光系数。

3.5.1.4　SiO_2 薄膜物理模型分析结果

在硅基板上制备 SiO_2 薄膜的工艺方法和测量方法见 3.5.1.2 节，离子束溅射制备 SiO_2 薄膜（IBS SiO_2）的椭偏参数测试结果见图 3－62，电子束蒸发制备 SiO_2 薄膜（EBE SiO_2）的椭偏参数测试结果见图 3－63。薄膜的色散方程仍然使用柯西色散方程，分别按照表 3－13 中的拟合物理模型组合方法进行数学反演计算，得到的评价函数 MSE 见表 3－17。

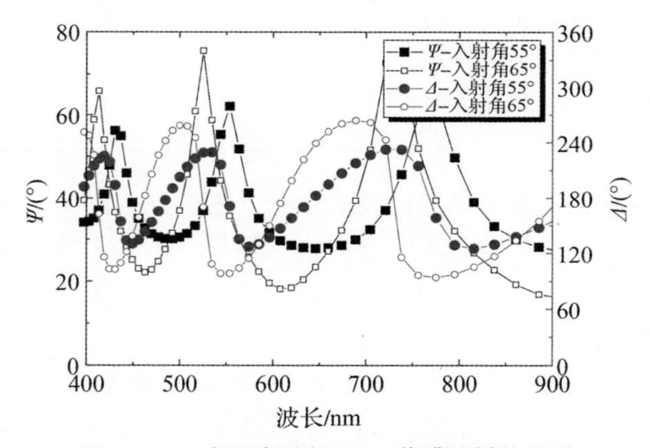

图 3－62　离子束溅射 SiO_2 薄膜的椭偏光谱

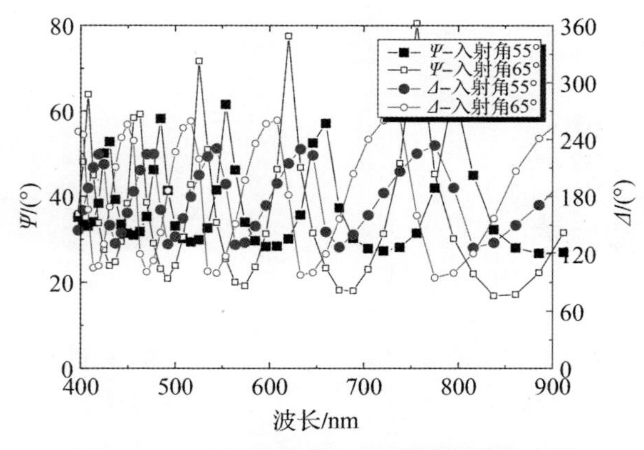

图 3－63　电子束蒸发 SiO_2 薄膜的椭偏光谱

表 3－17　SiO_2 薄膜的实验结果

序号	组合	界面层	孔隙	折射率梯度	表面层	评价函数 MSE	
						IBS SiO_2	EBE SiO_2
1	ABCD	A	B	C	D	5.790	7.759
2	ABCD′	A	B	C	D′	5.786	7.534
3	AD	A	B′	C′	D	5.851	7.061
4	A	A	B′	C′	D′	5.851	7.109
5	BD	A′	B	C′	D	7.289	7.065
6	B	A′	B	C′	D′	8.232	7.807
7	CD	A′	B′	C	D	6.622	6.694
8	C	A′	B′	C	D′	6.651	6.672

对表 3－17 正交实验结果进行极差分析，图 3－64 和图 3－65 分别给出了 IBS SiO_2 薄膜拟合评价函数和 EBE SiO_2 薄膜拟合评价函数的极差比例分布。在 IBS SiO_2 薄膜反演拟合中，对降低 MSE 的贡献从大到小依次为“界面层→折射率梯度→孔隙→表面层”；在 EBE SiO_2 薄膜反演拟合中，对降低 MSE 的贡献大小依次为“孔隙→界面层→表面层→折射率梯度”。这样的结果说明，在拟合计算过程中，必须按照这个顺序依次选择模型加入到拟合过程，才能保证反演拟合计算的评价函数 MSE 单调下降。

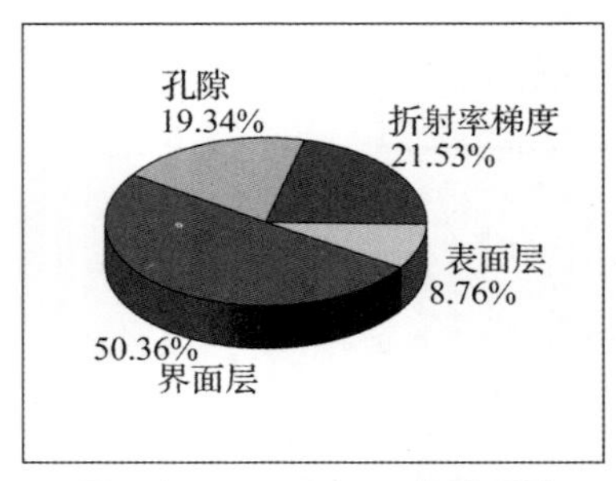

图 3－64　IBS SiO_2 薄膜反演拟合评价函数极差

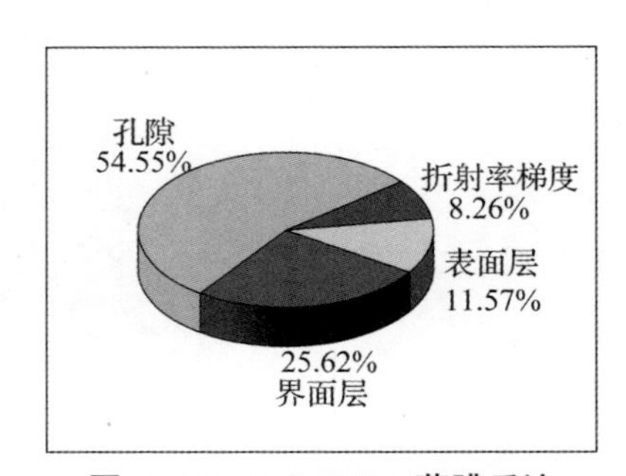

图 3－65　EBE SiO_2 薄膜反演拟合评价函数极差

通过对极差的分析仅仅得到物理模型对 MSE 的影响因素，对表 3－17 进行方差分析可以获得不同物理模型对 MSE 影响的置信概率：对于 IBS SiO_2 薄膜，界面层对反演拟合 MSE 的影响最大，置信概率为99.03%，说明离子束溅射的薄膜界面层是影响反演拟合结果的关键；对于 EBE SiO_2 薄膜，薄膜的孔隙模型对反演拟合 MSE 影响最大，置信概率为94.78%，说明电子束蒸发制备的 SiO_2 薄膜是多孔隙疏松结构。这样的结果与目前人们对两种工艺制备 SiO_2 薄膜的认识基本一致。

表3-18 物理模型对 IBS SiO_2 薄膜反演计算 MSE 函数影响的极差与方差分析

统计量	界面层	孔隙	折射率梯度	表面层
水平和	10.23	6.41	8.66	7.95
	4.71	8.53	6.28	6.98
水平均值	2.56	1.60	2.16	1.99
	1.18	2.13	1.57	1.75
极差	1.38	0.53	0.59	0.24
每个水平重复数	4	4	4	4
该列的水平数	2	2	2	2
试验次数	8	8	8	8
离差平方和	3.803	0.563	0.704	0.117
均方	3.803	0.563	0.704	0.117
总平方和	5.516	5.516	5.516	5.516
误差平方和	0.328	0.328	0.328	0.328
误差均方修正值	0.109	0.109	0.109	0.109
统计量	34.794	0.102	0.128	0.021
置信区间	(1,3)	(1,3)	(1,3)	(1,3)
置信概率	0.9903	0.2296	0.2558	0.106

表3-19 物理模型对 EBE SiO_2 薄膜反演计算 MSE 函数影响的极差与方差分析

统计量	界面层	孔隙	折射率梯度	表面层
水平和	3.51	2.80	4.31	4.39
	4.73	5.43	3.93	3.85
水平均值	0.88	0.70	1.08	1.10
	1.18	1.36	0.98	0.96

续表

统计量	界面层	孔隙	折射率梯度	表面层
极差	0.31	0.66	0.10	0.14
每个水平重复数	4	4	4	4
该列的水平数	2	2	2	2
试验次数	8	8	8	8
离差平方和	0.188	0.864	0.018	0.037
均方	0.188	0.864	0.018	0.037
总平方和	1.372	1.372	1.372	1.372
误差平方和	0.265	0.265	0.265	0.265
误差均方修正值	0.088	0.088	0.088	0.088
统计量	2.122	9.776	0.207	0.417
置信区间	(1,3)	(1,3)	(1,3)	(1,3)
置信概率	0.7588	0.9478	0.32	0.4356

综上所述，对于IBS SiO_2 薄膜反演计算过程的物理模型选择，在选择柯西色散模型拟合的基础上，依次加入界面层、折射率梯度、孔隙和表面层等模型，反演计算拟合的评价函数MSE变化趋势如图3－66所示，最终相对初始值下降35%；对于EBE SiO_2 薄膜的物理模型选择，同样是在选择柯西色散模型拟合的基础上，依次在物理模型中加入孔隙、界面层、表面层和折射率梯度等模型，不同模型拟合后的MSE变化趋势如图3－67所示，最终结果相对初始值下降38%。

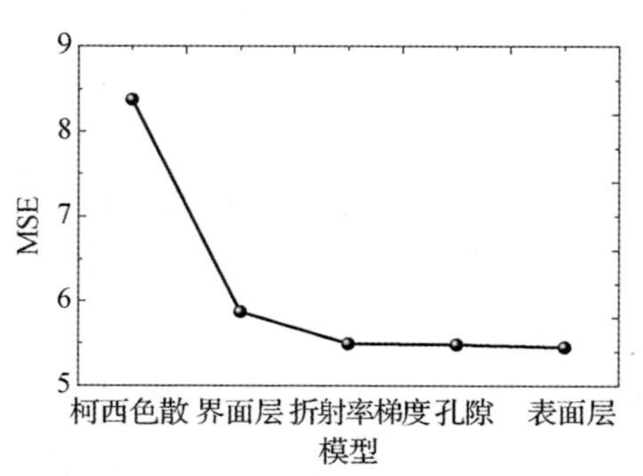

图3－66 IBS SiO_2 薄膜反演计算的评价函数

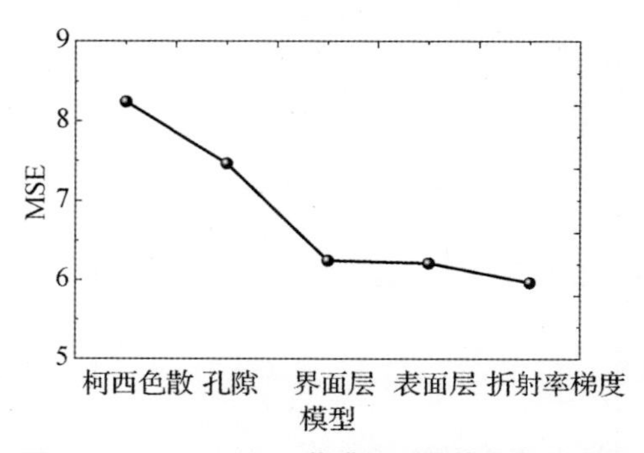

图3－67 EBE SiO_2 薄膜反演计算的评价函数

对两种工艺制备的 SiO_2 薄膜，按照上述步骤拟合后计算出折射率，柯西色散方程的拟合变量和其他物理参数见表3-20，折射率色散见图3-68，折射率沿着膜层厚度方向的分布见图3-69。

表3-20　SiO_2 薄膜光学常数反演计算的结果

拟合变量	IBS SiO_2 薄膜	EBE SiO_2 薄膜
膜层厚度/nm	789.8 ±0.8	1479.8 ±0.2
界面层厚/nm	3.4 ±0.7	2.1 ±0.5
表面层厚/nm	0.42 ±0.03	1.297 ±0.780
A	1.4669 ±0.0010	1.4596 ±0.0009
B	0.0034 ±0.0003	0.0030 ±0.0004
C	$5.1\times10^{-5}\pm3.0\times10^{-6}$	$1.2\times10^{-4}\pm6\times10^{-6}$
折射率梯度 Δn	−0.007 ±0.004	−0.024 ±0.008
孔隙率/%	0.029 ±0.00	0.466 ±0.332
MSE	5.451	5.957

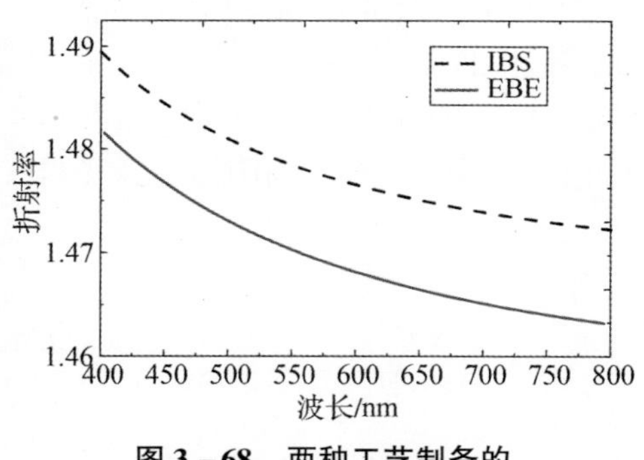

图3-68　两种工艺制备的 SiO_2 薄膜的折射率

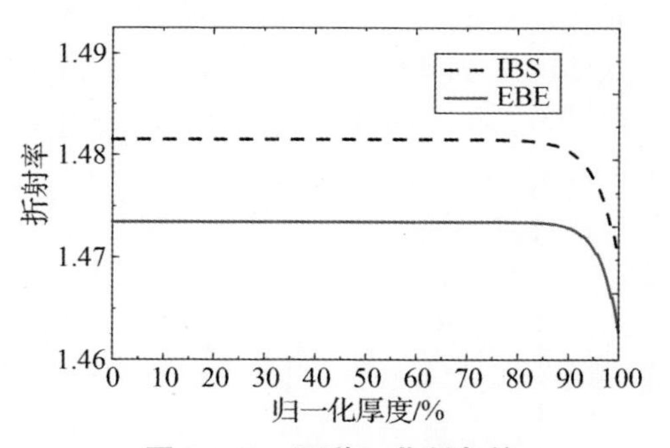

图3-69　两种工艺制备的 SiO_2 薄膜的折射率梯度

通过使用上述数值反演计算的方法，综合评价了“基板 | 薄膜”修正物理模型对 SiO_2 薄膜光学常数反演计算评价函数 MSE 贡献大小。实验结果表明 IBS SiO_2 薄膜与基板的界面效应显著，而 EBE SiO_2 薄膜呈现多孔结构。因此，对 SiO_2 薄膜光学常数计算时不能采用统一物理模型，需要综合考虑薄膜制备工艺的特点，最终才能获得较为精确的光学常数。

3.5.2 椭偏光谱反演光学常数光斑效应

在使用椭偏测量技术反演薄膜光学常数时，一般选择“基板|薄膜”系统的赝布儒斯特角作为入射角[23]，基于椭圆偏振技术研究薄膜常数的文献报道很多，一般集中于物理模型的选择、薄膜表面效应、新色散物理模型、新型薄膜材料的表征等[23-26]。然而，定角度或多角度入射椭偏光谱反演光学常数是建立在薄膜横向均匀基础上的。受镀膜工件架结构、膜料蒸发源或溅射源特性的影响，薄膜的横向非均质性具有普遍性。当薄膜存在横向非均质性时，测试光斑大小会影响到薄膜光学常数测试结果，但是目前相关的研究报道较少。基于椭偏光谱测量技术，对离子束溅射金属氧化物薄膜的光学常数和物理厚度进行测试分析，通过变换入射角度改变样品表面的辐照光斑大小，从而获得光学常数、物理厚度及表面层厚度与光斑大小的关系[27]。

使用离子束溅射技术制备了 Ta_2O_5 薄膜和 HfO_2 薄膜样品，制备方法见 3.5.1.2 节。使用美国 Woolanm 公司的 VASE 椭圆偏振仪测试薄膜样品，入射角度为 20°~80°（间隔为 5°），波长范围 400~800nm（间隔为 5nm）。椭偏仪的正入射光斑口径为 2mm，在不同入射角度下入射到样品上的光斑为椭圆光斑，通过变换入射角度可以改变入射到样品上的光斑长轴大小，短轴的长度仍是 2mm，长轴长度随入射角的变化如图 3-70（a）所示，入射到样品表面的光斑面积如图 3-70（b）所示。随着入射角增加，光斑长轴长度逐渐增加，从 20° 入射角的 2.13mm 增加到 80° 入射角的 11.50mm，光斑面积从 13.37mm^2 增加到 72.37mm^2。通过对不同角度下测试的椭偏参数反演计算得到光学常数与光斑尺寸的关系，下面讨论的光斑尺寸主要用椭圆光斑的长轴大小来表示。

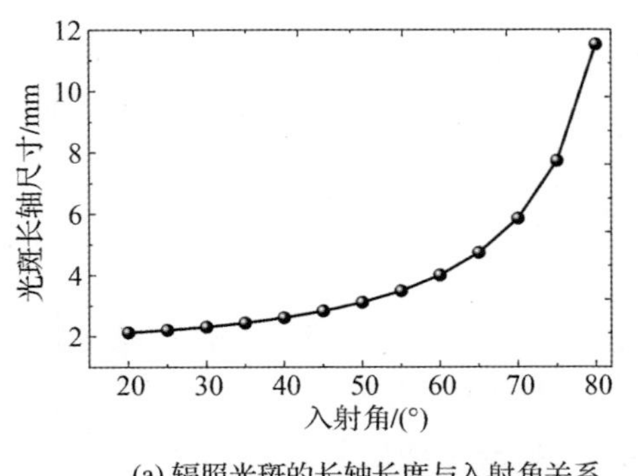

(a) 辐照光斑的长轴长度与入射角关系

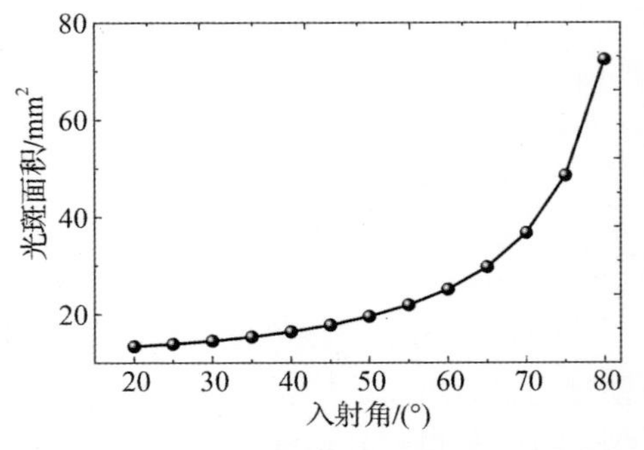

(b) 辐照光斑的面积与入射角关系

图 3-70 样品表面辐照光斑尺寸的计算结果

通过连续变入射角度的椭偏参数测量获得三维椭偏参数图。Ta_2O_5 薄膜的椭偏参数测试结果如图3－71所示，图3－71（a）为椭偏参数 $\psi(\lambda,\theta)$，图3－71（b）为椭偏参数 $\Delta(\lambda,\theta)$。HfO_2 薄膜的椭偏参数测试结果如图3－72所示，图3－72（a）为椭偏参数 $\psi(\lambda,\theta)$，图3－72（b）为椭偏参数 $\Delta(\lambda,\theta)$。

在薄膜光学常数计算中，将“基板|薄膜”的物理模型修正为“基板|薄膜|表面层”模型[4]，选择光学常数色散模型为柯西色散模型（式（3－50）），分别对每个角度的反射椭偏参数作为目标进行反演计算，入射角和光斑尺寸的关系见图3－70（a）。计算得到两种薄膜材料的折射率常数项 a、薄膜物理厚

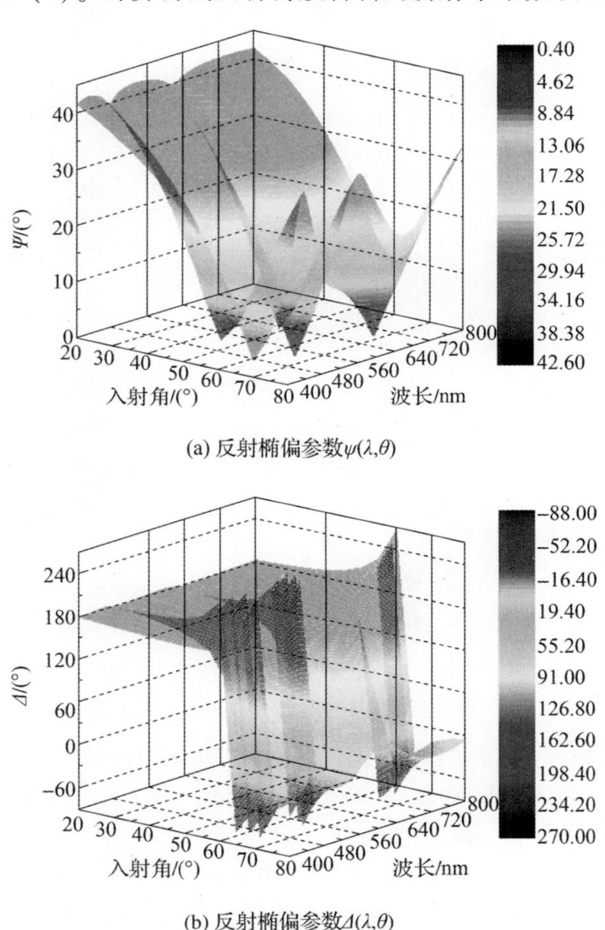

(a) 反射椭偏参数$\psi(\lambda,\theta)$

(b) 反射椭偏参数$\Delta(\lambda,\theta)$

图3－71 Ta_2O_5 薄膜的反射椭偏参数测试结果

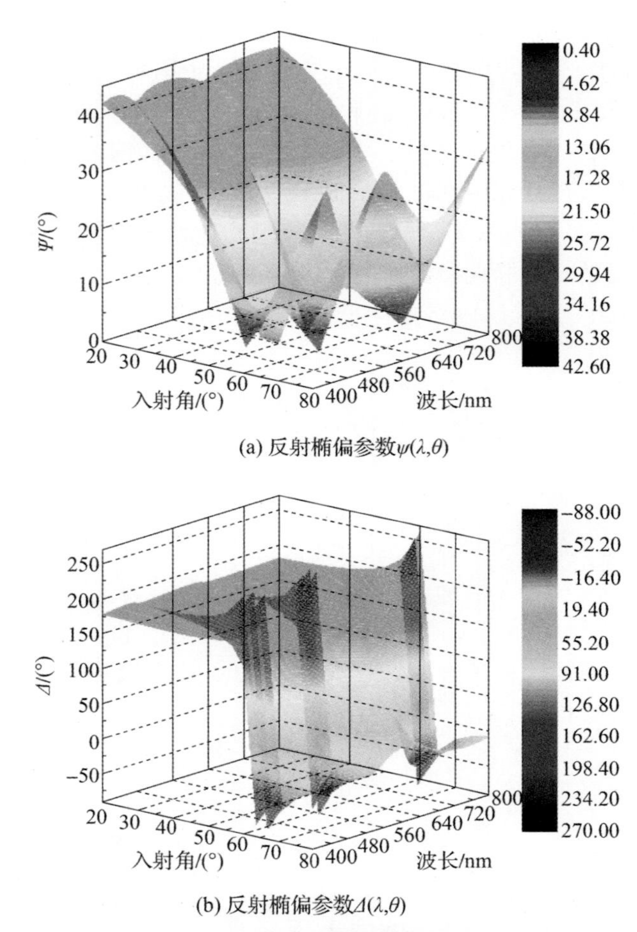

(a) 反射椭偏参数$\psi(\lambda,\theta)$

(b) 反射椭偏参数$\Delta(\lambda,\theta)$

图 3-72 HfO_2 薄膜的反射椭偏参数测试结果

度和表面层厚度与光斑大小的关系分别见图 3-73 和图 3-74。Ta_2O_5 薄膜和 HfO_2 薄膜的折射率常数项 a 均随着入射光斑尺寸增加呈现下降趋势，物理厚度和表面层厚度则呈现相反趋势。Ta_2O_5 薄膜折射率常数项 a 从 2.0810 降到 2.0621，物理厚度从 437.0nm 增加到 440.0nm，表面层厚度从 1.7nm 增加到 2.8nm；HfO_2 薄膜的折射率常数项 a 从 1.9856 降到 1.9708，物理厚度从 473.2nm 增加到 475.7nm，表面层厚度从 0.6nm 增加到 2.1nm。

首先分析两种薄膜表面层的拟合结果。在表面层的物理模型中，表面层主要是用薄膜表面粗糙度等效。根据 Alexander 界面等效理论[2]，粗糙界面相当于两种材料的混合，等效表面层的折射率为膜层与空气按照 50% 的比例混合，等效物理厚度为表面均方根粗糙度的 2 倍。在实验中，使用 BS2-Z 型原子力

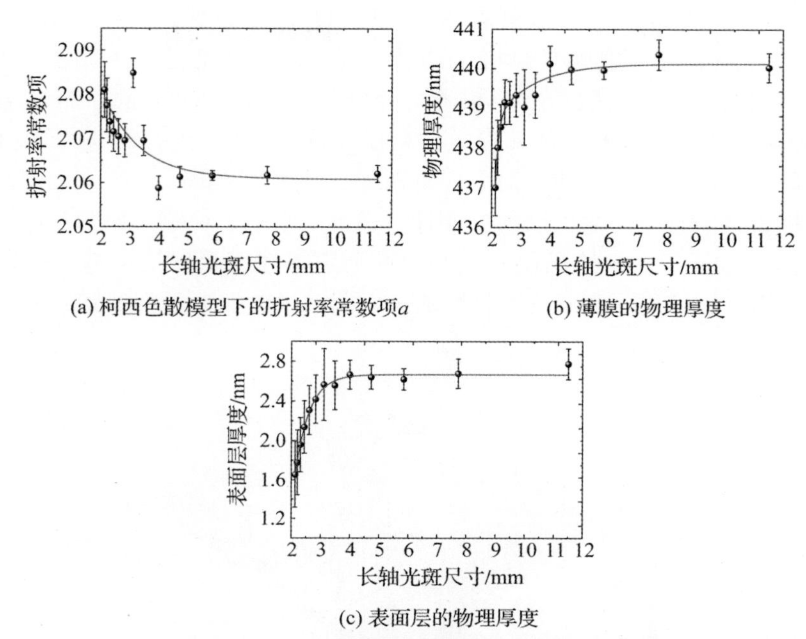

(a) 柯西色散模型下的折射率常数项a　(b) 薄膜的物理厚度

(c) 表面层的物理厚度

图 3－73　Ta_2O_5 薄膜的反射椭偏参数反演计算结果

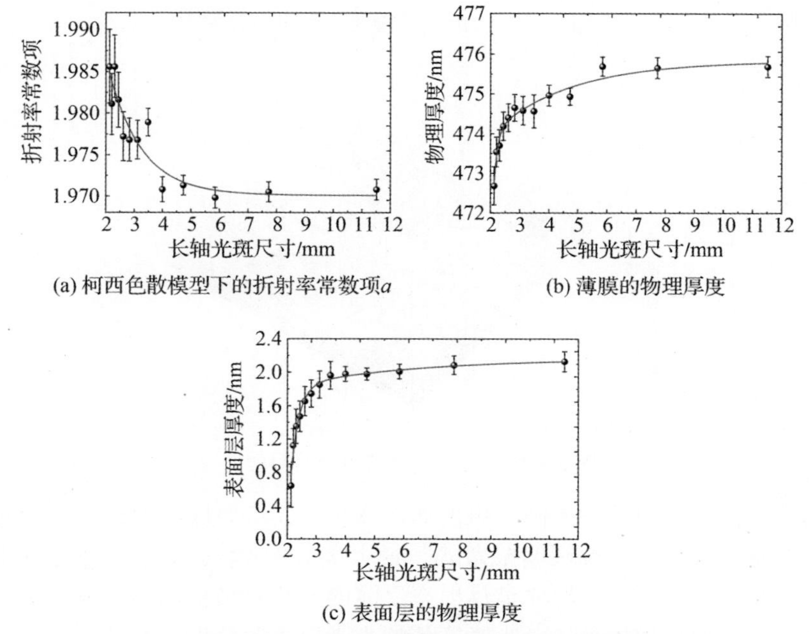

(a) 柯西色散模型下的折射率常数项a　(b) 薄膜的物理厚度

(c) 表面层的物理厚度

图 3－74　HfO_2 薄膜的反射椭偏参数反演计算结果

显微镜对 HfO_2 和 Ta_2O_5 薄膜样品表面粗糙度进行测试，单次测试区域为 1.25μm×1.25μm，对薄膜样品椭偏测试的光斑辐照中心连续测量五个位置，HfO_2 薄膜和 Ta_2O_5 薄膜的均方根粗糙度分别为 1.2nm 和 0.7nm，测试结果分别见图 3－75 和图 3－76。椭偏参数拟合的表面层厚度与测试入射角度相关，在小光斑下表面层的测试结果偏小，而光斑长轴大于 4mm 后（入射角度 60°，光斑面积 $25.13mm^2$），表面层的反演计算评价函数趋于稳定，如图 3－73（c）和图 3－74（c）所示，表面层厚度与两种薄膜粗糙度测试结果基本一致。由此可以看出，大光斑下测试反演计算的表面层结果更接近于实际结果。

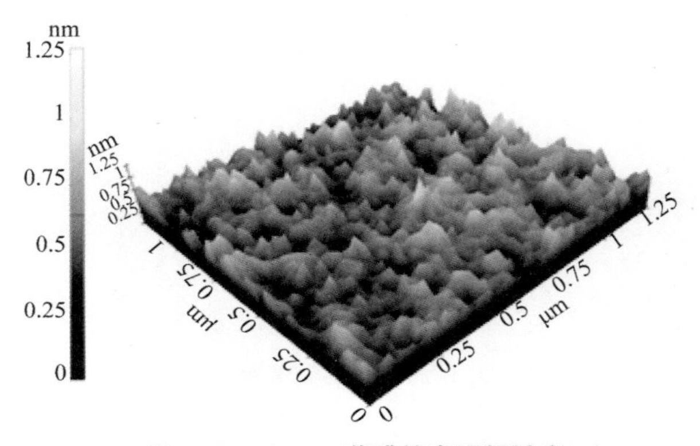

图 3－75　HfO_2 薄膜的表面粗糙度

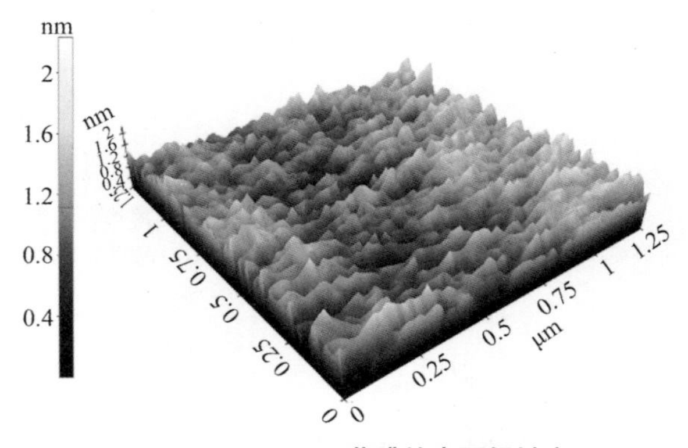

图 3－76　Ta_2O_5 薄膜的表面粗糙度

其次，分析薄膜折射率随光斑增加而变小，膜层厚度随着光斑增加而变大的现象。由于仅使用了椭圆偏振光谱反演计算光学常数，为了验证这种现象是否是孤立现象，采用宽谱段光谱反射率反演的方法对结果进行验证，折射率模型仍选择为柯西色散模型。分光光度计的小光斑入射条件容易满足，但是小光斑测试带来的衍射效应和入射光束锥角效应，容易导致光谱测试精度下降，因此采用大光斑条件下的反射率测试验证上述现象。

利用 Lambda 900 分光光度计对两种薄膜样品进行光谱反射率测试，入射角度为 8°，光斑大小为 6mm × 8mm，由于采用 W 型反射光路，光束在样品表面两次反射，辐照光斑的面积为 96mm²。Ta_2O_5 薄膜的光谱反射率和拟合结果见图 3－77，得到折射率常数项 $a = 2.0604 \pm 0.0009$，物理厚度为 (440.2 ± 0.08) nm。如图 3－73（a）和图 3－73（b）所示的变化趋势，当椭偏测试光斑大小继续增加达到分光光度计测试光斑大小时，折射率呈趋于稳定的趋势，如果对图 3－73（a）和图 3－73（b）的结果外延，那么基于光谱反射率反演出的折射率常数项基本符合椭偏测量的折射率变化规律。薄膜厚度趋于稳定，与椭偏光谱法测试的规律基本一致。HfO_2 薄膜的光谱反射率和拟合结果见图 3－78，得到折射率常数项 $a = 1.9699 \pm 0.0005$，物理厚度为 (476.7 ± 0.1) nm。与 Ta_2O_5 薄膜折射率的结果类似，基于光谱反射率的方法获得的 HfO_2 薄膜折射率符合如图 3－74（a）所示的变化规律，物理厚度也符合如图 3－74（b）所示的变化趋势。

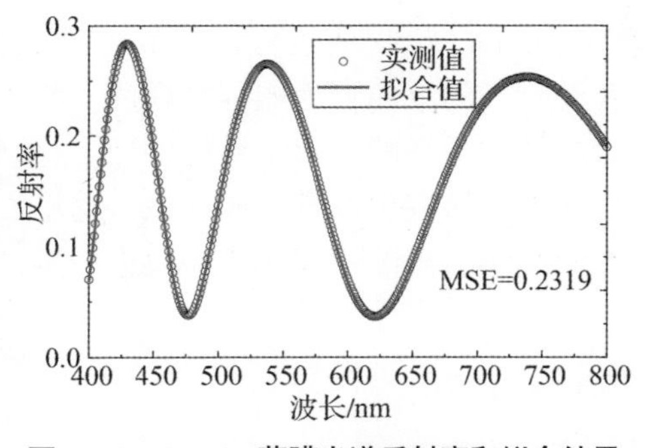

图 3－77　Ta_2O_5 薄膜光谱反射率和拟合结果

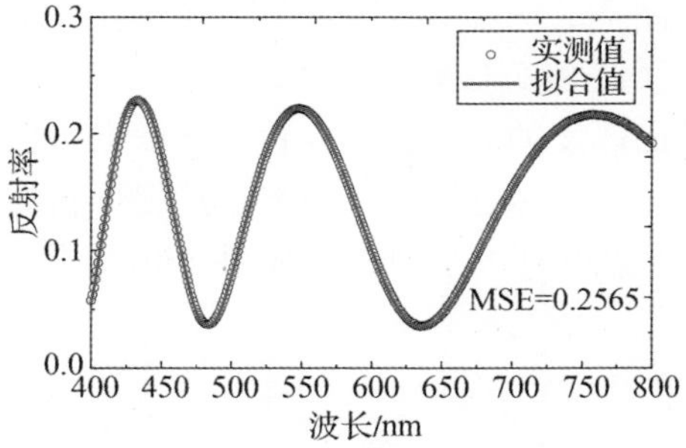

图 3－78　HfO_2 薄膜光谱反射率和拟合结果

上述实验现象主要包含了两个方面的特征：折射率逐渐降低而膜层厚度逐渐增加，但光学厚度基本保持不变。对于 Ta_2O_5 薄膜，随着入射光斑的增加，边缘相对中心的平均折射率变化达到 0.9%，平均物理厚度的变化达到 0.7%；对于 HfO_2 薄膜，平均折射率的变化达到 0.7%，平均物理厚度的变化达到 0.5%。通过上述对两种薄膜变角度椭偏参数的测试研究，薄膜折射率随光斑大小变化的规律与薄膜本身的特性相关，也就是薄膜的光学常数和物理厚度存在横向非均质性。如图 3－79 所示，在变入射角度的椭圆偏振光谱测试过程中，椭圆光斑的长轴长度由 2.13mm 增加到 11.50mm，大光斑逐渐覆盖小光斑的测试区域，意味着大光斑下的测量包含了小光斑下的薄膜特征，对薄膜的横向非均质性起到了均化的作用，基于大光斑测试光谱反射率反演计算的结果也间接证明这样的观点。

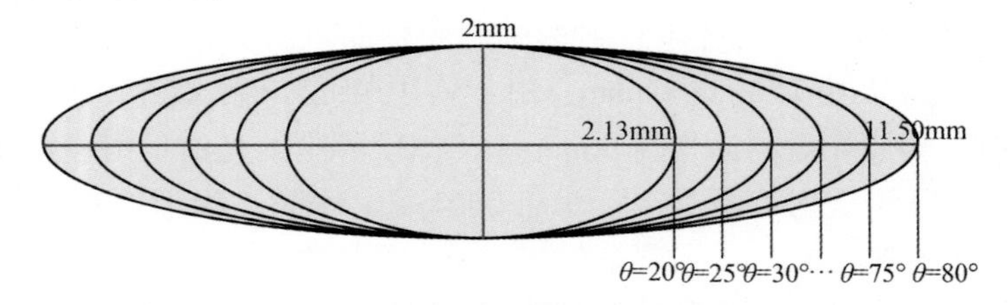

图 3-79　椭圆偏振光谱测试中的光斑变化示意图

上述折射率和物理厚度的横向非均质性定性分析如下。①折射率的非均质性主要来源于薄膜的生长过程。离子束溅射的主要优势在于提供了较高的薄膜生长表面能，使得薄膜的致密度高于常规蒸发工艺制备的薄膜。由于膜层纵向方向的自由能较容易释放，横向自由能受到边界条件的约束而不易于释放，因此在薄膜内产生了较高的应力[28,29]。在应力的作用下产生了横向折射率的非均质性。②膜层厚度的均匀性：膜层厚度的均匀性与薄膜生长过程中的溅射粒子密度分布、能量分布以及镀膜真空室的结构布局相关。采用离子束溅射方法制备的两种氧化物薄膜，均使用了“行星转动 + 自转”的工件架旋转方式，膜层厚度的均匀性得到有效控制。另外，薄膜生长的纵向自由能容易释放，膜层厚度的非均质性应该小于横向折射率非均质性，上述的实验结果也验证了这一点。尽管如此，对于薄膜横向折射率非均质性的研究仍没有达成共识，这里仅给出了实验现象和定性分析结果，对于现象反映出来的物理机制需要进一步深入研究。

3.6　光学常数的色散模型

3.6.1　光学材料色散模型的物理意义

自 19 世纪 30 年代以来，柯西的研究工作开创了光学材料折射率表征的先河。他测量了玻璃折射率随可见光频率的变化，得到了人们所熟知的柯西色散模型。塞默尔和麦克斯韦基于光和物质之间的相互作用，建立了介电函数的洛伦兹振子色散模型，在 19 世纪末首次得到了应用。在 20 世纪初，随着高质量玻璃的快速发展，人们也开始了折射率色散的建模和精确测试研究。随着紫外和红外晶体的出现，促使人们研究更好的宽谱段折射率色散方程。理想固体材料的光学响应由三种基本物理过程决定[30]：自由载流子、晶格振动和电子跃迁。电子跃迁和晶格振动对所有材料的复折射率有贡献，在金属和半导体材料中还有自由载流子效应。在光学透明区范围内，如杂质、缺陷、材料非均匀性和散射等对材料的光学特性都会产生重要影响，而杂质和缺陷的吸收特性与光谱区域、入射辐射强度和材料的温度有关。

3.6.2　基于能带的光学常数色散模型

在薄膜光学常数研究中，光学常数的色散方程主要有两种。①透明区范围：基于经典带间电子跃迁的振子模型，在透明区的折射率色散可表达为柯西方程或塞默尔方程。弱吸收则用 Urbach 带尾模型表征，小于禁带宽度谱段的光能量以 e 指数的形式衰减。②吸收区范围：在大于禁带宽度谱段的光学常数色散模型中，Tauc – Lorentz 模型、Forouhi – Bloomer 模型和 Cody – Lorentz 模型得到广泛的应用。该方法是根据带间电子跃迁理论建立的介电函数虚部解析表达式，然后通过 Kramers – Kronig 变换得到介电函数实部，进而得到薄膜的光学常数[31]。基于上述两类色散模型，无论是在透明区还是吸收区，均能有效地表征薄膜光学常数，但是对于有效连接禁带宽度两侧吸收系数的模型，Cody – Lorentz 模型则是最有效的色散模型之一。该模型通过引入 Urbach 带尾宽度，对禁带宽度附近的介电常数进行修正，有效地统一表达了吸收区和透明区的光学常数[32]。

下面介绍两种氧化物薄膜从近紫外到透明区的光学常数色散模型。Jellison 和 Modine 建立的 Tauc – Lorentz（T – L）色散模型[33]，该模型用经典的洛伦兹振子表达能带间的电子跃迁。该模型的特点是使用禁带宽度参数对振子的低频率端截止，材料介电函数的虚部表达式为

$$\varepsilon_{\mathrm{i}}(E)=\begin{cases}\dfrac{AE_0\Gamma(E-E_{\mathrm{g}})^2}{(E^2-E_{\mathrm{g}}^2)^2+\Gamma^2E^2}\dfrac{1}{E}, & E>E_{\mathrm{g}}\\ 0, & E<E_{\mathrm{g}}\end{cases}\tag{3-53}$$

式中：E 为光子能量(eV)；E_0、A、E_{g} 和 Γ 分别为跃迁的峰值、振幅、禁带宽度和展宽参数。由于 T – L 模型中使用禁带宽度对带尾吸收进行了截止，Ferlauto 等人研究了带尾吸收并加入到色散模型中，提出了 Cody – Lorentz 介电函数色散模型，并在典型的无定形半导体材料中得到应用[32]。Cody – Lorentz 模型给出的介电函数虚部表达式为

$$\varepsilon_{\mathrm{i}}(E)=\begin{cases}G(E)\dfrac{AE_0\Gamma E}{(E^2-E_0^2)^2+\Gamma^2E^2}, & E>E_{\mathrm{t}}\\ \dfrac{E_1}{E}\exp\left[\dfrac{(E-E_{\mathrm{t}})}{E_{\mathrm{u}}}\right], & E\leqslant E_{\mathrm{t}}\end{cases}\tag{3-54}$$

其中

$$G(E)=\frac{(E-E_g)^2}{(E-E_g)^2+E_p^2} \tag{3-55}$$

$$E_1=E_tG_t(E)L_t(E) \tag{3-56}$$

式中：E 为光子能量(eV)；E_0、A、E_g 和 Γ 分别为带间跃迁中心的光子能量、光学跃迁矩阵元、禁带宽度和带宽；E_t 为 Urbach 带尾跃迁和带间跃迁之间的界限能量，在能量小于 E_t 的区域是带尾吸收，而能量大于 E_t 的区域则是带间跃迁；E_p 为第二跃迁能量，大于此值的光子吸收为洛伦兹吸收线形；E_u 为 Urbach 带尾宽度，是材料结构无序度和缺陷密度的重要表征参数；E_1 为介电函数虚部 ε_i 在 $E=E_t$ 处连续；$G(E)$为通过常数偶极子逼近的态密度函数。

以上是基于带间电子跃迁模型构建的两个介电函数虚部 ε_i 表达式，将介电函数虚部经过 Krames－Kronig 变换可得到介电函数的实部，即

$$\varepsilon_r(E)=\varepsilon_\infty+\frac{2}{\pi}P\int_0^\infty\frac{E'\varepsilon_2(E')}{E'^2-E^2}\mathrm{d}E' \tag{3-57}$$

式中：P 为主值积分；ε_∞ 为高频介电常数。使用该模型可以表征光学薄膜材料从紫外吸收到透明区的介电函数色散。通过测量薄膜样品的光谱（透射率、反射率）或者椭偏参数，基于“基板 | 薄膜”系统的物理模型与数学模型，通过光谱反演获得介电函数虚部的色散方程，进而获得禁带宽度 E_g 和 Urbach 带尾宽度 E_u 等参数。

3.6.3 基于振动的光学常数色散模型

在临近透明区的长波长光谱区，由于固体内部的晶格振动以及缺陷模振动，从而产生光学吸收现象。氧化物薄膜红外谱段的光学常数色散由声子特性决定，描述无定型材料声子振动特性使用高斯函数形式，即用高斯线形函数表征材料单声子带的介电函数虚部[34]，由 m 个振子组成的介电函数虚部可以表示如下：

$$\varepsilon_i(\omega)=\sum_{j=1}^{m}\frac{A_j}{\gamma_j}\left\{\exp\left(-4\ln(2)\left(\frac{\omega-\omega_j}{\gamma_j}\right)^2\right)-\exp\left(-4\ln(2)\left(\frac{\omega+\omega_j}{\gamma_j}\right)^2\right)\right\} \tag{3-58}$$

式中：A_j、γ_j 和 ω_j 为第 j 个振子的强度、线宽和振动频率，后续的讨论中频率和阻尼系数变量的单位都为 cm^{-1}。介电函数实部根据 Krames－Kronig 变换从式（3－59）和式（3－57）获得。光学薄膜的折射率 n 和消光系数 k 为

$$n=\sqrt{\frac{\sqrt{\varepsilon_r^2+\varepsilon_i^2}+\varepsilon_r}{2}},\quad k=\sqrt{\frac{\sqrt{\varepsilon_r^2+\varepsilon_i^2}-\varepsilon_r}{2}} \tag{3-59}$$

综上所述，表征透明区的光学常数需要考虑透明区的“头”和“尾”特征，介电函数的特征反映在薄膜的表观光谱特性。通过测量薄膜样品的光谱（透射率、反射率或吸收率）或者椭圆偏振光谱，尽可能包含更多的光谱特征，如短波吸收区和长波吸收区以及透明区吸收带等。通过上述介电函数色散模型的组合应用，选择合适的“基板|薄膜”系统的物理模型，采用非线性数值优化算法从光谱特征中反演出介电函数进而得到薄膜的光学常数。

参考文献

[1] ARNDT D P, AZZAM R M, BENNETT J M, et al. Multiple determination of the optical constants of thin - film coating materials[J]. Applied Optics, 1984, 23(20):3571 - 3596.

[2] TIKHONRAVOV A V, TRUBETSKOV M K, TIKHONRAVOV A, et al. Effects of interface roughness on the spectral properties of thin films and multilayers[J]. Applied Optics, 2003, 42(25):5140 - 5148.

[3] 唐晋发, 顾培夫, 刘旭. 现代光学薄膜技术[M]. 杭州:浙江大学出版社, 2006.

[4] UPSTONE. Validating UV/VIS spectrophotometers[EB/OL]. (2012 - 03 - 12)[2015 - 01 - 01]. https://nanoqam. ca/wiki/lib/exe/fetch. php? media = tch _validating_uv_visible. pdf.

[5] VEDAM K. Spectroscopic ellipsometry: A historical overview [J]. Thin Solid Films, 1998 (9): 313 - 314.

[6] ROTHEN A. The ellipsometer, an apparatus to measure thicknesses of thin surface films [J]. Review of Scientific Instruments, 1945, 16 (2): 26 - 30.

[7] MCCRACKIN F L, COLSON J P. Computational techniques for the use of the exact drude equations in reflection problems [J]. Ellipsometry in the Measurement of Surfaces and Thin Films, 1964 (256): 61 - 82.

[8] STOBIE R W, RAO B, DIGNAM M J. Analysis of a novel ellipsometric technique with special advantages for infrared spectroscopy [J]. Journal of the Optical Society of America, 1975, 65 (1): 25 - 28.

[9] WOOLLAM J A. Guide to using wvase 32: spectroscopic ellipsometry data acquisition and analysis software [EB/OL]. (2008 - 07 - 22)[2024 - 05 - 22]. https: //www. jawoollam. com/resources/ellipsometry - tutorial.

[10] MANIFACIER J C, GASIOT J, FILLARD J P. A simple method for the determination of the optical constants n, k and the thickness of a weakly absorbing thin film [J]. Journal of Physics E: Scientific Instruments, 1976, 9 (11): 1002 - 1004.

[11] SWANEPOEL R. Determination of the thickness and optical constants of amorphous silicon [J]. Journal of Physics E Scientific Instruments, 2000, 16 (12): 1213 - 1222.

[12] BENNETT J M. Computational method for determining n and k for a thin film from the measured reflectance, transmittance, and film thickness [J]. AppliedOptics, 1966, 5 (1): 41 - 43.

[13] DOBROWOLSKI J A, KEMP R A. Refinement of optical multilayer systems with different optimization procedures [J]. Applied Optics, 1990, 29 (19): 2876 - 2893.

[14] LIU H S, HOU D H, WANG Z S, et al. Comparison of envelope method and full spectra fitting method for determination of optical constants of thin films [J]. Proc. SPIE, 2010 (7995): 799528.

[15] 刘华松, 傅翾, 王利栓, 等. 弱吸收单面薄膜光学特性的表征方法 [J]. 红外与激光工程, 2013, 42 (8): 2108 - 2114.

[16] 梁铨廷. 物理光学 [M]. 2 版. 北京: 机械工业出版社, 1986.

[17] LIU H S, LID D, JI Y Q, et al. Optimizing operating parameters of spectrophotometer for testing transmission spectrum of optical substrate [J]. Proc. SPIE, 2010 (7656): 765604.

[18] LIU H S, JIANG Y G, WANG L S, et al. Calculation of Pseudo - Brewster Angle for Substrate and Thin Film - substrate System [J]. Acta Photonica Sinica, 2013, 42 (7): 817 - 822.

[19] GUO C, KONG M, GAO W, et al. Simultaneous determination of optical constants, thickness, and surface roughness of thin film from spectrophotometric measurements [J]. Optics Letters, 2013, 38 (1): 40 - 42.

[20] MILOUA R, KEBBAB Z, CHIKER F, et al. Determination of layer thickness and optical constants of thin films by using a modified pattern search method [J]. Optics Letters, 2012, 37 (4): 449 - 451.

[21] 刘华松, 姜承慧, 王利栓, 等. 金属氧化物薄膜光学常数计算物理模型应用研究 [J]. 光谱学与光谱分析, 2014, 34 (5): 1163 - 1167.

[22] LIU H, LIU D, YANG X, et al. Physical model of SiO_2 thin films for optical constants calculation [J]. Infrared and laser engineering, 2017, 46 (9): 109.

[23] BURGE D K, BENNETT H E. Effect of a thin surface film on the ellipsometric determination of optical constants [J]. Journal of the Optical Society of America, 1964, 54 (12): 1428 - 1433.

[24] ASPNES D E, THEETEN J B, HOTTIER F. Investigation of effective - medium models of microscopic surface roughness by spectroscopic ellipsometry [J]. Physical Review B, 1979, 20 (8): 3292 - 3302.

[25] FRANTA D, NEČAS D, OHLÍDAL I. Universal dispersion model for characterization of optical thin films over a wide spectral range: application to hafnia [J]. Applied Optics, 2015, 54 (31): 9108 - 9119.

[26] BURGE D K, BENNETT H E. Effect of a thin surface film on the ellipsometric determination of optical constants [J]. Journal of the Optical Society of America, 1964, 54 (12): 1428 - 1433.

[27] 刘华松, 杨霄, 刘丹丹, 等. 离子束溅射薄膜光学常数表征的光斑效应 [J]. 光学学报, 2017, 37 (10): 358 - 364.

[28] RISTAU D, GROSS T. Ion beam sputter coatings for laser technology [J]. Proc. SPIE, 2005 (5963): 596313.

[29] LEE C C, TIEN C L, HSU J C. Internal stress and optical properties of Nb_2O_5 thin films deposited by ion - beam sputtering [J]. Applied Optics, 2010, 41 (41): 2043 - 2047.

[30] THOMAS M E, TROPF W J. Future characterization needs for optical materials [J]. Proc. SPIE, 1999 (3698): 640 - 651.

[31] FOROUHI A R, BLOOMER I. Optical dispersion relations for amorphous semiconductors and amorphous-dielectrics [J]. Physical Review B Condensed Matter, 1986, 34 (10): 7018 - 7026.

[32] JELLISON G E J, MODINE F A. Parameterization of the optical functions of amorphous materials in the interband region [J]. Applied Physics Letters, 1996, 69 (3): 371 - 373.

[33] FERLAUTO A S, FERREIRA G M, PEARCE J M, et al. Analytical model for the optical functions of amorphous semiconductors from the near - infrared to ultraviolet: Applications in thin film photovoltaics [J]. Journal of Applied Physics, 2002, 92 (5): 2424 -2436.

[34] MENESES D D S, MALKI M, ECHEGUT P. Structure and lattice dynamics of binary lead silicate glasses investigated by infrared spectroscopy [J]. Journal of Non - Crystalline Solids, 2006, 352 (8): 769 -776.

第4章

超低损耗激光薄膜设计方法

4.1 概　述

在激光技术应用中，对光学多层膜元件性能指标的需求主要包括反射率、透射率、相位延迟、损伤阈值、吸收损耗、散射损耗、双折射、应力、环境敏感度、温度敏感度和表面质量等[1,2]，传统金属薄膜反射镜无法满足激光技术对薄膜元件的多功能需求。由于介质薄膜的本征损耗远小于金属薄膜，介质薄膜材料体系多层膜是高性能激光薄膜元件的唯一选择。在众多技术指标中，人们首先考虑激光能量调控问题，高反射薄膜元件和减反射薄膜元件是典型的超低损耗激光薄膜元件。

在超低损耗激光薄膜设计研究中，综合考虑带宽、工作角度、折射率色散、消光系数、折射率非均质性以及基板特征等因素，实现多层膜的光谱损耗控制。本章详细讨论了高反射薄膜和减反射薄膜设计的要点和考虑的关键因素，并将制造误差耦合到多层膜结构设计中，实现薄膜性能的最优化。

4.2 超高反射率多层膜设计方法

4.2.1 周期结构多层膜带宽理论

周期结构是光学多层膜的基本结构，每层膜光学厚度为设计波长的1/4，该结构的重要特点是高/低透射率的光谱区交替出现，可以实现光谱调控的功能[3]。周期结构多层膜的基本结构一般由两种或三种薄膜材料组成，主要分为等光学厚度和非等光学厚度：等厚周期多层膜已经得到广泛应用，非等厚周期多层膜可以通过调整薄膜的相对厚度改变反射区的带宽和波长位置。因此，周期结构多层膜不仅用于高反射多层膜结构的设计，而且也是其他功能光学多层膜系的基础结构。

在周期结构膜系解析理论研究中，通常假设膜层为无色散材料，基于多光束干涉理论获得膜系的反射带和透射带。周期结构多层膜的光谱特性具有多个干涉级次并且跨度很大，为了获得精确的周期结构多层膜，不能忽略整个光谱范围内薄膜的折射率色散。两种材料的周期结构膜系表示为

$$\text{Sub}/(\alpha\text{H}\beta\text{L})^m/\text{Air}$$

其中：H 为高折射率膜层；L 为低折射率膜层；Sub 为基板；m 为基本结构的周期数。参考设计波长为 λ_0，基本光学厚度为 $\lambda_0/4$，H 层和 L 层的物理厚度分别为 d_H 和 d_L，α 为 H 层的光学厚度系数，β 为 L 层的光学厚度系数，H 层和 L 层的光学厚度与物理厚度关系为

$$\alpha\lambda_0/4 = n_H(\lambda_0)d_H \tag{4-1}$$

$$\beta\lambda_0/4 = n_L(\lambda_0)d_L \tag{4-2}$$

H 层薄膜和 L 层薄膜的特征矩阵为

$$\boldsymbol{M}_H = \begin{bmatrix} \cos\delta_H & \mathrm{i}\dfrac{\sin\delta_H}{\eta_H} \\ \mathrm{i}\eta_H\sin\delta_H & \cos\delta_H \end{bmatrix}(\text{H 层}) \tag{4-3}$$

$$\boldsymbol{M}_L = \begin{bmatrix} \cos\delta_L & \mathrm{i}\dfrac{\sin\delta_L}{\eta_L} \\ \mathrm{i}\eta_L\sin\delta_L & \cos\delta_L \end{bmatrix}(\text{L 层}) \tag{4-4}$$

在入射角度 θ_i 下，$n_i(i=H,L)$ 为薄膜的折射率，η_i 为薄膜的等效折射率，即

$$\begin{cases} \eta_i = n_i/\cos\theta_i & i=H,L \quad \text{p 偏振} \\ \eta_i = n_i\cos\theta_i & i=H,L \quad \text{s 偏振} \end{cases} \tag{4-5}$$

根据斯涅尔定律，光束在基板、H 层薄膜和 L 层薄膜的折射角为

$$n_0\sin\theta_0 = n_H(\lambda)\sin\theta_H = n_L(\lambda)\sin\theta_L \tag{4-6}$$

考虑膜层材料的色散时，H 层和 L 层薄膜在不同波长 λ 下的相位厚度分别为

$$\begin{aligned} \delta_H &= \frac{\alpha\pi}{2}\frac{\lambda_0}{\lambda}\frac{n_H(\lambda)}{n_H(\lambda_0)}\cos\theta_H \\ \delta_L &= \frac{\beta\pi}{2}\frac{\lambda_0}{\lambda}\frac{n_L(\lambda)}{n_L(\lambda_0)}\cos\theta_L \end{aligned} \tag{4-7}$$

当基本结构(αH βL)的光学厚度之和满足下式时[4]，波长 λ_m 为反射带的中心波长，有

$$\begin{cases}\dfrac{2\pi}{\lambda_m}\left(\dfrac{\alpha}{4}\dfrac{\lambda_0}{n_H(\lambda_0)}n_H(\lambda_m)+\dfrac{\beta}{4}\dfrac{\lambda_0}{n_L(\lambda_0)}n_L(\lambda_m)\right)=m\pi\\[2ex]\dfrac{2\pi}{\lambda_m}\left(\dfrac{\alpha}{4}\dfrac{\lambda_0}{n_H(\lambda_0)}n_H(\lambda_m)+\dfrac{\beta}{4}\dfrac{\lambda_0}{n_L(\lambda_0)}n_L(\lambda_m)\right)\neq m(\alpha+\beta)\pi\end{cases} \tag{4-8}$$

$$(m=1,2,3,\cdots)$$

式中：m 为反射级次，当 m 的取值满足式（4-8）时，对应的波长 λ_m 即为反射带的中心波长。考虑膜层的色散特性时，对式（4-8）左侧两项进行修正，与膜层材料无色散时相比，中心波长的位置必然产生平移。

多层膜系基本结构(αH βL)的特征矩阵为

$$\boldsymbol{M}=\begin{bmatrix}m_{11} & m_{12}\\ m_{21} & m_{22}\end{bmatrix}=\boldsymbol{M}_H\boldsymbol{M}_L=$$

$$\begin{bmatrix}\cos\delta_H\cos\delta_L-\dfrac{n_L\sin\delta_L\sin\delta_H}{\eta_H} & i\left(\dfrac{\cos\delta_H\sin\delta_L}{\eta_L}+\dfrac{\cos\delta_L\sin\delta_H}{\eta_H}\right)\\ i(\eta_H\sin\delta_H sos\delta_L+\eta_L\sin\delta_L\cos\delta_H) & \cos\delta_H\cos\delta_L-\dfrac{n_H\sin\delta_L\sin\delta_H}{\eta_L}\end{bmatrix} \tag{4-9}$$

定义基本结构的特征矩阵 G 函数为

$$G=\frac{1}{2}(m_{11}+m_{22})=\cos\delta_H\cos\delta_L-\frac{1}{2}\sin\delta_L\sin\delta_H\left(\frac{n_L^2(\lambda)+n_H^2(\lambda)}{n_H(\lambda)n_L(\lambda)}\right) \tag{4-10}$$

令

$$\gamma=\frac{1}{2}\left(\frac{n_L^2(\lambda)+n_H^2(\lambda)}{n_H(\lambda)n_L(\lambda)}\right) \tag{4-11}$$

则 G 函数写为

$$G=\cos\delta_H\cos\delta_L-\gamma\sin\delta_L\sin\delta_H \tag{4-12}$$

根据切比雪夫不等式[5]，$G>1$ 时对应反射带，$G<1$ 时对应透射带，$|G|=1$ 的波长位置为反射带的边界，带宽为相邻两个 $|G|=1$ 点对应的波长区域；当膜层具有色散特性时，式（4-12）不存在解析解，必须通过数值计算得到周期结构的反射带宽。

4.2.2 折射率色散对反射带宽影响

在下面的研究中，选择高折射率（H 层）和低折射率（L 层）两种薄膜

的折射率色散分别见图4-1和图4-2[6]，研究波长为250~2000nm。设计参考波长为$\lambda_0=1550$nm，H层和L层的折射率分别为1.9559和1.4440，膜层光学厚度的基本单位为$\lambda_0/4$，H层和L层的物理厚度分别为$d_H=198.12$nm和$d_L=268.35$nm。以两层膜为周期结构多层膜的基本结构，分析等厚和非等厚的周期结构反射光谱区特性。

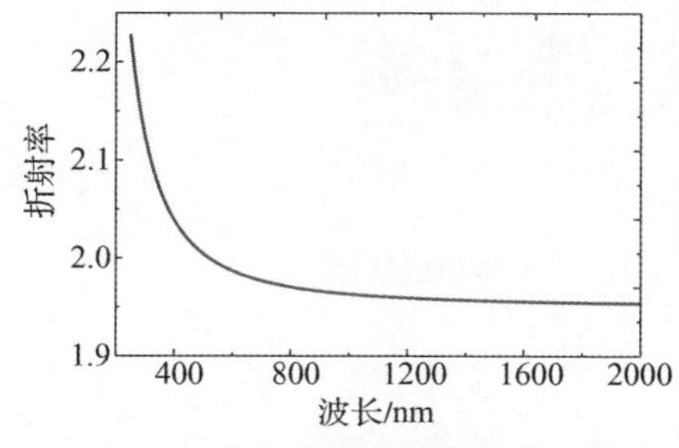

图4-1　H层薄膜折射率色散曲线

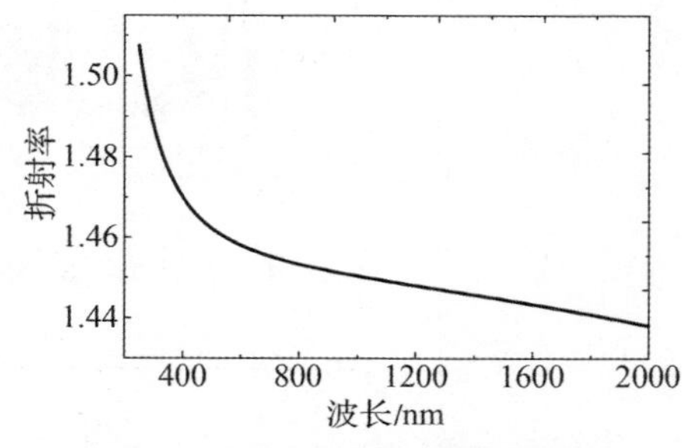

图4-2　L层薄膜折射率色散曲线

在下面的数值实验中，等厚周期结构单元选择为（1H 1L），非等厚周期结构单元选择为（1H 3L）和（3H 1L），周期结构的循环次数为20，入射角度为0°，三种结构的光谱反射率分别见图4-3、图4-4和图4-5。在三张光谱反射率图中，a为无色散的光谱反射率，b为加入折射率色散的光谱反射率，横坐标为相对波数$g=\lambda_0/\lambda$。从图4-3、图4-4和图4-5中可以看出，当膜层具有折射率色散时，三种周期结构的光谱反射率变化趋势一致，与不考虑折射率色散特性情况相比，反射光谱区向小波数方向即长波长方向移动。

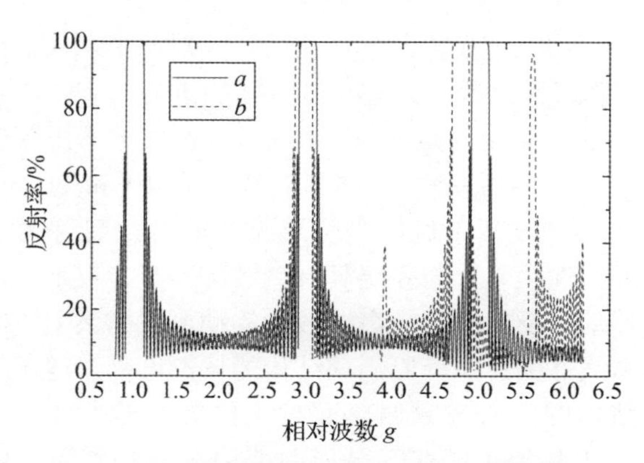

图4-3　等厚周期结构$(1H1L)^{20}$多层膜反射率

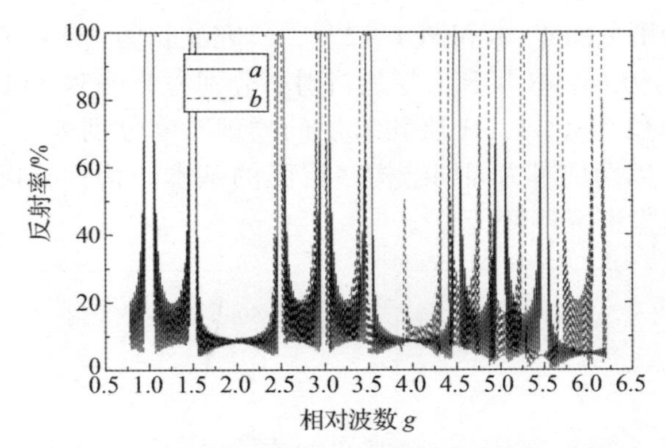

图 4-4　非等厚周期结构 $(1H3L)^{20}$ 多层膜反射率

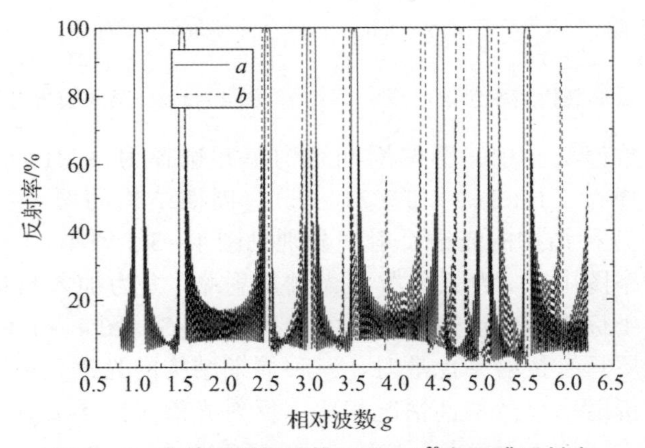

图 4-5　非等厚周期结构 $(3H1L)^{20}$ 多层膜反射率

图 4-6 ~ 图 4-8 给出膜层有/无色散的三种周期结构反射级次与相对波数的关系（a 表示膜层无色散，b 表示膜层有色散）。等厚周期结构的反射区出现在 $m=1$、3 和 5 三个反射级次上，在 $m=2$ 级次上不出现反射区；非等厚周期结构的反射区出现在 $m=2$、3、5、6、7、9、10 和 11 八个反射级次上，在 $m=4$、8 级次上不出现反射区。当膜层无色散时，反射区中心相对波数与反射级次是理想的线性关系；当膜层具有色散特性时，反射区的中心相对波数均向小波数方向移动，反射级次越高波数的移动量就越大，中心相对波数与反射级次的关系偏离线性区，非等厚周期结构的偏离度高于等厚周期结构。

将不同周期结构的中心波数偏离度对比分析：①当（$\alpha+\beta$）值一定时，并且 H 层厚度大于 L 层厚度，非等厚周期结构与等厚周期结构相比，反射中心波长出现的级次相同，但是膜层材料的色散对中心波长偏移影响较大，反射级次与相对波数的线性关系偏离度增加，如图 4-7 和图 4-8 所示；②当 H

层厚度一定时，随着 L 层厚度的增加，反射级次与相对波数的线性关系偏离度增加。

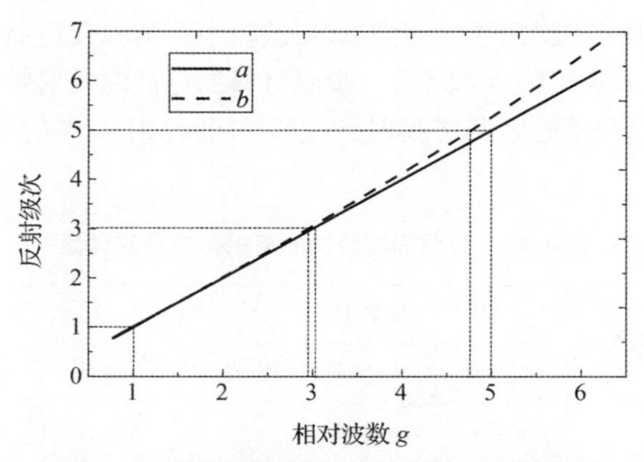

图 4-6　等厚周期结构$(1H1L)^{20}$反射中心波数

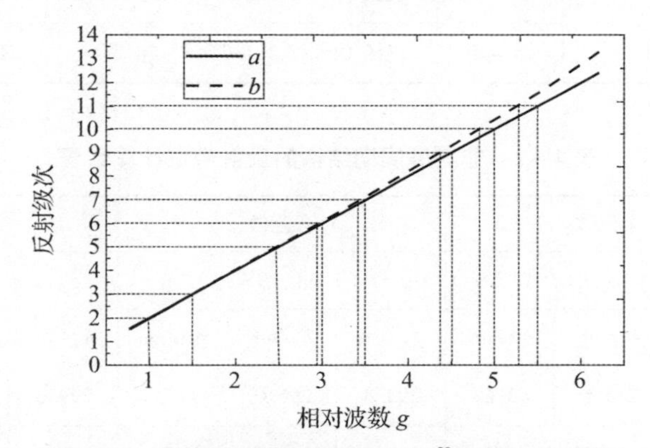

图 4-7　非等厚周期结构$(1H3L)^{20}$反射中心波数

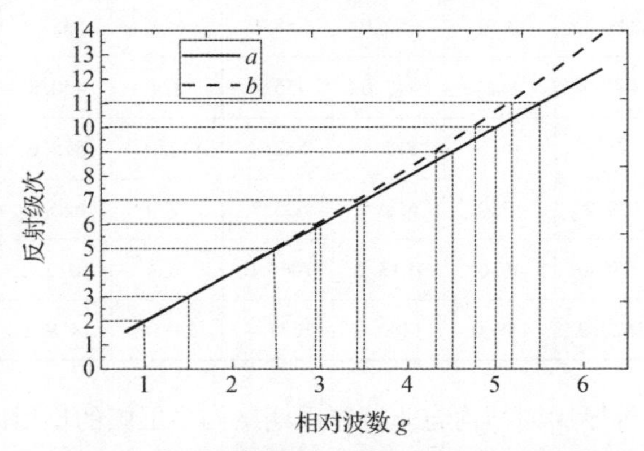

图 4-8　非等厚周期结构$(3H1L)^{20}$反射中心波数

上述三种周期结构的不同级次反射带宽计算结果见表4-1和表4-2。在参考波长 λ_0 处，非等厚周期结构的反射带宽小于等厚周期结构，无论薄膜材料是否有色散，同一级次下的反射带宽相差较小；随着反射级次的增加，反射带宽逐渐被压缩。从计算结果来看，膜层材料的色散对反射带宽影响不大，因此在设计多反射区的光学多层膜时，应该在低反射级次的光谱区选择中心波长。

表4-1　等厚周期结构的反射带宽计算结果

基本系数	反射级次	无色散			有色散		
		λ_a/nm	λ_b/nm	$\Delta\lambda$/nm	λ_a/nm	λ_b/nm	$\Delta\lambda$/nm
$\alpha=1$ $\beta=1$	5	304.2	316.2	12.0	319.0	331.6	12.6
	3	500.8	533.8	33.0	509.2	542.8	33.6
	1	1414.0	1715.0	301.0	1415.4	1714.0	298.6

表4-2　非等厚周期结构的反射带宽计算结果

反射级次	无色散			有色散			有色散		
	$\alpha=1$，$\beta=3$			$\alpha=1$，$\beta=3$			$\alpha=3$，$\beta=1$		
	λ_a/nm	λ_b/nm	$\Delta\lambda$/nm	λ_a/nm	λ_b/nm	$\Delta\lambda$/nm	λ_a/nm	λ_b/nm	$\Delta\lambda$/nm
11	280.0	283.6	3.6	293.8	296.0	2.2	299.6	304.4	4.8
10	307.2	313.2	6.0	318.8	325.0	6.2	325.2	331.4	6.2
9	342.0	347.2	5.2	352.0	358.6	6.6	358.6	363.0	4.4
7	438.4	447.0	8.6	447.0	455.4	8.4	450.0	459.4	9.4
6	508.6	525.2	16.6	515.8	532.8	17.0	518.6	535.2	16.6
5	612.2	629.2	17.0	618.4	635.8	17.4	620.4	637.0	16.6
3	1009.4	1056.0	46.6	1013.6	1060.0	46.4	1013.2	1059.4	46.2
2	1479.2	1628.2	149.0	1480.0	1627.4	147.4	1479.8	1627.8	148.0

上述讨论了等厚周期结构与非等厚周期结构多层膜的反射区中心波长和反射带宽的特征[7]。膜层色散对两种周期结构的影响主要在于中心波长红移，

对反射带宽的影响不大。膜层色散影响反射级次与相对波数的线性度，并且非等厚周期结构的反射级次与相对波数线性度偏离高于等厚周期结构。以上相关的研究对于指导超低损耗激光薄膜的设计具有重要意义。

4.2.3　倾斜入射高反射多层膜设计

正入射单波长反射膜可以使用规整周期的 $\lambda_0/4$ 膜系结构，如图 4－9 所示；在倾斜入射角 θ_0 的情况下，由于两个偏振光的薄膜等效折射率不同，必须对膜层光学厚度修正才能得到与规整反射膜系类似的结果，如图 4－10 所示。

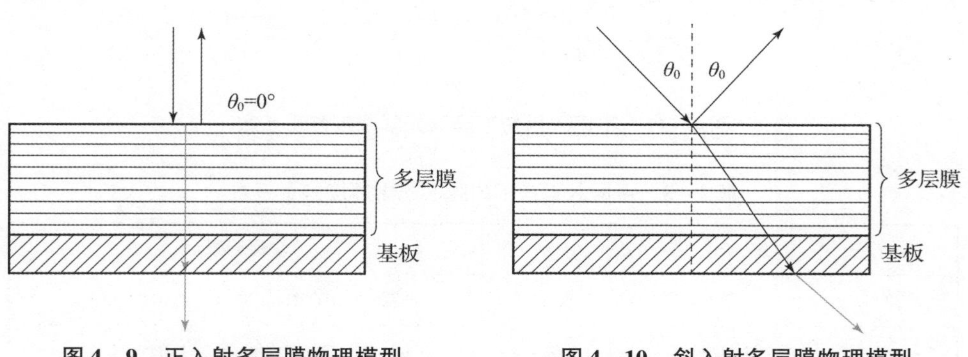

图 4－9　正入射多层膜物理模型　　　图 4－10　斜入射多层膜物理模型

在正入射时膜层厚度为 d_f，在倾斜入射时等效厚度变为 $d_f\cos\theta_f$（θ_f 为膜层内的折射角），因此，在倾斜入射时得到规整的膜系结构，需要用比例因子 $\cos\theta_f$ 修正，高、低折射率膜层的光学厚度修正系数分别为

$$\alpha = 1/\cos\theta_H（高折射率膜层）\qquad (4-13)$$

$$\beta = 1/\cos\theta_L（低折射率膜层）\qquad (4-14)$$

式中：n_H 和 n_L 分别为高、低膜层的折射率；θ_H 和 θ_L 分别为高、低折射率膜层内的折射角。根据斯涅耳公式（$n_0\sin\theta_0 = n_H\sin\theta_H = n_L\sin\theta_L$）计算得到 θ_H 和 θ_L，在倾斜入射角 θ_0 下，典型的反射膜系结构修正为

$$\text{Sub}/(\alpha H\beta L)^x\alpha H/\text{Air}（膜系 A）$$

$$\text{Sub}/(\beta L\alpha H)^x/\text{Air}（膜系 B）$$

在上述膜系结构中，H 和 L 分别为高、低折射率材料，其光学厚度为 $\lambda_0/4$，Sub 为基板，α 和 β 分别为高、低折射率修正后的光学厚度系数，x 为基础膜对周期数。

假定高折射率膜层 $n_H = 2.11$、低折射率膜层 $n_L = 1.46$，在不考虑消光系数的情况下，高反膜的两种膜层材料在 22.5°、30°和 45°入射角（AOI）的光学厚度修正系数如图4-11所示，计算结果见表4-3。例如，当$m=17$时，理论设计的光谱反射率和光谱透射率见图4-12。

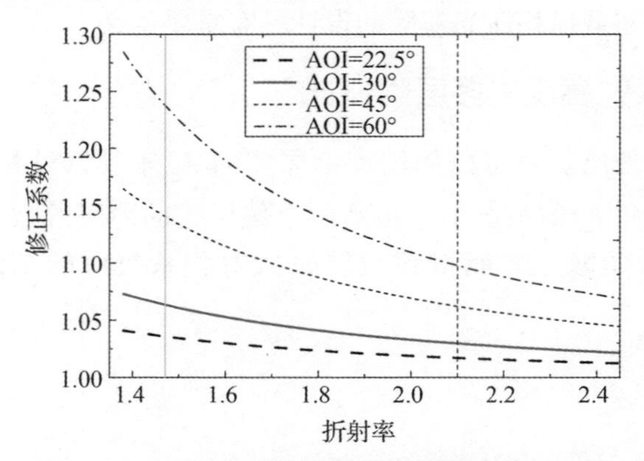

图4-11 不同入射角下膜层光学厚度修正系数

表4-3 不同入射角下的膜层光学厚度修正系数

入射角	α	β	多层膜系
22. 5°	1. 0169	1. 0362	Sub/(1. 0169H1. 0362L)^{x}1. 0170H/Air
30°	1. 0293	1. 0644	Sub/(1. 0293H1. 0644L)^{x}1. 0296H/Air
45°	1. 0614	1. 1430	Sub/(1. 0614H1. 1430L)^{x}1. 0620H/Air

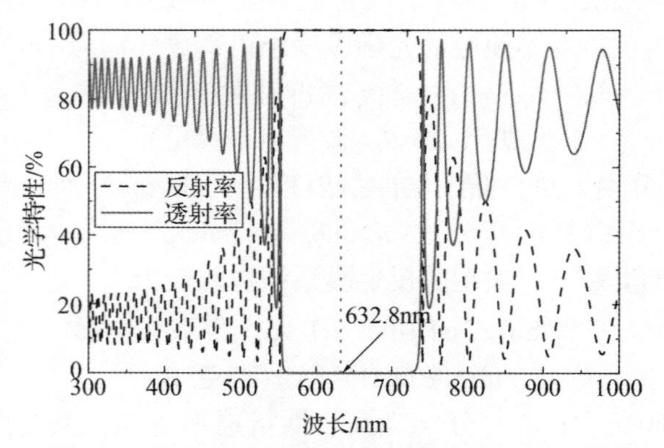

图4-12 45°S偏振高反射膜的理论设计光谱

选择工作入射角度为45°，设计参考波长为632. 8nm，膜层光学厚度的修正系数见表4-3，高反射膜的层数决定了多层膜系的透射率损耗，是可以直接对透射率损耗设计控制的参数。不考虑多层膜的吸收率和散射率，随着x值的增加，反射带内所有波长的透射率均下降，两种反射膜系计算结果：以膜系结构 A 为例，当 H 层为起始层时，膜层的总数必须控制为奇数($m=2x+1$)，最外层为 H 层时，才能保证透射率相对最小，见图 4－13（a）；以膜系结构 B 为例，当 L 层为起始层时，膜层的总数必须控制为偶数($m=2x$)，当最外层为 H 层时，才能实现透射率相对最小，见图 4－13（b）。

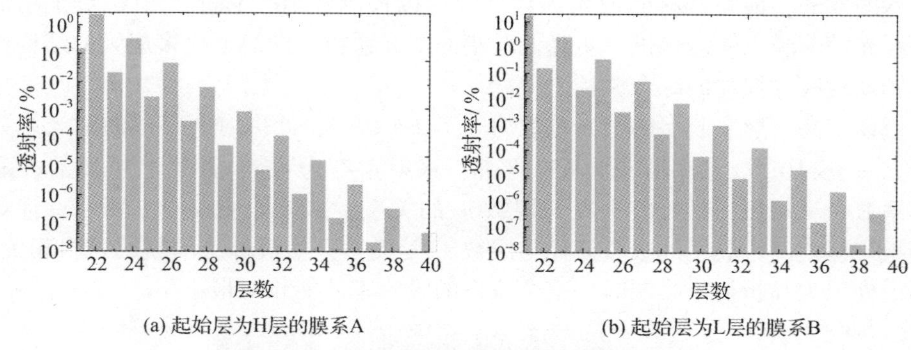

(a) 起始层为H层的膜系A　　(b) 起始层为L层的膜系B

图 4－13　高反膜系的透射率与层数的关系

基于上述膜系 A，m 取值 16，总层数为 33 层。为了考察多层膜的透射率对膜层折射率和物理厚度的误差敏感性，将 H 层和 L 层的折射率误差范围均设为 ±5%，物理厚度误差范围均设为 ±10%，分别计算折射率和物理厚度的误差对透射率的影响。首先，假定物理厚度不变，计算折射率误差对透射率的影响，如图 4－14（a）所示；然后，假定折射率不变，计算物理厚度误差对透射率的影响，如图 4－14（b）所示。计算结果表明，如果将透射率控制在 10^{-6}以下，需要将折射率和物理厚度的误差分别控制在 2% 以内。因此，对于高反膜透射率损耗的控制，对折射率和物理厚度的误差要求并不严格。

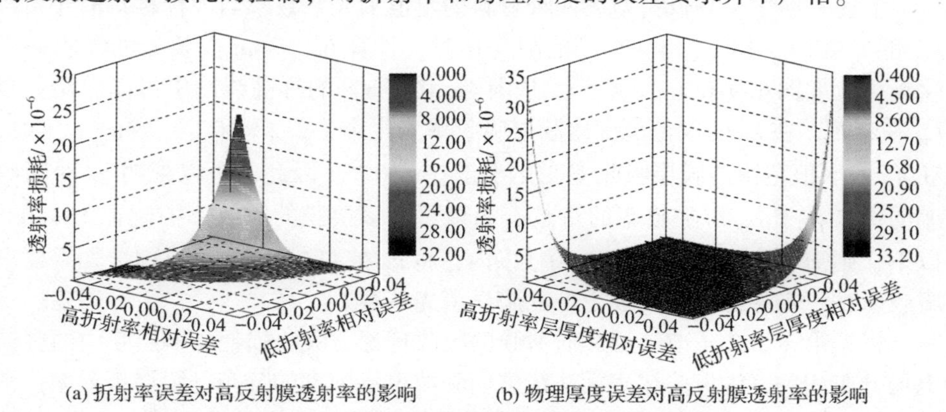

(a) 折射率误差对高反射膜透射率的影响　　(b) 物理厚度误差对高反射膜透射率的影响

图 4－14　膜层误差对透射率的影响（N＝33 层）

4.2.4 高反射多层膜吸收损耗设计

固体材料的吸收由其消光系数（吸收系数）和厚度决定，对于光学多层膜来说，由于“基板|多层膜”系统的干涉效应，多层膜的吸收由薄膜的折射率、消光系数、物理厚度、入射波长和入射角度共同决定。随着光学薄膜制备技术的发展，薄膜材料的消光系数量级可以控制在 10^{-5}以下，但是对于超低损耗光学薄膜，还应该进一步降低薄膜的消光系数，同时通过多层膜的结构设计实现对吸收损耗的综合调控。

设定高折射率膜层的消光系数为 $k_H = 2\times10^{-5}$，低折射率膜层的消光系数为 $k_L = 1\times10^{-6}$，参考波长为 632.8nm，入射角度为 45°，计算上述膜系 A 和膜系 B 的 s 偏振光学吸收损耗与层数 m 的关系，结果如图 4－15 所示。计算结果表明：两个膜系的吸收损耗与层数 m 无关，只与最外层的膜层材料相关，当最外层为高折射率膜层时，整个膜系的吸收率才能相对最小。

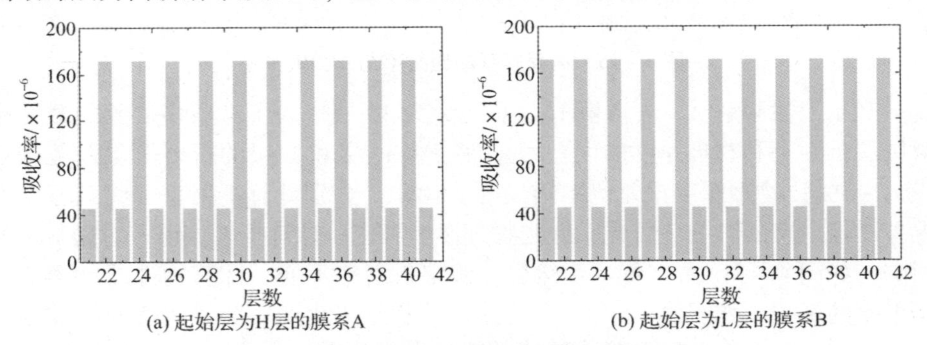

图 4－15 高反膜的层数 m 对吸收率的影响

上述只给出了高低折射率两种材料的定值消光系数，当两种材料消光系数 k_H 和 k_L 在$[1\times10^{-7}, 1\times10^{-6}]$范围变化时，计算 632.8nm 波长处的吸收率变化规律，如图 4－16（a）所示。从图 4－16（b）的等高线图中可以看出：当 k_H 一定时，在 k_L 的取值范围内膜层吸收率变化小于 2.4×10^{-6}；当 k_L 一定时，在 k_H 的取值范围内膜层吸收率变化小于 2×10^{-5}。因此，可以说明 k_L 对吸收率的贡献小于 k_H 对吸收率的贡献。如果要将多层膜的吸收率控制在 1×10^{-5}以下，则需要将 k_H 控制在 5×10^{-6}以内，将 k_L 控制在 8×10^{-6}以内，如果要求吸收率进一步降低，则需要更低的膜层消光系数。

根据第 2 章 2.4 节多层介质薄膜的吸收理论，吸收损耗与多层膜内的驻波电场分布相关，沿着膜层表面法线方向驻波电场强度的分布是膜层折射率、消光系数、入射光波长、入射角和膜层厚度的函数。计算膜系 A 中 632.8nm 波

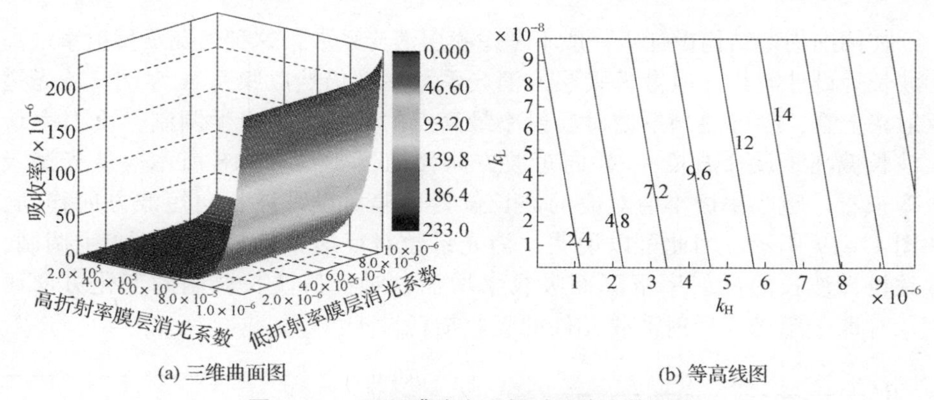

(a) 三维曲面图　　(b) 等高线图

图 4－16　两层膜消光系数对吸收率的影响

长 s 偏振的驻波电场分布如图 4－17（a）所示，驻波电场极大值落在高/低折射率材料的界面处，因此需关注界面处的结合强度和吸收损耗。图 4－17（b）给出了沿着膜层厚度方向（基板→空气）吸收率的分布情况，在界面处出现吸收极大值，高吸收的区域主要在高折射率膜层中。从图 4－17（c）中分析可知：驻波电场的分布与吸收率的分布基本一致，调整多层膜的驻波电场分布就可以调控多层膜的吸收率。

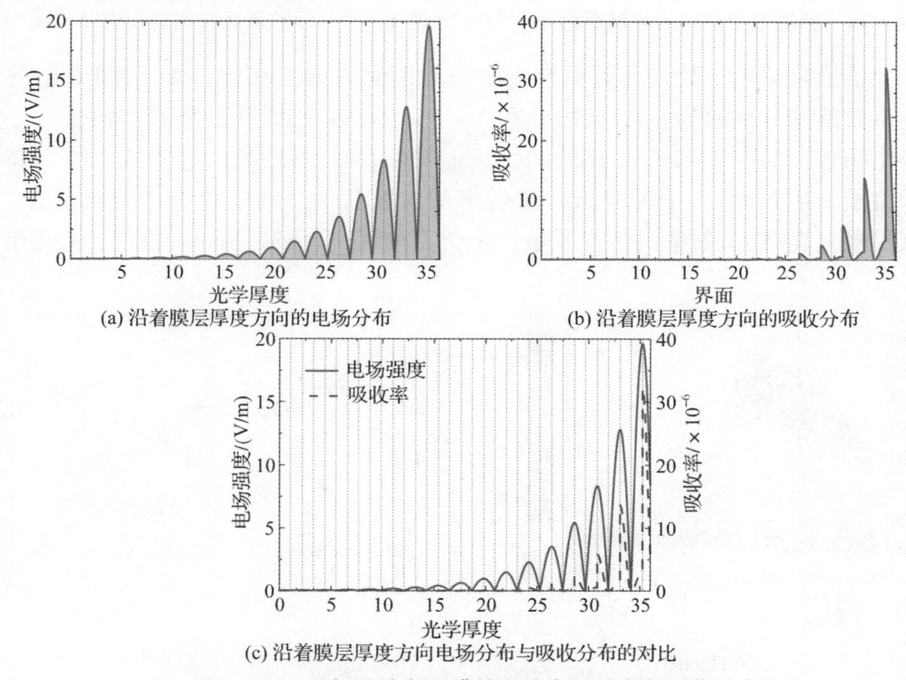

(a) 沿着膜层厚度方向的电场分布　　(b) 沿着膜层厚度方向的吸收分布

(c) 沿着膜层厚度方向电场分布与吸收分布的对比

图 4－17　理想设计多层膜的驻波电场分布与吸收分布

在标准周期结构设计中一般不考虑膜层消光系数，这种情况下反射率最高的波长为设计波长。但考虑膜层的消光系数后，仍然以膜系 A 为例，从光谱反射率上看，膜层消光系数对反射率最高点的波长 λ_{max} 产生调制，反射率最大波长偏离了设计波长 λ_0 并向短波方向移动，如图 4－18 所示。从光谱吸收率来看，吸收率极小值对应的波长位置也偏离设计波长向短波方向移动，如图 4－19 所示。因此可以说明，消光系数对反射率的最大波长产生调制，导致设计波长的反射率下降而吸收率增加，对极值波长调制的变化方向研究，有助于激光高反射薄膜元件的吸收损耗调控。

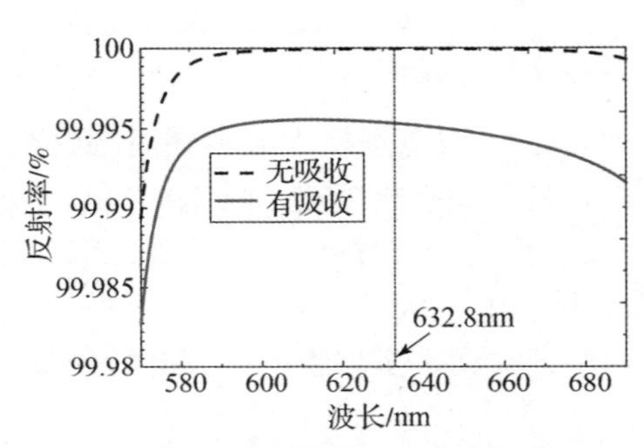

图 4－18　标准周期结构的光谱反射率

图 4－19　标准周期结构的光谱吸收率

为了确定消光系数对反射率最大波长的调制方向，在此将 H 层和 L 层的消光系数范围分别取为 $0 \sim 3 \times 10^{-5}$ 和 $0 \sim 1 \times 10^{-4}$，计算反射率最大波长 λ_{max} 的变化趋势，如图 4－20（a）所示，图 4－20（b）为最大反射率波长的等高线。由图 4－20（b）中可看出，反射率最大波长 λ_{max} 的变化有明显的界限，在该界限上高/低折射率的消光系数匹配仍可使 λ_{max} 为 632.8nm。首先，假定 L

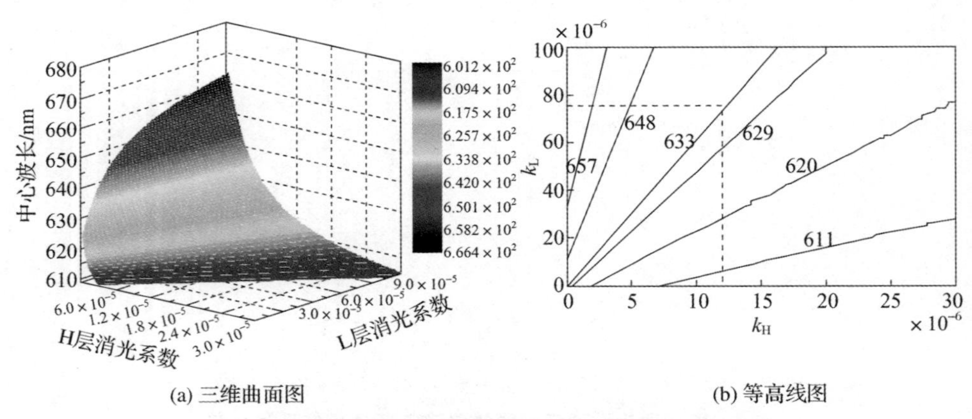

(a) 三维曲面图　　(b) 等高线图

图 4－20　两层膜消光系数对最大反射率波长的调制作用

层和 H 层消光系数的比值为 $\gamma = k_L/k_H$，使反射率极大值波长不发生移动的界限定义为 γ_a，该界限为图 4－20（b）中的波长为 633nm 处等高线的斜率。当 $\gamma < \gamma_a$ 时，消光系数对波长的调制向短波方向移动；当 $\gamma > \gamma_a$ 时，消光系数对波长的调制向长波方向移动。由于极大值反射率对应波长的解析关系较为复杂，在此不做理论推导。

从图 4－17 中可以看出，多层膜的吸收率与驻波电场分布直接相关。下面提出了一种倾斜入射高反射薄膜激光电场分布设计方法[8]，通过优化设计激光驻波电场的分布降低吸收损耗。在多层膜的设计过程中，预先设定多层膜的初始周期结构，如图 4－21 所示，针对多层膜结构的外面四层进行数值优化，最外面的护膜厚度不变，进而得到“规整周期结构＋非规整结构”的多层膜设计，设计流程如图 4－22 所示。

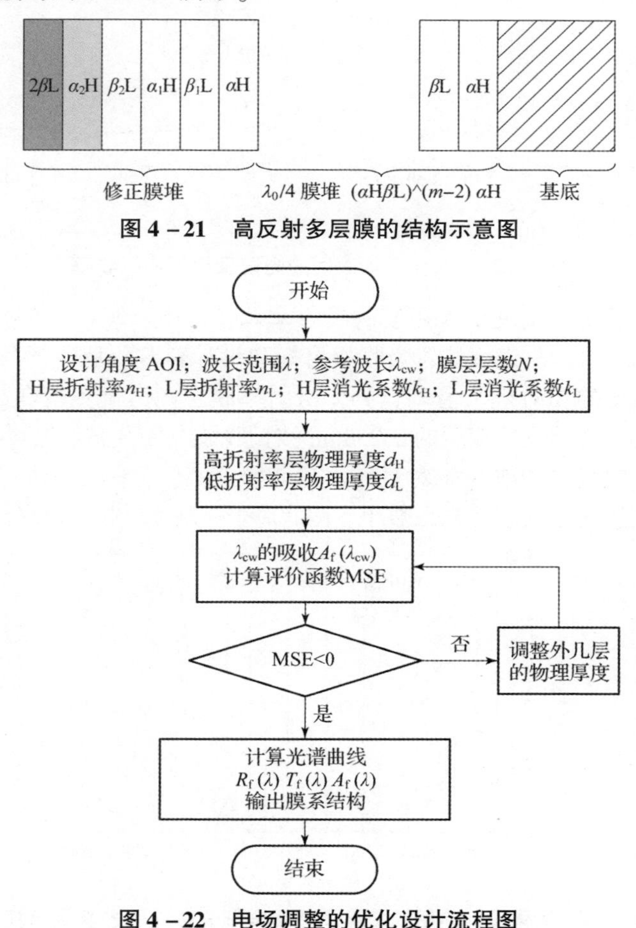

图 4－21　高反射多层膜的结构示意图

图 4－22　电场调整的优化设计流程图

仍以4.2.3节中基本膜系结构A为例，假定高折射率膜层的消光系数为$k_H = 2 \times 10^{-5}$，低折射率膜层的消光系数为$k_L = 1 \times 10^{-6}$，初始多层膜结构为Sub/(1H 1L)^{16} 1H/Air，在此不考虑最外两个极值的保护层，设计波长为632.8nm，入射角度为45°。优化外面五层的光学厚度，得到多层膜的结构为Sub/(1.0614H 1.1430L)^{14} 1.0614H1.5327L0.8102H1.5694L0.7835H/Air。图4-23（a)给出了优化前后的光谱反射率，图4-23（b）中给出了优化前后的光谱吸收率。相比之下，高反膜的总吸收率从4.65×10^{-5}降低至3.89×10^{-5}，透射率从4×10^{-7}增加到6×10^{-7}，总吸收率的调整幅度为16.35%，透射率的变化可以控制在1×10^{-6}以内。

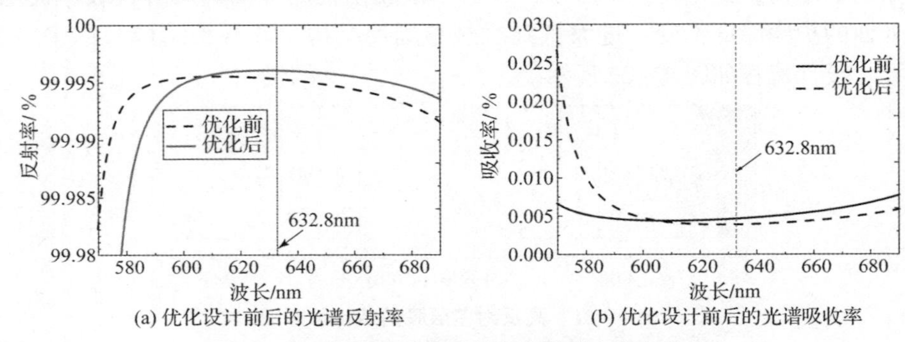

(a) 优化设计前后的光谱反射率　　(b) 优化设计前后的光谱吸收率

图4-23　优化设计前后的光谱反射率和吸收率

使用该方法可以实现更大幅度的吸收率调控，由于吸收率的控制目标和设计容差之间的关系，需谨慎设置吸收率目标和设计容差。从电场分布的情况看，已经将电场强度的相对最大值调整到低折射率膜层内，避免落在高、低折射率膜层的界面处，优化设计前后的632.8nm波长驻波电场分布如图4-24所示。尽管在低折射率膜层内的电场相对最大值比调整前高，但是由于低折射率膜层的消光系数比高折射率膜层消光系数小，因此对于控制高反膜吸收率具有重要价值。

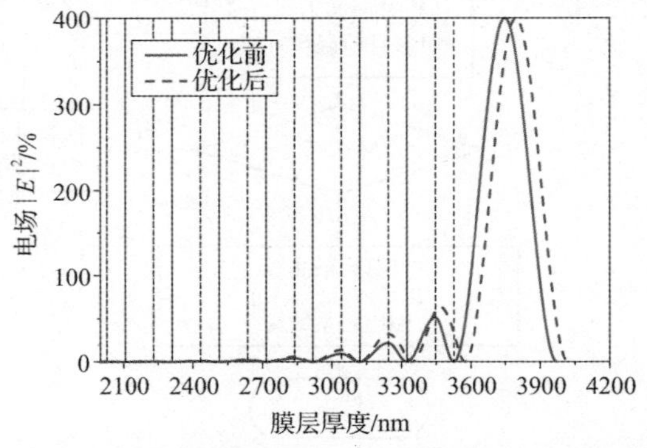

图4-24　优化设计前后的多层膜驻波电场分布（图左侧靠近基板）

4.3　超低剩余反射多层膜设计方法

4.3.1　减反射多层膜基本结构

在激光技术领域内常用的激光减反射多层膜元件，要求剩余反射率达到 10^{-6} 量级，通常使用经典的 V 形双层膜系结构[9]，该膜系的物理模型如图 4-25 所示。V 形膜系结构的主要特点是，只需使用两种折射率不同的薄膜材料，并且通过调整其物理厚度，就可以在任何折射率的基板上获得单波长的最小剩余反射率。在正入射情况下，不考虑膜层的消光系数，如果使波长 λ_0 的光波剩余反射率为零，那么两层膜的光学厚度必须满足

$$\tan^2\delta_L = \frac{(n_s - n_0)(n_H^2 - n_0 n_s)n_L^2}{(n_L^2 n_s - n_0 n_H^2)(n_0 n_s - n_L^2)} \tag{4-15}$$

$$\tan^2\delta_H = \frac{(n_s - n_0)(n_0 n_s - n_L^2)n_H^2}{(n_L^2 n_s - n_0 n_H^2)(n_H^2 - n_0 n_s)} \tag{4-16}$$

式中：n_0、n_s、n_H 和 n_L 分别为入射介质、基板、高折射率膜层和低折射率膜层的折射率；d_H 和 d_L 分别为高、低折射率膜层的物理厚度；$\delta_H = 2\pi n_H d_H/\lambda_0$ 和 $\delta_L = 2\pi n_L d_L/\lambda_0$ 分别为高、低折射率膜层的相位厚度。

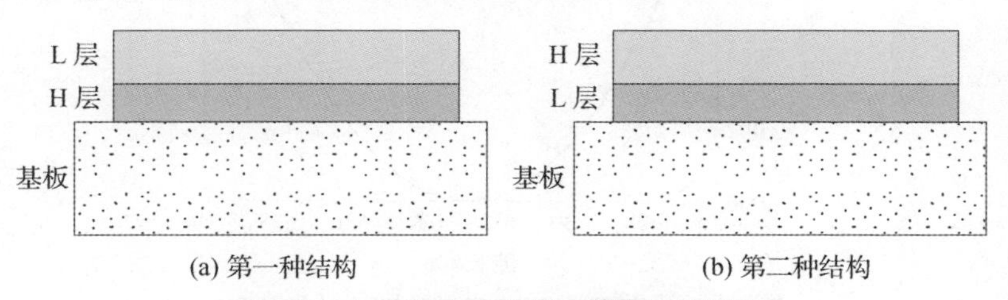

(a) 第一种结构　　(b) 第二种结构

图 4-25　双层 V 形减反膜的物理模型

在式（4-15）和式（4-16）中，$\tan\delta_H$ 和 $\tan\delta_L$ 各有两个值，根据匹配条件 $\tan\delta_H$ 和 $\tan\delta_L$ 必须是代数符号相反的量，所以有以下两种情况：

（1）当 $\tan\delta_L > 0$、$\tan\delta_H < 0$ 时，$90° > \delta_L > 0°$，$n_L d_L < \lambda_0/4$，$180° > \delta_H > 90°$，$n_H d_H > \lambda_0/4$，得到的结果是：高折射率膜层比低折射率膜层厚，此时称为“厚解”。

（2）当 $\tan\delta_H > 0$、$\tan\delta_L < 0$ 时，$90° > \delta_H > 0°$，$n_H d_H < \lambda_0/4$，$180° > \delta_L > 90°$，$n_L d_L > \lambda_0/4$，得到的结果是：高折射率膜层比低折射率膜层薄，此时称为“薄解”。

因此，只需要知道在设计波长下的基板折射率 n_s、高折射率膜层 n_H 和低折射率膜层 n_L，即可得到正入射工作角度下 V 形减反射膜系结构。在实际应用中，一般选择第二组解，膜系结构如下：

$$\text{Sub} \mid \alpha H \beta L \mid \text{Air} \quad (\alpha < 1, \beta > 1)$$

其中：H 和 L 分别为 $\lambda_0/4$ 光学厚度的高/低折射率材料；α 和 β 分别为高/低折射率膜层的光学厚度系数。

为了便于后续分析，假定高/低折射率膜层的折射率分别为 $n_H = 2.10$ 和 $n_L = 1.47$，基板折射率 $n_s = 1.542$，工作波长为 632.8nm。因此，根据式（4－15）和式（4－16）计算，得到具体的减反射膜系结构如下：

$$\text{Sub} \mid 0.3788H1.2697L \mid \text{Air}$$

4.3.2 减反射薄膜的容差分析

根据 4.3.1 节中得到的减反射膜系结构，计算得到的光谱反射率见图 4－26。在 626 ~ 640nm 之间，所有波长的光谱剩余反射率都小于 1×10^{-4}，在 632.8nm 波长处的剩余反射率为 0。

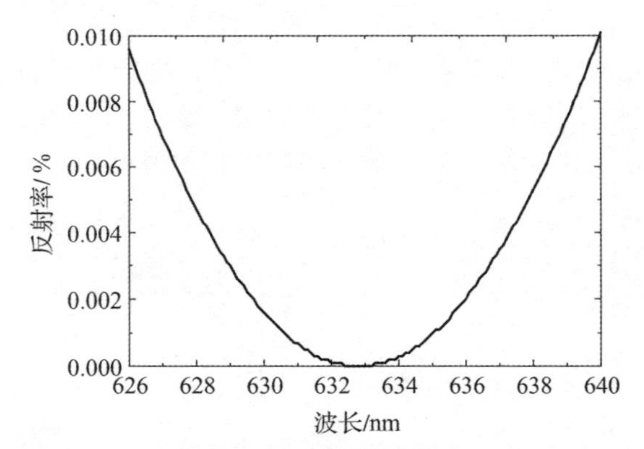

图 4－26 双层 V 形减反膜的理论计算结果

4.3.2.1 折射率误差对剩余反射率的影响

由于在制备过程中存在随机误差，可能会产生膜层折射率误差。下面采用误差分离方法，假设在薄膜沉积时物理厚度没有误差，计算分析膜层折射率误差对减反膜光谱性能的影响。在对 SiO_2 膜层折射率误差分析时，假定 Ta_2O_5 膜层折射率在沉积中很稳定；对 Ta_2O_5 膜层折射率分析时，假定 SiO_2 膜层折射率在沉积中很稳定。表 4－4 给出了两种膜层折射率分别存在误差时，中心波长 632.8nm 的剩余反射率变化情况。

表4-4　折射率对中心波长剩余反射率的影响

序号	L层折射率误差对反射率的影响			H层折射率误差对反射率的影响		
	相对变化量	n_L	反射率/$\times 10^{-6}$	相对变化量	n_H	反射率/$\times 10^{-6}$
a	-1.10%	1.4538	103.9	-1.30%	2.0868	66.8
b	-0.7%	1.4597	41.7	-0.90%	2.0952	27.3
c	-0.30%	1.4656	7.6	-0.50%	2.1037	5.0
	理论值	1.4700	0.0	理论值	2.1100	0.0
d	0.30%	1.4744	7.5	0.50%	2.1163	5.0
e	0.70%	1.4803	40.6	0.90%	2.1248	27.5
f	1.10%	1.4891	138.1	1.30%	2.1374	94.8

从表4-4中可以看出，当H层折射率无误差时，L层折射率的相对理论值误差在±0.7%时，减反膜的剩余反射率满足小于5×10^{-5}的要求；当L层折射率无误差时，H层折射率的相对理论值误差在±0.9%时，剩余反射率仍然可以小于5×10^{-5}。相比之下，H层的折射率相对误差对剩余反射率影响较大。在理想条件下设计V形减反射薄膜结构，剩余反射率的带宽逐渐较窄。图4-27为膜层折射率误差所造成的中心波长漂移，无论是L膜层还是H膜层，折射率误差为负时，减反膜的中心波长向短波方向移动，相反则向长波方向移动。

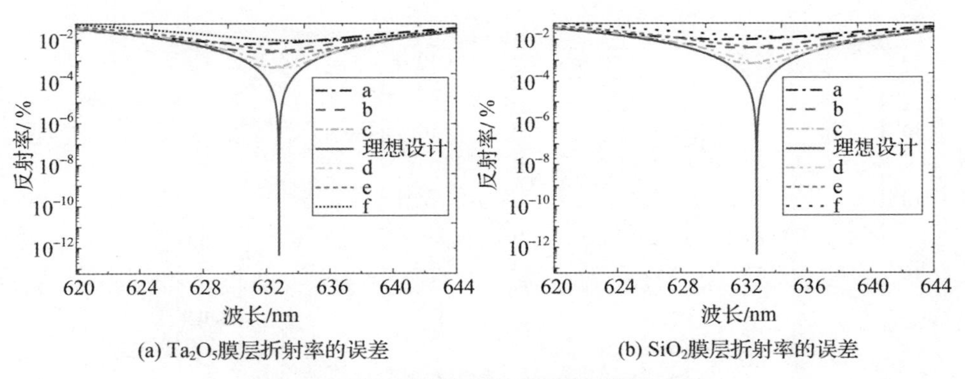

(a) Ta_2O_5膜层折射率的误差　　(b) SiO_2膜层折射率的误差

图4-27　膜层折射率误差对剩余反射率的影响

4.3.2.2　膜层厚度误差对剩余反射率的影响

仍然采用分离计算法，假设H层厚度无误差，计算得到L层厚度相对变

化在 -2% ~1.1% 之间对剩余反射率的影响；再假设 L 层厚度无误差，计算得到 H 层厚度相对变化在 ±5% 之间对剩余反射率的影响。表 4-5 给出了膜层厚度存在误差时，在 632.8nm 处减反膜剩余反射率的变化情况。

表 4-5 膜层厚度对中心波长剩余反射率的影响

序号	L 层物理厚度误差对反射率的影响			H 层物理厚度误差对反射率的影响		
	变化量	d_1	反射率/ $\times 10^{-6}$	变化量	d_2	反射率/ $\times 10^{-6}$
a	-2.00%	133.61	305.7	-5.00%	26.98	90.3
b	-1.50%	134.29	184.1	-3.00%	27.55	32.5
c	-1.00%	134.98	92.1	-1.00%	28.12	3.6
	理论值	136.65	0.0	理论值	28.40	0.0
d	0.30%	136.75	0.4	1.00%	28.69	3.7
e	0.70%	137.29	13.8	3.00%	29.26	32.7
f	1.10%	137.84	47.4	5.00%	29.82	89.5

从表 4-5 中可以看出，当制备 L 层的厚度无误差时，H 层的厚度变化为 ±5%，632.8nm 处的剩余反射率小于 1×10^{-4}；当制备 H 层的厚度无误差时，L 层的厚度变化为 -1% ~1.1%，632.8nm 处的剩余反射率小于 1×10^{-4}。在图 4-28 中可以看出，随着膜层厚度的变化，中心波长也发生了漂移现象。当膜层厚度比理论设计值小时，中心波长将向短波方向移动，相反则向长波方向移动。

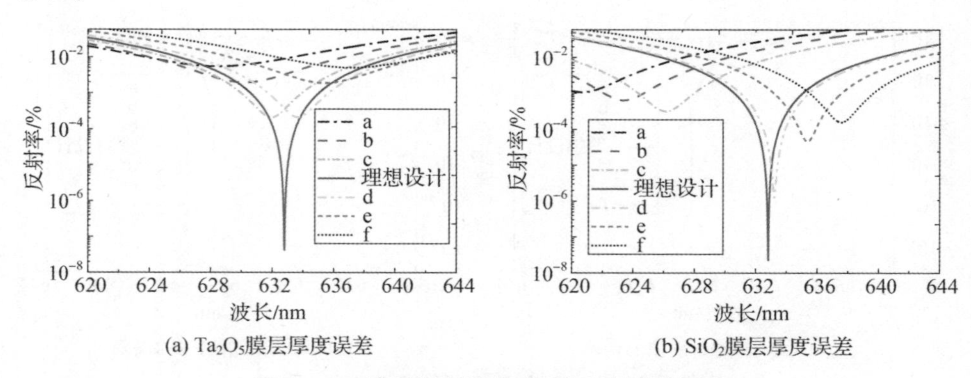

(a) Ta_2O_5膜层厚度误差　　(b) SiO_2膜层厚度误差

图 4-28 膜层厚度误差对剩余反射率的影响

通过上述误差分离分析两层膜光学厚度变化对剩余反射率的影响，结果均表明 L 层厚度是控制减反膜剩余反射率的关键，具体分析如下。

(1) H层的光学厚度允许有较大的误差，对632.8nm波长剩余反射率的影响不敏感，L层光学厚度对632.8nm波长剩余反射率很敏感，所以对其光学厚度误差要求很小。L层厚度较薄情况下误差较难控制，这也是在设计时选择H层薄/L层厚的原因之一。在制备薄膜过程中可以很好地控制最外层膜，减少厚度误差对632.8nm波长剩余反射率的影响。

(2) 在上述分离误差计算时，没有考虑两层膜误差之间的互补偿效应。632.8nm处的剩余反射率需要小于5×10^{-5}时，如果H层厚度的误差在$-3.5\%\sim3.0\%$之间，可通过控制L层厚度进行补偿，否则632.8nm处剩余反射率就不可能小于5×10^{-5}。图4-29给出了两层膜误差之间的相互补偿关系，如果将剩余反射率控制在5×10^{-5}以下，当H层厚度的误差为2.5%时，那么L层的厚度误差就不能超过0.4%。

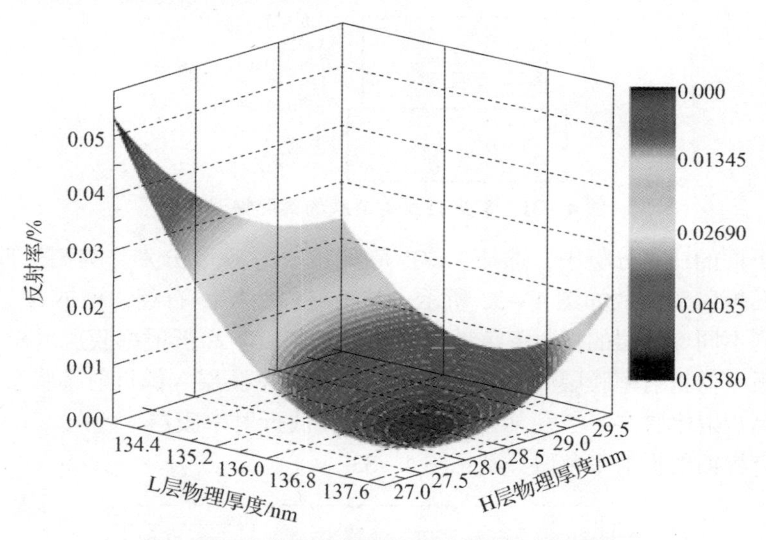

图4-29 膜层厚度误差对剩余反射率的影响

4.3.3 考虑多层膜界面的激光减反膜设计

如图4-30所示，实际薄膜制备过程中界面并非理想光滑平整，在一定粗糙的界面上，在薄膜沉积过程中界面相邻材料会在粗糙度的空隙部分混合，下面讨论含有界面层激光减反射薄膜的设计方法[10]。根据Tikhonravov对多层膜界面研究获得的理论[11]，将多层膜的界面等效为相邻两种薄膜材料的混合，界面层的等效折射率n_{eff}和等效界面层厚度d_{eff}为

$$n_{\text{eff}}=\sqrt{\frac{(n_1^2+n_2^2)}{2}} \tag{4-17}$$

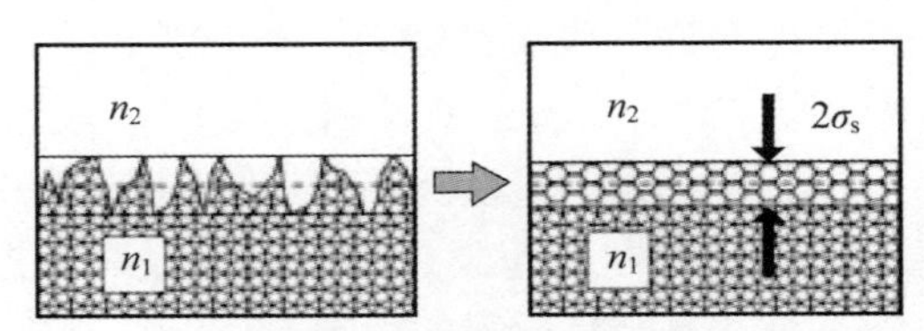

图 4-30 界面层等效为混合膜层的物理模型

$$d_{eff} = 2\sigma_s \tag{4-18}$$

式中：n_1 和 n_2 分别为两种材料的折射率；σ_s 为界面的均方根粗糙度。因此，将双层减反膜的物理模型转化为多层膜的模型，如图 4-31 所示。在原有的三个界面“基板-H 层”“H 层-L 层”和“L 层-空气”基础上增加了三层等效界面层，原有的减反膜物理模型转化为五层薄膜的物理模型。

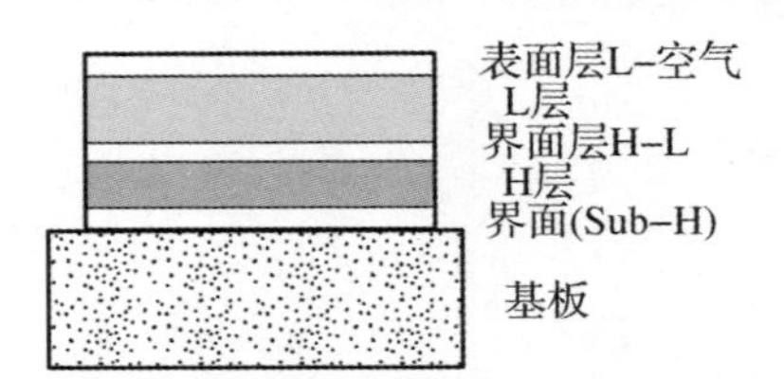

图 4-31 V 形减反射薄膜的实际物理模型

在下面的计算分析中，选择 Ta_2O_5 薄膜和 SiO_2 薄膜分别作为高、低折射率膜层，其折射率色散如图 4-32 所示，基板材料为熔融石英，根据式（4-17）计算得到不同界面层的折射率色散，主要包括基板-高折射率膜层（S-H）界面、基板-低折射率膜层（S-L）界面、高折射率膜层-低折射率膜层(H-L)界面、高折射率膜层-空气（H-A）界面和低折射率膜层-空气（L-A）界面，所有界面的折射率色散分别见图 4-33。

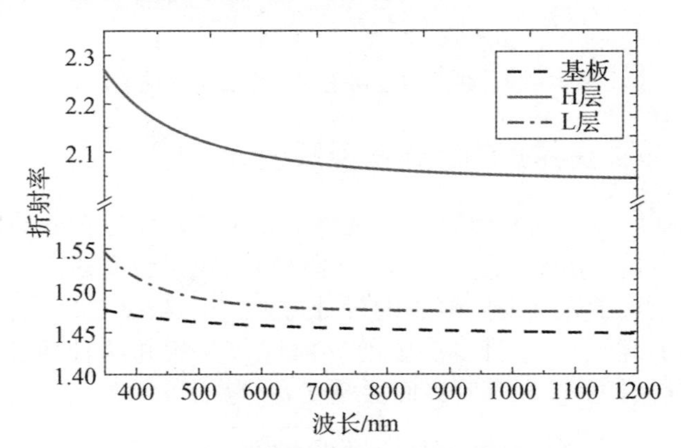

图 4-32 基板和膜层材料的折射率色散

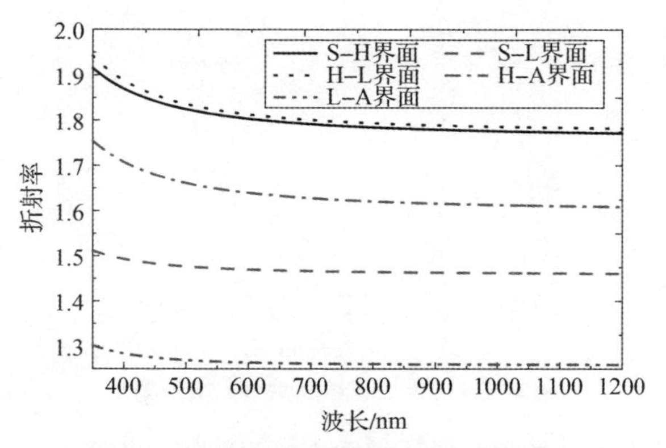

图4-33 几种典型界面层的折射率色散

从等效界面层的折射率色散上来看，界面效应对短波长方向影响很明显，造成短波长折射率色散差别较大。下面针对 Nd：YAG 固体激光器输出波长（$\lambda_0=532$nm）进行研究，减反射薄膜的工作角度为0°，根据式（4-15）和式（4-16）计算V形减反射膜系结构，选择高折射率膜层作为临近基板的膜层，选择低折射率膜层作为临近空气的膜层，在此处记为膜系1。在理想V形膜系的基础上分别增加外保护层、内保护层、内+外保护层，保护膜层为低折射率虚设层（光学厚度为$\lambda_0/2$），分别记为膜系2、膜系3和膜系4，得到的四个膜系结果见表4-6，其中α和β分别为高、低折射率材料的$\lambda_0/4$光学厚度系数（$\alpha=0.3649$和$\beta=1.3201$），532nm波长的剩余光谱反射率见图4-34。

从四个设计膜系的光谱反射率来看，膜系1和膜系3的光谱反射率相同，膜系2和膜系4的光谱反射率相同。在V形膜系中加入内保护层不改变光谱形状，加入外保护层后导致光谱形状发生变化，并且在设计中心波长附近的带宽被压缩，但是四个膜系的共同特点是都能实现在532nm处的零反射率。

表4-6 532nm激光减反射膜系设计结果

膜系	膜系符号	膜系结构				总物理厚度/nm
1	αHβL		0.3649H	1.3201L		141.1
2	αHβL2L		0.3649H	1.3201L	2L	320.0
3	2LαHβL	2L	0.3649H	1.3201L		320.0
4	2LαHβL2L	2L	0.3649H	1.3201L	2L	498.9

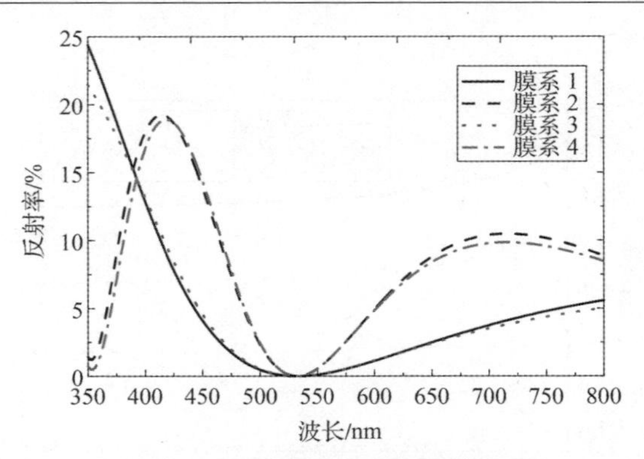

图 4－34　四个膜系的剩余光谱反射率

在激光减反膜的设计中一般还应考虑两个问题：①将所有层内的相对电场强度最大值降低；②避免电场强度相对最大值在低损伤阈值膜层中。图 4－35 给出了四个设计的相对电场强度分布，右侧为空气入射介质，左侧为基板。四个膜系的共同点是在高折射率膜层内靠近基板处的电场强度较高，远离基板侧的电场强度较低；不同点是在加入外保护层的设计中，在膜层中的电场强度出现一个极大值。所以对于低损耗激光薄膜和抗激光损伤的需求，四个膜系的结果需要慎重地选择。

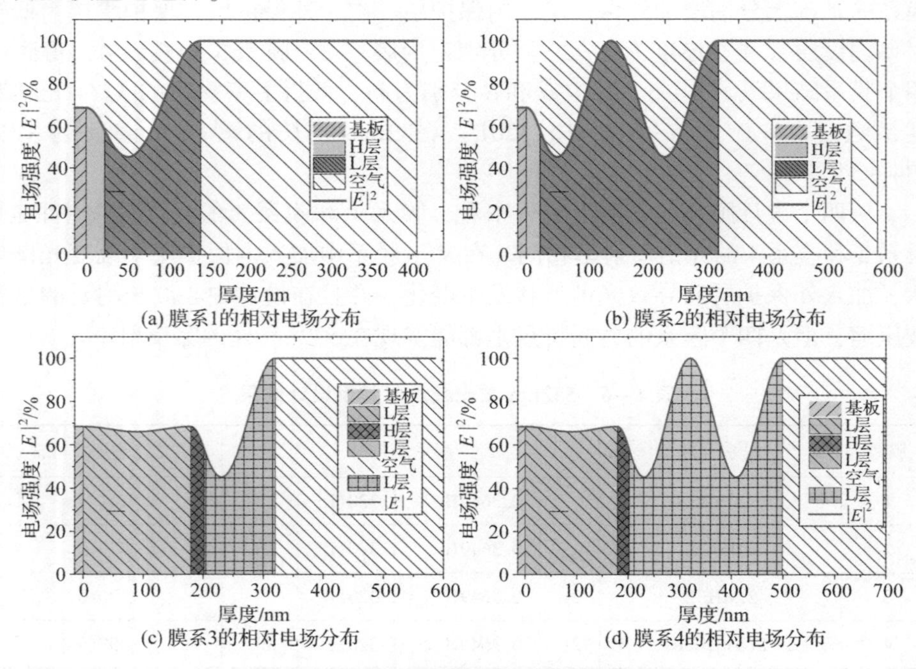

图 4－35　四个膜系结构的相对电场分布

由于基板表面粗糙度的存在，界面层必然存在，只是在等效厚度上存在差异而已。在理想条件下设计的四个膜系结构中分别加入界面层，并且假定多层膜界面完全相关。界面层的折射率色散见图4-33，界面层的厚度从0nm到5nm，光谱反射率的计算结果见图4-36。在多层膜中加入界面层后，光谱反射率整体向长波方向移动，不改变光谱反射率的形状，但是在532nm处的剩余反射率值发生变化。

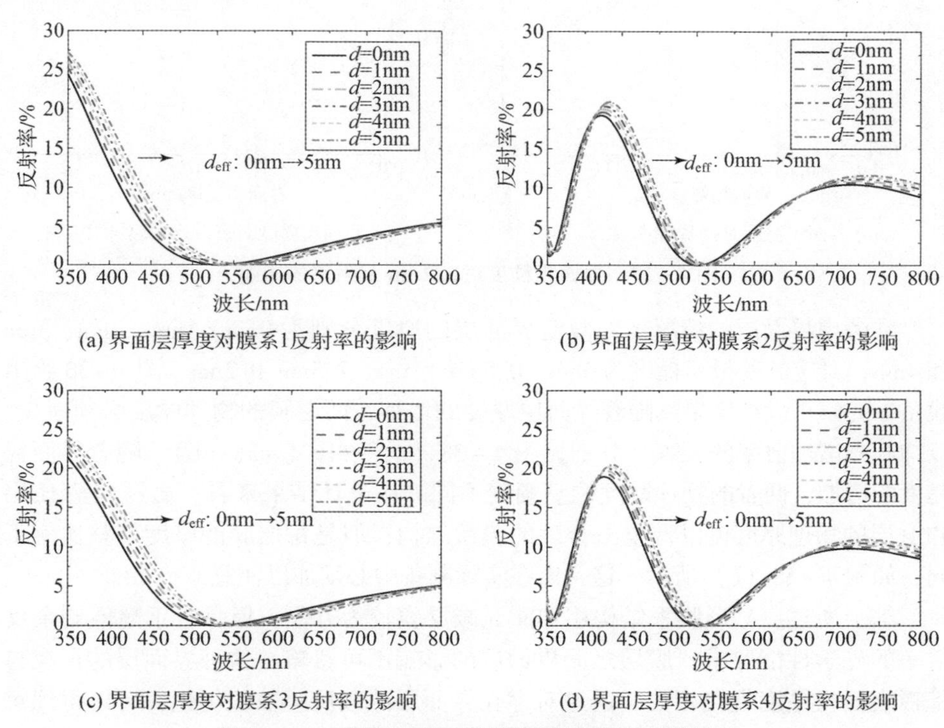

(a) 界面层厚度对膜系1反射率的影响

(b) 界面层厚度对膜系2反射率的影响

(c) 界面层厚度对膜系3反射率的影响

(d) 界面层厚度对膜系4反射率的影响

图4-36 界面层对减反射薄膜剩余反射率的影响

由于在设计中加入的保护层是虚设层结构，因此界面层对膜系1和膜系2的反射率影响相同，界面层对膜系3和膜系4的反射率影响相同。增加界面层后，光谱向长波方向移动，界面层越厚对532nm的剩余反射率影响越大。另外，如果基板表面粗糙度大于1nm，那么理想设计下的V形膜系在532nm波长的剩余反射率不可能大于0.1%，图4-37给出了界面粗糙度与532nm反射率的关系。

根据上述分析，界面层的存在导致减反膜剩余反射率增加，因此在设计超低剩余反射率V形减反膜时，界面层的影响不可忽略，并且激光波长越短这种效应越明显。对标准结构V形减反膜的修正设计可以采用下述的方法：在修正设计之前，必须知道基板的表面粗糙度，然后固定界面层的物理厚度，利用数值优化的方法对高、低折射率薄膜的物理厚度进行优化，进而得到修正的减反膜结构。

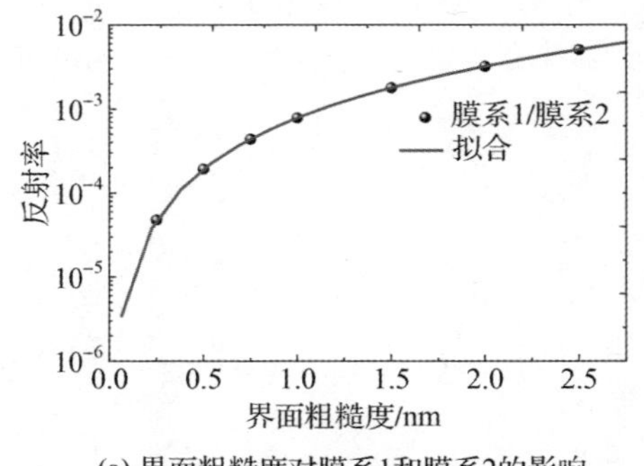

(a) 界面粗糙度对膜系1和膜系2的影响

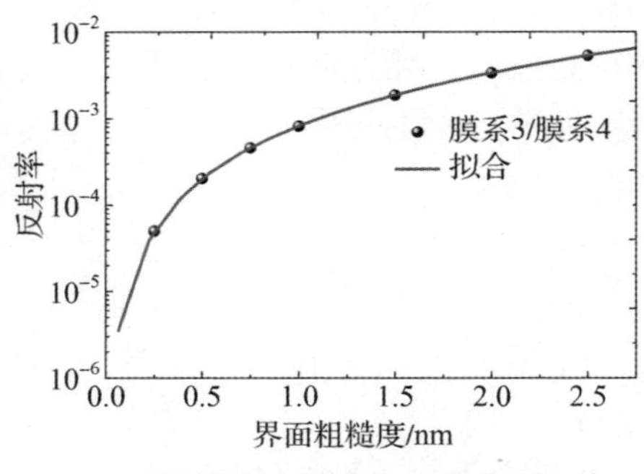

(b) 界面粗糙度对膜系3和膜系4的影响

图 4-37　界面粗糙度对 532nm 反射率的影响

在考虑界面层的情况下，假定界面层的厚度分别为 0nm、1nm、2nm、3nm 和 4nm，对应的基板粗糙度为 0nm、0.5nm、1nm、1.5nm 和 2nm，图 4-38 给出膜系 1 的修正设计结果。随着界面层厚度的增加，两层膜的物理厚度必须减少，以抑制光谱透射率的长移，分别见图 4-38（a）和图 4-38（b），随着界面粗糙度的增加，两者的物理厚度调整幅度不同。从设计结果来看，通过调整 H 层和 L 层的物理厚度可以调整出合理的膜系结构，但是每层膜的厚度调整比例不同，如图 4-38（c）所示，这一点在实际制备中必须加以注意。

综上所述，V 形膜系结构用作激光减反膜较为方便，但是对于超低剩余反射率的光学性能要求，膜层之间界面层的影响不可忽略，这种界面层的存在与基板表面粗糙度直接相关，通过对存在界面层的减反膜数值优化，可以得到每层膜厚度的定量化调整结果，继而确定在制备过程中 V 形减反膜物理厚度的实际调整量。

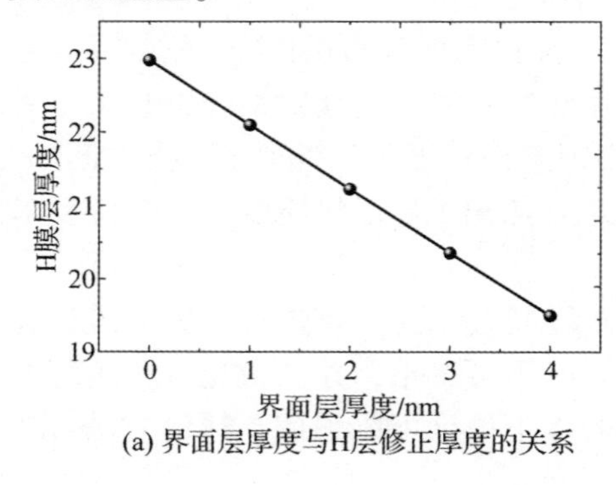

(a) 界面层厚度与H层修正厚度的关系

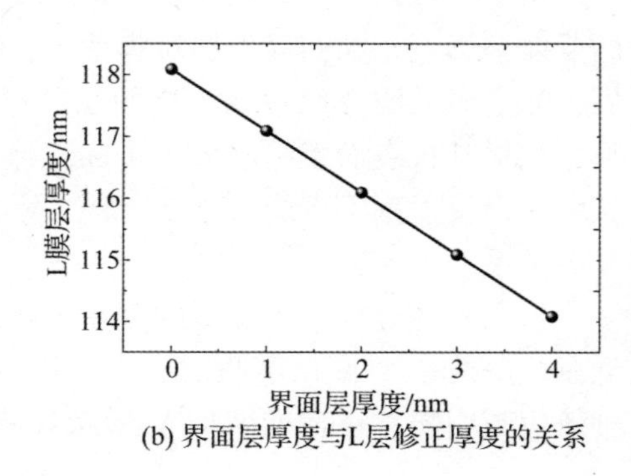

(b) 界面层厚度与L层修正厚度的关系

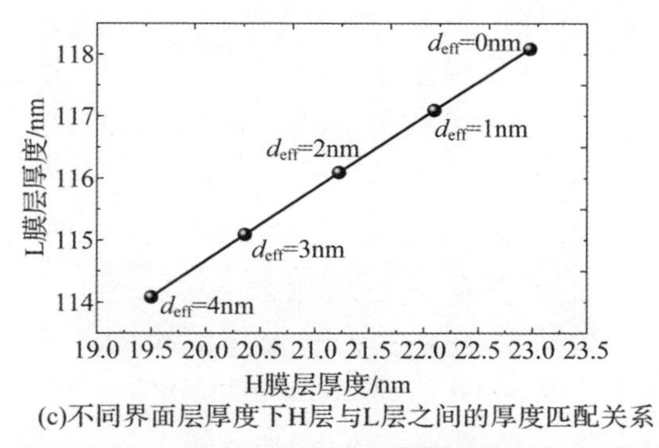

(c)不同界面层厚度下H层与L层之间的厚度匹配关系

图4-38　基于界面层的减反射薄膜设计修正结果

4.3.4　含有亚表面特征的激光减反膜设计

激光薄膜元件的基板一般为非晶玻璃或晶体材料，表面加工过程具有很长的周期，包括材料切割、铣磨成型、粗磨、细磨和最后的抛光，每一道加工工序都不可避免地使表面产生裂纹、划痕等加工痕迹[12]，这些缺陷一直延展到表面以下的一定深度形成了亚表面损伤层，如图4-39所示，详细分析见本书的5.4节。随着人们深入地研究激光薄膜，基板特性对薄膜性能的影响不仅是基板的表面粗糙度、疵病、面形和应力等特性，而且亚表面损伤层对激光薄膜的影响也逐渐被人们认识。在基板的亚表面损伤问题上，人们从亚表面产生的机制、物理特征、测量方法和去除工艺等方面开展了大量研究，虽然在高损伤阈值激光薄膜领域内已经报道了很多成果，但是亚表面损伤层与薄膜低损耗特性之间的关联性报道却很少。因此，在超低损耗激光薄膜的研究领域，基板的亚表面损伤层已经成为重点考虑的问题之一[13,14]。

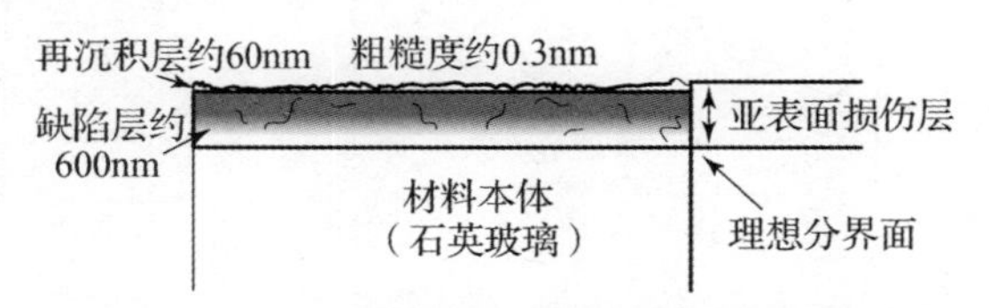

图4-39　熔融石英的亚表面损伤层示意图

人们对于亚表面损伤层的深入认识是在具备检测方法之后。2007年，Wang给出了基于反射椭圆偏振测量技术的亚表面损伤层测试方法[15]，建立了p偏振光在布儒斯特角附近的相位变化与表面结构的关系，用表面粗糙度（TSR）、亚表面深度（SSD）和空气比率f三个参数描述表面和亚表面损伤层的信息，如图 4－40 所示。利用反射椭圆偏振测试技术表征亚表面损伤层，实际上是将基板表面和亚表面按照多层膜进行等效处理，通过测量表面的光谱椭偏参数后，构建合适的“多层膜”结构模型，使用数值优化算法反解出基板的表面和亚表面信息，当评价函数最小时，就可以得到具体的 SSD 值和折射率梯度 δ_n。

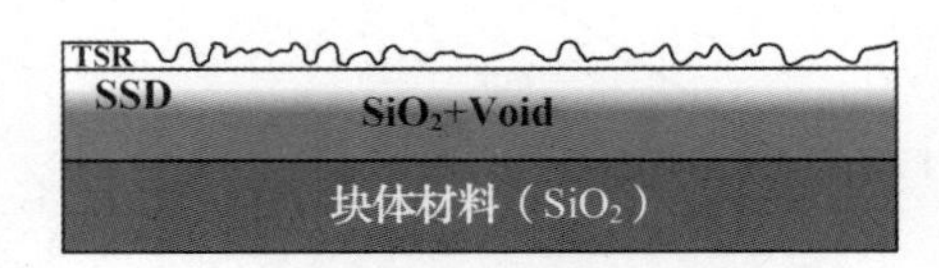

图 4－40　损伤层物理模型示意图

从图 4－39 和图 4－40 中的亚表面特征分析，可以将亚表面损伤层等效为渐变折射率薄膜，折射率从基板到空气方向逐渐降低，降低的程度取决于空气比率 f。基于此思想计算了具有亚表面损伤特征的石英基板反射椭偏特性。假设基板亚表面层的折射率梯度 $\delta_n = -0.05$，SSD 为 0～8QW（$1QW = \lambda_0/4, \lambda_0 = 632.8nm$），图 4－41 给出了随 SSD 变化的反射相移变化结果，SSD 导致基板布儒斯特角具有变小的趋势。假定 SSD 为 800nm，折射率梯度 δ_n 在 －0.005～－0.05 之间变化，图 4－42 给出了反射相移随折射率梯度的变化，随着折射率梯度 δ_n 的增加，赝布儒斯特角具有变小的趋势。因此，只要获得布儒斯特角附近的反射相移参数，通过对反射相移的反演计算即可得到 SSD 和折射率梯度 δ_n。

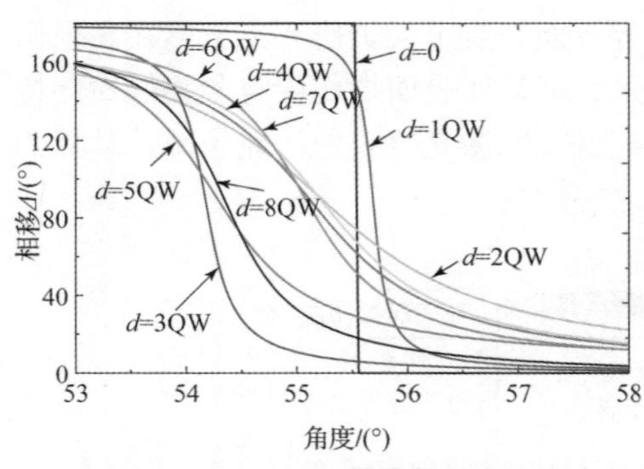

图 4－41　SSD 对反射相移的影响

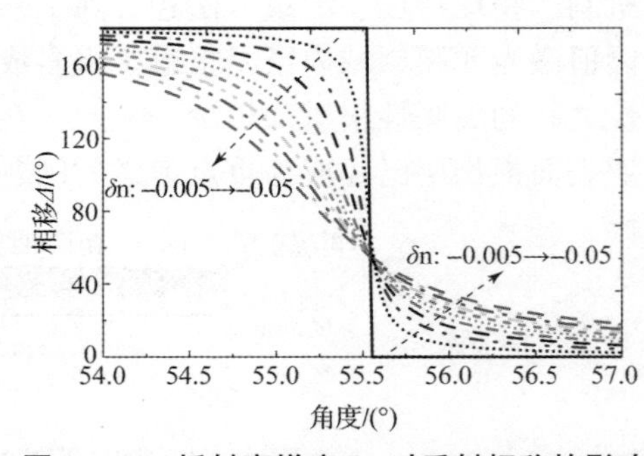

图 4－42　折射率梯度 δ_n 对反射相移的影响

基于 4.3.1 节中典型的 V 形减反膜结构和设计方法，设计中心波长 λ_0 为 633nm，基板为熔融石英，H 层材料为 HfO_2 薄膜，L 层材料为 SiO_2 薄膜，基板和两种薄膜材料的光学常数分别见图 4－43（a）～图 4－43（c），图 4－43（d）为理论设计的膜系光谱曲线，该膜系在 633nm 波长处可实现零剩余反射率。因此，得到减反射薄膜的结构系数：高折射率膜层的光学厚度系数为 $\alpha=0.4133$；低折射率膜层的光学厚度系数为 $\beta=1.2861$。

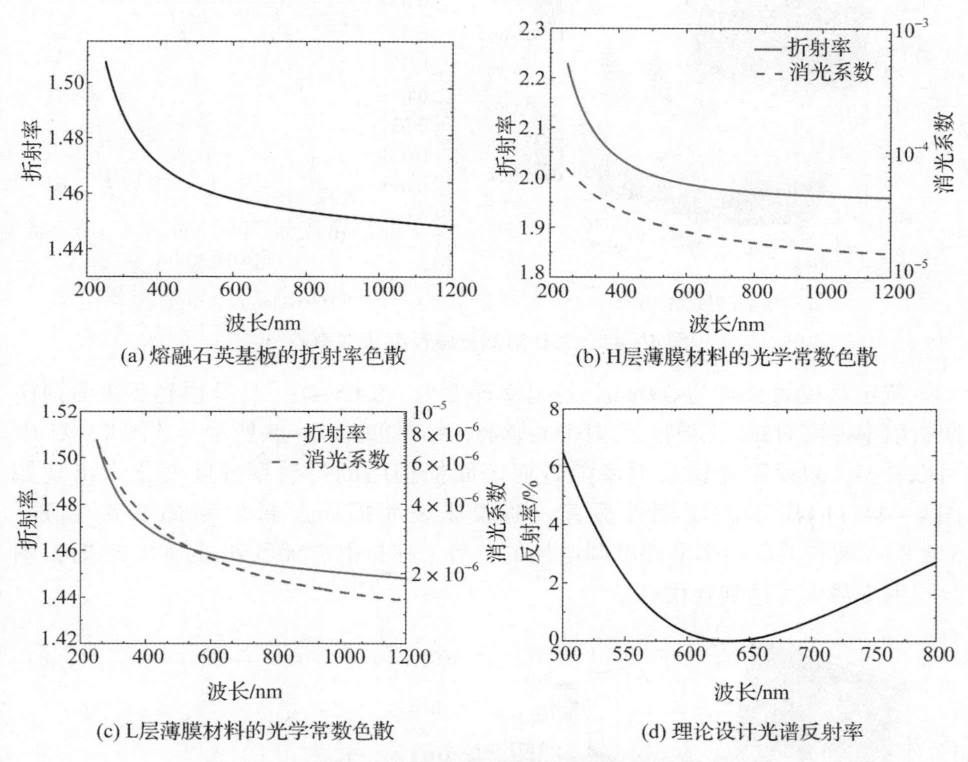

图4-43　激光减反射薄膜的基本参数和理想设计结果

在基板具有亚表面特征的情况下，理想的减反射薄膜结构将修正为 $S/\gamma M\alpha H\beta L/Air$，$M$ 为亚表面损伤层的光学深度，γ 为等效光学厚度系数[16]。假定亚表面损伤层的折射梯度 δ_n 为 -0.05，SSD 取值为 0～700nm 范围，通过数值分析得到 SSD 对理想设计结构减反膜剩余反射率的影响，计算结果见图4-44。从图4-44（a）中可以看出，减反膜的光谱反射率随着 SSD 出现周期性振荡，633nm 波长的剩余反射率随着 SSD 的变化规律见图4-44（b）。沿着 SSD 方向，反射率变化具有一定的周期 Λ，反射率在 0～0.06% 之间振荡：根据薄膜光学原理分析，基板 SSD 的相位厚度为 $\pi/2$ 的偶数倍时，出现设计中心波长的反射率最低点，相位厚度为 $\pi/2$ 的奇数倍时，出现中心波长的反射率最高点。

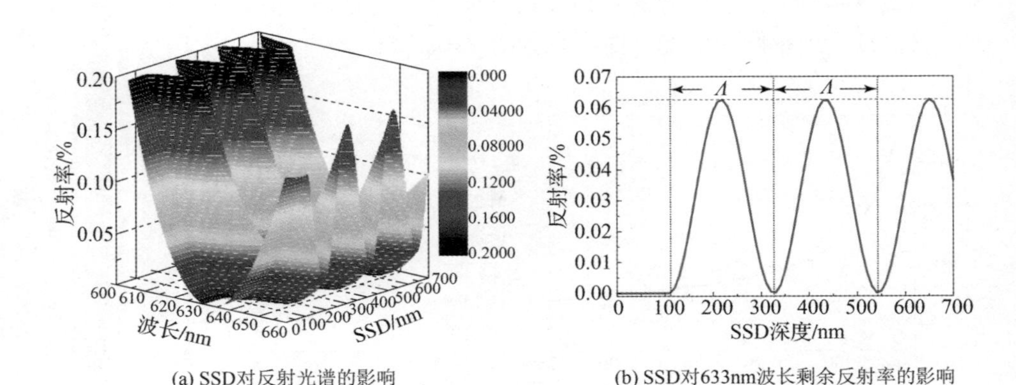

(a) SSD对反射光谱的影响

(b) SSD对633nm波长剩余反射率的影响

图4-44　SSD对激光减反射膜的影响

假定基板的SSD为600nm，折射率梯度为-0.05~0，计算得到亚表面损伤层折射率梯度对减反膜剩余反射率的影响，结果如图4-45所示。从图4-45中可以看出，减反膜光谱反射率随着亚表面损伤层的折射率梯度变化未出现如图4-44（b)所示的周期性振荡。随着亚表面损伤层折射率梯度δ_n增加，632.8nm波长的反射率呈现单调增加的趋势，在折射率梯度δ_n为-0.05时，剩余反射率最大可达到0.02%。

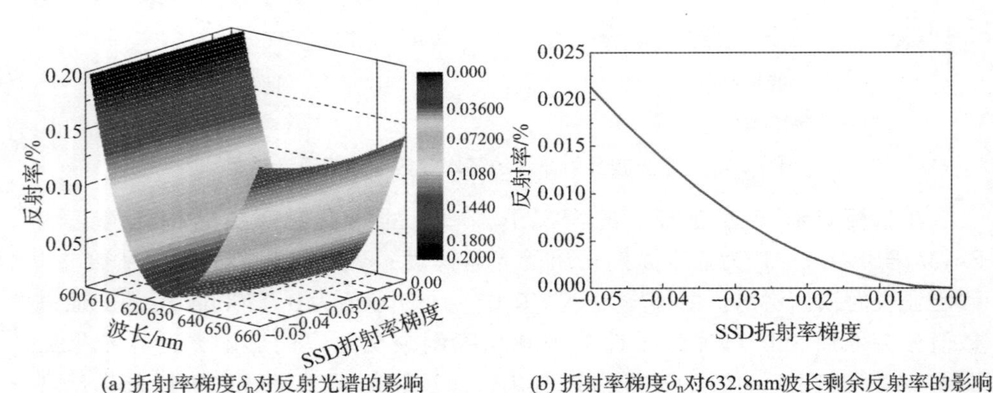

(a) 折射率梯度δ_n对反射光谱的影响

(b) 折射率梯度δ_n对632.8nm波长剩余反射率的影响

图4-45　基板亚表面损伤层的折射率梯度对激光减反射膜的影响

根据上述对减反膜系物理结构的数值分析可知，当基板存在亚表面损伤时，必须对膜系进行修正，否则无法实现单波长点的零剩余反射。下面对减反射薄膜结构进行修正设计：假定亚表面损伤层物理厚度为600nm和200nm，对不同的SSD和折射率梯度(-0.05~0)进行激光减反膜设计，修正设计结果见表4-7，所有的结构在632.8nm波长都可以实现零反射率。

表 4-7　激光减反膜的修正设计结果

SSD/nm	折射率梯度 δ_n	H 层光学厚度系数 α	L 层光学厚度系数 β	H 层厚度/nm	L 层厚度/nm	修正前 R@632.8nm /×10^{-6}
0	0.000	0.4133	1.2861	32.99	139.69	0.00
600	-0.050	0.4063	1.2594	32.42	136.79	337.00
	-0.045	0.4074	1.2619	32.52	137.06	273.01
	-0.040	0.4083	1.2645	32.58	137.34	215.76
	-0.035	0.4092	1.2671	32.66	137.62	165.24
	-0.030	0.4101	1.2696	32.72	137.90	121.46
	-0.025	0.4106	1.2724	32.77	138.20	84.40
	-0.020	0.4114	1.2750	32.83	138.48	54.07
	-0.015	0.4120	1.2777	32.88	138.77	30.47
	-0.010	0.4126	1.2805	32.93	139.07	13.59
	-0.005	0.4129	1.2833	32.96	139.39	3.43
200	-0.050	0.4357	1.2802	34.77	139.04	83.33
	-0.045	0.4336	1.2806	34.6	139.09	67.47
	-0.040	0.4313	1.2811	34.42	139.15	53.29
	-0.035	0.4291	1.2817	34.25	139.21	40.78
	-0.030	0.4268	1.2823	34.06	139.27	29.95
	-0.025	0.4246	1.2829	33.88	139.34	20.79
	-0.020	0.4224	1.2835	33.71	139.40	13.30
	-0.015	0.4201	1.2841	33.53	139.47	7.47
	-0.010	0.4179	1.2847	33.35	139.54	3.32
	-0.005	0.4157	1.2853	33.18	139.6	0.83

从表 4-7 中可以得到：①当 SSD 为 600nm 时，H 层的物理厚度需从 32.99nm 减小到 32.42nm，相对变化为 -1.728%，L 层的物理厚度需从

139.69nm 降低到 136.79nm，相对变化为 -2.076%；632.8nm 的剩余反射率从 3.37×10^{-4} 降低到零；②当 SSD 为 200nm 时，H 层的物理厚度需从 32.99nm 增加到 34.77nm，相对变化为 5.396%，L 层的物理厚度需从 139.69nm 降低到 139.04nm，相对变化为 -0.465%；632.8nm 的剩余反射率从 8.333×10^{-5} 降低到零。

上述的研究方法是将基板的亚表面损伤层等效为折射率渐变的薄膜，以 V 形激光减反膜为例，研究了不同的 SSD 和折射率梯度 δ_n 对剩余反射率的影响以及数值优化修正设计方法。研究结果表明：通过数值优化方法可以将亚表面特征耦合到减反射薄膜设计中，如果制备超低剩余反射率激光减反膜，则需要对膜系结构进行物理厚度修正，修正的依据是事先必须获得亚表面损伤层的 SSD 和折射率梯度[16]。

4.3.5 含折射率非均质性的减反膜设计

在光学薄膜的理论设计中，基本假设条件是折射率、消光系数和物理厚度各向均匀同性。但是，由于薄膜生长是在强非平衡物理和化学过程下完成的，经常出现光学薄膜折射率的非均质性，即薄膜折射率不仅是波长的函数而且还是膜层厚度的函数[17]。因此，对于超低剩余反射激光薄膜折射率非均质性是一种新的光谱损耗机制。

图 4-46 给出了 V 形减反膜折射率非均质性的物理模型，存在沿着薄膜法线方向上的折射率变化，因此定义薄膜的折射率非均质度。在图 4-46 中，基板的折射率为 n_s，靠近基板处和靠近入射介质处的膜层折射率分别为 n_H^{int} 和 n_L^{out}。下面以高折射率膜层为例建立折射率分布模型。

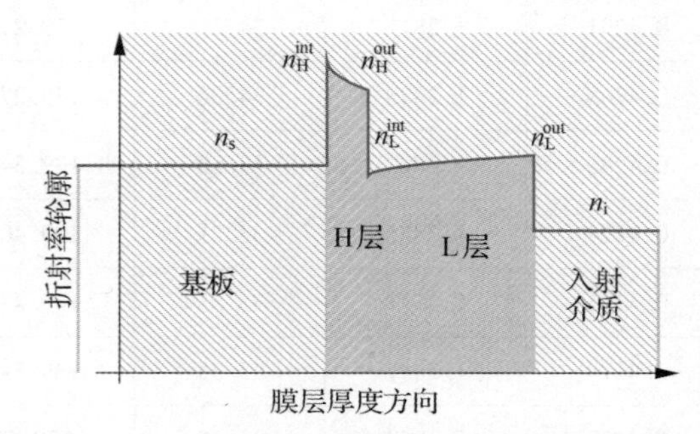

图 4-46 V 形减反射薄膜的折射率非均质性模型

假设膜层厚度为 d_f，膜层的折射率非均质度 δ 定义为

$$\delta=(n_H^{out}-n_H^{int})/\bar{n}_f,\quad \bar{n}_f=(n_H^{int}+n_H^{out})/2 \tag{4-19}$$

在膜层内的折射率分布可以用数学函数来描述，定义沿着薄膜法线朝向入射介质方向为 x 方向，起始点为基板和膜层的界面处($x=0$)，任意一点的薄膜折射率为 $n_{\mathrm{f}}(x)$，给出折射率分布的一种常用表达式为

$$n_{\mathrm{f}}(x)=ax^{T}+b \tag{4-20}$$

式中：a、b 和 T 分别为常数。将式（4-20）代入式（4-19）中得到

$$n_{\mathrm{H}}^{\mathrm{out}}=n_{\mathrm{f}}(d_{\mathrm{f}})=ad_{\mathrm{f}}^{T}+b \tag{4-21}$$

$$n_{\mathrm{H}}^{\mathrm{int}}=n_{\mathrm{f}}(0)=b \tag{4-22}$$

如果知道膜层平均折射率 $\bar{n}_{\mathrm{f}}$与非均质度 δ，则可以得到式（4-20）中的系数 a 和 b 为

$$a=\bar{n}_{\mathrm{f}}\delta/d_{\mathrm{f}}^{T},b=(2-\delta)\bar{n}_{\mathrm{f}}/2$$

最后得到膜层的非均质折射率分布为

$$n_{\mathrm{f}}(x)=\bar{n}_{\mathrm{f}}\left[\left(\frac{x}{d_{\mathrm{f}}}\right)^{T}+\frac{(2-\delta)}{2}\right] \tag{4-23}$$

同理，对于低折射率膜层也可采用上述的方程对折射率非均质性描述。因此，在下面的薄膜折射率非均质性研究中，仅需要薄膜的平均折射率与非均质度即可进行相关的设计分析。

仍然以4.3.1节中的减反射膜系结构为例，当高、低折射率膜层均具有折射率非均质性时，如图4-46所示。在理想设计下没有考虑折射率非均质性的存在，因此折射率非均质性的存在势必影响剩余反射率。假设高、低折射率膜层的非均质度范围分别为±0.02，计算得到折射率非均质度对剩余反射率的影响，如图4-47（a）所示，剩余反射率偏离理想设计可达到2×10^{-4}。由于折射率非均质性主要导致膜层光学厚度的偏离，如果将两个膜层的折射率非均质性在一定范围内达到匹配，仍可将剩余反射率控制到最低，如图4-47（b）

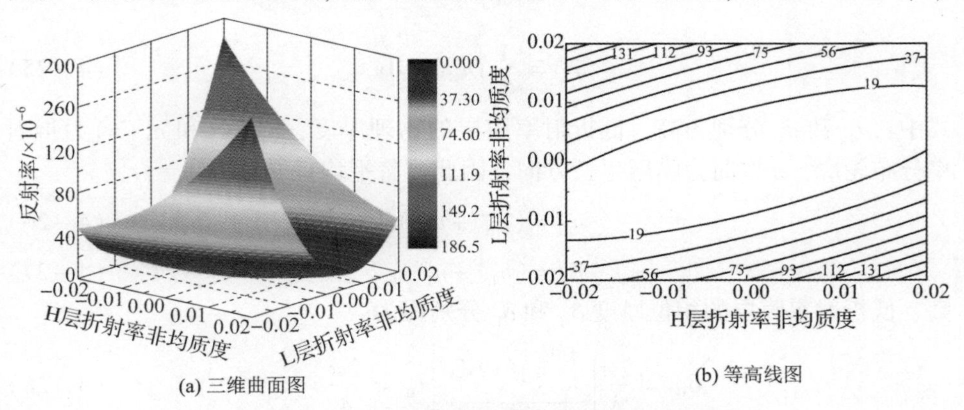

(a) 三维曲面图　　(b) 等高线图

图4-47　折射率的非均质度对剩余反射率的影响

所示。从图 4 - 47（b）中可以看出，如果高折射率膜层的非均质度为 ±0.015，低折射率膜层的非均质度在 ±0.005 内，适当匹配折射率的非均质度可将剩余反射率控制在 1×10^{-5} 以下。

折射率非均质度对剩余反射率的影响，实际上是对中心波长的位置进行了调制。在物理厚度不变的情况下，假定两层膜折射率非均质度在 ±0.04 之间，最低反射率的波长计算结果如图 4 - 48 所示，从图中看到折射率非均质性的匹配也能得到中心波长的精确定位，但不一定能够获得零剩余反射率。

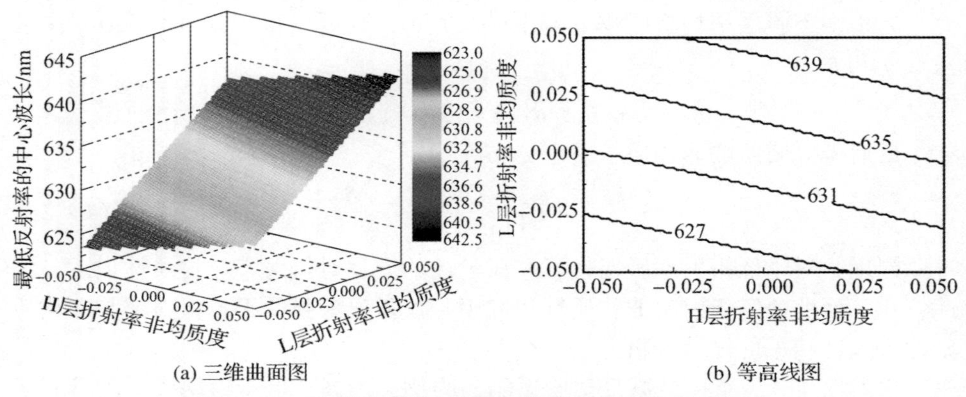

(a) 三维曲面图　　(b) 等高线图

图 4 - 48　折射率的非均质性对最低反射率波长的影响

4.3.5.1　修正设计的解析方法

Jacobsson 给出的减反膜设计方法只适用于膜层折射率具有弱非均质性的情况[18]，当沿着膜厚方向 x 具有折射率非均质分布时，可描述平均折射率为

$$\bar{n}_{\mathrm{H}} = \frac{1}{d_{\mathrm{H}}}\int_{0}^{d_{\mathrm{H}}} n_{\mathrm{H}}(x)\,\mathrm{d}x \tag{4-24}$$

$$\bar{n}_{\mathrm{L}} = \frac{1}{d_{\mathrm{L}}}\int_{0}^{d_{\mathrm{L}}} n_{\mathrm{L}}(x)\,\mathrm{d}x \tag{4-25}$$

式中：d_{H} 和 d_{L} 分别为高、低折射率膜层的物理厚度；$n_{\mathrm{H}}(x)$ 和 $n_{\mathrm{L}}(x)$ 为折射率分布轮廓，x 方向为膜层生长方向。因此，将平均折射率写为

$$\bar{n}_{\mathrm{H}} = (n_{\mathrm{H}}^{\mathrm{out}} + n_{\mathrm{H}}^{\mathrm{int}})/2 \tag{4-26}$$

$$\bar{n}_{\mathrm{L}} = (n_{\mathrm{L}}^{\mathrm{out}} + n_{\mathrm{L}}^{\mathrm{int}})/2 \tag{4-27}$$

高、低折射率膜层的相位厚度 δ_{H} 和 δ_{L} 分别写为

$$\delta_{\mathrm{H}} = \frac{2\pi}{\lambda}\left[\frac{\int_{0}^{d_{\mathrm{H}}} n_{\mathrm{H}}(x)\,\mathrm{d}x}{d_{\mathrm{H}}}\right]d_{\mathrm{H}} = \frac{2\pi}{\lambda}\bar{n}_{\mathrm{H}}d_{\mathrm{H}} \tag{4-28}$$

$$\delta_L = \frac{2\pi}{\lambda}\left[\frac{\int_0^{d_L} n_L(x)\,dx}{d_L}\right]d_L = \frac{2\pi}{\lambda}\bar{n}_L d_L \tag{4-29}$$

若实现双层膜的减反射结构，则高/低折射率相位厚度需要满足

$$(r_1+r_3)\cos(\delta_H+\delta_L)+r_2(1+r_1r_3)\cos(\delta_L-\delta_H)=0 \tag{4-30}$$

$$(r_1-r_3)\sin(\delta_H+\delta_L)-r_2(1-r_1r_3)\sin(\delta_L-\delta_H)=0 \tag{4-31}$$

式中：r_1 是空气－低折射率膜层的界面反射系数；r_2 是低折射率膜层－高折射率膜层的界面反射系数；r_3 是高折射率膜层－基板的界面反射系数。三个反射系数可以写为

$$r_1 = \frac{n_0 - n_L^{out}}{n_0 + n_L^{out}} \tag{4-32}$$

$$r_2 = \frac{n_L^{int} - n_H^{out}}{n_L^{int} + n_H^{out}} \tag{4-33}$$

$$r_3 = \frac{n_H^{int} - n_s}{n_H^{int} + n_s} \tag{4-34}$$

因此，式（4－30）和式（4－31）可表达为

$$\begin{aligned}&[(r_1+r_3)+r_2(1+r_1r_3)]\cos\delta_H\cos\delta_L+\\&[r_2(1+r_1r_3)-(r_1+r_3)]\sin\delta_H\sin\delta_L=0\end{aligned} \tag{4-35}$$

$$\begin{aligned}&[(r_1-r_3)+r_2(1-r_1r_3)]\sin\delta_H\cos\delta_L+\\&[(r_1-r_3)-r_2(1-r_1r_3)]\cos\delta_H\sin\delta_L=0\end{aligned} \tag{4-36}$$

变换式（4－35）和式（4－36），得到两层膜的相位厚度表达式为

$$\tan\delta_H\tan\delta_L = \frac{(r_1+r_3)-r_2(1+r_1r_3)}{[(r_1+r_3)+r_2(1+r_1r_3)]} \tag{4-37}$$

$$\frac{\tan\delta_H}{\tan\delta_L} = \frac{(r_1-r_3)+r_2(1-r_1r_3)}{[r_2(1-r_1r_3)-(r_1-r_3)]} \tag{4-38}$$

对高/低折射率膜层的相位厚度 δ_H 和 δ_L 经过式（4－28）和式（4－29）的变换，可分别得到两层膜的物理厚度 d_H 和 d_L。

4.3.5.2 局部寻优的设计方法

Jacobsson 给出的方法适用于弱折射率非均质性的情况，对于薄膜具有强非均质性的情况，数值计算方法才是可行的方法。因此，提出如下的设计方法，普适于膜层具有折射率非均质性的 V 形激光减反膜设计，设计流程见图 4－49[19,20]：①分别给出高、低折射率膜层的平均折射率，在假定没有折射率非均质性的条件下得到其物理厚度 d_H 和 d_L；②给出两种材料的折射率非均质度 δn_H 和 δn_L，同时给出与折射率非均质性量级相同的厚度相对变化范围，

高、低折射率膜层的物理厚度分别为$[(1-\Delta_H),(1+\Delta_H)]d_H$和$[(1-\Delta_L),(1+\Delta_L)]d_L$；③选择两层膜物理厚度的合适步长，主要根据工艺可实现的薄膜制备厚度控制精度确定，将高折射率膜层和低折射率膜层分别进行均匀化分层，实现膜层折射率和物理厚度的离散化；④对不同组合的高、低折射率膜层物理厚度进行剩余反射率计算；⑤对所计算的剩余反射率空间搜索，获得剩余反射率最低点所对应的高/低折射率膜层的物理厚度，该方法的设计精度取决于第③步的步长精度。

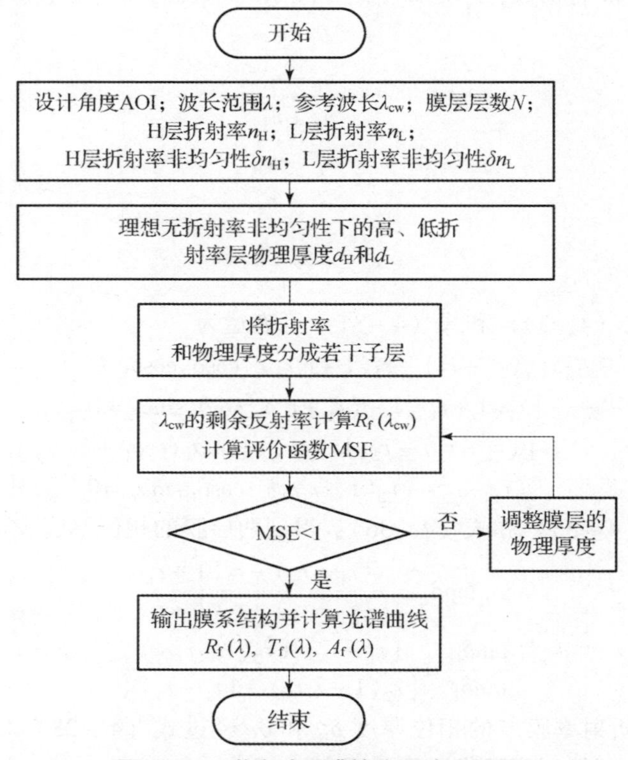

图4-49　激光减反膜精确设计流程图

以V形激光减反射膜系结构为例，假定高折射率膜层的非均质度为$\delta n_H=-0.08$、低折射率膜层的非均质度为$\delta n_L=0.05$，激光设计波长$\lambda_{cw}=532$nm，H层物理厚度的取值范围为19～26nm，L层物理厚度的取值范围为111～126nm。计算的532nm波长剩余反射率与两层膜厚度关系见图4-50（a），最大剩余反射率为1.4955×10^{-2}，最小剩余反射率为2.06×10^{-6}；在图4-50（b）中分别给出了理想设计的光谱剩余反射率、折射率非均质性对理想设计减反膜的影响和考虑折射率非均质性的修正设计光谱剩余反射率。折射率非均质性使理想设计的中心波长向长波方向移动，532nm 波长的剩余反射率从零增加到0.0769%。在上述两层薄膜的厚度区间搜索剩余反射率最小点，搜索步长为0.05nm，最终得到H层和L层的物理厚度分别为23.48nm和114.36nm。与减反射膜层的理想设计厚度相比，H层厚度增加1.30nm，L层厚度减小4.50nm。通过上述的修正设计，在膜层具有非均质的情况下，可以将532nm波长剩余反射率降低到最小 2.06×10^{-6}。

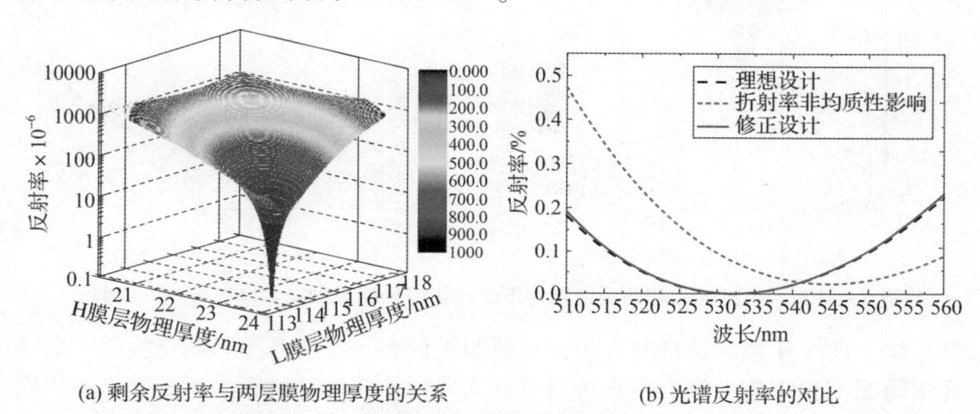

(a) 剩余反射率与两层膜物理厚度的关系　　(b) 光谱反射率的对比

图4-50　膜层折射率非均质性条件下的优化设计结果($\delta_H=-0.08,\delta_L=0.05$)

假定高折射率膜层的非均质度为 $\delta n_H=0.08$、低折射率膜层的非均质度为 $\delta n_L=-0.05$，激光设计波长、H层物理厚度和L层物理厚度的取值范围与上相同。计算得到的532nm波长剩余反射率与两层膜厚度关系见图4-51（a)，最大剩余反射率为 9.915×10^{-3}，最小剩余反射率为 8×10^{-7}；图4-51（b）中给出了理想设计的光谱剩余反射率、折射率非均质性对理想设计减反膜的影响和考虑折射率非均质性的修正设计光谱剩余反射率。折射率非均质性使理想设计的中心波长向短波方向移动，在532nm波长处的剩余反射率从0增加到0.0784%。在上述膜层厚度区间搜索剩余反射率最小点，搜索步长为0.05nm，得到H层和L层的物理厚度分别为20.63nm和123.81nm。与减反射膜层的理想设计厚度相比，H层厚度减小1.55nm，L层厚度增加4.95nm，通过修正设计可以将532nm波长剩余反射率降低到最小 8×10^{-7}。

上面研究了超低剩余反射激光薄膜的折射率非均质性效应。无论采用哪种薄膜的制备技术，在制备过程中产生薄膜折射率非均质性主要有以下几个原因：①由于薄膜厚度在几纳米到几微米之间，在薄膜生长过程中工艺参数（如基板温度、真空度、气体分压比和沉积速率等）的波动都会造成折射率的非均质性；②基板表面的特征（如亚表面损伤层、表面粗糙度等）在薄膜生长过程中会传递给薄膜，也会导致折射率的非均质性出现；③膜层的微观结构，在沉积过程中，薄膜的应变随着膜层厚度的增加而不同，导致膜层微观结构的差别，产生折射率的非均质性；④膜层的界面效应，在沉积过程中，膜层的界面会出现两种介质的相互渗透，产生折射率的非均质性。

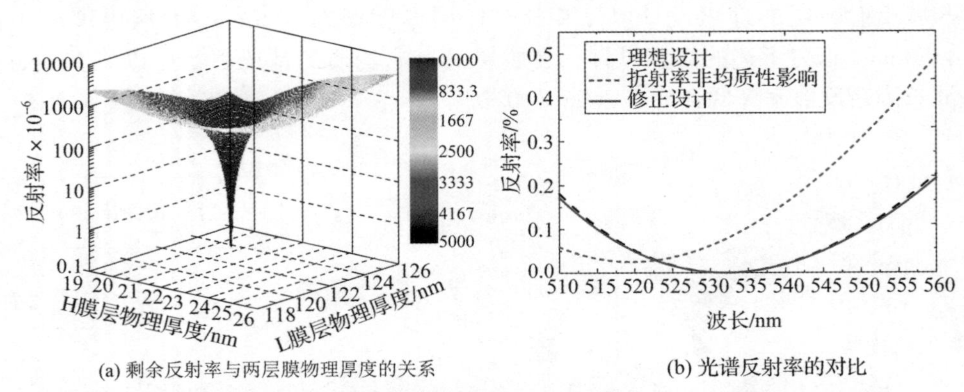

(a) 剩余反射率与两层膜物理厚度的关系 (b) 光谱反射率的对比

图 4-51 膜层折射率非均质性条件下的优化设计结果($\delta_H = 0.08$,$\delta_L = -0.05$)

综上两个实例的设计与分析，在研制超低剩余反射率激光减反膜时，由于光学薄膜沉积工艺必然会带来折射率非均质性，在设计过程中将折射率非均质性因素考虑在内，对理想设计的膜系结构进行修正，而且根据实际制备技术的可控精度，对多层膜物理厚度进行精确控制，才能实现超低剩余反射率激光减反膜的制备。

参考文献

[1] IRELAND C L D. Handbook of laser wavelengths [J]. Optics & Laser Technology, 1999, 30 (30):564-565.

[2] DEBELL G, MOTT L, GUNTEN M V. Thin film coatings for laser cavity optics [J]. Proc. SPIE, 1988 (895):254-270.

[3] MACLEOD H A. Thin-film optical filters [M]. Tucson:CRC Press,2018.

[4] THELEN A. Multilayer filters with wide transmittance bands [J]. Journal of the Optical Society of America, 1963, 53(11): 1266-1270.

[5] 唐晋发，顾培夫，刘旭. 现代光学薄膜技术[M]. 杭州:浙江大学出版社，2006: 107-118.

[6] ESSENTIAL MACLEOD Optical Coating Design Program[M]. Tucson:Thin Film Center Inc., 2010.

[7] 刘华松，刘丹丹，姜承慧，等. 周期结构薄膜在折射率色散下反射区特性研究[J]. 物理学报，2014，63 (01):335-339.

[8] 刘华松，季一勤，刘丹丹，等. 一种倾斜入射高反射薄膜激光电场分布设计方法:CN201410721020.8 [P]. 2017-02-04.

[9]林永昌，卢维强，孙晓茉.6328Å 高效增透膜[J].北京理工大学学报，1985(1)：34－45.

[10]季一勤，刘华松，王占山，等.界面层对激光减反膜的影响研究[J].红外与激光工程，2011，40(10)：2003－2007.

[11]TIKHONRAVOV A V，TRUBETSKOV M K，TIKHONRAVOV A，et al. Effects of interface roughness on the spectral properties of thin films and multilayers [J]. Applied Optics，2003，42(25)：5140－5148.

[12]HED P P，EDWARDS D F，DAVIS J B. Subsurface Damage in Optical Materials：Origin Measurement & Removal[J]. Optical Fabrication and Testing Publishing Group，1988(3)：155－162.

[13]FEIT M D，RUBENCHIK A M. Influence of subsurface cracks on laser induced surface damage[J]. Proc. SPIE，2003(5273)：22－24.

[14]CAMPBELL J H，HAWLEY－FEDDER R，STOLZ C J，et al. NIF optical materials and fabrication technologies：An overview[J]. Proc. SPIE，2004(5341)：84－101.

[15]WANG J，MAIER R L. Quasi－Brewster angle technique for evaluating the quality of optical surfaces[J]. Proc. SPIE，2004(5375)：1285－1294.

[16]刘华松，刘杰，王利栓，等.具有亚表面损伤层基底表面的激光减反膜设计 [J].红外与激光工程，2013，42(10)：2737－2741.

[17]JACOBSSON J R. A review of the optical properties of inhomogeneous thin films[J]. Proc. SPIE，1993(2046)：2－8.

[18]HASS G，FRANCOMBE M H，HOFFMAN R W. Physics of Thin Films. Academic[M]. New York：Springer，1975.

[19]刘华松，姜玉刚，王利栓，等.一种膜层具有折射率非均匀性的激光减反膜设计方法：CN201310227533.9[P].2014－03－07.

[20]HUASONG L，XIAO Y，LISHUAN W，et al. Accuracy design of ultra－low residual reflection coatings for laser optics [J]. Chinese Physics B，2017，26(7)：077801.

第5章

超低损耗激光薄膜散射损耗抑制

5.1 概　述

对于超低损耗激光薄膜元件散射损耗的控制，必须厘清散射损耗的来源，如图5-1所示，主要从基板、薄膜缺陷和多层膜界面三个方面进行分析：①基板粗糙度和表面大于波长量级的污染物，导致了表面散射损耗的增加；②基板表面存在缺陷以及在薄膜沉积过程中增加的波长量级缺陷，都是导致体散射增加的因素；③多层膜生长过程界面的粗糙性导致界面散射损耗增加。只有将三类散射损耗因素同时控制到最小，才能有效降低超低损耗激光薄膜元件的散射损耗。

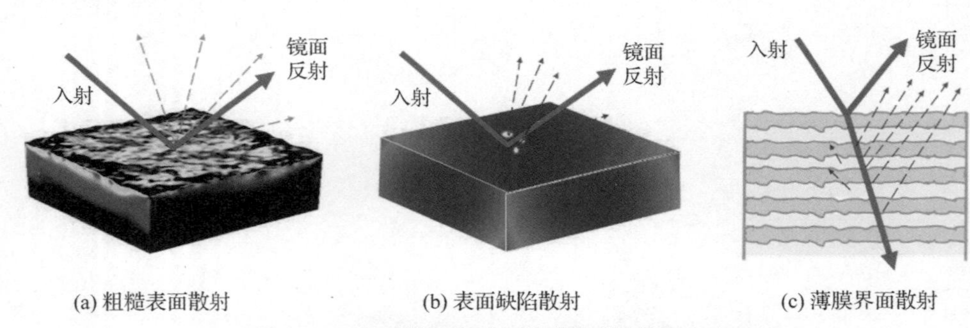

(a) 粗糙表面散射　(b) 表面缺陷散射　(c) 薄膜界面散射

图5-1　损耗激光薄膜元件的散射损耗示意图

针对第一类因素，人们发展了超光滑表面光学制造技术，该技术对于现代光学及光电子学科领域的发展起到了推动作用。理想的超光滑表面一般具有以下主要特征[1,2]：表面粗糙度小于0.5nm，表面具有完整的晶体结构或尽可能小的表面和亚表面损伤。在当前的超光滑表面加工技术中，以Si材料和SiO_2材料的加工技术最为成熟。针对第二类因素，人们深入研究了缺陷对光散射的影响。将缺陷按照尺度划分为三类：①尺度与入射光波长相比大很多，不规则的宏观缺陷，如划痕、颗粒状物；②尺度与入射光波长相当，或者是略小孤立的不规则结构；③尺度比入射光波长小得多，但在空间位置上相互紧密排列形成微小不规则结构，其中每一部分都不是孤立的散射源，对入射光场的影响是综合统计效应。针对第三类因素，使用离子束溅射沉积技术，聚焦于降低薄膜材料体缺陷密度和改善界面粗糙度，对于薄膜生长的界面控制，需引入新的技术或方法解决界面散射损耗问题。

本章重点讨论了基板表面特性对超低损耗激光薄膜元件散射损耗的影响，介绍了超光滑表面的加工工艺方法和亚表面损伤层的特征，通过引入无损伤化学清洗技术，降低了基板表面节瘤缺陷密度和节瘤缺陷尺度，最后讨论了抑制超低损耗激光薄膜界面散射的新方法。

5.2　表面特性对低损耗薄膜影响

5.2.1　超光滑表面的表征与评价方法

亚纳米量级超光滑表面制造技术的进步离不开表征技术的发展，两者之间相辅相成。在通用的表面特性表征方法上，人们常用数学上的统计参数表征表面的横向信息和纵向信息，主要参数有均方根粗糙度、表面高度分布函数、表面自协方差函数等[3]。传统的光学面形评价指标（如 PV 和 RMS 等）仅覆盖了部分频段信息，不能有效地评价表面的完整信息。基于功率谱密度（PSD）的光学表面特性表征方法，将表面粗糙度与空间频率信息相结合，更能全面地反映出光学表面特性[4,5]。功率谱密度函数的物理意义在于：将光学表面上具有较小空间周期的随机起伏（如表面粗糙度）看作是许多不同光栅常数和线宽的正弦光栅叠加，因此可以定量给出光学表面起伏的空间频率分布，直观地分析各个空间频率对表面形貌的影响。

5.2.1.1　功率谱密度

将光学表面一维轮廓 $h(x)$ 做傅里叶分解，生成多个空间频率为 f_x 的正弦函数元，得到一维 PSD 函数为

$$S_1(f_x) = \frac{1}{L}\left|\int_{-L/2}^{L/2} h(x)\exp(-\mathrm{i}2\pi f_x x)\,\mathrm{d}x\right|^2 \tag{5-1}$$

式中：L 为采样长度；f_x 为空间频率。推广到表面的二维情况，得到二维 PSD 函数为

$$S_2(f_x,f_y) = \frac{1}{A}\left|\int_{-L_x/2}^{L_x/2}\int_{-L_y/2}^{L_y/2} h(x,y)\exp[-i2\pi(f_x x + f_y y)]\mathrm{d}x\mathrm{d}y\right|^2 \quad (5-2)$$

式中：L_x 和 L_y 分别为 x 轴和 y 轴方向采样长度；$A = L_x L_y$，f_x 和 f_y 分别为空间频率。

借助于数字化表面检测仪器实现表面轮廓测试，得到的表面轮廓并不是连续空间函数而是离散点。在长度为 L 的轮廓线上均匀采样 N 点，采样点间距为 Δx，三者的关系为 $L = (N-1)\Delta x$。根据香农采样定理可知，只要满足 $\Delta x = 1/(2f_c)$（其中 f_c 为 Nyquist 采样频率），离散化的采样数据 $h(n)$ 能完全描述表面形貌信息。因此，PSD 函数只能从离散的表面轮廓数据 $h(n)$ 计算得出。对采样值 $h(n)$ 的离散傅里叶变换为

$$H(m) = \Delta x \sum_{n=0}^{N-1} h(n)\mathrm{e}^{-i2\pi mn/N}, \quad -\frac{N}{2} \leqslant m \leqslant \frac{N}{2} \quad (5-3)$$

根据式（5-1）功率谱密度的定义，得到一维 PSD 函数 $S_1(f_m)$ 的表达式为

$$S_1(f_m) = \frac{\Delta x}{N}\left|\sum_{n=0}^{N-1} h(n)\mathrm{e}^{-i2\pi mn/N}\right|^2, \quad -\frac{N}{2} \leqslant m \leqslant \frac{N}{2} \quad (5-4)$$

在实际应用中，负频率处 PSD 无任何意义，将负频率范围的 PSD 叠加到对应的正频率上，一维 PSD 函数 $S_1(f_m)$ 表达式改写为

$$S_1(f_m) = \frac{2\Delta x}{N}\left|\sum_{n=0}^{N-1} h(n)\mathrm{e}^{-i2\pi mn/N}\right|^2, \quad 0 \leqslant m \leqslant \frac{N}{2} \quad (5-5)$$

同理，$h(j,k)$ 为采样的离散二维表面轮廓数据，得到二维 PSD 函数 $S_2(f_m,f_n)$ 的表达式为

$$S_2(f_m,f_n) = \frac{\Delta x \Delta y}{MN}\left|\sum_{k=0}^{N-1}\sum_{j=0}^{M-1} h(j,k)\mathrm{e}^{-i2\pi(mj/M+nk/N)}\right|^2, \quad 0 \leqslant k \leqslant \frac{M}{2}, 0 \leqslant j \leqslant \frac{N}{2} \quad (5-6)$$

式中：f_m 和 f_n 分别为 x 轴和 y 轴方向的空间频率；M 和 N 分别为 x 轴和 y 轴方向的采样点数；Δx 和 Δy 分别为 x 轴和 y 轴方向的采样间隔。

在 PSD 函数的测试技术中，空间频率带宽取决于采样点数、有效测试区域和测试仪器的频率响应函数。在有效测试口径不变的情况下，采样点数 N 越多，可测的空间频率上限值越大；在采样点数不变的情况下，有效测试口径越小，可测的空间频率上限值越大；测试仪器的频率响应带宽越大，可测的空间频率上限值越大。空间频率低频极限由测试孔径大小决定，高频极限取决于测试孔径大小和测试仪器 CCD 像素的阵列规模。美国 NIF 装置对使用光学元件的空间频率定义为[6]

$$\Lambda_{\min} = \frac{3}{L}, \quad \Lambda_{\max} = \frac{N}{4L} \tag{5-7}$$

式中：L 为测试的孔径尺寸，也就是上述的表面采样长度；N 为 CCD 包含的像元数，也就是上述的采样点数。

5.2.1.2　长程粗糙度和短程粗糙度

与入射光波长尺度相比，根据周期性空间粗糙度谐波尺度，将表面粗糙度定义为长程粗糙度 σ_1 和短程粗糙度 σ_s，两者对表面光散射的影响不同。根据 5.2.1.1 节中讨论的内容，考虑表面轮廓长度为 L 的一维表面轮廓函数为 $h(x)$，将表面轮廓函数以 L_n 为周期进行离散傅里叶展开[7]，得到下式：

$$h(x) = \sum_{n=-N}^{N} h_n \exp(2\pi i x / L_0) \tag{5-8}$$

式中：$L_0 = L/N$ 为傅里叶谐波的空间周期，也就是表面空间波长，N 为表面轮廓测试采样点数；h_n 为相应空间谐波的强度。最大空间波长为表面轮廓长度 L，取决于机械、光学或者原子力显微镜方法测试表面轮廓区域的线性尺寸；最小空间波长取决于傅里叶谐波的空间周期 L/N。

下面将空间谐波强度与表面反射/透射特性联系起来。基于电动力学理论可以得到，在光波正入射的情况下，经过折射率为 n_1 和 n_2 的介质之间粗糙界面后的反射系数 r 和透射系数 t 分别为

$$r = r_0\left\{1 + 2k^2 n_1 \sum_{n=-N}^{N} |h_n|^2 \left[-n_2 - \frac{1}{k}(\gamma_{n,1} - \gamma_{n,2})\right]\right\} \tag{5-9}$$

$$t = t_0\left\{1 + \frac{k^2}{2}(n_1 - n_2) \sum_{n=-N}^{N} |h_n|^2 \left[(n_1 - n_2) - \frac{2}{k}(\gamma_{n,1} - \gamma_{n,2})\right]\right\} \tag{5-10}$$

式中：$k = 2\pi/\lambda$ 为波数；n_1 和 n_2 分别为两个介质的折射率；r_0 和 t_0 分别为两种介质理想平面边界所对应的反射系数和透射系数；$\gamma_{n,1}$ 和 $\gamma_{n,2}$ 分别为传播常数，与波长 λ 和空间周期 L_0 相关，满足

$$\begin{cases} \gamma_{n,1}^2 + (2\pi/L_0)^2 = (2\pi/\lambda)^2 n_1^2 \\ \gamma_{n,2}^2 + (2\pi/L_0)^2 = (2\pi/\lambda)^2 n_2^2 \end{cases} \tag{5-11}$$

1）长程粗糙度的情况（$L_0 \gg \lambda$）

当空间周期远大于入射光波长时，式（5-11）可以近似为

$$\{\gamma_{n,1} - \gamma_{n,2}\} \to k\{n_1 - n_2\}$$

在每个谐波频率下光波在界面的反射系数 r_n 和透射系数 t_n 分别为

$$\begin{cases} r_n = r_0\left[1 - 2k^2 n_1^2 (|h_n|^2 + |h_{-n}|^2)\right] \\ t_n = t_0\left[1 - \dfrac{k^2 (n_1 - n_2)^2 (|h_n|^2 + |h_{-n}|^2)}{2}\right] \end{cases} \tag{5-12}$$

将式（5-12）中所有满足式（5-11）及其近似表达式的表面轮廓各级次谐波累加可以得到

$$\begin{cases} r = r_0(1 - 2k^2 n_1^2 \sigma_1^2) \\ t = t_0\left[1 - \dfrac{k^2\ (n_1 - n_2)^2 \sigma_1^2}{2}\right] \end{cases} \tag{5-13}$$

式中：σ_1 为长程粗糙度，表达式为

$$\sigma_1^2 = \sum_{\{\text{large}\}} |h_n|^2 \tag{5-14}$$

2）短程粗糙度的情况($L_0 \ll \lambda$)

当空间周期远小于入射光波长时，式（5-11）可以近似为

$$\{\gamma_{n,1} - \gamma_{n,2}\} \to 0$$

在每个谐波频率下光波在界面的反射系数 r_n 和透射系数 t_n 分别为

$$\begin{cases} r_n = r_0[1 - 2k^2 n_1 n_2(|h_n|^2 + |h_{-n}|^2)] \\ t_n = t_0\left[1 + \dfrac{k^2\ (n_1 - n_2)^2(|h_n|^2 + |h_{-n}|^2)}{2}\right] \end{cases} \tag{5-15}$$

表面轮廓各级次谐波进行累加可得

$$\begin{cases} r = r_0(1 - 2k^2 n_1 n_2 \sigma_s^2) \\ t = t_0\left[1 + \dfrac{k^2\ (n_1 - n_2)^2 \sigma_s^2}{2}\right] \end{cases} \tag{5-16}$$

式中：σ_s 为短程粗糙度，表达式为

$$\sigma_s^2 = \sum_{\{\text{small}\}} |h_n|^2 \tag{5-17}$$

综上分析，从粗糙界面的反射系数和透射系数表达式可以看出，长程粗糙度将会造成光散射，短程粗糙度不会产生散射，但会影响透射率和反射率。为了简化 σ_1 和 σ_s 的界限划分，对式（5-9）和式（5-10）进一步处理，使用空间周期 L_0、入射光波长 λ、介质折射率 n_1 和 n_2 等参数将粗糙度的界限划分为

$$\begin{cases} \ln(\lambda/L_0) < -\ln(n_2) & \text{,长程粗糙度} \\ -\ln(n_2) \leqslant \ln(\lambda/L_0) \leqslant \ln(n_2) & \text{,过渡区粗糙度} \\ \ln(\lambda/L_0) > \ln(n_2) & \text{,短程粗糙度} \end{cases} \tag{5-18}$$

通过获取光学表面的 PSD 函数 $S(f)$，可以将相应频域范围内的均方根粗糙度 σ 与 PSD 函数的关系写为

$$\sigma^2 = 2\pi \int_{f_{\min}}^{f_{\max}} S(f) f \mathrm{d}f \tag{5-19}$$

5.2.1.3　自相关函数 $G(\tau)$ 和自相关长度 l

在一维表面轮廓的情况下，自相关函数 $G(\tau)$ 定义为表面轮廓函数 $h(x)$ 在坐标 x 方向上平移长度 τ（滞后长度）后与原表面轮廓函数的重叠积分，是表面上距离为 Δx 两点之间相似性的定量评价，可以得到表面的相关性、主频成分和非主频成分的比重。其数学表达式为

$$G(\tau) = \langle h(x)h(x+\tau) \rangle = \frac{1}{L}\int_0^L h(x)h(x+\tau)\mathrm{d}x \tag{5-20}$$

式中：L 为表面有限的长度。

自相关函数 $G(\tau)$ 取决于表面轮廓的类型，一般情况下，在 $\tau=0$ 时 $G(\tau)$ 达到最大值，随着 τ 值的增加，$G(\tau)$ 值逐渐降低到最小值。当 $G(\tau)=1/\mathrm{e}$ 时所对应的 τ 值即为自相关长度 l。如式（2-75）所示，自相关函数可以表示成高斯型函数和指数型函数之和，也可分别表示为

$$\begin{cases} G(\tau) = \sigma^2 \exp\left[-\left(\dfrac{\tau}{l}\right)^2\right] & \text{高斯函数} \\ G(\tau) = \sigma^2 \exp\left[-\dfrac{|\tau|}{l}\right] & \text{指数函数} \end{cases} \tag{5-21}$$

式中：σ 为表面粗糙度。也可以从 $G(\tau)$ 中得到诸如均方根斜率等参数，表面均方根斜率 s 与自相关函数相关，其表达式为

$$s^2 = \left(\frac{\mathrm{d}^2 G(\tau)}{\mathrm{d}\tau^2}\right)\bigg|_{\tau=0} \tag{5-22}$$

$G(\tau)$ 仍然是空间域上的函数参量，由其曲线只能定性地看出波面的周期信息，要想定量计算波面中的频率成分，还需用功率谱密度函数，自相关长度 l 与功率谱密度函数 $s(f_x)$ 和表面粗糙度 σ 的关系为

$$l = \frac{1}{2\sigma^4}\int_0^\infty S^2(f_x)\mathrm{d}f_x \tag{5-23}$$

理想分形表面的相关程度很低，即相关长度越小的表面，表面高度的起伏就越密集，$G(\tau)$ 很快下降为零或停留在零附近，反之亦然。一般非理想抛光表面往往是随机性误差和弱周期性结构两者的综合，$G(\tau)$ 曲线在很快下降为零的同时，在曲线形状上产生小波纹，表明表面存在非主要空间频率的轮廓变化，如图 5-2 所示[3]。如果是具有周期变化特征的表面，在周期性的空间距离上表面具有较高程度的相关性。在滞后长度 $\tau \approx 0$ 附近，如果 $G(\tau)$ 表现为具

有周期行为的振荡函数，表明表面轮廓在频域上存在主频分量。自相关函数 $G(\tau)$ 可将表面轮廓的周期性与随机性分离开，有利于光学表面加工工艺的研究、改进和提高。

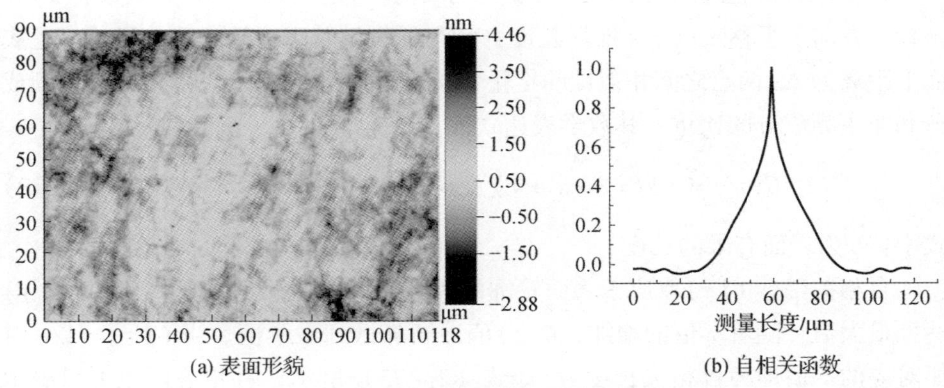

(a) 表面形貌　　(b) 自相关函数

图 5－2　表面轮廓和相应的自相关函数

5.2.1.4　实际分析方法

不同的表面轮廓测试仪器具有不同的频率响应带宽，使用功率谱密度函数可以将结果有效统一，可以弥补常规表面轮廓表征方法的不足。分别使用 ZYGO GPI 干涉仪、ZYGO 干涉轮廓仪（2.5X、10X 和 50X 物镜）和 AFM 原子力显微镜对同一块抛光熔融石英样品进行测试，测试参数和结果见表 5－1。不同测试仪器的测试结果可以充分重叠覆盖所有空间频率，然后对各个空间频率进行多项式拟合，得到了一条覆盖全频率的一维 PSD 函数曲线，如图 5－3 所示。这样的曲线将不同设备的测试结果在空间频率尺度上统一起来，综合反映了空间频率对表面轮廓的贡献和影响。

表 5－1　表面轮廓的不同测试设备测量参数

仪器	像素	测试区域	表面特征
ZYGO GPI 干涉仪	640×480	Φ100mm	PV = $\lambda/8$
ZYGO 干涉轮廓仪	640×480	2.5X，2.81×2.10mm^2 10X，0.70×0.53mm^2 50X，0.14×0.11mm^2	RMS = 0.89nm RMS = 0.31nm RMS = 0.29nm
AFM 原子力显微镜	256×256	10×10μm^2	RMS = 0.24nm

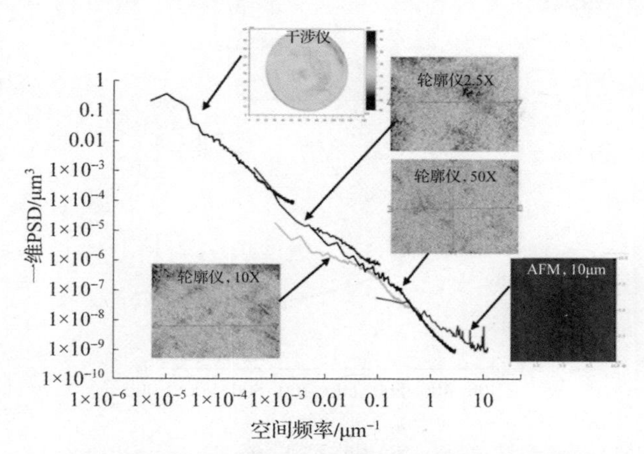

图5-3 基于不同测试仪器得到的一维PSD函数

5.2.2 表面特征对薄膜散射特性影响

5.2.2.1 基板与薄膜的仿真基本参数

下面针对超低损耗高反射薄膜和减反射薄膜进行分析，重点研究基板表面特征对多层膜散射损耗的影响，基板、高折射率薄膜和低折射率薄膜的光学常数见图5-4。在下面的分析中，使用Macleod薄膜设计软件对“基板|多层膜”系统的角分辨散射分布（ARS）进行计算[8]，该计算方法基于Elson多层膜矢量散射理论[9]。基板的表面特征主要有短程粗糙度σ_s、短程相关长度l_s、长程粗糙度σ_l和长程相关长度l_l，以及多层膜界面生长过程中的相关性和非相关性。根据入射光和散射光偏振态的不同，ARS将有四种散射偏振方式：s偏振入射→s偏振散射、s偏振入射→p偏振散射、p偏振入射→p偏振散射、p偏振入射→s偏振散射。下面将分析四个主要表面特征参数对“基板|多层膜”系统散射特性的影响。

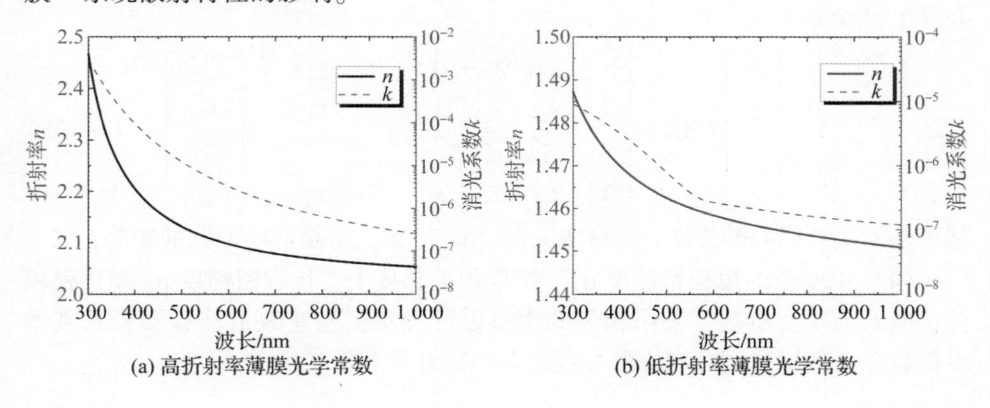

(a) 高折射率薄膜光学常数　(b) 低折射率薄膜光学常数

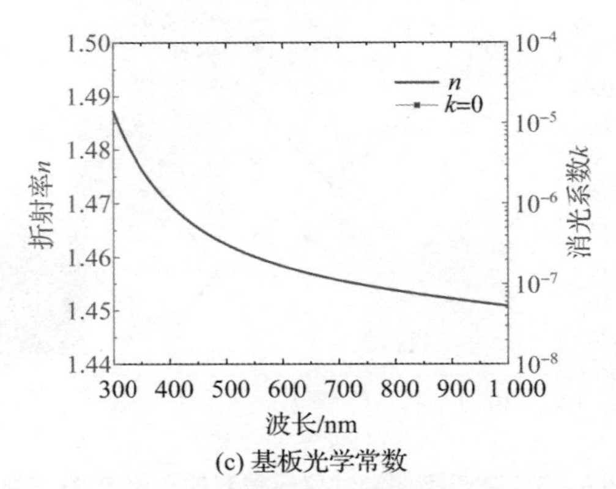

(c) 基板光学常数

图 5-4 基板和两种薄膜材料的光学常数

5.2.2.2 基于多变量回归的统计方法

为了确定基板特征对“基板|多层膜”系统散射的影响，需要通过一种数值计算方法，使用最少的数值计算实验即可获得结果。下面将表面特征对散射特性的影响转化为多变量分析的统计问题，引入多变量分析数学统计方法。主要分析过程如下：

（1）选择的表面特征参数分别记为变量 $x_1, x_2, \cdots, x_{m-1}$；

（2）在每个变量下选择 n 个参数，参数变量矩阵为

$$\boldsymbol{X} = \begin{bmatrix} 1 & x_{11} & x_{12} & x_{13} & \cdots & x_{1,m-1} \\ 1 & x_{21} & x_{22} & x_{23} & \cdots & x_{2,m-1} \\ \vdots & \vdots & \vdots & \vdots & & \vdots \\ 1 & x_{n1} & x_{n2} & x_{n3} & \cdots & x_{n,m-1} \end{bmatrix} \tag{5-24}$$

（3）薄膜的散射特性指标分别用 $y_1, y_2, \cdots, y_n$ 表示，上述的自变量 $\boldsymbol{X}$ 和因变量 $\boldsymbol{Y}$ 的关系为

$$\boldsymbol{Y} = \begin{bmatrix} y_1 \\ y_2 \\ \vdots \\ y_n \end{bmatrix} = \boldsymbol{X\beta} = \begin{bmatrix} 1 & x_{11} & x_{12} & x_{13} & \cdots & x_{1,m-1} \\ 1 & x_{21} & x_{22} & x_{23} & \cdots & x_{2,m-1} \\ \vdots & \vdots & \vdots & \vdots & & \vdots \\ 1 & x_{n1} & x_{n2} & x_{n3} & \cdots & x_{n,m-1} \end{bmatrix} \begin{bmatrix} b_0 \\ b_1 \\ \vdots \\ b_{m-1} \end{bmatrix} \tag{5-25}$$

基于多元线性回归的方法，矩阵 $\boldsymbol{\beta} = [b_0, b_1, \cdots, b_{m-1}]$ 是需要回归的矩阵；

（4）以基板的短程粗糙度 σ_s、短程相关长度 l_s、长程粗糙度 σ_1 和长程相关长度 l_1 为主要参数，采用相关的实验设计方法，构建数值计算实验的基本参数组合，然后分别对相应的参数组合进行计算分析；

（5）对多元线性回归进行方差分析，检验薄膜散射特性 $\boldsymbol{Y}$ 与表面特征参数 $\boldsymbol{X}$ 之间是否存在显著的线性关系，通过检验假设的方法构建检验统计量，在给定的显著性水平 α 下，确定线性回归关系的显著性；

（6）进一步进行偏回归系数的检验，剔除对 y 值影响不显著的参数 x，最终确定 $\boldsymbol{Y}$ 相对 $\boldsymbol{X}$ 的多元线性回归方程，参数 b_0 就是 $\boldsymbol{Y}$ 的估计值，其余参数则是影响测试结果的误差，如果所有参数影响不显著，则回归方程无意义。

下面针对基板表面的四个主要变量，每个变量选择的参数为三组，具体参数选择见表 5－2，设计的数值计算实验变量参数组合见表 5－3。

表 5－2　基板表面特征参数的选择

变量数	σ_1/nm(x_1)		l_1/nm(x_2)		σ_s/nm(x_3)		l_s/nm(x_4)	
	水平值	符号	水平值	符号	水平值	符号	水平值	符号
1	0.1	A1	1000	B1	0.1	C1	10	D1
2	0.5	A2	2000	B2	0.5	C2	100	D2
3	1	A3	3000	B3	1	C3	1000	D3

表 5－3　基板表面参数的组合实验设计结果

序号	变量组合	σ_1/(x_1)	l_1/(x_2)	σ_s/(x_3)	l_s/(x_4)
1	A1B1C1D1	0.1	1000	0.1	10
2	A1B2C2D2	0.1	2000	0.5	100
3	A1B3C3D3	0.1	3000	1	1000
4	A2B1C2D3	0.5	1000	0.5	1000
5	A2B2C3D1	0.5	2000	1	10
6	A2B3C1D2	0.5	3000	0.1	100
7	A3B1C3D2	1	1000	1	100
8	A3B2C1D3	1	2000	0.1	1000
9	A3B3C2D1	1	3000	0.5	10

从表 5－3 中可以构建出变量矩阵 $\boldsymbol{X}$，针对上述的参数组合方法实验，分别计算得到 9 组不同特征的“基板｜多层膜”系统散射特性，从而获得散射指

标的因变量矩阵 $\boldsymbol{Y}$。通过方差分析和多元线性回归方法，得到表面参数对散射特性影响的显著性和回归方程。

5.2.3 表面对超低损耗高反射薄膜的影响

为了简化“基板|多层膜”系统的 ARS 仿真计算过程，仅计算分析 s 偏振的高反射薄膜：入射波长为 632.8nm，入射角度为 45°，膜系结构为 Sub|$(HL)^{16}H$|Air。分别考虑多层膜界面粗糙度的相关性和非相关性，用表 5－3 中的参数组合分别计算 s 偏振光的反射 ARS 和透射 ARS，主要计算 s 偏振入射→s 偏振散射、s 偏振入射→p 偏振散射，9 组数值实验的反射 ARS 和透射 ARS 的计算结果分别见图 5－5～图 5－13。

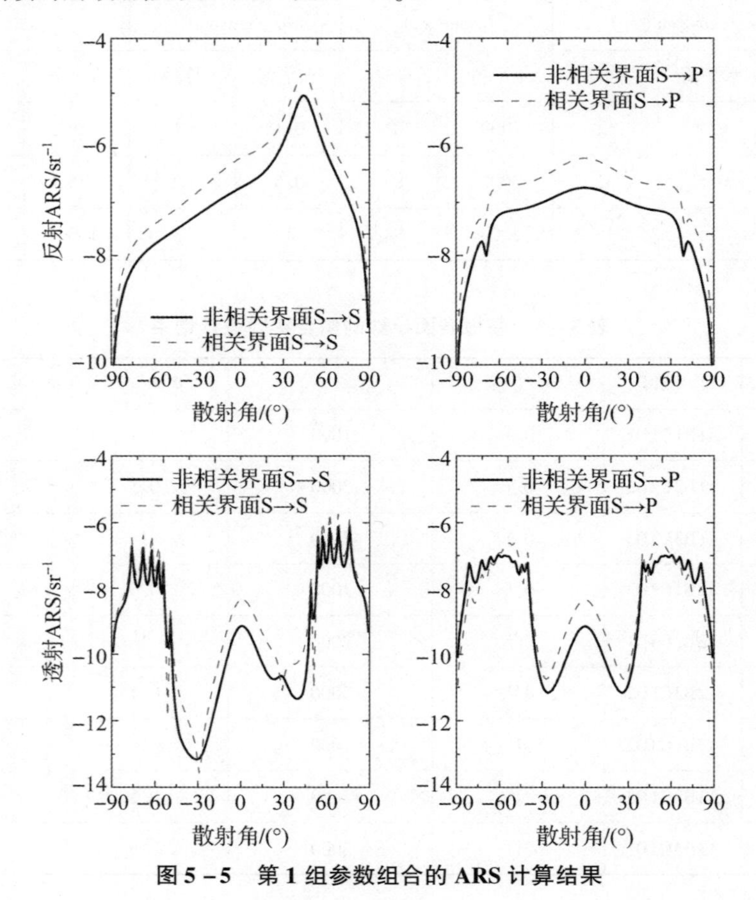

图 5－5　第 1 组参数组合的 ARS 计算结果

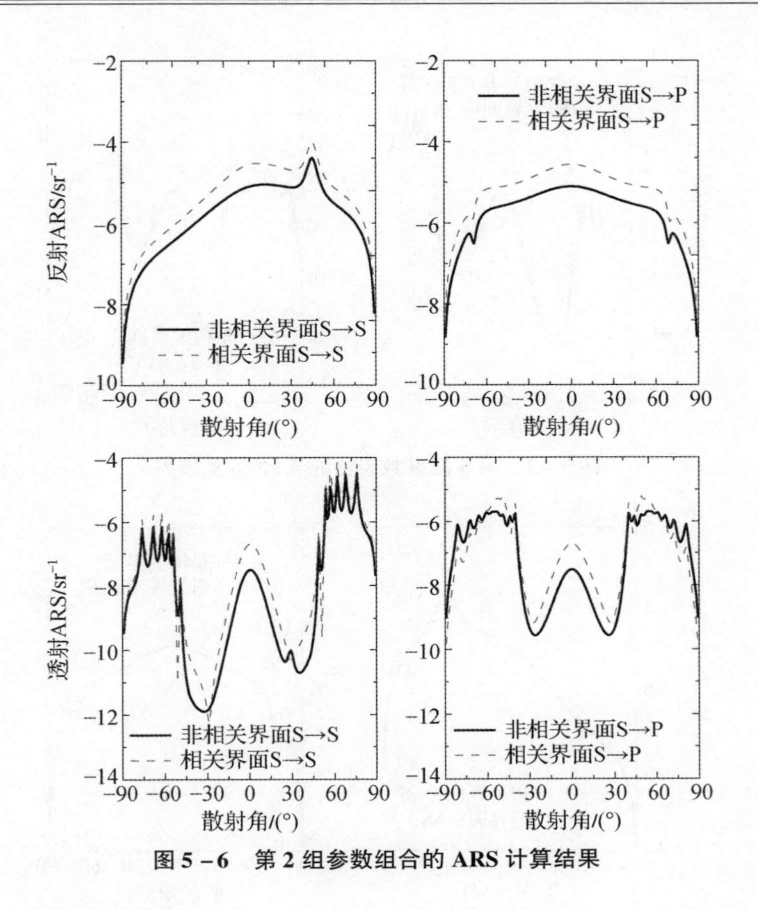

图 5-6　第 2 组参数组合的 ARS 计算结果

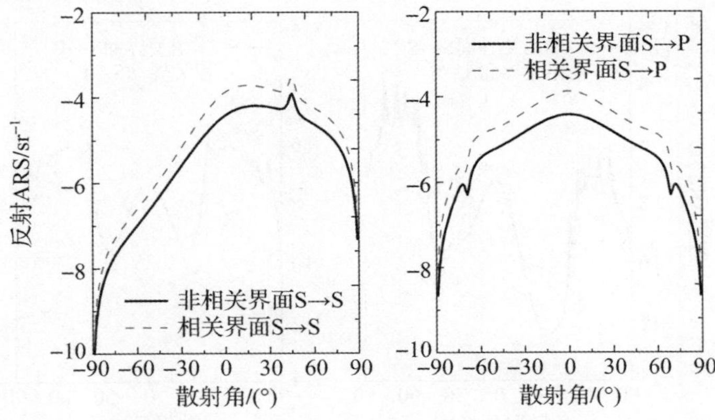

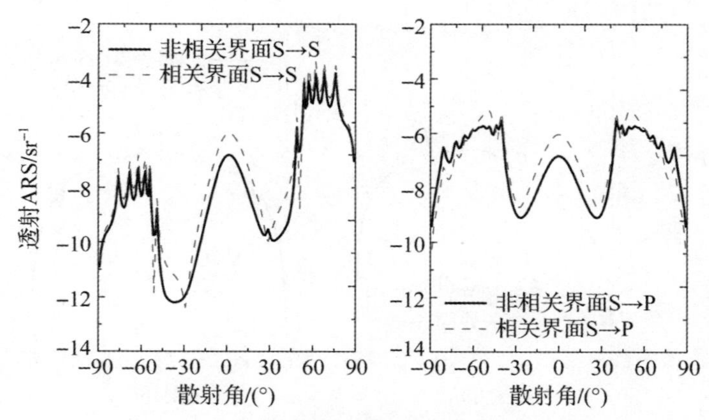

图 5-7　第 3 组参数组合的 ARS 计算结果

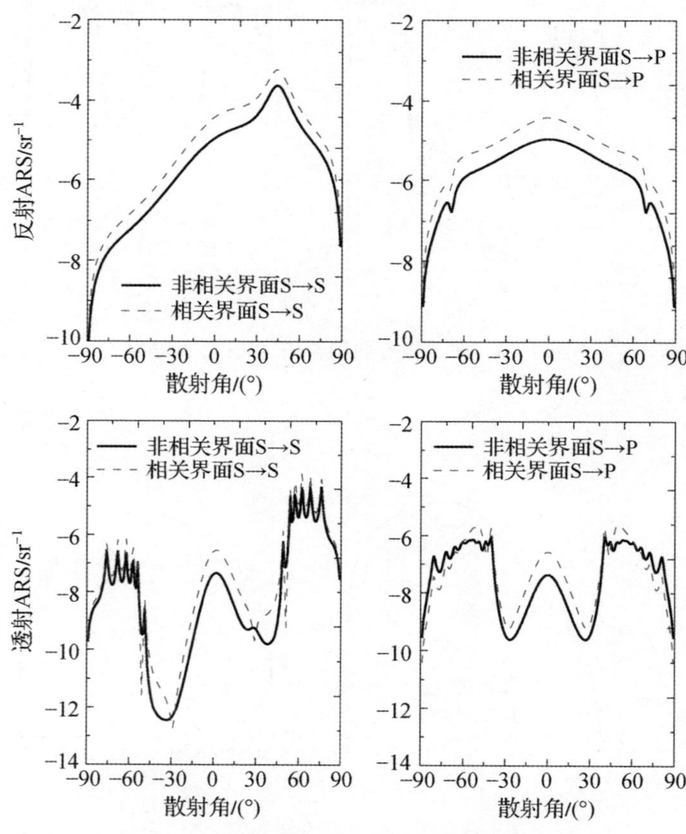

图 5-8　第 4 组参数组合的 ARS 计算结果

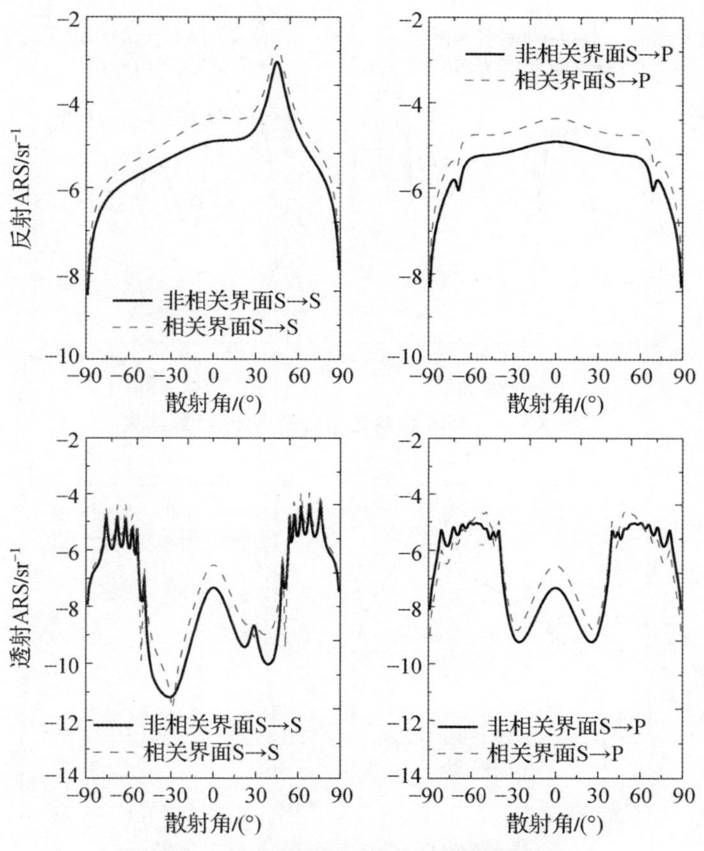

图 5-9　第 5 组参数组合的 ARS 计算结果

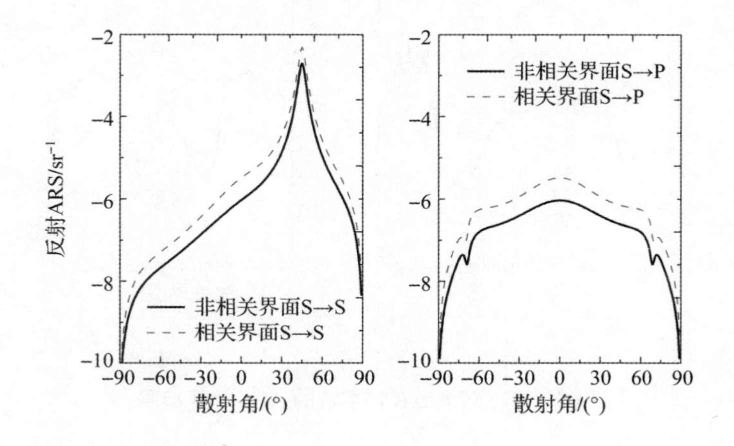

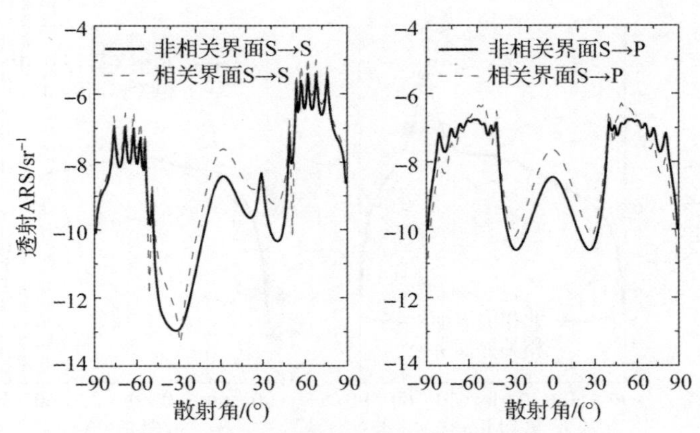

图 5-10 第 6 组参数组合的 ARS 计算结果

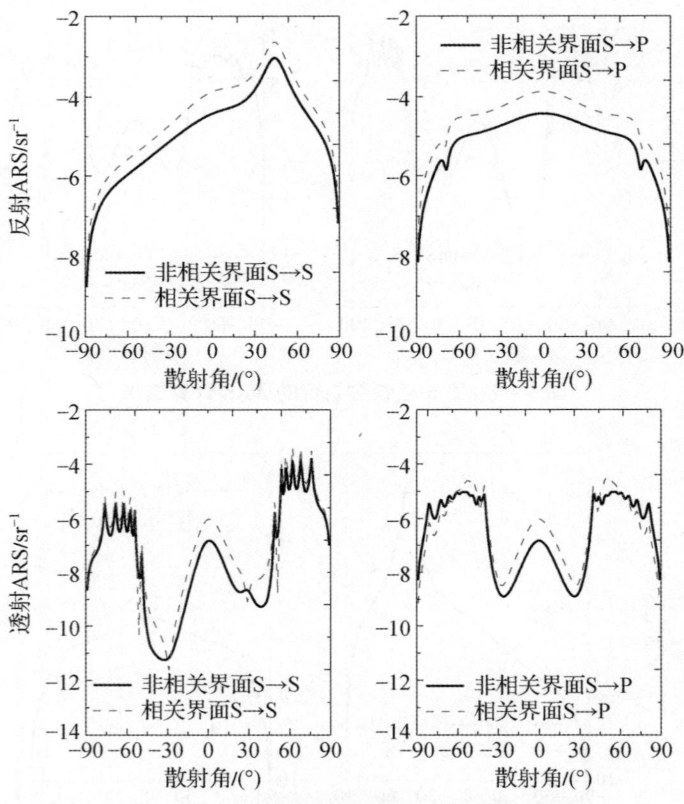

图 5-11 第 7 组参数组合的 ARS 计算结果

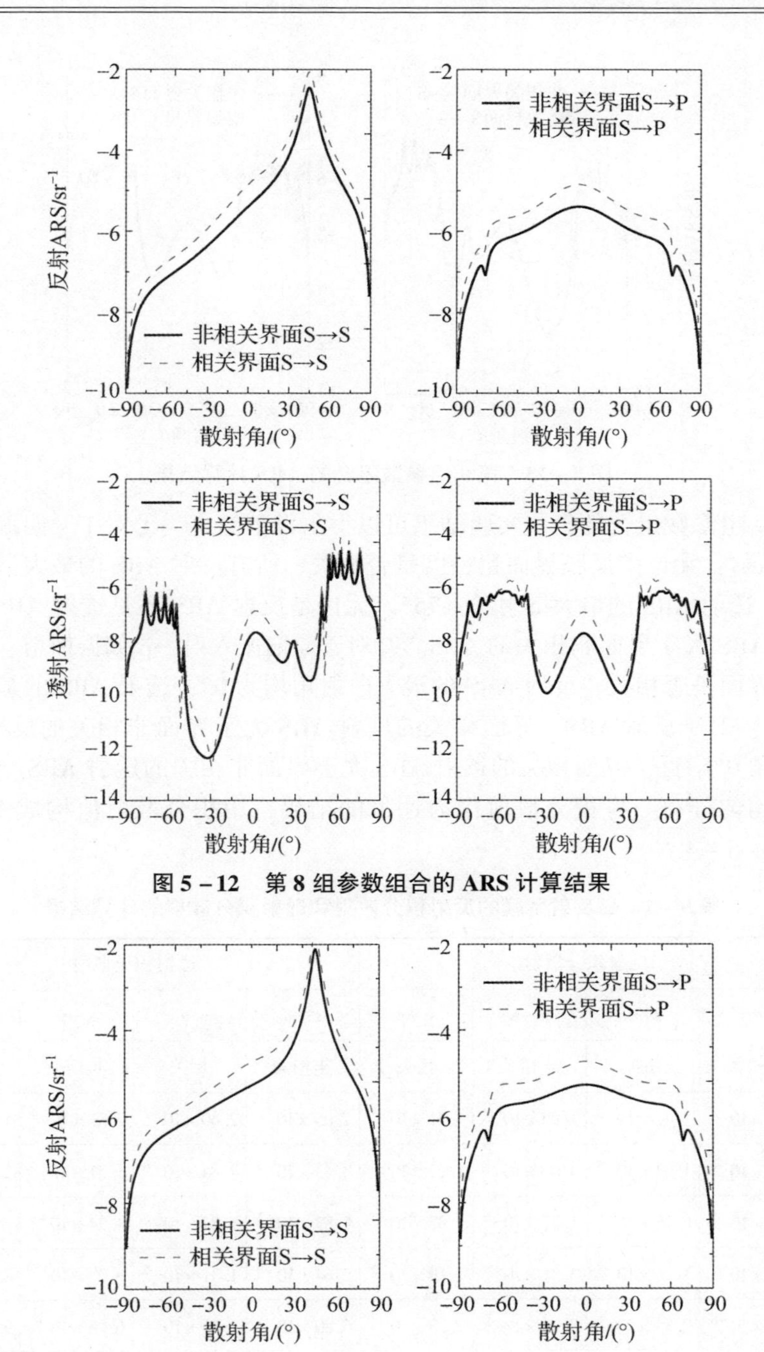

图 5-12　第 8 组参数组合的 ARS 计算结果

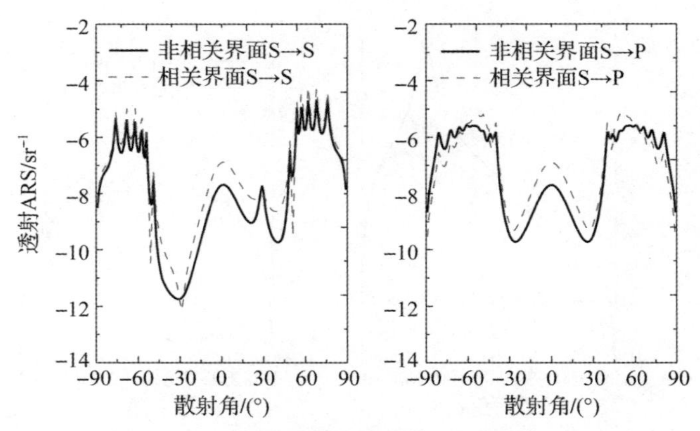

图 5-13　第 9 组参数组合的 ARS 计算结果

从 9 组参数组合的数值实验结果可以得出以下结论。①对于 s 偏振入射→s 偏振散射：无论多层膜界面粗糙度是否相关，所有反射 ARS 的最大散射角均为 45°，透射 ARS 的最大散射角≈75°。无论是反射 ARS 还是透射 ARS，界面相关的 ARS 大于界面非相关的 ARS。②对于 s 偏振入射→p 偏振散射：无论多层膜的界面是否相关，反射 ARS 的最大散射角均为 0°，透射 ARS 的最大散射角≈75°。对于反射 ARS，界面相关的反射 ARS 大于界面非相关的反射 ARS。在散射角 0°附近，界面相关的透射 ARS 大于界面非相关的透射 ARS，在 0°两侧散射均匀分布。将积分散射作为评价的结果，用积分散射值构成 ***Y*** 矩阵，结果见表 5-4。

表 5-4　高反射薄膜的反射积分散射和透射积分散射的计算结果

序号	反射积分散射				透射积分散射			
	s→s	s→s	s→p	s→p	s→s	s→s	s→p	s→p
	非相关	相关	非相关	相关	非相关	相关	非相关	相关
1	1.78×10^{-6}	4.42×10^{-6}	1.05×10^{-7}	3.33×10^{-7}	1.05×10^{-7}	2.40×10^{-7}	7.65×10^{-8}	1.05×10^{-7}
2	7.51×10^{-6}	1.93×10^{-5}	4.06×10^{-6}	1.27×10^{-5}	3.43×10^{-6}	7.84×10^{-6}	1.51×10^{-6}	2.33×10^{-6}
3	3.37×10^{-5}	8.78×10^{-5}	1.27×10^{-5}	3.97×10^{-5}	1.83×10^{-5}	4.24×10^{-5}	1.24×10^{-6}	2.24×10^{-6}
4	5.01×10^{-5}	1.25×10^{-4}	3.81×10^{-6}	1.19×10^{-5}	5.64×10^{-6}	1.31×10^{-5}	5.09×10^{-7}	8.53×10^{-7}
5	9.46×10^{-5}	2.34×10^{-4}	8.32×10^{-6}	2.63×10^{-5}	6.80×10^{-6}	1.55×10^{-5}	6.95×10^{-6}	9.46×10^{-6}
6	1.35×10^{-4}	3.30×10^{-4}	3.76×10^{-7}	1.18×10^{-6}	5.03×10^{-7}	1.16×10^{-6}	1.27×10^{-7}	1.92×10^{-7}

续表

序号	反射积分散射				透射积分散射			
	s→s	s→s	s→p	s→p	s→s	s→s	s→p	s→p
	非相关	相关	非相关	相关	非相关	相关	非相关	相关
7	1.88×10^{-4}	4.69×10^{-4}	1.87×10^{-5}	5.87×10^{-5}	1.79×10^{-5}	4.10×10^{-5}	6.83×10^{-6}	1.05×10^{-5}
8	3.56×10^{-4}	8.75×10^{-4}	1.41×10^{-6}	4.42×10^{-6}	2.37×10^{-6}	5.50×10^{-6}	4.13×10^{-7}	6.15×10^{-7}
9	5.39×10^{-4}	1.32×10^{-3}	2.86×10^{-6}	9.02×10^{-6}	3.03×10^{-6}	6.95×10^{-6}	1.98×10^{-6}	2.72×10^{-6}

首先，分析 s→s 偏振的反射积分散射。多层膜界面非相关和界面相关的情况下，对反射积分散射的多因素方差分析结果分别见表 5－5 和表 5－6。反射积分散射与长程粗糙度 σ_1（变量 x_1）高度相关，在四个变量中 σ_1 对多层膜反射积分散射影响高度显著，多元线性回归方程分别见表 5－5 和表 5－6。

表 5－5　s→s 偏振反射积分散射的多因素方差分析（界面非相关模型）

方差	偏差平方和	自由度	方差	F	F_α	显著性
x_1	1.87×10^{-7}	1	1.87×10^{-7}	26.5114	7.7086	高度显著
x_2	3.65×10^{-8}	1	3.65×10^{-8}	5.1754	21.1977	不显著
x_3	6.04×10^{-9}	1	6.04×10^{-9}	0.85653	—	不显著
x_4	6.38×10^{-9}	1	6.38×10^{-9}	0.90456	—	不显著
回归	2.36×10^{-7}	4	5.89×10^{-8}	8.362	6.3882	显著
剩余	2.82×10^{-8}	4	7.05×10^{-9}	—	15.977	—
总和	2.64×10^{-7}	8	—	—	—	—
回归方程	$y=-1.0576\times10^{-4}+3.9135\times10^{-4}x_1+7.797\times10^{-7}x_2-7.0343\times10^{-5}x_3-3.2597\times10^{-7}x_4$					

表 5－6　s→s 偏振反射积分散射的多因素方差分析（界面相关模型）

方差	偏差平方和	自由度	方差	F	F_α	显著性
x_1	1.13×10^{-6}	1	1.13×10^{-6}	26.6977	7.7086	高度显著
x_2	2.16×10^{-7}	1	2.16×10^{-7}	5.1314	21.1977	不显著
x_3	3.41×10^{-8}	1	3.41×10^{-8}	0.80782	—	不显著

续表

方差	偏差平方和	自由度	方差	F	F_α	显著性
x_4	3.69×10^{-8}	1	3.69×10^{-8}	0.87546	—	不显著
回归	1.41×10^{-6}	4	3.53×10^{-7}	8.3781	6.3882	显著
剩余	1.69×10^{-7}	4	4.22×10^{-8}	—	15.977	—
总和	1.58×10^{-6}	8	—	—	—	—
回归方程	$y=-2.6117\times10^{-4}+9.6058\times10^{-4}x_1+1.899\times10^{-7}x_2-1.6709\times10^{-4}x_3-7.8437\times10^{-7}x_4$					

其次，分析 s→p 偏振的反射积分散射。在多层膜界面非相关和界面相关的情况下，对反射积分散射的多因素方差分析结果分别见表 5－7 和表 5－8。反射积分散射与短程粗糙度 σ_s（变量 x_3）相关，但是从多元线性回归的总体结果来看，四个变量对多层膜反射积分散射的影响都不显著，因此，表 5－7 和表 5－8 的线性回归方程无意义。

表 5－7　s→p 偏振反射积分散射的多因素方差分析（界面非相关模型）

方差	偏差平方和	自由度	方差	F	F_α	显著性
x_1	7.35×10^{-12}	1	7.35×10^{-12}	0.61229	7.7086	不显著
x_2	7.43×10^{-12}	1	7.43×10^{-12}	0.61944	21.1977	不显著
x_3	2.47×10^{-10}	1	2.47×10^{-10}	20.57583	—	显著
x_4	7.34×10^{-12}	1	7.34×10^{-12}	0.6113	—	不显著
回归	2.69×10^{-10}	4	6.73×10^{-11}	5.6053	6.3882	不显著
剩余	4.80×10^{-11}	4	1.20×10^{-11}	—	15.977	—
总和	3.17×10^{-10}	8	—	—	—	—
回归方程	$y=-3.0672\times10^{-6}+2.4543\times10^{-6}x_1-1.1132\times10^{-9}x_2+1.4229\times10^{-5}x_3+1.1058\times10^{-8}x_4$					

表 5－8　s→p 偏振反射积分散射的多因素方差分析（界面相关模型）

方差	偏差平方和	自由度	方差	F	F_α	显著性
x_1	7.40×10^{-11}	1	7.40×10^{-11}	0.63055	7.7086	不显著
x_2	7.37×10^{-11}	1	7.37×10^{-11}	0.62824	21.1977	不显著
x_3	2.43×10^{-9}	1	2.43×10^{-9}	20.746	—	显著

续表

方差	偏差平方和	自由度	方差	F	F_α	显著性
x_4	6.91×10^{-11}	1	6.91×10^{-11}	0.58908	—	不显著
回归	2.65×10^{-9}	4	6.63×10^{-10}	5.6485	6.3882	不显著
剩余	4.69×10^{-10}	4	1.17×10^{-10}	—	15.977	—
总和	3.12×10^{-9}	8	—	—	—	—
回归方程	$y=9.5073\times10^{-6}+7.7883\times10^{-6}x_1-3.5055\times10^{-9}x_2+4.4674\times10^{-5}x_3+3.3945\times10^{-8}x_4$					

通过对上述计算结果的分析，长程粗糙度（0.5～1nm）影响到反射积分散射，短程粗糙度（0.5～1nm）影响到透射积分散射；无论是反射积分散射还是透射积分散射，多层膜界面相关的散射都大于界面非相关的散射。仍以上述高反射薄膜（入射波长为632.8nm，偏振为s偏振，入射角度为45°）为例，在多层膜界面相关的情况下，假设长程粗糙度在0～2.5nm之间，计算长程粗糙度对反射率的影响以及对散射损耗的贡献，结果如图5-14所示。随着长程粗糙度的增加，多层膜散射损耗呈二次方的增加趋势，在长程粗糙度为2.5nm时，散射损耗可达0.0275%，反射率从99.99922%降低到99.9725%。如果将散射损耗降低到1×10^{-6}以下，则需要将长程粗糙度降低到0.15nm以下。

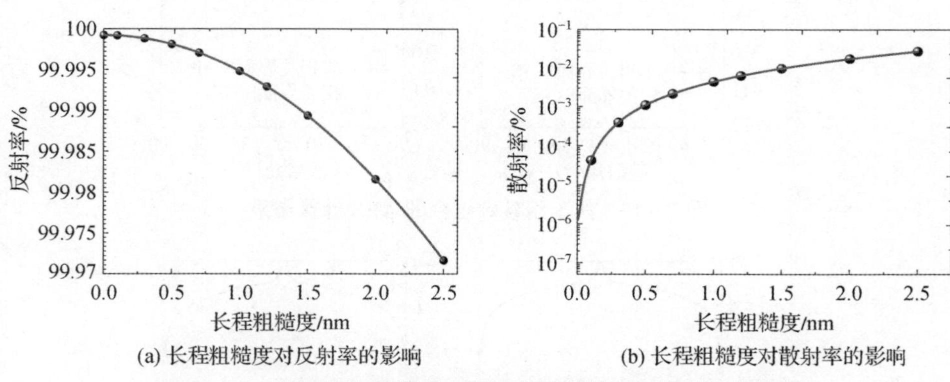

(a) 长程粗糙度对反射率的影响　　(b) 长程粗糙度对散射率的影响

图5-14　表面长程粗糙度对高反膜的反射率和散射率的影响

5.2.4　表面对超低损耗减反膜的影响

减反射多层膜的设计波长为632.8nm，入射角度为0°，膜系结构为Sub｜(HL)｜Air，基板和薄膜材料的光学常数见图5-4。与5.2.3节中的分析过程相同，分别考虑多层膜界面粗糙度的相关性和非相关性，用表5-3的参数组合方法分别计算 s 偏振光的反射 ARS 和透射 ARS，主要计算 s 偏振入射→s 偏振散射和 s 偏振入射→p 偏振散射的 ARS，9 组数值实验的反射 ARS 和透射 ARS 的计算结果分别见图 5-15 ~ 图 5-23。

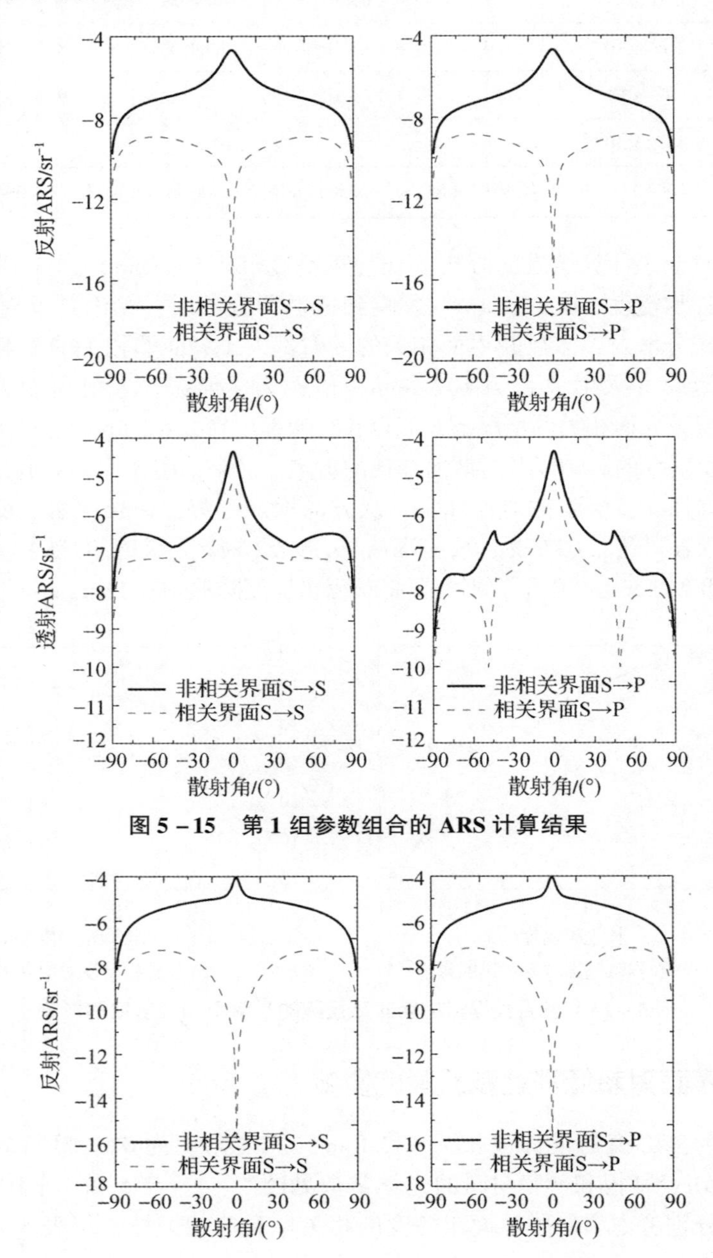

图 5-15　第 1 组参数组合的 ARS 计算结果

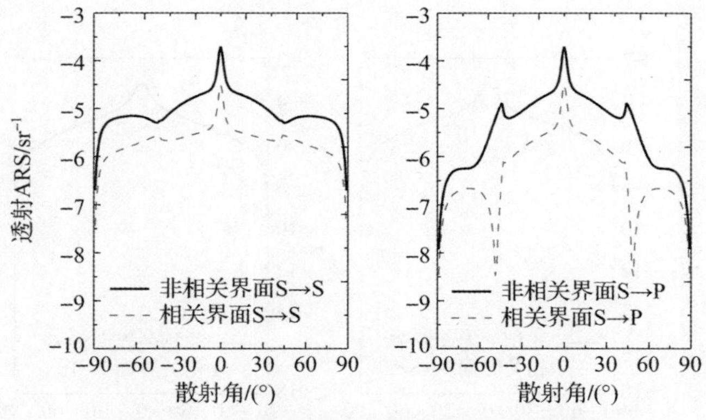

图 5-16　第 2 组参数组合的 ARS 计算结果

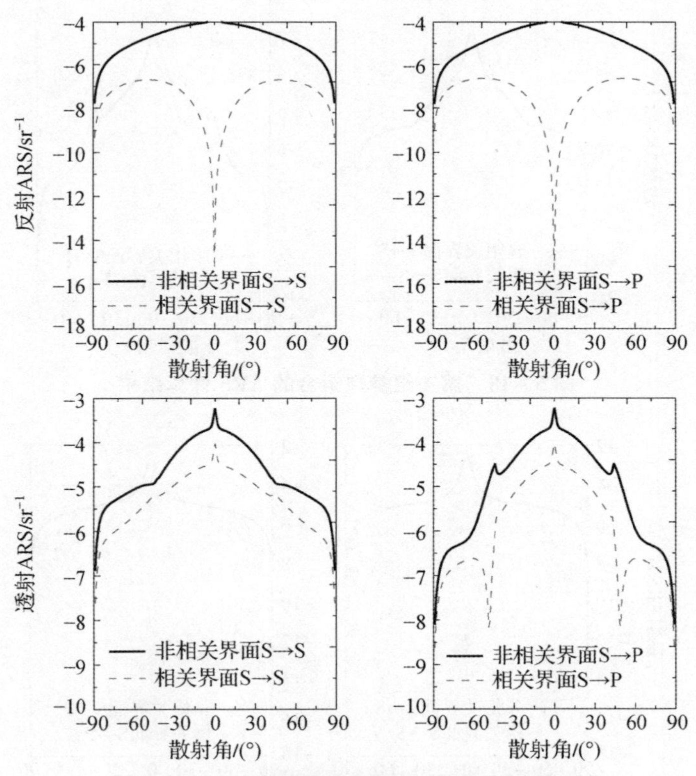

图 5-17　第 3 组参数组合的 ARS 计算结果

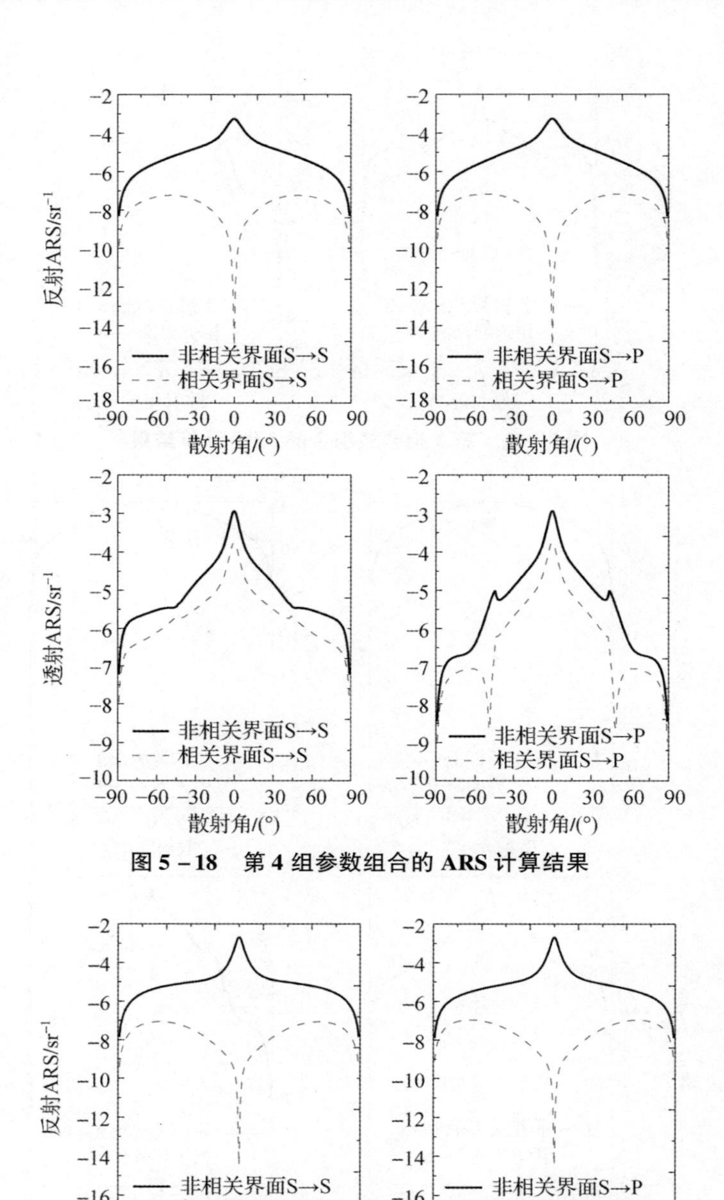

图 5-18　第 4 组参数组合的 ARS 计算结果

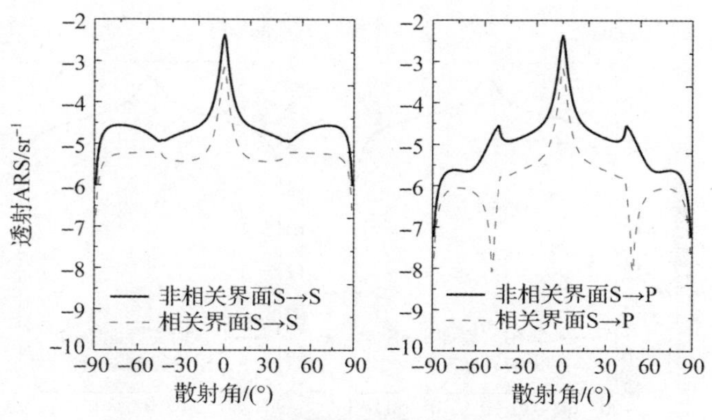

图 5-19　第 5 组参数组合的 ARS 计算结果

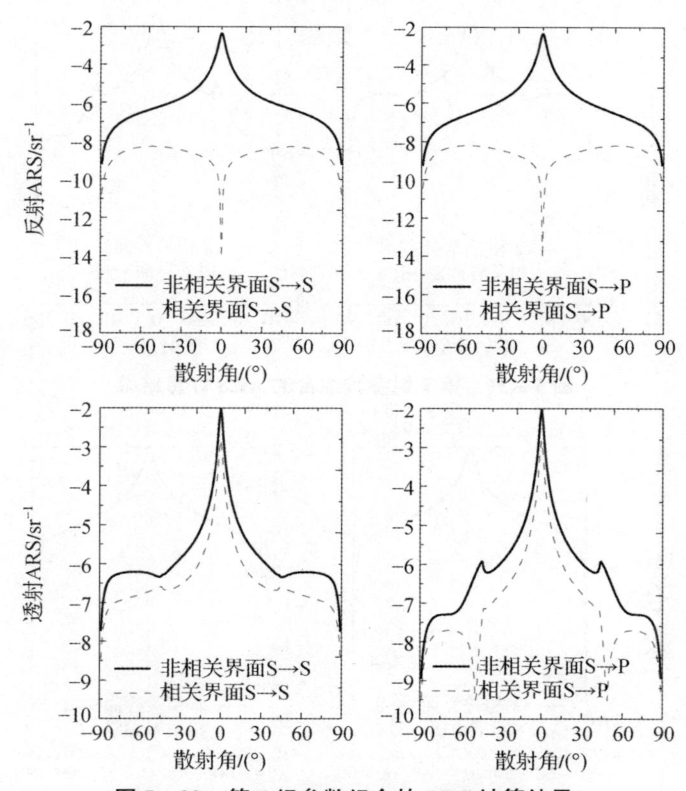

图 5-20　第 6 组参数组合的 ARS 计算结果

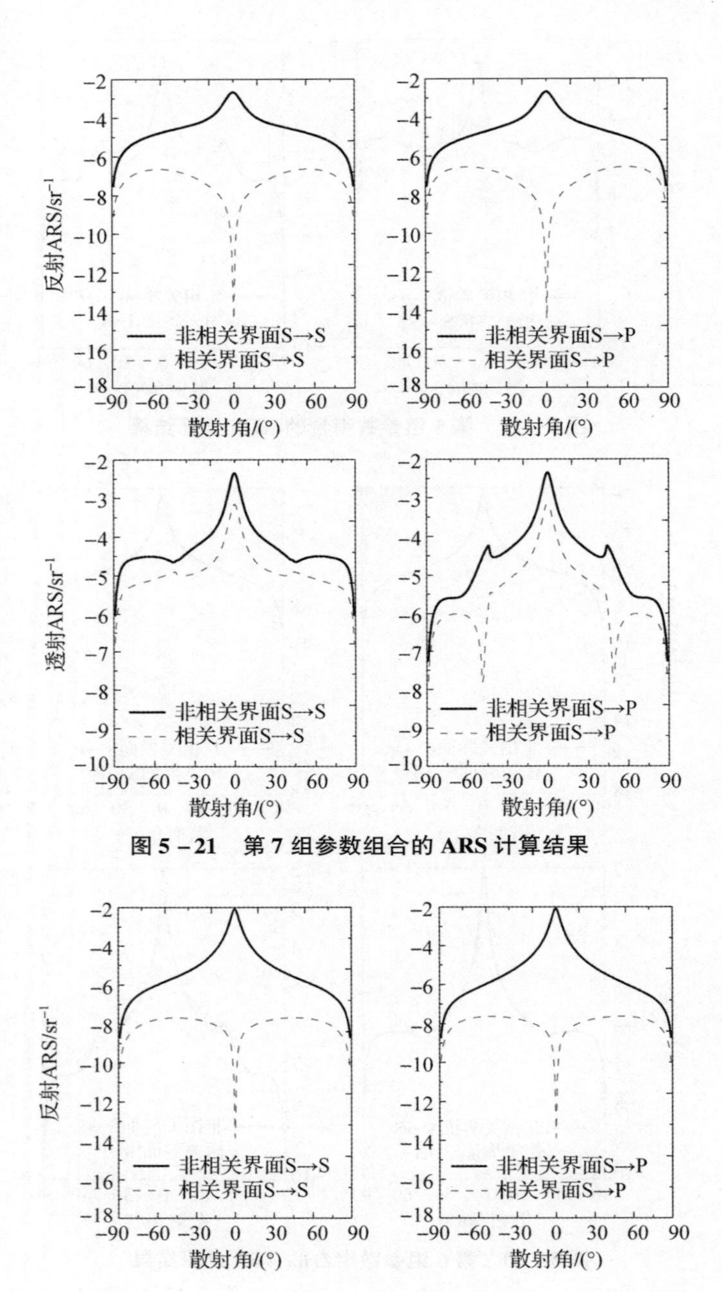

图 5-21　第 7 组参数组合的 ARS 计算结果

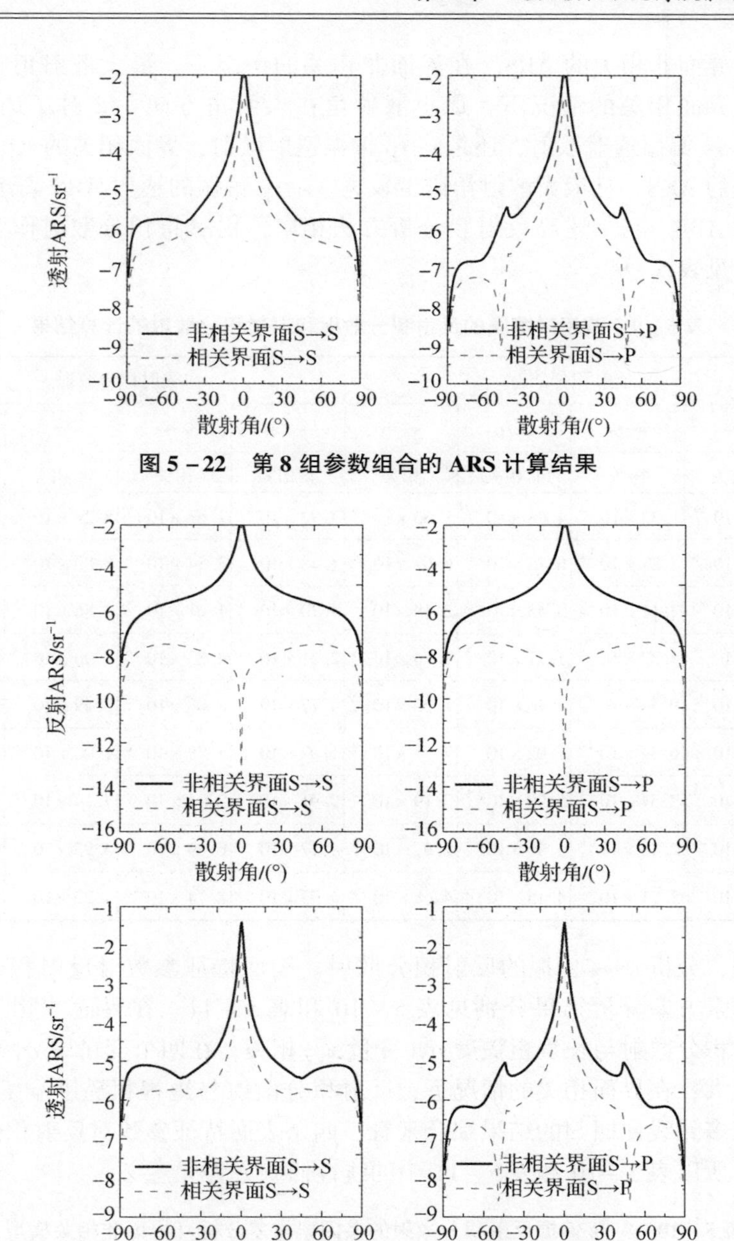

图 5-22 第 8 组参数组合的 ARS 计算结果

图 5-23 第 9 组参数组合的 ARS 计算结果

从9组减反射薄膜的角分辨散射数值仿真实验结果可以得出如下结论。①对于反射 ARS，无论 s→s 偏振散射，还是 s→p 偏振散射，界面相关的 ARS

远远小于界面非相关的 ARS。在界面非相关的情况下，最大散射角在入射角方向；在界面相关的情况下，最小散射角在入射角方向。②对于透射 ARS，无论是 s→s 偏振透射散射，还是 s→p 偏振透射散射，界面相关的 ARS 小于界面非相关的 ARS，且最大散射角谱带较宽。s→p 偏振的透射 ARS 高于 s→s 偏振的透射 ARS。与上述高反射膜分析方法相同，仍然将积分散射作为评价指标，结果见表 5－9。

表 5－9　减反射薄膜的反射积分散射和透射积分散射的计算结果

序号	反射积分散射				透射积分散射			
	s→s	s→s	s→p	s→p	s→s	s→s	s→p	s→p
	非相关	相关	非相关	相关	非相关	相关	非相关	相关
1	4.84×10^{-7}	1.32×10^{-9}	4.48×10^{-7}	1.66×10^{-9}	7.92×10^{-7}	1.63×10^{-7}	5.29×10^{-7}	7.80×10^{-8}
2	7.39×10^{-6}	5.27×10^{-8}	6.13×10^{-6}	6.67×10^{-8}	1.48×10^{-5}	3.54×10^{-6}	8.80×10^{-6}	1.16×10^{-6}
3	4.02×10^{-5}	2.11×10^{-7}	3.43×10^{-5}	2.58×10^{-7}	4.70×10^{-5}	1.01×10^{-5}	3.86×10^{-5}	5.54×10^{-6}
4	1.96×10^{-5}	6.37×10^{-8}	1.77×10^{-5}	7.76×10^{-8}	2.21×10^{-5}	4.33×10^{-6}	1.90×10^{-5}	2.82×10^{-6}
5	1.97×10^{-5}	9.34×10^{-8}	1.76×10^{-5}	1.20×10^{-7}	4.77×10^{-5}	1.08×10^{-5}	2.49×10^{-5}	3.50×10^{-6}
6	1.04×10^{-5}	6.34×10^{-9}	1.02×10^{-5}	7.76×10^{-9}	1.07×10^{-5}	1.78×10^{-6}	1.00×10^{-5}	1.54×10^{-6}
7	6.66×10^{-5}	2.54×10^{-7}	5.99×10^{-5}	3.19×10^{-7}	9.91×10^{-5}	2.11×10^{-5}	7.14×10^{-5}	1.02×10^{-5}
8	4.05×10^{-5}	2.48×10^{-8}	3.96×10^{-5}	2.97×10^{-8}	4.17×10^{-5}	6.89×10^{-6}	3.95×10^{-5}	6.10×10^{-6}
9	4.26×10^{-5}	3.71×10^{-8}	4.15×10^{-5}	4.66×10^{-8}	4.93×10^{-5}	8.74×10^{-6}	4.23×10^{-5}	6.45×10^{-6}

首先，分析 s→s 偏振的反射积分散射。表面特征参数对反射积分散射影响的多因素方差分析结果分别见表 5－10 和表 5－11。在界面非相关的情况下，反射积分散射与长程粗糙度 σ_1（变量 x_1）相关，在四个变量中 σ_1 对减反膜的影响最大；在界面相关的情况下，反射积分散射与短程粗糙度 σ_s（变量 x_3）相关。从多元线性回归的结果综合来看，四个表面特征参数对反射积分散射并不显著，所以表 5－10 和表 5－11 中的线性回归方程无意义。

表 5－10　s→s 偏振反射积分散射的多因素方差分析（界面非相关模型）

方差	偏差平方和	自由度	方差	F	F_α	显著性
x_1	1.84×10^{-9}	1	1.84×10^{-9}	12.6117	7.7086	显著
x_2	7.08×10^{-12}	1	7.08×10^{-12}	0.048519	21.1977	不显著

续表

方差	偏差平方和	自由度	方差	F	F_{α}	显著性
x_3	9.73×10^{-10}	1	9.73×10^{-10}	6.6689	—	不显著
x_4	2.35×10^{-10}	1	2.35×10^{-10}	1.6084	—	不显著
回归	3.05×10^{-9}	4	7.63×10^{-10}	5.2344	6.3882	不显著
剩余	5.83×10^{-10}	4	1.46×10^{-10}	—	15.977	—
总和	3.64×10^{-9}	8	—	—	—	—
回归方程	$y=-2.2948\times10^{-5}+3.8829\times10^{-5}x_1+1.086\times10^{-9}x_2+2.8235\times10^{-5}x_3+6.2527\times10^{-8}x_4$					

表5-11 s→s偏振反射积分散射的多因素方差分析（界面相关模型）

方差	偏差平方和	自由度	方差	F	F_{α}	显著性
x_1	6.03×10^{-16}	1	6.03×10^{-16}	0.2133	7.7086	不显著
x_2	6.95×10^{-16}	1	6.95×10^{-16}	0.24575	21.1977	不显著
x_3	4.78×10^{-14}	1	4.78×10^{-14}	16.8881	—	显著
x_4	4.69×10^{-15}	1	4.69×10^{-15}	1.6568	—	不显著
回归	5.38×10^{-14}	4	1.34×10^{-14}	4.751	6.3882	不显著
剩余	1.13×10^{-14}	4	2.83×10^{-15}	—	15.977	—
总和	6.51×10^{-14}	8	—	—	—	—
回归方程	$y=-6.9052\times10^{-8}+2.2238\times10^{-8}x_1-1.0763\times10^{-11}x_2+1.9787\times10^{-7}x_3+2.7947\times10^{-10}x_4$					

其次，分析s→s偏振透射积分散射。在多层膜界面非相关和界面相关的情况下，对透射积分散射的多因素方差分析结果分别见表5-12和表5-13。透射积分散射率与短程粗糙度σ_s（变量x_3）高度相关，其次是与长程粗糙度σ_1（变量x_1）相关。σ_s和σ_1对透射积分散射的影响显著，多元线性回归方程分别见表5-12和表5-13。

表5-12 s→s偏振透射积分散射的多因素方差分析（界面非相关模型）

方差	偏差平方和	自由度	方差	F	F_{α}	显著性
x_1	2.83×10^{-9}	1	2.84×10^{-9}	17.7743	7.7086	显著
x_2	3.75×10^{-11}	1	3.75×10^{-11}	0.23409	21.1977	不显著

续表

方差	偏差平方和	自由度	方差	F	F_α	显著性
x_3	3.41×10^{-9}	1	3.41×10^{-9}	21.321	—	高度显著
x_4	2.82×10^{-11}	1	2.82×10^{-11}	0.17624	—	不显著
回归	6.32×10^{-9}	4	1.58×10^{-9}	9.8764	6.3882	显著
剩余	6.40×10^{-10}	4	1.60×10^{-10}	—	15.977	—
总和	6.96×10^{-9}	8	—	—	—	—
回归方程	$y=-1.6273\times10^{-5}+4.8284\times10^{-5}x_1-2.5987\times10^{-9}x_2+5.2883\times10^{-5}x_3+2.168\times10^{-8}x_4$					

表 5-13 s→s 偏振透射积分散射的多因素方差分析（界面相关模型）

方差	偏差平方和	自由度	方差	F	F_α	显著性
x_1	9.20×10^{-11}	1	9.20×10^{-11}	12.1182	7.7086	显著
x_2	4.12×10^{-12}	1	4.12×10^{-12}	0.54278	21.1977	不显著
x_3	1.90×10^{-10}	1	1.90×10^{-10}	24.9997	—	高度显著
x_4	4.36×10^{-13}	1	4.36×10^{-13}	0.057386	—	不显著
回归	2.86×10^{-10}	4	7.16×10^{-11}	9.4295	6.3882	显著
剩余	3.04×10^{-11}	4	7.59×10^{-12}	—	15.977	—
总和	3.17×10^{-10}	8	—	—	—	—
回归方程	$y=-2.6727\times10^{-6}+8.685\times10^{-6}x_1-8.2883\times10^{-10}x_2+1.2474\times10^{-5}x_3+2.695\times10^{-9}x_4$					

从上述的计算结果分析，对于 s→s 偏振的反射积分散射，在多层膜界面非相关的情况下，长程粗糙度（0.5～1nm）影响到反射积分散射，在多层膜界面相关的情况下，短程粗糙度（0.5～1nm）影响到反射积分散射；对于 s→s 偏振的透射积分散射，无论是多层膜的界面相关还是界面非相关，短程粗糙度（0.5～1nm）对透射积分散射影响最大，其次是长程粗糙度（0.5～1nm）。仍以上述减反射膜系为例，假设短程粗糙度在 0～2.5nm 之间，粗糙度对透射率的影响及对散射损耗的贡献计算结果如图 5-24 所示。随着粗糙度的增加，减反射膜的散射率呈二次方的增加趋势，在粗糙度为 2.5nm 时，散射损耗达到 0.0358%，透射率从 99.9997% 降低到 99.9639%。如果将散射损耗降低到 1×10^{-6} 以下，则需要将短程粗糙度降低到 0.13nm 以下。

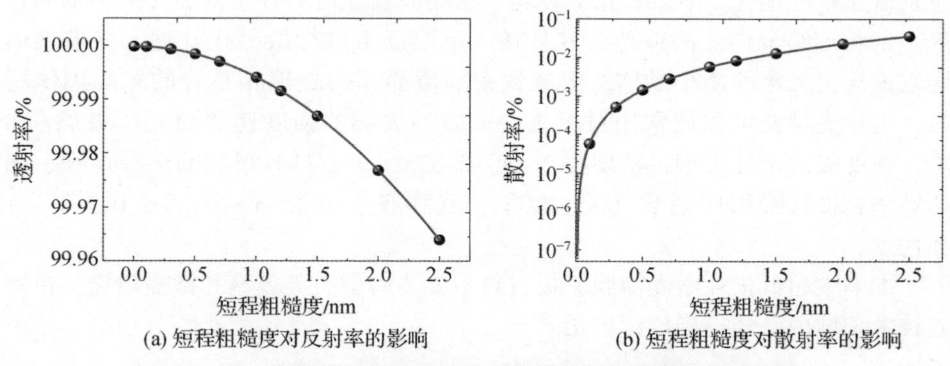

(a) 短程粗糙度对反射率的影响　　(b) 短程粗糙度对散射率的影响

图 5－24　表面短程粗糙度对减反膜的透射率和散射率的影响

5.3　光学基板超光滑表面的加工

5.3.1　激光薄膜元件的基板材料

在激光物理和激光技术应用等领域，除了激光晶体材料外，激光薄膜元件的基板材料一般为光学玻璃，典型的材料有石英玻璃/晶体、HK9L 光学玻璃和微晶玻璃等，如图 5－25 所示。

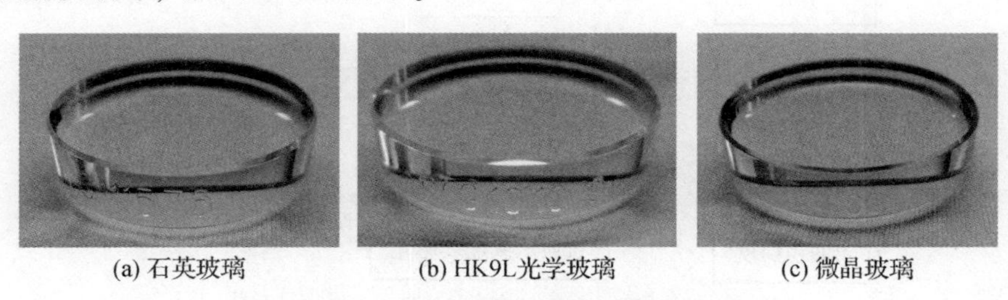

(a) 石英玻璃　　(b) HK9L光学玻璃　　(c) 微晶玻璃

图 5－25　典型的激光薄膜元件基板材料

光学玻璃的制造工艺一般是高温熔液降至结晶温度附近时快速冷却，液体冷却速度比其结晶速度要快，所以质点来不及形成有规律的排列就凝固成固体。熔融石英玻璃是一种主要含 SiO_2 成分的特种玻璃，而 HK9L 光学玻璃属于硼硅酸盐玻璃，主要成分为质量比 66.21% 的 SiO_2，同时添加质量比 8.17% B_2O_3、17.8% K_2O、1.93% CaO、4.93% BaO 和 0.96% As_2O_3 等材料。相比之下，熔融石英玻璃具有硬度高、熔点高、热传导率高、线热膨胀系数小和耐温性好等优点，易于得到面形好、粗糙度小、变质层浅和微缺陷少的光学表面，而且透光特性也优于 HK9L 光学玻璃。微晶玻璃是指加有晶核剂（或不加晶核剂）的特定组分构成的玻璃，并且在一定温度下进行微晶化处理，在玻璃内均匀地析出大量的微小晶体，形成致密的微晶相与玻璃相复合的多晶固体材料，也是光学技术领域常用材料之一。微晶玻璃的强度比普通光学玻璃高 8 倍，硬度接近于淬火钢，密度为 2.44 ~ 2.62g/cm^3，具有很好的热稳定性、高热导率和极低线膨胀系数（0 ~ 320℃，线膨胀系数为 $+3 \sim -1.5 \times 10^{-7}$ ℃$^{-1}$）等优点。

本书中超低损耗激光薄膜基板材料主要为熔融石英玻璃和微晶玻璃，在激光技术领域内已经得到广泛应用。

5.3.2 光学表面加工的基本流程

超光滑光学表面的形成通常需要先后经过铣磨、研磨、预抛光和超级抛光等工序[10]，其中，铣磨、研磨和预抛光是超光滑光学元件成型和表面预处理的工序，是形成超光滑表面必不可少的环节，而超级抛光是超光滑表面形成的关键工序。如图 5-26 所示，给出了光学玻璃超光滑表面加工基本流程。

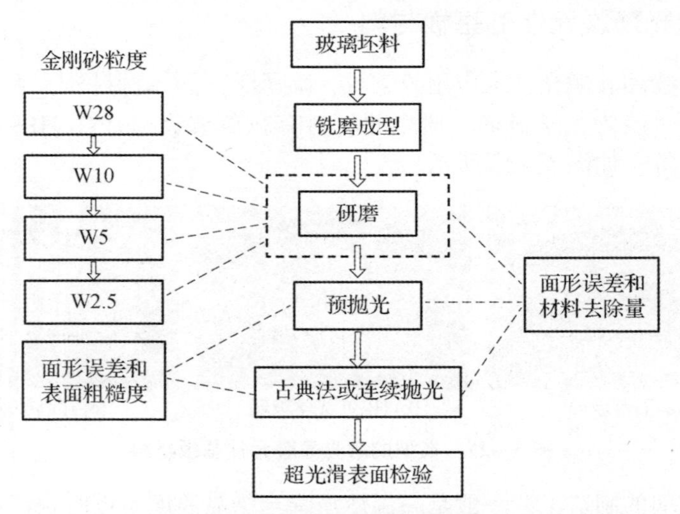

图 5-26　光学玻璃超光滑表面加工基本流程图

首先，对光学玻璃的毛坯材料进行铣磨成型，初步获得具有特定几何尺寸且光学透明的元件。其次，在研磨过程中先后采用不同粒度的金刚砂（粒度号分别为 W28、W10、W5 和 W2.5）分步研磨，每一步所使用的磨料粒径均比上一步要小，并且保证足够的去除量以完全去除上一步加工过程中产生的裂纹和应力层。一般认为，每一步研磨过程的去除量约为上一步研磨过程中所使用磨料最大微粒尺寸的3倍。最后在预抛光和超级抛光阶段，主要是基于抛光模和抛光液与被抛光光学元件的相互作用，实现材料表面亚纳米量级的去除，在最后一道超级抛光工序中去除量需要控制得极其精细。

对于常规预抛光，使用的加工设备与研磨设备相同，一般为传统摇摆式研磨抛光机，如图5－27（a）所示。如果在预抛光工序中，使用更精细的氧化铈抛光粉制成的抛光液代替研磨工序的散粒磨料，抛光盘也由金属铜盘改为光学级沥青浇制的抛光模，则产生的表面破坏层更小，有利于形成极低表面粗糙度的超光滑表面。一般情况下，在预抛光达到一定的精度（面形误差2~3个光圈）后，再继续利用传统的摇摆式抛光机提高面形精度就很困难了。为了进一步降低面形误差可以使用连续抛光工艺，典型的环形抛光设备如图5－27（b）所示，其抛光示意图如图5－28（a）所示。环形抛光工艺具有运动轨迹复杂、待加工元件无需胶结或工装夹持等优点，因此，在预抛光达到一定的面形精度后，采用环形抛光技术可实现面形误差快速收敛，更容易实现高面形精度的控制。最后，再采用浴法抛光进一步降低表面粗糙度、控制表面疵病，形成最终的超光滑光学表面，浴法抛光示意图如图5－28（b）所示。

(a) 六轴研磨抛光机

(b) 主动式精密环形抛光机

图5－27 抛光工序使用装备的实物图

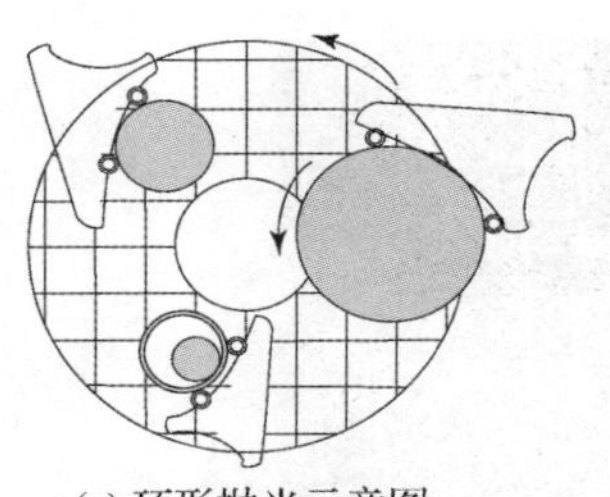

(a) 环形抛光示意图

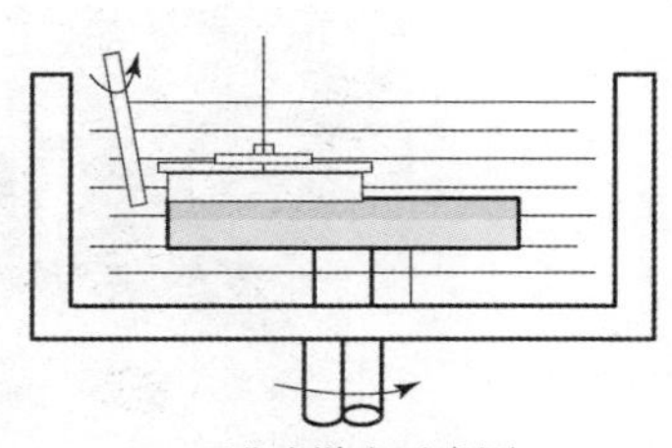

(b) 浴法抛光示意图

图5－28 环形抛光和浴法抛光的示意图

图 5 - 29 给出了抛光工艺过程中的诸多影响因素，这些因素之间相互耦合作用影响到抛光效果，很难精确分离这些因素对高质量表面形成的影响[11]，将这些影响因素大致分为三类：①光学元件、校正盘、抛光垫及抛光液（粉）等材料特性的影响；②抛光过程的温度、湿度、洁净度及振动等环境的影响；③抛光盘、元件、校正盘等转动方式（主动或被动）和转速大小，以及其相对位置和对抛光模的压力等工艺参数的影响。下面将基于环形抛光技术，重点介绍加工工艺参数对抛光运动轨迹的影响，以及抛光模和抛光液对超光滑光学表面形成的影响。

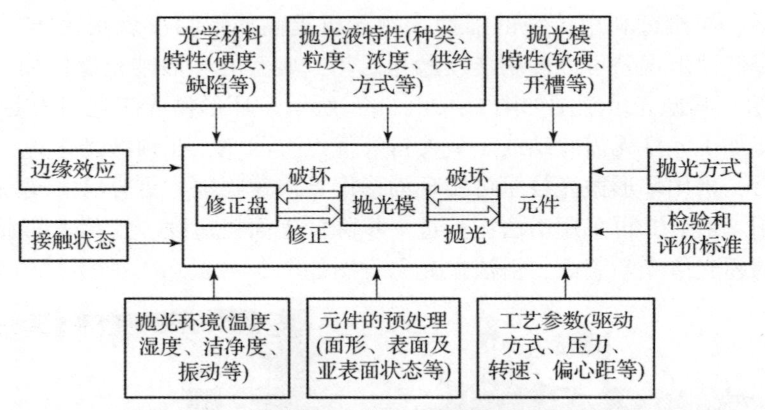

图 5 - 29　超光滑表面加工过程的各种影响因素

5.3.3　抛光运动轨迹的仿真计算

5.3.3.1　曲柄滑杆式抛光运动轨迹分析

在光学加工技术领域内，众所周知加工过程的运动轨迹越复杂越有利于产生均化的磨削。如图 5 - 30 所示为曲柄滑杆式抛光机，其在传统摇摆式抛光机基础上增加了曲柄滑杆机构，使带动抛光盘运动的铁笔运动轨迹更加复杂，避免了由于抛光过程轨迹重复而产生的运动学缺陷。

图 5 - 30　曲柄滑杆式高性能两轴精磨抛光机

该抛光机的运动原理如图 5－31 所示：O_1A 侧为滑套，其长度为固定值；O_2B 侧为滑杆，滑杆可以自由伸缩进入滑套，因此 O_2B 长度可变；OC 始终与滑套和滑杆保持垂直并与滑套连为一体构成摆架，铁笔即在 OC 的末端 C 点处，摆架摆动时带动铁笔摆动，铁笔下端可以带动元件盘在抛光盘上划动。两曲柄 O_1A 和 O_2B 分别绕定点 O_1 和 O_2 旋转，其旋转角速度分别为 ω_1 和 ω_2，抛光盘的旋转角速度为 ω_3，两曲柄偏心长度均可调节，抛光盘和双曲柄的转速也均可调节。对运动轨迹模拟仿真计算时，滑套和滑杆旋转中心点之间的距离及铁笔到滑套端的距离选择分别为 $O_1O_2=420\text{mm}$ 和 $OC=400\text{mm}$。

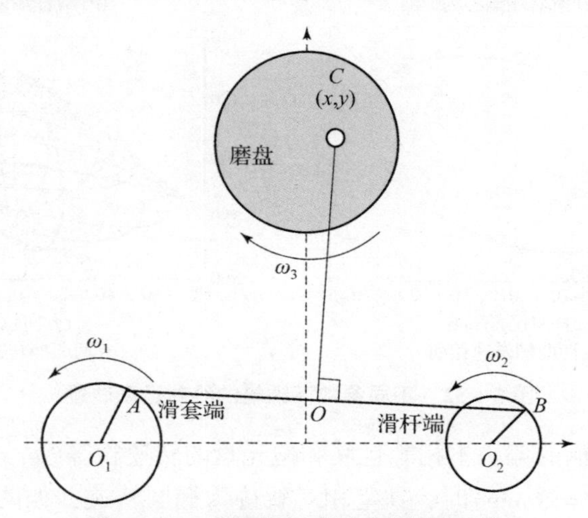

图 5－31　曲柄滑杆式抛光机运动原理

1）铁笔绝对运动轨迹

分析铁笔绝对运动轨迹时，抛光盘的转速不做考虑。分别仿真计算滑套端偏心为 0（$O_1A=0, O_2B=50\text{mm}, \omega_2=2\text{r/s}$）、滑杆端偏心为 0（$O_2B=0, O_1A=50\text{mm}, \omega_1=2\text{r/s}$）、两曲柄转速相同（$O_1A=26\text{mm}, O_1B=36\text{mm}, \omega_1=\omega_2=2\text{r/s}$）和两曲柄转速不同（$O_1A=26\text{mm}, O_1B=36\text{mm}, \omega_1=2\text{r/s}, \omega_2=2.2\text{r/s}$）四种情况下铁笔的绝对运动轨迹，结果如图 5－32 所示。从计算结果来看，当两曲柄的转速不相等且滑套和滑杆处的偏心均不为 0 时，铁笔的绝对运动轨迹最复杂。

2）铁笔相对运动轨迹

铁笔的相对运动是指铁笔相对于抛光盘的运动，此时不但要考虑曲柄的转速和偏心的大小，还要考虑抛光盘的转速大小。图 5－33 给出了铁笔相对运动的轨迹：①当两曲柄的偏心相等且其和抛光盘的转速相等（假设两曲柄的初相位相同，$\omega_1=\omega_2=\omega_3=2\text{r/s}$，$O_1A=O_1B=36\text{mm}$）时，铁笔相对轨迹为某一点位置的重复，即铁笔相对抛光盘静止不做任何相对运动，如图 5－33（a）

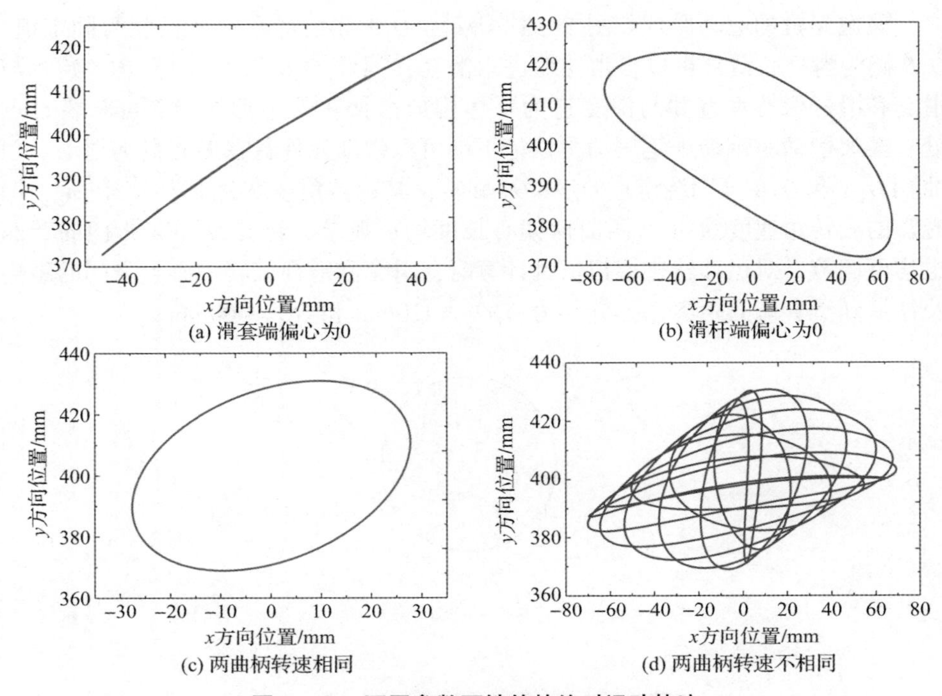

图 5-32　不同参数下铁笔的绝对运动轨迹

所示；②当两曲柄的偏心不相等且其和抛光盘的转速相等($\omega_1=\omega_2=\omega_3=2\mathrm{r/s}$, $O_1A=16\mathrm{mm}$, $O_1B=26\mathrm{mm}$)时，铁笔相对轨迹为椭圆轨迹，如图 5-33（b）所示；③当两曲柄的偏心相等且其和抛光盘的转速不相等($\omega_1=1.9\mathrm{r/s}$, $\omega_2=2\mathrm{r/s}$, $\omega_3=2.1\mathrm{r/s}$, $O_1A=O_1B=26\mathrm{mm}$)时，铁笔相对轨迹为偏心的螺旋椭圆轨迹，如图 5-33（c)所示；④当两曲柄的偏心不相等且其和抛光盘的转速也不相等($\omega_1=1.9\mathrm{r/s}$, $\omega_2=2.1\mathrm{r/s}$, $\omega_3=7\mathrm{r/s}$, $O_1A=6\mathrm{mm}$, $O_1B=10\mathrm{mm}$)时，铁笔相对于抛光盘的运动轨迹最复杂，重复周期最长，对获得高面形精度的光滑表面最有利。

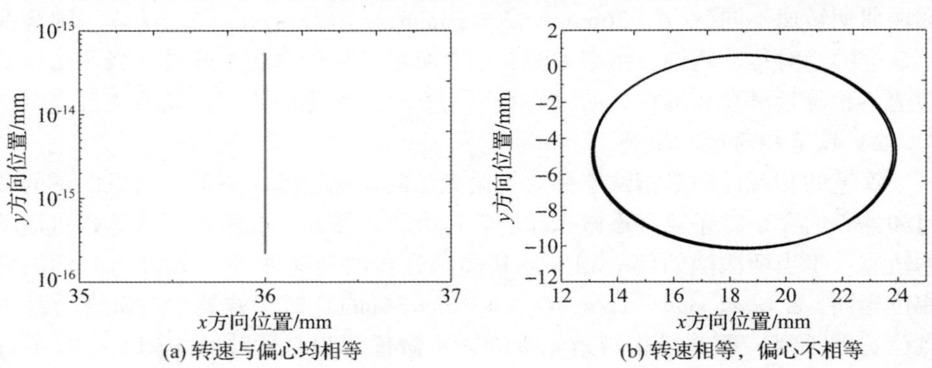

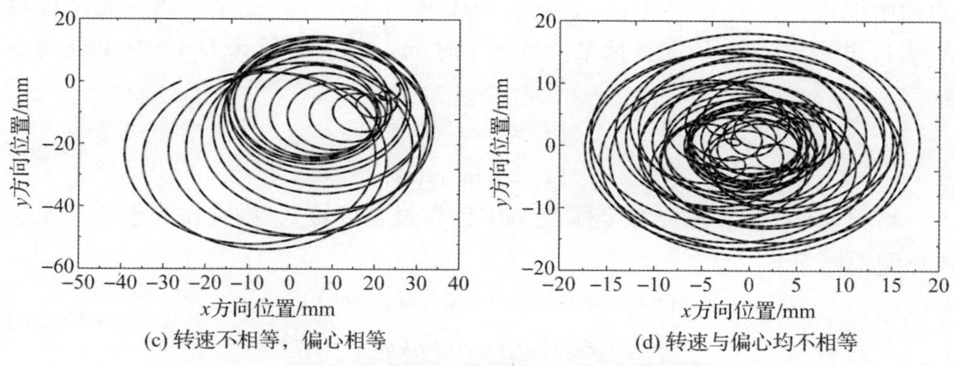

图 5 - 33　不同参数下铁笔相对抛光盘的运动轨迹

5.3.3.2　环形抛光运动轨迹分析

根据图 5 - 28（a）给出的环形抛光示意图，建立的环形抛光运动数学模型如图 5 - 34 所示。基于建立的数学模型，通过运动学分析可以得出在不同时刻的相对速度 $\boldsymbol{v}$[12]。被加工元件与抛光盘分别绕其各自圆心自转，元件上某一点相对于抛光盘运动可看作行星运动，半径上相同的点在旋转一周后运动轨迹相同，该点与圆心的距离、抛光盘和元件的转速比均会影响其相对运动轨迹。

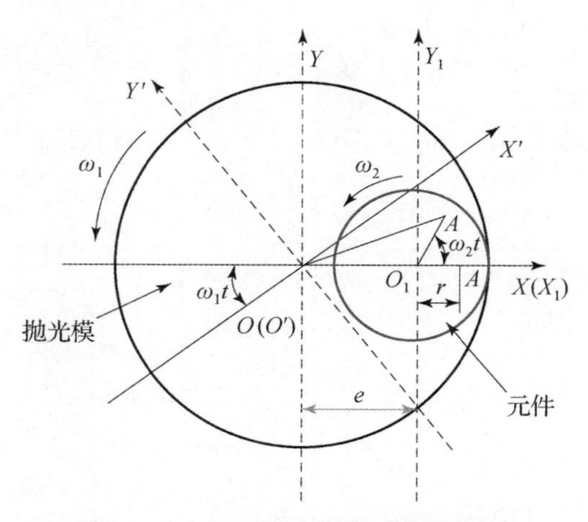

图 5 - 34　环形抛光运动数学模型图

在环形抛光运动数学模型中，分别以抛光盘中心 O 和元件的中心 O_1 建立坐标系 XOY 和运动坐标系 $X_1O_1Y_1$，抛光盘和抛光元件的半径分别记为 R_1 和 R_2，其转动的角速度分别为 ω_1 和 ω_2。定义元件和抛光盘的转速比 $m = \omega_2 : \omega_1$，抛光

盘的中心 O 到元件的中心 O_1 的距离为偏心距 e，在 OO_1 的连线上取任意点 A 为初始位置，将 O_1A 记为 r。坐标系 XOY 相对于 A 点是动坐标系，而坐标系 $X_1O_1Y_1$ 相对于 A 点是定坐标系。经过 t 时刻，在坐标系 $X_1O_1Y_1$ 中 A 点的坐标为

$$\begin{cases} x_1 = r\cos(\omega_2 t) \\ y_1 = r\sin(\omega_2 t) \end{cases} \tag{5-26}$$

经过时间 t 后，抛光盘坐标系 XOY 已转过角度 $\omega_1 t$，则在抛光盘坐标系下 A 点的坐标为

$$\begin{cases} x = e\cos(\omega_1 t) + r\cos(\omega_1 t - \omega_2 t) \\ y = -e\sin(\omega_1 t) - r\sin(\omega_1 t - \omega_2 t) \end{cases} \tag{5-27}$$

设定偏心距 $e = 357.5\text{mm}$，抛光盘角速度 $\omega_1 = 1.5\text{r/min}$，$A$ 点在元件上半径 $r = 150\text{mm}$ 处，计算转速比分别为 $m = 0.6$、$m = 0.95$、$m = 1$、$m = 1.1$、$m = 1.2$ 和 $m = 1.5$ 时，抛光盘转过 300r 后 A 点在抛光盘上划过的路径，即 A 点相对抛光盘的运动轨迹，仿真结果如图 5-35 所示。

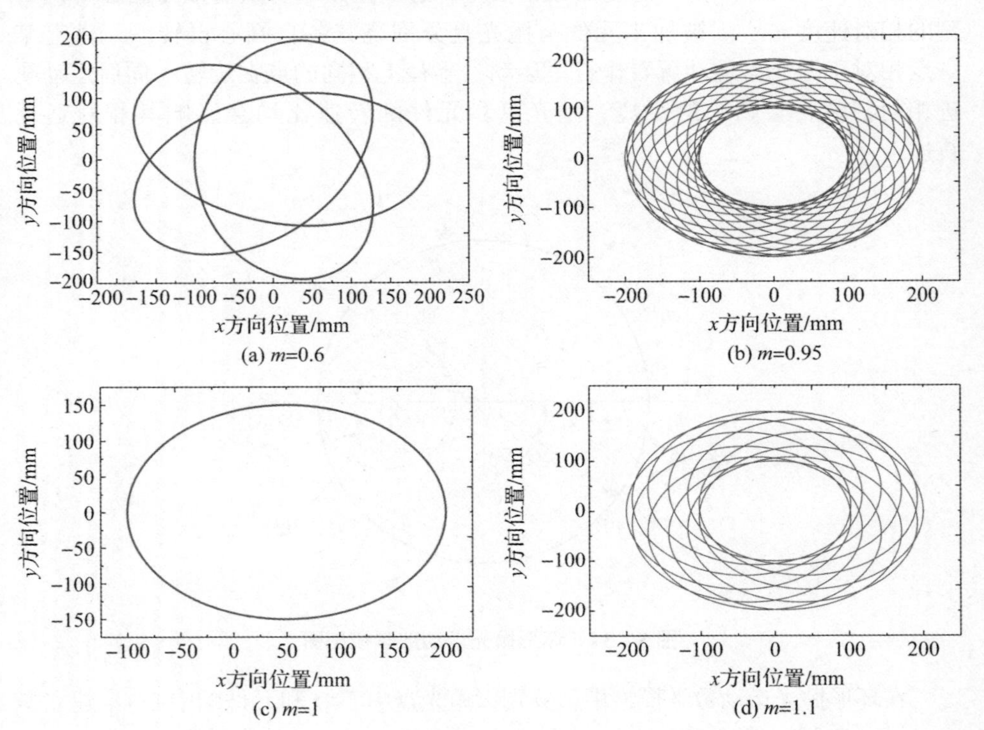

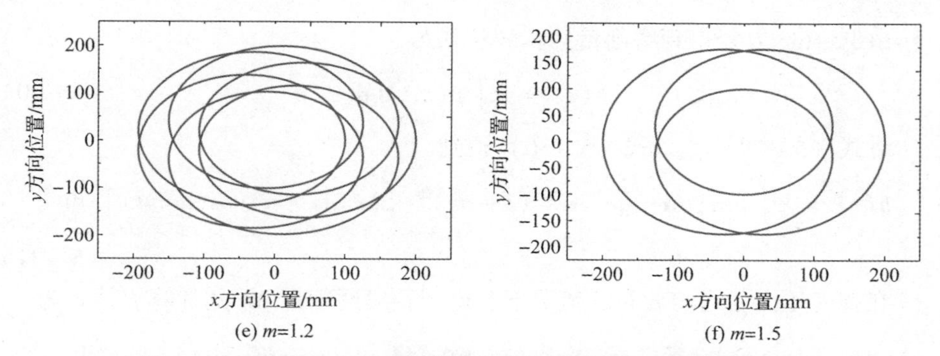

图 5-35　元件上 A 点在抛光盘上的运动轨迹（不同转速比 m）

从仿真结果可以看出：①当转速比不同时，元件上的同一点在抛光盘上走过的路径不同，但具有一定的周期性，不同转速比下相对运动轨迹的重复周期也不同，转速比 m 越接近于 1，A 点的运动轨迹周期越长，相对运动轨迹也就越复杂，越有利于均匀磨削；②当抛光盘和元件的转速相等时，A 点的运动轨迹周期最短，相对运动轨迹也就最简单，就是一个正圆形，此时对均匀磨削极为不利。

由上述数值仿真计算结果可得，当元件的转速与抛光盘转速接近但不相等时，其运动周期长、运动轨迹复杂，也就意味着元件上的某一点可以在抛光盘上划过更多的地方，使抛光磨料更好地分散到抛光模的各个部位，易于得到均匀的表面磨削。

5.3.3.3　环形抛光磨削量均匀性计算

抛光过程影响因素众多，过程较为复杂，因此很难能用一个确切的数学模型来描述它的磨削去除量。1927 年，Preston 将这个复杂的抛光过程进行简化，提出了著名的 Preston 方程[13]：在很大的数值范围内，抛光可以描述成一个线性方程，即单位时间内材料的去除量 $\mathrm{d}h/\mathrm{d}t$ 与抛光点的压力 p、抛光盘和元件的相对速度 $\boldsymbol{v}$ 成正比，即

$$\frac{\mathrm{d}h}{\mathrm{d}t}=kp\boldsymbol{v} \tag{5-28}$$

式中：k 为抛光比例常数。对式（5-27）两端求导可得 A 点的切向速度分量，相对速率 $\boldsymbol{v}$ 的大小为

$$\boldsymbol{v}(r,t)=\left[\left(\frac{\mathrm{d}x}{\mathrm{d}t}\right)^2+\left(\frac{\mathrm{d}y}{\mathrm{d}t}\right)^2\right]^{1/2}=$$

$$\left\{\begin{array}{l}\left[-e\omega_1\sin(\omega_1 t)-r(\omega_1-\omega_2)\sin(\omega_1 t-\omega_2 t)\right]^2\\+\left[-e\omega_1\cos(\omega_1 t)-r(\omega_1-\omega_2)\cos(\omega_1 t-\omega_2 t)\right]^2\end{array}\right\}^{\frac{1}{2}}=$$

$$\left[e^2\omega_1^2+r^2(\omega_1-\omega_2)^2+2er\omega_1(\omega_1-\omega_2)\cos(\omega_2 t)\right]^{\frac{1}{2}} \tag{5-29}$$

由 Preston 方程得到磨削量计算表达式为

$$h(r) = k\int_0^T p(r,t)v\mathrm{d}t \tag{5-30}$$

将式（5－29）代入式（5－30）得到

$$h(r) = k\int_0^T p(r,t)\omega_1 [e^2 + r^2 (1-m)^2 + 2er(1-m)\cos(\omega_1 mt)]^{\frac{1}{2}}\mathrm{d}t \tag{5-31}$$

在抛光压力 p 均匀分布的情况下，得到相对磨削量 Δh 的计算表达式为

$$\Delta h = kp\omega_1 \int_0^T \{[e^2 + r^2 (1-m)^2 + 2er(1-m)\cos(\omega_1 mt)]^{\frac{1}{2}} - e\}\mathrm{d}t \tag{5-32}$$

对于一个确定的抛光系统，在复杂的运动轨迹下计算相对磨削量时，可假定抛光系数为定值。另外，在无施加外界压力情况下假定压力也为定值，因此磨削量直接取决于相对运动速率的大小。根据不同抛光工艺参数对磨削量分布情况影响计算的结果，可有效指导工艺使面形误差得到快速收敛。

1）转速比 m 对磨削量均匀性的影响

假设抛光压力 p 均匀分布且抛光系数 k 为定值，其他参数设定为偏心距 $e=120$mm，抛光盘转速为 $\omega_1=1.5$r/min，转速比 m 在 0.5～1.5 范围内变化，计算元件表面上半径在 0～100mm 范围内相对磨削量的分布情况，结果如图5－36 所示。

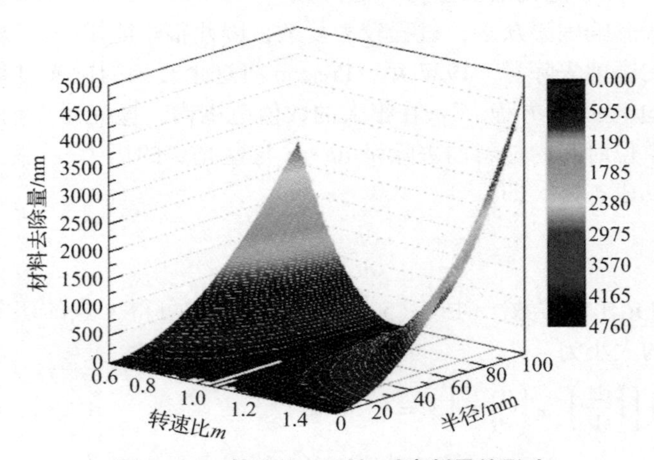

图 5－36　转速比 m 对相对磨削量的影响

从图 5－36 中可以看出，转速比对相对磨削量均匀性的影响较大，当抛光盘和元件的转速相等时，元件径向上的磨削量较为一致，即可以实现均匀磨

削；但是，元件的相对运动轨迹重复周期最短，容易产生周期性的抛光划痕，因此实际中往往将抛光盘和元件的转速设为不同值。当抛光盘和元件的转速不相等时，磨削量就会随着半径的增大而增大，且随着两者之间速度差的增加非均匀性加剧。

2）偏心距对磨削量均匀性的影响

除了转速比对磨削均匀性影响较大外，偏心距也是在抛光实验中经常调节的参数，下面还是假设抛光压力均匀分布且抛光系数为定值，分析偏心距对绝对磨削量和相对磨削量的影响。模拟参数设定为转速比 $m=1.2$ 保持不变，抛光盘转速为 $\omega_1=1.5\text{r/min}$，偏心距的变化范围为 $e=100\sim190\text{mm}$，计算元件表面上半径 $r=0\sim50\text{mm}$ 范围绝对磨削量和相对磨削量的分布情况，结果如图5-37所示。

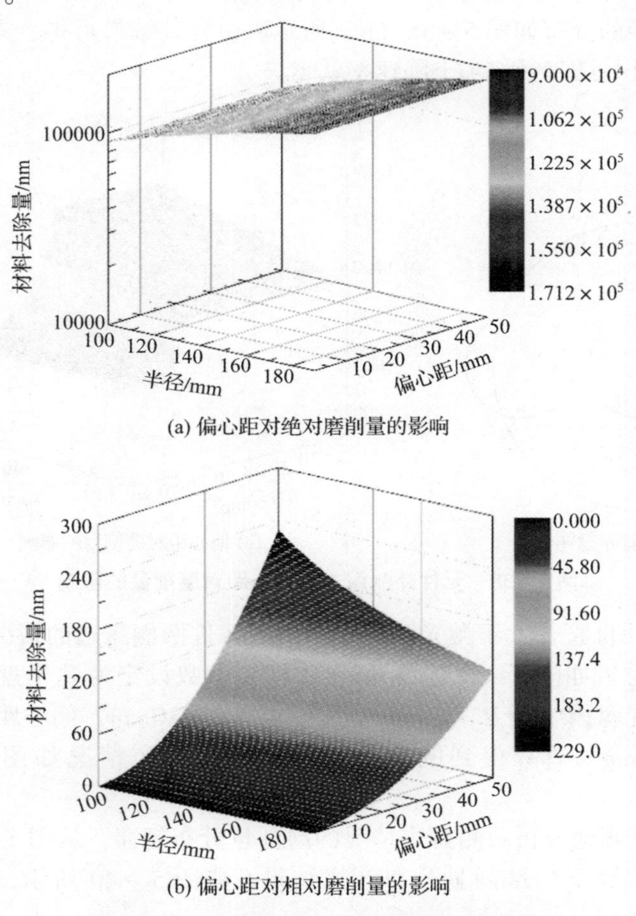

(a) 偏心距对绝对磨削量的影响

(b) 偏心距对相对磨削量的影响

图5-37 不同半径下偏心距对磨削量的影响

从计算结果可以看出，随着偏心距的增加绝对磨削量增大，相对磨削量随着半径增加而增大，随着偏心距的增加会降低磨削量的非均匀性，也就是说增大偏心距既可以提高磨削效率也有利于均匀磨削。

3）元件露边时磨削量径向分布情况

在实际抛光过程中，为了使高光圈面形误差的元件实现快速收敛，往往通过将元件盘外移露边减少元件边缘的磨削量。下面分别考虑两种元件露边的情况进行仿真计算。

（1）元件露边在外侧的情况，如图 5 - 38（a）所示。此时，元件边缘上距圆心的距离大到一定程度时，在元件旋转一周的过程中某一时间段就会悬空而不参与磨削。模拟参数设定为抛光盘外半径 $R_o = 200$mm，转速比 $m = 1.2$，抛光盘转速 $\omega_1 = 1.5$r/min，偏心距变化范围为 $e = 140 \sim 160$mm，计算得到的磨削量随半径的分布如图 5 - 38（b）所示。由计算结果可得，露边处磨削量迅速下降，并且随半径增加下降速率就越快。

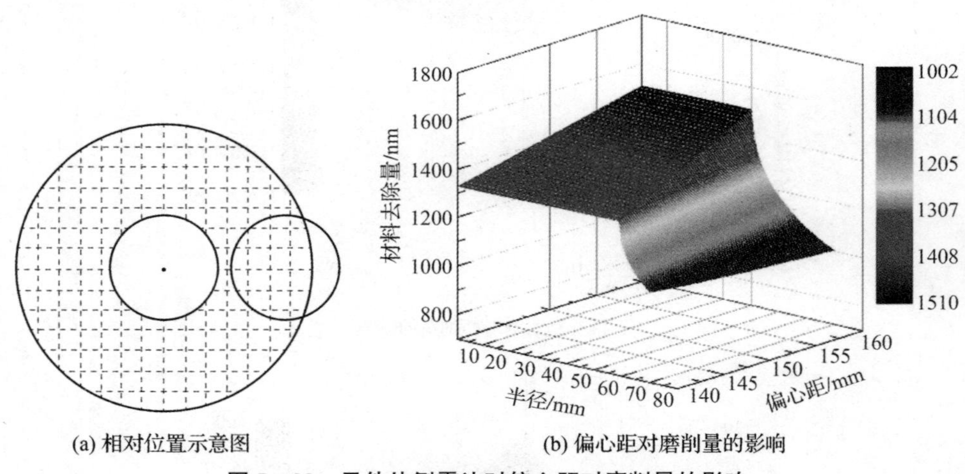

(a) 相对位置示意图　　(b) 偏心距对磨削量的影响

图 5 - 38　元件外侧露边时偏心距对磨削量的影响

（2）当元件直径大于抛光盘环带时出现元件两侧露边的情况，元件与抛光盘的相对位置如图 5 - 39（a）所示，模拟参数设定为抛光盘外半径 $R_o = 200$mm，抛光盘内半径 $R_i = 80$mm，元件半径 $r = 80$mm，偏心距变化范围为 $e = 130 \sim 150$mm，计算得到的磨削量随半径的分布情况如图 5 - 39（b）所示。

为了更清晰地分析两侧露边情况的磨削量分布规律，从图 5 - 39（b）中取出三组偏心距下的磨削量分布计算结果，如图 5 - 40 所示，可得到以下结果。

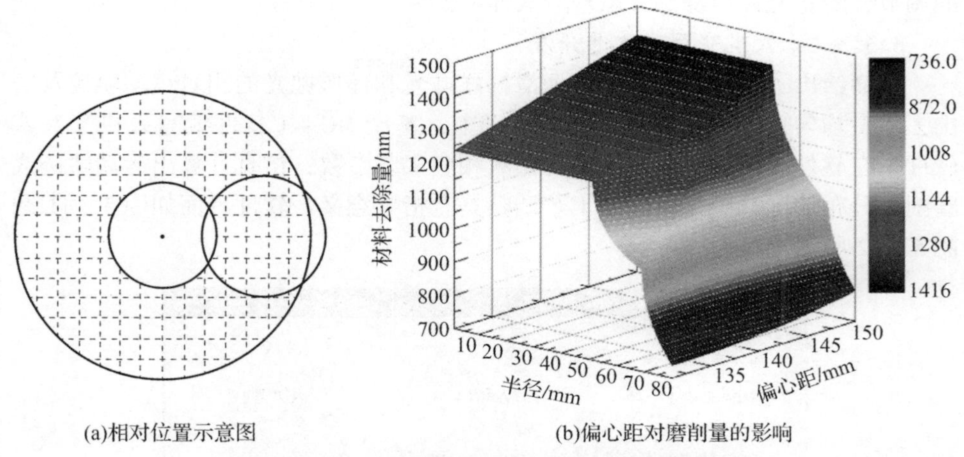

(a)相对位置示意图　　(b)偏心距对磨削量的影响

图5-39　元件两侧露边时偏心距对磨削量的影响

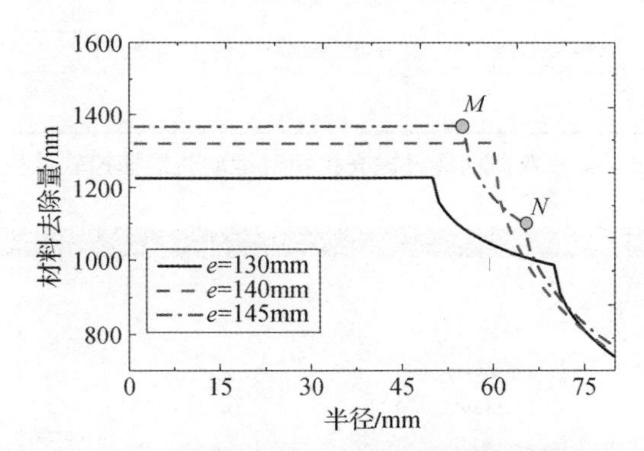

图5-40　不同偏心距下元件表面的磨削量分布

（1）当偏心距 $e \neq 140$mm 时，即元件中心不在抛光盘环带的中心，就会出现磨削不对称的现象。例如，图5-40给出了 $e=145$mm 时的磨削去除量曲线，磨削去除量曲线上有两个突变点。第一个突变点为 M 点，当元件的半径小于 M 点所对应的半径值时，元件始终与抛光盘接触，当元件的半径大于 M 点所对应的半径值时，就会先在靠近抛光盘外侧一端出现不接触的情况，因此在 M 点出现了第一次突变。随着元件的半径继续增大到 N 点对应的半径值时，就会在抛光盘内侧和外侧同时出现不接触的情况，所以就出现了第二个突变点，容易形成“驼峰”状的表面面形。

（2）如图5-40所示，当偏心距逐渐增加，且小于抛光盘环带中心半径时，磨削量出现迅速下降点的半径值逐渐变大；大于抛光盘环带中心半径时，出现迅速下降点的半径值就会逐渐减小。因此在抛光过程中一定要注意偏心距的调节，防止元件边缘部分出现较大面形误差。

5.3.3.4 人机交互式软件开发

前面给出了在特定参数下曲柄滑杆式抛光和环形抛光的相对运动轨迹及磨削去除量均匀性的计算结果，在此基础上，基于 VC ++ 软件编写人机交互式软件，在软件界面可根据实际情况输入相应工艺参数，仿真计算出运动轨迹或磨削量分布情况，对光学加工工艺调整具有指导意义，软件界面如图 5－41 和图 5－42 所示[14]。

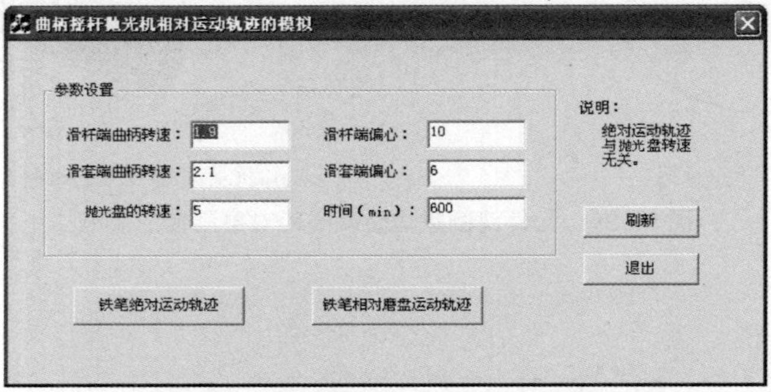

图 5－41 双曲柄滑杆抛光机相对运动轨迹模拟软件界面

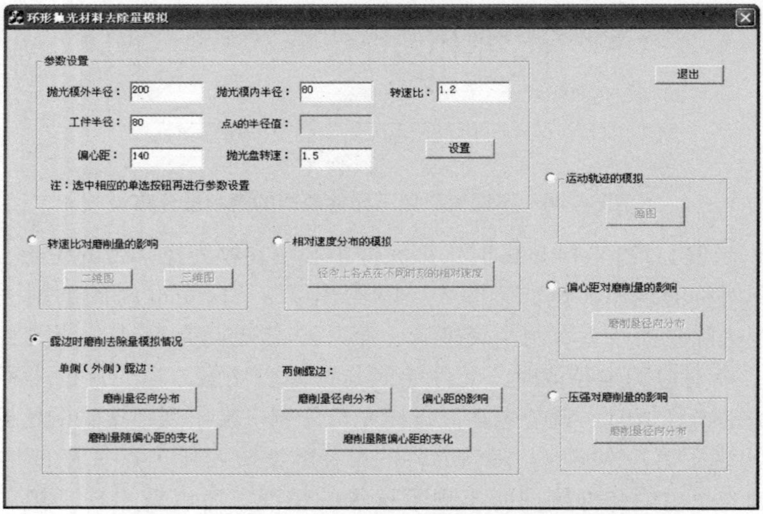

图 5－42 环形抛光运动轨迹及磨削量模拟软件界面

双曲柄滑杆抛光机运动轨迹模拟人机交互式软件：在该软件中可以输入两端曲柄偏心、两曲柄转速及抛光盘转速等参数，模拟铁笔的运动轨迹和铁笔相对于抛光盘的运动轨迹。软件的操作界面如图 5－41 所示。

环形抛光运动轨迹模拟及磨削量模拟人机交互式软件：图5－42为环形抛光运动轨迹及材料磨削去除量模拟软件界面，选择要仿真项的单选按钮来激活相应的命令按钮，输入抛光的各项工艺参数，点击设置按钮可以查看抛光盘与元件盘的相对位置情况，点击相应命令按钮即可完成对运动轨迹和磨削量分布均匀性情况的仿真。

5.3.4　抛光模对超光滑表面影响

抛光模主要由抛光基盘（通常是铝合金或钢等金属材料，或者是大理石等）和抛光垫组成，抛光垫承载抛光液中的磨料粒子，使抛光液与光学元件表面的接触分布更均匀，它与抛光磨料粒子和元件三者之间发生物理和化学作用，在相互作用下实现光学元件表面的磨削。抛光垫的性能不仅影响表面抛光面形精度，还影响表面疵病和抛光效率。因此，抛光垫材料的选择、制作和整修对抛光效果至关重要。

5.3.4.1　抛光垫的材料

在光学表面抛光过程中，抛光垫对光学元件表面产生机械磨削作用和化学作用，尤其是当光学元件与抛光垫的面形吻合较好且压强较大时，还会产生一定的热量，因此对抛光垫材料的选择有如下几点典型要求[15]。

（1）微孔结构适中。抛光垫起着承载抛光液中磨料颗粒的作用，微孔结构能够使抛光颗粒在孔内自由滚动，有利于微弱的切削作用，因此，抛光垫能否均匀承载抛光粉颗粒对发挥机械磨削作用很重要。同时，微孔结构还有利于水的存储并进行水解反应，及时疏散加工过程产生的热量，微孔的孔隙率还会影响到抛光材料的去除率和表面粗糙度，可以通过在抛光垫熔融过程中加水工艺和温度控制来实现。

（2）力学特性稳定。为了确保抛光垫尺寸精度和长使用寿命，抛光垫材料应具有一定的耐磨性，且硬度适中还要有一定的弹塑性，使光学元件与抛光垫吻合得更好，才能保证加工光学元件的面形和表面粗糙度。

（3）化学特性稳定。在加工过程中抛光垫对光学元件不能产生化学腐蚀现象，并且在摩擦生热的过程中不易老化，从而延长使用寿命。

（4）热学特性稳定。保证在加工过程中抛光垫的表面不产生较大变形。

（5）具有一定的黏结性，能牢固黏附于抛光基盘上。

在长期的光学表面抛光技术研究中，人们尝试使用多种材料制作抛光垫。主要的抛光垫材料有抛光毛毡（人造和天然毛毡）、抛光织物（羊毛织物、化纤织物和平绒）、聚氨酯（泡沫/无泡沫，成型/不成型，填充/无填充）以及抛光沥青。早期人们使用毛毡和织物等纤维材料制作抛光垫，具有较高的压力承受力并且可以实现在高转速下抛光，但是由于纤维材料硬度较低，表面面形在抛光过程中容易变形，因此只适用于低精度的光学元件抛光，不适用于超精密光学元件表面抛光[16]。聚氨酯抛光垫具有较高的材料去除率和耐磨性好的特点，被广泛应用于半导体硅晶片及光学元件的抛光。聚氨酯抛光垫在使用一段时间后，由于冷流现象导致抛光垫表面变光滑[17]，进而存储运输磨料粒子的能力降低，光学元件的加工效率及表面质量下降。在积极探索新型的抛光垫材料过程中，沥青作为主要成分的抛光垫材料应用时间最长，至今仍广泛应用于高精度光学元件的抛光[18]。

沥青材料具有较强的黏性，可以很牢固地吸附在抛光基盘上，沥青的流动性和弹塑性能够保证抛光垫与光学元件紧密的吻合，从而改善和控制元件的面形，也确保了一个干净柔滑的抛光过程。与聚氨酯塑料抛光垫、聚四氟乙烯抛光垫以及锡盘相比，沥青抛光垫的硬度相对较低、流展性和柔韧性好、感温性高，因此表面面形变化较快，不利于元件面形的保持。但是，沥青抛光垫的面形容易修整，通过精细的工艺控制也可加工出面形精度好且表面粗糙度低的光学元件。从化学反应角度分析，沥青中含有树脂和树脂酸，这些成分能够在抛光时和光学玻璃表面进行弱化学反应，通过树脂基中的氢离子置换，使表面以微量分子的方式去除。

沥青的主要分为煤焦沥青、石油沥青和天然沥青三种：煤焦沥青是炼焦的副产品；石油沥青是原油分馏后的残渣；天然沥青则是储藏在地下，或形成矿层或在地壳表面堆积。沥青是一种复杂的有机物，主要成分为环烷芳烃（萘）、极性芳烃、饱和烃（油）和沥青质。用作抛光垫的沥青胶材料通常是以石油沥青、松香和蜂蜡为主要成分组成的混合物。松香主要是调节抛光沥青的黏结性和热稳定性，还会影响最终抛光垫的硬度，添加的蜂蜡和油类等添加剂可以调节抛光沥青的塑性和油性[19]。用沥青制成的抛光垫是一种塑性体，具有一定的膨胀系数，在抛光元件时能够保持面形的因素不仅与元件的质量及主轴转速等参数密切相关，而且还与抛光垫的厚度和硬度有关，并且抛光垫半径越大，沥青抛光垫特性的影响就越大。

以沥青抛光垫的硬度为例，较软的抛光垫可以获得较低的光学表面粗糙度，但表面受接触压力的影响会更明显，面形变化也会较快；沥青抛光垫硬度较大时，虽然面形容易保持，但是最终的表面粗糙度会偏大，而且容易产生划痕。因此，必须选择硬度合适的抛光垫，可以通过不同配方的混合沥青来实现。沥青抛光垫的配方一般是保密的，各种配方与待抛光的光学材料种类、几何形状、技术指标要求以及加工环境的温度和湿度等综合因素相关，在一定条件下选配才能实现超光滑表面的加工。除了沥青抛光垫的硬度以外，沥青抛光垫对环境的变化非常敏感，还要考虑抛光环境的温度和湿度等综合因素的影响。尤其是温度的影响，随着温度的增加沥青的黏性会成倍变化。由于抛光的加工工艺参数不同，对抛光沥青的参数要求也有差异，必须根据具体加工工艺参数配比合适的沥青抛光模，而且还需要经过不断地改进工艺才能得到适宜的抛光垫。

在沥青抛光垫的选择上，早期大多数光学元件加工者都会首选瑞典沥青，它成为高质量沥青的传统标准，美国 Universal 的 450 沥青也被普遍使用，后来逐渐被 Gugolz 系列沥青所代替。典型光学抛光沥青的基本参数见表 5 – 14。

表 5 – 14　典型光学抛光沥青的技术参数

生产商	牌号或类型	软化点温度/℃	相对黏性	硬度①
Gugolz	55#	52 ~ 55	1×10^{8}	†
	64#	68 ~ 72	3×10^{8}	†
	73#	77 ~ 80	2×10^{9}	††
	82#	79 ~ 82	5×10^{10}	†††
Univesal	Burgundy	57	8×10^{7}	†
	Burgundy	60	2×10^{8}	††
	Burgundy	63	2×10^{9}	†††
	450#	71 ~ 74	4×10^{9}	††
	Green pitch	63 ~ 65	2×10^{12}	†
	High speed	110	—	††††

①硬度：† 软；†† 中等硬度；††† 硬；†††† 非常硬

5.3.4.2　抛光模的制作

针对 1m 环形抛光机，使用 Gugolz 公司的沥青抛光垫制作抛光模，下面介绍抛光模的制作过程。

（1）沥青熔化。罐装的沥青要砸碎后再放入金属容器内，以便受热更均匀，然后放在电炉上慢慢加热熔化。由于高温时沥青的组分容易发生变化，在熔化沥青时温度不宜过高，一般温度控制在高于其熔点 10 ~ 20℃，而且保持熔融状态时间不宜过长。加热时需要不断搅拌，使沥青熔化过程得到均匀受热，其间可使用红外测温仪检测金属容器内沥青的温度，防止温度过高使沥青失去油性。

（2）抛光基盘处理。在大理石抛光基盘的内外圈圆柱侧面上贴硫酸纸，高出抛光基盘约3～4cm，防止沥青溢到抛光基盘之外。硫酸纸的高度也不宜过高，否则浇注沥青时由于受热而向一侧倾倒，造成浇注的抛光模边缘不规则。浇注沥青前使用汽油喷灯往复循环加热大理石抛光基盘，有助于提高沥青与大理石抛光基盘黏合的牢固度。

（3）沥青浇注。保持环形抛光机主轴连续缓慢旋转，将充分熔化的沥青用纱网过滤后，浇注到经预热的大理石基盘上，倾倒时轻轻搅动使沥青的各组分均匀混合，减少气泡的出现。若浇到抛光盘上的沥青表面出现气泡的现象，可使用喷灯火焰或者电热吹风快速烘烤消除。沥青浇注完成后自然冷却至室温。

（4）抛光模表面修正。待抛光模表面冷却后，使用抛光机上的伺服电机控制金刚石车刀，对抛光模表面进行整修以获得较好的平面度。需要注意的是，在低温时沥青较脆，车削容易使抛光模碎裂，温度较高时沥青塑性较大，所以需要选择合适的沥青温度，并通过逐步渐进的方式控制进刀量。

（5）抛光模表面开槽。为了使抛光液在抛光模表面具有更好的流动性，及时疏散抛光过程中产生的热量，需要在抛光模表面上开出特定图案的沟槽。开槽之前通常需要使用修正盘对抛光模的面形进行抛修，如使用大理石修正盘对抛光模面形进行抛修时，一般需要花费15～30天的时间。开槽图案对抛光稳定性产生显著的影响，抛光模表面各部位开槽应尽量均匀，否则抛光过程中会出现实际接触面积不均匀，造成不同部位抛光能力的差异。

5.3.4.3 抛光模的老化及整修

抛光过程中，抛光模表面原来突起的部分优先被磨损，低洼处被杂质和磨粒逐渐填平，抛光模的沟槽也逐渐变形而深度减小，同时伴有沥青的氧化、腐蚀、钝化、硬化等现象，这种现象称为抛光模表面老化。抛光模老化导致抛光能力明显下降，被抛光元件的表面粗糙度上升或产生细微划痕。因此，必须对抛光模表面经常重新修刮，去除表面变硬且失去油性的老化层，露出干净、柔韧性好的新表层。

为了得到抛光模的老化演变规律，分别对55#、64#和73#三种牌号沥青制作的抛光模硬度变化情况进行监测。抛光的实验设备为传统的摇摆式研磨抛光机，抛光液为500目氧化铈粉泡制而成，使用的测试仪器为HVS－1000型显微硬度计，如图5－43（a）所示。制作的抛光模工具板直径为115mm，秤取80g沥青砸碎后放在侧面贴有硫酸纸挡条的工具板上，均匀摊开，放到光波炉里加热使沥青充分熔化，加热时间12min，制作完毕自然冷却后按照如图5－43（b）所示的图案开槽。

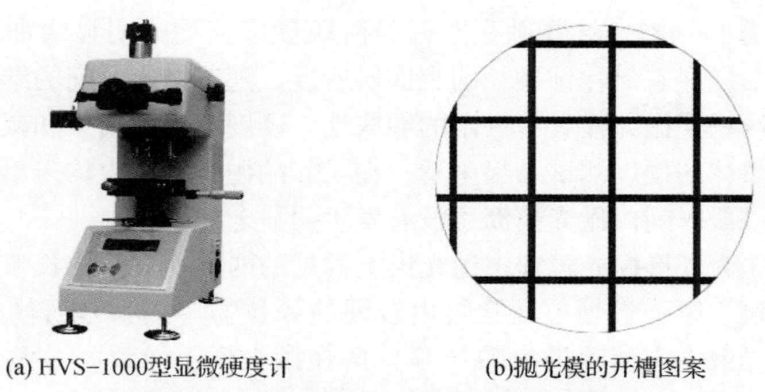

(a) HVS-1000型显微硬度计　(b)抛光模的开槽图案

图5-43　显微硬度计及抛光模的开槽图案

在三组抛光实验中，保持转速和摆速等抛光工艺参数一致。抛光过程中每3h 添加一次抛光液，每6h 进行一次硬度值测试，每组实验抛光时间均为42h，得到三种牌号沥青抛光模硬度随时间的变化情况如图5-44 所示。

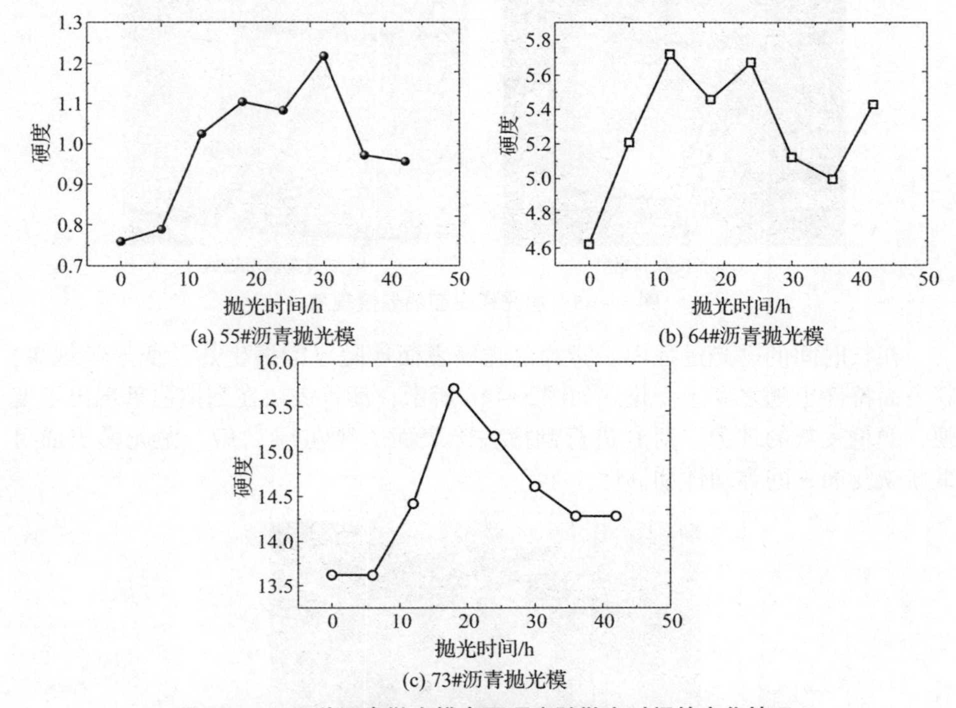

(a) 55#沥青抛光模　(b) 64#沥青抛光模　(c) 73#沥青抛光模

图5-44　三种沥青抛光模表面硬度随抛光时间的变化情况

从沥青抛光模硬度变化曲线来看，可得出如下结论。①不同牌号沥青的硬度值存在较大差异，如55#沥青抛光模在42h 的抛光时间中8 次测量的维氏硬度平均值为0.988，64#沥青抛光模的硬度平均值为5.278，73#沥青抛光模的硬度平均值为 14.413。②在抛光刚开始阶段硬度值均为明显增加，这是抛光模表面快速形成嵌有氧化铈颗粒的表面层所致。随着抛光时间的继续增加，抛光模的表面沟槽使抛光模具有一定的顺应性，硬度值出现增大和减小反复变化的现象。从整体的硬度测试结果来看，在 42h 的抛光时间内均未出现硬度值突变，说明在该段时间内抛光模沥青没有发生明显老化现象。

图 5－45 为环形抛光过程中抛光模上常见的两类划痕：细长弧形划痕和细展宽弧形划痕。第一类划痕通常是由较硬的颗粒物（如大理石修正盘边缘崩裂颗粒、抛光液中未滤除的大颗粒等）落在抛光模上导致，对抛光元件表面的质量产生极大威胁，因此当抛光模上出现此类划痕时要格外注意异物颗粒；第二类划痕一般是沥青碎渣参与抛光导致，尤其是当洁净室环境温度较低时发生概率较高，此时沥青硬度变大黏性变小，而修正盘的压力又较大，导致沥青局部崩裂，因此选择适宜的环境温度特别重要。

(a) 细长弧形划痕

(b) 细展宽弧形划痕

图 5－45　抛光模表面的划痕现象

在长时间的抛光过程中，沥青抛光模表面伴随着摩擦生热、变形等现象，其表面特性也随之发生变化。如图 5－46 所示，沥青表层在刮擦前呈现出了变硬、颜色发灰的现象，对其进行刮擦去除表面“硬茧层”后，抛光模表面可重新恢复沥青的弹塑性和韧性。

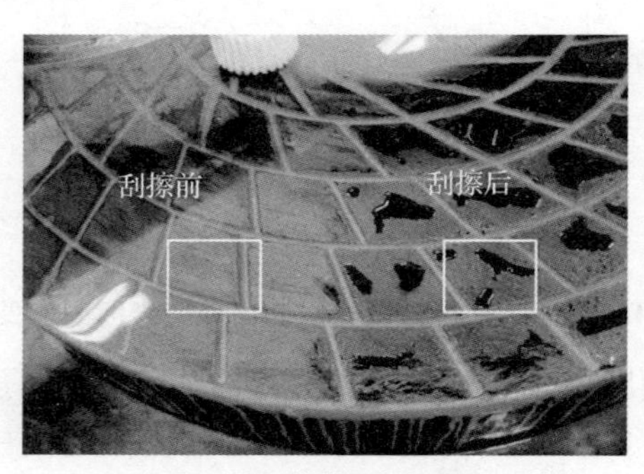

图 5－46　抛光模修刮前后对比情况

5.3.5 抛光液对超光滑表面影响

5.3.5.1 抛光液的作用

抛光液主要由去离子水和抛光粉配制而成，有时为了提高抛光粒子的悬浮性、调节抛光液的pH值，还加入些分散剂和添加剂等。抛光液不但起着机械磨削作用，还影响着化学作用过程。抛光起始阶段，光学元件表面的粗糙度较大，抛光粉的粒径也较大，这时机械磨削起主导作用；随着抛光的继续，大量的抛光粉颗粒开始与玻璃表面分子接触，由于抛光粉颗粒具有一定的化学活性，而光学元件外表层的材料与主体原子结合能相对较弱，所以抛光粉颗粒可促进光学元件表层原子的脱落，光学元件表面变得更加光滑。经过长期的研究和实践，人们已经认识到，抛光粉与光学表面作用的强弱与其种类和光学元件的材料有关，抛光效率主要由以下因素决定[14,20]：抛光液颗粒与元件表面发生接触的概率以及颗粒动能的大小；抛光液颗粒表层原子结合能大小及分布，及其进入被加工材料的难易程度；杂质原子到达元件表面后，元件表面原子结合能的降低程度；光学元件表层原子的结合能分布。

1）抛光粉颗粒的自身特性

在抛光过程中，抛光液颗粒原子可能会扩散到元件表面内，将会在元件表面形成杂质层，严重影响表面质量。因此，在选择抛光粉材料时，一定要注意抛光液的颗粒粒度、硬度和化学能活性的适宜性，尽量减小抛光粉颗粒的扩散效应。

抛光粉颗粒的硬度以及粒度尺寸的分布，对抛光效率和光学元件表面质量有较大影响。选择大颗粒粒径的抛光粉，虽然可以提高抛光效率，但加工的元件表面粗糙度较大，尤其是当粒径分布均匀性较差时会大大增加表面产生划痕的概率。另外，颗粒较大时流动性较差、悬浮性较差，抛光液易产生分层和沉淀，对均匀抛光效果不利。选择较高硬度的抛光粉颗粒时，极易产生较大的表面损伤。因此，应根据待加工元件的材料、表面粗糙度要求等合理选择抛光粉的类型，在抛光液的配制中严格滤除大粒径的颗粒，特别是用于超抛工序的抛光液要进行多次筛选。

抛光粉颗粒的微观形貌也会影响抛光效率和划痕的产生。不同种类的抛光粉或采用不同加工工艺生产的抛光粉，外观形貌会存在一定的差别。有的颗粒外形较圆滑，棱角不分明，有利于超光滑表面的加工；有的抛光粉颗粒外形呈多边形有棱角，这样的抛光粉磨削速率较快，但容易划伤光学元件的表面。所以，在超光滑表面加工过程中，还需要关注抛光粉颗粒外观形貌的变化。

2）控制抛光液的外在因素

（1）抛光液温度的影响。抛光液温度直接影响到抛光模与光学元件表面的吻合程度，当抛光液温度过低时，元件表面容易产生划伤现象；当抛光液温度太高时，抛光模变形较快导致光学元件面形变差。抛光过程中，尤其是添加抛光液的初期，抛光模、抛光液颗粒与元件表面摩擦产生热量，抛光液又起着冷却剂的作用，及时疏散热量避免局部快速升温。

（2）抛光液浓度的影响。当抛光液中颗粒含量较多时，抛光液的稳定性和流动性就会变差，不利于抛光过程产生热量的疏散，在整个光学元件表面上的抛光能力就会分布不均匀。在抛光的不同阶段，抛光液浓度的选择不同。一般情况下，在抛光初期为了提高抛光效率，通常选择较高浓度的抛光液；在抛光的后期，为了降低产生细微划痕的概率，抛光液的浓度逐渐减小，甚至在光学元件将要完成抛光时可只加无任何抛光液的纯净水。

（3）抛光液 pH 值的影响。pH 值影响到抛光液与玻璃的水解作用，对元件表面的腐蚀影响较大。除了化学作用影响外，抛光液的 pH 值还会影响抛光粉颗粒的团聚现象，主要是由于抛光液的 pH 值等于胶体的等电离点时，胶体就会失去带电性，此时抛光粉颗粒的悬浮性就会变差，容易发生团聚现象，从而影响光学元件表面的粗糙度，甚至会出现表面疵病。因此，抛光液 pH 值的选择应尽量避开加工的材料与抛光粉的等电离点[21]。

（4）抛光液中添加剂的影响。为了改善抛光液中颗粒悬浮性、调节抛光液 pH 值以及提高抛光效率，抛光液中通常还会加入一些添加剂。这些添加剂按其作用可分为加速剂、稳定剂、消泡剂等，实践表明加入适量的添加剂会显著提高表面加工效率，还可以改善表面疵病情况。

综上所述，适宜的抛光液对光学元件表面质量具有重要的影响，是决定抛光效率和抛光质量的关键因素之一。对于抛光液的选择，不仅要求抛光液的颗粒均匀及具有良好的悬浮性，而且还要求具有稳定的抛光液组分、酸碱度，以及合适的浓度和温度。合理选择抛光液是超光滑表面抛光工艺中的首要工作，同时优化抛光液的性能对获得极低表面粗糙度的超光滑光学表面具有重要意义。

5.3.5.2 抛光粉的种类

抛光液的特性主要由抛光粉的性状决定，从研究结果和实践经验来看，人们对抛光粉特性提出了一些具体要求，通常包括以下几点[20]：外观形貌均匀一致，无可见的杂质，不应有硬块和粘结块；粒度均匀一致并且硬度满足要求；良好的分散性，使抛光粉颗粒能均匀分布并吸附于抛光模表面，没有聚集和流失等现象；一定的晶格形态和缺陷，并有适当的自锐性；化学稳定性好，对光学元件没有腐蚀。当然，抛光粉的选择还和待加工的光学元件材料特性相关。

基于以上对抛光粉的要求，人们通常选择的抛光粉材料主要有氧化铁(Fe_2O_3)、氧化铈(CeO_2)、氧化铝(Al_2O_3)、氧化锆(ZrO_2)和氧化硅(SiO_2)等。不同抛光粉的硬度、粒度、颗粒形貌以及在水中的特性不同，决定了不同抛光粉配制的抛光液也存在一定差异。因此，在实际加工中需要根据被抛光元件材料选择使用相应的抛光粉材料。

表5-15给出了几种常用抛光粉的物理特性。由表5-15可看出，氧化铁抛光粉的硬度低，颗粒外形呈球形，边缘有絮状物，所以氧化铁的抛光效率相对较低，但其抛光的表面粗糙度较小，对于一些低表面粗糙度要求的光学元件，可以使用氧化铁抛光粉进行抛光。氧化铝的硬度较大但密度较小，在水中的悬浮性相对较好，可以用于红外光学元件的表面抛光，尤其是对于一些材料较硬的光学元件较为常用。氧化锆通过含硅酸锆的矿砂分解焙烧获得，其抛光性能介于氧化铈和氧化铁两者之间，在国外使用较为广泛，近年来，随着紫外谱段抗激光辐照损伤技术的发展，基于氧化锆抛光粉的光学元件表面抛光也得到了越来越多的重视[22]。

表5-15　几种常用抛光粉的物理性质[15]

性质	氧化铈	氧化锆	氧化铝	氧化铁	氧化硅
相对密度/(g/cm^3)	7~7.3	5.7~6.2	3.4~4	5.1~5.3	2.7
莫氏硬度	7~8	5.5~6.5	8~9	5~6.5	6.5~7
比表面积/(m^2/g)	6.35	7.8	—	5.0	—
熔点/℃	2600	2700~2715	2020	1560~1570	1610
外观	白色、黄色	白色、黄色、棕色	白色	深红色至褐色	无色、白色
晶系	立方晶系	单斜晶系	等轴、六方	斜方晶系	六方
颗粒外形	多边形，边缘清晰	—	—	近似球形，边缘有絮状物	—

在早期的光学加工工艺研究中，氧化铁是使用最早的抛光粉，也被人们认为是最“标准”的抛光粉，一直使用了上百年的时间。到第二次世界大战时期，德国停止供应铁红粉后，美国开始寻找新的替代品，开始使用氧化锆抛光粉，但是使用效果不是很好。经过坚持不懈的研究和实践，美国对理想抛光粉的寻找一直到发现优质的氧化铈抛光粉为止。从此，更干净的氧化铈几乎完全替代了铁红粉。迄今为止，氧化铈仍是精密光学元件制造技术中应用最广泛的

抛光粉。图 5 – 47 给出了三种典型抛光粉的 SEM 显微图。

(a) CeO_2　　(b) Fe_2O_3　　(c) Al_2O_3

图 5 – 47　氧化铈、氧化铁和氧化铝抛光粉的 SEM 图像

氧化铈材料属于立方晶系，颗粒外形呈多边形且边缘清晰棱角明显，具有机械作用强、抛光效率高、使用寿命长和与其他材料硬度相当等特点。在实际的光学表面加工过程中，氧化铈抛光粉的特性随抛光时间发生很大的变化，氧化铈颗粒不断破碎且尖锐棱角逐渐被钝化，所以不会对表面产生严重的划痕。根据铈的含量、制造工艺、焙烧温度和冷却方法的不同，氧化铈抛光粉的性能有所差异，按铈含量的不同大致可分为三大类：①高铈抛光粉，氧化铈含量在 >95%，呈浅黄色或白色，比重≈7.3，主要用于古典法抛光和高精度元件加工；②富铈抛光粉，氧化铈含量在 70% ~80%，呈黄色或褐色，比重≈6.5，适用于高速抛光，也用于高精度古典法抛光；③混合稀土抛光粉，氧化铈含量在 40% ~50%，通常呈红色或褐红色，主要用于眼镜片和平板玻璃的抛光。

5.3.5.3　抛光液的配制

在抛光液的配制中，水作为溶剂促使发生水解作用，要求其不能含有金属离子及其他带电离子或各种杂质，pH 值尽可能呈中性或弱酸性。自来水中不但存在各种金属离子及杂质，还会存在一定的微生物。如图 5 – 48 所示，放置了 10 天的自来水中生成了絮状物，因此自来水不能用作配制抛光液的溶剂，必须使用去离子纯水才能提高抛光液的稳定性。

图 5 – 48　自来水中产生的絮状物

刚配制完的抛光液不能直接用于光学表面抛光，必须对较大颗粒进行筛选。最常用的方法为静水分选法，该方法基于固体颗粒在液体介质中的沉降原理，由斯托克斯定律可计算微小颗粒的沉降速度和沉降时间[23]，即

$$v = \frac{g \cdot D^2 (d_1 - d_2)}{18\eta} \tag{5-33}$$

式中：v 为微粒沉降速度；g 为重力加速度；D 为微小颗粒直径；d_1 为微粒密度；d_2 为液体密度；η 为液体的黏度。由此方程可以计算出参考的沉降时间。

配制抛光液时，将锥形玻璃瓶放入超声波清洗机中进行充分的超声清洗，确保容器内壁“绝对”干净不含杂质颗粒；然后将特定量的抛光粉倒入锥形瓶中，加入去离子水，充分搅拌使抛光粉颗粒悬浮转动起来，并使抛光粉颗粒团充分地均匀散开，再使用纱布对抛光液进行一次过滤；再次搅动抛光液使抛光颗粒悬浮，静置一段时间后，抛光液就会出现明显的分层现象，如图5-49所示，从上到下依次为清液层、精细层、絮状层和沉淀层。

图5-49　抛光液的分层现象

使用激光粒度分布仪对每层抛光液的粒度大小分布进行测试，测试结果如图5-50所示，表5-16给出了每层抛光液的最大粒径和中位粒径。从粒度分布曲线可以看出，每层抛光液中粒度约为1μm的颗粒分布最多，但最大粒径是逐层增大的分布规律，尤其是在沉淀层中最大粒径约17μm，对于超精密光学表面抛光无法使用。从表5-16中可看出每层的中位粒径差别很小，说明抛光液中颗粒具有很好的分散特性，通过水选的方法将大颗粒筛选去除即可。长时间放置的抛光液会发生颗粒团聚，通常采用超声波的方法改善颗粒在抛光液中的分散情况[24,25]。

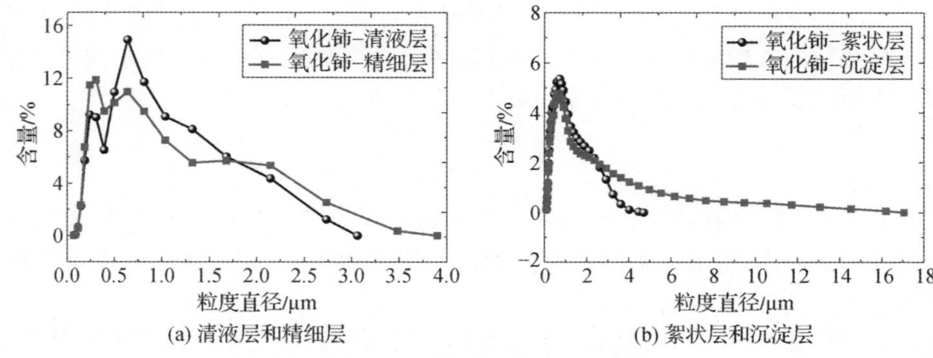

(a) 清液层和精细层　　(b) 絮状层和沉淀层

图 5－50　抛光液分层后各层粒度分布

表 5－16　抛光液中不同分层的最大粒径和中位粒径

尺寸	清液层	精细层	絮状层	沉淀层
最大粒径/μm	3.062	3.902	4.718	17.05
中位粒径/μm	0.614	0.529	0.658	0.713

抛光液中颗粒均匀分布有利于均匀磨削，而抛光液中颗粒的局部聚集会促使局部产生高热量，导致对温度敏感的抛光模出现局部变形。抛光液的供给方式会直接影响到抛光液在抛光模上的整体分布情况。如图 5－51 所示，采用了一种简单易操作的方法，使用多个输液管组成的滴管式抛光液供给方式，可使抛光液均匀地滴在抛光模不同半径的环带上，而且根据不同的光学表面抛光情况可调节滴液流量的大小。另外，在抛光过程中，抛光颗粒会缓慢地沉到抛光模沟槽中而不参与抛光，此时可每隔一段时间用干净的毛刷搅动沉下的抛光颗粒，使其悬浮参与磨削。

图 5－51　一种简易的抛光液供给方式

5.3.6　超光滑表面工艺实验结果

5.3.6.1　元件研磨和预抛光

光学元件经铣磨成型后，进入粗磨和精磨阶段。如 5.3.2 节所述，依次经历粒度逐渐减小的研磨工序，每一步研磨工序都要保证去除上一步产生的表面裂纹和应力层。研磨过程通常使用粒度号分别为 W28 和 W10 的绿碳化硅磨料以及 W5 和 W2.5 的白刚玉磨料，对四种不同粒度磨料研磨后的表面分别采用金相显微镜和表面轮廓仪进行表面形貌及表面粗糙度的测试，测试结果见图 5－52和图 5－53。图 5－52 为石英玻璃经过四种不同粒径磨料研磨后的表面微观形貌，图 5－53 为两块石英玻璃基板研磨样品的表面粗糙度 R_a 与磨料粒度之间的关系，样品表面粗糙度随着磨料粒径减小而迅速降低，但不是线性变化的规律。

在预抛光过程中需要注意释放在粗磨成型过程中元件表面产生的应力。在铣磨和粗磨过程中，由于铣削速度太快、磨砂颗粒大等原因，会在玻璃表面产生应力形变层，经精磨、抛光后这种应力随时间的推移可以逐渐消除。由于元件在粗磨后进行后续加工时，仅能分表面依次加工，例如在加工第二面时，已

(a) W28磨料研磨后玻璃表面形貌　(b) W10磨料研磨后玻璃表面形貌

(c) W5磨料研磨后玻璃表面形貌　(d) W2.5磨料研磨后玻璃表面形貌

图 5－52　经过不同粒径的磨料研磨后的表面微观形貌

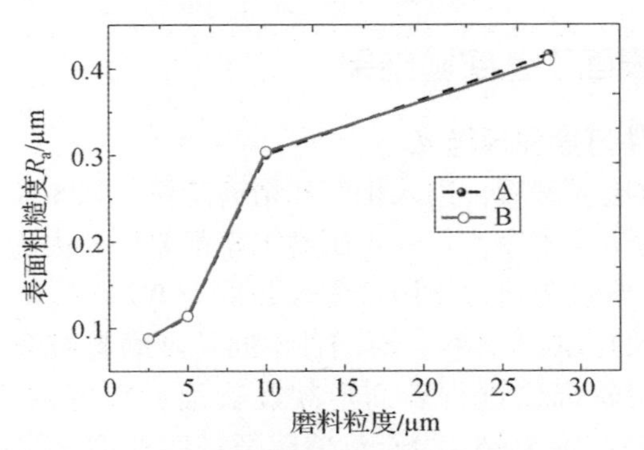

图 5-53　表面粗糙度 R_a 与粒径关系

加工好的第一面会由于应力的存在而产生塌边和翘边等面形变化。因此为了避免反复加工，一般采用降低应力的方法：①在铣磨成型和粗磨阶段选择合适工艺参数，尽可能地减少应力的产生；②将光学元件的边缘和所有表面进行粗抛光后，再进行后续的细磨和抛光；③在精磨、抛光前将粗磨成型的元件用20%~25%的氢氟酸溶液浸泡10~25min，将前道工序产生的应力释放。

将研磨过的两块石英玻璃基板进行预抛光。预抛光使用的磨料是更精细的氧化铈（平均粒径约1μm），为了降低加工过程中产生新的应力，采用相对更柔软的沥青抛光模。在预抛光过程中，去除研磨产生的砂眼、麻点及划痕，同时使元件的面形得到一定程度的修正。经预抛光20h后的表面形貌测试结果如图5-54所示。当光学元件的表面面形加工到2~3个光圈时，再使用摇摆式研磨抛光机进行面形误差修正效率很低，因此后续采用连续抛光工艺进一步降低面形误差和表面粗糙度。

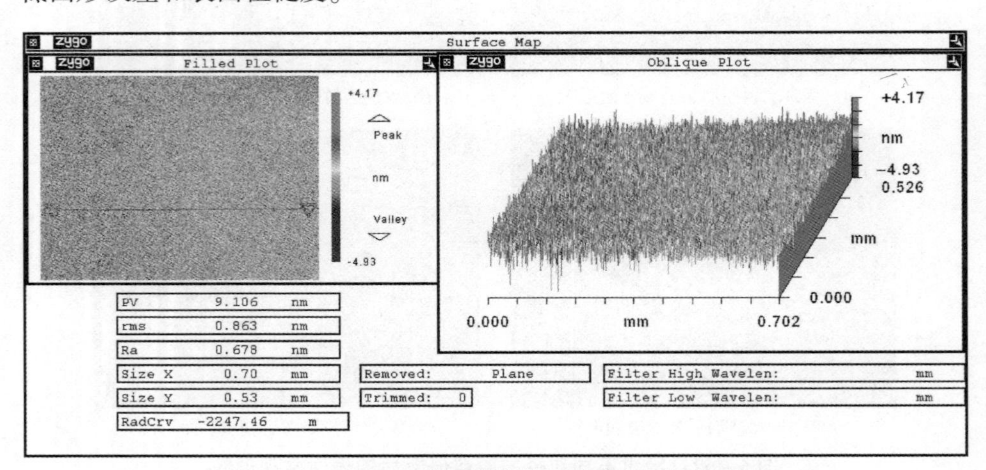

图 5-54　ZYGO 表面轮廓仪测试的表面微观形貌

5.3.6.2　连续抛光工艺实验

连续抛光技术中元件旋转具有连贯性，如前所述的环形抛光技术，在 5.3.2 节中对其运动原理已做介绍并在 5.3.3 节中进行仿真计算。本节所述的连续抛光包括常规的环形抛光和浴法连续抛光，分别用于面形的快速收敛和低表面粗糙度的超光滑表面形成。在环形抛光过程中，抛光模和元件之间只有元件自身重力引起的压力，去除速率虽然较低但是产生的应力极小；环形抛光中元件和抛光模构成行星转动结构，通过工艺参数的调整可实现长周期复杂运动轨迹，辅以修正盘实时修整抛光模平面度，可实现面形精度的快速收敛。

在环形抛光中，抛光模面形的校正极为重要。为了使修正盘能够更好地修正抛光模的面形，在抛光过程中选择稳定性好、自身质量大的大理石材料作为修正盘。根据抛光模面形的变化需适时调整修正盘压力大小，可通过调节与修正盘所连接气泵压力的大小，对大理石自身质量进行不同程度的卸载，实现修正盘作用力大小的调控，从而提高抛光模面形修正效率。如图 5 – 55 所示，标定的气泵气压值与修正盘压力的关系（不同修正盘的曲线斜率会有所不同）。对图 5 – 55 中的测试数据进行分段拟合，得出修正盘压力 P 与气压值 p 的关系为

$$P=\begin{cases}53.5972+0.00768p, p=0\sim25\text{atm}^{①}\\71.15548-0.67757p, p=25\sim100\text{atm}\\0, p=100\sim115\text{atm}\end{cases}\tag{5-34}$$

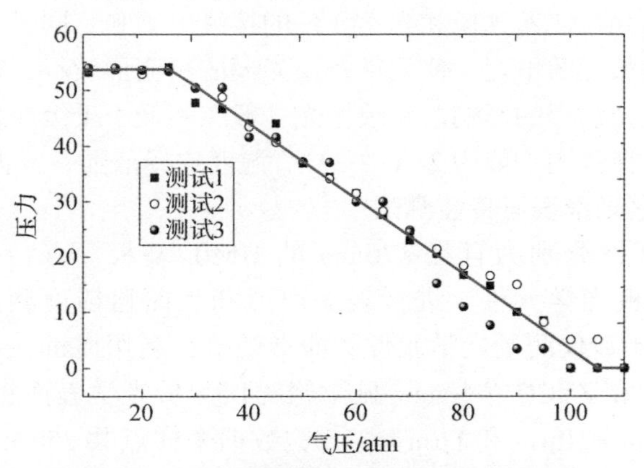

图 5 – 55　气泵气压值与修正盘压力对应关系

① 1atm = 101325Pa。

环形抛光技术对超高面形精度光学元件的加工极为有利，尤其当被加工元件为异形元件（如方形）时，传统加工方式容易出现边缘效应问题，导致边缘面形精度难以控制。在环形抛光工艺中，元件可依靠自身重力在抛光模上自由转动，通过设计合理的工装即可消除面形的边缘效应问题。如图5-56所示，设计的聚四氟乙烯材料的低应力异形元件抛光工装。聚四氟乙烯分离环外面带有齿轮，通过与环形抛光机上伺服电机的齿轮啮合，可实现元件主动旋转控制。分离环里面可根据待加工元件的形状再设计相应工装，通过插销与分离环联接，从而实现对任意形状光学元件的表面抛光。

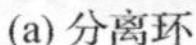

(a) 分离环　(b) 内嵌方形元件　(c) 装配体

图5-56　聚四氟乙烯分离环

当光学元件表面的面形误差控制达到较高精度时，再进一步控制元件的表面粗糙度。因此，最后一道工序的超级抛光至关重要，该工序采用的是基于连续抛光技术改进的浴法抛光。抛光过程中，将沥青抛光模和抛光元件浸没于抛光液中，液体的存在使抛光模和光学元件的接触更柔和；同时，大量的液体保证了抛光模表面温度的恒定，使元件及抛光模的热变形较小，降低温度、湿度等环境因素对抛光过程的影响。超级抛光一般在不低于千级净化的洁净间中进行，环境温度选择范围一般为24℃±2℃，湿度选择范围一般为40%~75%。

5.3.6.3　超光滑表面特性测试

针对加工规格分别为直径170mm的HK9L基板、直径120mm和直径25mm的石英基板光学元件，进行表面面形和表面粗糙度测试[3,26,27]，使用ZYGO GPI面形干涉仪测量光学元件的面形误差，利用NanoScope系列原子力显微镜（AFM）和ZYGO Newview显微轮廓仪测量光学表面粗糙度。AFM的测量范围为10μm×10μm和1μm×1μm，数据采样点共256×256；显微轮廓仪在10X和50X物镜下的测量范围分别为0.70mm×0.53mm和0.14mm×0.11mm，图像采集的CCD阵列为640×480。

1）光学元件面形精度的测试

图5-57给出了大口径HK9L平面样品（Φ170mm×27mm）的最终面形

检测结果，中心 Φ100mm 口径的面形精度 PV = 0.045λ，RMS = 0.005λ；大口径石英基板样品（Φ120mm × 27mm）的面形检测结果如图 5 – 58 所示，中心 Φ100mm 口径的面形精度 PV = 0.064λ，RMS = 0.007λ，测试激光波长为 632.8nm。

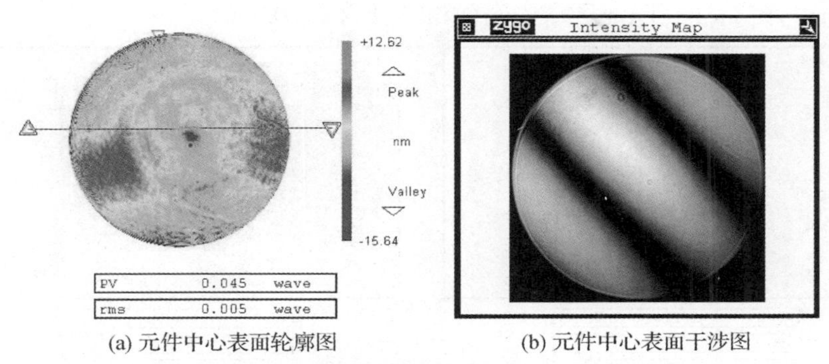

(a) 元件中心表面轮廓图　　(b) 元件中心表面干涉图

图 5 – 57　HK9L 基板的面形检测结果（中心 Φ100mm）

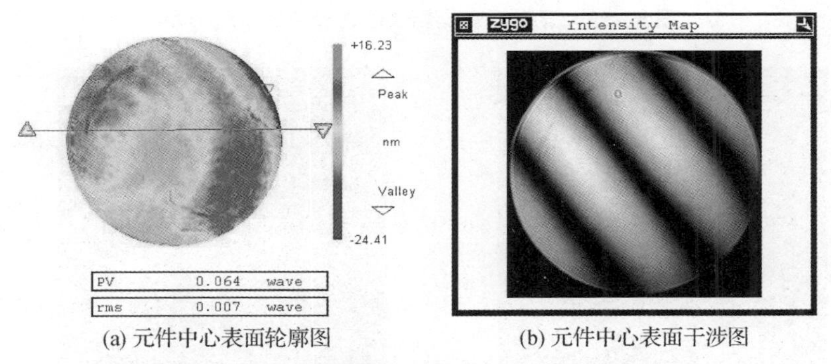

(a) 元件中心表面轮廓图　　(b) 元件中心表面干涉图

图 5 – 58　石英基板的面形检测结果（中心 Φ100mm）

2）元件表面粗糙度测试

在实际抛光过程中，采用激光暗场显微镜观察表面散射光的强弱，可以定性地检验抛光后超光滑表面的粗糙度，指导超光滑表面的抛光过程。这种定性检验方法操作简单，方便选择检测区域，可实现快速检测。通过选择合适波长的激光照明，可以改善对抛光表面微缺陷的敏感度，在高倍率下更能够直观地观测到抛光过程中样品表面的细微变化，是一种很实用的检测手段。但是，该方法的缺点是不能将检测结果定量化，无法通过确切的数据比较表面粗糙度的变化情况，而且对样品检验结果的判断有赖于长期积累的经验。因此，利用 ZYGO Newview 显微轮廓仪和原子力显微镜测试表面粗糙度的三维微观形貌，给出定量的检测结果。

针对上述抛光的 Φ25mm 石英基板进行表面粗糙度测试。图 5-59 为使用 ZYGO Newview 显微轮廓仪测量光学表面粗糙度的结果，在 10X 镜头下测试的表面粗糙度为 1.939Å，在 50X 镜头下测试的表面粗糙度为 1.806Å；图 5-60 为使用原子力显微镜的测试结果，在 10μm × 10μm 区域中表面粗糙度为 0.224nm，在 1μm × 1μm 区域中表面粗糙度为 0.203nm。

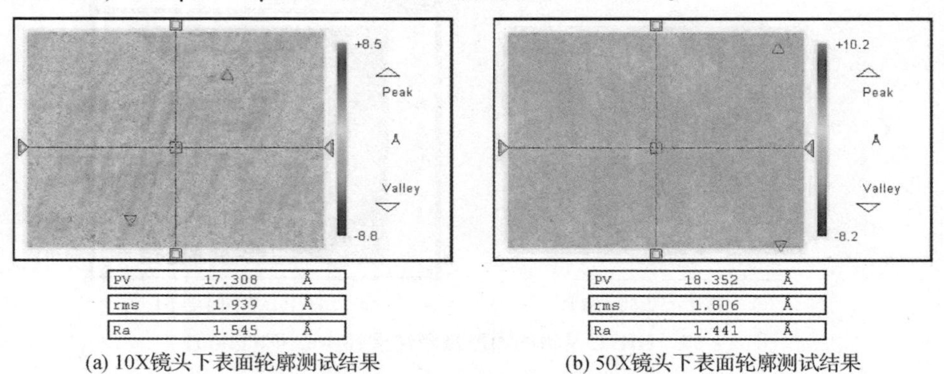

(a) 10X镜头下表面轮廓测试结果　　(b) 50X镜头下表面轮廓测试结果

图 5-59　显微轮廓仪测试超光滑表面微观形貌

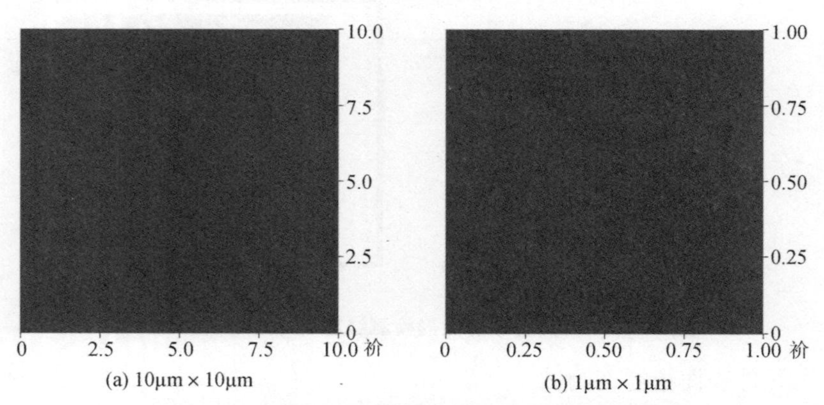

(a) 10μm × 10μm　　(b) 1μm × 1μm

图 5-60　原子力显微镜测试超光滑表面微观形貌

5.4　亚表面形成机制与评价方法

5.4.1　亚表面形成的几种机制

光学材料的加工过程一般包括磨削、研磨和抛光，其中磨削和研磨属于光学元件成型加工，主要依靠材料的脆性碎裂实现光学元件的成型。磨料的棱尖像一把“车刀”在进行“车削”加工，经过许多棱尖的切削作用后材料被有效去除，但同时会在表面留下密密麻麻、纵横交错的划痕，以及产生很深的纵向裂纹和含有残余应力的亚表面损伤层[26]。抛光过程是获得高精密面形和极低表面粗糙度的工序，由于抛光颗粒粒径较小，且有较好的破碎性，不会造成深度明显的纵向裂纹。但若存在团聚的大颗粒或抛光正压力过大时，同样可能会产生很细小的划痕。只有对最后的抛光过程进行精密、合理的控制，才能够去除前道工序产生的亚表面缺陷，同时避免引入新的结构缺陷，最终得到极低表面粗糙度和低亚表面损伤层的超光滑表面[27]。

由于不同加工工序对光学材料的去除机理不同，因此产生的缺陷结构也不同，通过对缺陷形貌、缺陷分布和深度的分析，能够获得每道加工工序应该达到的去除量，从而实现高质量光学元件的加工。图 5－61 为一般意义的亚表面损伤层结构示意图，包括抛光层（再沉积层）、缺陷层、变形层和本征层。实际情况往往更为复杂，主要是由于不同加工工艺产生缺陷的机理和损伤结构表现形式不同。

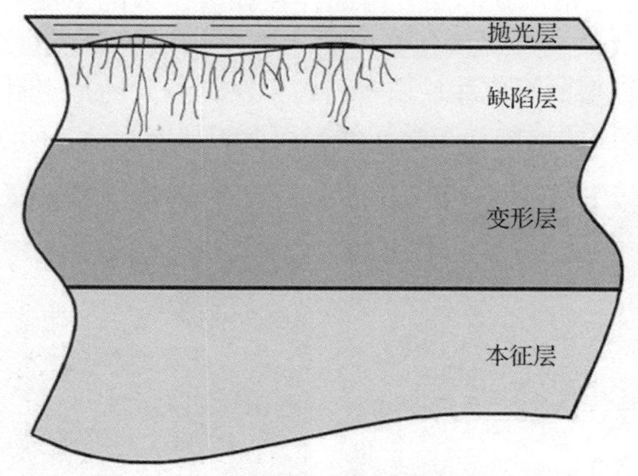

图 5－61　亚表面损伤层结构示意图

亚表面缺陷的主要表现为切割磨削的残留痕迹、研磨缺陷、研磨麻点、纵向裂纹、水平方向的划痕、抛光轨迹以及材料本身的微量杂质和气泡等。

5.4.1.1　切割磨削的残留痕迹

典型的光学切割磨削表面残留痕迹如图 5－62 所示。由于材料在切割铣磨、磨削定形等加工过程中，接触区的作用力非常大，且去除速率较快，容易产生非常规则、有一定方向性、上百微米深的缺陷。有些缺陷隐藏很深，甚至延伸到表面以下 400～500μm 的深度，因此后道研磨工序去除量必须要达到 500μm 以上。

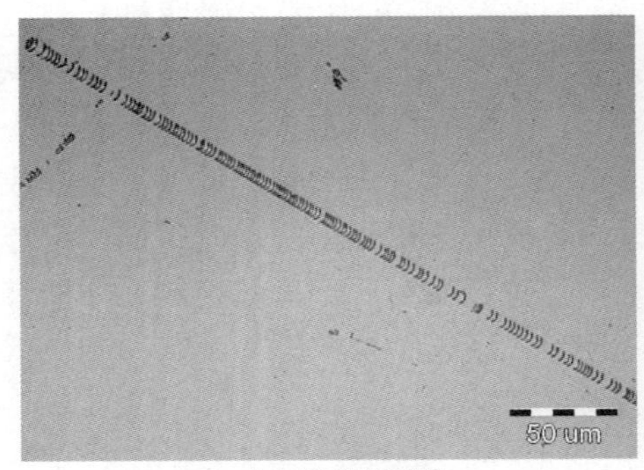

(a) 金相显微镜图像

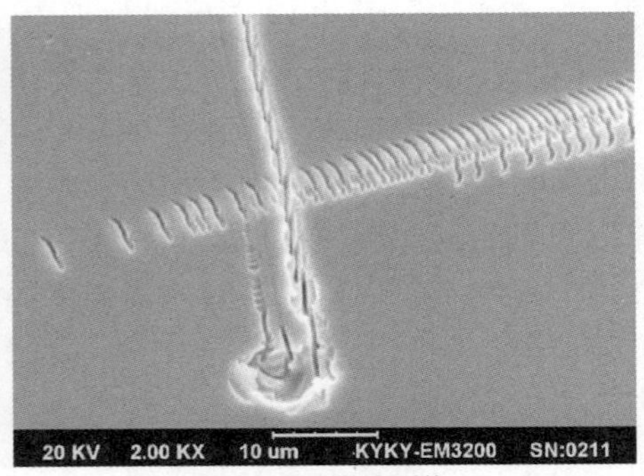

(b) 电子显微镜图像

图 5-62 切割磨削加工工序的残留痕迹

5.4.1.2 研磨工序产生的缺陷

在研磨过程中，磨料通常采用不同粒径的 SiC，以牌号 W28 为例，SiC 颗粒质地坚硬、棱角清晰，能够对破碎性材料实现切削作用，达到快速去除的目的，但同时会在表面形成缺陷层，内部存在孔隙、杂乱不规则、残余应力大，即有“毛”面的效果。这层透光性差的“毛”面层，需要在后期的抛光阶段去除，而“毛”面层的深度往往由磨料粒径决定，大约是磨料平均粒径的 4~8 倍，磨料颗粒表面的形貌和光学元件表面形貌如图 5-63 所示。

(a) 磨料颗粒表面形貌

(b) 光学元件表面形貌

图 5-63 W28 SiC 磨料颗粒以及研磨后的光学表面

5.4.1.3 研磨工序产生的麻点

在光学表面的抛光阶段，如果没能彻底去除研磨工序的“毛”面层，很容易在表面形成“麻点”状的凹坑或蚀坑，“毛”面层的孔隙结构在抛光中被掩盖，但部分仍会暴露出来，在表面呈现密密麻麻的分布，且有一定深度，如图 5-64 所示。

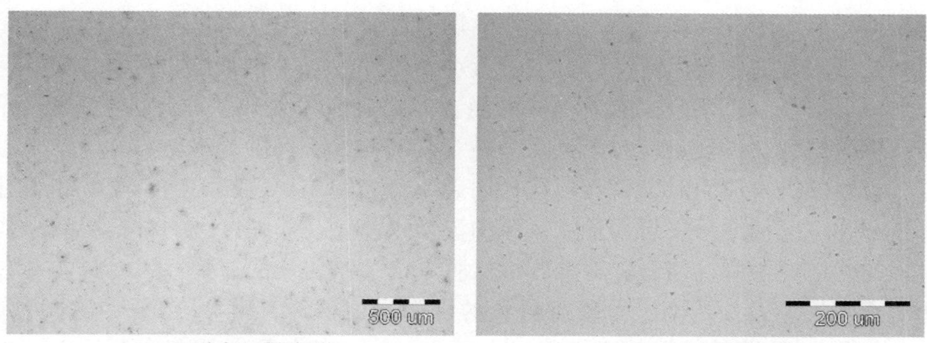

(a) 50X金相显微镜图　　(b) 100X金相显微镜图

图5-64　抛光表面密集分布的研磨麻点

5.4.1.4　纵向裂纹和水平划痕

纵向裂纹和水平划痕是亚表面层最为常见的缺陷，该类缺陷成因复杂且对加工参数敏感，因此在每道加工工序中都可能会形成。图5-65是两种典型的表面水平划痕，一种连续且比较细长，另外一种呈间断连续状，前者是硬质颗粒的棱角划过材料表面留下的缺陷，后者是颗粒在滚动中突出的棱角大力挤压出的痕迹。

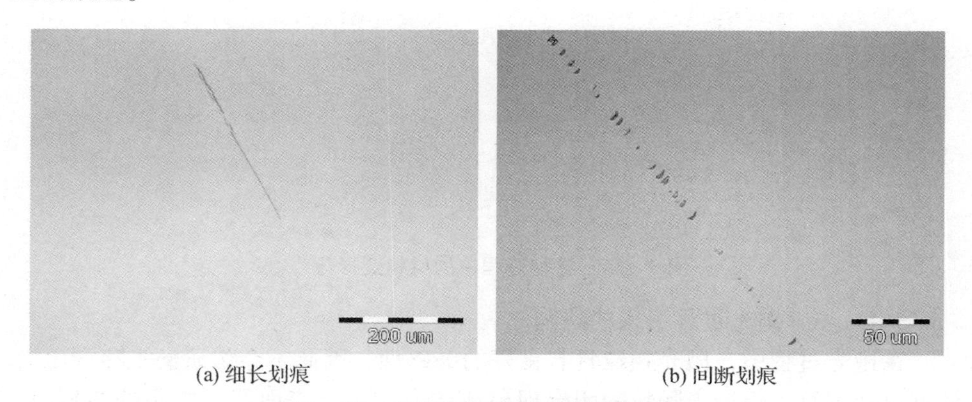

(a) 细长划痕　　(b) 间断划痕

图5-65　水平方向不同性质的划痕形貌

深入分析表面的裂纹和划痕现象，必须了解裂纹和划痕的产生机理，并结合材料在磨粒作用过程中所受应力的变化情况。从压痕断裂力学角度对精密磨削时材料的变形行为进行分析，如图5-66所示[28-31]，磨料与加工材料接触点的正下方是死区和非弹性变形区。在加载过程中，死区材料没有变形。在磨粒的切深由小逐渐增大的过程中，光学材料的变形由最初的弹性接触变为塑性变形，再进一步发展到微观裂纹形成阶段，在表层形成一层非弹性变形区，非弹性变形主要包括塑性变形、相变和软化等。非弹性变形区的材料向磨痕的两侧流动，从而形成堆积现象。当磨粒的切深进一步加大，非弹性变形区由于受到磨粒挤压会加剧侧向流动，材料的流动使得弹性区域和非弹性区域的变形不一致，从而产生了残余拉应力，并可能在最大拉应力处或从非弹性/弹性边界处产生微观裂纹，残余应力的存在为微观裂纹的扩展提供了驱动力。当拉应力超过材料的极限应力时，就会形成径向裂纹；当磨粒划过加工区，类似卸载过程，非弹性区的变形不再增加，其侧向流动也停止。而弹性区的材料会因卸载过程的终结产生弹性恢复，对非弹性区材料产生挤压从而在弹性区材料的左右两侧产生拉应力，当拉应力超过材料的极限强度值时，就会在最大拉应力附近、与非弹性/弹性边界的切线处产生侧向裂纹，横向裂纹随着磨粒的进一步离去（卸载）过程的完成而扩展。因此，只要材料与磨料的接触区域所受的力超过某一临界值就会产生裂纹，应力便以材料断裂的方式去除并留下裂纹损伤。

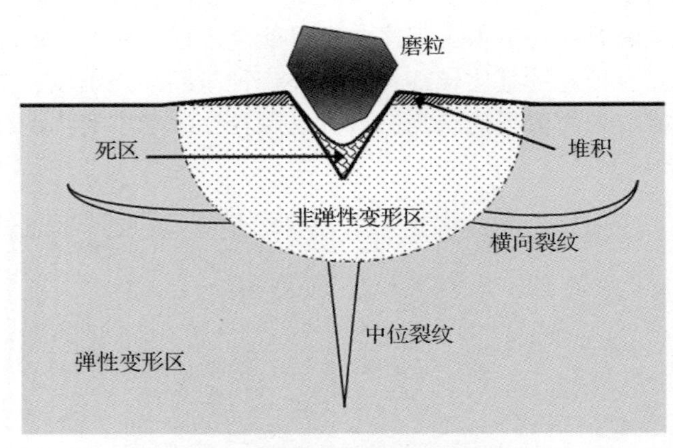

图 5－66　磨削过程中的材料变形行为

5.4.1.5　抛光过程引入的缺陷

在抛光过程中，抛光颗粒具有良好的破碎性，因此不会像研磨工序产生大的划痕和裂纹，但抛光颗粒的团聚现象往往会在抛光表面留下细小的浅划痕，所以要尽可能地避免抛光颗粒的团聚；与此同时，如果抛光盘与光学元件的接触压力过大，也会留下定向的各向异性结构，所以要合理控制接触压力的大小。图 5－67（a）为原子力显微镜捕捉到的由团聚颗粒产生的小划痕，宽约 0.5 μm，深约 2nm；图 5－67（b）为在 25X 激光（532nm）暗场显微镜下观察到的接触压力过大时表面的各向异性结构。

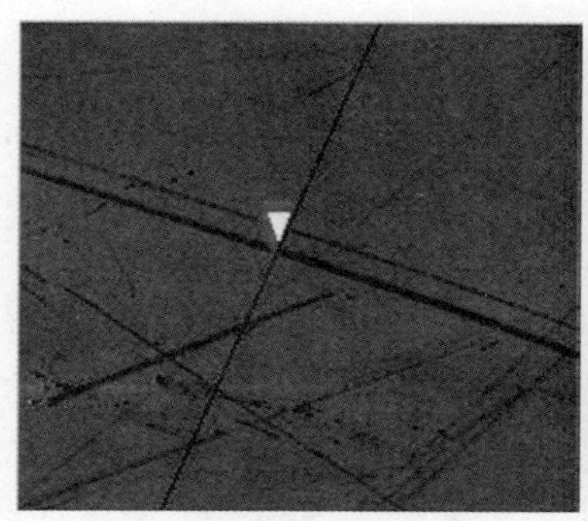

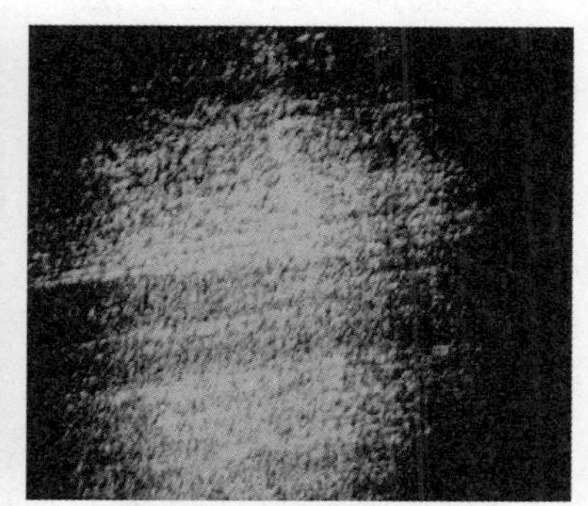

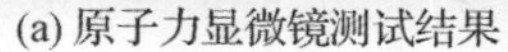

(a) 原子力显微镜测试结果　　(b)激光暗场显微镜测试结果

图5－67　抛光过程引入的缺陷

5.4.1.6　材料本身的缺陷

除了在加工工序中产生的缺陷外，材料本身存在的微小杂质和气泡也不可忽视。光学表面金相显微镜测试结果如图5－68所示，图中的缺陷为材料中存在的孔隙，通常是由在玻璃熔炼过程中未排除的气体形成。因此，为了制备高质量的光学元件，选用纯度高、均匀性好、残余应力小、折射率准确的光学原材料是必要的。

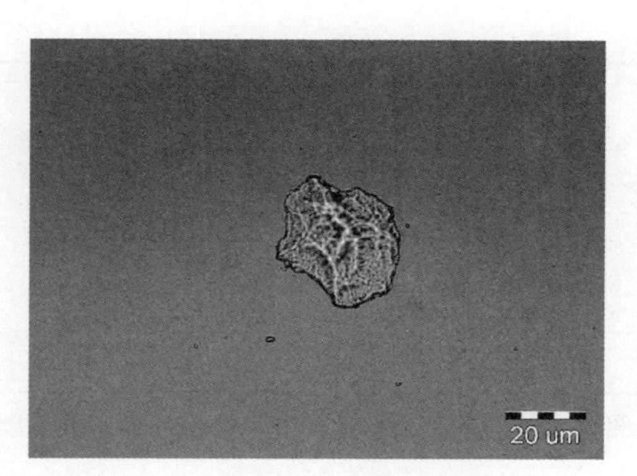

图5－68　材料本身存在的微小孔隙

综上所述，光学材料加工过程的每道工序都要求有一定的去除量，从而去除上一道工序产生的缺陷。尽管不可避免地会同时引入新缺陷，但每一道工序会随着所使用的工具、磨料颗粒特性的变化，产生的新缺陷层在逐渐减小。若某一道工序存在去除量不足，那么这一道工序的缺陷将很可能遗留到抛光结束，最终会影响到光学元件的质量。因此，认识和了解每道工序引入的缺陷层特性，科学评价每道加工工序去除深度的合理性显得尤为重要。

5.4.2 亚表面损伤层表征方法

5.4.2.1 化学腐蚀表征法

通过化学腐蚀方法对光学元件的亚表面进行分层刻蚀，可以观察到不同深度下亚表面层的形貌和性质。尽管该方法属于破坏性检测，但作为一种最为直观的检测方式，在亚表面损伤层的研究中已被广泛使用[32,33,34]。

以熔融石英抛光表面为例，氢氟酸是最常用的腐蚀溶剂，具体是将去离子水、氟化氢铵、丙三醇和乙二醇按照一定的比例配制。其中氟化氢铵的浓度为1.6%，保证溶液具有一定的腐蚀速率，实现有效而平稳的腐蚀；氟化氢铵等效为 NH_4F 和 HF，在与石英材料反应中，由于形成 SiF_4，F^- 浓度逐渐降低，NH_4HF_2 中 HF 分解后产生的 F^- 可以补充消耗的 F^-，使 F^- 浓度保持在一定水平；丙三醇和乙二醇作为缓冲剂，能够确保刻蚀速率的稳定，尽可能避免反应过程中生成的氟化盐堆积在表面。刻蚀速度与溶液浓度、环境温度密切相关，通常浓度越大、温度越高，刻蚀速度越快。为了确定石英玻璃的刻蚀速率，需要准确测量玻璃的刻蚀深度。因此，将玻璃样品表面的一部分进行保护，对其余部分进行刻蚀，刻蚀结束后使用 ZYGO 轮廓仪测量得到两个平面间的台阶高度差即为刻蚀深度，测试结果如图 5－69 所示，然后再除以相应的刻蚀时间即可得到刻蚀速率。

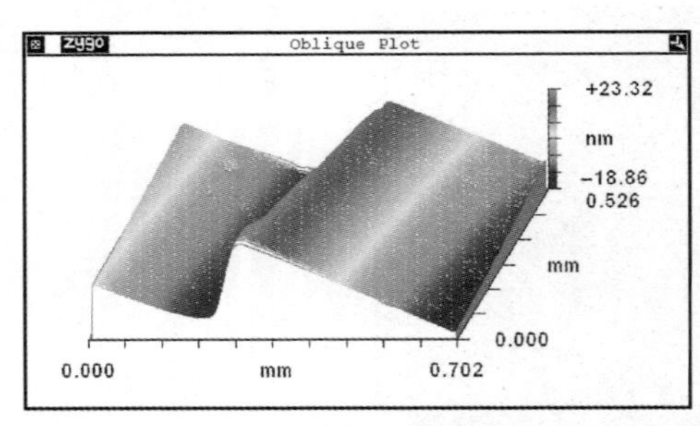

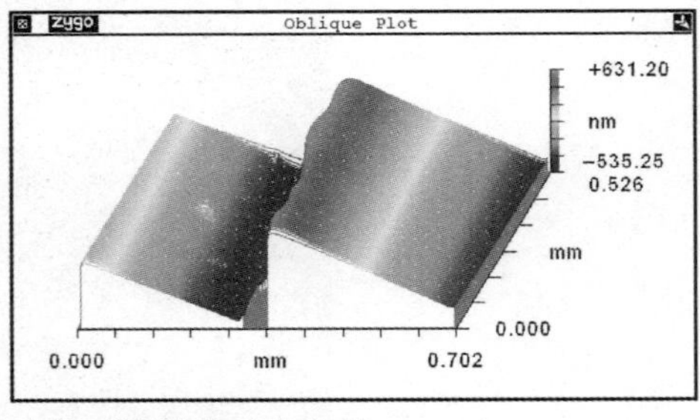

图 5－69 基于 ZYGO 轮廓仪测量的台阶高度差

采用 ZYGO 显微轮廓仪对刻蚀台阶的测量，这种方法仅适用于刻蚀深度较小的情况。当刻蚀深度达到微米量级时，需要使用台阶仪精确测量台阶的高度。使用浓度为 1.6% 的氟化氢铵溶液，在 60℃ 的恒温条件下对石英玻璃超光滑光学表面进行刻蚀，不同刻蚀时间所对应的刻蚀深度如图 5－70 所示。

超光滑表面石英样品的均方根粗糙度刻蚀前约为 0.3nm，在不同刻蚀深度下的表面形貌如图 5－71 所示。图 5－71（a）为刻蚀前的光学表面，表面平整完好且粗糙度较小；图 5－71（b）为刻蚀深度约 30nm，表面形貌发生细微

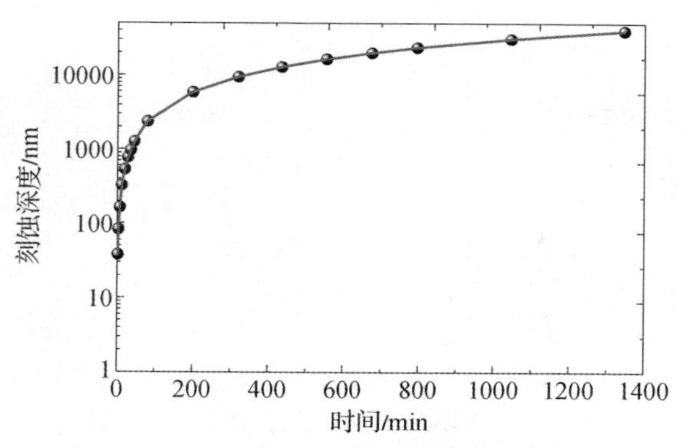

图5－70　刻蚀深度与时间的关系曲线

变化，粗糙度稍微增加且出现了抛光过程残留的细微痕迹；图5－71（c）为刻蚀深度约100nm，一些位置出现了明显的划痕，深度在几纳米长度约在毫米量级，这些均为经酸腐蚀后暴露出的亚表面损伤缺陷；图5－71（d）为刻蚀深度约200nm，较浅但稍长的划痕逐渐消失，但出现了个别深度在10nm左右的短划痕，还出现了深约5nm的点状小坑，局部位置出现了明显的各向异性抛光痕迹；图5－71（e）为刻蚀深度约400nm，抛光痕迹消失，深约几纳米的点状小坑仍然存在，表面整体比较均匀；图5－71（f）为刻蚀深度约600nm，点状小坑均被去除，表面整体质量较好。

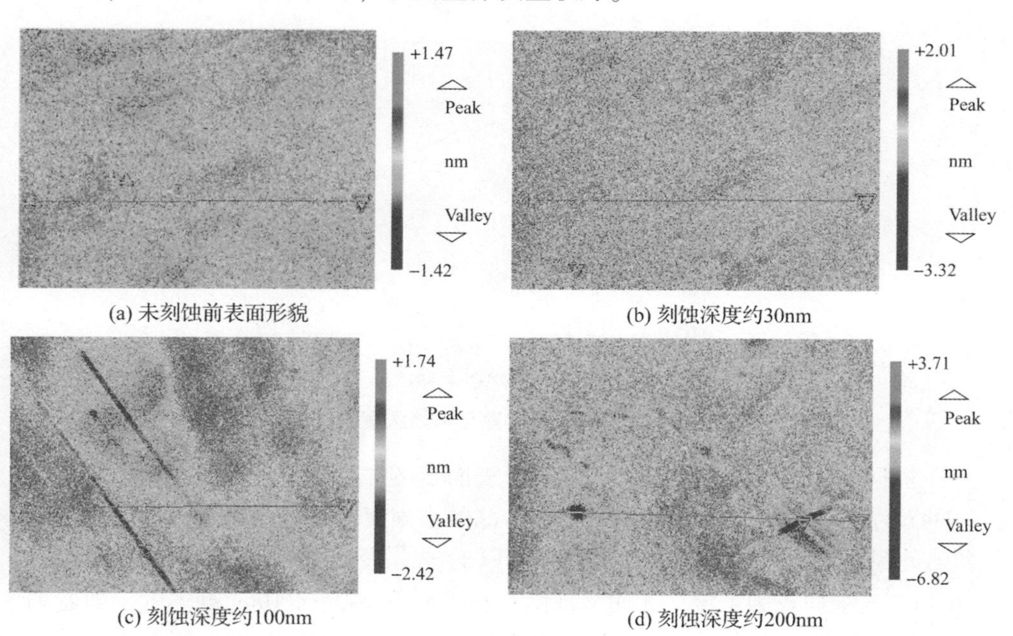

(a) 未刻蚀前表面形貌　　(b) 刻蚀深度约30nm

(c) 刻蚀深度约100nm　　(d) 刻蚀深度约200nm

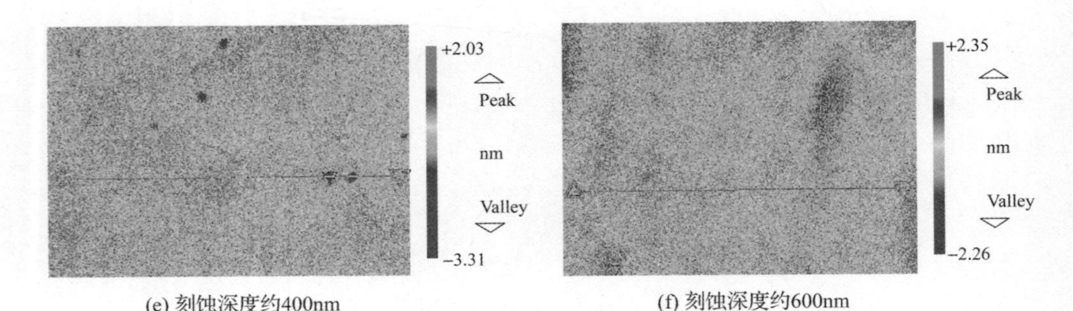

(e) 刻蚀深度约400nm　　(f) 刻蚀深度约600nm

图 5 – 71　不同刻蚀深度下的亚表面形貌

在化学腐蚀过程中，熔融石英表面粗糙度也随之发生变化，图 5 – 72 给出了表面粗糙度随刻蚀深度的演化规律：超光滑表面本身具有较低的粗糙度和较高的表面质量；当刻蚀深度达到约 30nm 后，表面形貌发生改变，粗糙度稍微增大；当刻蚀深度达到约 100nm 时，亚表面损伤层暴露，如一些长划痕，导致表面粗糙度明显增大；特别是当刻蚀深度达到约 200nm 时，出现了短而深的划痕和点状小坑以及明显的抛光痕迹，粗糙度达到最大值；当刻蚀深度达到约 400nm 时，尽管小坑仍然存在，但划痕消失，表面粗糙度降低；当刻蚀深度达到约 600nm 时，各种缺陷基本消失，表面形貌又呈现出平整完好状态。

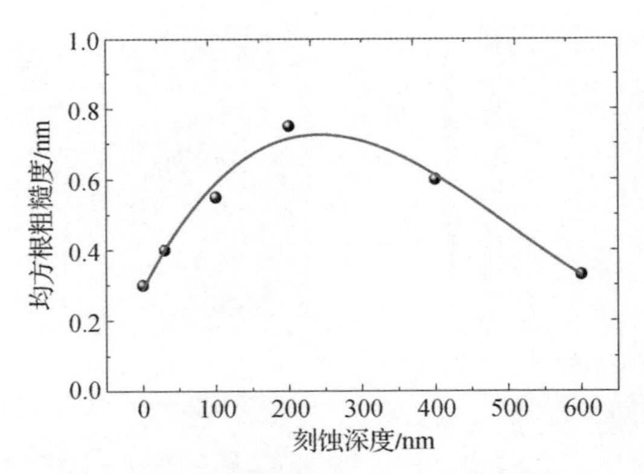

图 5 – 72　表面粗糙度与刻蚀深度的关系

根据上述的实验结果分析，超光滑表面石英样品的亚表面损伤缺陷按照暴露的顺序依次主要表现为浅的长划痕、深的小划痕、点状小坑，而抛光痕迹始终在个别位置出现。从图 5 – 73 中可以看出：表面下的再沉积层厚度约为 60nm，其结构较为稳定，无明显缺陷；在表面下 100 ~ 400nm 范围内，随着刻蚀深度的增加，亚表面损伤层逐渐显现；在表面下 400 ~ 600nm 范围内，缺陷结构逐渐消失。因此可以得到一些半定量结论：经过超抛工序表面损伤层结构并不明显，主要因为超抛是最后工序，并没有产生较深的亚表面传递并隐藏在再沉积层下，由于去除量达到一定值也有效地消除了前道加工工序产生的亚表面损伤，因此最终得到了较低的表面粗糙度和较浅的损伤层。

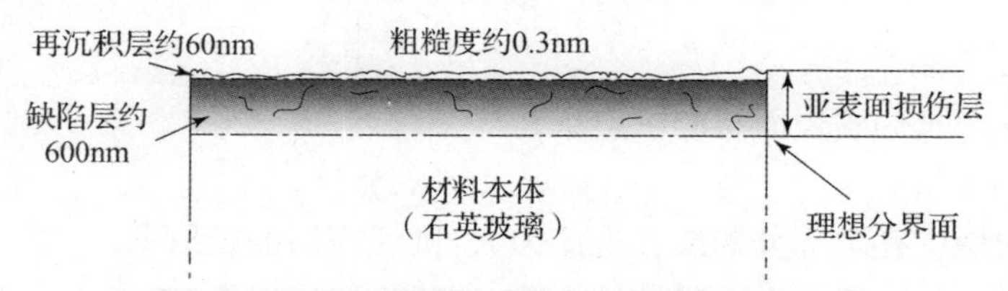

图5-73 超光滑表面熔融石英样品的亚表面层示意图

5.4.2.2 无损伤测试表征

基于椭偏测试的赝布儒斯特角分析技术，可用于超光滑表面和亚表面损伤层的表征，是一种简单有效的无损伤表征方法[35,36]。根据第3章3.4.3节中的分析，当光线以布儒斯特角 θ_B 入射到透明材料的理想表面时，p偏振光的反射相移 Δ_p 会由180°跃变成0°，并且p偏振光的反射率 $R_p=0$。对于透明材料的非理想光学表面，由于表面粗糙度和亚表面损伤层的存在，只能使用赝布儒斯特角 θ'_B 的概念，与理想的布儒斯特角之间的偏差（$\Delta\theta=\theta'_B-\theta_B$）是由表面粗糙度和亚表面损伤层引起的。

建立含亚表面缺陷层和表面粗糙度的光学表面物理模型，如图5-74所示：沿着超光滑表面的法线方向，将光学元件看成“基板|亚表面|表面”系统，其中亚表面等效为渐变折射率薄膜，这种假设与5.4.2.1节中的亚表面物理特征基本相符。粗糙表面等效为超光滑表面基板材料与空气的混合层。亚表面的深度是渐变折射率薄膜的厚度，而表面层的厚度为超光滑表面均方根粗糙度值 σ_s 的两倍。

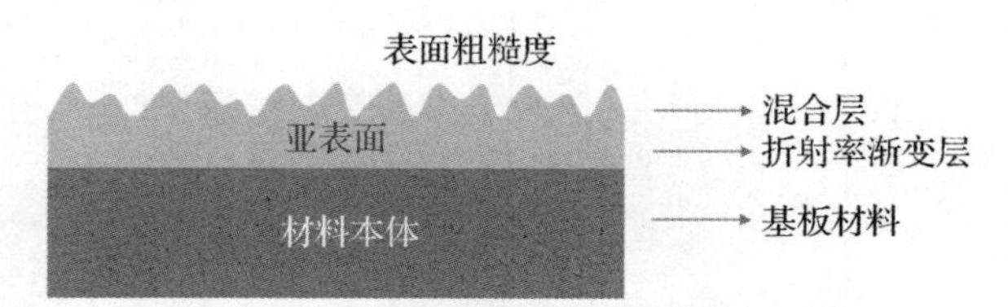

图5-74 亚表面缺陷层物理模型示意图

亚表面损伤层的深度为 d_{sub}，表面粗糙度为 σ，基板材料的折射率为 N_s，将亚表面等效为负折射率梯度的渐变折射率薄膜（从基板到空气折射率下降），x 轴的方向是法线方向，材料本体界面为原点，折射率梯度为 Δn。从材料本体界面到表面之间任意一点 x 的折射率方程为

$$n(x)=N_s\left[1+\Delta n\left(\frac{x}{d_{sub}}\right)^T\right] \tag{5-35}$$

将亚表面层进行平面切片分割，切片层数为 N，每层切片的厚度为 d_{sub}/N，平面切片的厚度远小于入射光波长 λ_0，则第 j 层切片的折射率为

$$n_j=N_s\left[1+\Delta n\left(\frac{x}{d_{sub}}\right)^T\right] \tag{5-36}$$

从亚表面延伸到表面层的折射率为

$$n_{suf}=N_s(1+\Delta n) \tag{5-37}$$

在表面层中孔隙部分的成分占比为 f，则表面层的折射率 n_{mix} 为

$$n_{mix}=\sqrt{\frac{[N_s(1+\Delta n)]^2(2-2f)+(2f+1)}{[N_s(1+\Delta n)]^2(2+f)+1-f}} \tag{5-38}$$

基于以上系列公式，将亚表面缺陷层和表面层分别等效为渐变折射率薄膜和表面层薄膜，根据“基板|渐变折射率薄膜|表面薄膜”系统的物理模型，就可计算出整个系统的反射相移 $\Delta(\lambda,\theta)$。在实际工作中，通过使用椭圆偏振仪测量薄膜系统的反射相移 $\Delta(\theta)$，固定测试波长为 λ_0，设定测量角度范围为 $\theta_B\pm1°$（$\theta_B=\mathrm{actan}(N_s)\times180°/\pi$ 为理想的布儒斯特角），测试角度的步长为 0.01°（根据测试精度还可选择更小的角度间隔），通过对反射椭偏光谱的反演可得到亚表面损伤层深度 d_{sub} 和表面粗糙度 σ。

首先，假设 σ 为 0.1～1nm，计算分析表面层 σ 对 900nm 波长反射相移变化的影响。图 5－75 给出了无亚表面损伤的情况下熔融石英表面粗糙度对反射相移的影响：随着表面粗糙度的增大，只是改变了反射相移曲线的形状，偏离了陡峭的反射相移曲线，布儒斯特角的位置并没有发生明显改变。因此可以确定表面粗糙度影响到反射相移曲线的形状，并不会改变布儒斯特角。

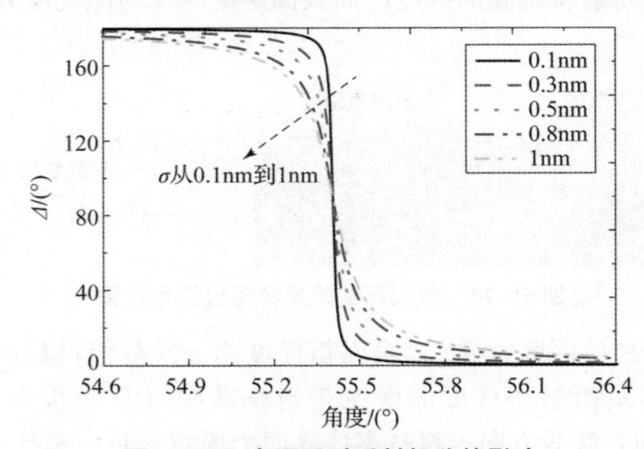

图 5－75　表面层对反射相移的影响

其次，假设表面层的粗糙度 $\sigma=0.3\text{nm}$，计算分析亚表面损伤层特征对反射相移的影响。亚表面折射率梯度分布如图 5－76（a）所示，折射率梯度分别为 －0.005 和 －0.01，亚表面层深度 $d_{\text{sub}}=1000\text{nm}$ 对反射相移的影响如图 5－76（b）所示。很明显，亚表面损伤层的存在使布儒斯特角发生了偏移。从图中可以看出，在亚表面损伤层深度不变的条件下，折射率梯度越大，布儒斯特角向小角方向的移动量越大。当折射率梯度为 －0.005 时，计算亚表面损伤层深度 d_{sub} 分别为 500nm、1000nm 和 1500nm 时，其对反射相移 Δ 的影响，结果如图 5－76（c）所示，随着亚表面层深度的增加，布儒斯特角发生了小角偏移，三种情况下的偏移量差值不明显。相比之下，亚表面损伤层的折射率梯度对布儒斯特角偏移量影响更为显著。

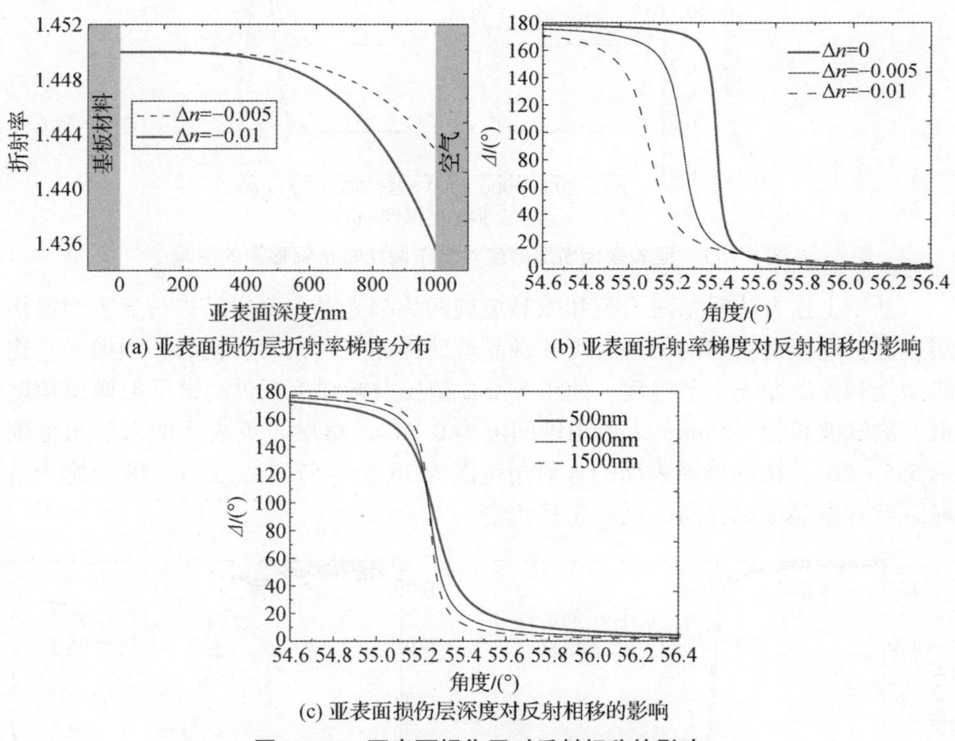

(a) 亚表面损伤层折射率梯度分布　　(b) 亚表面折射率梯度对反射相移的影响

(c) 亚表面损伤层深度对反射相移的影响

图 5－76　亚表面损伤层对反射相移的影响

为了进一步获得亚表面损伤层深度对赝布儒斯特角偏移量的影响规律，设定表面粗糙度 $\sigma=0.3\text{nm}$，折射率梯度 Δn 分别为 －0.005 和 －0.01，计算亚表面损伤层深度对赝布儒斯特角偏移量的影响，结果如图 5－77 所示。在亚表面损伤层的微结构特征一定的情况下，即形成稳定的折射率梯度，赝布儒斯特角偏移量具有周期性，在一个深度周期内有以下规律：亚表面损伤层深度在1000nm以下时，赝布儒斯特角偏移量随着损伤层深度增加而逐渐增加；亚表面损伤层深度在1000～3000nm时，赝布儒斯特角偏移量基本保持不变；达到3000nm后偏移量逐渐降低，直至损伤层厚度达到3800nm时，赝布儒斯特角再次出现无偏移现象。随着亚表面损伤层深度继续增加，上述周期特征重复出现。另外，当亚表面损伤层的折射率梯度增加时，赝布儒斯特角偏移量极大值增加。

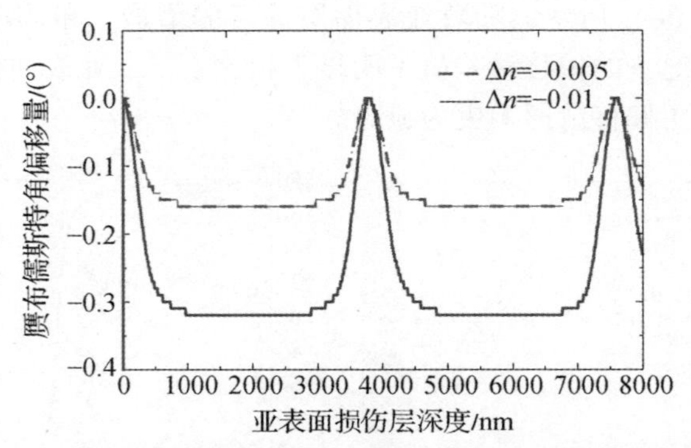

图5－77　亚表面损伤层厚度对赝布儒斯特角偏移量的影响

基于上述方法对熔融石英和微晶玻璃两块超光滑表面样品进行亚表面损伤层表征，超光滑表面的熔融石英和微晶玻璃样品经过粗磨、精磨、预抛光、连续抛光和浮法抛光工艺过程。使用VASE型反射椭圆偏振仪测试反射椭偏角度谱，测试波长为900nm，入射角度间隔为0.01°，熔融石英表面的入射角范围为55°～56°，微晶玻璃表面的入射角范围为56.5°～57.5°，图5－78分别为熔融石英和微晶玻璃样品的反射相移角谱。

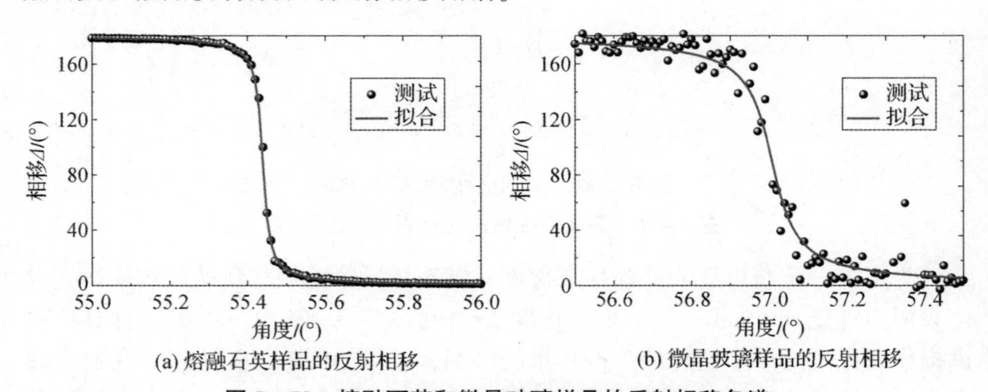

图5－78　熔融石英和微晶玻璃样品的反射相移角谱

按照“基板|亚表面层|表面层”系统物理模型对反射相移角谱进行反演计算。熔融石英样品的亚表面层折射率梯度如图 5-79（a）所示，得到表面粗糙度 $\sigma = 0.212\text{nm}$，表面层空气比例为 0.0816，折射率梯度为 -0.00347，亚表面损伤层 $d_{\text{sub}} = 23.1\text{nm}$。微晶玻璃样品的亚表面层折射率梯度如图 5-79（b）所示，得到表面粗糙度为 $\sigma = 0.495\text{nm}$，表面层空气比例为 0.1806，折射率梯度为 -0.0006，亚表面损伤层 $d_{\text{sub}} = 220\text{nm}$。通过反射相移角谱的反演数值实验分析可以确定，两块样品的亚表面损伤层较低。可以确定，基于同样加工工艺制造的超光滑表面，可以作为超低损耗激光薄膜元件的基板。

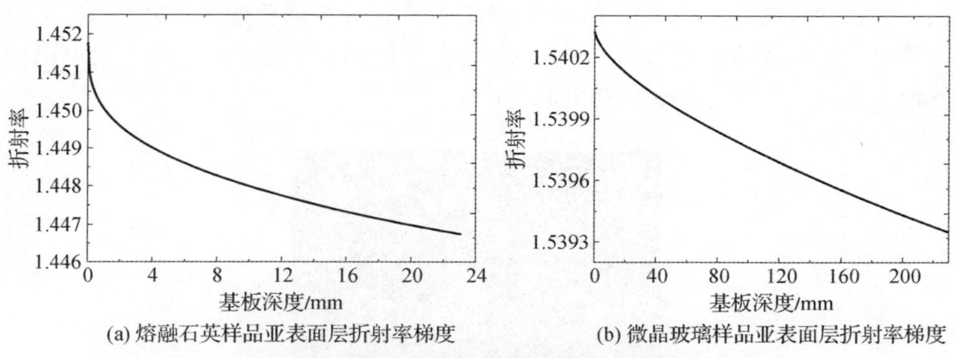

(a) 熔融石英样品亚表面层折射率梯度　　(b) 微晶玻璃样品亚表面层折射率梯度

图 5-79　熔融石英和微晶玻璃的亚表面损伤层折射率分布

5.4.2.3　共焦显微镜表征

激光扫描共焦显微镜可以获得特定深度下焦点内的图像，是一种高分辨率三维光学成像技术，对光学透明的材料可以进行内部结构成像。实际上，激光扫描共焦显微镜是通过对焦点深度的控制和高度的限制实现，采用双共焦光学系统，使用点对点的扫描去除了杂散光的影响，获得清晰的图像。激光扫描共焦显微镜在 $X-Y$ 轴方向分辨率可以达到 0.1μm，在 Z 轴方向分辨率可以达到 nm 量级，可以用于光学亚表面损伤的表征[37]。通过在 Z 轴方向上的移动，可以对同一样品不同深度进行逐层扫描实时成像，由于具有更高的 Z 轴方向分辨率，并可获取连续光学切片，获得物体大量断层图像，并利用计算机对所观察的对象进行数字图像处理观察、分析和输出，激光扫描共焦显微镜既能对物体进行层析成像，又能构建三维立体图像。激光扫描共焦显微镜在测量时不接触样品，对光学样品不存在损坏风险，是一种典型的激光无损检测技术。

采用离子束溅射沉积制备的熔融石英基板低损耗激光薄膜的厚度为 2.40μm。先将样品置于 25X 激光暗场显微镜下观察，薄膜表面并未发现任何散射损耗点，如图 5－80 所示。采用奥林巴斯 OLS4100 型激光扫描共焦显微镜，对熔融石英基板的低损耗激光薄膜不同层形貌进行了测量，样品的测量区域为 125μm×125μm。先将激光焦点沿着垂直薄膜表面的方向下移 1.25μm，测试结果如图 5－81（a）所示，并未发现有损耗点的存在；接着，将激光焦点沿着垂直薄膜表面的基板方向再下移 1.25μm，该厚度处应是基板与薄膜的分界处，在该处观察到两个损耗点，如图 5－81（b）所示；最后，将激光焦点继续向下移动 1.25μm，两个损耗点仍然存在，如图 5－81（c）所示。从图 5－80 和图 5－81 所示的现象可以分析，在激光暗场显微镜下并未观察到任何损耗点的存在，但是在激光共焦显微镜下出现了损耗点，说明该损耗点位于表面下方，常规的表面检验显微镜已经无法检测出这些损耗点。从图 5－81 中可以看出，在距离薄膜表面以下 3.75μm 处还能检测到损耗点的存在，更可以说明两个损耗点来源于基板的亚表面损伤层。

图 5－80　熔融石英表面低损耗激光薄膜 25X 激光暗场显微镜测试

(a) 薄膜表面下1.25μm处　(b) 薄膜表面下2.50μm处　(c) 薄膜表面下3.75μm处

图 5－81　熔融石英表面低损耗激光薄膜在激光共焦显微镜下的测试结果

5.5　基板光学表面散射源的处理

5.5.1　表面节瘤缺陷对散射的影响

5.5.1.1　节瘤缺陷的几何模型

未经彻底清洗的基板表面往往存在众多杂质颗粒，颗粒尺度为0.1~10μm不等。在薄膜制备的过程中，落在基板表面的杂质颗粒在蒸发薄膜材料包裹下形成具有抛物线轮廓的缺陷。无论是基板本身的缺陷还是镀膜过程“喷溅”到基板表面的缺陷，均被称为“节瘤缺陷”。在不同的镀膜工艺技术中，如热蒸发、电子束蒸发、离子束溅射、磁控溅射、化学气相沉积、原子层沉积技术等，制备的薄膜中都能发现存在节瘤缺陷。节瘤缺陷的种子源主要分为两大类：第一类是基板表面镀膜前的种子源，主要是镀膜前在基板表面残留的污染物，或者是在运输过程中和真空抽气过程中吸附的污染物；第二类是位于膜层中间的种子源，主要是在镀膜过程中，蒸发材料喷溅形成的大小不一的微颗粒，或者镀膜机真空室内随时脱落的杂质颗粒。节瘤缺陷引发的散射、衍射以及电场增强等作用严重影响激光薄膜的性能[38-45]，除了基板表面加工后的粗糙度之外，节瘤缺陷也是限制超低损耗激光散射损耗的重要因素。

从节瘤缺陷的微观形貌方面来看，大量文献的研究结果可以确定，这种缺陷是始于基板表面或薄膜内部的球形种子生长的倒锥形穹顶状缺陷。研究人员对节瘤缺陷建模做了三点假设：①节瘤缺陷的高度d'等于种子直径d；②球形种子源上薄膜的球层径向生长；③忽略节瘤缺陷边界处的孔隙。Staggs给出了薄膜中节瘤缺陷的数学模型[39]，该模型用几何常数C、种子直径d以及膜厚t计算节瘤缺陷的宽度$D=(Cdt)^{1/2}$。几何常数C取决于镀膜设备、沉积工艺和制备参数，如镀膜室的几何结构、沉积原子的动能等。相关的研究结果表明，使用热蒸发、离子束辅助沉积或离子束溅射技术制备多层膜产生的节瘤缺陷，特征参数C分别等于8、4和2.5，并且沉积能量越大C值越小。同济大学程鑫彬和王占山等人对Staggs的节瘤缺陷数学模型做了进一步改进[40]，如图5-82所示。在满足节瘤缺陷建模三点假设的基础上，引入一个关键参数h，即种子外球层的圆心与种子圆心间的距离($h=xt$)，节瘤缺陷数学模型为

$$\begin{cases} D=\mathrm{sqrt}[(8-8x)\mathrm{d}t] \\ h=xt \\ R=t-xt+0.5d \end{cases} \tag{5-39}$$

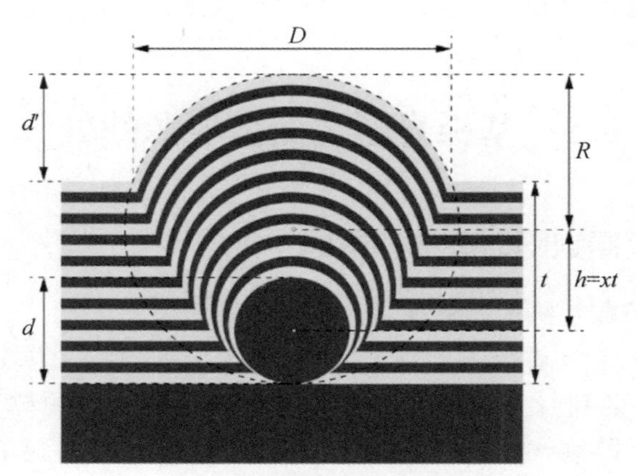

图 5-82 节瘤缺陷模型截面示意图

当 $x=0$、$C=8$ 时，种子源与外部球层为同心圆；当 $x=0.5$、$C=4$ 时，种子源与外部球层为相切圆，节瘤缺陷宽度减小；当 $x=0.6875$、$C=2.5$ 时，节瘤缺陷宽度达到最小。

5.5.1.2 节瘤缺陷对多层膜的影响

为了进一步了解节瘤缺陷对光传输的影响，基于时域有限差分（FDTD）方法仿真节瘤缺陷内激光驻波电场的特征。目前计算电磁学有三种主流的数值计算方法：矩量法（MoM）、有限元法（FEM）和时域有限差分法。FDTD 方法模拟计算电场的方法计算速度快，发展逐渐完善，备受科研工作者的关注。美国利弗莫尔国家实验室的 Deford 和 Kozlowski 等人首先使用 FDTD 方法模拟仿真了节瘤缺陷的电场增强现象[46]。FDTD 方法的基本原理就是使用了有限差分的概念，用有限个离散点构成的网络来代替连续区域，从而将连续区域上的连续变量函数用离散变量函数近似，最终把方程中的微分用差分来近似。使用有限差分方法可以将复杂的微分方程转化为代数方程，这样就可以很方便地使用计算机进行数值求解。因此，该方法可以求解具有复杂几何特征介质的光学特性。

通过建立 FDTD 方法仿真的节瘤缺陷物理模型，模拟计算节瘤缺陷的光学特性。在下面的数值实验研究中，使用三维 FDTD 方法模拟计算节瘤缺陷内电场增强现象。模拟区域呈现矩形、三维的无规则网格化区域。为了获得准确的模拟计算结果，矩形模拟区域的网格间距必须足够小，需要保证每个波长不小于 15 个网格单元。此外，将界面作为网格节点，确保网格化后每一层的厚度准确。针对与光波长相近尺度的单节瘤对入射光的散射特点，模型采用总场-散射场计算区域划分方式，如图 5-83 所示，仿真区域边界条件均设置为完美匹配层（PML）边界。

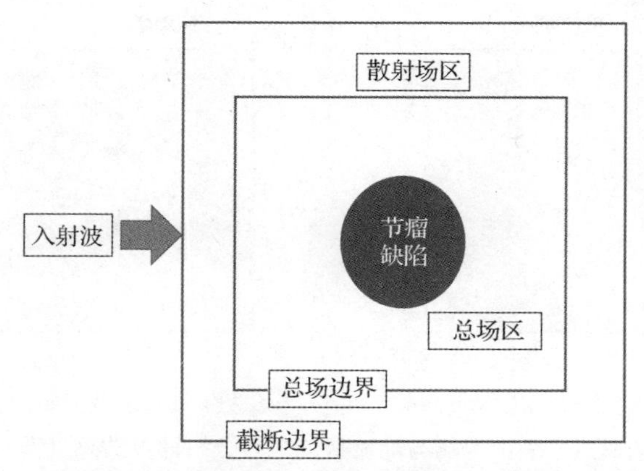

图5－83　基于总场－散射场的节瘤缺陷散射FDTD方法计算区域

根据5.5.1.1节中所述的图5－82所示的薄膜节瘤缺陷几何模型，按照种子与外部球层为相切圆的形式构建（特征参数 $x=0.5$ 和 $C=4$）。选择基板材料为熔融石英，高折射率膜层材料为 Ta_2O_5，低折射率膜层材料为 SiO_2。激光波长为632.8nm，双层减反射薄膜的膜系结构为Sub/HL/Air，入射角度为0°，高反射薄膜的膜系结构为 $Sub/(HL)^{12}H/Air$，入射角度为45°。下面针对多层膜系中含有节瘤缺陷的情况，将节瘤缺陷尺寸与波长尺度相比，构建三种具有代表性的多层膜节瘤缺陷模型：双层减反射薄膜中尺度小于波长的节瘤模型、双层减反射薄膜中尺度大于波长的节瘤模型以及多层高反膜中尺度大于波长的节瘤模型。分别对这三种节瘤缺陷模型对激光驻波电场进行仿真计算。

（1）双层减反射薄膜中尺度小于波长的节瘤模型：节瘤缺陷直径为100nm，图5－84给出了FDTD方法计算的节瘤横截面电场分布、节瘤横截面能流密度矢量分布、节瘤透射截面能流密度矢量分布以及节瘤透射截面入射光方向的能流密度矢量分量分布。

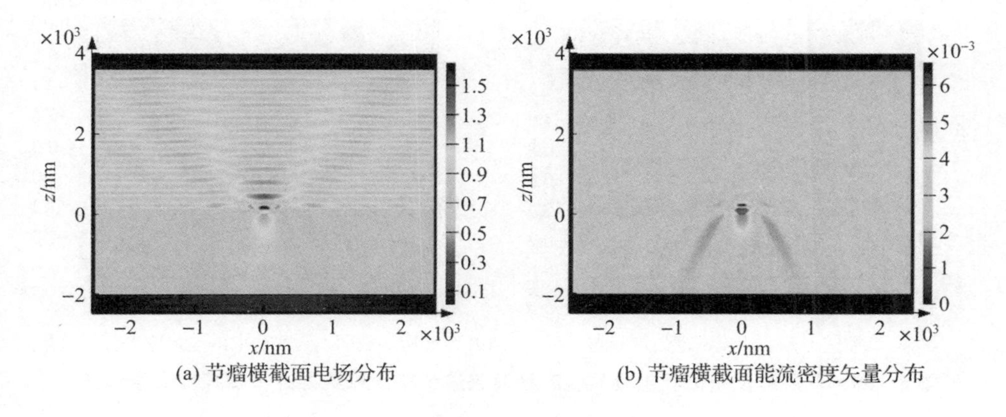

(a) 节瘤横截面电场分布　　(b) 节瘤横截面能流密度矢量分布

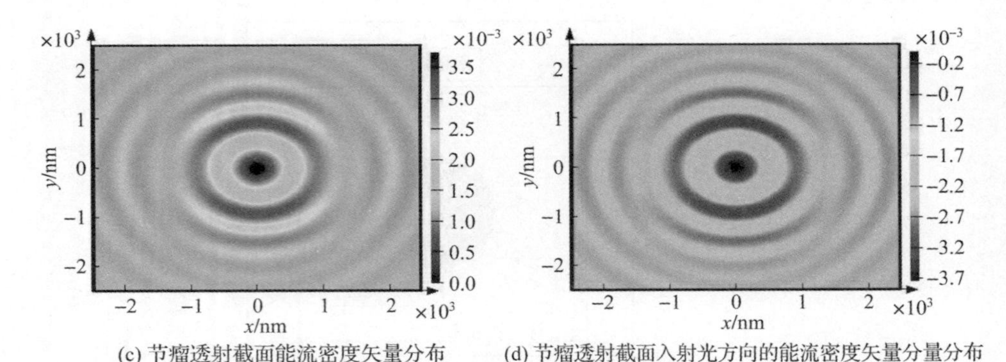

(c) 节瘤透射截面能流密度矢量分布　　(d) 节瘤透射截面入射光方向的能流密度矢量分量分布

图 5－84　双层减反射薄膜的电场与能流密度矢量分布计算结果（节瘤尺度小于波长）

（2）双层减反射薄膜中尺度大于波长的节瘤模型：节瘤缺陷直径为500nm，图 5－85 给出了 FDTD 方法计算的节瘤横截面电场分布、节瘤横截面能流密度矢量分布、节瘤透射截面能流密度矢量分布以及节瘤透射截面入射光方向的能流密度矢量分量分布。

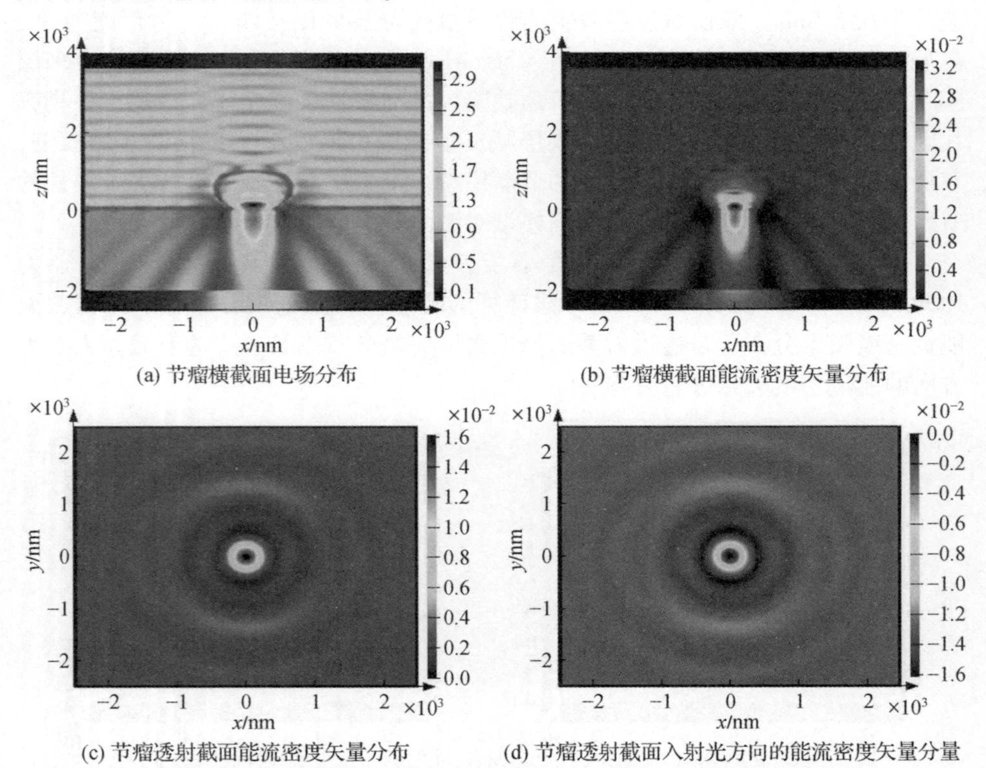

(a) 节瘤横截面电场分布　　(b) 节瘤横截面能流密度矢量分布

(c) 节瘤透射截面能流密度矢量分布　　(d) 节瘤透射截面入射光方向的能流密度矢量分量

图 5－85　双层减反射薄膜电场与能流密度矢量分布计算结果（节瘤尺度大于波长）

（3）多层高反膜中尺度大于波长的节瘤模型：节瘤缺陷直径为500nm，图5－86给出了FDTD方法计算的节瘤横截面电场分布、节瘤横截面能流密度矢量分布、节瘤透射截面能流密度矢量分布以及节瘤透射截面入射光方向的能流密度矢量分量分布。

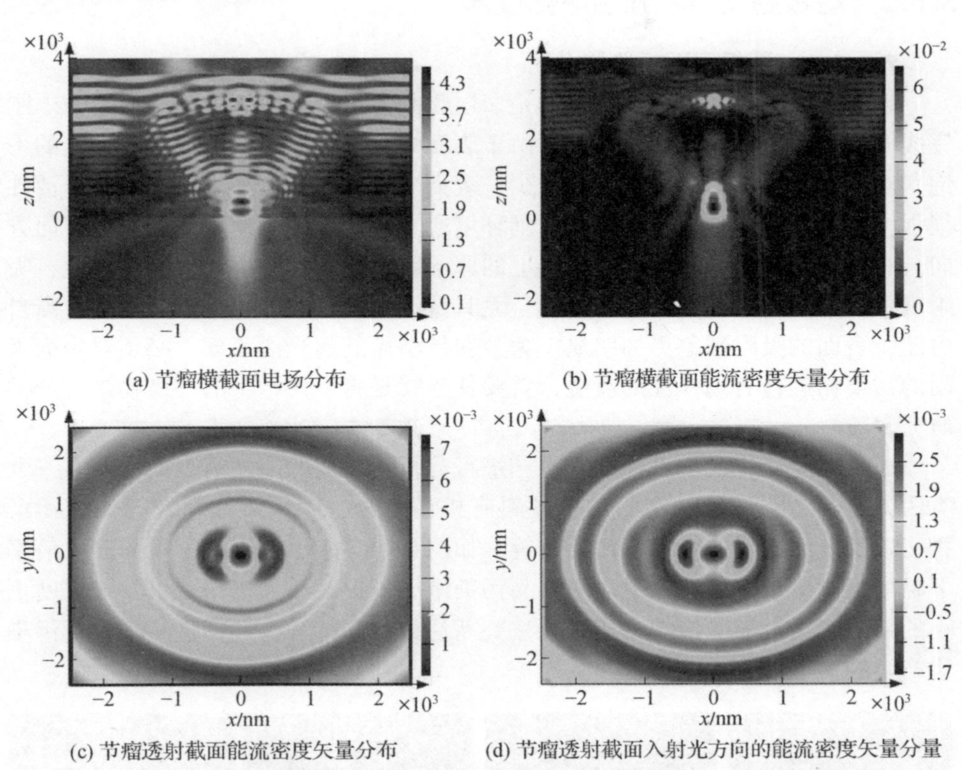

(a) 节瘤横截面电场分布　(b) 节瘤横截面能流密度矢量分布

(c) 节瘤透射截面能流密度矢量分布　(d) 节瘤透射截面入射光方向的能流密度矢量分量

图5－86　多层高反射薄膜电场与能流密度矢量分布计算结果（节瘤尺度大于波长）

从上述三个模型的模拟仿真结果来看，接近波长尺度大小的节瘤缺陷对节瘤附近光场分布具有明显的调制作用。使经过节瘤缺陷的光线发生强烈的衍射，宏观上表现为大量的不同程度散射。通过观察不同视角、不同方向的能流密度矢量大小，可以发现：对于减反射薄膜，经过节瘤缺陷的透射光线无法继续沿直线传播，即节瘤缺陷附近的减反射增透的作用失效；对于高反射薄膜，经过节瘤缺陷的反射光线无法按照反射定律镜向反射，即节瘤缺陷附近的高反射作用已经失效。显而易见，单个节瘤的直径越大产生的散射越大，μm量级的节瘤缺陷将使薄膜产生$10^{-6}\sim10^{-5}$的散射率。此外，不论是减反射薄膜还是高反射薄膜，在基板与多层膜的界面附近均有明显的场增强效应，对多层膜的吸收损耗还会产生较大影响。因此，基板表面残留的杂质颗粒种子源产生的镀膜节瘤缺陷，是制约超低损耗激光薄膜性能提升的关键因素之一，必须在超光滑表面加工完成后实现表面高度洁净化，同时也要严格控制镀膜过程中在表面形成杂质。

5.5.2 基板超光滑表面洁净化技术

5.5.2.1 基板表面污染物分析

超光滑表面存在的多种污染物是多层膜制备后产生节瘤缺陷的种子源。刚完成抛光的超光滑光学元件表面，由于表面失去部分原子而形成较高密度的不饱和键，固体表面上原子配位数减少，表面变得极不稳定。由于表面原子活性很强、能量很高的剩余力场，与周围环境或介质发生相互作用，在垂直表面方向具有原子弛豫效应，表面原子层上的原子重新排布形成再构表面。因此，吸附现象是固体表面自发的固有特性，尤其是刚抛光完成的超光滑表面具有高自由能，表面的吸附现象更加明显。为了获得洁净的超光滑表面，必须对表面吸附的污染物进行有选择性的清洗，首要任务就是将表面产生的污染物进行分类研究。

通过对全流程光学表面加工工艺进行分析，形成的超光滑表面主要有三大类污染物[47,48]：胶漆油污等加工辅料有机污染物，固体微细颗粒等无机污染物，以及表面吸附的水溶性污染物等。如图5-87所示，给出了不同放大倍率下暗场显微镜观察的超光滑表面样品污染情况，提高放大倍率可以发现尺度更小的缺陷。通过显微镜观察还是无法判断污染物的特征，还需进一步分析污染物产生的机理。

(a) 暗场显微镜25X

(b) 暗场显微镜50X

(c) 暗场显微镜200X

(d) 暗场显微镜1000X

图5-87 典型的超光滑表面污染显微图

第一类是有机污染物：在超光滑表面加工过程中，使用了大量辅助加工材料如冷却液、辅料（蜡、沥青、虫胶等保护漆）和有机溶剂（汽油）等，在光学加工后这些材料残留在超光滑表面，以及操作者接触可能残留的手指印等。这些污染物以分子间的范德华力吸附在表面，主要特性是不溶于水但溶于某些醇类、醚类和烃类等有机溶剂，可以使用清洗剂的水溶液乳化而分散。

第二类是无机污染物：这类污染物主要来自于光学加工的环境，如空气中的尘埃、磨料残渍、水中的悬浮物、化学试剂中的杂质颗粒等。这类固体污染物的颗粒度跨越了宏观到微观的尺度，从 μm 到 nm 量级。固体颗粒一般带负电荷，主要靠范德华力吸附在元件表面，或与有机物的混合物黏附在元件表面，主要特性是不溶于水和有机溶剂，但是可以使用清洗剂的活性物分子使固体微粒产生胶溶现象，继而悬浮在水中。

第三类是水溶性污染物：主要来自人体的分泌物和残留的水印等。它的一般特征是能溶于水，但是与元件表面起化学作用，靠化学键合与元件表面结合，需要使用反应试剂通过化学方法来去除。

上述三类污染物往往不是单独存在，而是相互耦合作用在光学元件表面，尤其是受温度和湿度等外界环境的影响，污染物还会氧化分解或在微生物作用下腐化，形成极为复杂的化合物或混合物黏附在光学表面。根据三类污染物和固体表面的力学相互作用，表面污染物的吸附可以分为物理吸附和化学吸附[49]，二者的区别主要在于吸附力的形式、大小和特性，见表 5-17。对于物理吸附现象，吸附力来自于光学元件表面和被吸附分子间的范德华力、毛细力和静电力等：对于粒径小于几微米的微颗粒，范德华力是主要的吸附力；对于环境中的水分子，毛细力是主要的吸附力；对于在干燥环境中污染物颗粒带有电荷的情况，静电力是主要的吸附力。对于化学吸附现象，原子分子结构的化学键力结合是主要的吸附力。光学表面物理吸附的污染物，随着时间的推移，表面吸附力的形式可能由物理吸附转化为化学吸附，物理吸附和化学吸附的耦合作用，给超光滑表面污染物的去除带来难度。

表 5-17　物理吸附与化学吸附的区别

重要特征	物理吸附	化学吸附
吸附力	范德华力	化学键力
选择性	无	有
吸附热	0 ~ 20kJ/mol	80 ~ 400kJ/mol
吸附速度	快，不需要活化能	较慢，需要活化能
吸附层	多分子层	单分子层
可逆性	可逆	不可逆

从污染物来源和去除机理来看，光学表面的清洗技术大体可以分为物理清洗和化学清洗两类：①物理清洗是对吸附在表面的污染物施加物理力，例如手

工擦洗、超声波清洗、兆声波清洗、激光清洗和 CO_2 低温气溶胶清洗等技术；②化学清洗是利用各种化学试剂与吸附在表面上的污染物发生化学反应或溶解，使污染物从表面解吸附，从而获得洁净表面。传统物理清洗技术所提供的清洗力很难达到较高的解吸附力，无法实现对吸附的固体颗粒有效去除，因此常规的简单清洗技术无法胜任这项任务，往往根据实际的情况使用物理清洗和化学清洗相结合的方法。

从前面分析可以看出，光学元件表面的污染物颗粒尺度具有跨尺度的特征，跨尺度的颗粒与表面的相互作用尤为复杂。对于亚微米尺度的颗粒，在颗粒之间、颗粒与表面原子之间强烈的相互作用，产生的表面层二维多相性使颗粒难以从表面解吸附。对于纳米尺度的颗粒，与表面距离约在分子直径 100 倍以内时，其吸附力可达到自身重力的 10^7 倍以上。因此，对于超光滑光学表面而言，表面残存的尺度在亚微米尺度和纳米尺度的微粒子及超微粒子是表面重要的污染物[50]。

在超低损耗激光薄膜技术中，不仅关心尺度大于波长量级的固体颗粒，而且对于亚波长量级固体颗粒的去除尤为重要。物理清洗可以去除大尺寸的污染颗粒，但是对于亚 μm 尺度的颗粒去除效果仍不明显[51]，需使用化学清洗才能获得显著的效果。化学清洗又可分为干法化学清洗和湿法化学清洗：干法化学清洗包括能量束流清洗和气相化学清洗等；湿法化学清洗主要以 RCA 标准清洗法为基础，该技术是 1965 年由 Kern 和 Puotinen 等人在普林斯顿大学的 RCA 实验室发明[52]。由于光学材料的特殊性，必须对传统的 RCA 工艺改进才能满足光学表面清洗的需求，下面主要讨论主成分为 SiO_2 的超光滑表面湿法化学清洗技术。

5.5.2.2 表面污染物的清洗剂

通过上述对超光滑表面污染物的分析，针对表面不同类型的污染物，可以使用的清洗剂主要分成以下几类[53,54]。

1）利用溶解作用去污的清洗剂（水和有机溶剂）

由于水的相对分子质量小和强极性，一个溶质分子可以被多个水分子包围，水分子偶极中偏负电的部分吸引带正电的溶质分子，而偶极中的正电部分则吸引带负电的溶质分子。因此，水具有优异的分散溶解能力，是大多数无机酸、碱、盐类的良好溶剂和清洗介质。灰尘和土等是含无机盐的混合物，在一定程度上能分散于水中形成悬浮液，部分溶解于水。醇类、胺类、有机酸和蛋白质等非极性有机物分子，在水中由于范德瓦耳斯力作用而聚集。因此，水也可用于清洗某些有机化合物。超光滑表面的清洗对水品质的要求较高，需要去除水中溶解的离子、有机物、微粒、细菌、溶解气体和二氧化硅六类杂质。

与污染物化学组成和结构相似的有机溶剂，可以用于去污的清洗剂，根据相似相溶原理去除表面的污染物。典型的有机溶剂主要有3类。①卤代烃类：已经使用的溶剂有二氯甲烷(CH_2Cl_2)、四氯化碳(CCl_4)和三氯乙烯(C_2HCl_3)等。卤代烃的共同特点是密度较小、沸点低、易挥发，难溶于水便于蒸馏回收，对油污的溶解力很强，其脱脂能力是石油溶剂的10倍左右。②醇类：醇类分子结构和水分子相似，通过缔合作用可以使醇分子和水分子更容易混溶，因此醇类和水能够以任何比例混溶。高浓度的醇类水溶液对油脂有较好的溶解能力，特别是对某些表面活性剂也有较强的溶解能力，可用于清除表面活性剂残留物。水溶性一元醇具有较强亲水性，如甲醇(CH_3OH)、乙醇(C_2H_5OH)和异丙醇(C_3H_8O)等，尤其是常用的乙醇溶剂，能溶解各类有机杂质，如油脂、漆和松香等，使用超声波的方法可以加快对有机杂质的溶解速率。③酮类：丙酮(CH_3COCH_3)是最简单的饱和酮，是可溶于水的亲油性溶剂，能与水、甲醇、乙醇、乙醚和氯仿等溶剂混溶，对许多有机化合物都有溶解能力，例如油、脂肪、橡胶和树脂等有机物，因此被广泛用作清洗溶剂。

2）表面活性作用清洗剂（如阴离子、阳离子、非离子及两性离子表面活性剂）

表面活性剂又称界面活性剂，是能使目标溶液表面张力显著下降的物质，可降低液体-液体或液体-固体间的表面张力。表面活性剂的分子结构具有两性，一端为亲水基团，另一端为疏水基团，可以产生润湿或抗粘、渗透、乳化或破乳以及增溶等系列作用。①润湿和抗粘作用：表面活性剂的疏水基团与固体表面上的杂质颗粒分子结合，降低杂质颗粒与固体表面之间的表面张力，继而降低杂质颗粒在表面的吸附力。②渗透作用：表面活性剂通过渗透作用进入杂质颗粒后不断扩散，使颗粒进一步溶胀、软化和疏松。③乳化作用：由于表面活性剂特有的亲水基团和疏水基团，表面活性剂在疏水作用下吸附或富集在油-水界面上，光学表面的污染物被表面活性剂乳化，在机械力或水溶性高分子材料的作用下分散并悬浮在水溶液中。④增溶作用：表面活性剂开始形成胶束的浓度称为临界胶束浓度，当表面活性剂在清洗液中的浓度大于临界胶束浓度时，杂质颗粒会不同程度地被增溶。例如使用非离子表面活性剂时，由于其临界胶束浓度很小，对于污染物的增溶作用最为明显。因此，临界胶束浓度值非常重要，影响因素主要为表面活性剂的亲/疏水性、溶液中的离子浓度以及温度与压力等。

3）利用化学反应作用的清洗剂（如酸、碱等）

酸性清洗剂（pH值<7）：对于某些难溶于水溶液的污染物，可以在一定的条件下使用氧化性或还原性物质与之作用发生氧化反应，使污染物的分子组

成、溶解特性、生物活性等发生转化，变成易于溶解与清除的物质，用于清洗的这类清洗剂为酸性清洗剂。①盐酸（HCl）是清洗水垢最常用的酸性清洗剂，与钢铁、铁锈和氧化层反应速度比硫酸、柠檬酸和甲酸快得多。一般取盐酸浓度为5%～15%，并加入少量的缓蚀剂，清洗温度从常温到60℃均可。②铬酸（H_2CrO_4）是三氧化铬溶于水以及铬酸盐/重铬酸盐酸化时生成的化合物之一。根据pH值的不同，酸根离子的形式也不同，在水溶液中存在铬酸根（CrO_4^{2-}）和重铬酸根（$Cr_2O_7^{2-}$）两种状态的平衡关系（$2CrO_4^{2-}+2H_3O^+ \rightleftharpoons Cr_2O_7^{2-}+3H_2O$）。在强酸性条件下形成的重铬酸有很强氧化性，经常当作氧化剂使用，通过氧化作用去除杂质污染物。③有机酸洗液：有机酸化学清洗主要利用有机酸的氧化性、酸性和活性基团的螯合能力，加上缓蚀剂、表面活性剂和渗透剂等作用，将表面污染物剥离、浸润、分散、溶解、螯合至清洗液中。

碱性清洗剂（pH值>7）：碱性清洗法是一种以碱性物质为主剂的化学清洗方法，碱性清洗剂可以单独使用，也可以和其他清洗剂交替或混合使用。主要用于清除油脂污垢，也用于清除无机盐、金属氧化物、有机涂层和蛋白质污垢等。

5.5.2.3 光学玻璃的表面特性

经过系列光学加工工序后，光学玻璃表面的物理特性与内部有明显区别。由于玻璃是由[SiO_4]四面体构成的连续随机网络组成，网络结构中每个Si^{4+}阳离子被一定数目的氧离子包围。Si^{4+}阳离子体积小，具有较大的场强，对其附近氧离子施加很强的作用力。在玻璃内部离子间相互作用处于平衡状态，而经过光学加工的表面产生了大量的不饱和悬挂键，表面原子的弛豫效应和与周围环境分子产生的表面重构现象，使玻璃的表面组成与内部结构有较大差异。玻璃表面不仅可以与外界的各种分子如水、氧气和二氧化碳等发生吸附作用，甚至对某些生物也表现出很大活性，具体分析如下。

1）玻璃表面的水吸附

由于水分子与玻璃表面的极性分子间具有强烈的相互作用，当表面上没有污染物时，表面能很好地被水润湿。在光学玻璃表面上水接触角很小，因此可以使用表面水接触角评价光学玻璃表面的清洁程度。光学玻璃表面暴露在大气中，立即会吸附大气中的水汽分子，水分子与玻璃表面的悬挂键结合生成各种羟基团，这是典型的化学吸附现象。玻璃表面的羟基团通过氢键可以吸附较多的水分子，这就是玻璃表面的亲水性[53]。Taylor研究了石英玻璃表面的比表面积、吸附水量与温度的关系，通过实验证明了随着表面温度的升高玻璃表面吸附羟基量减少，这意味着将玻璃加热可以去除吸附的羟基。当石英玻璃表面加热到165℃时，只有物理吸附的水可以从表面去除，加热到165～400℃之间，表面的羟基逐渐从表面去除，加热到800℃以上可以完全消除羟基。

2）玻璃表面的溶液吸附

当光学玻璃和溶液接触时，同样会吸附溶液中的正离子或负离子。在水中，SiOH的行为与非常弱的酸相似。在碱溶液中，玻璃表面带有负电荷，阳离子将吸附在电离的$SiOH^-$基团上，多种因素使吸附过程变得复杂化。在稀的碱溶液和中性溶液中，不同金属离子在玻璃表面的吸附能力为$Cs^+ > Rb^+ > K^+ > Na^+ > Li^+$。当电介质的浓度较高和pH值增大时，离子在玻璃表面的吸附能力为$Li^+ > Na^+ > Cs^+ > K^+$[55]。

3）玻璃表面的有机物吸附

玻璃表面通过SiOH可以吸附一些有机物，有的是物理吸附，有的是通过羟基反应的化学吸附。清洗之后的光学玻璃放在潮湿但清洁的空气中，表面上会形成约为几个分子厚度的复杂结构层状水吸附膜。由于玻璃与水分子间有很强的分子间作用力，这种吸附膜很难去除，需要加热到几百度的高温才能完全去除。在这种情况下，使用紫外线与离子束共同作用或利用等离子体的方法使有机物氧化分解来去除水膜有很好的效果。

5.5.2.4 玻璃表面化学稳定性

光学玻璃的本体具有耐水性，水对玻璃的影响主要体现在对表面特性的影响[56]。在玻璃的连续三维网络结构中，掺入的Na^+和Ca^{2+}等金属阳离子位于网络骨架的中间。当玻璃表面长时间与水接触时，网络结构内部的金属阳离子会被水中氢离子置换并溶出，进入玻璃网络结构的氢离子，还会引起玻璃表面结构的破裂生成含有硅羟基(－SiOH)的小分子。随着氢离子与金属阳离子持续的交换作用，玻璃表面硅－氧骨架会逐渐断裂生成$Si(OH)_4$、Na_2SiO_3等小分子，并且水溶性也逐渐增强。当表面层的金属离子被氢离子完全置换之后，在玻璃表面形成一个低折射率侵蚀膜层，这种水与玻璃表面的反应称为蓝色侵蚀(或称“蓝斑”)。在侵蚀膜中的水分干燥后，又有白色固体状的Na_2CO_3和SiO_2析出，这种现象称为白色侵蚀（或称“白斑”)。由于钠离子的迁移，接近界面的钠－氧键断裂，氧原子结合水分子中的氢离子达到力场平衡，得到自由OH^-离子又会进一步与硅氧键作用，造成玻璃表面溶解。

由于玻璃骨架的主要成分是SiO_2，具有酸性氧化物的特性，因此玻璃不易被酸腐蚀。但是，玻璃中含有一定量的Al_2O_3、Na_2O、CaO和MgO等碱性氧化物成分，玻璃在强酸溶液中长时间浸泡，也会造成碱性氧化物与酸反应，从而使玻璃表面的Na^+和Ca^{2+}等金属阳离子流失，造成玻璃表面逐渐粗糙并呈现蓝绿色斑纹。玻璃的耐酸性与玻璃成分有关，例如低硅高铅和高钡玻璃耐酸性很差。另外，玻璃耐酸性与酸的特性也有关，一般盐酸、硫酸和硝酸等强酸对玻璃的腐蚀要比冰醋酸和硼酸等弱酸严重。硝酸与玻璃反应形成的盐要比玻璃与盐酸和硫酸所形成的盐更易溶解。

由于 SiO_2 酸性氧化物的特性，易与碱类溶液发生反应，特别是能被 NaOH 等强碱性溶液快速溶解。SiO_2 的硅－氧键具有极性，Si 原子上的增量正电荷对于亲和试剂的侵蚀具有敏感性，在碱溶液中 OH－亲和试剂与 Si 原子的反应造成了对玻璃的侵蚀。提高碱性溶液对玻璃的腐蚀作用与溶液的 pH 值增大、反应时间的延长和温度的升高有关。将经过抛光的石英玻璃分别浸泡于 pH＝10、pH＝12 的弱碱性清洗液和 5% 的 NaOH 溶液，溶液温度为 65℃，在溶液中浸泡 12h 后，使用金相显微镜观察玻璃表面的形貌如图 5－88 所示。随着溶液碱性的增强，原有的划痕变得更加清晰明显，并且有明显的边缘腐蚀扩散的现象。

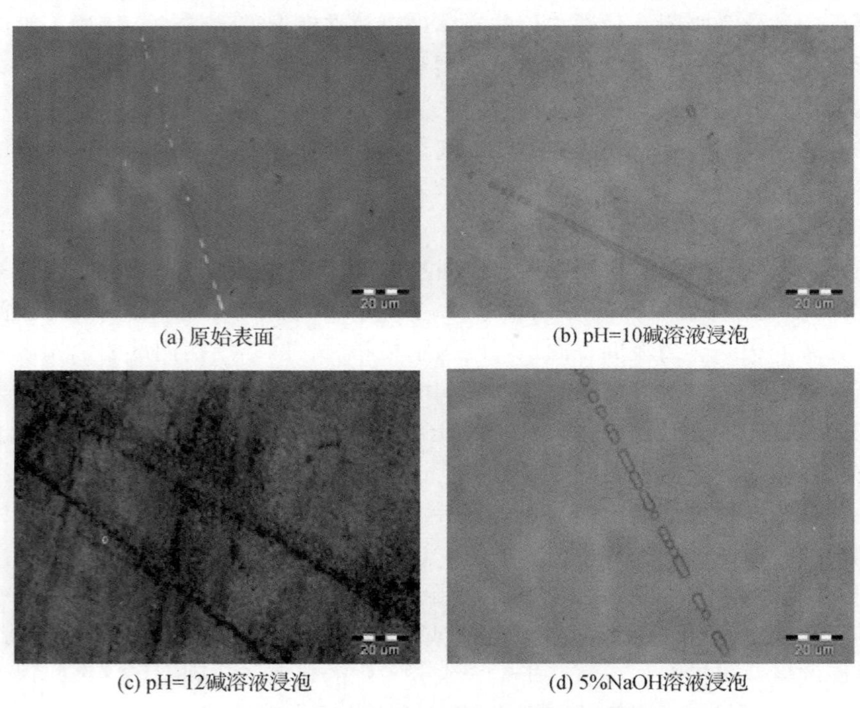

(a) 原始表面　(b) pH=10碱溶液浸泡　(c) pH=12碱溶液浸泡　(d) 5%NaOH溶液浸泡

图 5－88　碱溶液浸泡 12h 后的石英玻璃表面形貌

下面给出微晶玻璃的耐酸性实验结果。将经过超抛后的超光滑表面微晶玻璃，分别浸泡于 pH＝5.6 的弱酸性清洗液、20% 的 HCl 溶液以及 20% 的 H_2SO_4 溶液，在 65℃的环境中浸泡 12h，经过浸泡处理后的光学表面 SEM 图如图 5－89 所示。HCl 和 H_2SO_4 对微晶玻璃均有微腐蚀作用，酸的腐蚀作用沿着表面的研磨裂纹进行并延伸，酸腐蚀作用将研磨的裂纹延展，主要是由于微晶玻璃的其他金属氧化物成分与酸发生反应，出现了选择性腐蚀的现象。一般情况下，H_2SO_4 溶液对微晶玻璃的腐蚀程度要远小于 HCI 溶液的腐蚀作用[57-59]。

(a) 原始表面　(b) pH=5.6弱酸溶液浸泡

(c) 20%的HCl溶液浸泡　(d) 20%的H_2SO_4溶液浸泡

图5-89　酸溶液浸泡12h后的微晶玻璃表面形貌

碱性溶液对微晶玻璃表面容易造成损伤，弱碱性水基清洗剂对表面的划痕缺陷都有放大作用。在这个过程中发生一种称为“潜伤”的现象，即在抛光后的玻璃表面存在不易发现的极小划痕，通过碱性溶液浸泡后变得更加明显。“潜伤”的出现与微晶玻璃的表面加工特性有关，诸如使用的磨料硬度、玻璃硬度和表面化学稳定性等，同时也与使用的溶液对玻璃的腐蚀特性有关。因此，为了防止光学玻璃表面在研磨和抛光时产生破损延展现象，应使用中性洗涤剂避免出现上述“潜伤”现象。

5.5.2.5　玻璃表面的清洗技术

对超光滑表面光学玻璃元件的清洗工艺设计，必须考虑到对表面所有污染物进行处理，并且还要有合适的清洗顺序。光学加工后玻璃表面的蜡、油脂等有机杂质，对无机杂质有掩盖作用，给清洗无机杂质造成困难。因此，化学清洗中应首先清除表面的有机杂质，因为有机杂质在使用高温处理时还会有碳化现象，碳化生成物有时牢固地留在玻璃表面上更不容易去除。因此，对于表面污染物去除的清洗溶液选择如下。

（1）有机物去除：根据相似相溶的化学原理去除表面有机杂质，如油脂、沥青、蜡等，使用卤代烃溶剂进行溶解，而松香可以采用丙酮和乙醇溶解。

（2）无机物去除："盐酸+水"的溶液可以溶解表面盐类，对玻璃表面的残余抛光粉溶解能力很强；使用"重铬酸钾+硫酸"配制酸性清洗液，两者混合后析出橙红色的三氧化铬(CrO_3)晶体。三氧化铬是强氧化剂，含有三氧化铬的溶液不仅能氧化和溶解多种金属、氧化物和其他无机化合物，而且加热后的溶液还能氧化沾在器皿上的有机油类杂质（如蜡和油脂等），使它们成为可溶的醇类和酸类化合物。

（3）颗粒的清洗：使用过氧化氢(H_2O_2)和氨水(NH_4OH)去除玻璃表面的杂质颗粒。过氧化氢主要用作强氧化剂，对有机物和非金属污染物等具有氧化作用，尤其是在碱性溶液中，可将低价化合物氧化成高价化合物，或使一些难溶的物质氧化成为可溶物质。氨水不仅可以作为碱性溶剂去除杂质，更重要的是它能够充当络合剂，与许多重金属离子发生络合作用，提供内配位体形成各种可溶性络合物。

（4）水基清洗剂：通常以表面活性剂为主，添加络合试剂、有机溶剂、pH值调节添加剂和特殊添加剂等，对表面污染物具有溶解、乳化和润湿等作用。

综上分析，整个化学清洗流程是一个综合的工艺过程。制定清洗工艺的主要思路是：首先进行有机污染物清洗，其次进行无机污染物清洗，再次使用中性清洗剂清洗，最后使用去离子水漂洗。

选择清洗剂需要根据实际情况，考虑到玻璃基板材料的化学稳定性、加工工艺流程以及表面污染程度，前提是不能破坏前期加工的面形精度和表面粗糙度。对于熔融石英玻璃的清洗，一般不选择强碱性清洗剂；对于微晶玻璃和普通玻璃的超光滑表面清洗，一般也不能选择强酸和强碱作为清洗剂，但是可以选择水基清洗剂。

下面给出几种清洗剂对微晶玻璃超光滑表面的影响：使用"20%盐酸"清洗剂、"硫酸+双氧水"复合清洗剂、"AS"有机清洗剂、"弱酸"清洗剂和"弱碱"清洗剂分别对微晶玻璃进行清洗实验，使用金相显微镜和原子力显微镜测试了清洗前后的表面形貌和表面粗糙度，表面形貌如图5-90所示，表面粗糙度如图5-91所示。从微晶玻璃的表面形貌和原子力显微镜测试结果可以看出：盐酸高温清洗对超光滑表面基板有损伤，清洗后表面粗糙度Rq=3.66nm；"硫酸+双氧水"清洗后粗糙度为Rq=0.423nm，表面粗糙度变大，但是粗糙度变化比盐酸清洗后小，说明表面有轻微的腐蚀作用；“AS”有机清洗剂清洗后，表面粗糙度 Rq = 0.24nm，相对原始表面粗糙度变化最小；“弱酸”清洗剂和“弱碱”清洗剂清洗后粗糙度变化也较小，接近于 AS 有机清洗剂的清洗效果，说明玻璃表面出现腐蚀现象的概率很低。

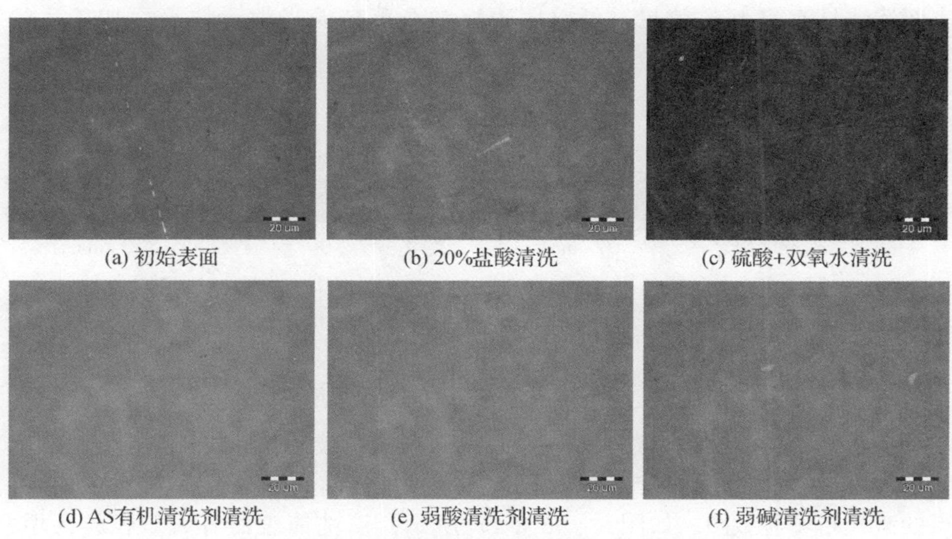

(a) 初始表面　(b) 20%盐酸清洗　(c) 硫酸+双氧水清洗

(d) AS有机清洗剂清洗　(e) 弱酸清洗剂清洗　(f) 弱碱清洗剂清洗

图 5-90　不同清洗剂清洗后的微晶玻璃超光滑表面形貌

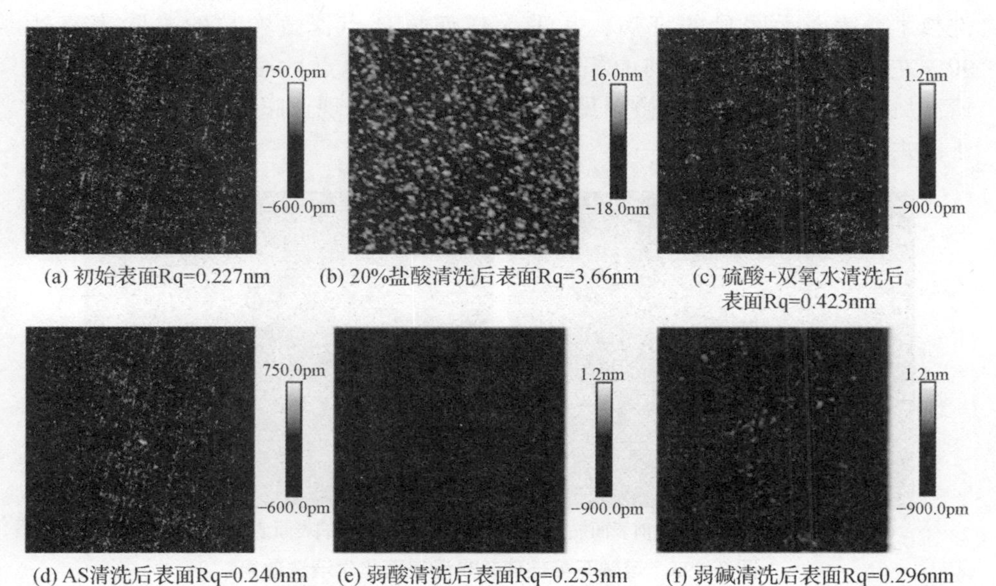

(a) 初始表面Rq=0.227nm　(b) 20%盐酸清洗后表面Rq=3.66nm　(c) 硫酸+双氧水清洗后表面Rq=0.423nm

(d) AS清洗后表面Rq=0.240nm　(e) 弱酸清洗后表面Rq=0.253nm　(f) 弱碱清洗后表面Rq=0.296nm

图 5-91　不同清洗剂清洗后的表面粗糙度测试结果

采用上述的清洗方法对超光滑熔融石英玻璃表面进行清洗，清洗后使用ZYGO表面轮廓仪对光学元件表面粗糙度进行测量[60]。清洗前后元件表面粗糙度分别是0.897nm和0.918nm，如图5-92所示。这个结果说明，在清洗过程中没有破坏超光滑表面的粗糙度，设计的化学清洗工艺对于熔融石英超光滑表面清洗具有良好的效果，可以用于熔融石英玻璃光学元件表面加工后的清洗。

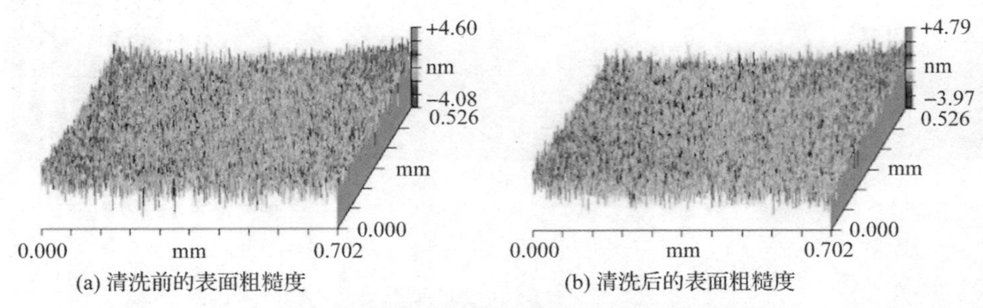

(a) 清洗前的表面粗糙度　　(b) 清洗后的表面粗糙度

图5-92　熔融石英玻璃清洗前后的表面粗糙度

在激光暗场显微镜下检验清洗前后的熔融石英玻璃表面损耗点情况。放大倍率为40X，激光光源为532nm，图5-93为清洗前后熔融石英玻璃表面损耗点的激光暗场显微图。如图5-93（a）所示，清洗前表面有大量颗粒污垢，表面损耗点多，表面缺陷（损耗点）密度≥6个/mm^2。采用上述的化学清洗技术，表面无明显的疵病，几乎无任何损耗点，微颗粒的去除率高达90%左右，直径为5mm的面积内表面缺陷（损耗点）密度≤0.7个/mm^2。清洗后的表面激光暗场显微图见图5-93（b），实现了超光滑表面的缺陷种子源去除。

(a) 熔融石英玻璃表面清洗前表面显微图　　(b) 熔融石英玻璃表面清洗后表面显微图

图5-93　熔融石英玻璃超光滑表面化学清洗效果

5.6　多层膜界面散射的控制方法

5.6.1　多层膜界面平坦化控制方法

对于超低损耗激光薄膜而言，需要选择超光滑表面的基板且无节瘤缺陷种子源。在超光滑基板上生长的薄膜，界面粗糙度主要源自于薄膜沉积生长过程中产生的表面起伏。根据5.2节中对散射特性的仿真研究结果，多层膜的界面尽可能为非相关性的界面演化规律，尤其是在有节瘤缺陷的情况，采取对节瘤种子源表面薄膜生长过程的平坦化处理，有助于降低多层膜界面相关性引入的散射损耗[61,62]。

基于离子束溅射沉积技术，通过在基板表面预置人工节瘤种子源，采用近倾斜角度离子束辅助沉积方法，获得对多层膜表面节瘤缺陷平坦化的处理方法[63,64]。预置人工节瘤缺陷种子源和平坦化工艺过程如下。

（1）预置人工节瘤缺陷种子源。利用Stöber法制备单分散性的SiO_2微球作为种子源，种子源与真实节瘤缺陷的尺寸接近。离心机旋涂法将SiO_2微球均匀地涂在熔融石英基板表面，使基板表面上的SiO_2微球节瘤缺陷种子源的密度为40~60个/mm^2。在离心机旋涂过程中，采取适当的措施避免SiO_2微球的团聚现象，保证了团聚效应的面积小于1%。

（2）平坦化工艺过程。在离子束溅射制备薄膜过程中，使用16cm口径的离子源作为主溅射源，使用12cm口径的离子源作为辅助沉积源，以倾斜的角度在溅射沉积过程同时轰击基板表面。选择合适的离子束电压和离子束电流，可以实现薄膜生长过程的刻蚀作用，用此方法降低多层膜生长过程的界面相关性。实验过程如图5-94（a）所示。辅助离子源对基板表面薄膜的刻蚀速率与入射角度有关，大角度（45°~50°）的刻蚀速率约是低角度正入射刻蚀速率的2倍。图5-94（b）给出了HfO_2薄膜的沉积速率、SiO_2薄膜的沉积速率和刻蚀速率。节瘤缺陷的几何结构使得刻蚀入射角存在一定的范围，节瘤缺陷两侧的刻蚀速率大于顶部的刻蚀速率，节瘤缺陷两侧变窄且尺寸变小，当刻蚀层达到一定厚度时，薄膜表面近乎平坦。

基于上述研究方法，以尺寸为2μm的人工节瘤缺陷种子源为例进行平坦化研究，平坦化层分别为1.25μm和2.5μm。在多层膜的制备过程中，首先镀制厚度为20nm的HfO_2标记层，每镀50nm的SiO_2层，刻蚀25nm的SiO_2层，循环10次后，镀制厚度为5nm的HfO_2标记层，此过程重复5次后，得到总的

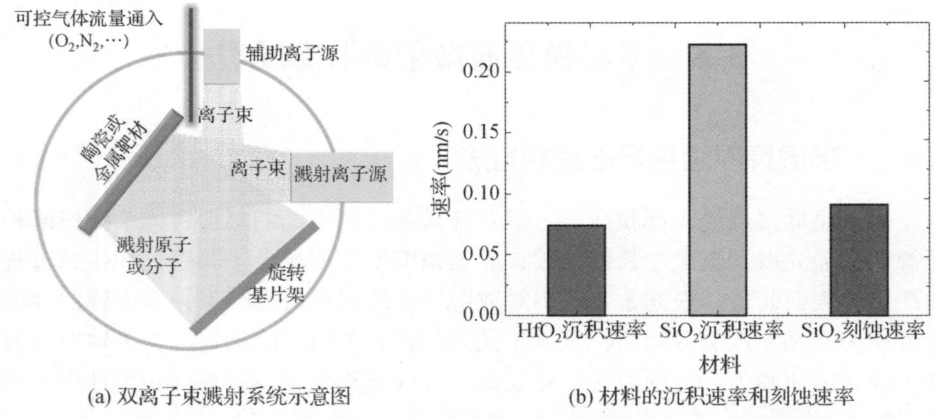

(a) 双离子束溅射系统示意图　　(b) 材料的沉积速率和刻蚀速率

图 5-94　近倾斜角度离子束辅助沉积对薄膜节瘤缺陷平坦化方法

SiO_2 平坦化层厚度为 1.25μm。按照该方法增加循环次数可以得到 2.5μm 的平坦层。采用透射电子显微镜对节瘤缺陷的横断面进行测试，平坦化结果如图 5-95 所示。对于未采用平坦化方法的横断面，节瘤缺陷横断面如图 5-95（a）所示；对于 1.25μm 的平坦层，种子源只有部分位于平坦化层内，但形成的人工节瘤缺陷的尺寸明显变小，如图 5-95（b）所示；对于 2.5μm 的平坦层，节瘤种子源完全被平坦化，如图 5-95（c）所示。

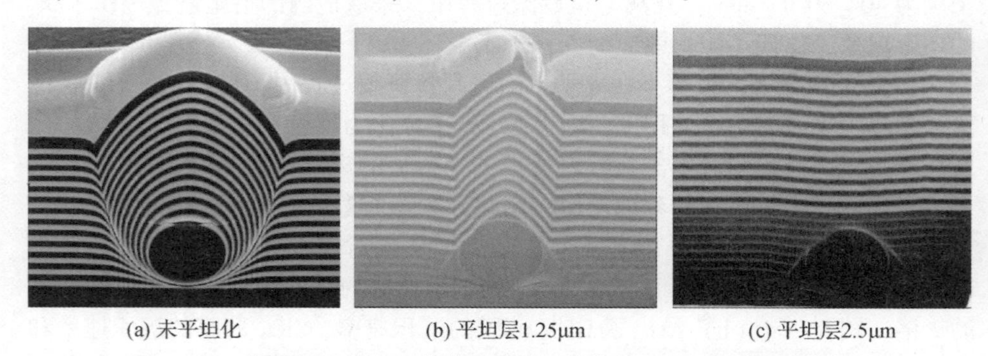

(a) 未平坦化　　(b) 平坦层1.25μm　　(c) 平坦层2.5μm

图 5-95　种子源尺寸 2μm 的节瘤缺陷平坦化效果（透射电子显微镜）

从上述的实验结果来看，对于球形的 SiO_2 种子源，平坦化层（刻蚀层）厚度大于种子源的粒径，节瘤缺陷就能被完全平坦化，多层膜表面趋于平滑；平坦化层的厚度小于种子源粒径，则节瘤缺陷不能被平坦化，但部分平坦化后的种子源生成的节瘤缺陷的尺寸也明显变小。通过节瘤缺陷平坦化，可以破坏节瘤缺陷的几何结构，从而使多层膜的表面趋向于平滑。

5.6.2 多层膜表面污染的处理方法

5.6.2.1 熔融石英镀膜反射镜的清洗

光学表面镀膜后表面为高表面能状态，容易与空气中水分子反应或者吸附更多灰尘颗粒、有机污染物等，如果形成尺度大的缺陷或大面积污染的情况，将严重影响到薄膜的散射损耗。采用化学清洗和离子束清洗可以去除薄膜表面污染物[65]，处理方法见图5-96。

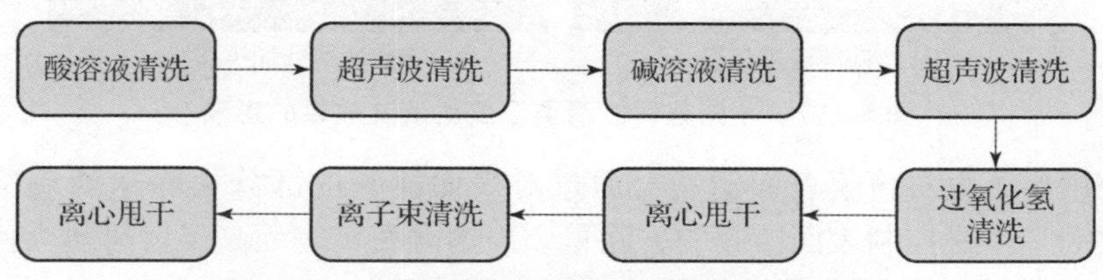

图5-96 熔融石英反射镜表面污染物去除方法

在化学清洗的步骤中，严格控制化学清洗的温度和时间。温度是影响清洗速率的重要因素，随着清洗液温度的升高，表面吸附的固体颗粒的去除效率也会提高。但温度升高也将导致清洗液的挥发性增强，溶液的浓度降低很快，使其成分浓度不易控制，清洗效果也会降低。经过大量的清洗实验研究，醇类清洗剂的清洗温度一般控制在50℃左右，水清洗的最佳温度为60℃左右。在沸腾的酸溶液、碱溶液和过氧化氢溶液中的时间随着薄膜种类及表面污染物的分布、数量和污染状态调整，既要保证化学溶液充分地与薄膜表面的污染物接触，又要防止沸腾的化学溶液杂质对薄膜造成二次污染。

在超声波清洗过程中，空化泡的形成及其活动性是颗粒去除过程中重要的因素。首先，超声波频率极大地影响和限制边界层的厚度以及空化作用所产生气泡的直径。超声波频率高时液体中的空化强度低而空化密度高，低频时则相反。在清洗的前段工序可以选择低频（如40kHz），有利于去除和溶解薄膜表面的污染物；随着薄膜表面清洁度的提高，可以选择高的超声波频率，有利于去除表面的微尺度污染物。例如，采用40kHz的超声波清洗表面可以去除尺度大于2μm的颗粒，而采用120kHz超声波清洗可以去除尺度为1.5~2μm的颗粒，当超声频率增加到170kHz时可以去除尺度为1μm左右的颗粒，在清洗过程中使用复频超声清洗去除小颗粒污物，提高薄膜表面的洁净度。超声波清洗的效果还取决于强度，超声波强度越大，空化作用越明显，清洗作用也就越好，一般情况下超声波的功率密度选择为0.5~1W/cm^2。温度也是影响超声波清洗效果的重要因素之一，图5-97为不同温度下超声波清洗后的显微图。

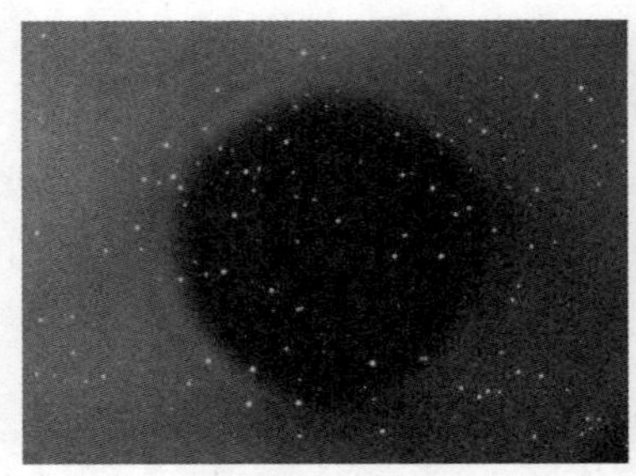
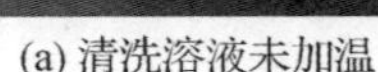

(a) 清洗溶液未加温

(b) 清洗溶液加热60°C

图 5－97　不同超声波清洗温度对清洗效果的影响

使用离子束对薄膜表面清洗，通过对表面薄膜的部分去除达到清洗的目的，关键是严格控制表面薄膜的去除量。以熔融石英表面高反射薄膜为例，通过测量高反射薄膜的反射相移可以确定离子束清洗的去除量[66]。在实验中，使用离子束溅射在超光滑表面熔融石英基板制备了高反射薄膜，最外层为 SiO_2 薄膜。选择口径为 12cm 的射频离子源，工作气体为氩气和氧气的混合气体（Ar：O_2＝3：1），对熔融石英薄膜反射镜的表面进行离子束清洗，离子源的工作参数为离子束电压 900V，离子束电流 150mA。对高反射薄膜样品表面分别清洗 50s、60s、70s、80s 和 90s，利用 VASE 反射椭圆偏振仪测量 λ_0 = 632.8nm 在 45°入射角下的反射相移，如图 5－98（a）所示。反射相移的变化量与表面层的去除量相关，结果如图 5－98（b）所示。结合两个图的结果得到去除厚度与清洗时间的关系，见图 5－98（c）。使用离子束清洗熔融石英反射镜表面的高反膜，使用 200X 激光暗场显微镜观察表面，清洗后表面无明显的损耗点，清洗前后的表面金相显微图如图 5－99 所示。

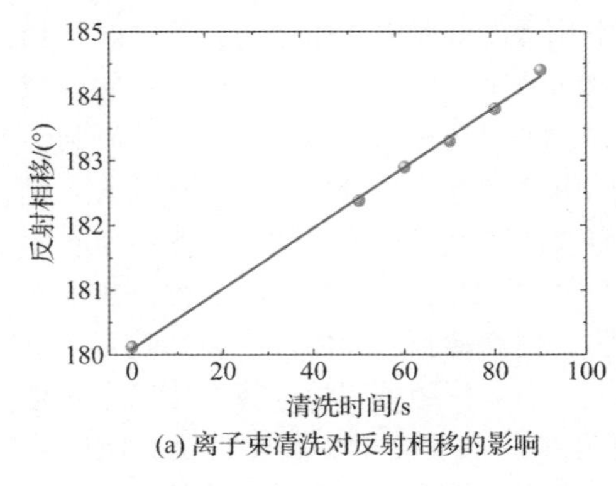

(a) 离子束清洗对反射相移的影响

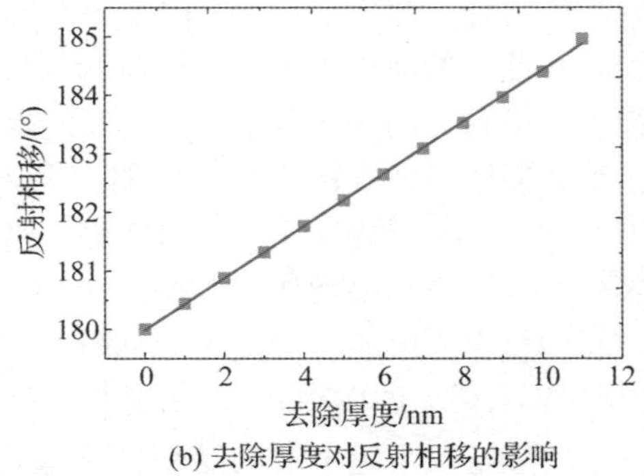

(b) 去除厚度对反射相移的影响

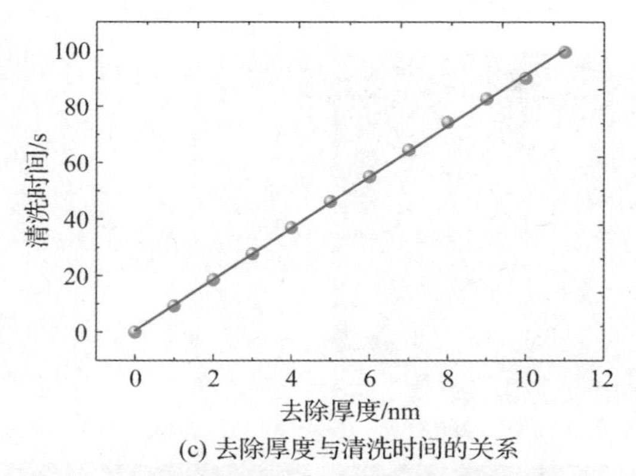

(c) 去除厚度与清洗时间的关系

图 5－98　离子束清洗的去除效应实验结果

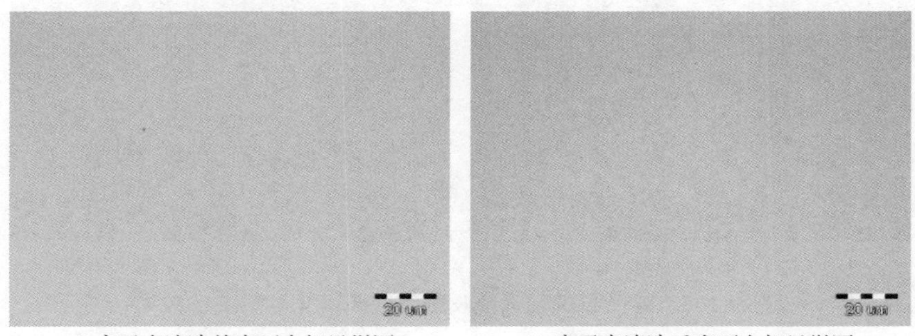

(a) 离子束清洗前表面金相显微图　　(b) 离子束清洗后表面金相显微图

图 5－99　熔融石英反射镜表面离子束清洗效果（200X）

使用上述方法可以有效去除 0.5μm 以上的薄膜表面污染，在有效去除表面有机污染物和污染颗粒的同时，实现薄膜表面无损伤的离子束清洗处理。采用全流程的薄膜表面清洗处理工艺，清洗前后的薄膜样品通过金相显微镜和激光暗场显微镜观察，清洗的效果见图 5－100，表面的污染物已经完全去除。在 200X 放大倍率下金相显微镜图见图 5－100（a）和图 5－100（b），25X 激光暗场显微镜图见图 5－100（c）和图 5－100（d）。通过上述的研究可以确定，对薄膜表面的清洗处理与基板材料不同，需要考虑到薄膜与块体材料特性的差异，该方法与薄膜材料种类和表面污染物特性相关。因此，上述方法并未给出具体工艺参数，不同应用还需开发具体清洗工艺。

5.6.2.2　微晶玻璃反射镜表面的清洗

首先，研究清洗温度对微晶薄膜镀膜反射镜清洗效果的影响。使用浓度为 4% 的水基“弱碱”清洗剂清洗微晶玻璃反射镜，图 5－101 为在不同清洗温度下清洗 15min 后的表面激光暗场显微镜照片。图 5－101（a）是微晶玻璃表

(a) 清洗前金相显微镜图(200X)　(b) 清洗后金相显微镜图(200X)

(c) 清洗前激光暗场显微镜图25X　(d) 清洗后激光暗场显微镜图25X

图 5－100　熔融石英基板高反射薄膜表面化学清洗的效果

面清洗前的表面图，图 5－101（b）到图 5－101（d）分别是清洗温度为 40℃、50℃和 60℃时，微晶玻璃反射镜表面清洗后的暗场显微图。经过 40℃清洗温度下清洗后，微晶玻璃表面仍有少量残留颗粒污染物；经过 50℃清洗温度下清洗后，微晶玻璃表面颗粒污染物已经很少；当清洗温度达到 60℃时，微晶玻璃表面无任何颗粒污染物吸附。实验结果表明，清洗温度越高清洗液的分子布朗热运动越剧烈，加速了颗粒污染物的溶解并去除。从清洗效果来看，“弱碱”清洗剂适宜的清洗温度约为 60℃。

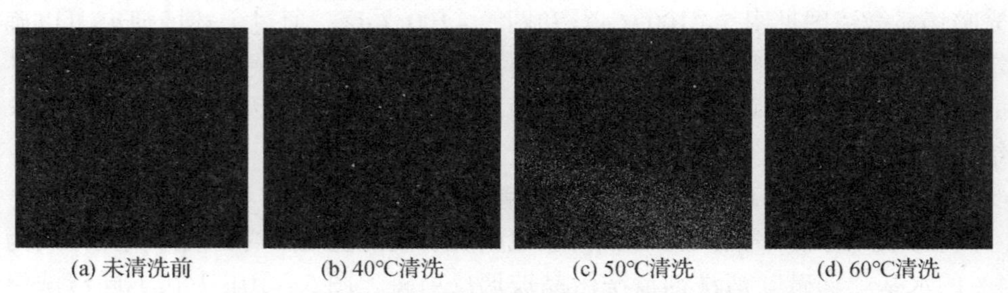

(a) 未清洗前　(b) 40°C清洗　(c) 50°C清洗　(d) 60°C清洗

图 5－101　不同清洗温度下微晶玻璃反射镜表面激光暗场显微图

其次，清洗时间根据清洗剂的清洗能力确定，实验研究了在水基“弱碱”清洗剂中微晶玻璃反射镜的最佳清洗时间。图 5 – 102 是在水基“弱碱”清洗剂的温度为 60℃时，不同清洗时间对微晶玻璃反射镜表面的影响。图 5 – 102（a）是微晶玻璃反射镜初始表面暗场显微图，从图 5 – 102（b）到图 5 – 102（d）分别是清洗 10min、15min 和 20min 的微晶玻璃反射镜表面激光暗场显微图。从图 5 – 102 中可以看出，未经过清洗的微晶玻璃反射镜表面颗粒污染物吸附较多，表面的大亮点较多。经过清洗 10min 后的微晶玻璃反射镜，表面颗粒污染物呈减少的趋势，但仍存在较多小亮点；经过清洗 15min 后的微晶玻璃反射镜，表面虽然有个别颗粒污染物，但表面颗粒数量大幅度减少；当清洗时间增加至 20min 后，微晶玻璃反射镜表面吸附的颗粒比经过 15min 清洗有增多趋势，这是由于清洗剂乳浊液再次吸附到表面所致。因此，选择水基“弱碱”清洗剂清洗微晶玻璃反射镜表面，清洗时间 15min 是较适宜的参数。

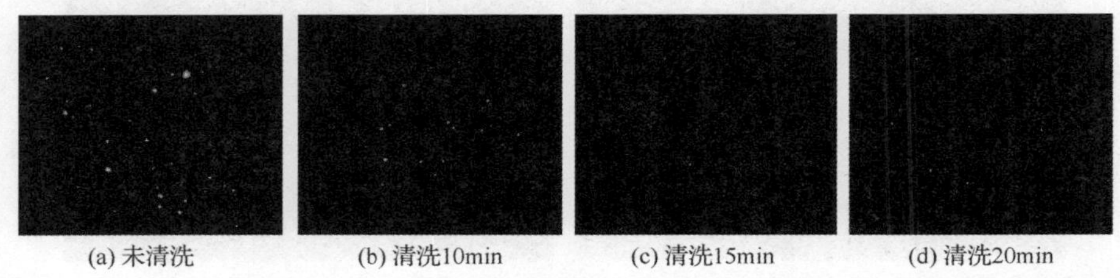

图 5 – 102　水基“弱碱”清洗剂不同清洗时间后微晶玻璃反射镜表面激光暗场显微镜图

将微晶玻璃反射镜使用水基“弱碱”清洗剂进行清洗。“弱碱”的体积浓度为4%、清洗温度为 60℃、清洗时间为 15min，图 5 – 103 为微晶玻璃反射镜清洗前后表面原子力显微图，清洗前后表面粗糙度由 Sq = 0. 117nm 变为 Sq = 0. 061nm，清洗后表面污染的颗粒物已基本去除，对微晶玻璃反射镜超光滑表面也未产生破坏。图 5 – 104 为微晶玻璃反射镜表面接触角的侧视图，水接触角从 22. 5°降低到 5. 1°，表明清洗后表面亲水性好。在激光暗场显微镜下观察清洗前后的表面，放大倍率为 25X，图 5 – 105 为微晶玻璃反射镜清洗前后的激光暗场显微图，表面几乎没有任何吸附的颗粒。

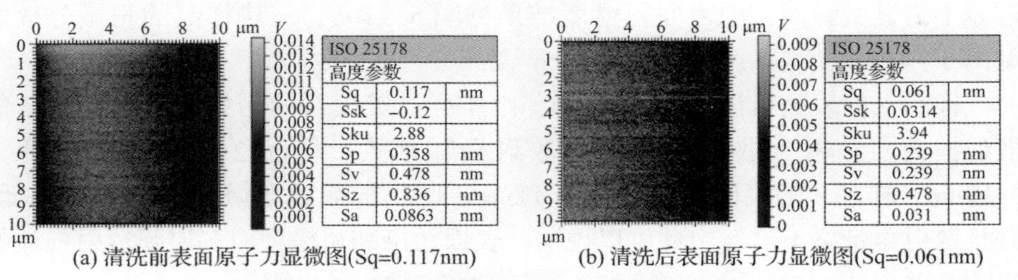

(a) 清洗前表面原子力显微图(Sq=0.117nm)　(b) 清洗后表面原子力显微图(Sq=0.061nm)

图 5 – 103　清洗前后微晶玻璃反射镜表面粗糙度对比

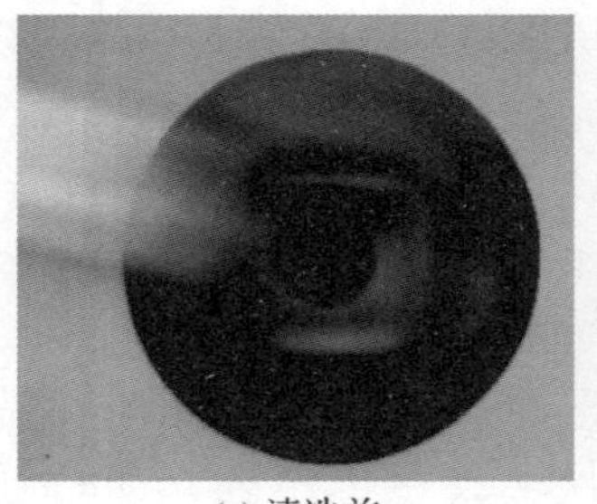

(a) 清洗前

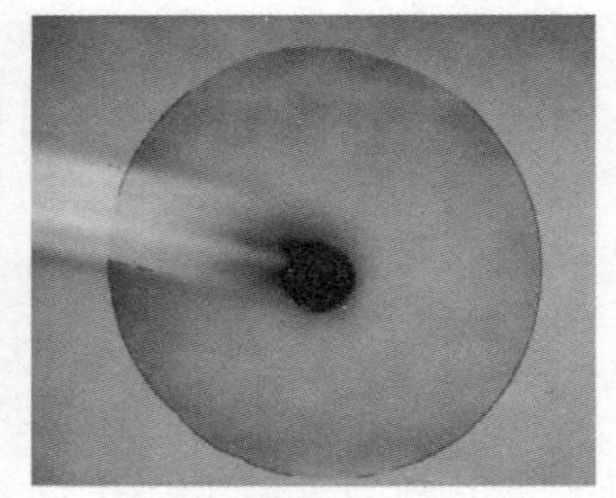

(b) 清洗后

图 5-104　清洗前后微晶玻璃反射镜表面接触角测试结果

(a) 微晶玻璃反射镜表面清洗前暗场显微图　(b) 微晶玻璃反射镜表面清洗后暗场显微图

图 5-105　微晶玻璃反射镜表面的化学清洗效果

5.6.3　多层膜界面散射的控制效果

通过近倾斜的离子辅助沉积多层膜界面控制技术，可以有效抑制节瘤表面薄膜的相关性生长，使多层膜的界面呈现非相关性生长。在三块熔融石英超光滑表面基板上，使用离子束溅射沉积技术制备了高反射薄膜，工作波长为632.8nm，工作角度为45℃。对三块样品分别进行表面粗糙度和角微分散射测试，测试激光波长为632.8nm，入射角度为45°。样品1、样品2和样品3通过原子力显微镜测试的表面粗糙度结果见图5-106，三块样品的角微分散射见图5-107。

样品1的表面粗糙度为0.26nm，由于样品镀膜后的污染表面存在大量的散射损耗点，微分散射角较宽且散射损耗最大；样品2的表面粗糙度为0.19nm，样品3的表面粗糙度为0.11nm，两块样品的角微分散射依次降低，并且散射角带宽下降。由此可以说明，表面污染和粗糙度对多层膜散射损耗的影响至关重要。

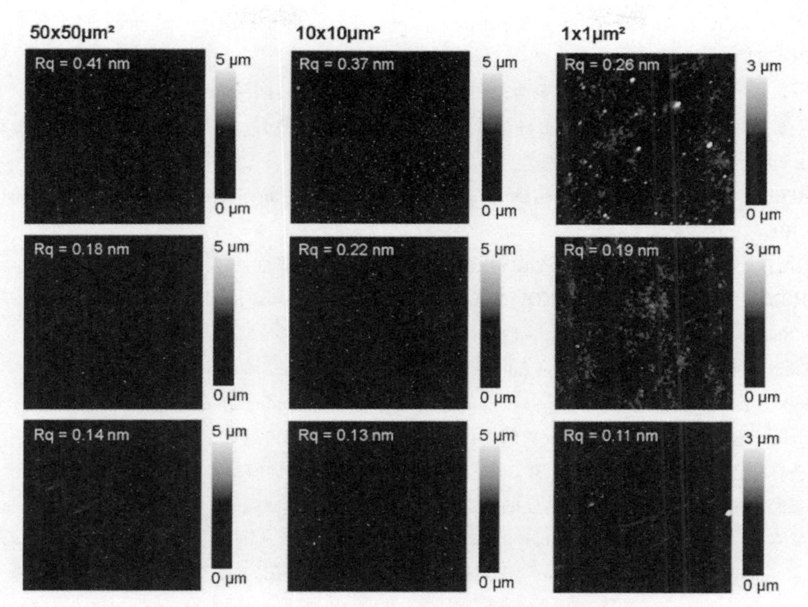

图5-106　三个样品的原子力显微镜测试结果

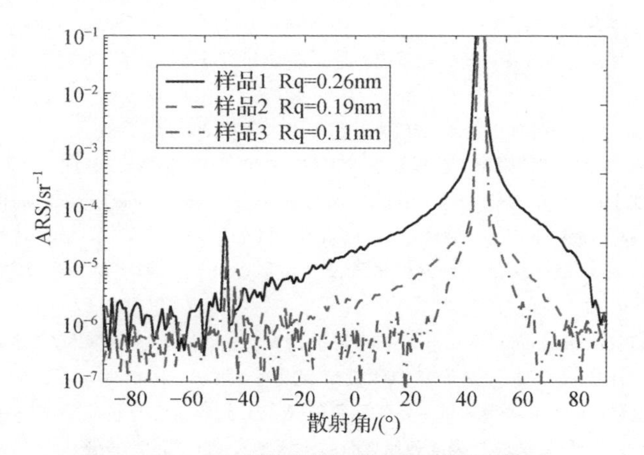

图5-107　高反射薄膜角微分散射测试结果

参考文献

[1] GAO H, CAO J, WU M, et al. Process technology for supersmooth surface machining [J]. Proc. SPIE, 2000 (4231): 208-213.

[2]SONG X, ZHANG J, XIN Q, et al. Supersmooth processing technology of optical elements [J]. Proc. SPIE, 2000(4231): 214 -217.

[3]沈正祥. 基于连续抛光的超光滑表面关键技术研究 [D]. 上海:同济大学, 2008.

[4]沈卫星, 徐德衍. 强激光光学元件表面功率谱密度函数估计 [J]. 强激光与粒子束, 2000, 12(4): 392 -396.

[5]CAMPBELL J H. NIF optical materials and fabrication technologies: an overview[J]. Proc. SPIE, 2004(5341): 84 -101.

[6]徐德衍, 王青, 高志山. 现行光学元件检测与国际标准[M]. 北京:科学出版社, 2009.

[7]TIKHONRAVOV A V, TRUBETSKOV M K, et al. Effects of interface roughness on the spectral properties of thin films and multilayers [J]. Applied Optics, 2009, 42(25): 5140 -5148.

[8]MACLEOD H A. Thin - film optical filters [M]. Tucson: CRC Press, 2018.

[9]ELSON J M. Multilayer - coated optics: guided - wave coupling and scattering by means of interface random roughness [J]. Journal of the Optical Society of America A, 1995, 12(4): 729 -742.

[10]吕茂钰. 光学冷加工工艺手册 [M]. 北京:机械工业出版社, 1991.

[11]王延路. 用环形抛光机磨制高精度的平面镜 [J]. 应用光学, 1992, 13 (2): 56 -60.

[12]WANG L, SHEN Z, JI Y. Calculation and simulation of the uniformity of grinding removal in ring polishing [J]. International Symposium on Advanced Optical Manufacturing & Testing Technologies: Advanced Optical Manufacturing Technologies International Society for Optics and Photonics, 2010(7655): 76552I.

[13]PRESTONW J. The theory and design of plate glass polishing machines[J]. Journal of Glass Technology, 1927, 11(44): 214 -256.

[14]王利栓. 超光滑表面制备及对低损耗薄膜性能的影响研究 [D]. 北京:中国航天科工集团第三研究院, 2010.

[15]蔡立, 田守信. 光学零件加工技术 [M]. 武汉:华中工学院出版社, 1987.

[16]沈 俊. 光学晶体材料超精密抛光机理及加工工艺的研究 [D]. 长春:长春理工大学, 2004.

[17]HOOPER B J, BYREN G, GALLIGAN S. Pad conditioning in chemical mechanical polishing [J]. Journal of Materials Processing Technology, 2002, 123(1): 107 -113.

[18]滕霖, 任敬心. 超精密光学抛光研究的进展及其发展趋势[J]. 航空精密制造技术, 1996, 32(3), 1996: 5 -9.

[19]HANK H K, Fabrication methods for precision optics [M]. Hoboken: John Wiley & Sons Inc, 1993.

[20]宋晓莉. 光学零件超光滑加工工艺研究 [D]. 北京:北京理工大学, 2000.

[21]周艳. 古典抛光中影响超光滑质量主要因素的分析 [J]. 化学工程与装备, 2008(10): 89 -92.

[22]马彬. 超光滑光学样品的加工、表面和亚表面的检测技术 [D]. 上海:同济大学, 2009.

[23]RUPP W J. Conventional optical polishing techniques [J]. Optica Acta: International Journal of Optics, 1971, 18(1): 1 -16.

[24]CUMBO M J, FAIRHURST D, JACOBS S D, et al. Slurry particle size evolution during the polishing of optical glass[J]. Applied Optics, 1995, 34(19): 3743 -3755.

[25]COMBO M J, Chemo - Mechanical interactions in optical polishing [D]. New York: University of Rochester, 1993.

[26]SHEN Z, MA B, WANG Z, et al. Fabrication of supersmooth surfaces with low subsurface damage[J]. Proc. SPIE, 2007(6722): 223.

[27] SHEN Z, MA B, WANG Z, et al. Fabrication of flat and supersmooth surfaces with bowl – feed polishing process [J]. Proc. SPIE, 2007(6722): 220.

[28] 曹天宁, 周鹏飞. 光学零件制造工艺学 [M]. 北京:机械工业出版社,1987.

[29] SHEN J, LIU S, YI K, et al. Subsurface damage in optical substrates [J]. Optik, 2005, 116(6): 288 – 294.

[30] 邓朝晖. 纳米结构陶瓷涂层精密磨削机理及仿真预测预报技术的研究 [D]. 湖南:湖南大学, 2004.

[31] 邓朝晖,张壁,周志雄,等. 陶瓷磨削的表面/亚表面损伤[J]. 湖南大学学报(自然科学版), 2002(05):61 – 71.

[32] NEAUPORT J, AMBARD C, CORMONT P, et al. Subsurface damage measurement of ground fused silica parts by HF etching techniques [J]. Optics Express, 2009, 17(22): 20448 – 20456.

[33] 马彬, 沈正祥, 张众, 等. 低亚表面损伤石英光学基底的加工和检测技术[J]. 强激光与粒子束, 2010, 22(9): 2181 – 2185.

[34] LIU H, YE X, ZHOU X, et al. Subsurface defects characterization and laser damage performance of fused silica optics during HF – etched process [J]. Optical Materials, 2014, 36(5):855 – 860.

[35] WANG J, MAIER R L. Quasi – Brewster angle technique for evaluating the quality of optical surfaces[J]. Proc. SPIE, 2004(5375): 1286 – 1294.

[36] WANG J, MAIER R L, BRUNING J H. Surface characterization of optically polished CaF_2 crystal by quasi – Brewster – angle technique [J]. Proc. SPIE, 2003(5188): 106 – 114.

[37] MA B, SHEN Z, HE P, et al. Detection of subsurface defects of fused silica optics by confocal scattering microscopy [J]. Chinese Optics Letters, 2010, 8(3):296 – 299.

[38] STOLZ C J, TENCH R J, KOZLOWSKI M R, et al. Comparison of nodular defect seed geometries from different deposition techniques[J]. Proc of SPIE,1996(2714): 374 – 382.

[39] STAGGS M C, KOZLOWSKI M R, SIEKHAUS W J, et al. Correlation of damage threshold and surface geometry of nodular defects on HR coatings as determined by in – situ atomic force microscopy[J]. Proc. SPIE, 1993(1848): 234 – 242.

[40] CHENG X, SHEN Z, JIAO H, et al. Laser damage study of nodules in electron – beam – evaporated HfO_2/SiO_2 high reflectors [J]. Applied Optics, 2011, 50(9): 357 – 363.

[41] PAPERNOV S, TAIT A, BITTLE W, et al. Near – ultraviolet absorption and nanosecond – pulse – laser damage in HfO_2 monolayers studied by submicrometer – resolution photothermal heterodyne imaging and atomic force microscopy [J]. Journal of Applied Physics, 2011, 109(11): 113106.

[42] CIAPPONI A, WAGNER F R, PALMIER S, et al. Study of luminescent defects in hafnia thin films made with different deposition techniques [J]. Journal of Luminescence, 2009, 129(12): 1786 – 1789.

[43] SPALVINS T, BRAINARD W A. Nodular growth in thick – sputtered metallic coatings [J]. Journal of Vacuum Science and Technology, 1974, 11(6): 1186 – 1192.

[44] 张磊. 光学薄膜的散射特性与抑制技术研究 [D]. 上海:同济大学, 2019.

[45] STOLZ C J, GENIN F Y, PISTOR T V. Electric – field enhancement by nodular defects in multilayer coatings irradiated at normal and 45° incidence[J]. Proc of SPIE, 2004(5273): 41 – 49.

[46] DEFORD J F, KOZLOWSKI M R. Modeling of electric – field enhancement at nodular defects in dielectric mirror coatings[J]. Proc. SPIE, 1993(1848): 455 – 472.

[47] 朱发松. 光学玻璃元件水基清洗剂的实验与研究 [J]. 洗净技术,2003(05):20 – 23.

[48]许将明，韩翔. 浅谈光学元件的几种清洗技术［J］. 物理与工程,2008(03):30－33.
[49]张晋宽，滕霖，王宇. 超光滑表面清洗技术发展研究［J］. 航空精密制造技术,2007(02):11－14.
[50]王宇，蔡亚梅，滕霖. 超光滑表面清洗技术现状及发展趋势［J］. 航空精密制造技术,2003(02):1－4.
[51]JIAO L，TONG Y，CUI Y，et al. Research on ultrasonic cleaning technology of optical components[J]. Proc. SPIE，2014(9281)：928112.
[52]KERN W，REINHARDT K. Handbook of silicon wafer cleaning technology［M］. Amsterdam：Elsevier Science Publishers BV，2018.
[53]梁治齐. 实用清洗技术手册[M]. 北京:化学工业出版社，2000:46－125.
[54]王培义，徐宝财，王军. 表面活性剂：合成·性能·应用[M]. 北京：化学工业出版社，2007:183－235.
[55]王承遇，陶瑛. 玻璃表面处理技术[M]. 北京:化学工业出版社，2004:113－124.
[56]梁治齐. 实用清洗技术手册[M]. 北京:化学工业出版社，2000:12－13.
[57]JIAO L Y,JIN Y Z,LIN N N. Analysis of chemical polishing for optical elements[J]. Proc. SPIE，2012(8416)：161.
[58]矫灵艳，刘杰，回长顺，等. 复杂结构微晶玻璃光学零件化学抛光技术[J]. 光电工程，2011，38(12):85－89.
[59]林娜娜，矫灵艳，王利栓，等. CL－208 清洗剂对微晶玻璃超光滑表面低损伤清洗的影响[J]. 导航与控制，2019（5）：99－106.
[60]JIAO L，JIN Y，JI Y，et al. Research on chemical cleaning technology for super－smooth surface of fused silica substrate[J]. Proc. SPIE，2010(7655)：552.
[61]STOLZ C J，WOLFE J E，ADAMS J J，et al. High laser－resistant multilayer mirrors by nodular defect planarization［J］. Applied Optics，2014，53(4):291－297.
[62]STOLZ C J，WOLFE J E，MIRKARIMI P B，et al. Substrate and coating defect planarization strategies for high－laser－fluence multilayer mirrors［J］. Thin Solid Films，2015(592)：216－220.
[63]XIE L，LIU H，ZHAO J，et al. Influence of dry etching on the properties of SiO_2 and HfO_2 single layers［J］. Applied Optics，2020，59(5)：128－134.
[64]谢凌云. 调控节瘤缺陷提高其损伤阈值的方法研究［D］. 上海:同济大学，2018.
[65]刘华松，王利栓，姜承慧，等. 一种高反射膜表面层的去除方法:CN2013102275343.3［P］. 2014－12－24.
[66]季一勤，刘华松，宗杰，等. 一种高反射光学介质薄膜反射相移的修正方法:CN201410720578.4［P］. 2015－02－04.

第6章

超低损耗激光薄膜吸收损耗控制

6.1 概　述

在激光技术发展历程中，人们发现和利用的激光波长已经覆盖从紫外到远红外谱段，典型激光波长为准分子激光(157nm、193nm、248nm 和 308nm)、气体激光(488nm、543nm、632.8nm、1523nm、3.39μm 和 10.6μm)、固体激光(266nm、355nm、532nm、1064nm 和 1540nm)、化学激光(1315nm、2.6～3.0μm 和 3.6～4.0μm)和半导体激光(808nm、827nm、905nm、1550nm 等)。表 6－1 列出了最常用的激光薄膜材料[1]，可以用于紫外到红外谱段范围的激光多层膜元件。

表 6－1　常用的激光薄膜材料

薄膜材料	折射率(633nm 处)	适用波长范围/μm
Ta_2O_5	2.15	0.31～8.0
HfO_2	2.01	0.22～7.0
SiO_2	1.457	0.2～6.0
Al_2O_3	1.658	0.2～6.0
TiO_2	2.389	0.4～6.0
ZrO_2	1.9	0.28～7.0
Y_2O_3	1.924	0.25～9.0
Sc_2O_3	1.988	0.22～8.0
Nb_2O_5	2.321	0.4～2.5

续表

薄膜材料	折射率(633nm 处)	适用波长范围/μm
ZnS	2.351	0.4～14.0
ZnSe	2.541	0.4～22.0
AlF_3	1.351	0.2～8.0
LaF_3	1.583	0.15～12.0
YbF_3	1.501	0.4～14.0
MgF_2	1.377	0.2～7.5
BaF_2	1.473	0.15～15.0
Si_3N_4	2.039	0.31～5.5

离子束溅射沉积技术受到靶材的限制，并非所有薄膜材料都能使用该技术制备，应用最成熟的薄膜材料是氧化物薄膜，常用于超低损耗激光薄膜的薄膜材料是 Ta_2O_5、HfO_2 和 SiO_2 薄膜。Ta_2O_5 和 HfO_2 薄膜是可见光到近红外谱段重要的高折射率材料之一，具有较高的折射率、低吸收、无定形微结构、缺陷密度少、热稳定性好和耐化学腐蚀等优点。两种薄膜材料相比，HfO_2 薄膜具有更大的禁带宽度和更高激光损伤阈值等特性。SiO_2 薄膜是唯一的低折射率氧化物材料，与 Ta_2O_5 或 HfO_2 薄膜组合作为多层膜，用于制备高反射薄膜、减反射薄膜、偏振分光薄膜、滤光薄膜等多种功能的超低损耗激光元件，还可用于高损伤阈值激光薄膜。

多层薄膜的吸收损耗主要来源于膜层材料本身的吸收和多层膜结构组合设计的吸收[2-6]。控制薄膜吸收损耗的关键参数是薄膜材料消光系数 k，k 值的大小与材料的本征能带、能带的局域态、本征声子吸收区和杂质的声子吸收等相关，由材料种类和使用的制备工艺决定。大量研究结果已经证明，离子束溅射制备的薄膜微结构主要为无定形，描述无定形薄膜能带特性的参数主要为禁带宽度和 Urbach 带尾宽度：禁带宽度表征了薄膜短波吸收极限，也是评价薄膜透明区吸收的重要参数；而带尾宽度是评价薄膜内部结构无序度的关键参数。无定形微结构不具备晶体结构的对称性，因此在声子吸收区的特性与晶体结构有很大差异。

本章针对三种主要的超低损耗激光薄膜（Ta_2O_5 薄膜、HfO_2 薄膜和 SiO_2 薄膜）材料，从金属氧化物薄膜材料的能带结构出发，研究了制备工艺和后处理两个过程对金属氧化物薄膜的能带特性调控作用。对于 SiO_2 薄膜材料，从本征微结构角度出发，与电子束蒸发方法制备的薄膜相比，探讨了羟基缺陷诱导薄膜吸收的机制以及控制方法，研究了氧气流量和热等静压后处理对 SiO_2 薄膜特性的影响，最后提出了 SiO_2 薄膜的极低消光系数和应力的表征方法。

6.2 氧化物薄膜实验研究方法

6.2.1 氧化物薄膜的制备方法

6.2.1.1 离子束溅射制备方法

使用离子束溅射沉积技术制备 Ta_2O_5 薄膜、HfO_2 薄膜和 SiO_2 薄膜。靶材选择高纯度金属 Ta 靶和 Hf 靶（靶材纯度 >99.95%），以及高纯度熔融石英靶（靶材纯度 >99.995%），沉积过程中采用再氧化的方法制备 Ta_2O_5 薄膜、HfO_2 薄膜和 SiO_2 薄膜。离子源的工作气体为高纯氩气（纯度 >99.999%），溅射离子源为 16cm 口径宽束射频离子源，离子束的电压参数范围为 300 ~ 1300V，离子束的电流参数范围为 150 ~ 650mA；采用石英灯加热器辐射加热的方式对基板加热，加热温度范围可以从室温到 250℃；薄膜的基板材料为单面和双面超光滑表面加工的远紫外熔融石英玻璃（Φ40mm × 6mm），为了降低基板表面的散射效应，基板表面粗糙度优于 0.2nm；单面抛光石英样品用于反射椭圆偏振光谱参数测量，双面抛光石英样品则用于光谱透射率测量。

重点针对离子束溅射沉积的四个工艺参数进行研究，即基板温度（A）、离子束电压（B）、离子束电流（C）和氧气流量（D）。三种氧化物薄膜的制备参数选择见表 6-2，基于正交实验表 $L_9(3^4)$ 设计相应的实验方案[7]，具体实验方案见表 6-3。

表 6-2 离子束溅射制备的参数因素和水平选择

	基板温度/℃		离子束电压/V		离子束电流/mA		氧气流量/sccm	
	水平值	符号	水平值	符号	水平值	符号	水平值	符号
1	25(Ta_2O_5) 25(HfO_2) 25(SiO_2)	A1	600(Ta_2O_5) 600(HfO_2) 650(SiO_2)	B1	300(Ta_2O_5) 300(HfO_2) 300(SiO_2)	C1	20(Ta_2O_5) 25(HfO_2) 20(SiO_2)	D1

续表

	基板温度/℃		离子束电压/V		离子束电流/mA		氧气流量/sccm	
	水平值	符号	水平值	符号	水平值	符号	水平值	符号
2	125(Ta_2O_5) 100(HfO_2) 120(SiO_2)	A2	950(Ta_2O_5) 900(HfO_2) 950(SiO_2)	B2	450(Ta_2O_5) 450(HfO_2) 450(SiO_2)	C2	30(Ta_2O_5) 35(HfO_2) 20(SiO_2)	D2
3	200(Ta_2O_5) 180(HfO_2) 200(SiO_2)	A3	1300(Ta_2O_5) 1200(HfO_2) 1250(SiO_2)	B3	650(Ta_2O_5) 600(HfO_2) 600(SiO_2)	C3	40(Ta_2O_5) 45(HfO_2) 40(SiO_2)	D3

表 6-3　金属氧化物薄膜的实验设计方案

序号	参数组合	沉积时间/s		
		Ta_2O_5	HfO_2	SiO_2
1	A1B1C1D1	5000	14000	6500
2	A1B2C2D2	5000	7500	4500
3	A1B3C3D3	5000	4500	3000
4	A2B1C2D3	5000	10000	6000
5	A2B2C3D1	5000	5000	3200
6	A2B3C1D2	5000	10500	6500
7	A3B1C3D2	5000	7500	4500
8	A3B2C1D3	5000	13500	8000
9	A3B3C2D1	5000	7000	3500

6.2.1.2　电子束蒸发制备 SiO_2 薄膜

为了对比不同工艺制备的 SiO_2 薄膜特性，同时也使用电子束蒸发工艺制备 SiO_2 薄膜。两种工艺方法制备的 SiO_2 薄膜样品基板均为超光滑表面单晶硅（Φ40mm × 0.3mm），表面粗糙度约 0.3nm。两种沉积工艺的制备参数为：①离子束溅射沉积 SiO_2 薄膜，本底真空度优于 1.0×10^{-3}Pa，离子束压为 1250V，离子束流为 500mA，氧气流量为 30sccm，基板未加热，沉积时间为 3600s；②电子束蒸发 SiO_2 薄膜的膜料为紫外级石英（纯度≥99.99%），本底

真空度优于 1.0×10^{-3}Pa，基板加热温度为200℃，膜层厚度采用晶振监控的方式，沉积速率为0.3nm/s，物理厚度为1500nm。

6.2.2　薄膜后处理的实验方法

氧化物薄膜的物理化学气相沉积过程是强非平衡物理化学过程，块体材料经过复杂的物理化学过程形成薄膜材料，薄膜材料的组分、密度、气孔、晶相结构、折射率、消光系数等物理特性与块体材料有较大差异。调控薄膜材料特性的方法主要有两种：第一种方法是通过制备工艺参数进行调控；第二种方法是使用热处理技术对制备好的薄膜材料进行改性。目前报道较多的薄膜后处理技术有真空热处理、特定气氛下热处理和快速光热退火等。在调控薄膜材料各项特性上，无法使用一种手段完成所有薄膜特性的理想化或最优化，这些方法各有利弊，但是对于有针对性地改进薄膜的某些特性还是具有重要意义的。

热等静压是一种用于减少金属中的孔洞或者提高陶瓷材料密度的制造工艺，提高了材料的机械性能和可加工性。在热等静压处理过程中，材料在密闭容器中受到各向均匀的高压和高温。施压气体一般为氩气惰性气体，以避免与材料发生化学反应。自1955年美国首先成功研制出热等静压设备以来，热等静压处理技术在粉末金属和铸件致密化方面的应用稳步增长，在各种新材料的开发、制备与改性处理方面引起了材料科学家的普遍关注[8]。尤其是在光学材料领域内，热等静压处理技术广泛应用于硫化锌、硒化锌、氧化镁、氧化钇、镁铝尖晶石、掺钕钇铝石榴石晶体等材料的后处理。Lewis等人报道采用热等静压技术对硫化锌材料进行后处理，可将硫化锌可见光范围内的透射率从约10%提高到约50%，并且中波红外到长波红外的透射率均有提高。Biswas等人系统研究了热等静压对硫化锌材料的晶相转化、微结构、光学和力学特性的影响。热等静压技术在光学材料领域的应用，可以进一步降低材料的晶界和增大晶粒尺寸，有助于提高材料的光学特性和力学特性。

在光学薄膜材料领域内，采用热等静压后处理技术鲜见报道，尝试将热等静压后处理技术用于离子束溅射氧化物薄膜，并与常规的热处理方式对薄膜特性的影响进行对比，探讨热等静压处理方式在离子束溅射制备薄膜中应用的优势[9,10]。真空热等静压处理的实验装置见图6-1。采用真空加压的处理方式，处理参数为本底真空度10Pa，高纯氩气的压力50MPa，处理温度250℃、升温速率5℃/min，处理时间24h，卸载压力后自然降到室温。常规热处理的实验装置见图6-2，该装置为自行研制的高温热处理箱。后处理温度范围100～600℃，温度间隔100℃，升温速率5℃/min，到达温度点后保持温度24h，然后自然降温到室温。

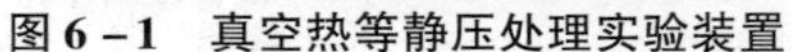

图 6－1　真空热等静压处理实验装置

图 6－2　大气氛围热处理实验装置

6.2.3　应力和微结构表征方法

6.2.3.1　薄膜应力表征方法

应力是典型的薄膜力学特性，关系到膜层的稳定性和光学损耗特性，是反映制备薄膜的物理化学非平衡过程的重要特性。根据薄膜应力理论，薄膜应力主要分为张应力和压应力两类，通常将张应力值定义为正号，类似于光学表面的低圈现象，而压应力值定义为负号，类似于光学表面的高圈现象。当薄膜沉积在一定厚度的弹性基板上，基板的初始面形如图 6－3（a）所示，薄膜应力的作用使基板发生弯曲现象，弯曲的“基板 | 薄膜”系统面形如图 6－3（b）所示。通过测量镀膜前后基板表面的曲率半径，根据 Stoney 公式就可以计算出薄膜应力的性质和大小，即

$$\sigma = \frac{E_s d_s^2}{6(1-\nu_s)d_f}\left(\frac{1}{R_f} - \frac{1}{R_0}\right) \tag{6-1}$$

式中：R_f 为镀膜后“基板 | 薄膜”系统的曲率半径；R_0 为镀膜前基板的曲率半径；E_s 为基板的杨式模量；d_s 为基板的厚度；d_f 为薄膜的厚度；v_s 为基板的泊松比。通过测量出基板沉积薄膜前后的曲率半径变化就可以计算出薄膜的应力 σ。

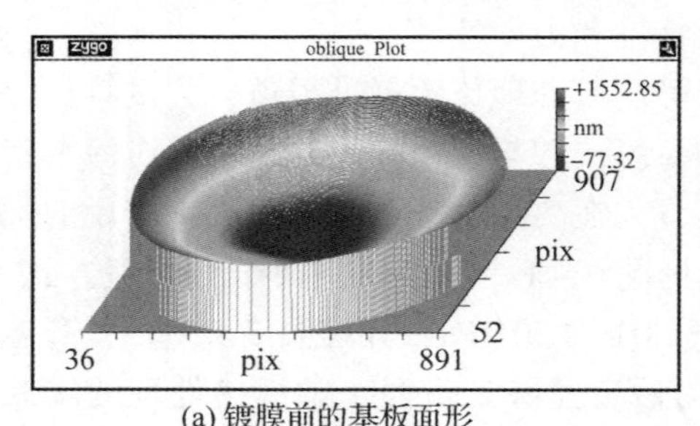

(a) 镀膜前的基板面形

(b) 镀膜后的基板面形

图 6－3　光学薄膜元件表面的面形变化

该方程在推导过程中，假设了薄膜厚度远小于基板厚度，因此式（6－1）

得到的应力实际上为宏观应力。在本书的薄膜应力实验中，使用ZYGO公司的激光干涉仪对基板镀膜前后的面形测量，再根据式（6-1）计算薄膜的应力。该方法表征薄膜的应力较为方便，但是基板的选择必须满足Stoney公式应用的基本条件和准则[11]。

6.2.3.2　薄膜晶相结构表征方法

每种晶体材料都有特征的晶面间距，因此可用晶面间距表征晶体的结构。如图6-4所示，当一束X射线入射到样品表面，在晶面产生衍射光。根据布拉格方程 $2d\sin\theta=\lambda$（d 为晶面间距，θ 为衍射角），通过测量随 2θ 变化的衍射光强度，即可得到X射线衍射峰，通过衍射峰所对应的衍射角，即可得到每个衍射峰所对应的晶面间距 d。参照已知晶体结构的晶面间距和衍射峰的相对强度等，可以确定材料是否具有相应的晶相结构。在本书的薄膜结构研究中，使用日本理学D/max-2200型X射线衍射仪测试薄膜结构特性，所用靶材为Cu Ka（λ = 0.15405nm），滤波片为Ni，测试时的管压为40kV，管流为100mA，扫描速度为2(°)/min，扫描角度为20°~80°。图6-5给出了熔融石英和单晶硅基板的X射线衍射图，其中熔融石英为无定形结构，而单晶硅的晶相为[111]相。

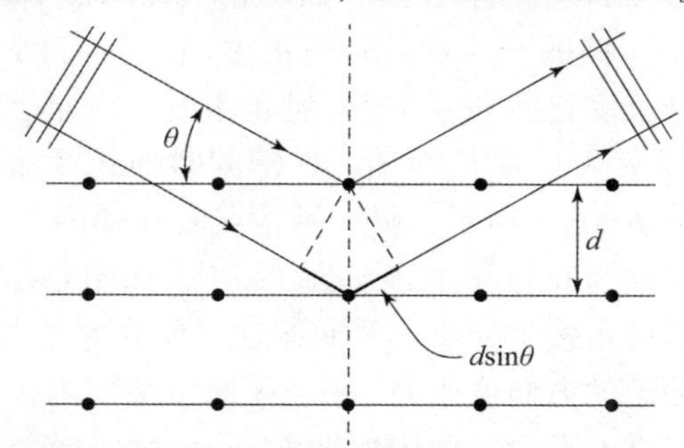

图6-4　X射线衍射测试晶相原理图

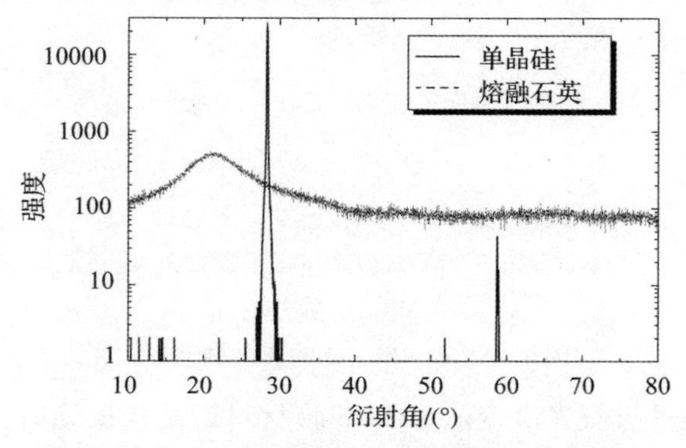

图6-5　熔融石英和单晶硅基板的X射线衍射图

6.2.3.3 短程有序微结构表征方法

评价 SiO_2 薄膜微结构的常用方法有 X 射线衍射（XRD）、X 射线光电子能谱（XPS）、扫描电子显微镜（SEM 或 TEM）、原子力显微镜（AFM）和红外吸收光谱（FTIR）等，用于表征 SiO_2 薄膜的晶相结构、化学计量比、表面/断面结构、表面微结构和[SiO_4]四面体连接的短程有序微结构。SiO_2 随机网络玻璃结构的基本单位是[SiO_4]四面体，每个 Si 原子周围结合 4 个 O 原子，Si 在中心，O 在四个顶角；许多这样的四面体又通过顶角的 O 相连接，每个 O 为两个四面体所共有，即每个 O 与 2 个 Si 相结合。因此，无定形 SiO_2 薄膜材料的微结构表现为长程无序而短程有序[12]。红外光波与 SiO_2 薄膜作用，Si–O–Si 键的简正振动频率与入射光波频率相同时，在红外光谱中会出现系列振动吸收峰，通过对振动吸收峰特性的分析，可以得到 Si–O–Si 键角和短程有序微结构的信息。因此，红外振动吸收光谱已经成为 SiO_2 薄膜短程有序微结构的重要表征方法之一。

SiO_2 薄膜微结构振动可以分解为系列简正振动，微结构的宏观振动光谱特征就是这些简正振动的线性组合[13]。如图 6–6 所示，SiO_2 薄膜中随机网络结构单元[SiO_4]相互连接的 Si–O–Si 简正振动主要有两种形式。①伸缩振动：主要的特征是键长变化而 Si–O–Si 键角不变，O 原子沿 Si–O 键方向振动。一种情况是相邻两个 O 原子的 Si–O 键同时伸长或缩短，称为对称伸缩振动（SS），如图 6–6（a）所示；另一种情况是相邻两个 O 原子的 Si–O 键伸长或缩短不同步，称为非对称伸缩振动（AS），如图 6–6（b）所示。②弯曲振动：主要特征是键角发生变化。弯曲振动主要分为面内弯曲振动和面外弯曲振动，面内弯曲振动的方向位于 O–Si–O 原子平面内，面外弯曲振动的方向垂直于 O–Si–O 原子平面。面内弯曲振动分为剪式振动和平面摇摆振动，如图 6–6（c）和图 6–6（d）所示。面外弯曲振动分为非平面摇摆振动和扭曲，如图 6–6（e）和图 6–6（f）所示。

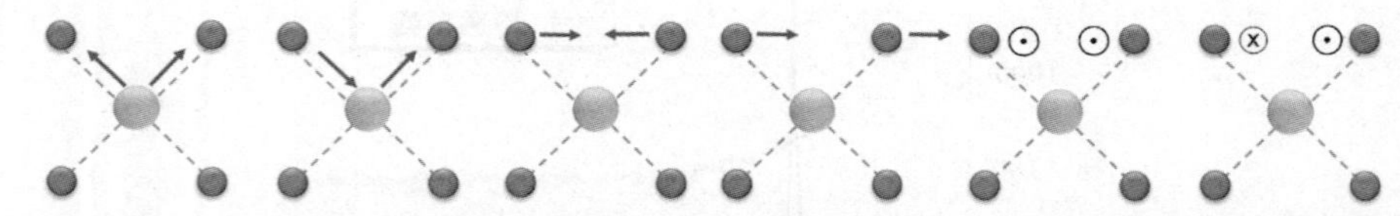

图 6–6 O–Si–O 的典型振动形式

利用红外振动吸收光谱表征 SiO_2 薄膜材料微结构振动时，吸收强度取决于分子振动时偶极矩的变化，而偶极矩与分子结构的对称性有关。分子结构的对称性越高，分子偶极矩变化就越小，吸收谱的强度也就越弱，反之则强。在红外光波与 SiO_2 材料相互作用时，当 O - Si - O 的简正振动频率与入射光波频率相同时，在红外光谱上会出现系列的振动吸收峰。熔融石英材料的红外谱段介电函数虚部如图 6 - 7 所示。其中，1070cm^{-1}波数为 O - Si - O 非对称伸缩振动频率，804cm^{-1}波数为 O - Si - O 对称伸缩振动频率，452cm^{-1}波数为 O - Si - O 中 O 原子的弯曲振动频率。通过对 O - Si - O 振动峰特性分析，可以得到 Si - O - Si 键角和短程有序微结构信息，具体研究结果见 6. 5. 2 节。

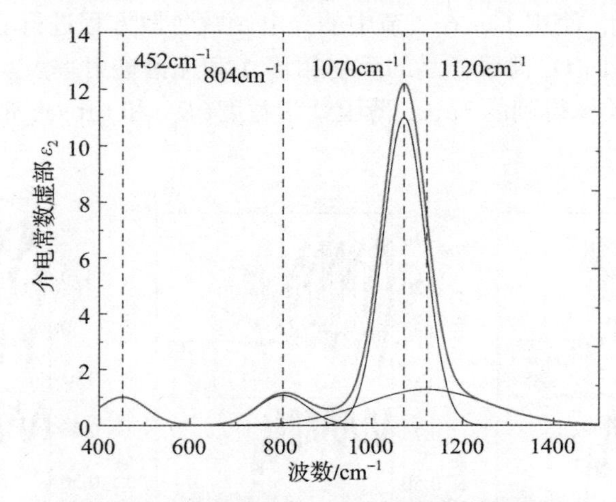

图 6 - 7 熔融石英的红外谱段介电函数虚部

6. 3 Ta_2O_5 薄膜吸收损耗控制研究

6. 3. 1 Ta_2O_5 薄膜的能带特性

在不同制备方法下获得的 Ta_2O_5 薄膜特性各不相同，即便是使用同一种制备技术，制备参数对 Ta_2O_5 薄膜特性也有较大影响。离子束溅射制备的 Ta_2O_5 薄膜是当前超低损耗激光薄膜首选的高折射率薄膜材料，相关的研究主要集中在离子束、烘烤温度和工作气体流量等参数对薄膜特性的影响，以及热处理对 Ta_2O_5 薄膜特性的影响，获得了大量离子束溅射制备 Ta_2O_5 薄膜的折射率、消光系数、应力、化学计量比、微结构和禁带宽度等特性数据。在禁带宽度的调整方法上，研究人员通过调整 Ta_2O_5 薄膜在制备过程中的氧化程度实现对薄膜禁带宽度的调控，下面尝试系统地研究调控 Ta_2O_5 薄膜禁带宽度的制备参数[14]。

Ta_2O_5 薄膜样品的制备方法见6.2.1.1节，使用表6-3中的参数组合进行实验，分别对表6-3中的9组实验样品的光谱透射率和椭圆偏振光谱进行测试：使用Lambda 900分光光度计测试 Ta_2O_5 薄膜样品的光谱透射率，测试波长范围为300~1200nm，扫描速度为150nm/s，光阑孔径为2mm；使用VASE椭圆偏振仪测试反射椭偏参数 $\Delta(\lambda)$，波长范围为270~2000nm，波长间隔为10nm，入射角度分别选择为55°、65°和75°。将光谱透射率和椭圆偏振光谱作为复合反演目标，使用了3.6.2节中的介电函数色散方程进行非线性数值反演计算，9组实验 Ta_2O_5 薄膜样品的反射相移 Δ 和光谱透射率及反演计算结果如图6-8所示，计算得到的 Ta_2O_5 薄膜禁带宽度(E_g)和Urbach带尾宽度(E_u)结果见表6-4。

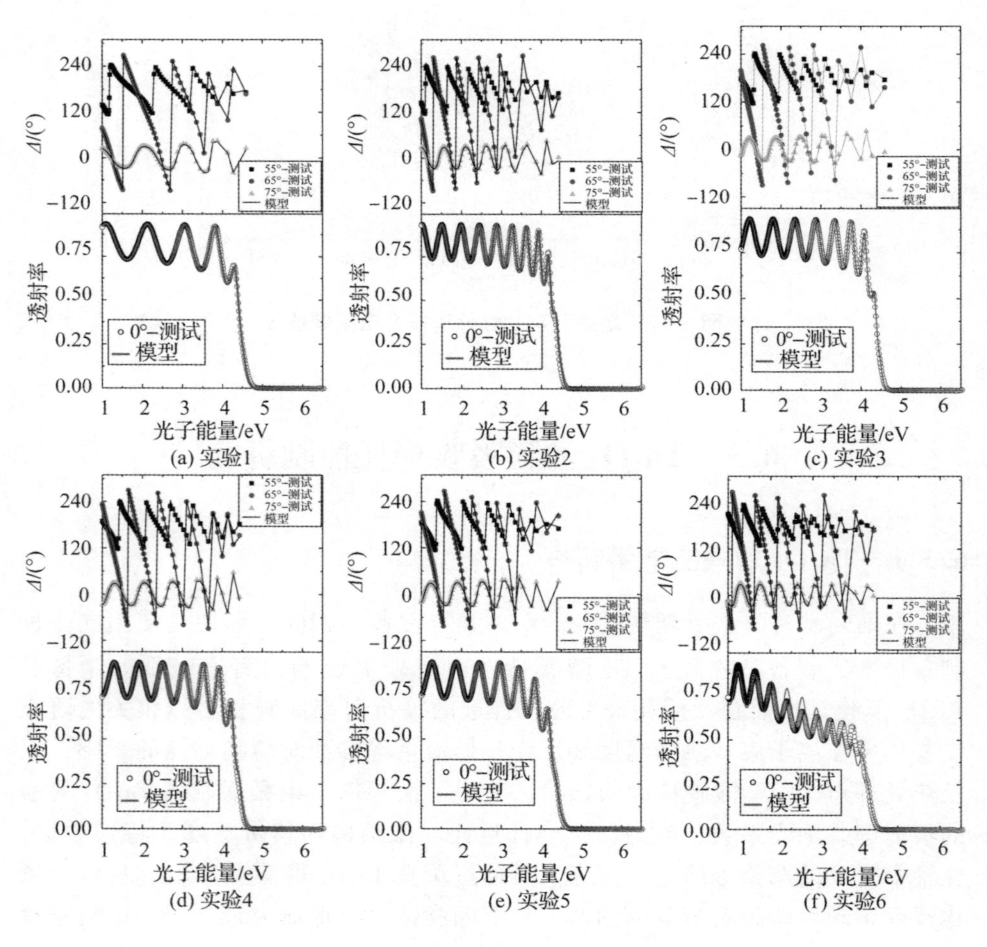

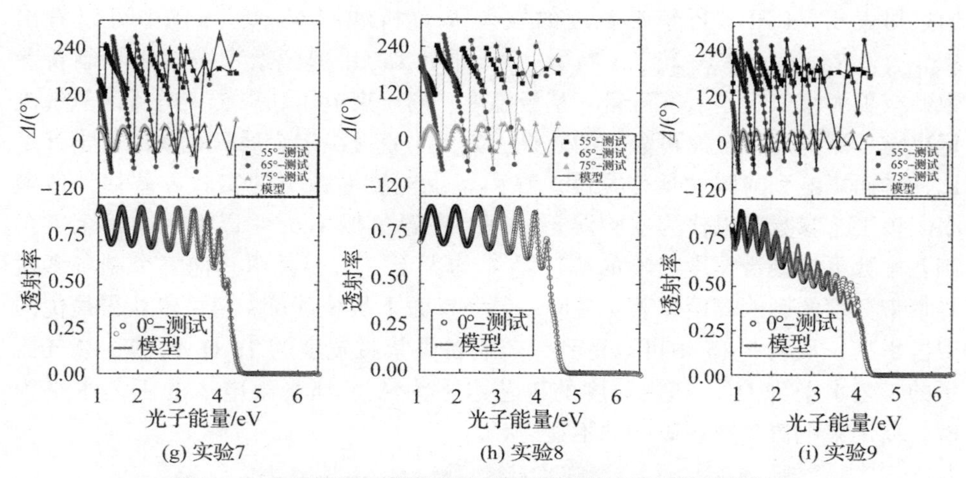

图6－8　9组实验反射相移Δ和光谱透射率及反演计算结果

表6－4　Ta_2O_5 薄膜的能带特性测试结果

实验序号	1	2	3	4	5	6	7	8	9
禁带宽度 E_g/eV	4. 32	4. 37	4. 32	4. 33	3. 95	4. 01	4. 26	4. 25	3. 89
Urbach 带尾宽度 E_u/eV	0. 244	0. 243	0. 233	0. 256	0. 290	0. 235	0. 303	0. 288	0. 334

由于9组实验按照正交实验设计，因此根据正交实验的数学分析方法，对表6－4中的禁带宽度与Urbach带尾宽度进行极差分析和方差分析：先确定制备参数对禁带宽度和带尾宽度影响的权重，再分析这种影响权重的可信概率。图6－9为禁带宽度和Urbach带尾宽度的极差权重分析结果。

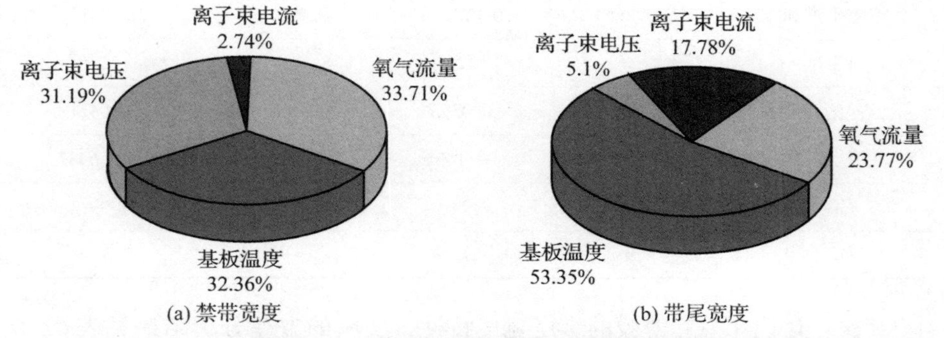

图6－9　工艺参数对 Ta_2O_5 薄膜的禁带宽度和带尾宽度特性影响权重分析

首先，讨论 Ta_2O_5 薄膜的禁带宽度特性，实验的方差分析结果见表 6－5。通过对表 6－4 第一行禁带宽度的极差 R 分析和图 6－9（a）中可以看出 $R_{氧气流量} > R_{基板温度} > R_{离子束电压} > R_{离子束电流}$，即对 Ta_2O_5 薄膜禁带宽度影响制备参数的权重大小依次是氧气流量、基板温度、离子束电压和离子束电流。氧气流量决定了溅射过程金属再氧化的效果，其大小直接决定金属氧化物的化学计量比，继而影响到薄膜的禁带宽度。在离子束电流参数下的实验方差估计值最小，该工艺参数可以作为实验误差处理。在置信概率 95% 以上时，其余三个制备参数下对禁带宽度影响的统计量 F 均大于 $F_{0.05}$，说明其他三个制备参数对禁带宽度的影响高度显著。在同一制备参数下从统计量 k 值可以获得最优的工艺水平，从表 6－5 中可以得到，若制备高禁带宽度的 Ta_2O_5 薄膜，氧气流量的工艺水平为 D_3、基板温度的工艺水平为 A_1、离子束电压的工艺水平为 B_1，离子束电流参数的影响并不显著。

表 6－5　Ta_2O_5 薄膜禁带宽度实验的方差分析

统计量		基板温度/℃	离子束电压/V	离子束电流/mA	氧气流量/sccm
水平和	K_1	13.0056	12.9063	12.5861	12.1607
	K_2	12.2927	12.5713	12.5850	12.6330
	K_3	12.3986	12.2193	12.5258	12.9032
水平均值	k_1	4.3352	4.3021	4.1954	4.0536
	k_2	4.0976	4.1904	4.1950	4.2110
	k_3	4.1329	4.0731	4.1753	4.3011
极差	R	0.2376	0.2290	0.0201	0.2475
总偏差平方和		0.2723			—
偏差平方和		0.098654	0.078678	0.000794	0.094154
自由度		2	2	2	2
方差估计值		0.0493	0.0393	0.0004	0.0471
F 值		124.3206	99.1465	—	118.6487
$F_{0.01}$		99	99	误差项	99
$F_{0.05}$		19	19	—	19

其次，讨论 Ta_2O_5 薄膜的带尾宽度特性，实验的方差分析结果见表 6－6。通过对表 6－4 第二行的 Urbach 带尾宽度的极差 R 分析可看出 $R_{基板温度}$ >

$R_{氧气流量} > R_{离子束电流} > R_{离子束电压}$，对 Urbach 带尾宽度影响制备参数的权重从大到小依次是基板温度、氧气流量、离子束电流和离子束电压。由于离子束电压参数下实验的估计值较小，在此当作实验误差处理，因此得到如下的结论：在置信概率 >95% 的情况下，基板温度和氧气流量对制备 Ta_2O_5 薄膜的带尾宽度统计量 F 均大于 $F_{0.05}$，说明两个制备参数对带尾宽度的影响高度显著。从表 6－6 中的不同水平下统计量 k 值可以看出，如果获得 Ta_2O_5 薄膜较低的带尾宽度，工艺参数的水平选择为基板温度的工艺水平为 A_1、氧气流量的工艺水平为 D_3，离子束电流和离子束电压的影响不显著。Urbach 带尾宽度反映了薄膜中的缺陷态密度，缺陷态密度越高则带尾宽度越大，因此，为了降低 Ta_2O_5 薄膜中的缺陷态密度，则必须降低薄膜的 Urbach 带尾宽度。首先要考虑的工艺参数为基板温度。从制备参数的影响来看，提高基板温度使薄膜的带尾宽度增加，说明在高温下制备的薄膜中产生较多的缺陷。其次，氧气流量对产生薄膜缺陷的影响没有基板温度的影响大。离子束电流和离子束电压决定了靶材的溅射速率，通过上述工艺参数影响的权重分析，沉积速率对薄膜的缺陷态贡献不大。因此，对于离子束溅射制备的 Ta_2O_5 薄膜，在控制缺陷态密度上，必须降低基板温度和增加氧气流量。

表 6－6　Ta_2O_5 薄膜的 Urbach 带尾宽度实验方差分析

统计量		基板温度/℃	离子束电压/V	离子束电流/mA	氧气流量/sccm
水平和	K_1	0.72007	0.80313	0.76557	0.86746
	K_2	0.78156	0.82095	0.83353	0.78144
	K_3	0.92392	0.80147	0.82645	0.77665
水平均值	k_1	0.24002	0.26771	0.25519	0.28915
	k_2	0.26052	0.27365	0.27784	0.26048
	k_3	0.30797	0.26716	0.27548	0.25888
极差	R	0.06795	0.00649	0.02265	0.03027
总偏差平方和	$W-P$	0.01004	0.01004	0.01004	0.01004
偏差平方和	Q	0.007289	0.000078	0.000931	0.001741
自由度		2	2	2	2
方差估计值		0.00364	3.9×10^{-5}	0.00047	0.00087

续表

统计量	基板温度/℃	离子束电压/V	离子束电流/mA	氧气流量/sccm
F 值	93.7471	—	11.9682	22.3911
$F_{0.01}$	99	误差项	99	99
$F_{0.05}$	19	—	19	19

综上所述，系统研究了离子束溅射工艺参数对 Ta_2O_5 薄膜能带特性影响的权重，通过对表 6-5 和表 6-6 中的结果分析，可以确定实验的四个制备参数对薄膜禁带宽度和带尾宽度影响的主次关系和可信概率。对于超低损耗激光薄膜和高损伤阈值激光薄膜，提高薄膜的禁带宽度和降低带尾宽度是共同目标，上述的研究结果给出了同步调控两个特性的重要工艺参数选择方法，可以指导在光学多层膜制备中 Ta_2O_5 薄膜的参数选择。

6.3.2 热处理对 Ta_2O_5 薄膜的影响

在上述的离子束溅射制备 Ta_2O_5 薄膜工艺研究中，相关的研究结果表明：基板温度、离子束电压、氧气流量对薄膜光学特性和微结构特性具有显著的影响，尤其是氧气流量可以有效地调控薄膜的吸收系数。在对 Ta_2O_5 薄膜的光学和力学特性后处理改性研究方面，热处理的方法报道较多。Masse 等人[15]使用等离子增强化学气相沉积制备了 Ta_2O_5 薄膜，在 973K 温度下热处理出现光学特性变化的拐点，随着热处理温度增加折射率下降且消光系数增加。对于电子束蒸发制备的 Ta_2O_5 薄膜，其他研究人员得到的结果是：热处理能够提高薄膜的折射率，降低薄膜的消光系数。对于离子束溅射制备的 Ta_2O_5 薄膜，本书详细研究了热处理温度对薄膜的折射率、消光系数、应力、晶向和表面形貌的影响，讨论了热处理对能带特性和红外谱段光学特性的影响，获得了离子束溅射 Ta_2O_5 薄膜的热处理改性规律。

首先，使用美国 Perkin Elmer 公司的 Lambda 900 分光光度计测试 Ta_2O_5 薄膜样品的可见光光谱，波长范围为 250~1240nm，扫描速度为 150nm/s，光阑孔径为 2mm；透射率的测试入射角为 0°，反射率测试入射角为 8°；将波长单位换算为光子能量单位，Ta_2O_5 薄膜样品的热处理（150℃、350℃和 550℃）前后的可见光光谱测试结果见图 6-10。

使用 3.6.2 节中的光学常数色散方程，将光谱反射率和光谱透射率作为复合目标进行反演计算，拟合的评价函数 MSE 分别为 2.685、3.306、2.204 和 2.328，反演计算值与测试值基本一致，如图 6-10 所示。利用色散方程计算

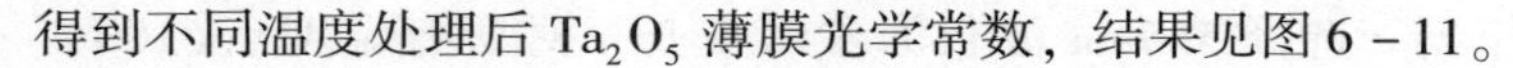
得到不同温度处理后 Ta_2O_5 薄膜光学常数，结果见图 6－11。

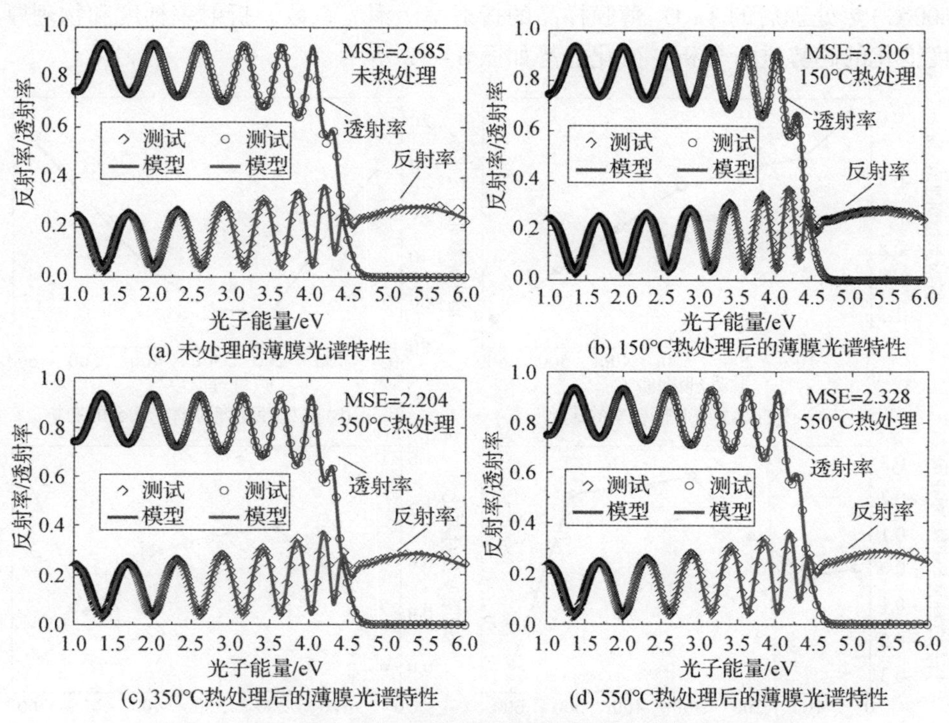

(a) 未处理的薄膜光谱特性　(b) 150℃热处理后的薄膜光谱特性

(c) 350℃热处理后的薄膜光谱特性　(d) 550℃热处理后的薄膜光谱特性

图 6－10　不同温度热处理后的光谱特性反演拟合计算结果

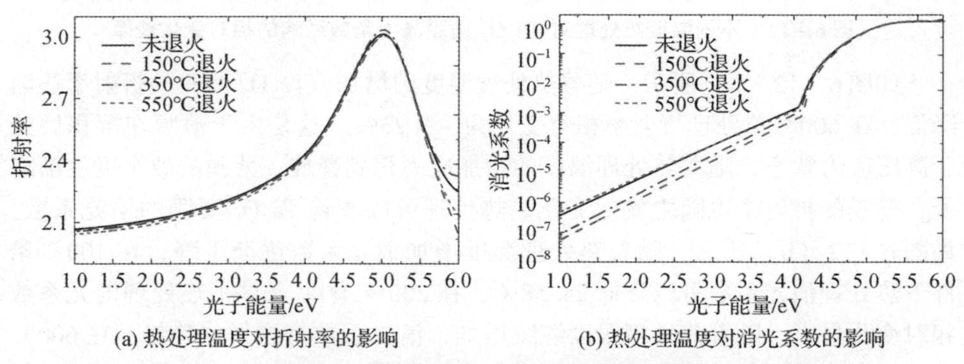

(a) 热处理温度对折射率的影响　(b) 热处理温度对消光系数的影响

图 6－11　不同温度热处理对 Ta_2O_5 薄膜折射率和消光系数的影响

在可见光谱段(1～4eV)，Ta_2O_5 薄膜的折射率随热处理温度的增加而下降，整体来看，折射率变化的幅度不大；在 4eV 光子能量附近看，消光系数随着热处理温度的增加先下降，在 150℃热处理温度下达到最小，随着热处理温度进一步升高，薄膜的消光系数增大，在 550℃温度热处理后与未进行热处理时的消光系数相当。选择550nm波长为参考波长，对所有温度点(100～600℃)热处理后的Ta_2O_5薄膜样品的折射率、消光系数、折射率梯度和物理厚度变化的趋势进行分析，变化趋势如图6-12所示。

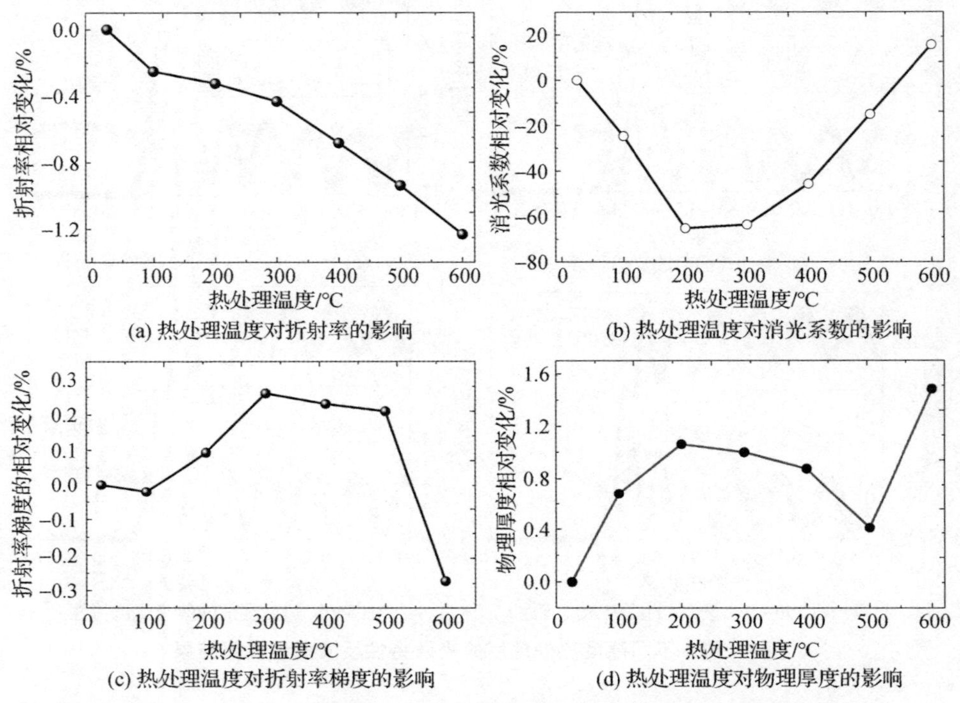

图6-12　不同温度热处理对Ta_2O_5薄膜光学常数影响的相对变化规律

如图6-12（a）所示，随着热处理温度的增加，Ta_2O_5薄膜的折射率逐渐降低，在600℃热处理折射率相对变化为-1.23%。这是由于薄膜在沉积后处于高压应力状态，随着热处理温度的增加应力得到释放，薄膜的致密度逐渐降低，薄膜的折射率也随之发生变化。热处理可以改善Ta_2O_5薄膜的消光系数，如图6-12（b）所示，随着热处理温度增加消光系数逐渐下降，在100℃条件下热处理消光系数可以降低24.58%，在200～300℃条件下热处理消光系数相对变化最大。随着热处理温度继续增加，消光系数有增加的趋势，在600℃下的热处理，消光系数比未热处理前变差。如图6-12（c）所示，薄膜折射率梯度随着热处理温度的增加而增加，在超过500℃后逐渐减小，在500～600℃出现不变点，整体看来热处理对于改进薄膜折射率非均匀性不利。如图6-12（d）所示，随着热处理温度的增加，Ta_2O_5薄膜的物理厚度先增加然后逐渐减小，在500℃热处理后达到相对变化最小为0.41%，超过

500℃热处理物理厚度逐渐增加，在600℃热处理后物理厚度的相对变化最大为1.48%。从整体变化趋势来看，热处理导致薄膜物理厚度增加。综上的实验结果可以判断，对于离子束溅射 Ta_2O_5 薄膜理想的热处理温度为200～300℃。

下面重点分析 Ta_2O_5 薄膜消光系数变化的现象。从3.6.2节薄膜光学常数的色散方程来看，消光系数的变化机制源于薄膜缺陷态密度的变化，而评价缺陷态密度的参数是Urbach带尾宽度。图6－13（a）给出了 Ta_2O_5 薄膜的禁带宽度 E_g 与热处理温度的关系，随着热处理温度的增加 E_g 逐渐增加，在150℃热处理后薄膜禁带宽度 E_g 达到最大值，而后随着温度增加而降低。材料吸收边的吸收系数呈指数变化，吸收系数用 E_u 表达为

$$\alpha(\nu)=\alpha_0\exp\left[\frac{(E-E_g)}{E_u}\right] \tag{6-2}$$

式中：α_0 为吸收系数常数；E_u 为Urbach带尾宽度，在数值上是 $hv-\ln(\alpha/\alpha_0)$ 曲线的曲率。图6－13（b）给出了 E_u 与热处理温度的关系，随着热处理温度的增加，E_u 呈现先下降后增加的趋势，在150～350℃热处理温度区间出现极小值，表征了薄膜结构内部的缺陷态密度先减小后增加，薄膜的 E_g 变化规律与其恰好相反，也能解释图6－11（b）和图6－12（b）中薄膜消光系数的变化规律。因此，使用热处理的方法可以进一步降低薄膜的消光系数，在100～300℃温度范围内有降低薄膜吸收损耗的最佳热处理温度。

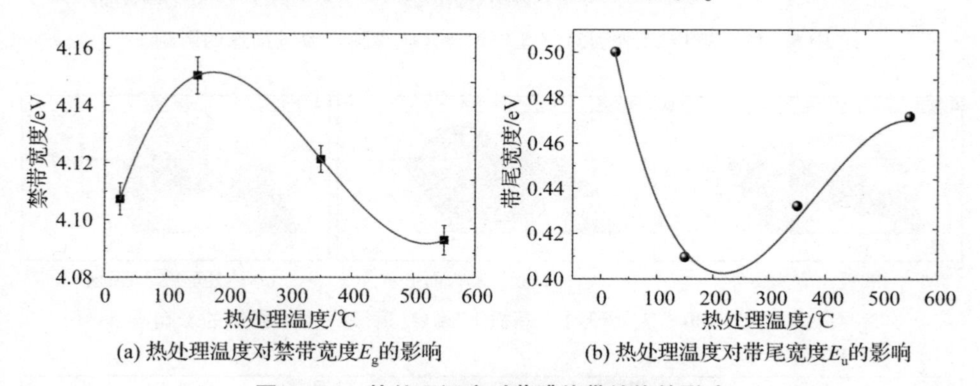

(a) 热处理温度对禁带宽度E_g的影响　　(b) 热处理温度对带尾宽度E_u的影响

图6－13　热处理温度对薄膜能带结构的影响

分别对样品进行100～600℃高温大气氛围热处理，处理温度的步长为100℃。使用ZYGO干涉仪测试了石英基板镀膜前后的“基板｜Ta_2O_5 薄膜”系统表面形变量，如图6－14～图6－19所示，再用Stoney方程计算 Ta_2O_5 薄膜应力。

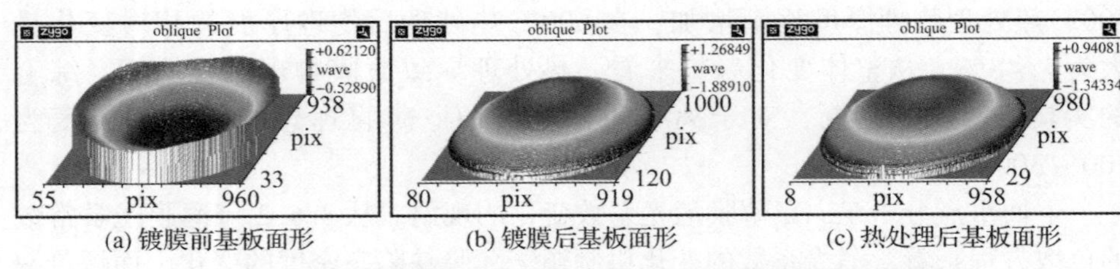

(a) 镀膜前基板面形 (b) 镀膜后基板面形 (c) 热处理后基板面形

图 6－14 100℃热处理对“基板｜Ta_2O_5 薄膜”系统面形的影响

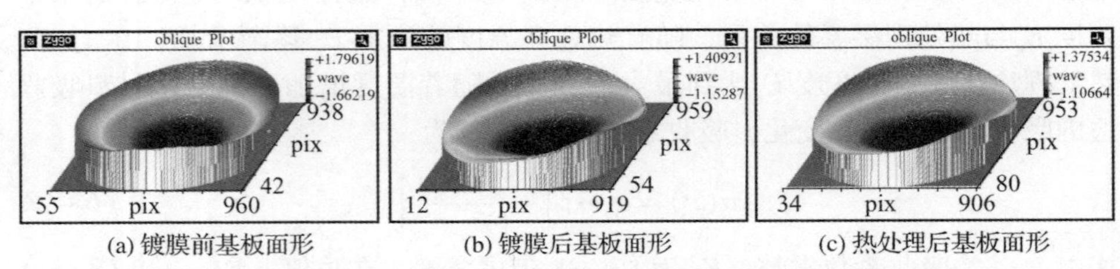

(a) 镀膜前基板面形 (b) 镀膜后基板面形 (c) 热处理后基板面形

图 6－15 200℃热处理对“基板｜Ta_2O_5 薄膜”系统面形的影响

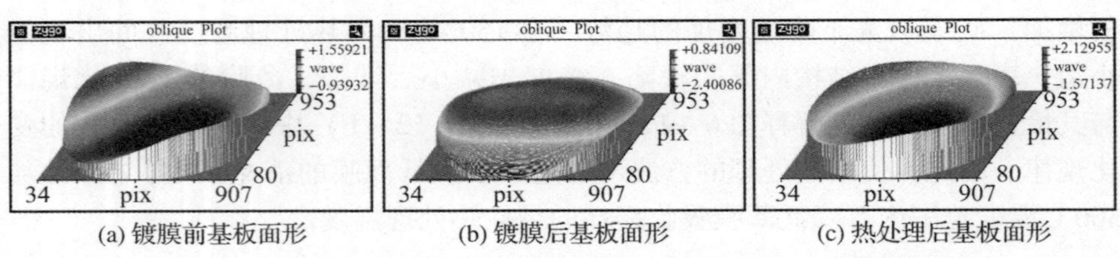

(a) 镀膜前基板面形 (b) 镀膜后基板面形 (c) 热处理后基板面形

图 6－16 300℃热处理对“基板｜Ta_2O_5 薄膜”系统面形的影响

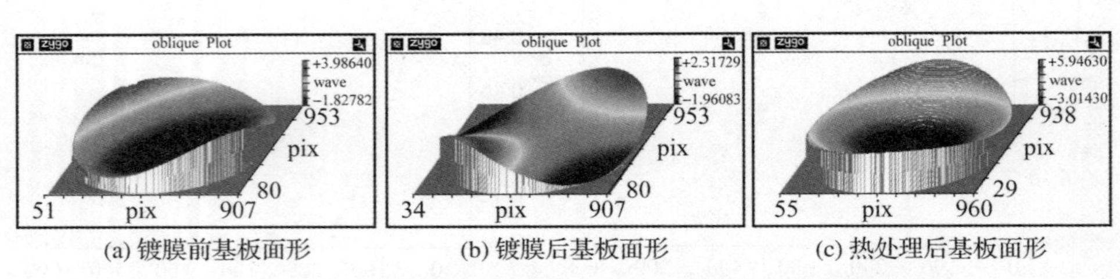

(a) 镀膜前基板面形 (b) 镀膜后基板面形 (c) 热处理后基板面形

图 6－17 400℃热处理对“基板｜Ta_2O_5 薄膜”系统面形的影响

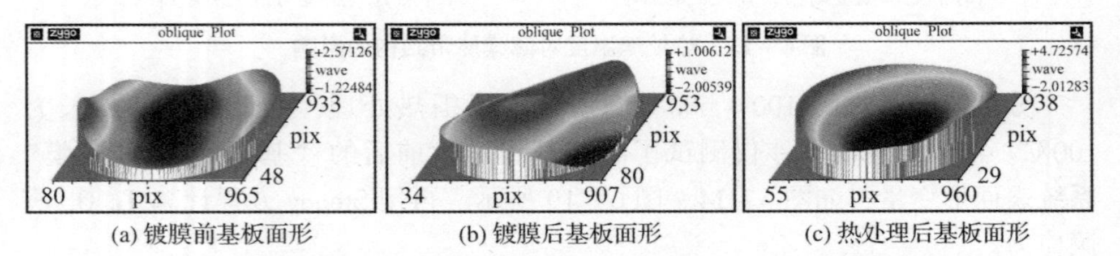

(a) 镀膜前基板面形 (b) 镀膜后基板面形 (c) 热处理后基板面形

图 6－18 500℃热处理对“基板｜Ta_2O_5 薄膜”系统面形的影响

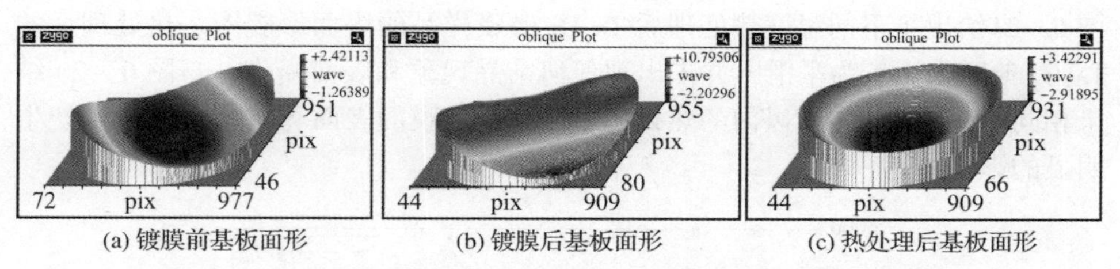

(a) 镀膜前基板面形　(b) 镀膜后基板面形　(c) 热处理后基板面形

图 6－19　600℃热处理对"基板｜Ta_2O_5 薄膜"系统面形的影响

Ta_2O_5 薄膜样品镀膜前、镀膜后、热处理后的表面形变量和应力计算结果见表 6－7。在热处理前 Ta_2O_5 薄膜应力均为压应力，6 组样品的应力平均值为 －0.509GPa；随着热处理温度的增加薄膜应力先下降，在 300℃热处理后薄膜应力接近于零应力点，降低到初始应力的 5.42%；热处理温度超过 300℃时，Ta_2O_5 薄膜的应力特性发生变化并逐渐增加，当热处理温度达到 600℃时，薄膜应力增加到初始应力的 109.37%。因此可以判断，Ta_2O_5 薄膜应力从压应力到张应力的热处理温度转变点在 300～400℃之间，并且在热处理过程中，薄膜压应力一直处于释放的过程，导致薄膜致密度下降，据此现象可以定性解释折射率随着热处理温度变化的规律。

表 6－7　Ta_2O_5 薄膜样品镀膜前、镀膜后、热处理后的表面形变与应力值

热处理温度/℃	曲率半径/m			应力/MPa	
	镀膜前	镀膜后	热处理后	镀膜后	热处理后
100	332	－83	－119	－0.498	－0.373
200	106	－159	1030	－0.519	－0.276
300	187	－102	221	－0.498	－0.027
400	87	－266	42	－0.504	0.404
500	168	－102	52	－0.519	0.437
600	141	－117	41	－0.514	0.563

对 Ta_2O_5 薄膜样品热处理后，利用 X 射线衍射仪对不同温度下热处理的 Ta_2O_5 薄膜样品进行晶相测试。Ta_2O_5 薄膜样品的 X 射线衍射图见图 6－20，从图 6－20 中可以看出，热处理对薄膜的晶相结构无任何影响，说明在不同温度下热处理均可获得良好的无定形结构 Ta_2O_5 薄膜。利用金相显微镜对不同温度下热处理的 Ta_2O_5 薄膜样品进行表面测试，选择物镜放大倍数为 100X，

图6－21给出了不同温度热处理后 Ta_2O_5 薄膜样品的表面形貌图。热处理后的 Ta_2O_5 薄膜表面较为平滑，并未出现任何结晶现象和表面损伤，与图6－20结果相同，说明在600℃以内的热处理对 Ta_2O_5 薄膜的表面和结构特性并未产生明显的影响。

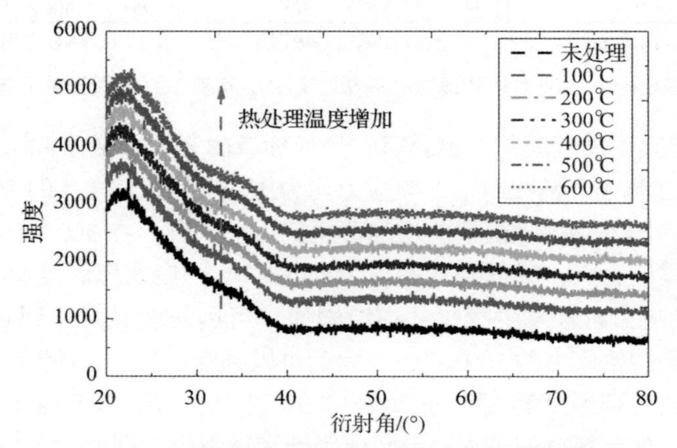

图6－20　热处理温度对 Ta_2O_5 薄膜晶相结构的影响

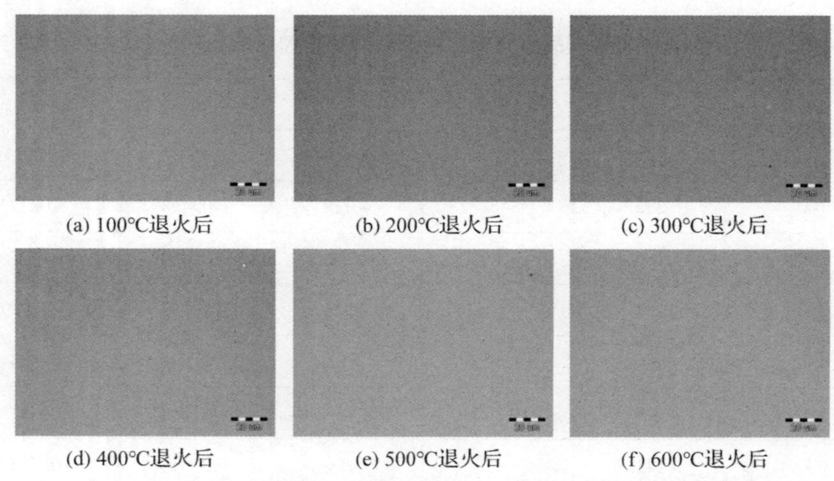

图6－21　Ta_2O_5 薄膜热处理前后的表面形貌（100X 金相显微镜）

无定形结构 Ta_2O_5 薄膜的主要红外激活模式频率为 Ta－O－Ta 的伸缩振动[16,17]，其振动频率分别为 $299cm^{-1}$、$500cm^{-1}$、$609cm^{-1}$、$672cm^{-1}$ 和 $868cm^{-1}$，而亚氧化物 Ta－O 的伸缩振动峰值位于 $890cm^{-1}$。从图6－22的红外光谱透射率上看，在 $400\sim1000cm^{-1}$ 之间存在 Ta－O 的本征振动峰。基于文献中报道的振动频率[16]，利用薄膜红外介电函数式（3－58）和式（3－59），选择振子数量为 4 个，对未热处理和三个温度（100℃、300℃和 500℃）下热处理的红外光谱透射率进行反演计算，拟合结果见图 6－22，拟合的评价函数分别为 3. 704、3. 360、3. 403 和 1. 902。反演计算得到的介电函数方程系数见表 6－8，薄膜介电函数的实部和虚部分别见图 6－23（a）和图 6－23（b）。

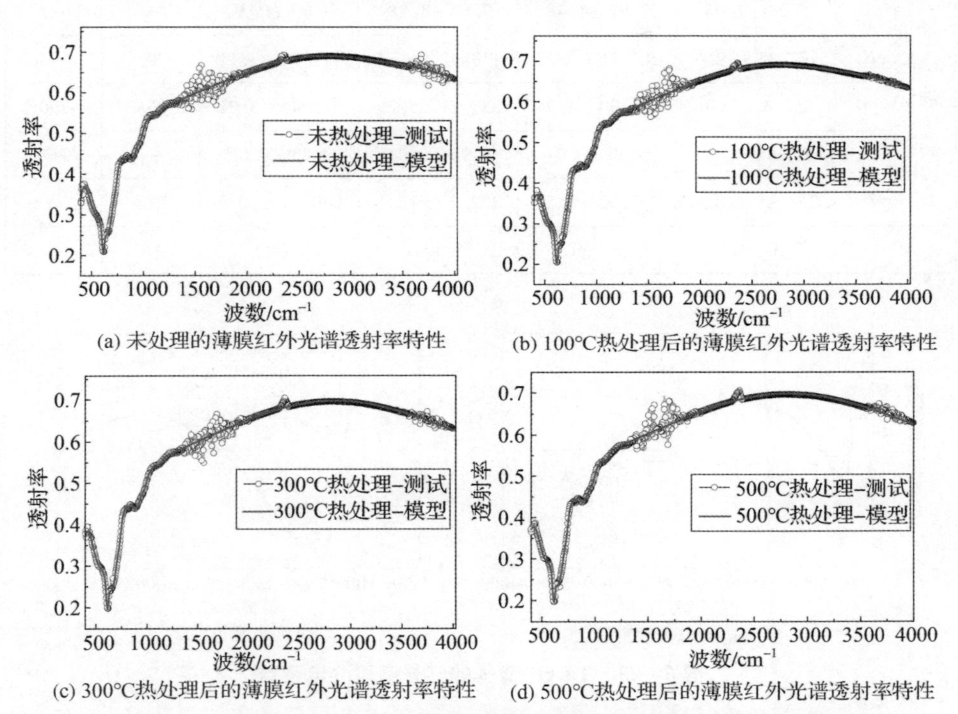

(a) 未处理的薄膜红外光谱透射率特性　(b) 100°C热处理后的薄膜红外光谱透射率特性

(c) 300°C热处理后的薄膜红外光谱透射率特性　(d) 500°C热处理后的薄膜红外光谱透射率特性

图 6－22　不同温度热处理后 Ta_2O_5 薄膜的红外光谱透射率特性反演计算结果

表 6－8　Ta_2O_5 薄膜的介电函数方程系数拟合结果

拟合参数		25℃	100℃	300℃	500℃	文献[16]	文献[17]
振子特性	ω_1	279. 6 ±26. 9	279. 6 ±26. 9	279. 6 ±26. 9	279. 6 ±26. 9	266	—
	A_1	26. 578 ±7. 01	11. 559 ±3. 51	21. 104 ±5. 39	6. 09 ±0. 897	—	—
	B_1	155. 41 ±50. 7	243. 81 ±98. 4	154. 62 ±22. 4	355. 62 ±124	188	—
	ω_2	521. 84 ±10. 4	532. 8 ±8. 58	515. 87 ±7. 1	525. 81 ±4. 68	500	510
	A_2	7. 13 ±0. 28	6. 45 ±1. 43	7. 21 ±0. 17	4. 70 ±1. 24	—	—
	B_2	200. 52 ±68	163. 49 ±51. 6	181. 69 ±37. 4	141. 11 ±17. 3	112	—

续表

拟合参数		25℃	100℃	300℃	500℃	文献[16]	文献[17]
振子特性	ω_3	650.77 ±4.29	649.54 ±4.7	648.55 ±4.41	645.35 ±2.46	609	650
	A_3	6.24 ±2.06	7.02 ±1.48	7.63 ±1.28	7.09 ±0.39	—	—
	B_3	107.33 ±12.6	107.76 ±6.22	113.42 ±6.54	113.73 ±3.11	88	—
	ω_4	851.4 ±11.6	845.34 ±3.94	859.31 ±5.29	870.46 ±5.92	868	890
	A_4	0.98 ±0.06	0.99 ±0.04	0.95 ±0.04	0.85 ±0.03	—	—
	B_4	213.35 ±18.4	223.92 ±8.57	222.25 ±12.1	220.99 ±10.3	113	—
MSE		3.704	3.360	3.403	1.902	—	—

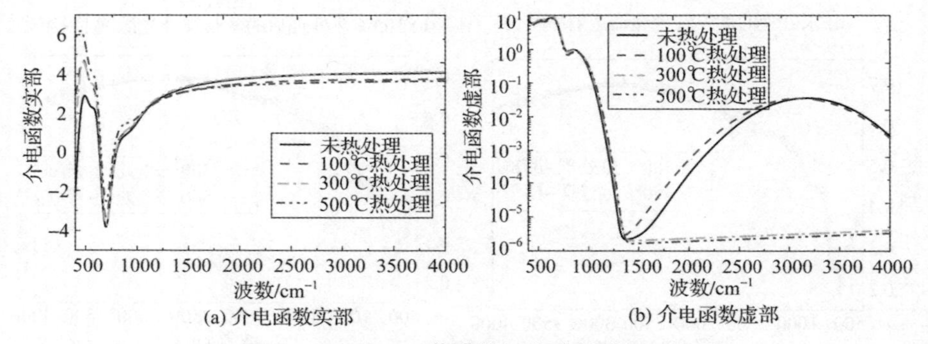

(a) 介电函数实部　　(b) 介电函数虚部

图 6-23　Ta_2O_5 薄膜的红外谱段介电函数

Ta_2O_5 块体材料有无定形、低温形态晶体（斜方相和立方相）和高温形态晶体三种结构，晶体形态结构的转化温度为 1630K。Ta_2O_5 薄膜的结构没有块体材料丰富，一般为无定形结构，只有在制备过程中，通过提高基板温度的方法可以制备出结晶结构的 Ta_2O_5 薄膜。从表 6-8 中的结果来看，Ta_2O_5 薄膜的四个振动峰的带宽较宽，主要是无定形结构造成的，在热处理后也并未出现峰锐化的现象，这一结果在图 6-20 的 X 射线衍射谱中已经证实。振动峰 ω_4 表征了 Ta_2O_5 薄膜的亚氧化物振动特性，说明薄膜中具有一定的化学计量比缺陷，这种化学计量比的缺陷引起的薄膜透明区消光系数在 $10^{-7}\sim10^{-5}$ 量级之间。在 X 射线光电子能谱测试中，这种低含量的化学计量比缺失无法精确测量得到。

从图 6-23 中反演计算得到的介电函数结果分析：①在远离振动吸收的高频位置，随着热处理温度的增加，介电函数实部没有明显的规律性，而虚部的变化也不显著；②在波数小于 $1000cm^{-1}$ 的波数范围内，从介电函数的虚部来看，振动强度随着热处理温度增加而先增加后下降，介电函数的实部随着热处理温度增加而逐渐增加。参考文献［16］采用磁控溅射方法制备 Ta_2O_5 薄膜，本书与文献中无定形 Ta_2O_5 薄膜相比，除了钽亚氧化物振动频率比文献给出的值低，其余振动频率均比文献给出的结果高。文献［17］采用了电子束蒸发离子辅助、磁控溅射、双离子束溅射和等离子增强化学气相沉积技术分别制备了 Ta_2O_5 薄膜样品，本书的结果与文献中给出的 Ta_2O_5 薄膜结果相比，振动频率 $650cm^{-1}$ 基本一致，其他振动频率仍高于文献中给出的结果。

红外振动频率出现的频移是量子效应、表面效应和晶体场效应等综合影响的结果。在热处理温度作用下，Ta_2O_5 薄膜的振动频率出现蓝移，根据目前针对纳米材料吸收谱变化机制的研究，可能存在两种效应：一种是薄膜中的量子效应；另一种是悬挂键的表面效应。但物理机制仍然不明确，解释 Ta_2O_5 薄膜振动谱的频移现象也是目前金属氧化物薄膜红外吸收光谱研究的难题。

6.3.3　热等静压处理对 Ta_2O_5 薄膜的影响

对用于热处理 Ta_2O_5 薄膜同批制备的样品进行热等静压处理，热等静压处理的工艺参数见 6.2.2 节。为了方便对比热等静压处理与热处理的影响，同时列出热处理对 Ta_2O_5 薄膜特性的影响。首先，再次列出 Ta_2O_5 薄膜热处理前后的光谱透射率和光谱反射率，如图 6-24 所示，热等静压处理前后的光谱透射率和光谱反射率见图 6-25。从图 6-24 和图 6-25 中可以看出，两种后处理情况下光谱均向低能光子方向移动（红移），主要归结于薄膜光学厚度发生了

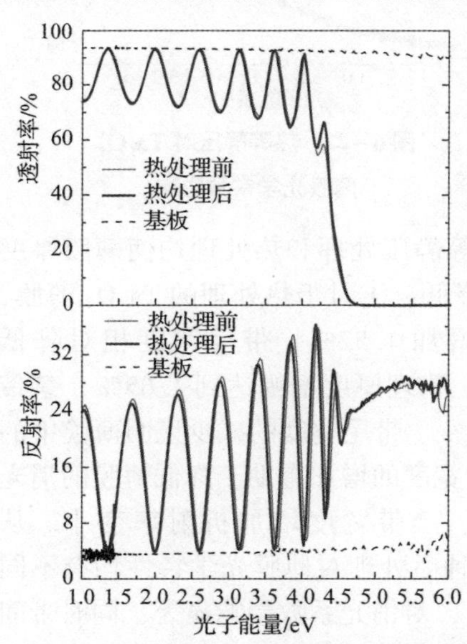

图 6-24　热处理对 Ta_2O_5 薄膜光谱的影响

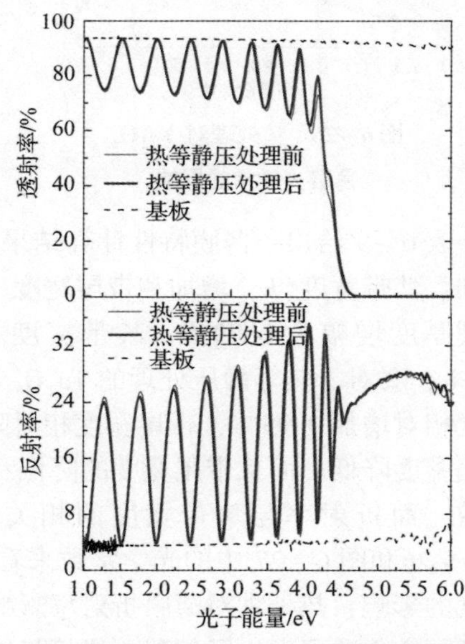

图 6-25　热等静压对 Ta_2O_5 薄膜光谱的影响

变化。光学厚度变大主要由于折射率与物理厚度均发生了变化，详细分析见下文。基于3.6.3节中的薄膜材料介电函数色散方程，拟合得到色散方程关键参数结果见表6－9，光学常数计算结果分别见图6－26和图6－27。

表6－9　热等静压处理和热处理后 Ta_2O_5 薄膜的能带特性

特性参数	热等静压处理		热处理	
	处理前	处理后	处理前	处理后
厚度/nm	587.7 ±0.2	597.4 ±0.3	439.9 ±0.3	443.4 ±0.12
E_g/eV	4.095 ±0.006	4.134 ±0.002	4.071 ±0.005	4.133 ±0.001
E_p/eV	6.119 ±0.088	5.517 ±0.044	9.751 ±0.201	6.046 ±0.052
E_t/eV	0.254 ±0.017	0.190 ±0.008	0.303 ±0.025	0.219 ±0.163
E_u/eV	0.121 ±0.002	0.116 ±0.003	0.102 ±0.003	0.093 ±0.002

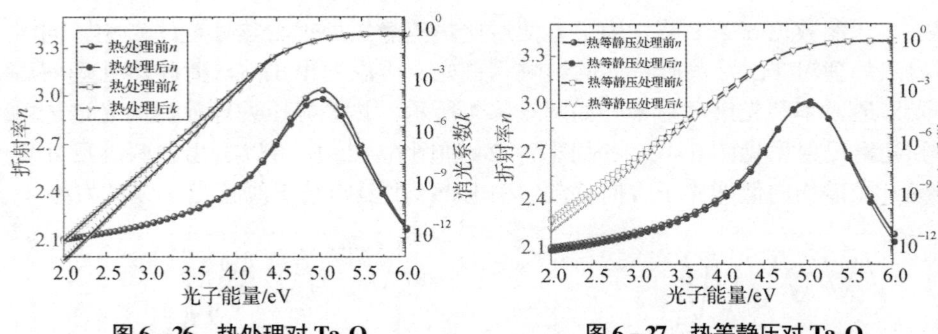

图6－26　热处理对 Ta_2O_5 薄膜光学常数影响

图6－27　热等静压对 Ta_2O_5 薄膜光学常数影响

表6－9给出了薄膜特性计算结果，热等静压处理和热处理均使薄膜厚度增加、禁带宽度(E_g)增加和带尾宽度(E_u)降低：①对于热处理的 Ta_2O_5 薄膜，物理厚度增幅为0.79%，禁带宽度相对增加1.52%，带尾宽度相对降低8.8%；②对于热等静压处理的 Ta_2O_5 薄膜，物理厚度增幅达到1.65%，禁带宽度相对增加0.95%，带尾宽度相对降低4%。带尾宽度的减少说明薄膜中的缺陷密度降低，而且带尾宽度的降低和禁带宽度的增加有助于降低薄膜的消光系数；而折射率与禁带宽度的相关性大，禁带宽度增加折射率变小。从图6－26和图6－27中的光学常数来看，两种后处理对薄膜光学特性均有不同程度的影响：热处理对薄膜折射率影响不大，对消光系数影响显著，同时带间跃迁的中心位置发生了偏移；热等静压处理降低薄膜的折射率幅度较大，但对

消光系数影响不大，带间跃迁的中心位置特性相对稳定。因此，为了降低薄膜的消光系数最好采用大气氛围热处理的方法，而降低薄膜折射率则最好采用真空热等静压后处理方法。

基于激光干涉仪测量基板表面形变如图6-28和图6-29所示。首先定义基板凹曲面的曲率半径为正。①对于热处理前后的 Ta_2O_5 薄膜，基板表面的初始面形为正向曲率近似球面，沉积薄膜后表面变为负向曲率近似球面，经过热处理后又变为正向曲率近似球面：Ta_2O_5 薄膜的基板表面PV值经历了 $2.157\lambda \to 1.669\lambda \to 3.936\lambda$，近似球面曲率半径从 $73\mathrm{m} \to -91\mathrm{m} \to 37\mathrm{m}$，薄膜应力从-373MPa到444MPa。②对于热等静压处理前后的 Ta_2O_5 薄膜，基板表面的初始面形为正向曲率近似球面，沉积薄膜后、热等静压处理后仍为正向曲率近似球面，只是球面曲率发生变化而已；Ta_2O_5 薄膜的基板表面PV值经历了 $2.608\lambda \to 1.309\lambda \to 3.164\lambda$，近似球面曲率半径从 $36\mathrm{m} \to 69\mathrm{m} \to 29\mathrm{m}$，薄膜应力从-323MPa到161MPa。由于初始薄膜的应力状态有所差异，仅关心薄膜应力在处理前后的相对变化情况：两种后处理均导致了薄膜应力特性发生变化，由压应力变成为张应力，热处理的薄膜应力相对变化量最大。这是由于热等静压是在样品表面施加了50MPa的各向同性均匀压力，抑制了薄膜应力的释放，而热处理过程薄膜的边界为自由边界，导致热处理的薄膜应力释放量大于热等静压处理的应力释放量，应力性质转变的物理机制仍然不清楚。

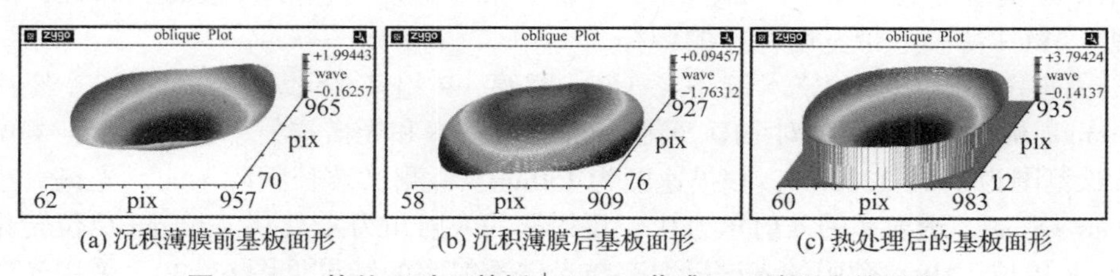

(a) 沉积薄膜前基板面形　(b) 沉积薄膜后基板面形　(c) 热处理后的基板面形

图6-28　热处理对"基板|Ta_2O_5 薄膜"系统形变的影响

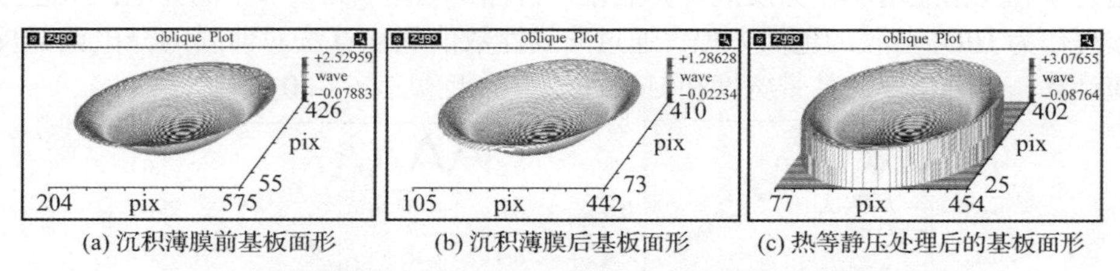

(a) 沉积薄膜前基板面形　(b) 沉积薄膜后基板面形　(c) 热等静压处理后的基板面形

图6-29　热等静压处理对"基板|Ta_2O_5 薄膜"系统形变的影响

6.4 HfO_2 薄膜吸收损耗控制研究

6.4.1 HfO_2 薄膜的能带特性

在高损伤阈值激光薄膜研究领域，在不考虑薄膜含有杂质的情况下，已经证明 HfO_2 薄膜激光损伤阈值与禁带宽度特性直接相关。在对 HfO_2 薄膜特性表征方面，研究人员致力于研究 HfO_2 薄膜色散模型，Sancho - Parramon 等人提出基于复合 Cody - Lorentz 模型的介电函数表征已经得到应用，可以通过反演计算得到薄膜的禁带宽度和 Urbach 带尾特性。随后 Franta 等人基于能带结构电子跃迁模型提出了联合态密度的色散模型，该模型增加了散射损耗的指数模型，进一步丰富了 HfO_2 薄膜能带特性的表征方法。在溅射制备 HfO_2 薄膜的研究上，Aygun 等人研究了直流溅射法制备 HfO_2 薄膜的特性，从溅射功率、O_2/Ar比和基板温度参数出发，系统地研究了 HfO_2 薄膜的光学特性、X 射线衍射结构和 X 射线光电子能谱特性与制备参数的关系。对于离子束溅射制备 HfO_2 薄膜的研究，基板温度、离子源电参数、氧气偏压对薄膜的光学特性和微结构特性具有显著的影响，尤其是氧气偏压可以有效调控薄膜的吸收系数。刘华松等人[18]研究了离子束溅射制备参数与薄膜光学特性之间的关联性。在 HfO_2 薄膜禁带宽度特性方面，本书研究了禁带宽度与制备参数的关联性，实现了 HfO_2 薄膜禁带宽度特性的调控。

使用离子束溅射技术制备了 HfO_2 薄膜，9 组实验参数见表 6 - 3，使用 Lambda 900 分光光度计对 HfO_2 薄膜的光谱反射率和光谱透射率进行测量，测试波长范围为 300 ~ 1200nm，扫描速度为 150nm/s，测试波长间隔 1nm，光斑大小 6mm × 8mm，透射率的入射角为 0°，反射率的入射角为 8°。将波长 nm 单位转化为 eV 单位，HfO_2 薄膜的光谱反射率与光谱透射率的结果见图 6 - 30。采用光谱透射率和光谱反射率作为反演计算的复合目标，利用 3.6.2 节中的介电函数色散方程作为 HfO_2 薄膜的色散方程，通过非线性数值优化算法对薄膜的介电函数反演计算，得到薄膜的禁带宽度和 Urbach 带尾宽度见表 6 - 10。

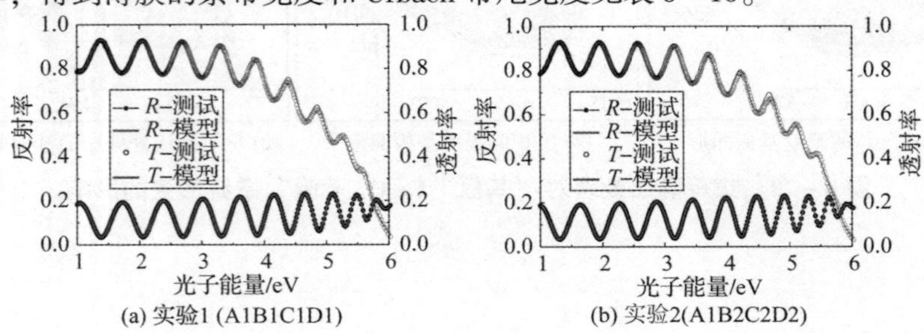

(a) 实验1 (A1B1C1D1)　　(b) 实验2(A1B2C2D2)

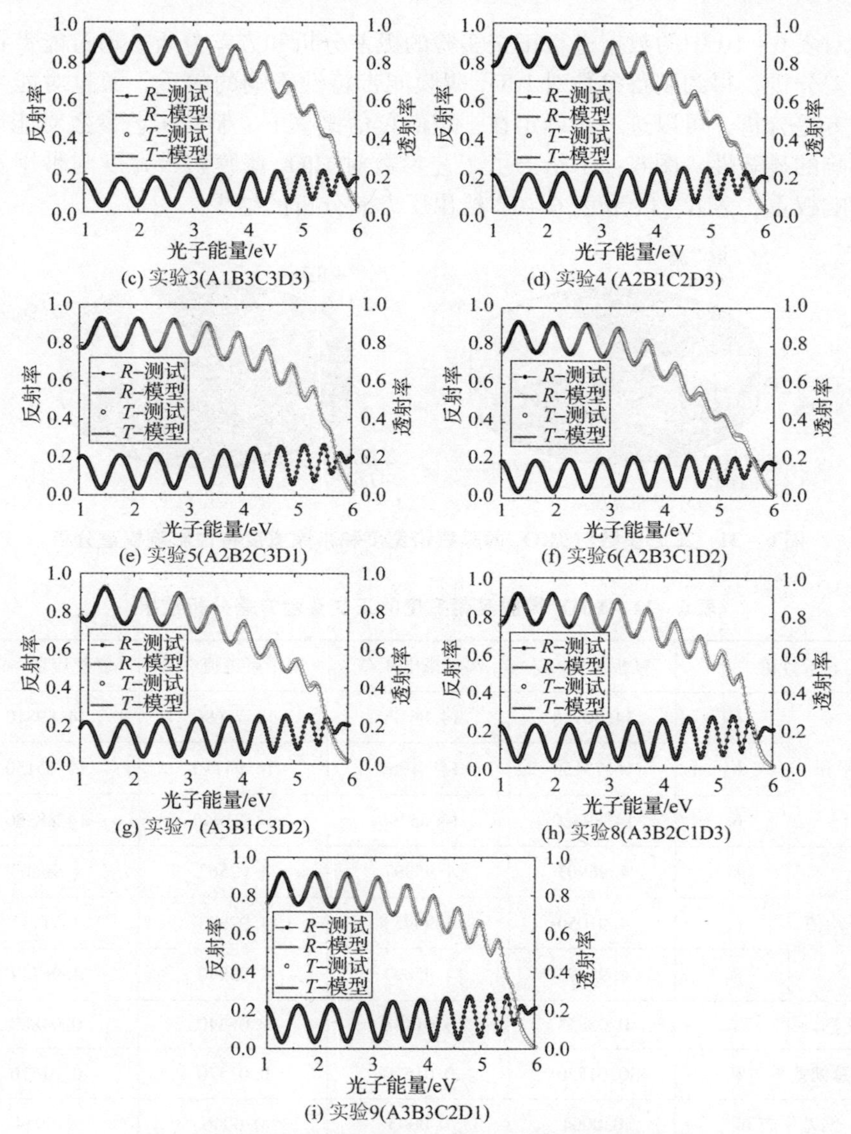

(c) 实验3(A1B3C3D3)

(d) 实验4 (A2B1C2D3)

(e) 实验5(A2B2C3D1)

(f) 实验6(A2B3C1D2)

(g) 实验7 (A3B1C3D2)

(h) 实验8(A3B2C1D3)

(i) 实验9(A3B3C2D1)

图6-30 HfO_2 薄膜的光谱反射率与透射率测试结果

表6-10 HfO_2 薄膜能带特性的测试结果

实验序号	1	2	3	4	5	6	7	8	9
禁带宽度 E_g/eV	4.970	4.960	4.977	4.960	4.911	4.860	4.931	4.947	5.017
Urbach 带尾宽度 E_u/eV	0.664	0.684	0.604	0.668	0.598	0.784	0.564	0.478	0.419

对表 6 – 10 中的数据进行正交实验的极差分析和方差分析。通过能带特性的极差分析，得到制备参数对 HfO_2 薄膜能带特性影响的权重，通过对能带特性的方差分析，可以进一步确定在一定的置信概率下，制备工艺参数对能带特性影响的显著性。图 6 – 31 给出了工艺参数对 HfO_2 薄膜禁带宽度与带尾宽度的影响权重，表 6 – 11 和表 6 – 12 给出了方差分析的结果。

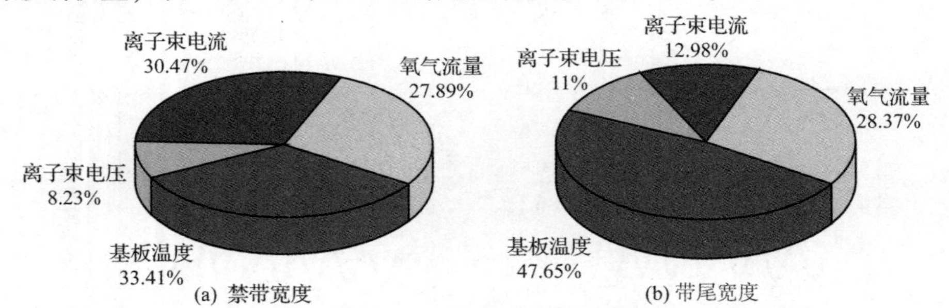

图 6 – 31　工艺参数对 HfO_2 薄膜禁带宽度和带尾宽度特性影响权重分析

表 6 – 11　HfO_2 薄膜禁带宽度的正交实验方差分析结果

统计量		基板温度/℃	离子束电压/V	离子束电流/mA	氧气流量/sccm
水平和	K_1	14.90710	14.86190	14.77690	14.89810
	K_2	14.73150	14.81860	14.93710	14.75150
	K_3	14.89480	14.85290	14.81940	14.88380
水平均值	k_1	4.96903	4.95397	4.92563	4.96603
	k_2	4.91050	4.93953	4.97903	4.91717
	k_3	4.96493	4.95097	4.93980	4.96127
极差	R	0.05853	0.01443	0.05340	0.04887
总偏差平方和		0.01570	0.01570	0.01570	0.01570
偏差平方和		0.0064	0.0003	0.0046	0.0044
自由度		2	2	2	2
方差估计值		0.0032	0.0002	0.0023	0.0022
F 值		18.4057	—	13.1924	12.5142
$F_{0.01}$		99	误差项	99	99
$F_{0.1}$		9	—	9	9

表6-12　HfO_2 薄膜 Urbach 带尾宽度的正交实验方差分析结果

统计量		基板温度/℃	离子束电压/V	离子束电流/mA	氧气流量/sccm
水平和	K_1	1.95206	1.89612	1.92638	1.68108
	K_2	2.05056	1.76013	1.77157	2.03200
	K_3	1.46123	1.80760	1.76590	1.75077
水平均值	k_1	0.65069	0.63204	0.64213	0.56036
	k_2	0.68352	0.58671	0.59052	0.67733
	k_3	0.48708	0.60253	0.58863	0.58359
极差	R	0.19644	0.04533	0.05349	0.11697
总偏差平方和		0.01570	0.09815	0.09815	0.09815
偏差平方和		0.0064	0.066436	0.003176	0.005528
自由度		2	2	2	2
方差估计值		0.0332181	0.0015879	0.002764	0.0115051
F 值		20.9193	—	1.7407	5.2874
$F_{0.01}$		99	误差项	99	99
$F_{0.05}$		19	—	19	19

首先，讨论 HfO_2 薄膜的禁带宽度 E_g 特性：通过对表6-10进行极差分析，得到极差值 $R_{基板温度} > R_{离子束电流} > R_{氧气流量} > R_{离子束电压}$，说明制备参数对禁带宽度影响的权重从大到小依次是基板温度、离子束电流、氧气流量和离子束电压，如图6-31所示。表6-11中方差分析结果显示，离子束电压的方差估计值较其他三个参数小，因此在正交实验分析中视为实验误差项。在基板温度、离子束电流、氧气流量三个制备参数下，从禁带宽度的 F 统计值来看，在置信概率90%时，三个制备参数对薄膜禁带宽度特性影响均为显著。从同一制备参数下不同水平的 k 值来看，若为了获得较大禁带宽度的 HfO_2 薄膜，根据正交实验的分析结果判断，需要选择低基板温度、中间离子束电流和低氧气流量，如离子束溅射的制备参数组合为 $A_1C_2D_1$，这样的结果说明采用离子束溅射高纯铪靶制备 HfO_2 薄膜的过程容易实现氧化，化学计量比缺失的现象不明

显。在置信概率 >90% 的情况，四个制备参数对禁带宽度的影响已经无法精确获得。

其次，讨论 HfO_2 薄膜 Urbach 带尾宽度特性：通过对表 6-10 进行极差分析，极差依次为 $R_{基板温度} > R_{氧气流量} > R_{离子束电流} > R_{离子束电压}$，意味着制备工艺参数对带尾宽度影响权重从大到小依次为基板温度、氧气流量、离子束电流和离子束电压，如图 6-31 所示。对 Urbach 带尾宽度实验结果进行方差分析结果见表 6-12，由于离子束电压参数下的方差估计值最小，因此将该因素当作实验误差项处理，仅考虑基板温度、离子束电流和氧气流量。通过统计值 $F \geqslant F_{1-\alpha}(2,2)$，可以得到置信概率 99% 时，基板温度对带尾宽度的影响最为显著。从基板温度的不同水平 k 值来看，若制备较小带尾宽度的 HfO_2 薄膜，应该选择高的基板温度，这与 HfO_2 薄膜的基本物理特征完全吻合。薄膜的 Urbach 带尾宽度表征了其微结构的无序度，无序度越大则 Urbach 带尾宽度越宽，透明区的吸收就越明显。

上述实验结果得到了离子束溅射方法制备 HfO_2 薄膜的禁带宽度和带尾宽度的调整方法，建立了禁带宽度和带尾宽度与制备参数的关系。在 HfO_2 薄膜的禁带宽度调控方面，若实现高禁带宽度 HfO_2 薄膜的制备，需慎重选择三个制备参数的具体值；在薄膜带尾宽度特性控制上，只需调控基板加热温度即可，高的基板温度可以获得较低的带尾宽度，说明了高基板温度下制备的 HfO_2 薄膜具有较低的结构无序度。对于 HfO_2 薄膜的具体多层膜应用，还需进一步局部优化具体的制备工艺参数。

6.4.2 热处理对 HfO_2 薄膜特性影响

除了对 HfO_2 薄膜沉积技术的制备参数实验之外，热处理是 HfO_2 薄膜改性的重要技术手段之一；Modreanu 等人研究了等离子辅助沉积的 HfO_2 薄膜的 N_2 气氛热处理效应，薄膜发生晶相转变温度点与薄膜的厚度相关，在 450℃以上热处理，无定形结构转化为立方相和单斜晶相的混合相结构，并且在红外谱段表现出较强的声子吸收特性；Shen 等人研究了热处理改善电子束蒸发制备 HfO_2 薄膜的应力特性，随着热处理温度(100 ~400℃)的增加薄膜的张应力增加，薄膜物理厚度下降，晶面间距下降则晶粒尺寸增加；Langston 等人研究了 HfO_2 薄膜在 400℃热处理后的飞秒激光损伤阈值，结果显示在 1-on-1 和 S-on-1 两种测试方式下均能提高薄膜的激光损伤阈值；Hakeem 等人采用电子束蒸发制备的薄膜进行热处理实验，在 500℃真空热处理后 HfO_2 薄膜发生晶相的转变，薄膜结构由无定形结构转化为单斜晶相结构，并且消光系数与折射率均变大。人们得到的研究结果不尽相同，主要是因为热处理的方法与制备技术直接相关。刘华松等人报道了离子束溅射技术制备 HfO_2 薄膜的热处理效应，给出了热处理对 HfO_2 薄膜光学特性和微结构特性的影响[19]。

HfO_2 薄膜的热处理实验方案见6.2.2节，分别在100～600℃范围内热处理，步长为100℃。HfO_2 薄膜特性测试主要包含可见光和红外谱段的光谱测试、晶相微结构、表面显微特性和薄膜应力特性。①使用 Perkin Elmer 公司的 Lambda 900 分光光度计测试 HfO_2 薄膜的可见光谱段光谱透射率（正入射）和光谱反射率（8°入射角），测试波长为250～1200nm，扫描速度为150nm/s。红外光谱透射率测试使用美国 Perkin Elmer 公司的傅里叶变换光谱仪，测试波数范围为400～4000cm^{-1}，波数间隔为0.2cm^{-1}。②HfO_2 薄膜的晶相微结构和应力特性测试方法见6.2.3节。

图6－32和图6－33为石英基板 HfO_2 薄膜从近紫外到近红外区域的光谱透射率和反射率，将波长单位（nm）转换为光子能量单位（eV）。从两个图可以看出，100～400℃大气氛围热处理后，HfO_2 薄膜的透射率得到较大幅度的提升，反射率随着热处理温度的增加而降低；在高于400℃的温度下热处理，薄膜的透射率又有下降的趋势，薄膜的反射率有增加的趋势；随着热处理温度的增加，短波吸收限的位置先向短波方向移动然后向长波移动，出现变化的热处理临界温度为400℃。

将图6－32的光谱透射率和图6－33的光谱反射率作为复合目标，折射率与消光系数的色散模型选择3.6.2节中的 Cody－Lorentz 模型，进行光学薄膜常数反演计算，得到图6－34的折射率色散和图6－35的消光系数色散曲线。热处理对 HfO_2 薄膜光学常数的影响显著，在400℃温度以下热处理，随着热处理温度的增加折射率和消光系数均呈现下降趋势，在400℃以上热处理后薄

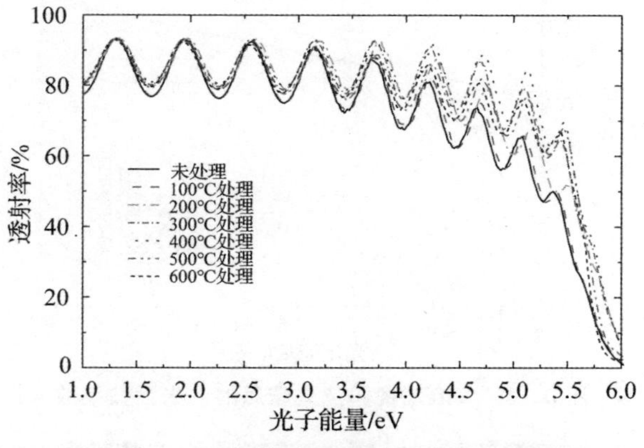

图6－32 HfO_2 薄膜热处理后的光谱透射率

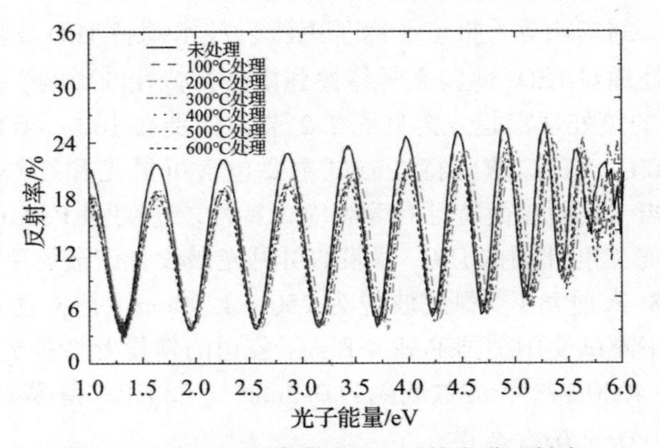

图 6-33 HfO_2 薄膜热处理后的光谱反射率

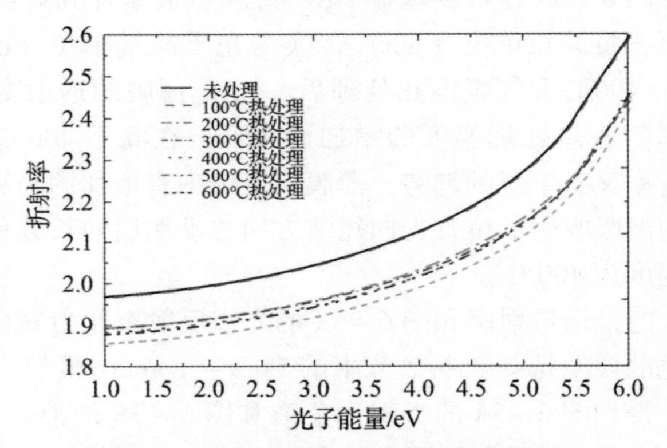

图 6-34 HfO_2 薄膜热处理后的折射率色散

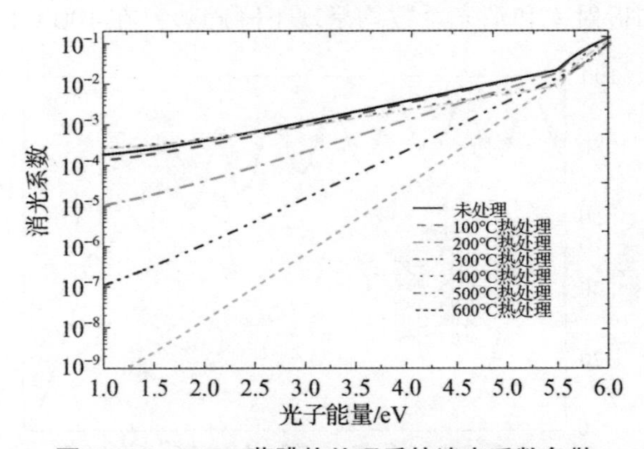

图 6-35 HfO_2 薄膜热处理后的消光系数色散

膜折射率和消光系数逐渐变大，与 HfO_2 薄膜的能带特性相关。如图 6-36 所示，薄膜物理厚度随着热处理温度增加而增加，虽然数据结果有些离散，但是仍呈现出线性增加的趋势，用线性相关回归拟合得到的相关系数为 0.899，可认为薄膜厚度与热处理温度之间具有近似线性正相关关系。薄膜厚度增加的现象与薄膜的应力特性相关，具体分析见后文。

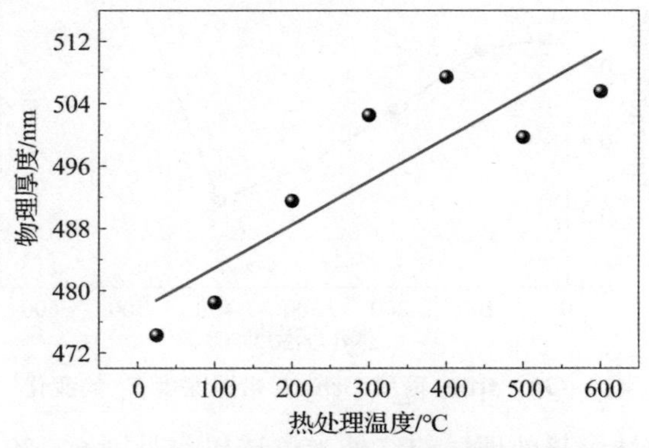

图 6－36　HfO_2 薄膜热处理后的物理厚度变化规律

从 3.6.2 节中的介电函数色散模型可以直接获得 HfO_2 薄膜材料的禁带宽度 E_g 和 Urbach 带尾宽度 E_u。图 6－37 和图 6－38 分别给出了 HfO_2 薄膜的 E_g 和 E_u 与热处理温度的关系。首先，从 HfO_2 薄膜的禁带宽度 E_g 与热处理温度的变化趋势来看，在 400℃以下热处理，HfO_2 薄膜禁带宽度逐渐增加，超过 400℃的热处理，HfO_2 薄膜禁带宽度基本不变，禁带宽度 E_g 的变化影响到短波吸收限的变化。其次，在 400℃以下热处理，HfO_2 薄膜的 E_u 变化与 E_g 变化相反，超过 400℃温度的热处理基本不变。E_u 是局域态能带尾部的宽度，其值的变化与缺陷态密度直接相关[20]，在 400℃以下温度热处理，HfO_2 薄膜中的缺陷态密度随着热处理温度的增加而下降，因此可以解释图 6－35 中薄膜消光系数的变化规律。

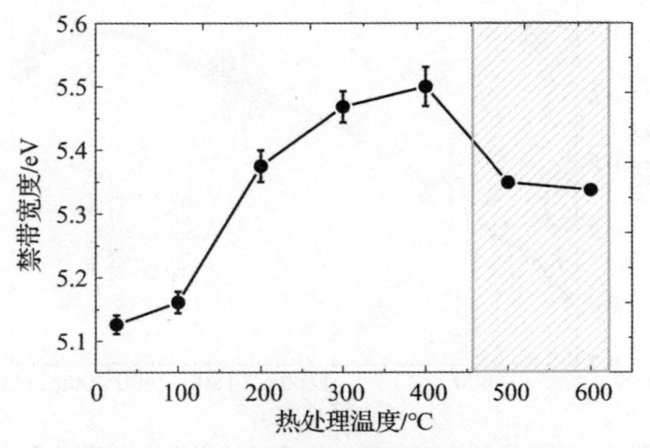

图 6－37　HfO_2 薄膜禁带宽度 E_g 的变化

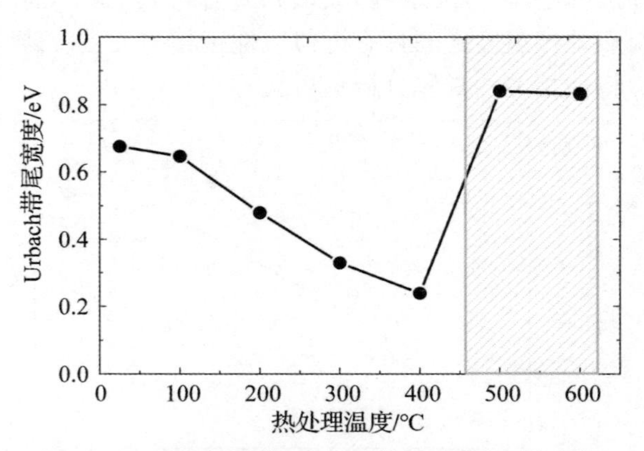

图 6－38　HfO_2 薄膜 Urbach 带尾宽度 E_u 的变化

硅基板 HfO_2 薄膜热处理后的红外光谱透射率见图 6－39。在红外谱段低频处出现四个显著的振动吸收峰：频率为 1068cm^{-1}和 746cm^{-1}的振动峰分别为 SiO_2 的非对称伸缩振动峰和对称伸缩振动峰，主要是由于热处理使硅基板的背面发生氧化或硅基板与 HfO_2 薄膜的界面氧化，两个峰的强度随着氧化层厚度的增加而增加；频率为 610cm^{-1}的振动峰为硅基板振动峰，不随热处理温度的变化而变化。Bright 等人研究了 HfO_2 薄膜的红外激活模式[21]，得到了薄膜声子能量分别为 187.3cm^{-1}、254.9cm^{-1}、336.9cm^{-1}、402.9cm^{-1}、506.0cm^{-1}和 594.8cm^{-1}。由于实际测试的波数低频极限是 400cm^{-1}，因此只能观察到频率为 505cm^{-1}的振动峰，频率为 594.8cm^{-1}的振动峰并未出现。在温度 400℃以下热处理，并未出现频率为 505cm^{-1}的振动峰，在 500℃和 600℃热处理后才出现该振动峰。

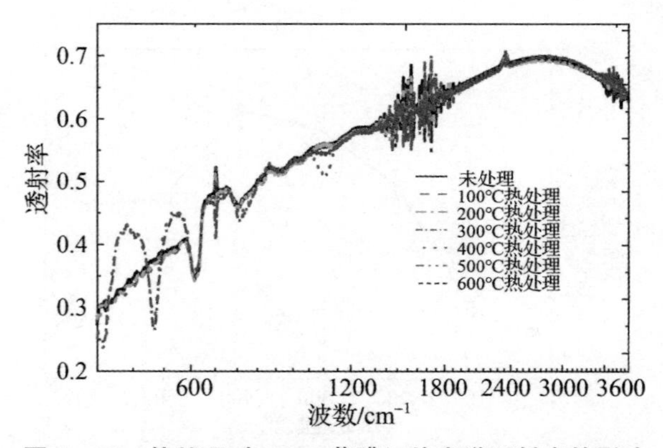

图 6－39　热处理对 HfO_2 薄膜红外光谱透射率的影响

HfO_2 薄膜的红外谱段介电函数与声子特性相关，使用3.6.2节中的振子色散模型，通过红外光谱透射率反演计算出振子模型的系数。在反演拟合计算过程中，选择振子数量 $m=2$，从图6－39中的光谱透射率反演计算出振子参数见表6－13，介电函数的实部和虚部分别见图6－40和图6－41。从表6－13、图6－40和图6－41中可以看出，在500℃和600℃温度热处理后，HfO_2 薄膜中出现高级次的声子振动区，并且振动峰的带宽分别为约 6.41cm^{-1} 和约 5.66cm^{-1}，说明在这两个温度下热处理 HfO_2 薄膜出现了结晶现象，振动带宽也随之出现变窄。

表6－13 HfO_2 薄膜红外谱段色散振子模型的拟合参数

参数	25℃	100℃	200℃	300℃	400℃	500℃	600℃
ω_1	283.79±25.4	276.39±46.1	265.92±26	266.02±36.9	287.55±32.8	336.07±9.68	341.94±6.17
A_1	13.73±1.91	14.97±3.75	15.62±2.25	14.97±3.07	14.10±2.50	33.65±5.28	37.85±4.92
B_1	320.33±21.2	328.19±41.4	337.15±20.9	334.47±30	320.53±30.4	110.75±5.99	95.6±3.73
ω_2	—	—	—	—	—	505.05±0.67	502.83±0.58
A_2	—	—	—	—	—	6.408±0.286	5.66±0.225
B_2	—	—	—	—	—	39.83±1.62	40.04±1.47
ε_∞	1.8389 ±0.0717	1.8296 ±0.123	1.8566 ±0.0705	1.8465 ±0.0966	1.8397 ±0.1	1.9184 ±0.0208	1.9047 ±0.0207
MSE	3.879	3.682	3.092	3.964	3.456	5.015	4.202

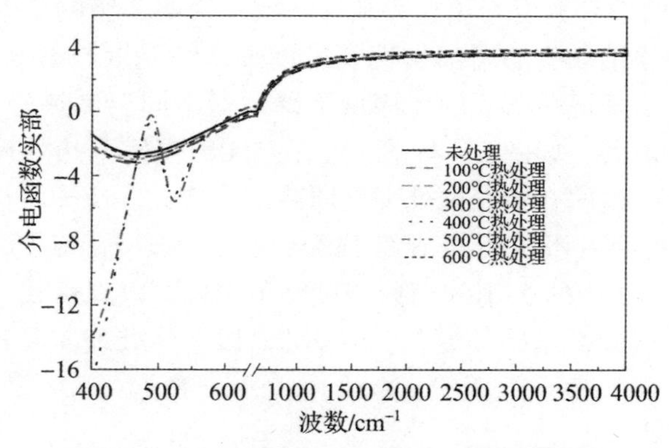

图6－40 热处理对 HfO_2 薄膜介电函数实部影响

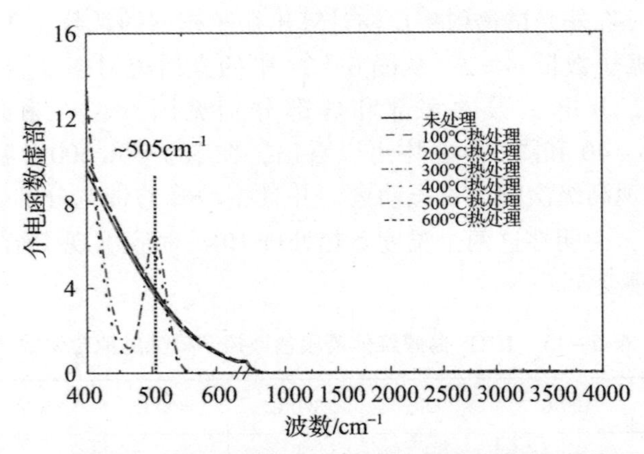

图 6-41　热处理对 HfO_2 薄膜介电函数虚部影响

热处理后的 HfO_2 薄膜 X 射线衍射图见图 6-42。从图 6-42 中可以看出，随着热处理温度的增加，薄膜结构从无定形结构逐渐表现为多晶结构。从热处理温度的影响来看，离子束溅射制备的 HfO_2 薄膜初始结构为无定形，在 400℃温度以上热处理后才出现多晶结构，即相变温度点在 400～500℃之间，由无定形结构转变为(1,1,0)、(-1,1,1)、(1,1,1)和(0,0,2)取向的单斜晶系，即薄膜在热处理后出现了多晶的混合相。对 HfO_2 薄膜非晶和结晶的混合相特性进行分析，当薄膜制备后就已经呈现（0，0，2）方向择优生长的趋势，通过热处理后薄膜的结构趋于能量最低的稳定晶相，因此出现了薄膜热处理的择优取向现象。对薄膜进行结晶度分析，如图 6-43 所示，随着热处理温度的增加结晶度逐渐增加，在 400～500℃之间出现了结晶度的跃变，与图 6-37中薄膜的禁带宽度变化趋势基本一致，说明薄膜的禁带宽度与薄膜结晶相关，随着薄膜结晶度的增加禁带宽度增加。结晶度与 Urbach 带尾宽度的变化趋势相反，恰好说明薄膜的无序度下降。对不同温度热处理的 HfO_2 薄膜在金相显微镜下观察，如图 6-44 所示。在 500℃温度下热处理后，薄膜表面出现龟裂的现象，说明在该温度处理后薄膜应力变大，应力特性为张应力。在 600℃温度下热处理后不仅可以观察到裂纹，还可以看到明显的微晶粒，在图 6-42和图 6-43 中的 X 射线衍射测试结果中也可以观察到，薄膜结晶度的变化恰好反映了薄膜微结构的变化，在 400℃以上热处理薄膜开始出现大量的结晶态。

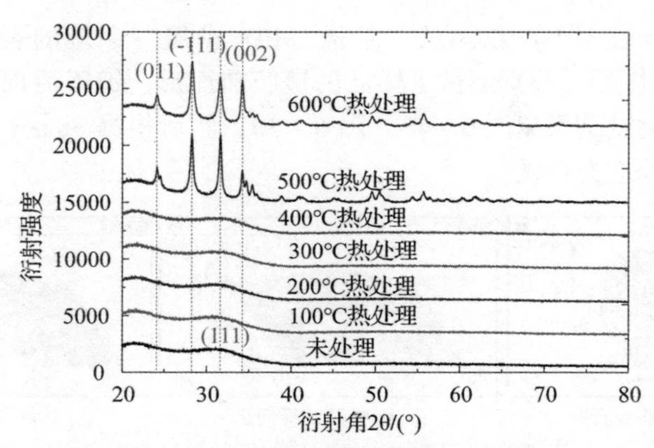

图6-42　HfO_2 薄膜热处理后的X射线衍射

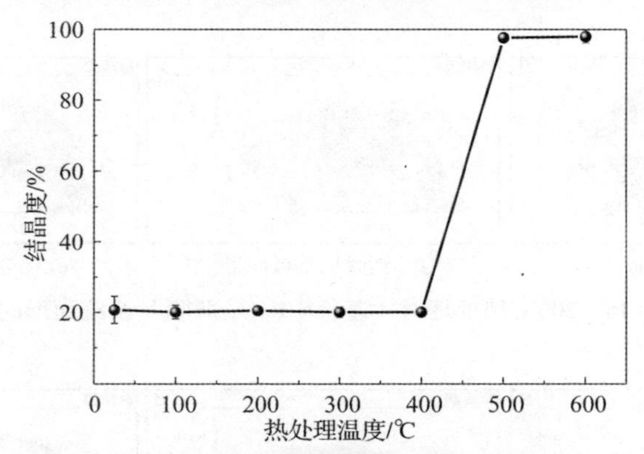

图6-43　HfO_2 薄膜热处理后的结晶度

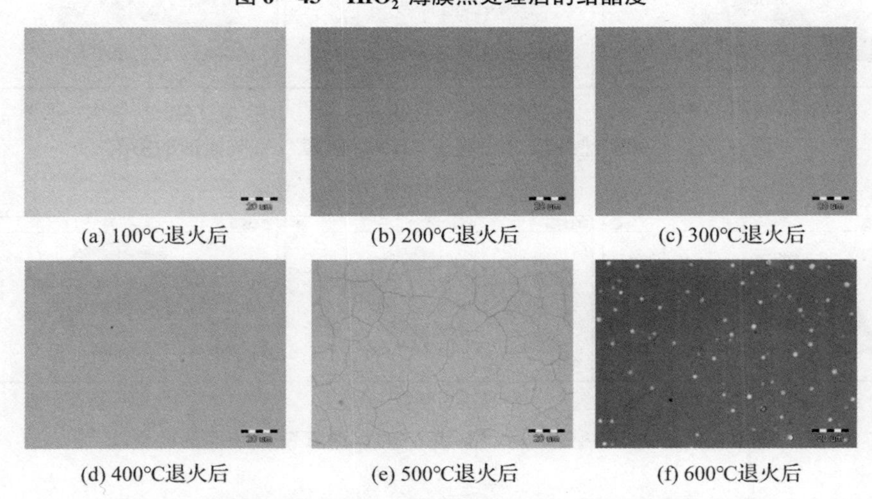

图6-44　热处理后 HfO_2 薄膜的表面形貌（100X金相显微镜）

利用 ZYGO 表面干涉仪测试“基板｜HfO_2 薄膜”系统的表面形变。对每一块 HfO_2 薄膜样品，分别测试了样品的镀膜前面形、镀膜后面形和热处理后的变形。面形测试结果见图 6－45～图 6－50，然后根据 Stoney 方程从面形变化计算出薄膜的应力特性。

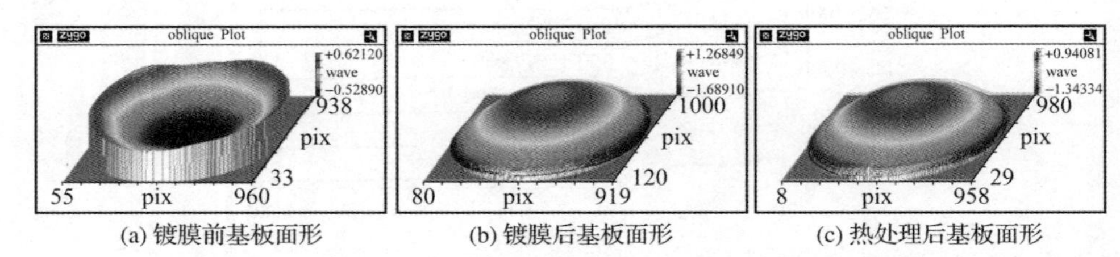

(a) 镀膜前基板面形　(b) 镀膜后基板面形　(c) 热处理后基板面形

图 6－45　100℃热处理对“基板｜HfO_2 薄膜”系统面形的影响

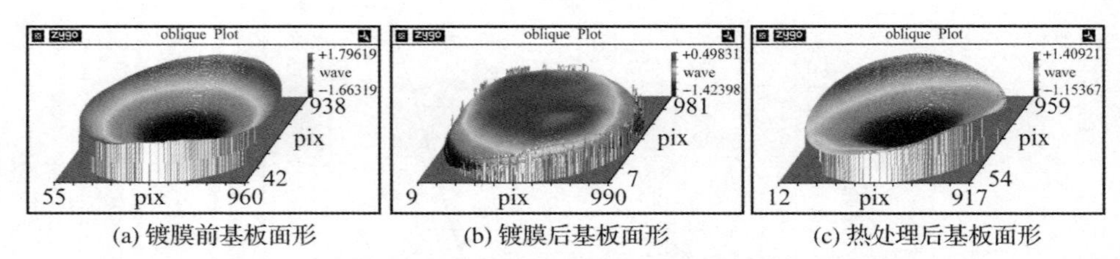

(a) 镀膜前基板面形　(b) 镀膜后基板面形　(c) 热处理后基板面形

图 6－46　200℃热处理对“基板｜HfO_2 薄膜”系统面形的影响

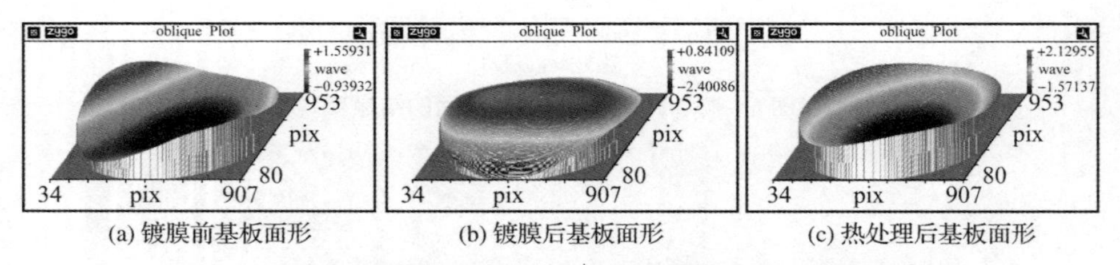

(a) 镀膜前基板面形　(b) 镀膜后基板面形　(c) 热处理后基板面形

图 6－47　300℃热处理对“基板｜HfO_2 薄膜”系统面形的影响

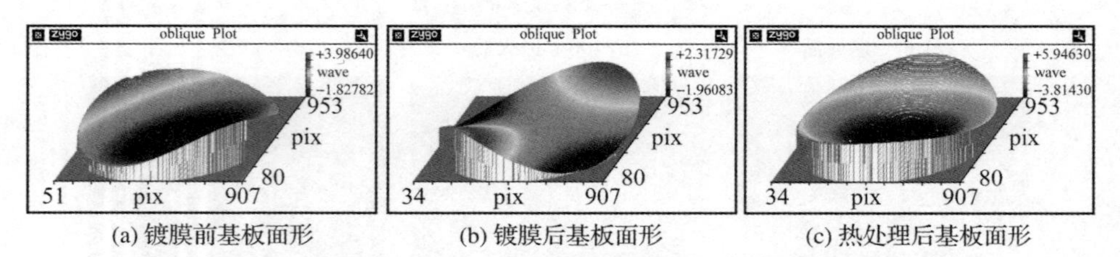

(a) 镀膜前基板面形　(b) 镀膜后基板面形　(c) 热处理后基板面形

图 6－48　400℃热处理对“基板｜HfO_2 薄膜”系统面形的影响

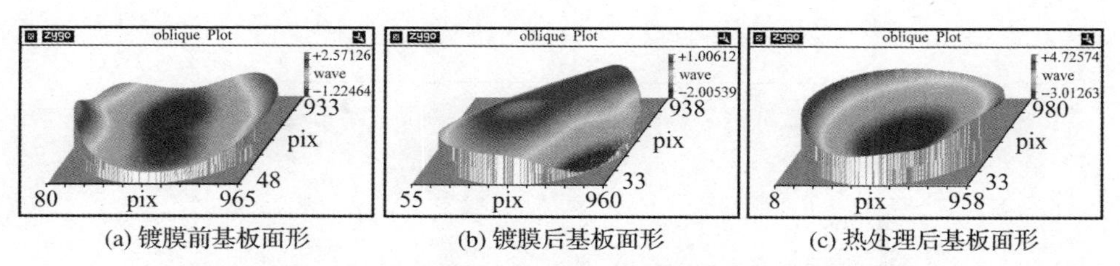

(a) 镀膜前基板面形 (b) 镀膜后基板面形 (c) 热处理后基板面形

图6-49 500℃热处理对"基板|HfO_2薄膜"系统面形的影响

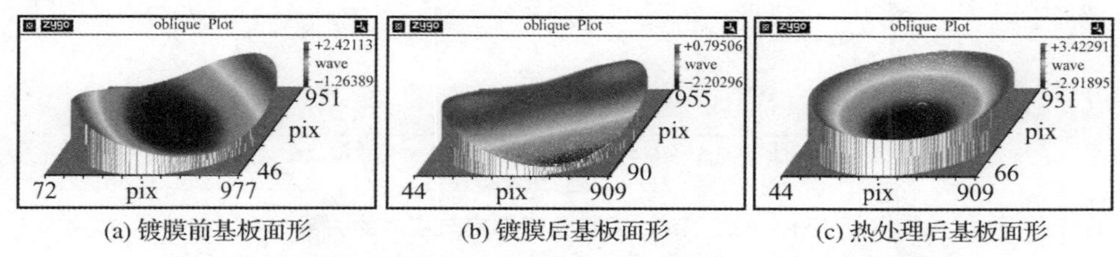

(a) 镀膜前基板面形 (b) 镀膜后基板面形 (c) 热处理后基板面形

图6-50 600℃热处理对"基板|HfO_2薄膜"系统面形的影响

HfO_2薄膜应力与热处理温度之间的关系如图6-51所示。热处理的结果展示了两个主要现象。①HfO_2薄膜的应力从压应力变化到张应力，在热处理温度200~300℃之间出现了零应力点。②在压应力阶段，薄膜的应力随着热处理温度增加而降低；在张应力阶段，薄膜的应力随着热处理温度增加而增加。膜层应力与物理厚度之间的关系如图6-52所示，两者之间存在显著的线性相关性，在零应力点的薄膜厚度$d_0=497.13\text{nm}$。由于薄膜应力是平面双轴应力，在薄膜厚度方向无应力但有应变，薄膜在应力作用下的应变特性写为

$$\varepsilon(T)=\frac{d_f(T)-d_0}{d_0} \tag{6-3}$$

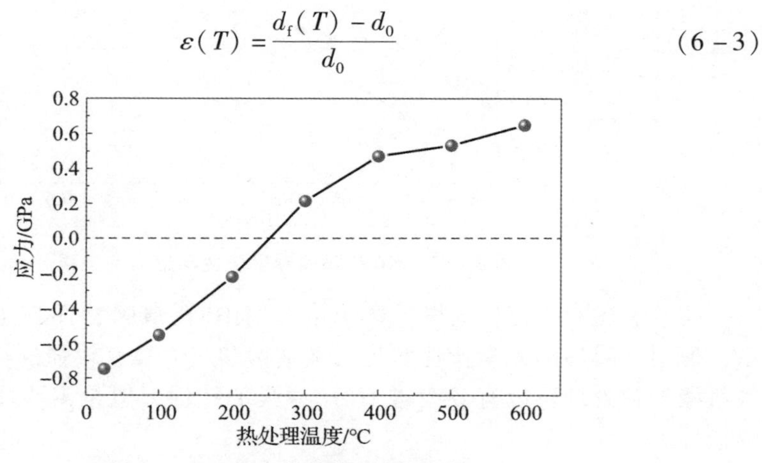

图6-51 HfO_2薄膜应力变化规律

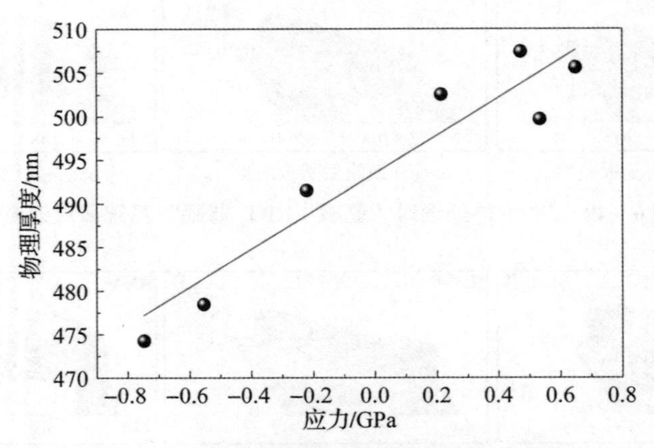

图 6－52　HfO_2 薄膜物理厚度与应力的关系

式中：T 为热处理温度；d_0 为初始薄膜厚度；d_f 为热处理后薄膜厚度；ε 为薄膜的应变。将 HfO_2 薄膜的应力与应变建立关系，得到如图 6－53 所示的规律。在零应力点前后应变的变化规律为：当薄膜为压应力时，膜层的应变随着应力增加而逐渐降低；当薄膜为张应力时，膜层的应变随着应力增加而逐渐增加。这样的实验现象与薄膜应力－应变理论相符。

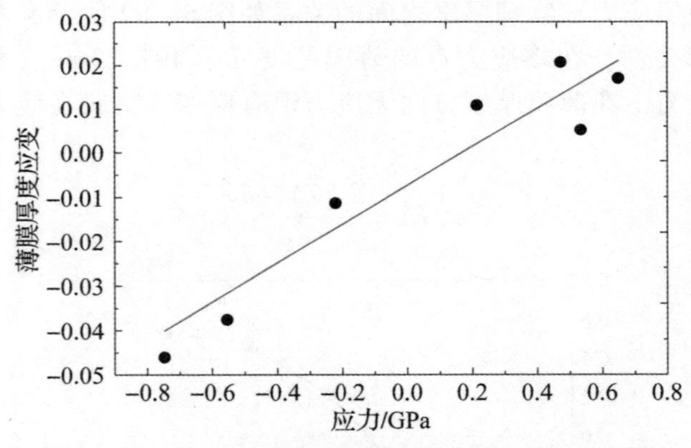

图 6－53　HfO_2 薄膜厚度应变与应力的关系

通过上述的研究，获得了离子束溅射 HfO_2 薄膜特性与热处理温度的关系，证明了膜层的光学特性变化与微结构和应力具有较强的相关性，通过大气氛围的热处理可以有效改进 HfO_2 薄膜的特性，但是需要注意热处理温度的选择。

6.4.3　热等静压处理对 HfO_2 薄膜的影响

对 HfO_2 薄膜分别进行热处理和热等静压处理，具体见 6.2.2 节，处理温度均为 250℃。HfO_2 薄膜在热处理和热等静压处理后的光谱透射率和光谱反射率分别见图 6－54 和图 6－55。从图 6－54 和图 6－55 中可以看出，两种后处理情况下光谱均向低能方向移动，热处理使 HfO_2 薄膜的透射率增加较大，说明热处理能有效降低 HfO_2 薄膜的吸收。基于 3.6.2 节中的色散方程，对光谱透射率和反射率复合目标进行反演计算，得到薄膜的能带特性见表 6－14。

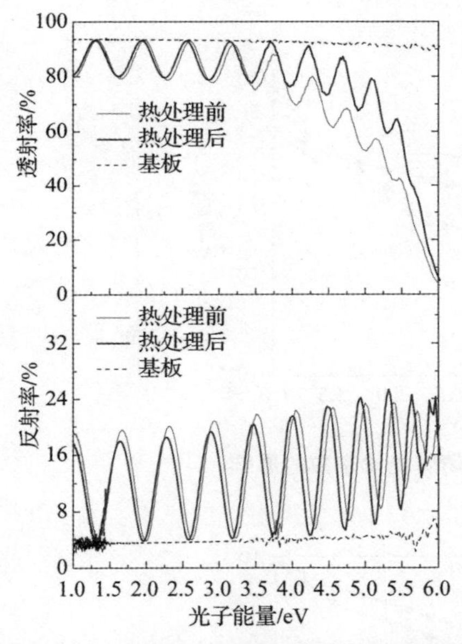

图 6－54　热处理对 HfO_2 薄膜光谱的影响

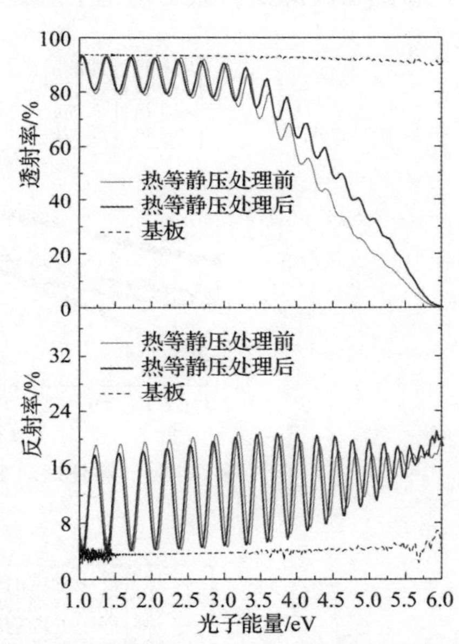

图 6－55　热等静压对 HfO_2 薄膜光谱的影响

表 6－14　热等静压处理和热处理后 HfO_2 薄膜的能带特性

参数	热处理		热等静压处理	
	处理前	处理后	处理前	处理后
厚度/nm	484.9 ±0.4	502.5 ±0.3	925.0 ±0.7	953.2 ±0.7
E_g/eV	4.947 ±0.040	5.151 ±0.005	5.065 ±0.050	5.017 ±0.071
E_p/eV	12.326 ±0.366	8.599 ±0.103	7.603 ±0.262	7.216 ±0.320
E_t/eV	0.654 ±0.033	0.424 ±0.007	0.452 ±0.054	0.388 ±0.083
E_u/eV	0.621 ±0.007	0.362 ±0.007	0.823 ±0.051	0.747 ±0.077

热处理前后 HfO_2 薄膜光学常数见图 6－56，热等静压处理前后 HfO_2 薄膜光学常数见图 6－57。从表 6－14 中 HfO_2 薄膜的能带特性分析得到：①两种后处理方式均使薄膜厚度增加，厚度相对变化量基本相同，热处理后的物理厚度增幅为 3.5%，而热等静压处理后的物理厚度增幅达到 3.0%；②热处理的方式使禁带宽度增加较大（4.947eV→5.151eV），而热等静压的方法则基本保持禁带宽度不变；③两种后处理下的薄膜带尾宽度均呈现下降的趋势，并且热处理后薄膜带尾宽度降低一半。在热处理温度作用下，薄膜微结构无序度降低，缺陷密度降低，微结构趋于短程有序。

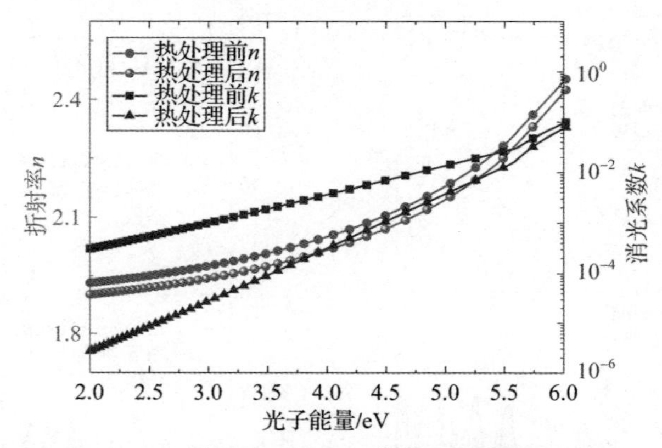

图 6－56 热处理对 HfO_2 薄膜光学常数的影响

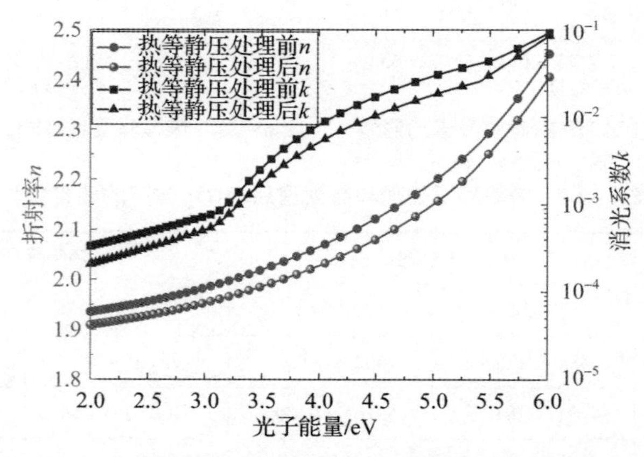

图 6－57 热等静压处理对 HfO_2 薄膜光学常数的影响

从图 6－54 和图 6－55 中的光学常数变化来看，两种后处理的方式使 HfO_2 薄膜的折射率和消光系数降低，折射率相对变化基本一致，这是由于薄膜在总质量不变的情况下，物理厚度的增加导致致密度下降，从而使折射率出现下降的现象。同时热处理使消光系数大幅度的降低，主要是由于在热处理过程薄膜经历了再氧化的过程，有助于改善薄膜的化学计量比。在热等静压处理的真空环境，处理后对薄膜的吸收特性并没有较大的改善，从禁带宽度的特性来看的确如此。

使用两种方法对 HfO_2 薄膜进行处理后，“基板｜HfO_2 薄膜”系统面形变化如图6-58和图6-59所示。在基板沉积薄膜制备后，基板的面形从初始的正向曲率近似球面变成负向曲率球面，经历了后处理过程，基板面形又变成了负向曲率球面。热处理的“基板｜HfO_2 薄膜”系统表面的PV值经历了1.640λ→3.555λ→6.697λ变化，近似球面曲率半径从90m→-18m→36m，薄膜应力从-490MPa变化为484MPa；热等静压处理的“基板｜HfO_2 薄膜”系统表面的PV值经历了1.705λ→1.260λ→3.086λ，近似球面曲率半径经历了52m→-87m→31m变化，薄膜应力从-480Mpa变化为199MPa。两种处理方式均导致薄膜应力性质发生了转变，由压应力转变成为张应力；热处理的薄膜应力相对变化最大，分析原因与上文的 Ta_2O_5 薄膜应力变化现象相同。

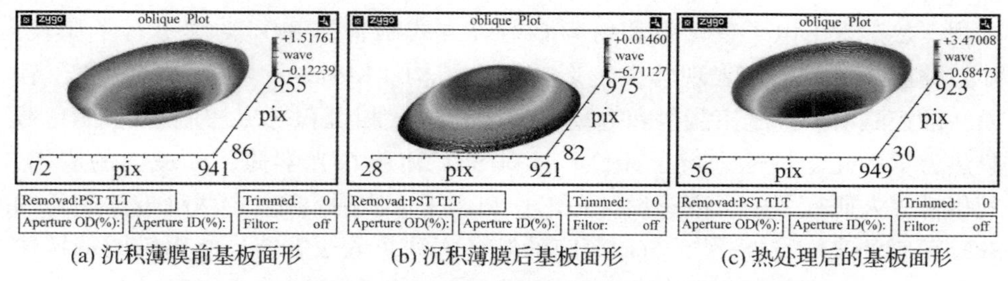

(a) 沉积薄膜前基板面形　(b) 沉积薄膜后基板面形　(c) 热处理后的基板面形

图6-58　热处理对“基板｜HfO_2 薄膜”系统形变的影响

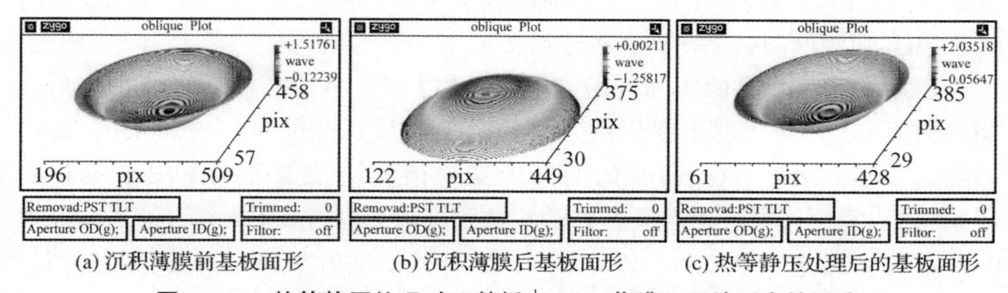

(a) 沉积薄膜前基板面形　(b) 沉积薄膜后基板面形　(c) 热等静压处理后的基板面形

图6-59　热等静压处理对“基板｜HfO_2 薄膜”系统形变的影响

上述两种后处理方式的差别主要在于环境氛围和是否对样品进行均向加压。在光学特性上，两种后处理方式均能导致薄膜物理厚度增加，并且都能够降低薄膜的折射率和消光系数，但是热处理的方式更能有效降低薄膜的消光系数。在应力特性上，两种后处理方式均能改善薄膜的应力，并且出现了薄膜应力从压应力到张应力的转变。热处理后的薄膜应力释放最多，而热等静压的方式由于其采用的各向均匀加压的方式，对薄膜应力的释放明显不如热处理的效果。关于热等静压处理的具体参数优化和对薄膜特性影响的物理机制需要进一步深入研究。

6.5 SiO_2 薄膜微结构诱导损耗研究

6.5.1 SiO_2 薄膜的全谱介电函数特性

SiO_2 薄膜是近紫外到中红外谱段最常用的低折射率薄膜材料之一。SiO_2 薄膜的制备方法主要采用热蒸发、电子束蒸发、离子辅助、离子束溅射、磁控溅射、原子层沉积、溶胶－凝胶和热氧化等方法，在不同应用领域选择的制备方法不同。SiO_2 薄膜特性强烈依赖于沉积方式，Pliskin 对热氧化、化学气相沉积、热蒸发、电子束蒸发和射频溅射等方式制备的 SiO_2 薄膜进行了比较，SiO_2 薄膜的微结构均表现为无定形的微观结构。Klemberg 等人对使用离子辅助、磁控溅射、离子束溅射和等离子增强化学气相沉积等方法制备的 SiO_2 薄膜热力学和光学特性进行了评价。针对 SiO_2 薄膜在光学薄膜领域内的应用，刘华松等人研究了电子束蒸发（EBE）和离子束溅射（IBS）两种方法制备的 SiO_2 薄膜的光学特性[22]，SiO_2 薄膜的制备方法见 6.2.1 节，使用椭圆偏振法和全光谱拟合法分别确定了 SiO_2 薄膜在可见光与红外谱段的色散特性，并与熔融石英块体材料进行了对比，同时得到了 SiO_2 薄膜的化学微结构缺陷特性，对于 SiO_2 薄膜的制备工艺具有指导意义。

在 SiO_2 薄膜样品的椭圆偏振光谱测量中，使用 VASE 型连续波长变角度椭圆偏振仪，测量入射角度分别为 55°和 65°，波长范围 300～1200nm，波长间隔为 5nm，两种 SiO_2 薄膜的椭圆偏振光谱测量结果分别见图 6－60 和图 6－61。利用傅里叶光谱仪测量 SiO_2 薄膜红外透射与反射光谱，波数间隔为 $0.1cm^{-1}$，波数范围为 $400 \sim 4000cm^{-1}$，红外光谱透射率和光谱反射率分别见图 6－62 和图 6－63。

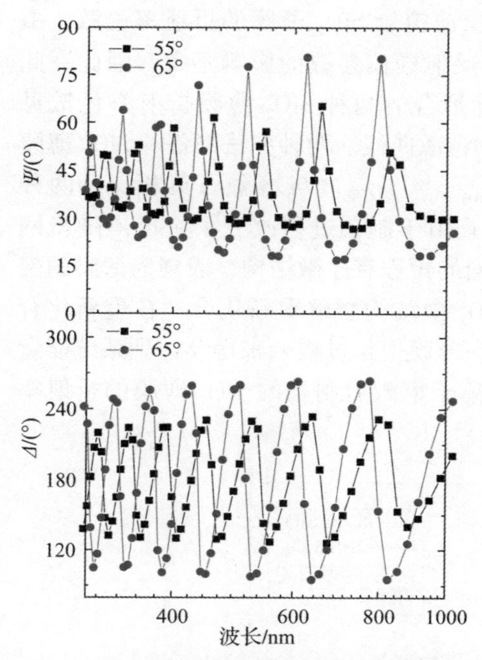

图6-60　EBE SiO_2 薄膜可见光反射椭偏参数

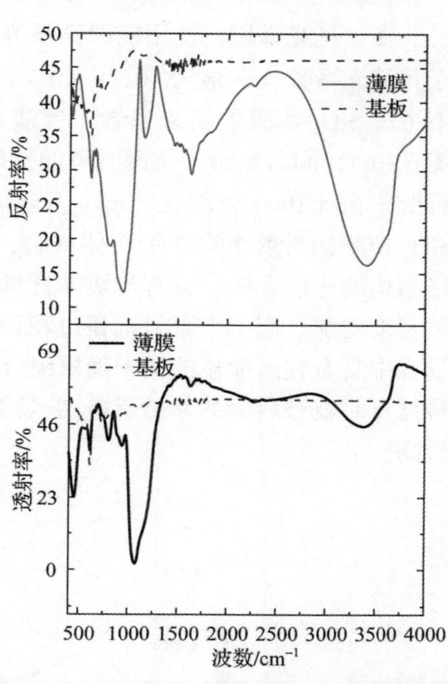

图6-61　IBS SiO_2 薄膜可见光反射椭偏参数

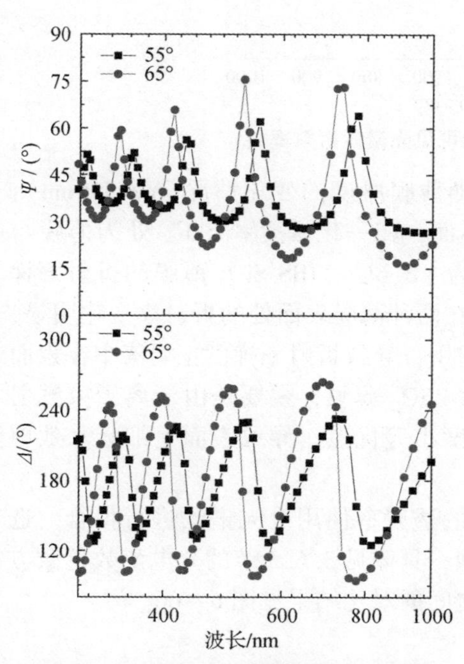

图6-62　EBE SiO_2 薄膜红外光谱曲线

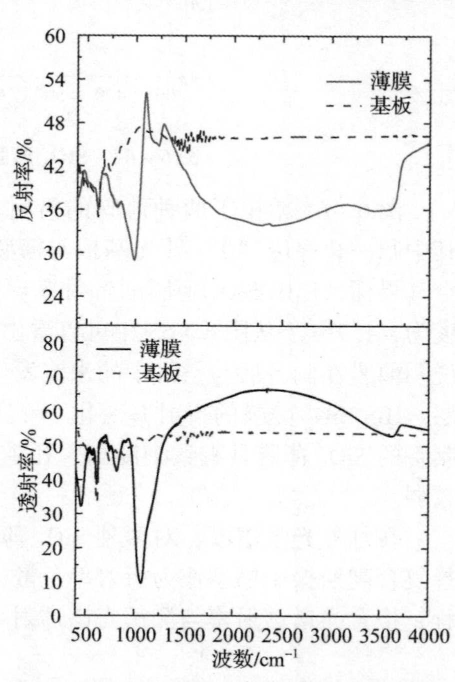

图6-63　IBS SiO_2 薄膜红外光谱曲线

在可见光谱段，使用椭圆偏振光谱反演拟合 SiO_2 薄膜的折射率色散，由于其消光系数（一般为 $10^{-9} \sim 10^{-5}$）对反射椭偏参数的影响不大，因此在此不考虑 SiO_2 薄膜的消光系数。反演计算拟合的两种 SiO_2 薄膜折射率色散见图 6 - 64，同时给出了熔融石英的折射率色散曲线。两种方法制备的 SiO_2 薄膜折射率在 550nm 处相比，$n_{IBSSiO_2} > n_{EBE\,SiO_2} > n_{熔融石英}$。与熔融石英相比，两种 SiO_2 薄膜的折射率均高于块体材料，这是由于制备过程改变了 [SiO_4] 随机网络结构的连接方法，具有与块体材料不同的短程有序微结构，表现为薄膜的聚集密度增加。离子束溅射沉积过程使 SiO_2 微结构裂解重新化合，在重新化合过程中具有较高能量的原子随机组合，在薄膜生长过程未来得及达到系统能量最低点时就被后续的原子所覆盖，因此离子束溅射制备的 SiO_2 薄膜的折射率最高。

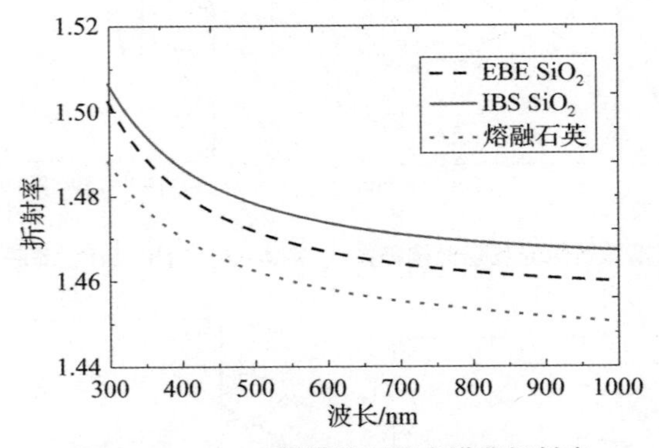

图 6 - 64　SiO_2 薄膜的可见光谱段折射率

图 6 - 65 给出了两种薄膜的折射率随薄膜厚度的变化情况（$\lambda = 550$nm），其中归一化厚度“0”处为基板与薄膜界面，归一化厚度“100”处为薄膜与空气界面。EBE SiO_2 薄膜的折射率梯度为 - 5.6%，IBS SiO_2 薄膜的折射率梯度为 - 1.7%。从图 6 - 65 中可以看出，在两种薄膜表面处的折射率变化明显，说明薄膜在制备后与空气中的水汽发生作用，导致折射率梯度主要集中在表面层。IBS SiO_2 薄膜的折射率变化小于 EBE SiO_2 薄膜，主要是由于离子束溅射制备的 SiO_2 薄膜具有致密度高、孔隙尺度小等优点，导致表面毛细吸水效应较弱。

在红外光学谱段，对两种 SiO_2 薄膜的透射率使用全光谱法进行拟合，选择复合高斯振子模型作为折射率色散模型，具体见 3.6.3 节的介电函数色散方程，拟合光谱透射率与测试光谱透射率之间的对比结果见图 6 - 66。

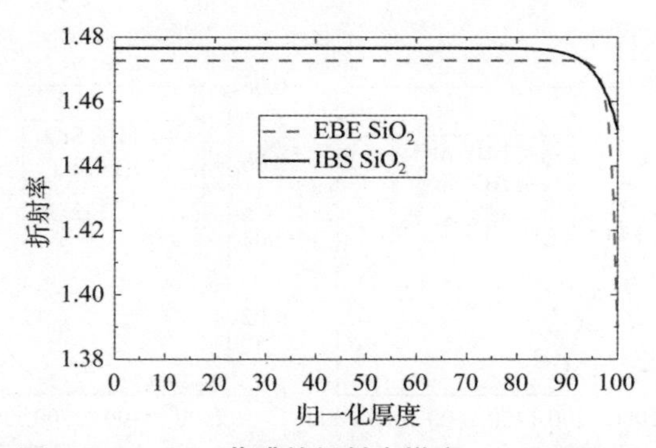

图 6-65　SiO_2 薄膜的折射率梯度（λ = 550nm）

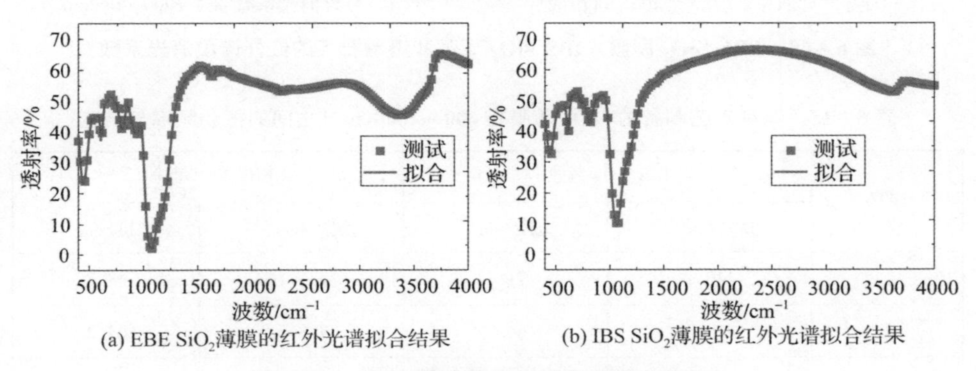

图 6-66　SiO_2 薄膜的红外谱段光谱拟合结果

图 6-67 和图 6-68 分别给出了 SiO_2 薄膜在红外谱段的折射率色散和消光系数色散。为了便于与熔融石英的比较，在图中同时给出了熔融石英的相关数据。在 400～4000cm^{-1} 波数区间内，由于存在多个相近的振动吸收峰叠加，因此需要进行分峰处理，分解得到的吸收峰特征见表 6-15。

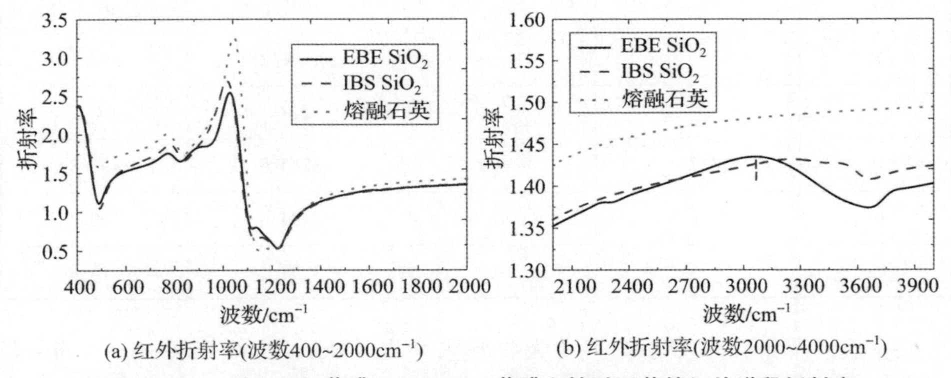

图 6-67　EBE SiO_2 薄膜、IBS SiO_2 薄膜和熔融石英的红外谱段折射率

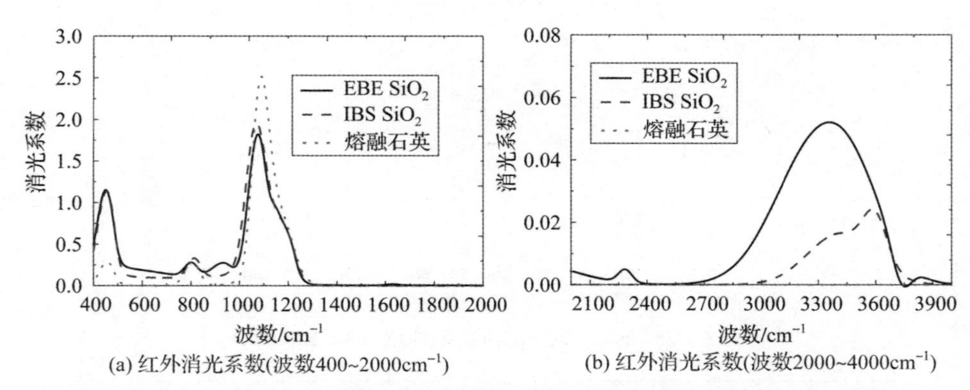

(a) 红外消光系数(波数400~2000cm^{-1})　　(b) 红外消光系数(波数2000~4000cm^{-1})

图 6-68　EBE SiO_2 薄膜、IBS SiO_2 薄膜和熔融石英的红外谱段消光系数

表 6-15　两种工艺制备的 SiO_2 薄膜在 400~4000cm^{-1}之间的振动频率与带宽

序号	IBS SiO_2 薄膜		EBE SiO_2 薄膜	
	波数/cm^{-1}	宽度/cm^{-1}	波数/cm^{-1}	宽度/cm^{-1}
1	440.1	71.1	437.1	68.7
2	810.3	64.2	798.5	63.2
3	—	—	934.8	116.2
4	1047.5	71.4	1057	69.4
5	1075.6	186.3	1132.6	50.1
6	1172.9	103.9	1167.8	98.8
7	—	—	1628.6	61.1
8	—	—	1790.2	554.1
9	—	—	2283	84.2
10	3412.5	400	3267.6	496.8
11	3596.8	147.6	3494.6	390.2
12	—	—	3733.1	115.9

一般情况下，水分子的振动吸收峰频率为 3400cm^{-1}和 1620cm^{-1}，Si-H 键的振动吸收峰在 2260cm^{-1}处，Si-OH 键的振动吸收峰频率为 3600cm^{-1}和

$935cm^{-1}$[23,24]。在 $400-2000cm^{-1}$ 之间，SiO_2 薄膜具有四个折射率反常色散区，熔融石英有三个折射率反常色散区，SiO_2 薄膜折射率整体低于熔融石英，如图6-67（a）和图6-68（a）所示。随着波数增加，SiO_2 薄膜消光系数先是大于熔融石英，在波数 $1000cm^{-1}$ 后消光系数小于熔融石英，在波数 $1200cm^{-1}$ 后 SiO_2 薄膜与块体材料的消光系数基本一致。对于 EBE SiO_2 薄膜，在波数 $934.7cm^{-1}$ 附近出现微弱的反常色散区，在图6-67（a）中可以看出在该波数附近有幅度较弱的吸收增强趋势，由于该峰位置与 Si-OH 的伸缩振动频率相近，说明 EBE SiO_2 薄膜吸收水汽发生化学反应产生 Si-OH 化学键[23]。

在 $2000\sim4000cm^{-1}$ 之间，SiO_2 薄膜的折射率和消光系数也存在反常色散现象。该区间能够反映薄膜中水分子的含量和与水反应的化学键，SiO_2 薄膜的特征吸收峰见表6-15。如图6-68（b）所示，在 $2000\sim4000cm^{-1}$ 范围内 IBS SiO_2 薄膜具有两个吸收峰，分别为 $3412.5cm^{-1}$ 和 $3596.8cm^{-1}$，说明 IBS SiO_2 薄膜出现了类似水分子和 Si-OH 化学键的振动吸收峰；而在 EBE SiO_2 薄膜中，如图6-68（b）所示，$3000\sim3800cm^{-1}$ 范围内存在两个振动吸收峰，说明该薄膜中也含有类似的 H_2O 分子及 Si-OH 化学键缺陷。除此之外，在波数 $2283cm^{-1}$ 处发现微小的振动吸收峰，该吸收峰的存在表明 EBE SiO_2 薄膜中还存在 Si-H 化学键缺陷。

分析上述的实验结果，薄膜制备后与空气中的水分子相互作用过程有两个结果。一方面是由于薄膜具有孔隙，薄膜表面吸附水分子扩散到薄膜内部，导致薄膜折射率梯度的出现。一般 IBS SiO_2 薄膜表面折射率梯度较小，但其高致密度又使其具有较强的吸水能力，所以 IBS SiO_2 薄膜表面折射率变化层比 EBE SiO_2 薄膜深。另一方面，水分子与薄膜发生化学反应形成 Si-OH 和 Si-H悬挂键，导致 SiO_2 薄膜中产生化学结构缺陷，IBS SiO_2 薄膜的化学键缺陷少于 EBE SiO_2 薄膜，说明 IBS 方法制备的 SiO_2 薄膜在大气中具有高可靠性和强环境适应性。

6.5.2　SiO_2 薄膜短程有序微结构特性

6.5.2.1　不同工艺制备 SiO_2 薄膜的短程有序微结构

在 SiO_2 薄膜振动模式研究中，人们已经报道了不同工艺制备 SiO_2 薄膜的振动光谱、分层腐蚀的 SiO_2 薄膜振动光谱、振动模式与密度的关系、振动光谱与薄膜的孔隙关系、振动模式的时效特性与膜层厚度效应等。针对6.5.1节中的 EBE SiO_2 薄膜和 IBS SiO_2 薄膜，从红外谱段的光谱信息获得红外介电函数信息，进而获得 SiO_2 薄膜的 Si-O-Si 键角信息和[SiO_4]四面体随机网络连接方式的短程有序结构，对于深入理解 SiO_2 薄膜的微观结构具有重要意义[25]。

SiO_2 薄膜红外振动光谱吸收峰的特征分为横向光学（TO）模式和纵向光学（LO）模式。LO 振动模式一般不容易被观察到，但是可以采用倾斜入射角的方法测量吸收光谱，也可以激活 LO 振动模式。Barker 在研究 GaP 晶体时提出了能量损耗函数用于确定 TO 模式与 LO 模式，TO 模式的能量损耗函数 f_{TO} 和 LO 模式的能量损耗函数 f_{LO} 分别表示为[24]

$$f_{TO}(\omega) = \varepsilon_i(\omega) \tag{6-4}$$

$$f_{LO}(\omega) = \frac{\varepsilon_i(\omega)}{\varepsilon_r^2(\omega) + \varepsilon_i^2(\omega)} \tag{6-5}$$

$$\varepsilon(\omega) = \varepsilon_i(\omega) + i\varepsilon_i(\omega) \tag{6-6}$$

式中：ε_r 和 ε_i 分别为介电函数 ε 的实部和虚部；f_{TO} 和 f_{LO} 的极大值对应的 ω 即为 TO 模式和 LO 模式的振动频率。介质的复折射率 N 与介电函数 ε 的关系为

$$\varepsilon(\omega) = \varepsilon_r(\omega) + i\varepsilon_i(\omega) = [n^2(\omega) - k^2(\omega)] + i2n(\omega)k(\omega) \tag{6-7}$$

式中：n 和 k 分别为材料的折射率与消光系数。因此确定材料的 n 和 k 即可得到 TO 与 LO 的振动模式，也就是说从“基板 | 薄膜”系统的光谱中反演可以得到 TO 和 LO 的振动模式。

根据上述的思想，给出 SiO_2 薄膜的 TO 模式频率 ω_{TO} 和 LO 模式频率 ω_{LO} 的计算流程见图 6－69，在此定义允许误差 δ，当 $MSE \leqslant \delta$ 时即可认为计算的结果为最优值。

从图 6－67 和图 6－68 得到 SiO_2 薄膜介电函数 $\varepsilon(\omega)$ 的实部和虚部，分别见图 6－70 和图 6－71。从图 6－71 中可以看出：在 400～1500cm^{-1} 波数范围内，IBS SiO_2 薄膜共有 3 个吸收带，EBE SiO_2 薄膜共有 4 个吸收带（比 IBS SiO_2 薄膜多出 1 个振动频率约 930cm^{-1}）。将图 6－70 和图 6－71 进行能量损耗函数计算，结果见图 6－72 和图 6－73。在 TO 振动模式下，在 400～1500cm^{-1} 之间存在三个典型吸收区域，分别表征了 Si－O－Si 的三种典型振动方式。①O－Si－O 键非对称伸缩振动（AS）：相邻两个 O 原子沿着 Si－O 键方向非对称振动，其键角不发生变化而键长变化，振动频率 $\omega_{AS} \approx 1070cm^{-1}$。②O－Si－O 键对称伸缩振动（SS）：两个 O 原子沿 Si－O 键方向对称伸缩振动，振动频率 $\omega_{SS} \approx 800cm^{-1}$。③O 原子摇摆振动（rock）：O 原子在 O－Si－O 平面内摆动，振动频率 $\omega_{rock} \approx 450cm^{-1}$。

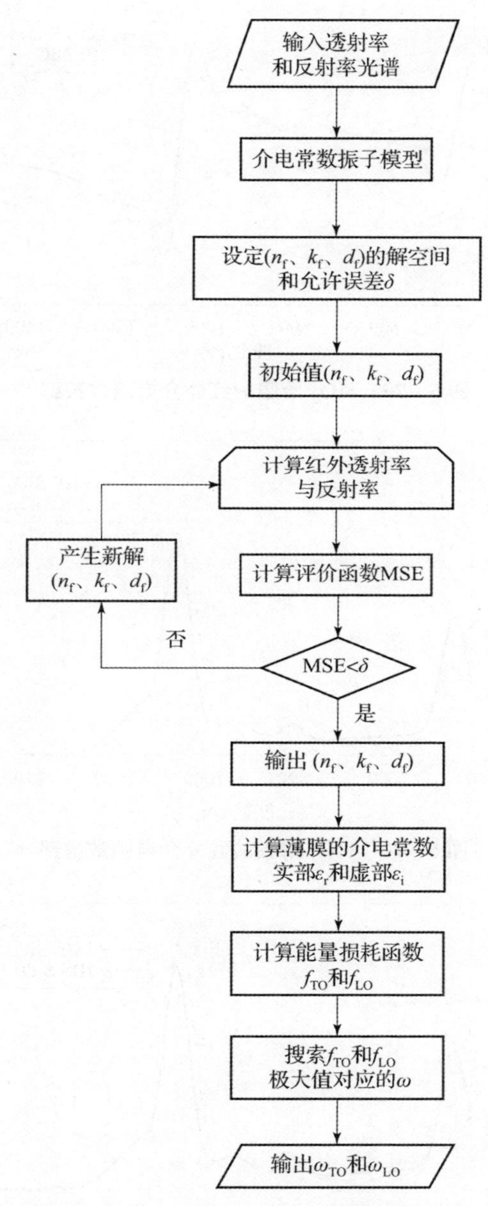

图 6-69　ω_{TO}与ω_{LO}的计算流程图

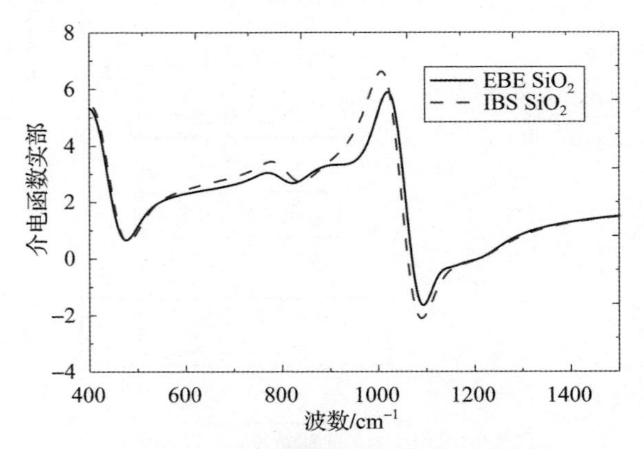

图 6-70　SiO_2 薄膜的红外介电函数实部

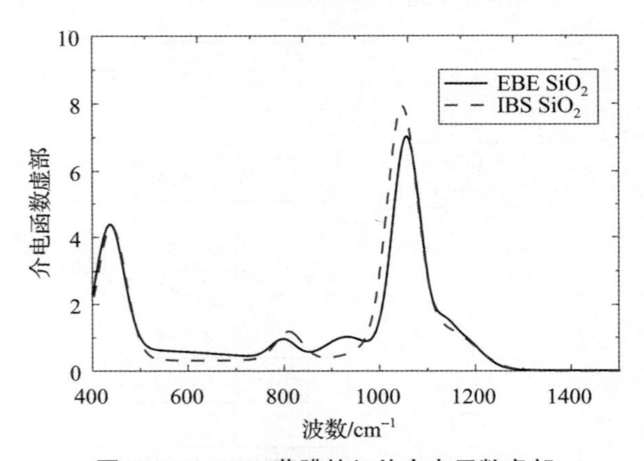

图 6-71　SiO_2 薄膜的红外介电函数虚部

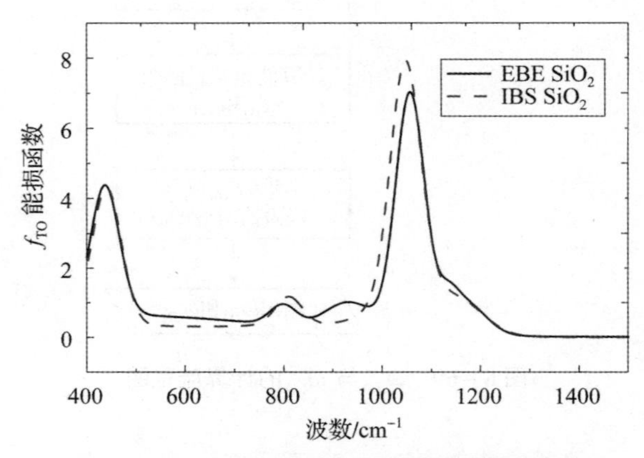

图 6-72　SiO_2 薄膜的 TO 模式能量损耗函数

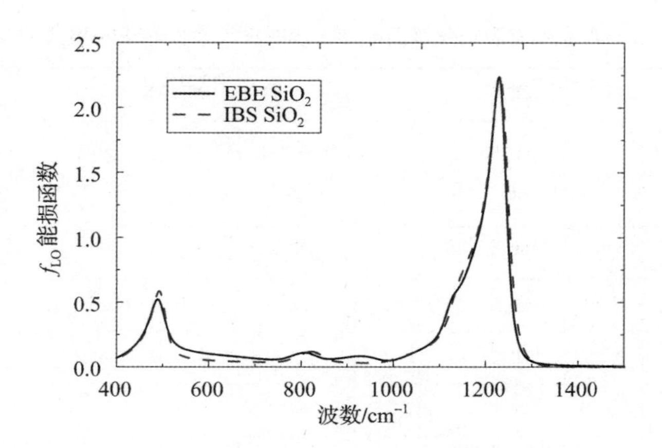

图6-73 SiO_2 薄膜的LO模式能量损耗函数

从图6-72和图6-73中可看出，在900~1500cm⁻¹波数区间内存在多个频率相近的振动吸收带叠加，因此需要对TO和LO模式能量损耗函数进行分峰处理。对于化学计量比完整的 SiO_2 薄膜，用Si-O-Si振动的TO模式频率 ω_{TO} 表征 SiO_2 薄膜密度的方法已经普遍接受[26]。熔融石英的TO振动频率为1075 cm^{-1}，定义 SiO_2 薄膜与熔融石英TO振动频率的差值为

$$\Delta\omega = \omega_{TO}(\text{熔融石英}) - \omega_{TO}(SiO_2) \tag{6-8}$$

定义 $\Delta\rho$ 为 SiO_2 薄膜与熔融石英块体材料质量密度的差值，薄膜的密度相对块体材料的变化为

$$\Delta\rho/\rho = -\frac{\Delta\omega_{TO}}{3.2\text{cm}^{-1}}\% \tag{6-9}$$

因此，可以根据能量损耗函数确定的TO模式振动频率计算 SiO_2 薄膜的相对密度变化。同时，也可以通过下列关系计算得到Si-O-Si的平均键角，即

$$\omega_{Si-O-Si} = \omega_0 \sin\left(\frac{\theta}{2}\right)(\omega_0 = 1130.32\text{cm}^{-1}) \tag{6-10}$$

根据文献中的方法，对两种 SiO_2 薄膜的能量损耗函数进行分解，通过上式计算得到不同振动频率对应的Si-O-Si键角，结果见表6-16。熔融石英的振动频率分别为 $\omega_{rock} = 446\text{cm}^{-1}$ 和 $\omega_{SS} = 810\text{cm}^{-1}$，$SiO_2$ 薄膜的TO模式振动频率均小于熔融石英的TO模式振动频率。IBS SiO_2 薄膜的振动频率与熔融石英相接近，EBE SiO_2 薄膜的振动频率比熔融石英分别小3.3 cm^{-1} 和14.5 cm^{-1}。因此，说明在EBE SiO_2 薄膜中存在较大的应变和孔隙率[23]，这与两种薄膜的制备工艺特点基本相符。

表 6-16 能量损耗函数分解后的 TO 模式振动频率和 LO 模式振动频率

振动模式	EBE SiO_2 薄膜				IBS SiO_2 薄膜				备注
	峰值频率/cm^{-1}	面积	半宽度/cm^{-1}	键角/(°)	峰值频率/cm^{-1}	面积	半宽度/cm^{-1}	键角/(°)	
TO模式	442.7	2.72	53.4	—	445.8	2.92	55.3	—	ω_{rock}
	795.5	0.49	55.5	—	809.9	0.78	60.5	—	ω_{SS}
	920.8	0.23	51.2	—	—	—	—	—	Si-OH
	1030.7	1.31	44.7	125	1047.2	5.96	69.5	130	1
	1060.5	5.49	57.2	134	1057.9	1.51	119.2	133	2
	1135.0	0.95	111.2	173	1165.7	0.55	87.6	180	3
LO模式	487.5	0.40	63.2	—	487.8	0.48	54.7	—	ω_{rock}
	806.6	0.05	46.4	—	820.4	0.08	60.8	—	ω_{SS}
	924.7	0.02	40.7	—	—	—	—	—	Si-OH
	1160.5	0.59	104.2	113	1124.8	0.17	138.2	104	4
	1216.2	0.99	59.6	129	1191.5	0.90	95.2	122	5
	1231.3	1.14	29.2	135	1231.2	1.58	40.7	134	6

表 6-17 给出了典型石英材料内部[SiO_4]四面体的键角与四面体连接方式的关系[25,27]。在 EBE SiO_2 薄膜中，1 和 4 吸收带（峰值频率分别为 1030.7cm^{-1}和 1160.5cm^{-1}）对应的主键角约 119°，与 4-折叠环结构的柯石英结构接近；2 和 5 吸收带（峰值频率分别为 1060.5cm^{-1}和 1216.2cm^{-1}）对应的主键角 131°，说明 SiO_2 薄膜中存在 3-平面折叠环的[SiO_4]连接方式；3 和 6 吸收带（峰值频率分别为 1135.0cm^{-1}和 1231.3cm^{-1}）对应的主键角 154°，因此存在热液石英的[SiO_4]连接方式。在 IBS SiO_2 薄膜中，1 和 4 吸收带（峰值频率分别为 1047.2 和 1124.8cm^{-1}）对应的主键角约 117°，与 4-折叠环结构的柯石英结构接近；2 和 5 吸收带（峰值频率分别为 1057.9cm^{-1}和 1191.5cm^{-1}）对应的主键角 127°，说明 SiO_2 薄膜中有 3-平面折叠环结构；3 和 6 吸收带（峰值频率分别为 1165.7cm^{-1}和 1231.2cm^{-1}）对应的主键角 157°，说明薄膜中[SiO_4]四面体的连接方式与热液石英相接近，而且还有 4-平面折叠环结构。

表6－17　[SiO_4]四面体连接方式与Si－O－Si键角的关系

结构	[SiO_4]连接方式	Si－O－Si键角
石英晶体结构	6－折叠环结构	144°
柯石英	4－折叠环结构	120°
热液石英	5－、6－、8－折叠环结构	154°
方石英	—	180°
—	3－平面折叠环	130.5°
—	4－平面折叠环	160.5°
—	5－平面折叠环	178.5°

综上研究结果表明，SiO_2 薄膜内部共存在三对 TO 和 LO 振动模式。在 EBE SiO_2 薄膜的短程有序范围内，Si－O－Si 的主键角分别为 119°、131°和 154°，[SiO_4] 四面体的连接方式主要是类柯石英结构、3－平面折叠环和热液石英结构的 [SiO_4] 四面体连接方式；在 IBS SiO_2 薄膜的短程有序范围内，Si－O－Si 的主键角为 117°、127°和 157°，[SiO_4] 四面体的连接方式主要是类柯石英结构、3－平面折叠环、4－平面折叠环结构和类热液石英结构。对于 SiO_2 薄膜在激光领域的应用，尤其是在控制薄膜的吸收、散射和抗激光损伤特性上，SiO_2 薄膜微结构的研究具有重要的指导意义。

6.5.2.2　SiO_2 薄膜生长过程短程有序微结构演化规律

Martinet 等人研究了热氧化 SiO_2 薄膜中的 O－Si－O 非对称伸缩振动吸收峰，膜层厚度从 0.1μm 增加到 1.1μm，吸收峰的峰值产生了漂移现象，他们认为峰值的漂移是多重反射效应[28]。在薄膜生长过程中，随着膜层厚度增加产生的吸收峰峰值频率偏移机制应该不同。研究薄膜生长过程特性变化的方法一般通过在线测量技术，如在线光学膜厚度监控、椭圆偏振光谱测量等，但是对 SiO_2 薄膜的短程有序微结构变化仍是无能为力。下面给出一种基于化学抛光的方法，用于研究 SiO_2 薄膜短程有序微结构的演化规律。

采用离子束溅射在超光滑 Si 基板表面沉积 SiO_2 薄膜，具体制备方法和工艺参数见 6.2.1 节，沉积的薄膜物理厚度约 830nm。采用化学抛光的方法对 SiO_2 薄膜进行分层去除，化学溶液的主要成分为氢氟酸、氨水、丙三醇、乙二醇和去离子水，具体配比参数为 1500ml 去离子水、5g 的氟化氢铵、40ml 丙三醇和 10ml 乙二醇。为了保证化学抛光的均匀性，将 SiO_2 薄膜样品侧放在聚四氟乙烯托盘上放入烧杯中，然后将烧杯放置于超声波清洗机中，通过控制化学抛光的时间，达到实现 SiO_2 薄膜厚度分层去除的目的，实验参数见表6－18。

表 6-18 化学抛光时间与 SiO_2 薄膜厚度的去除关系

抛光时间/min	抛光去除厚度/nm	薄膜厚度/nm
0	0	829
91	92	737
187	188	641
311	316	513
390	393	436
634	590	239
720	703	126

使用 Perkin Elmer 公司红外傅里叶光谱仪，分别测量了上述七组不同化学抛光时间处理 SiO_2 薄膜样品的红外光谱透射率，波数范围 750～1450cm^{-1}，波数间隔为 0.1cm^{-1}。不同分层厚度的七组 SiO_2 薄膜样品的红外光谱透射率见图 6-74（a）。将图 6-74（a）中的光谱透射率转换为吸光度光谱，重点针对吸光度光谱中 AS 振动模式进行分解，每个吸收峰分解为三个子峰，得到如图 6-74（b）所示的曲线。

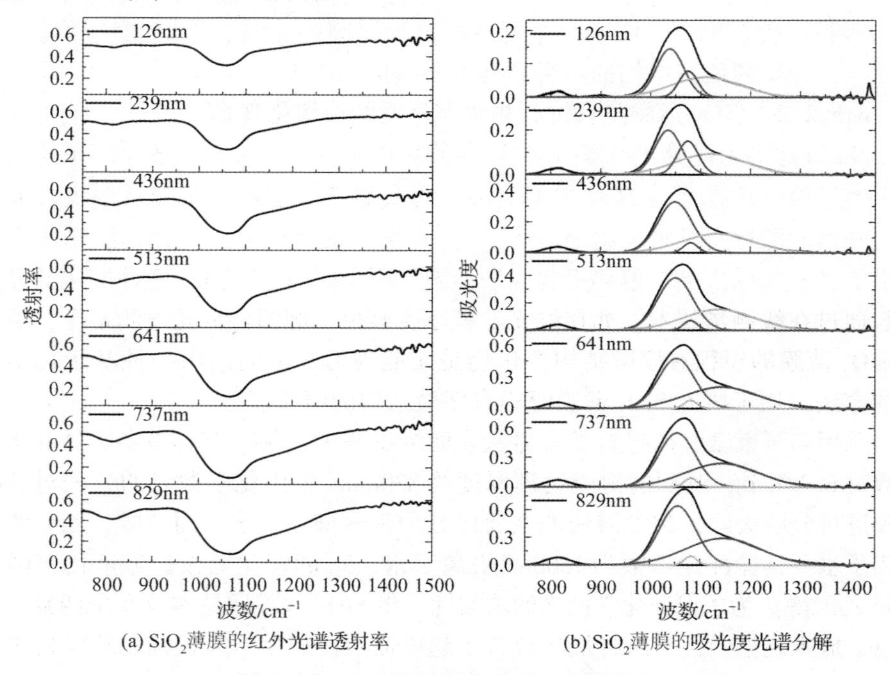

(a) SiO_2薄膜的红外光谱透射率　(b) SiO_2薄膜的吸光度光谱分解

图 6-74 七组 SiO_2 薄膜样品的红外光谱透射率特性

首先，分析 O－Si－O 对称伸缩振动频率 ω_{SS} 的变化。振动频率 ω_{SS} 位于 $810cm^{-1}$ 附近，随着生长膜层厚度的增加，振动频率 ω_{SS} 呈现单调增加的趋势（从 $811.3cm^{-1}$ 增加到 $816.3cm^{-1}$），如图 6－75 所示。该振动频率与 Si－O－Si 键角无关，与[SiO_4]四面体的相互连接方式无关，ω_{SS} 的频移与薄膜应力特性以及 Si 和 O 的化学环境相关[23]，在此不做深入分析。

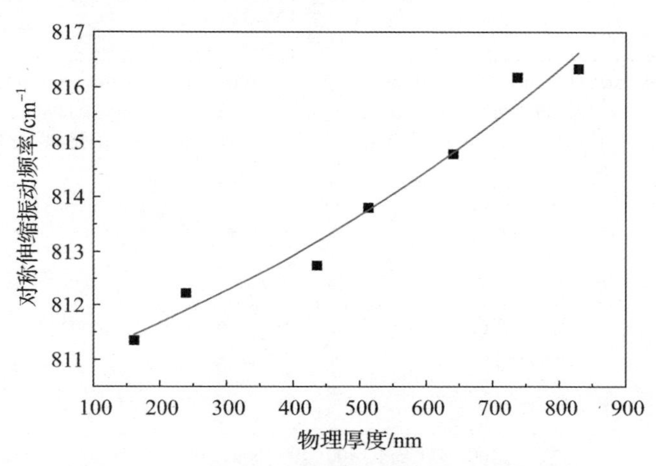

图 6－75 Si－O－Si 对称伸缩振动频率演化规律

其次，分析非对称伸缩振动频率 ω_{AS} 的变化规律。非对称伸缩振动频率 ω_{AS} 在 $900\sim1400cm^{-1}$ 之间，如图 6－76 所示，该吸收光谱区可以分解出三个吸收光谱区，每个振动吸收区的中心振动频率分别在 $1035cm^{-1}$、$1074cm^{-1}$ 和 $1110cm^{-1}$ 附近，将每个振动吸收区的中心振动频率分别记为 ω_{AS1}、ω_{AS2} 和 ω_{AS3}。随着生长过程膜层厚度的增加，ω_{AS1} 从 $1038.6cm^{-1}$ 增加到 $1055.6cm^{-1}$，ω_{AS2} 从 $1075.3cm^{-1}$ 增加到 $1082.1cm^{-1}$，ω_{AS3} 从 $1110.5cm^{-1}$ 增加到 $1147.1cm^{-1}$。ω_{AS1} 和 ω_{AS2} 可以表征 SiO_2 薄膜中存在两种[SiO_4]四面体的连接方式。频率 ω_{AS1} 和 ω_{AS2} 呈现单调增加的趋势，说明在薄膜中两种短程有序微结构发生了变化：从吸光度光谱的积分面积上看，ω_{AS2} 对应的吸光度光谱积分面积逐渐减小，说明对应于 ω_{AS2} 的[SiO_4]四面体连接结构逐渐减少；从振动频率的变化斜率上看，随着膜层厚度增加三个振动频率的频移量逐渐减少，说明 SiO_2 薄膜中的[SiO_4]四面体连接方式逐渐趋于稳定。由于振动频率与薄膜 Si－O－Si 键角和相对密度相关，因此可以定性认为，随着生长过程薄膜厚度的增加，Si－O－Si 键角和相对密度逐渐趋于稳定。

根据 SiO_2 薄膜的振动频率分析可以确定两种主要的微结构特征，再根据式（6－10）中 Si－O－Si 平均键角与振动频率的关系，计算出 SiO_2 薄膜的平

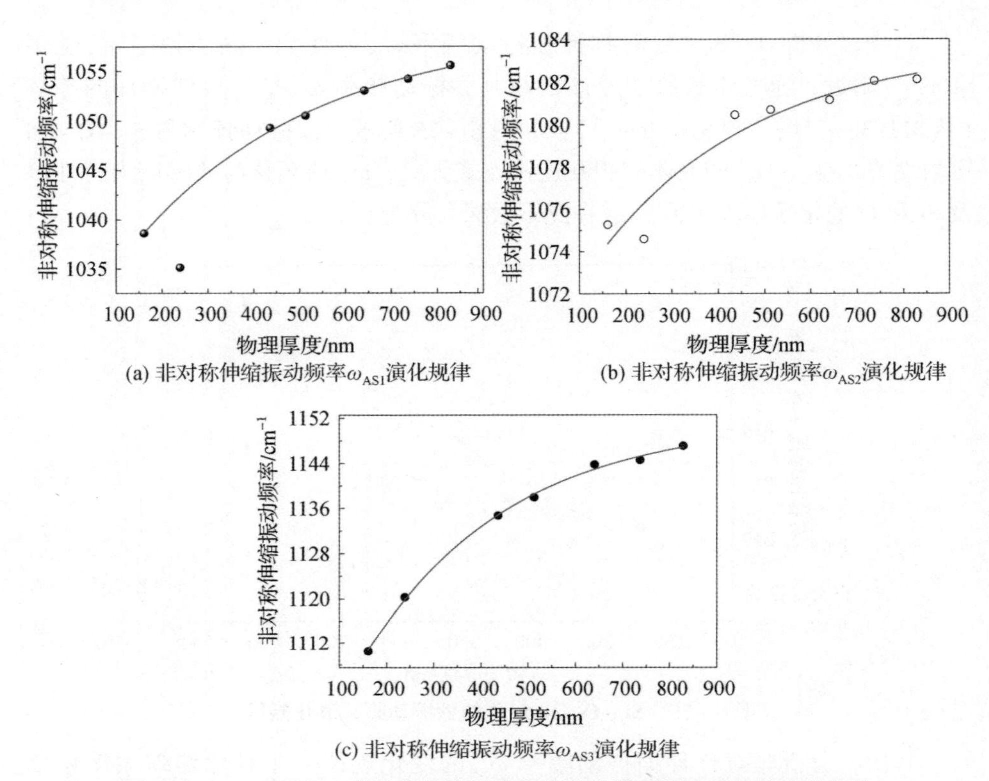

(a) 非对称伸缩振动频率ω_{AS1}演化规律　(b) 非对称伸缩振动频率ω_{AS2}演化规律

(c) 非对称伸缩振动频率ω_{AS3}演化规律

图 6-76　O-Si-O 非对称伸缩振动频率随着膜层厚度增加的变化规律

均键角与膜层厚度之间的关系，如图 6-77 所示。在第一种结构的 Si-O-Si 键角下，SiO_2 薄膜的[SiO_4]四面体连接方式为 3-平面折叠环或 4-折叠环的结构（类柯石英结构）；在第二种结构的 Si-O-Si 键角下，薄膜的四面体连接方式为 5-、3-和 8-平面折叠环的混合结构（热液石英结构）。随着 SiO_2 薄膜厚度的增加，两种短程有序微结构下的 Si-O-Si 平均键角均呈现降低的趋势。第一种微结构逐渐向 3-平面折叠环的结构方式演化，Si-O-Si 键角从 138.6°降低到 133.9°；第二种结构则逐渐向 6-折叠环结构（类晶体石英结构）演化，Si-O-Si 键角从 151.1°降低到 141.2°。因此，随着生长过程薄膜厚度的增加，第一种结构逐渐占主导地位，薄膜短程有序微结构的变化趋势为向类柯石英结构演化，而第二种结构逐渐向晶体石英结构演化，并且在薄膜中所占的比例逐渐下降，这样的结果也可从图 6-76（b）中 ω_{AS2} 的积分面积变化得出。

对于化学计量比完整的 SiO_2 薄膜，可以用 O-Si-O 的 TO 振动模式频率 ω_{TO} 表征薄膜的密度。利用式（6-9）从振动频率计算得到薄膜相对密度的变

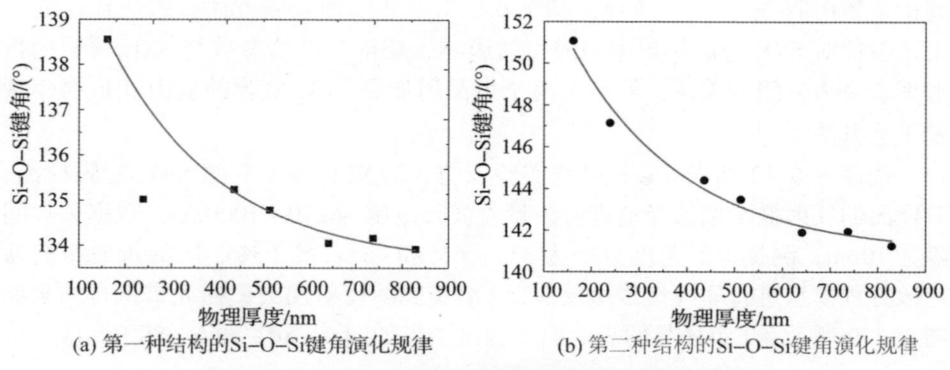

(a) 第一种结构的Si–O–Si键角演化规律　　(b) 第二种结构的Si–O–Si键角演化规律

图 6 – 77　Si – O – Si 平均键角随膜层厚度的变化规律

化：分别用上述的 O – Si – O 非对称伸缩振动的两个频率计算出 SiO_2 薄膜的相对密度，结果显示薄膜相对密度随着膜层厚度增加而逐渐增加，如图 6 – 78 所示。SiO_2 薄膜密度的相对变化与 Si – O – Si 键角的变化规律相反，Si – O – Si 键角的变化导致[SiO_4]相互连接的短程微结构变化。在 SiO_2 薄膜生长过程中，随着网络结构中[SiO_4]四面体连接方式的变化，SiO_2 薄膜的密度也发生了相应的变化。同时，由于离子束溅射制备技术的特点，在薄膜沉积的初期薄膜密度相对较小，随着薄膜厚度的增加其密度也呈现出增加的趋势。

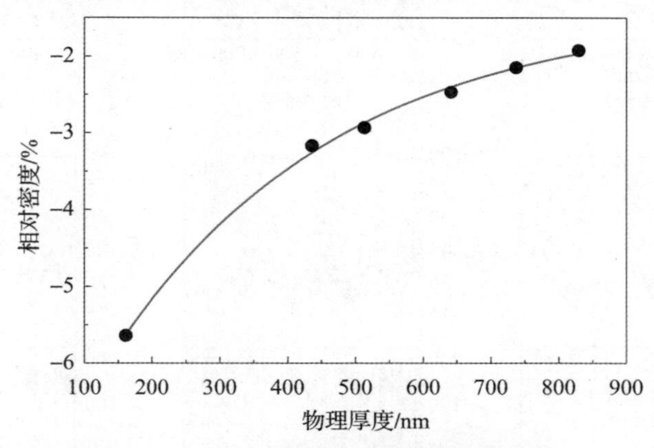

图 6 – 78　SiO_2 薄膜相对密度的变化规律

6.5.3　SiO_2 薄膜制备参数与特性关联性

不同沉积工艺制备的 SiO_2 薄膜在折射率与应力特性上具有较大的差别，采用同一种制备工艺在不同工艺参数下制备也存在差异。SiO_2 薄膜在光学薄膜技术领域应用，低折射率和低应力特性是重要的应用需求特性[29,30]。针对

离子束溅射制备的 SiO_2 薄膜，基于6.2.1.1节中的实验方法，系统地研究了工艺参数对 SiO_2 薄膜折射率与应力的影响，获得了工艺参数与 SiO_2 薄膜的折射率、应力之间的关系，给出了离子束溅射制备 SiO_2 薄膜的应力和折射率调整工艺方法[31]。

按照表6-2和表6-3中的实验安排，分别制备了9组 SiO_2 薄膜样品，对样品的反射椭圆偏振光谱进行测量。波长范围为270~1000nm，数据采样间隔为10nm，测量入射角度分别为55°、65°和75°。基于透明区的折射率柯西色散方程模型进行非线性数值反演，9组实验的反射椭圆偏振光谱拟合结果如图6-79所示，9组样品的表面面形测试结果如图6-80~图6-88所示。

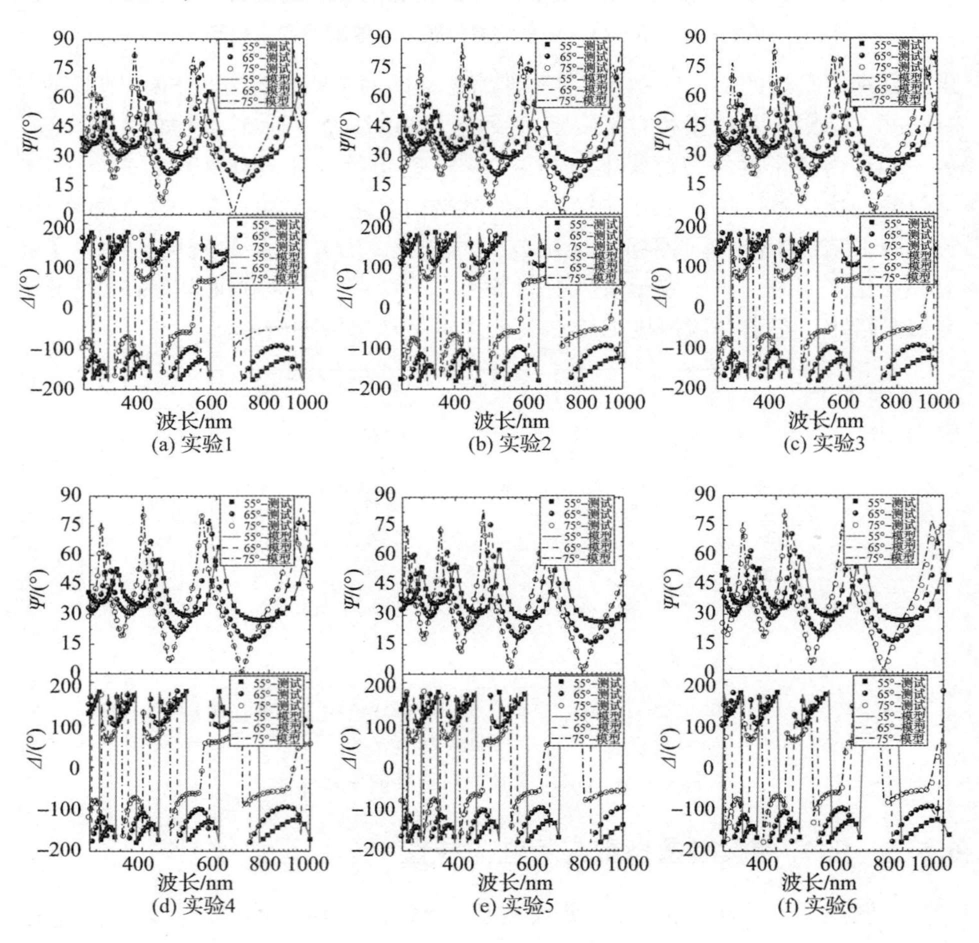

(a) 实验1　(b) 实验2　(c) 实验3

(d) 实验4　(e) 实验5　(f) 实验6

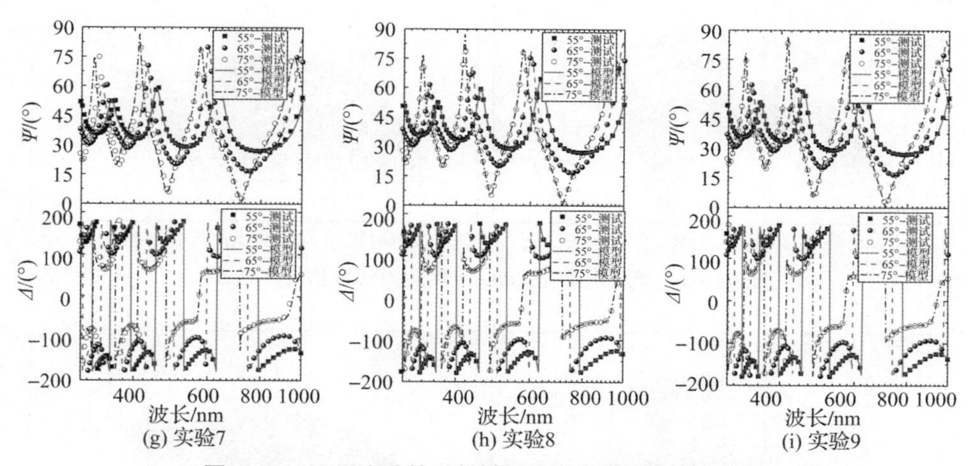

(g) 实验7 (h) 实验8 (i) 实验9

图6-79 9组实验的反射椭圆偏振光谱反演拟合结果

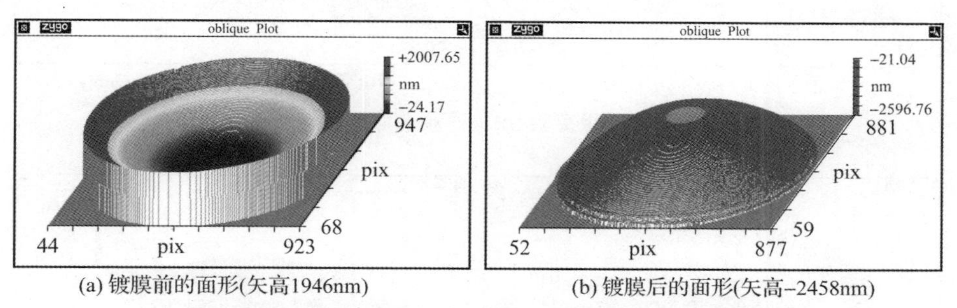

(a) 镀膜前的面形(矢高1946nm) (b) 镀膜后的面形(矢高-2458nm)

图6-80 第1组实验 SiO_2 薄膜的面形变化（参数1）

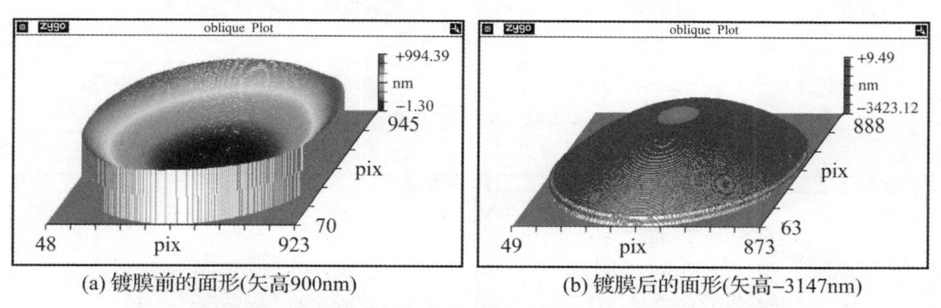

(a) 镀膜前的面形(矢高900nm) (b) 镀膜后的面形(矢高-3147nm)

图6-81 第2组实验 SiO_2 薄膜的面形变化（参数2）

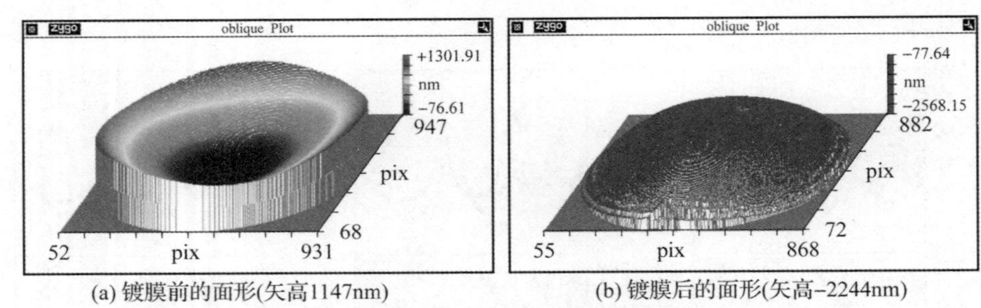

(a) 镀膜前的面形(矢高1147nm)　　(b) 镀膜后的面形(矢高-2244nm)

图 6-82　第 3 组实验 SiO_2 薄膜的面形变化（参数 3）

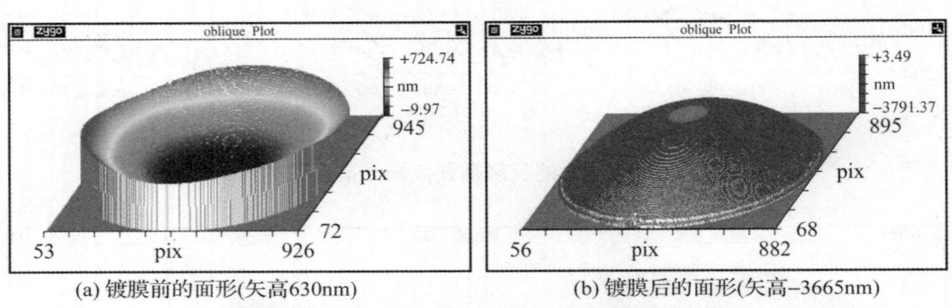

(a) 镀膜前的面形(矢高630nm)　　(b) 镀膜后的面形(矢高-3665nm)

图 6-83　第 4 组实验 SiO_2 薄膜的面形变化（参数 4）

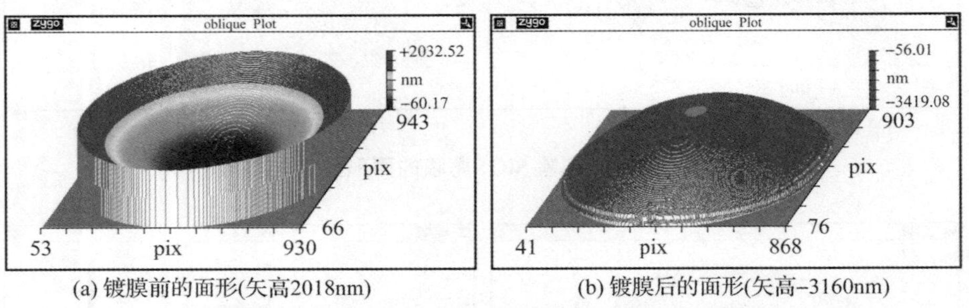

(a) 镀膜前的面形(矢高2018nm)　　(b) 镀膜后的面形(矢高-3160nm)

图 6-84　第 5 组实验 SiO_2 薄膜的面形变化（参数 5）

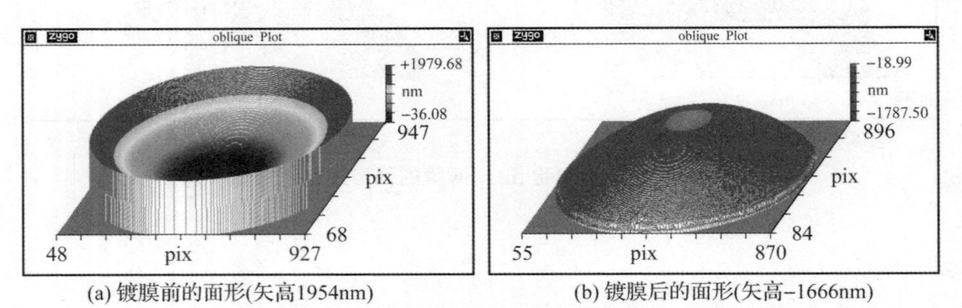

(a) 镀膜前的面形(矢高1954nm)　　(b) 镀膜后的面形(矢高-1666nm)

图 6-85　第 6 组实验 SiO_2 薄膜的面形变化（参数 6）

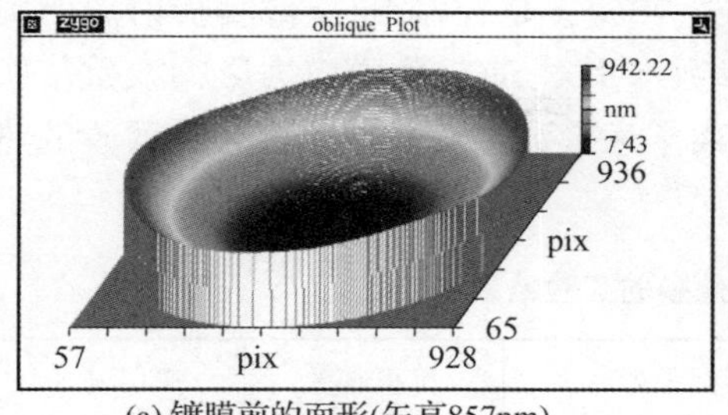

(a) 镀膜前的面形(矢高857nm)

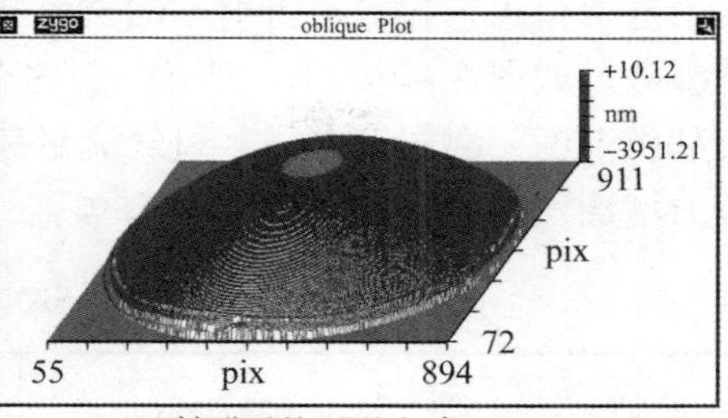

(b) 镀膜后的面形(矢高-3540nm)

图6-86　第7组实验 SiO_2 薄膜的面形变化（参数7）

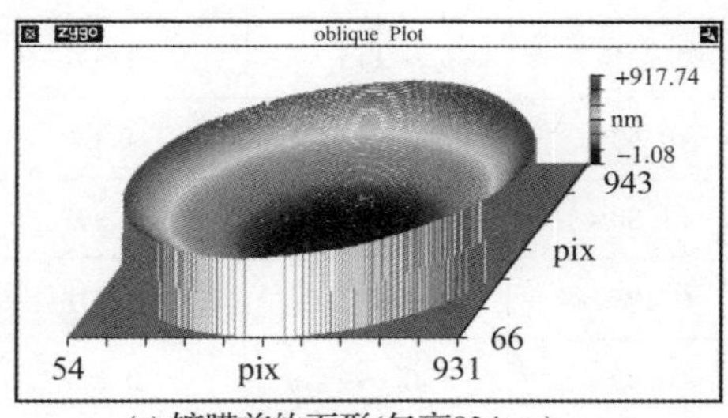

(a) 镀膜前的面形(矢高834nm)

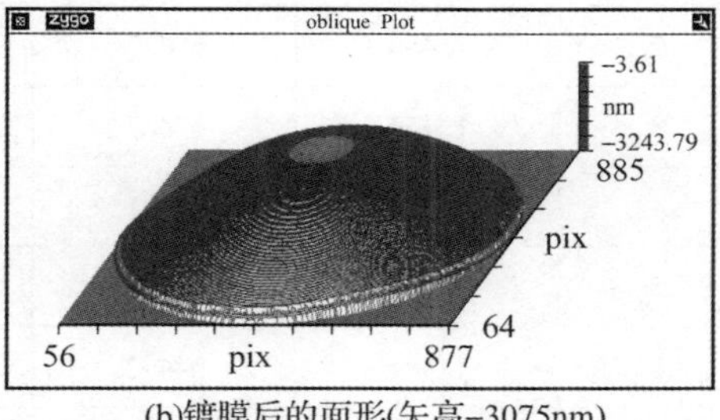

(b)镀膜后的面形(矢高-3075nm)

图6-87　第8组实验 SiO_2 薄膜的面形变化（参数8）

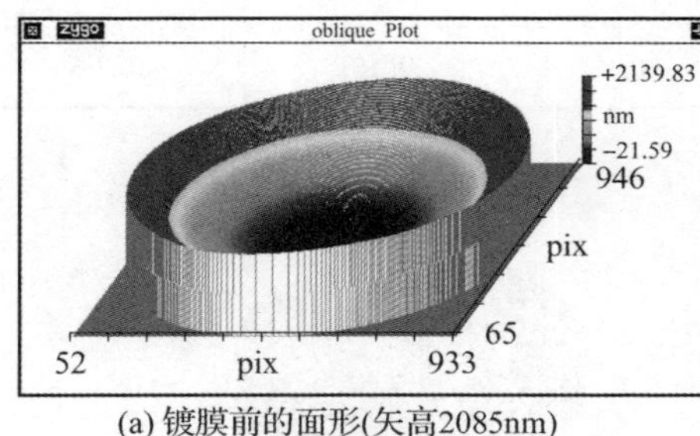

(a) 镀膜前的面形(矢高2085nm)

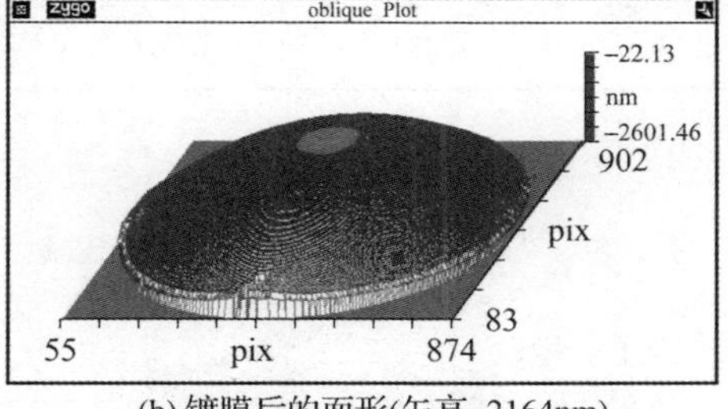

(b) 镀膜后的面形(矢高-2164nm)

图6-88　第9组实验 SiO_2 薄膜的面形变化（参数9）

光学常数反演计算结果和薄膜应力计算的结果见表6-19。根据正交实验分析方法，对表6-19中所列的薄膜特性分别进行正交实验的极差分析和方差分析，即先后确定工艺参数对折射率和应力影响的贡献大小，再分析不同工艺参数水平对折射率与应力影响的置信概率[32]。通过对表6-19的结果进行极差分析，可以确定四个工艺参数对薄膜折射率与应力影响的主次关系。如图6-89（a）所示，工艺参数水平对 SiO_2 薄膜折射率影响权重从大到小依次为氧气流量、基板温度、离子束电流和离子束电压。说明 SiO_2 薄膜在溅射过程中的氧化是影响折射率的关键，其次基板温度可以有助于改进薄膜的致密度，这两个工艺参数对折射率的贡献接近70%，是控制SiO_2薄膜折射率的关键参数。如图6-89（b）所示，工艺参数水平对SiO_2薄膜应力影响权重依次为基板温度、离子束电压、氧气流量和离子束电流，基板加热会导致薄膜的热应力增加，对应力的贡献达到66%。

表6-19　SiO_2薄膜的实验结果

序号	折射率 λ=633nm	膜层厚度/nm	折射率非均质性	沉积速率/(nm/s)	膜层应力/GPa
1	1.480	608.4	-0.07%	0.094	-0.396
2	1.466	650.7	0.22%	0.145	-0.547
3	1.473	634.7	-0.63%	0.212	-0.62
4	1.477	618.1	-1.80%	0.103	-0.807
5	1.490	712.1	0.19%	0.223	-0.818
6	1.481	644.2	-0.29%	0.099	-0.809
7	1.482	635.7	-0.58%	0.141	-0.926
8	1.471	646.7	0.46%	0.081	-0.967
9	1.483	632.6	0.17%	0.181	-0.96

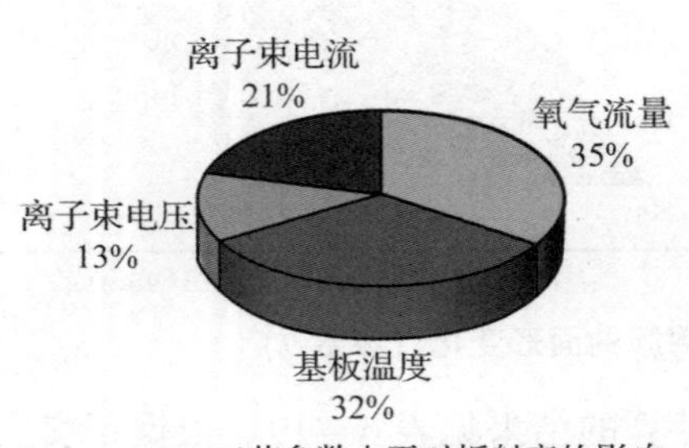

(a) 工艺参数水平对折射率的影响

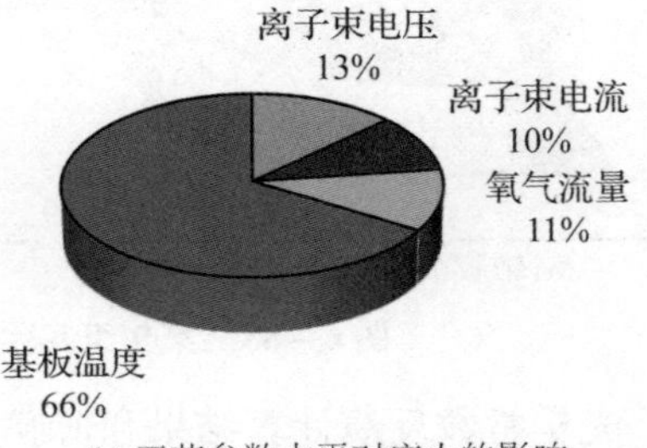

(b) 工艺参数水平对应力的影响

图6-89　工艺参数对SiO_2薄膜的折射率和应力特性影响权重分析

图6-90给出了在四个工艺参数下不同水平对折射率的影响。从图6-90中可以看出，在氧气流量最大、基板温度最低、离子束电流最小的条件下可以获得最低折射率的SiO_2薄膜，而离子束电压对折射率的影响没有明显的单调变化趋势，不能从图6-90中确定最优的参数值。因此，如果想获得低折射率的SiO_2薄膜，则应按照上述的分析选择工艺参数的水平。图6-91给出了在

四个工艺参数下不同水平对 SiO_2 薄膜应力的影响。从图中可以看出，在基板温度最低、氧气流量最大、离子束电压最大时能够获得低应力 SiO_2 薄膜。而离子束电流对折射率的影响最小，对于控制 SiO_2 薄膜的应力，离子束电流的选择范围较大。

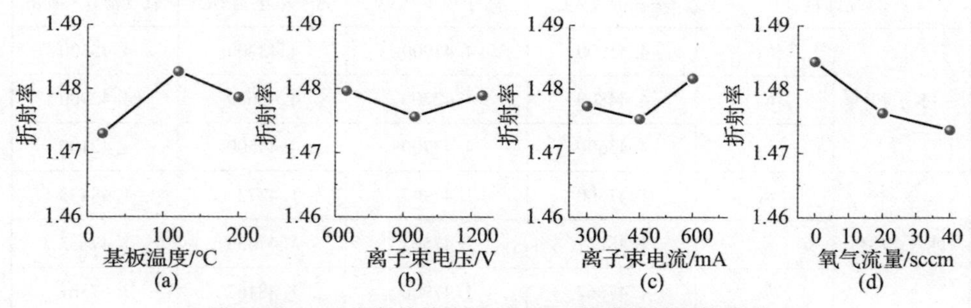

图 6-90　工艺参数的水平对 SiO_2 薄膜折射率的影响

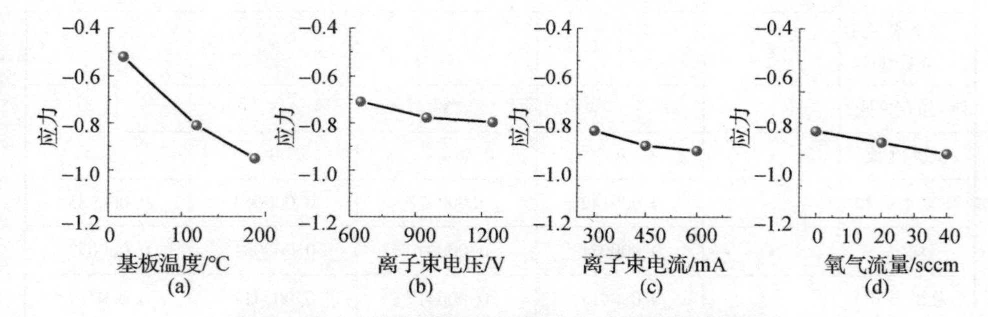

图 6-91　工艺参数的水平对 SiO_2 薄膜应力的影响

在上述正交实验结果的直观分析中，可以初步确定工艺参数对折射率与应力影响的主次关系，但是不能确定实验条件的改变和由实验误差引起的数据波动区分，因此对实验结果进行方差分析可以定量地给出工艺参数对薄膜折射率与应力影响的主次关系。由于使用的 $L_9(3^4)$ 正交实验表没有空列，因此选择一个工艺参数下的最小偏差平方和作为误差平方和，其对应的自由度作为误差平方和的自由度，对此工艺参数对折射率与应力影响的定量关系只能再通过实验研究。

SiO_2 薄膜的折射率与应力的方差分析结果分别见表 6-20 和表 6-21。通过对正交实验结果的方差分析，可以确定工艺参数与折射率的定量关系，即氧气流量、基板温度和离子束电流对折射率影响的置信概率分别为 87.03%、71.98% 和 69.53%；工艺参数与应力的定量关系，即基板温度、离子束电压和氧气流量对应力影响的置信概率分别为 95.62%、48.49% 和 37.88%。因此可以确定调整折射率要优先考虑氧气流量，而调控应力时首先要考虑调整基板温度。

表 6－20　正交实验的方差分析表（工艺参数对折射率的影响）

统计量		基板温度/℃	离子束电压/V	离子束电流/mA	氧气流量/sccm
水平和	K_1	4. 41900	4. 43900	4. 43200	4. 45300
	K_2	4. 44800	4. 42700	4. 42600	4. 42900
	K_3	4. 43600	4. 43700	4. 44500	4. 42100
水平均值	k_1	1. 47300	1. 47967	1. 47733	1. 48433
	k_2	1. 48267	1. 47567	1. 47533	1. 47633
	k_3	1. 47867	1. 47900	1. 48167	1. 47367
极差	R	0. 00967	0. 00400	0. 00633	0. 01067
每个水平重复数	$\boldsymbol{r}$	3	3	3	3
该列的水平数	b	3	3	3	3
试验次数	n	9	9	9	9
离差平方和	S	0. 000142	0. 000028	0. 000063	0. 000185
均方	s	0. 000071	0. 000014	0. 000031	0. 000092
总平方和	$S_{总}$	0. 000417	0. 000417	0. 000417	0. 000417
误差平方和	$S_{误差}$	0. 000208	0. 000208	0. 000208	0. 000208
误差	n	0	0	0	0
统计量	F	0. 34	0. 07	0. 15	0. 44
置信区间	F_α	(2,2)	(2,2)	(2,2)	(2,2)
置信概率	f	0. 7198	误差项	0. 6953	0. 8703

表 6－21　正交实验的方差分析表（工艺参数对应力的影响）

统计量		基板温度/℃	离子束电压/V	离子束电流/mA	氧气流量/sccm
水平和	K_1	－1. 56300	－2. 12900	－2. 17200	－2. 17400
	K_2	－2. 43400	－2. 33200	－2. 31400	－2. 28200
	K_3	－2. 85300	－2. 38900	－2. 36400	－2. 39400

续表

统计量		基板温度/℃	离子束电压/V	离子束电流/mA	氧气流量/sccm
水平均值	k_1	-0.52100	-0.70967	-0.72400	-0.72467
	k_2	-0.81133	-0.77733	-0.77133	-0.76067
	k_3	-0.95100	-0.79633	-0.78800	-0.79800
极差	R	0.43000	0.08667	0.06400	0.07333
每个水平重复数	r	3	3	3	3
该列的水平数	b	3	3	3	3
试验次数	n	9	9	9	9
离差平方和	S	0.288700	0.012451	0.006614	0.008068
均方	s	0.144350	0.006225	0.003307	0.004034
总平方和	$S_{总}$	45.442874	45.442874	45.442874	45.442874
误差平方和	$S_{误差}$	45.284957	45.284957	45.284957	45.284957
误差	n	0	0	0	0
统计量	F	0.00	0.00	0.00	0.00
置信区间	F_α	(2,2)	(2,2)	(2,2)	(2,2)
置信概率	f	0.9562	0.4849	误差项	0.3788

6.5.4　氧气流量对 SiO_2 薄膜特性的影响

对于离子束溅射制备的 SiO_2 薄膜，开展了基于氧气流量的薄膜性能调控实验。离子束溅射的制备工艺参数：主离子源为 16cm 射频离子源，靶材为高纯度石英靶材（纯度 >99.995%）；离子束电压为 1250V；离子束电流为 650mA；氧气流量分别选择为 0sccm、10sccm、20sccm、30sccm 和 40sccm 五组变量参数。分别从 SiO_2 薄膜的折射率、应力、微结构和化学计量比方面进行研究[33]。

针对硅基板 SiO_2 薄膜样品，使用美国 VASE 椭圆偏振仪测量反射椭偏参数，波长范围为 0.24～2.0μm，测量入射角度分别为 55°、65°和 75°。利用 Perkin Elmer 公司红外傅里叶光谱仪测量红外光谱透射率，波长范围为 2.0～25.0μm。首先，使用全光谱数值反演计算薄膜的光学常数，五组氧气流量下制备 SiO_2 薄膜的测试与拟合结果分别见图 6-92～图 6-96。

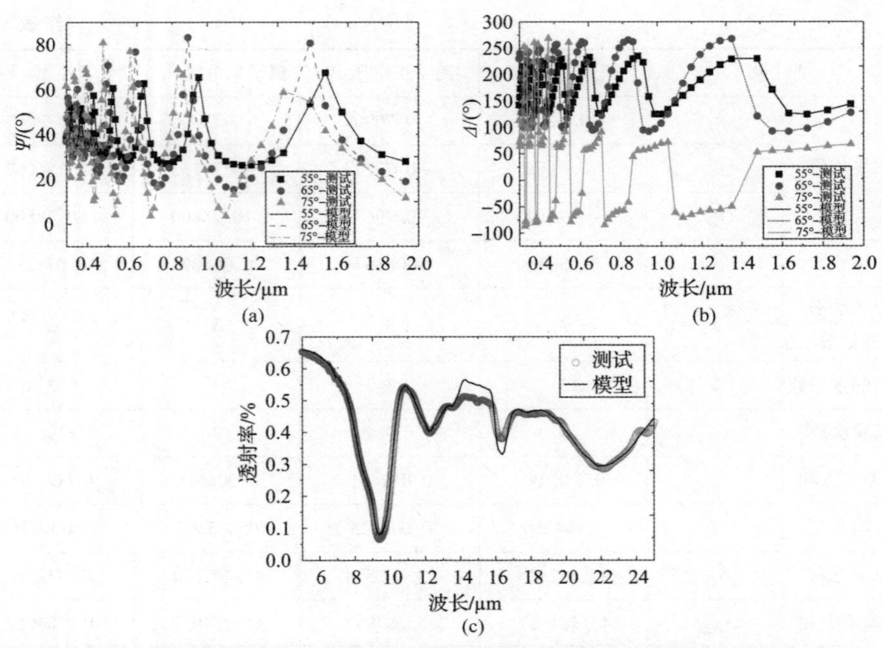

图 6-92　SiO_2 薄膜可见光反射椭偏参数与红外光谱透射率拟合结果（氧气流量 0sccm）

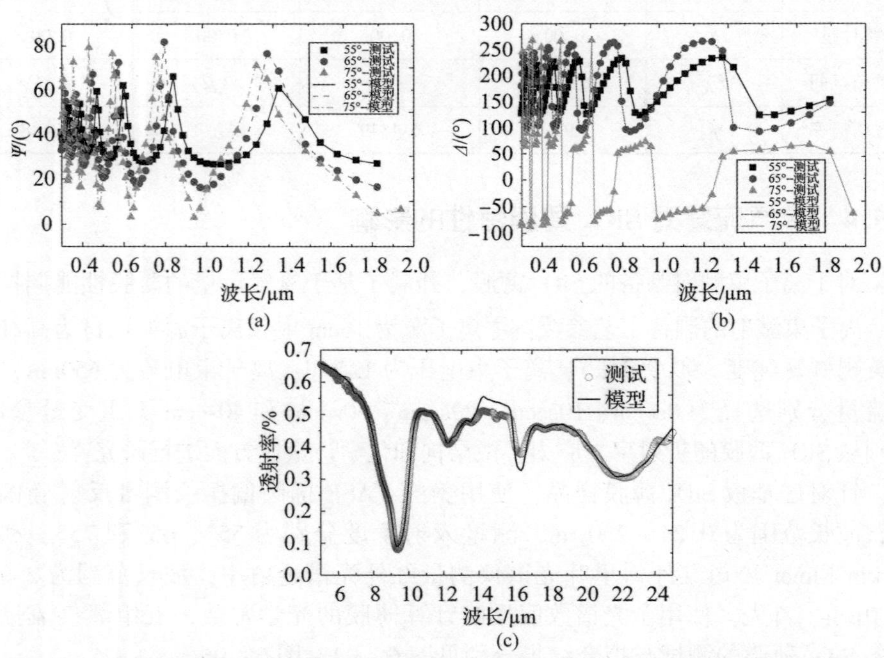

图 6-93　SiO_2 薄膜可见光反射椭偏参数与红外光谱透射率拟合结果（氧气流量 10sccm）

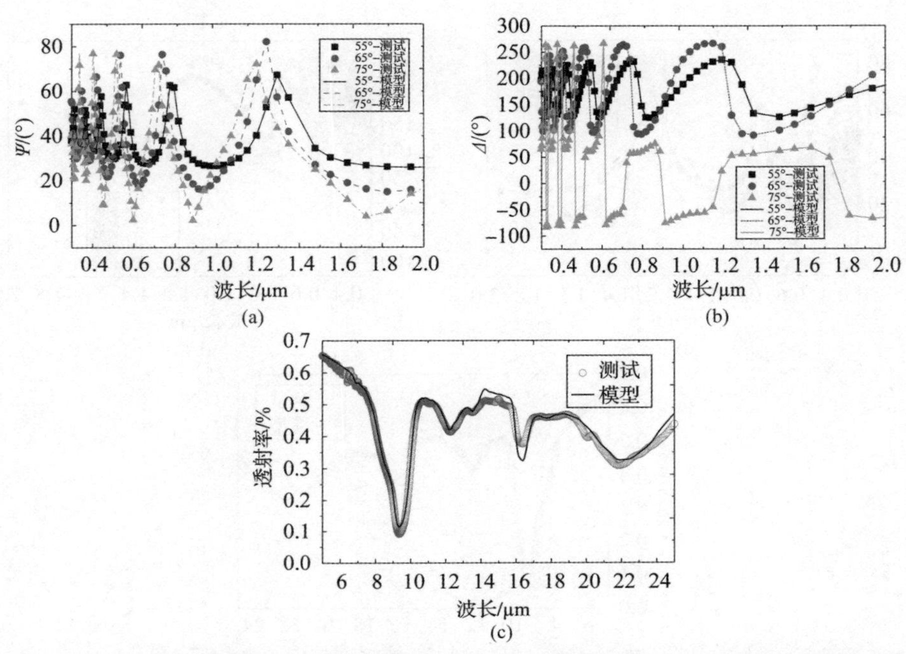

图6-94　SiO_2 薄膜可见光反射椭偏参数与红外光谱透射率拟合结果（氧气流量20sccm）

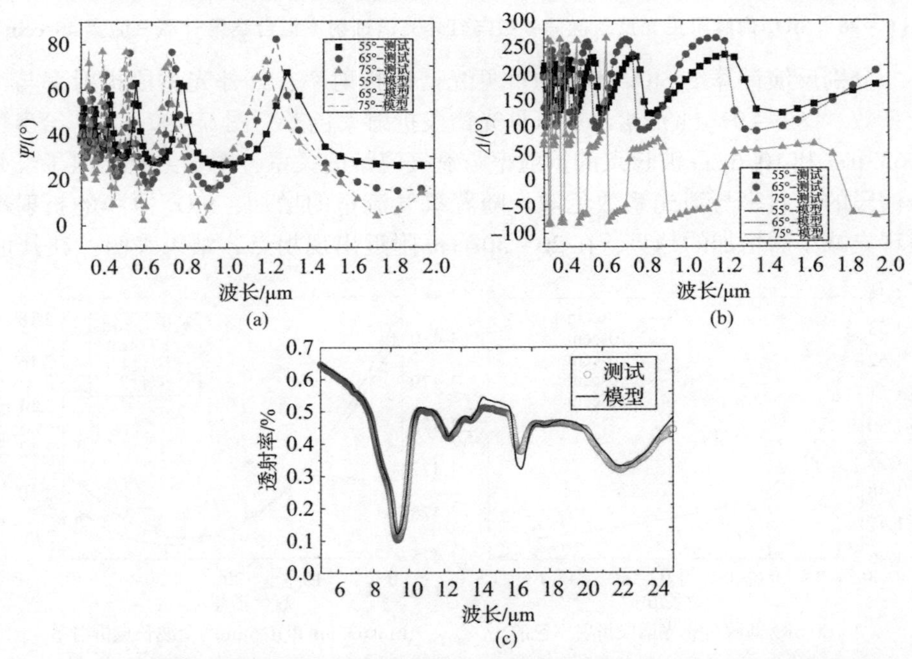

图6-95　SiO_2 薄膜可见光反射椭偏参数与红外光谱透射率拟合结果（氧气流量30sccm）

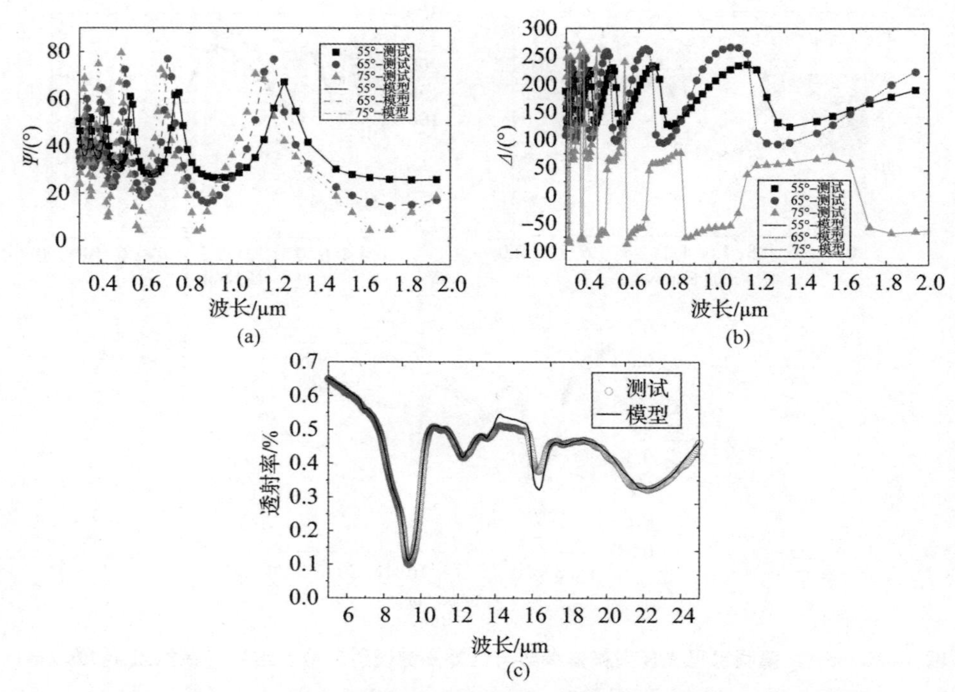

图 6-96　SiO_2 薄膜可见光反射椭偏参数与红外光谱透射率拟合结果（氧气流量 40sccm）

分别反演计算出 SiO_2 薄膜的可见光谱段折射率、红外光谱段折射率与消光系数。图 6-97（a）给出了可见光谱段折射率色散，图 6-97（b）给出了 0.633μm 和 10.6μm 波长点的折射率与氧气流量的关系，图 6-98 给出了红外光谱段的折射率与消光系数色散。随着氧气流量的增加，SiO_2 薄膜的折射率呈现先减小后增加的趋势，在 20～30sccm 附近出现拐点，结果表明：在其他

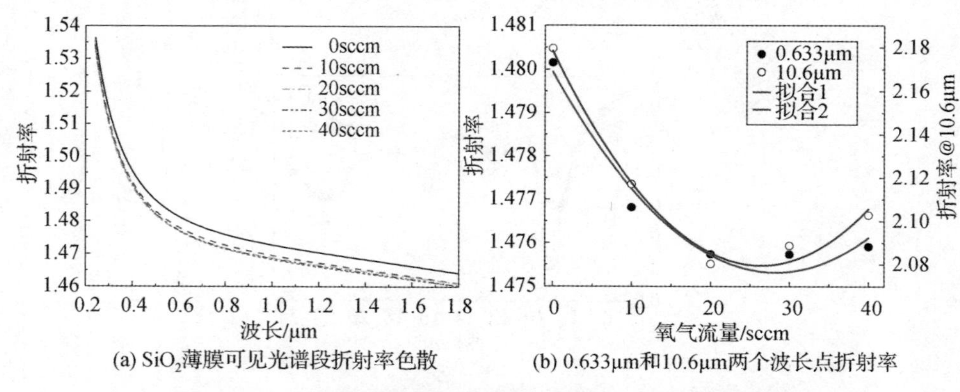

图 6-97　SiO_2 薄膜在可见光谱段折射率与氧气流量的关系

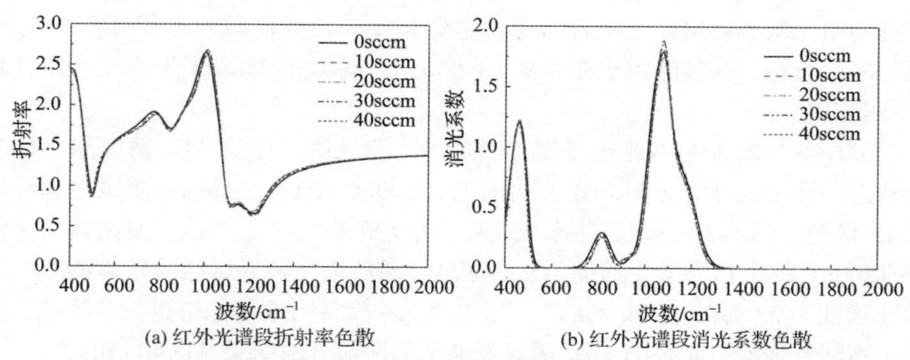

(a) 红外光谱段折射率色散　　(b) 红外光谱段消光系数色散

图 6-98　SiO_2 薄膜在红外光谱段的光学常数色散（400~2000cm^{-1}）

制备参数一定的条件下，可以获得折射率最低的 SiO_2 薄膜，在 0.633μm 处折射率最小值为 1.475。为什么会出现折射率的极小值，下面从 SiO_2 薄膜的微结构特性进行讨论。

采用日本理学 D/MAX 2550VB3 +/PC 型 X 射线衍射仪，对 SiO_2 薄膜的晶相结构进行测试，如图 6-99 所示。通过对测量的 X 射线谱图进行数据拟合，得到最大衍射角和衍射峰的半宽度，然后利用非晶态材料谢乐方程计算出薄膜微结构的晶粒特性，衍射角、半宽度和晶粒尺寸与氧气流量的关系如图 6-100 所示。随着制备氧气流量的增加，衍射峰的衍射角先增加后减小，

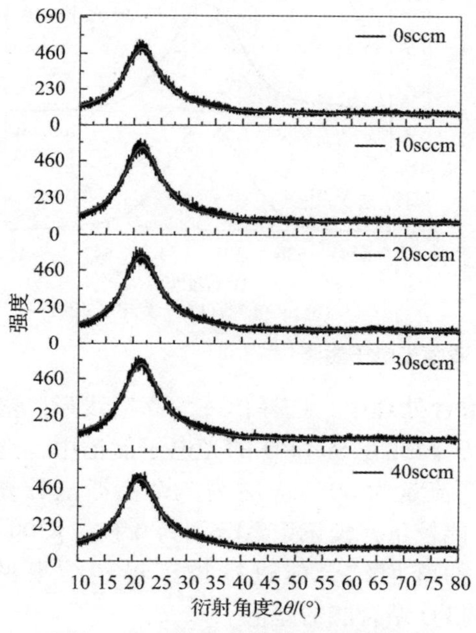

图 6-99　SiO_2 薄膜的 X 射线谱图

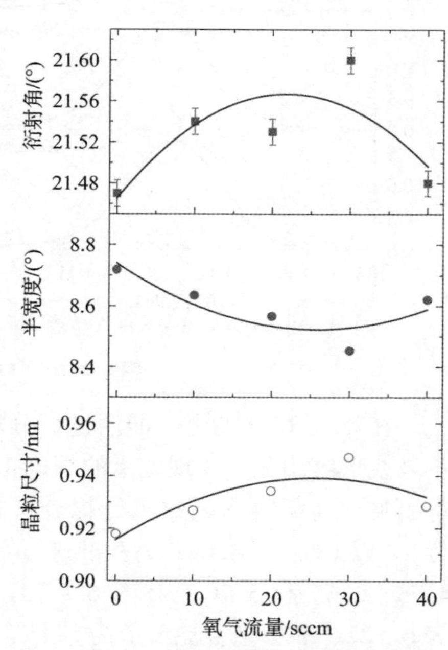

图 6-100　SiO_2 薄膜结构与氧气流量关系

半宽度则先减小后增加，两者的变化趋势相反。根据准谢乐方程计算 SiO_2 薄膜的晶粒大小，晶粒的大小在 0.9 ~ 0.96nm 之间，在 25sccm 附近三个特性均出现拐点。

SiO_2 薄膜的 X 射线光电子能谱（XPS）测量用于评价 SiO_2 薄膜组分的化合状态，测量仪器为美国 PHI 公司的 PHI 5000C ESCA System，测试过程中使用铝/镁靶，高压 14.0kV，功率 250W，真空优于 1×10^{-8} torr。测试数据采集 0 ~ 1200eV 的全扫描谱（通能为 93.9eV），而后采集各元素相关轨道的窄扫描谱（通能为 23.5eV 或 46.95eV）。采用 Origin 软件对电子能谱进行分峰拟合处理，不同氧气流量制备的 SiO_2 薄膜光电子能谱拟合的结果见图 6 - 101。

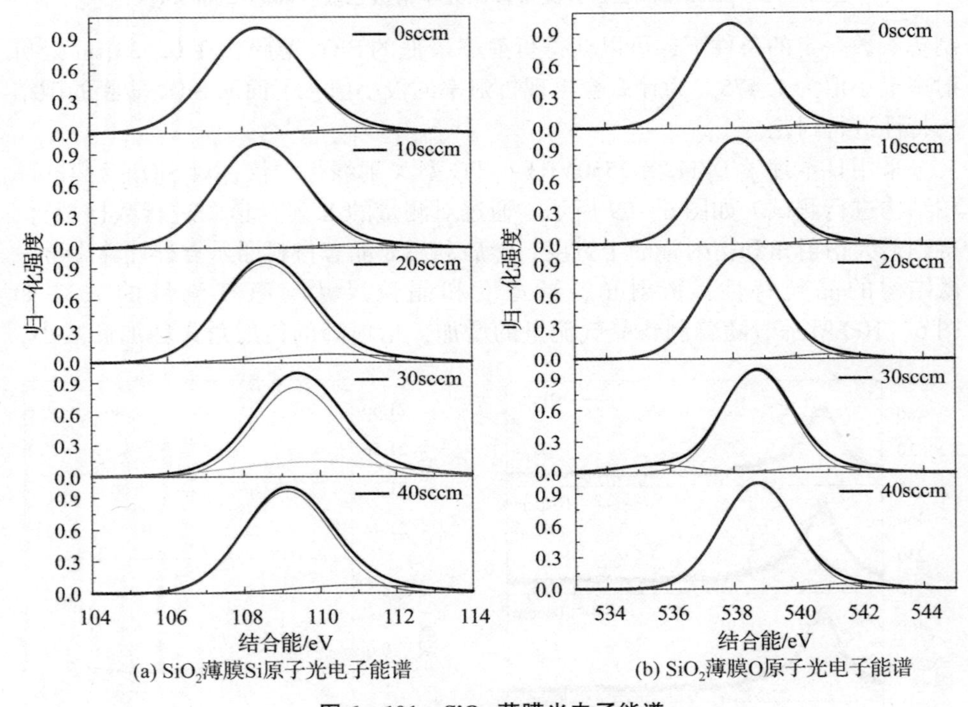

图 6 - 101　SiO_2 薄膜光电子能谱

在对 Si 和 O 的电子能谱进行分峰拟合处理中，选择单一的高斯线形、洛伦兹线形等均无法实现能谱的精确拟合，因此在 Si 和 O 的光电子能谱中，选择了复合高斯线形函数进行拟合（氧气流量为 30sccm 时为三个高斯函数复合）。以 C1s = 284.6eV 为基准进行结合能校正，校正系数分别为 0.81、4.09、4.73、2.65 和 5.70，对图 6 - 101 中的峰值结合能进行校正得到结果见表 6 - 22，表中结合能差值为 Si 结合能和 O 结合能的差值。

表 6-22　SiO_2 薄膜的光电子能谱分析结果

氧气流量/sccm	SiO_2			Si-OH			Si_2O_3		
	Si 结合能/eV	O 结合能/eV	结合能差值/eV	Si 结合能/eV	O 结合能/eV	结合能差值/eV	Si 结合能/eV	O 结合能/eV	结合能差值/eV
0	107.59	537.16	429.57	110.44	539.81	429.38	—	—	—
10	104.40	534.07	429.68	107.36	537.17	429.81	—	—	—
20	103.87	533.50	429.63	105.63	536.38	430.75	—	—	—
30	106.75	536.09	429.34	107.26	538.30	431.03	102.64	532.88	430.25
40	103.42	533.04	429.62	105.30	536.03	430.73	—	—	—

在下述的分析中不讨论 Si 和 O 的具体化学计量比，仅考虑 Si 和 O 的化学环境。在红外光谱分析中，可以初步确定在 SiO_2 薄膜中存在完整的 [SiO_4] 四面体形成的随机网络结构，同时薄膜表面也存在羟基基团（-OH），如图 6-98（b）所示，940cm^{-1} 波数能够反映出 Si-OH 化学结构的振动吸收峰。从图 6-101 中的分峰拟合结果来看，可以确定 Si 元素所处的化学环境主要是 O^{2-} 和 -OH 的化学环境，同样 O 元素也处于 Si^{4+} 和 -OH 两种化学环境，具体分析如下：

（1）在 SiO_2 电子结构中，Si^{4+} 和 O^{2-} 相互结合，Si^{4+} 的 $2p^{3/2}$ 电子能级结合能为 103.00eV，O^{2-} 的 1s 电子能级结合能为 533.00eV，两者在光电能谱上的差值为 430.00eV。从光电子能谱上看，Si 和 O 在 SiO_2 的化学环境中，氧气流量对两者的化学位移影响不大，无论是低氧流量还是高氧流量，从积分面积上来看基本可以证明 Si^{4+} 和 O^{2-} 的化合情况所占权重较大。

（2）在 Si 和 -OH 化合的电子结构中，Si^{4+} 和 -OH 相互结合，Si^{4+} 的 $2p^{3/2}$ 电子能级结合能为 103.50eV，O^{2-} 的 1s 电子能级结合能为 534.52eV，两者在光电能谱上的差值为 431.02eV，如表 6-22 中的 Si-OH 数据列。随着氧气流量的增加，SiO_2 薄膜中的 -OH 缺陷所占的权重先增加后减小，在 30sccm 处达到最大。这一点可以在图 6-98（b）中证明，在 940cm^{-1} 波数附近出现的吸收峰最显著。

由图 6-98 的光学常数计算得到 SiO_2 薄膜的能量损耗函数，见图 6-102。标准熔融石英的 O-Si-O 伸缩振动 TO 模式振动频率为 1075cm^{-1}，LO 模式下振动频率为 1250cm^{-1}，从图 6-102 中可以确定 TO 模式振动频率 ω_{TO} 和 LO 模式振动频率 ω_{LO}，两个模式下的振动频率随着氧气流量的变化如图 6-103 所示。根据式（6-9）和式（6-10）计算得到 SiO_2 薄膜相对密度和 Si-O-Si 平均键角的变化规律，如图 6-104 所示。随着氧气流量的增加，SiO_2 薄膜的相对密度逐渐下降，而 Si-O-Si 的平均键角逐渐增加。

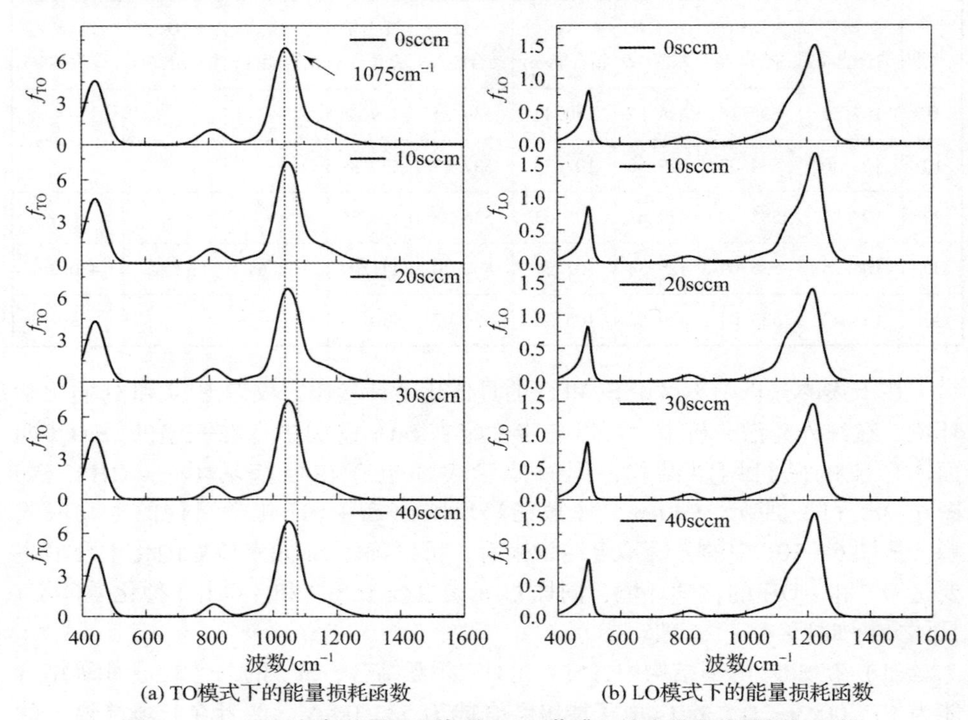

(a) TO模式下的能量损耗函数　(b) LO模式下的能量损耗函数

图 6-102　不同氧气流量下制备的 SiO_2 薄膜红外光谱段能量损耗函数

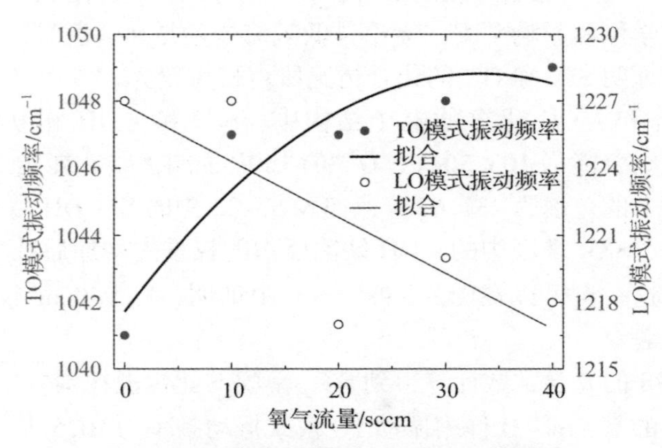

图 6-103　氧气流量对 ω_{TO} 和 ω_{LO} 的影响

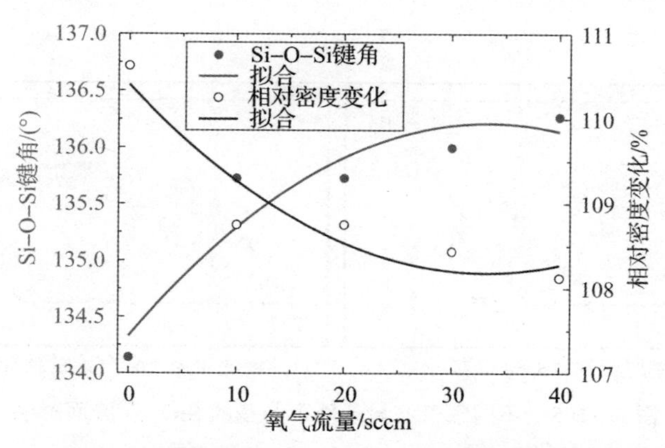

图6-104　氧气流量对Si-O-Si平均键角和密度的影响

使用ZYGO干涉仪对不同氧气流量条件下制备的SiO_2薄膜面形进行测量，SiO_2薄膜的面形如图6-105所示。从图6-105中可以看出，镀膜前基板面形为凹面形，沉积SiO_2薄膜后全部变为凸面形，在所有条件下制备的SiO_2薄膜应力为压应力。通过测量SiO_2薄膜沉积前后基板表面形状的变化，利用Stoney方程可以计算不同氧气流量条件下制备SiO_2薄膜的应力。SiO_2薄膜的应力与制备过程氧气流量的关系如图6-106所示，从图6-106中可以看出，SiO_2薄膜应力均为压应力，随着氧气流量增加，薄膜的应力呈现先减小后增大的趋势，当氧气流量为30sccm时，SiO_2薄膜的应力值最小，为-0.375GPa。

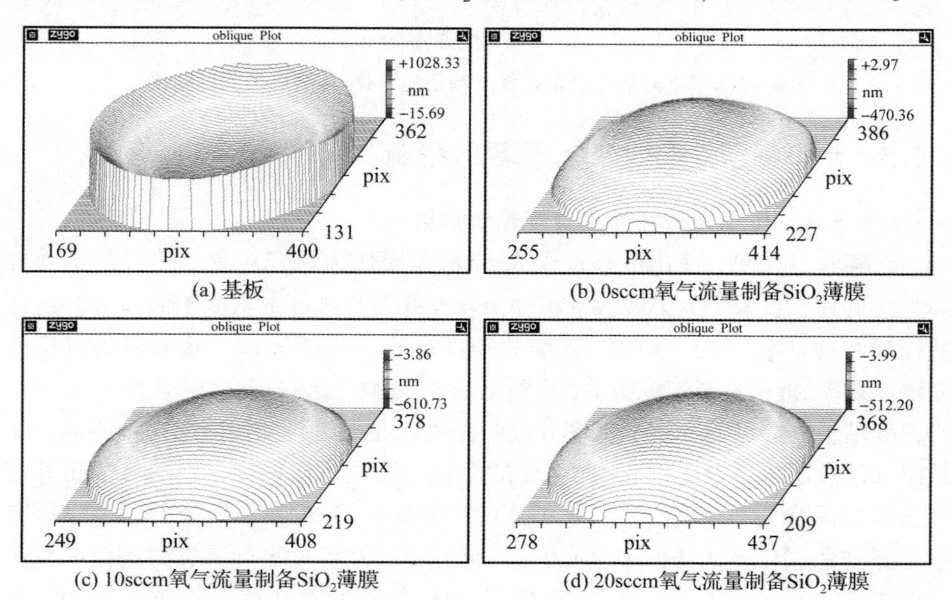

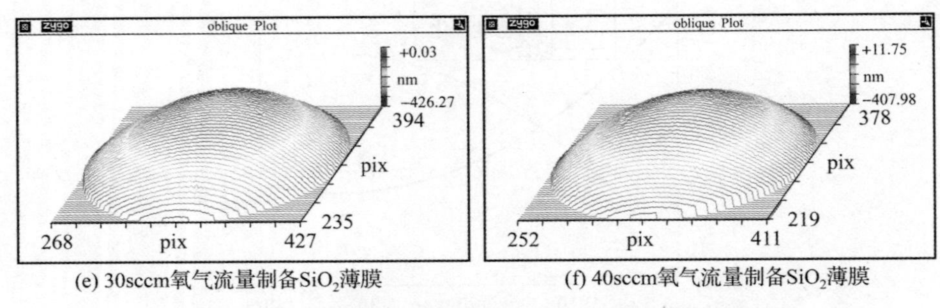

(e) 30sccm氧气流量制备SiO_2薄膜　　(f) 40sccm氧气流量制备SiO_2薄膜

图 6－105　不同氧气流量条件下制备的 SiO_2 薄膜面形图

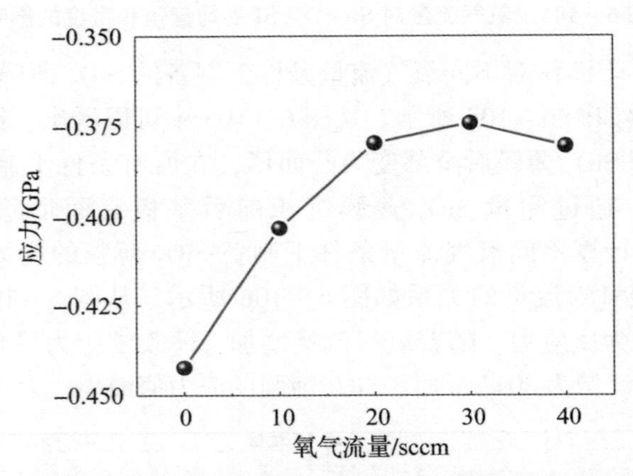

图 6－106　不同氧气流量条件下制备的 SiO_2 薄膜应力测试结果

6.5.5　热等静压处理对 SiO_2 薄膜的影响

6.5.5.1　可见光与红外光谱段光学常数

在实验过程中，使用硅基板表面 SiO_2 薄膜作为研究对象，热等静压处理的方法见 6.2.2 节。为了区分基板和薄膜在热等静压处理下的不同效应，对硅基板和“硅基板 | SiO_2 薄膜”系统分别进行热等静压处理。硅基板的可见光光谱反射率和红外光谱段透射率分别见图 6－107 和图 6－108。从图中可以看出，硅基板的可见光光谱反射率和红外光谱段光谱透射率性能变化不明显，在长波红外谱段的透射率仅有约 0.6% 的变化，因此可以认为，在热等静压处理前后硅基板的光学特性稳定。图 6－109 和图 6－110 分别为“基板 | SiO_2 薄膜”系统的红外光谱透射率（400～5000cm^{-1}）和可见光到近红外谱段的光谱反射率（400～52630cm^{-1}）。重点针对 SiO_2 薄膜的本征振动吸收区（1000～

1300cm^{-1}）和缺陷振动吸收区（3000～4000cm^{-1}）进行分析，下面对 SiO_2 薄膜在这两个光谱区的光学常数分别进行分析。

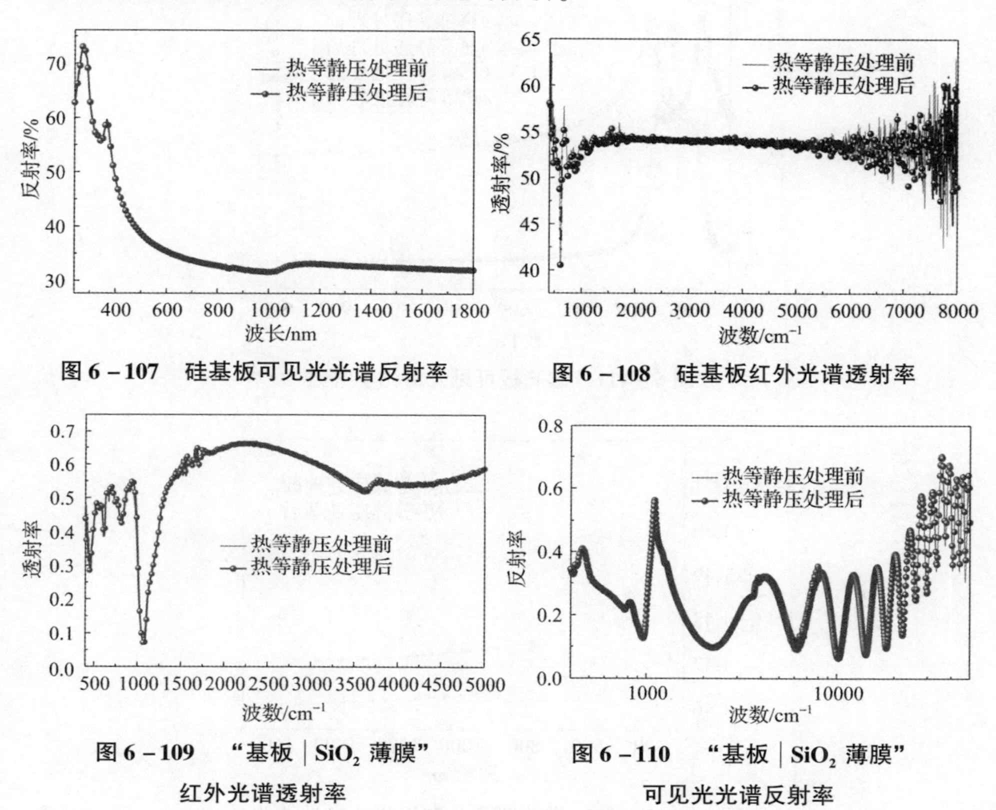

图 6－107　硅基板可见光光谱反射率

图 6－108　硅基板红外光谱透射率

图 6－109　“基板｜SiO_2 薄膜”红外光谱透射率

图 6－110　“基板｜SiO_2 薄膜”可见光光谱反射率

从图 6－107 和图 6－108 反演计算出基板的光学常数，如图 6－111 所示。经过热等静压处理后，硅基板在紫外谱段的折射率与消光系数具有微小下降趋势，可见光到红外谱段的光学常数处理前后变化不大。将基板光学常数用于 SiO_2 薄膜光学常数的计算，对图 6－110 中 SiO_2 薄膜的可见光谱段光谱反射率进行反演计算，折射率色散模型选择为柯西模型，得到 SiO_2 薄膜光学常数色散曲线，如图 6－112 所示。在热等静压处理后，SiO_2 薄膜的折射率整体下降，柯西模型下的折射率常数项 A 从 1.4685 降低到 1.4591，薄膜的物理厚度从 836.43nm 增加到 841.7nm。SiO_2 薄膜经过热等静压处理后，出现了折射率下降和物理厚度增加的现象，两者的变化存在某些关联性，下面将进行定性分析。

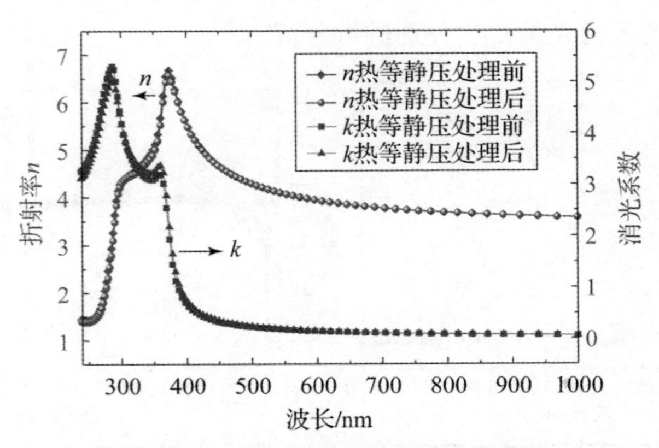

图 6-111 硅基板可见光谱光学常数

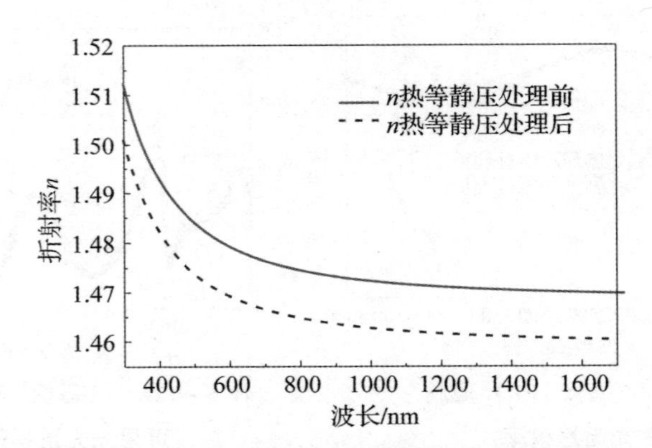

图 6-112 SiO_2 薄膜可见光到近红外光学常数

6.5.5.2 热等静压后处理的应力特性

对热等静压处理前后的"基板 | SiO_2 薄膜"系统面形进行测试，如图 6-113 所示。将"基板 | SiO_2 薄膜"系统的面形用近似球面曲率半径表示，定义凹面形的曲率半径为正值，则经过热等静压处理后，"基板 | SiO_2 薄膜"系统的近似球面曲率半径变化为 43m（镀膜前）→ -184m（镀膜后）→101m（热等静压处理后），表面面形 PV 值的变化为 2.454λ→1.032λ→1.159λ。从面形变化的数据中计算出薄膜应力为压应力，经过热等静压处理后薄膜压应力从 -493MPa 降到 -226MPa，热等静压处理导致薄膜压应力降低约 50%。根据薄膜应力理论，应力使薄膜的法向方向产生应变，在压应力的作用下，薄膜处于被压缩状态。当薄膜的压应力降低后，膜层厚度会出现增加的趋势。在薄膜总质量不发生变化的情况下，薄膜总体积的膨胀导致致密度下降，继而出现薄

膜折射率下降。因此，可以定性解释6.5.5.1节中出现的折射率下降和物理厚度增加的现象[32]。

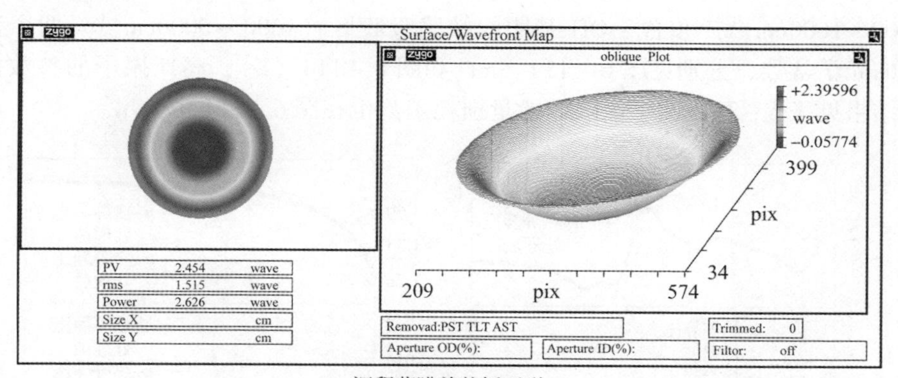

(a) 沉积薄膜前基板面形

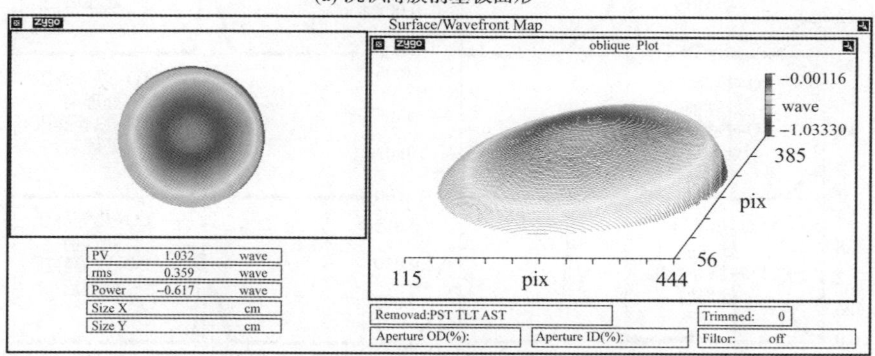

(b) 沉积薄膜后基板面形

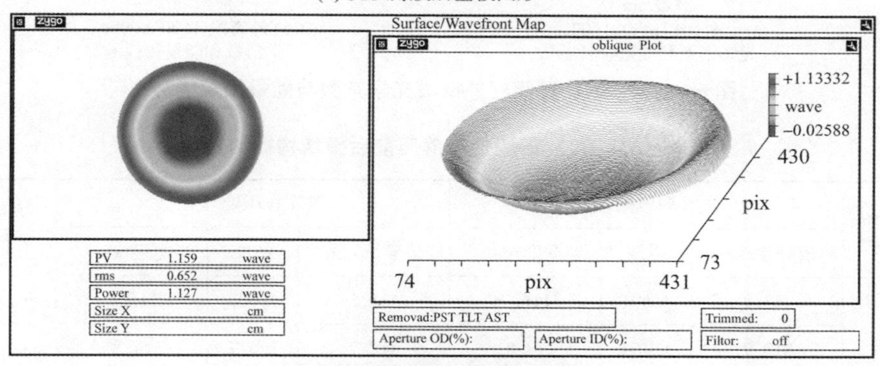

(c) 热等静压处理后的基板面形

图6-113　热等静压处理对“基板｜SiO_2 薄膜”系统表面形变的影响

6.5.5.3　热等静压处理的微结构特性

SiO_2 薄膜的红外介电函数色散模型采用3.6.3节中的高斯振子模型，将

图 6－109 和图 6－110 中的红外光谱透射率和反射率作为复合目标，反演计算得到红外谱段的折射率与消光系数。重点给出 SiO_2 薄膜的本征振动吸收区（400～1600cm^{-1}）和含－OH 基团的缺陷吸收区（1600～6000cm^{-1}）两个谱段的光学常数，分别见图 6－114（a）和图 6－114（b），高斯振子的参数拟合结果见表 6－23，两个谱段的能量损耗函数也在图 6－114 中给出。

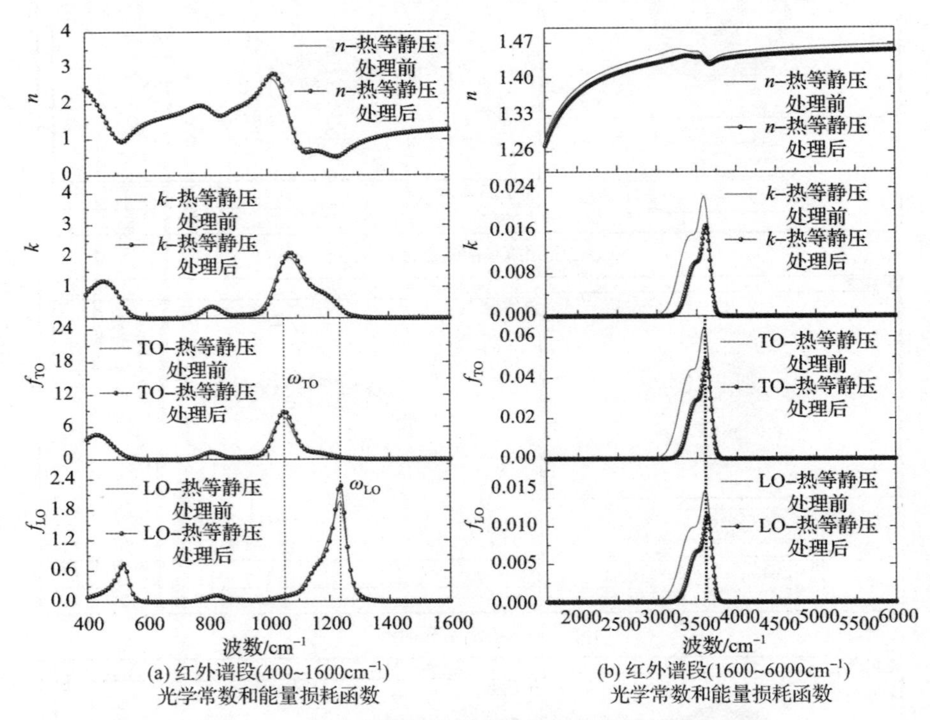

图 6－114　SiO_2 薄膜红外谱段光学常数与能量损耗函数

表 6－23　SiO_2 薄膜热等静压前后微结构振动特性

振动模式	热等静压处理前			热等静压处理后			频率特征
	峰值频率/cm^{-1}	强度	半宽度/cm^{-1}	峰值频率/cm^{-1}	强度	半宽度/cm^{-1}	
本征振动	433.2	4.601	116.7	433.2	4.600	115.2	ω_{rock}
	812.7	1.464	74.8	812.7	1.317	74.8	ω_{SS}
	1048.0	7.763	81.3	1052.8	7.699	68.9	ω_{TO}
	1138.7	0.663	51.8	1081.6	1.241	213.6	ω_{TO}
	1171.8	0.861	124.3	1168.9	0.388	92.2	ω_{TO}

续表

振动模式	热等静压处理前			热等静压处理后			频率特征
	峰值频率/cm^{-1}	强度	半宽度/cm^{-1}	峰值频率/cm^{-1}	强度	半宽度/cm^{-1}	
缺陷振动	940.6	0.643	115.3	905.9	0.187	56.5	Si-OH
	3420.9	0.043	328.9	3480.9	0.028	232.9	H_2O
	3605.0	0.045	141.6	3625.4	0.038	114.5	Si-OH

首先，在 SiO_2 薄膜的本征振动吸收区内，TO 振动模式和 LO 振动模式的频率出现了分裂现象，这种现象已经得到多数学者研究证实，主要是由于在 SiO_2 薄膜的随机网络结构中库仑相互作用引起了 TO-LO 振动模式的分裂[34]。以 SiO_2 薄膜的 O-Si-O 非对称伸缩振动频率为例，热等静压前后的频率分裂量分别为 187cm^{-1}和 183cm^{-1}，说明热等静压处理对频率分裂量影响并不显著，也可说明 SiO_2 薄膜中随机网络结构库仑作用的影响不大。在 1600~6000cm^{-1}频率范围内，含羟基缺陷的 TO 与 LO 振动模式并未产生频率分裂。

SiO_2 薄膜本征振动吸收区为 400~1600cm^{-1}，在此区间内有薄膜的三个主要特征振动峰。①第一振动吸收区的频率区间为 400~900cm^{-1}，此区间内包含了 O-Si-O 中 O 原子面内摇摆振动和 O-Si-O 的对称伸缩振动。在表 6-23 中，在热等静压处理前后，第一振动吸收区的振动频率、振动强度与半宽度基本保持不变。②第二振动吸收区的频率为 1000~1500cm^{-1}，此区间内包含了 O-Si-O 的非对称伸缩振动频率，三个振动频率的变化为 1048.0cm^{-1} → 1052.8cm^{-1}、1138.7cm^{-1} → 1081.6cm^{-1} 和 1171.8cm^{-1} → 1168.9cm^{-1}。由于三个振动频率相互接近而复合成单一的峰，如图 6-114（a）所示。考虑振动吸收峰的综合振动特性，三个振动峰复合后的峰值振动频率为 1048cm^{-1}，在热等静压处理后峰值振动频率蓝移到 1053cm^{-1}。由于 Si-O-Si 的键角与该振动频率相关，通过平均键角公式（6-10）可以计算得到 Si-O-Si 平均键角的变化：从 129.85°增加到 131.32°。这是由于薄膜的压应力减小而整个薄膜的体积变大，键角的压缩态得到部分释放，产生了键角增加的现象。

熔融石英的 TO 模式振动频率为 1075cm^{-1}，从相对密度公式（6-9）分析，SiO_2 薄膜的振动频率小于 1075cm^{-1}时，薄膜的密度大于熔融石英的密度，振动频率越接近于 1075cm^{-1}，则薄膜的密度越接近熔融石英的密度。在热等静压处理前后，TO 模式的振动频率移动 5cm^{-1}，薄膜相对密度从 −6.9% 降低到 −8.4%，因此热等静压处理后 SiO_2 薄膜的密度下降，与上述的薄膜应力和物理厚度的变化现象相符。

SiO_2 薄膜羟基缺陷振动吸收谱段主要集中在峰值频率为 3400cm^{-1}、3600cm^{-1} 和 940.6cm^{-1} 附近。①首先，分析 940.6cm^{-1} 的振动特性：该频率为 Si−OH 的伸缩振动频率，在热等静压处理后振动频率向高频方向移动，峰的强度和半宽度均变小，说明在热等静压处理后 Si−OH 的化学缺陷减少。②其次，分析 3400cm^{-1} 和 3600cm^{-1} 附近的振动特性：第一个振动峰表征了水分子振动特性，第二个振动峰反映了 Si−OH 的羟基振动特性。在热等静压处理后，两个振动吸收区的积分面积均下降，说明薄膜中的羟基化学缺陷减少。综合来看，热等静压后处理会降低薄膜中的缺陷密度，有助于提高 SiO_2 薄膜纯度。

6.5.6 SiO_2 薄膜极弱消光系数表征方法

SiO_2 薄膜的制备方法几乎涵盖了所有的物理气相沉积方法，在大多数制备条件下都表现为无定形微观结构。通过选择制备技术并辅以不同的后处理技术，在可见光谱段 SiO_2 薄膜的折射率可以从 1.45 到 1.60，折射率的差异主要源于薄膜的孔隙和密度等。同样，SiO_2 薄膜的消光系数也与制备工艺和后处理方法相关，消光系数可以达到 5×10^{-6} 以下，但是与熔融石英的消光系数水平（10^{-8} 甚至更低）仍然有很大的差别。

人们在 SiO_2 薄膜的制备方法研究上已经取得了大量成果，尤其是在消光系数控制方面，除了控制薄膜生长过程的杂质和缺陷以外，化学计量比的控制尤为重要。从目前发表的大量文献来看，SiO_2 薄膜的化学计量比已经达到了接近完美的水平，但 SiO_2 薄膜消光系数仍不能达到理想熔融石英材料的消光系数水平，说明化学计量比缺失的现象仍然存在，只是缺失的比例非常低，当前的检测手段无法精确评价极弱的化学计量比缺失比例。

2013 年，Pellicori 等人[35]对质子辐照窄带滤光片（TiO_2/SiO_2）开展了相关的研究，发现了波长漂移和透射率下降的现象，他们认为在辐照下 SiO_2 薄膜损伤层演化为 SiO_2 和 SiO 的混合物，通过对熔融石英的仿真和实验证明了这个观点。因此，下面基于此观点进行分析。

如图 6−115 所示，假设 SiO_2 薄膜为 SiO_2 和 SiO 两种组分的混合物，SiO_2 薄膜的消光系数是含有微量亚氧化物 SiO 导致，宏观上表现出 SiO_2 薄膜具有极弱的消光系数。由于 SiO 的含量较低，这种混合物薄膜的光学行为可以使用

有效介电函数描述，混合物的介电函数用 Maxwell Garnett（MG）模型[36]表示为

$$\frac{\varepsilon - \varepsilon_{SiO_2}}{\varepsilon + 2\varepsilon_{SiO_2}} = (1 - f_{SiO_2})\frac{\varepsilon_{SiO} - \varepsilon_{SiO_2}}{\varepsilon_{SiO} + 2\varepsilon_{SiO_2}} \tag{6-11}$$

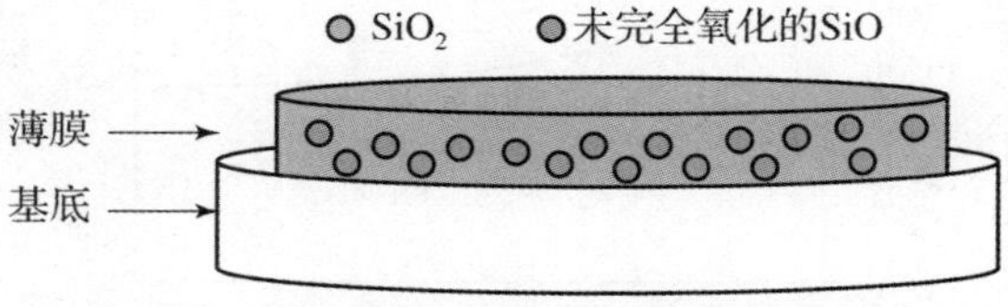

SiO_2　未完全氧化的SiO

薄膜

基底

图6-115　SiO_2 薄膜成分组成示意图

式中：$\varepsilon = \varepsilon_r + i\varepsilon_i$ 为混合物的介电函数；ε_{SiO_2} 和 ε_{SiO} 分别为 SiO_2 组分和 SiO 组分的介电函数；f_{SiO_2} 为 SiO_2 介质的百分比含量。混合物的介电函数与折射率 n 和消光系数 k 的关系为

$$n = \sqrt{\frac{\sqrt{\varepsilon_r^2 + \varepsilon_i^2} + \varepsilon_r}{2}} \tag{6-12}$$

$$k = \sqrt{\frac{\sqrt{\varepsilon_r^2 + \varepsilon_i^2} - \varepsilon_r}{2}} \tag{6-13}$$

在此，给出 SiO_2 材料的折射率和 SiO 的折射率与消光系数色散曲线，分别见图6-116和图6-117。在下面的分析中，假设 SiO_2 材料的消光系数为零，实际 SiO_2 薄膜的光学常数根据图6-116和图6-117中的数据通过式（6-11）~式（6-13）计算得到。

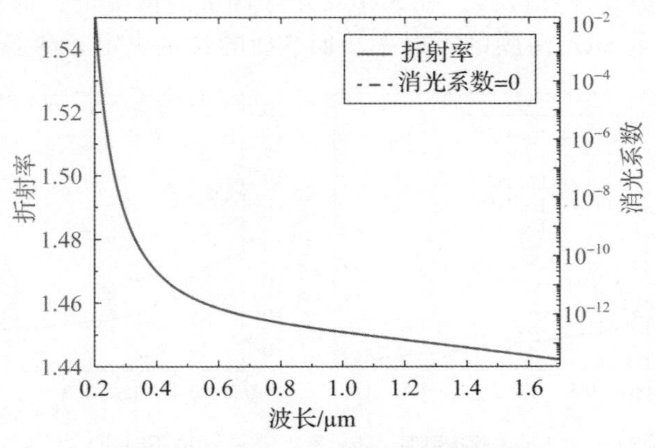

图6-116　SiO_2 材料折射率色散

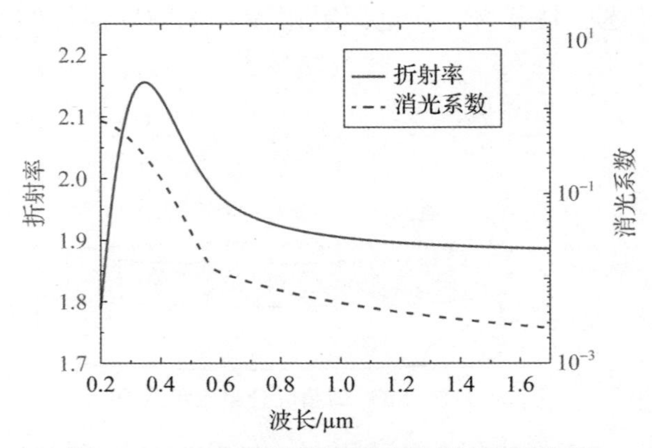

图 6－117　SiO 材料的折射率与消光系数色散

假设在实际的 SiO_2 薄膜中，SiO 的含量分别为 1×10^{-6}、1×10^{-5}、1×10^{-4}、1×10^{-3}和1×10^{-2}，计算得到的折射率如图 6－118（a）所示，消光系数如图 6－118（b）所示。从折射率色散曲线来看，随着 SiO 含量的增加薄膜折射率增加，在 SiO 的含量小于1×10^{-3}的情况下，折射率变化不显著，而且与 SiO_2 的折射率基本一致。当 SiO 的含量超过1×10^{-3}的情况下，折射率显著增加。在消光系数色散曲线上，当 SiO 的含量为1×10^{-6}时，SiO_2 薄膜的消光系数达到10^{-8}量级，随着 SiO 含量增加薄膜的消光系数增加，消光系数的相对变化量级与 SiO 含量的相对变化量级基本呈线性关系。选定 632.8nm 波长的折射率，计算出不同 SiO 含量与折射率的关系，如图 6－119 所示，折射率与消光系数呈线性关系，如图 6－120 所示。

通过上述仿真计算过程，在 SiO 成分低含量的情况下，薄膜成分中 SiO_2 的折射率决定了 SiO_2 薄膜的折射率，而 SiO 的含量决定了薄膜的消光系数。

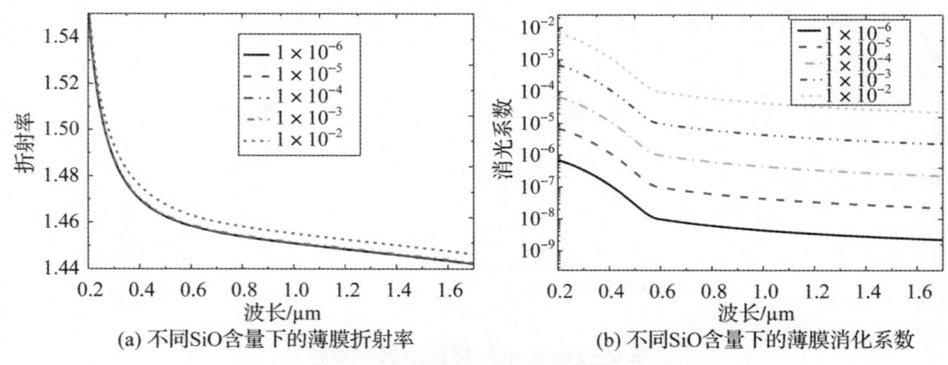

图 6－118　不同 SiO 含量下的薄膜光学常数

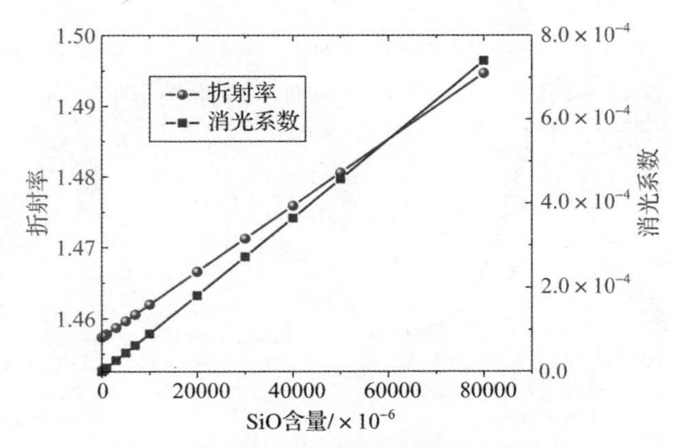

图6-119　SiO成分含量与折射率的关系

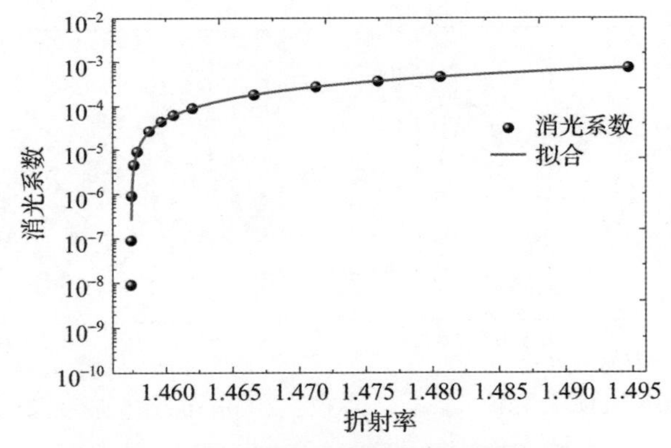

图6-120　薄膜折射率与消光系数的关系

在实验中，针对热处理的离子束溅射 SiO_2 薄膜进行了研究，热处理的实验装置和处理方法见6.2.2节，分别在100℃、200℃和300℃下对硅基板 SiO_2 薄膜进行大气氛围热处理。使用X射线光电子能谱评价 SiO_2 薄膜的化学元素化合状态，测试仪器和测试方法见6.5.4节。采用Origin软件对光电子能谱进行分峰拟合处理，不同温度热处理后 SiO_2 薄膜的Si和O光电子能谱分别见图6-121（a）和图6-121（b）。使用VASE型椭圆偏振仪对不同温度热处理的 SiO_2 薄膜样品进行椭圆偏振光谱测试，测试波长为0.2~0.9μm，测试步长为0.05eV，入射角度为65°。SiO_2 和SiO两种材料的光学常数见图6-116和图6-117，使用混合物色散方程（6-11）对反射椭偏参数进行数值反演计算，拟合结果如图6-122所示。

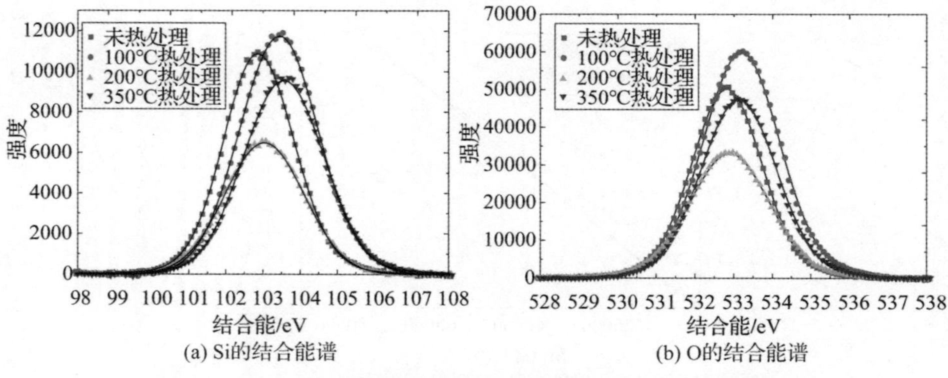

图 6－121　不同温度热处理 SiO_2 薄膜的 X 射线光电子能谱图

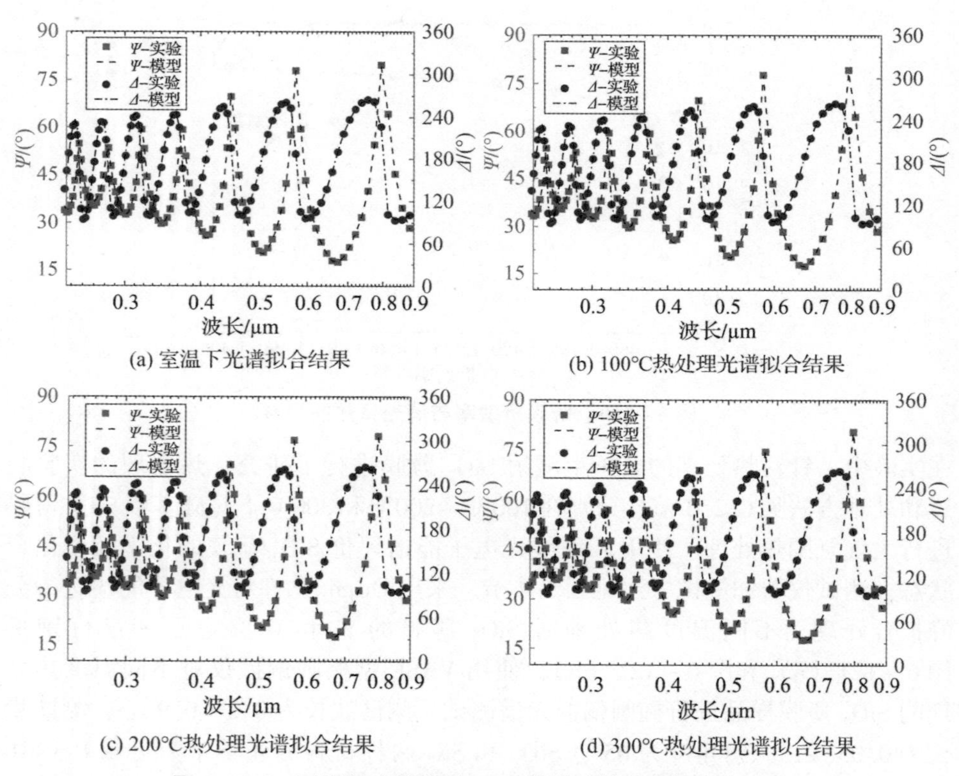

图 6－122　不同温度热处理 SiO_2 薄膜的椭偏参数拟合结果

从反射椭偏光谱中反演计算得到的折射率、消光系数以及亚氧化物薄膜含量的结果见图 6－123。随着热处理温度的增加，薄膜折射率逐渐降低，如

图6－123（a）所示。消光系数也逐渐降低接近两个数量级，如图6－123（b）所示。亚氧化物的含量由大于2.5×10^{-4}降低到1×10^{-5}，如图6－123（c）所示。从分析的结果来看，在300℃温度下热处理就可实现亚氧化物含量达到10^{-6}量级。

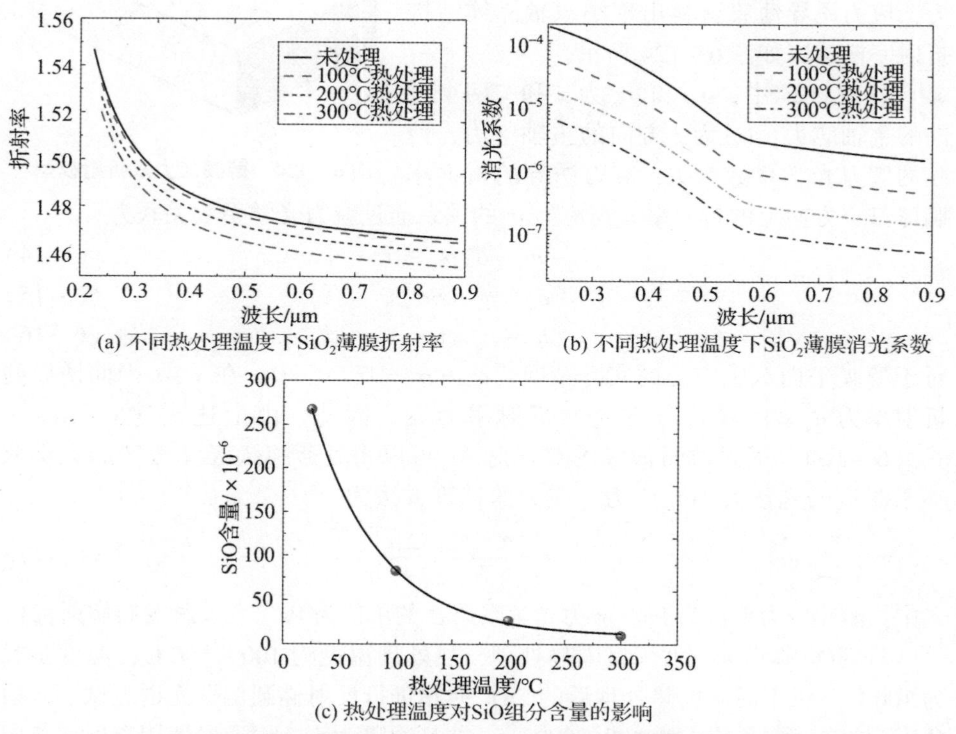

(a) 不同热处理温度下SiO_2薄膜折射率　(b) 不同热处理温度下SiO_2薄膜消光系数

(c) 热处理温度对SiO组分含量的影响

图6－123　不同热处理温度对SiO_2薄膜光学常数和亚氧化物含量的影响

6.5.7　SiO_2薄膜应力的表征方法研究

光学薄膜应力精准调控的前提必须是实现薄膜应力大小的测试。目前，薄膜宏观应力的测量方法很多，大多数都是无损伤光学测量方法。从薄膜应力测量的基本原理来看主要分为两大类：一类是基于测量在薄膜沉积前后基板曲率半径的变化推演出薄膜应力，如悬臂梁法、牛顿环法、光栅反射法、激光干涉法、激光光杠杆法；另一类是利用X射线衍射技术和Raman光谱技术测量薄膜的弹性应变，通过弹性应变推算出薄膜应力。这两大类的方法能够表征出薄膜的宏观应力水平，本书所用面形表征应力的方法就是得到薄膜宏观应力，下面提出一种基于光谱反演推算SiO_2薄膜微区应力的方法。

非晶态各向同性光学薄膜一般呈现较高的应力状态，根据光弹效应理论，在残余应力作用下会产生各向同性薄膜材料的诱导双折射现象[37]。由于薄膜应力为平面双轴应力，应力诱导薄膜材料出现类双轴晶体结构折射率椭球，如图6－124所示。

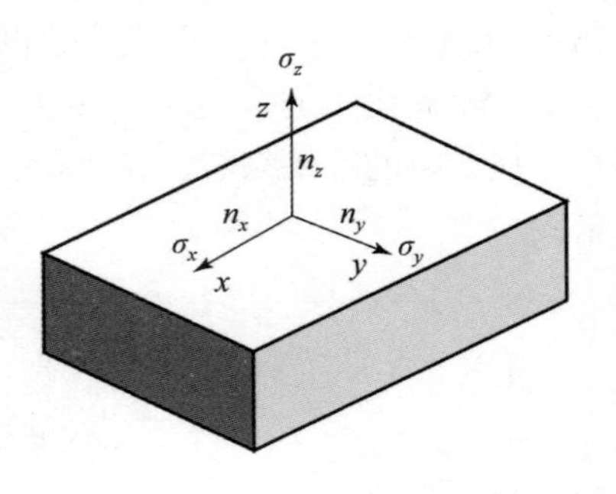

图6－124　薄膜应力双折射模型

图6－124中，σ_x 和 σ_y 为 x 和 y 两个方向的主轴应力，σ_z 为 z 方向的主轴应力，薄膜的应力光学系数为 B，应力诱导的折射率椭球三个方向上的折射率 n 与应力 σ 的关系通过应力光学系数关联为

$$n_x - n_y = B(\sigma_x - \sigma_y) \tag{6-14}$$

$$n_x - n_z = B\sigma_x \tag{6-15}$$

$$n_y - n_z = B\sigma_y \tag{6-16}$$

对于薄膜平面双轴应力的实际情况，$\sigma_x = \sigma_y = \sigma, \sigma_z = 0$。在 $x-y$ 平面诱导的折射率为 $n_x = n_y = n$，z 方向的折射率为 n_z。因此，由上述式（6－14）～式（6－16），通过测量薄膜的双折射 Δn 可以得到薄膜微区（微区的大小取决于测量的光斑大小）应力，应力的计算方法为

$$\sigma = \frac{n - n_z}{B} = \frac{\Delta n}{B} \tag{6-17}$$

式中：薄膜应力单位为Pa，应力光学系数 B 的单位为 Pa^{-1}（又称为布儒斯特）。

对 SiO_2 薄膜进行大气氛围热处理，热处理温度为100～600℃，温度步长为100℃。对不同温度热处理后的 SiO_2 薄膜进行反射椭圆偏振光谱测试，入射角度为65°，波长范围为400－800nm，波长间隔为5nm。通过使用折射率各向异性的色散模型，从反射椭偏光谱中反演计算出 SiO_2 薄膜折射率的各向异性，在此仅给出热处理前的椭偏光谱反演计算结果，其他温度下热处理的反演过程不再给出。图6－125（a）为热处理前 SiO_2 薄膜椭偏参数反演拟合效果，图6－125（b）给出了 SiO_2 薄膜的横向折射率色散 $n(\lambda)$ 和纵向折射率色散 $n_z(\lambda)$。从图6－125中可以看出，通过使用 SiO_2 薄膜的双折射色散模型可以实现完美的拟合效果，而 SiO_2 薄膜的横向折射率和纵向折射率确实存在差别。

进一步计算得到薄膜折射率各向异性 Δn 见图6－126（a），随着热处理温度的增加 Δn 逐渐减小，从 10^{-3} 量级减小到 10^{-4} 量级，在热处理温度400～500℃之间 Δn 达到最小，该结果表明热处理后 SiO_2 薄膜折射率的各向异性有较大的改善。根据式（6－17），从薄膜折射率的各向异性计算得到薄膜应力

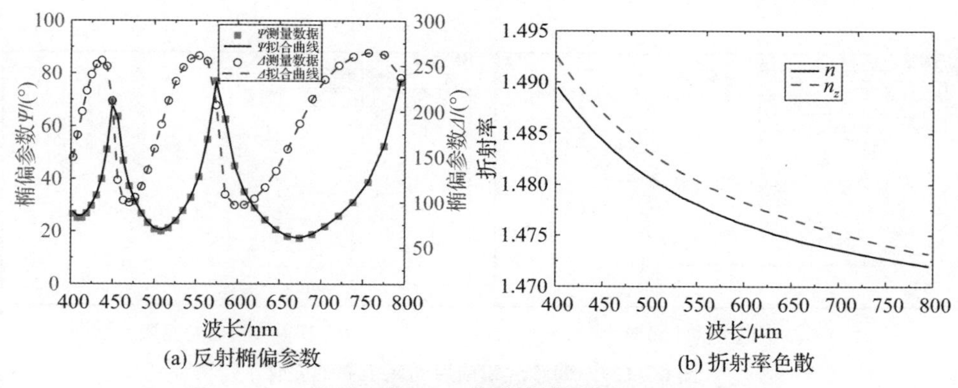

(a) 反射椭偏参数　　(b) 折射率色散

图6-125　热处理前 SiO_2 薄膜的椭偏参数和折射率色散

的变化，如图6-126（b）所示。随着热处理温度的增加，薄膜微区应力逐渐减小，并且在热处理温度300~500℃之间应力达到最小，尽管薄膜应力发生了量的变化，但应力性质仍为压应力。

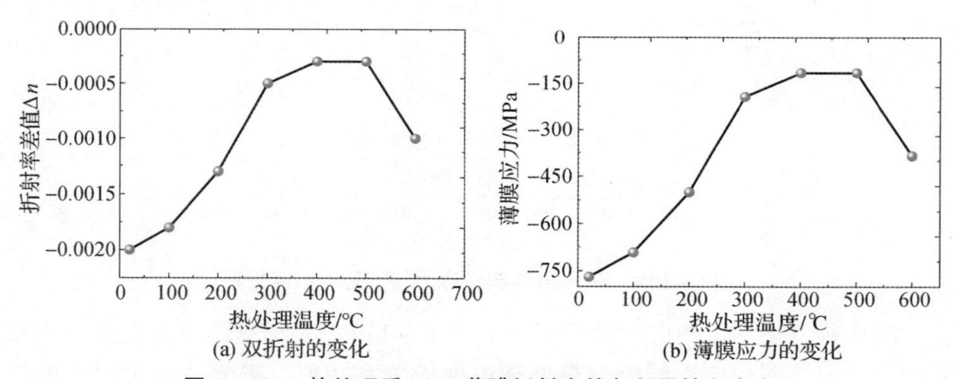

(a) 双折射的变化　　(b) 薄膜应力的变化

图6-126　热处理后 SiO_2 薄膜折射率的各向异性和应力

为了验证上述方法测量 SiO_2 薄膜应力的准确性，采取面形方法对薄膜应力进行测量，通过测量基板表面面形的变化，再利用 Stoney 公式计算出薄膜应力 σ。在此仅给出热处理前 SiO_2 薄膜的面形变化情况，如图6-127所示。从基板的面形变化来看，沉积薄膜使基板的矢高发生了方向性变化，从正向曲率的球冠变化为负向曲率的球冠，说明薄膜应力为压应力。随着热处理温度的增加，球冠的矢高 Δh 逐渐减小，在热处理温度300~500℃之间达到最小，基板面形的变化量减小说明薄膜的应力降低。SiO_2 薄膜宏观应力与热处理温度的关系见图6-128，该结果与上述双折射方法计算得到的应力变化规律基本一致。

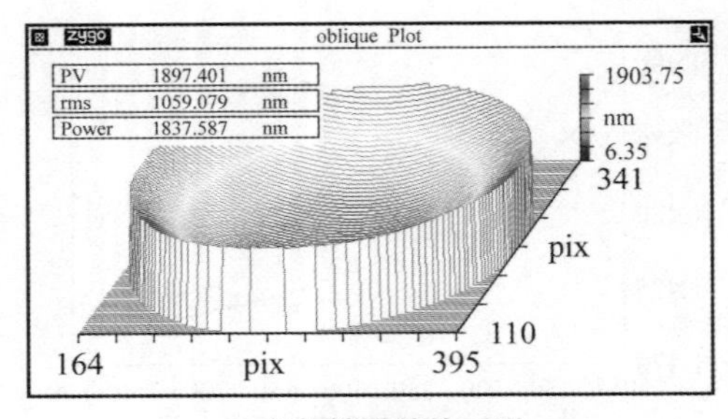

(a) 基板镀膜前的面形

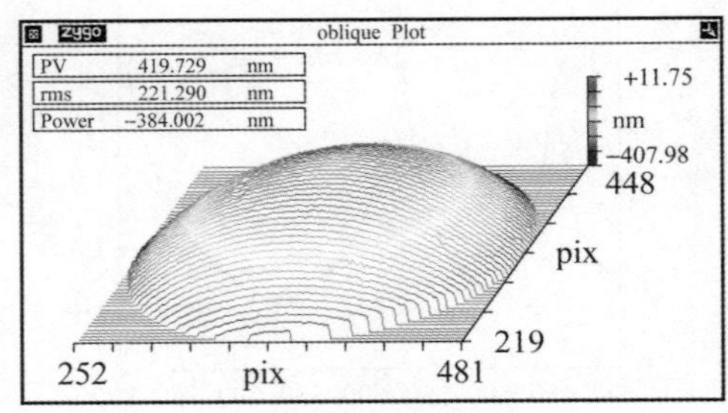

(b) 基板镀膜后的面形

图 6-127　薄膜沉积前后的基板面形变化

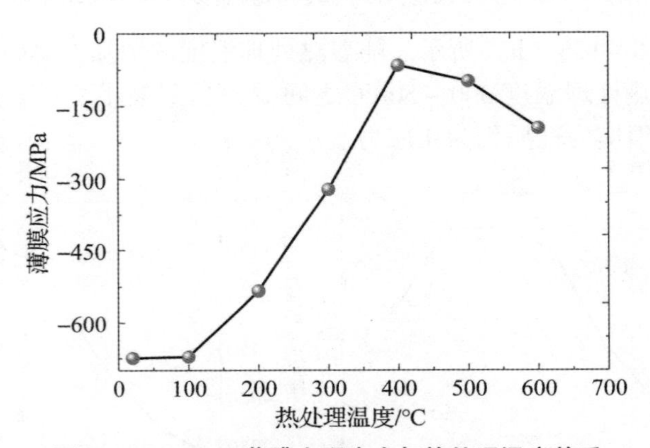

图 6-128　SiO_2 薄膜宏观应力与热处理温度关系

将两种方法测试的应力结果对比见图 6-129。尽管薄膜应力在某些点相差较多，但是两种应力结果与热处理温度的关系相似。随着热处理温度的增加，两种方法计算的薄膜应力均先减小后增加。两种方法获得的薄膜应力之间的差异，主要源于测试方法的特点。基于面形法测量薄膜的应力是平均应力，即通过整个样品口径的面形变化测试得到，样品的口径为 40mm，实际上测试的应力为 1256mm^2 上的平均应力。折射率双折射的方法则与测试的光斑大小相关，本书使用的椭圆偏振仪入射到样品表面的光斑为椭圆光斑，正入射光斑口径为 2mm，在 65°入射角下光斑变成为长轴和短轴长度分别为 4.7mm 和 2mm 的椭圆光斑，因此基于双折射的方法测试面积为 9.4mm^2 的平均应力大小。这就是两者之间测试应力结果存在差异的原因。

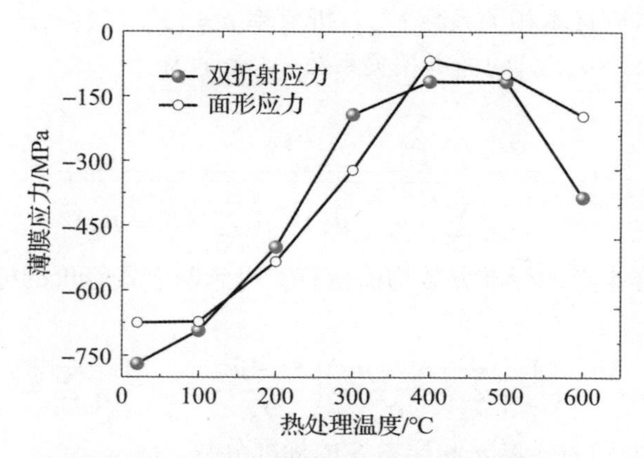

图6-129 SiO_2 薄膜应力两种测试方法对比

6.6 离子束溅射薄膜特性相关性研究

6.6.1 基于数理统计的分析方法

相关系数可以评价两个变量之间线性关系的强度和方向，最常用的是皮尔逊积差相关系数，其定义是两个变量协方差除以两个变量标准差乘积（方差的算数平方根），将应力向量 $\boldsymbol{S}=[S_1,S_2,\cdots,S_j,\cdots,S_N]$ 与折射率向量 $\boldsymbol{n}=[n_1,n_2,\cdots,n_j,\cdots,n_N]$ 的皮尔逊积差总体相关系数 $\rho_{n,S}$ 写为

$$\rho_{n,S}=\frac{\operatorname{cov}(\boldsymbol{n},\boldsymbol{S})}{\sigma_n\sigma_S}=\frac{\mathrm{E}[(\boldsymbol{n}-\mu_n)(\boldsymbol{S}-\mu_S)]}{\sigma_n\sigma_S} \tag{6-18}$$

式中：E 是数学期望；$\operatorname{cov}(\boldsymbol{n},\boldsymbol{S})$ 为折射率 $\boldsymbol{n}$ 与应力 $\boldsymbol{S}$ 的协方差；μ_n 和 σ_n 分别为折射率向量 $\boldsymbol{n}$ 的均值与标准方差；μ_S 和 σ_S 分别为应力向量 $\boldsymbol{S}$ 的均值与标准方差。折射率和应力的均值分别为

$$\mu_n=\frac{1}{N}\sum_{i=1}^{N}n_i,\quad \mu_S=\frac{1}{N}\sum_{i=1}^{N}S_i \tag{6-19}$$

式中：N 为样本的数量。折射率的标准方差 σ_n 与应力的标准方差 σ_S 表达式分别为

$$\sigma_n=\sqrt{E(\boldsymbol{n}^2)-\mu_n^2},\quad \sigma_S=\sqrt{E(\boldsymbol{S}^2)-\mu_S^2} \tag{6-20}$$

式（6-18）定义的是总体相关系数，一般情况下总体相关系数 $\rho_{n,S}$ 未知，通常使用样本相关系数 r 作为 ρ 的近似估计值。基于样本对协方差和标准差进

行估计，可以得到样本相关系数 $r_{\boldsymbol{n},S}$，折射率 $\boldsymbol{n}=[n_1,n_2,\cdots,n_j,\cdots,n_N]$ 与应力 $\boldsymbol{S}=[S_1,S_2,\cdots,S_j,\cdots,S_N]$ 的样本相关系数 $r_{\boldsymbol{n},S}$ 表示为

$$r_{\boldsymbol{n},S}=\frac{\sum_{i=1}^{N}(n_i-\mu_{\boldsymbol{n}})(S_i-\mu_S)}{\sqrt{\sum_{i=1}^{N}(n_i-\mu_{\boldsymbol{n}})^2}\sqrt{\sum_{i=1}^{N}(S_i-\mu_S)^2}} \tag{6-21}$$

也可以由样本点的标准分数均值估算，得到与上式等价的样本皮尔逊相关系数表达式为

$$r_{\boldsymbol{n},S}=\frac{1}{N-1}\sum_{i=1}^{N}\left(\frac{n_i-\mu_{\boldsymbol{n}}}{\sigma_{\boldsymbol{n}}}\right)\left(\frac{S_i-\mu_S}{\sigma_S}\right)=\frac{1}{N-1}\sum_{i=1}^{N}a_ib_i \tag{6-22}$$

式中：a_i 和 b_i 分别为样本 $\boldsymbol{n}$ 和样本 $\boldsymbol{S}$ 的标准分数。

由于抽样误差的存在，即使样本中的两个变量相关系数 $r_{\boldsymbol{n},S}$ 不为零的情况下，也不能说明总体样本中两个变量间的相关系数 $\rho_{\boldsymbol{n},S}$ 不为零。相关系数的显著性检验也就是检验总体相关系数是否显著为0，通常采用费歇尔（Fisher）提出的 t 分布检验，该检验方法既可以用于小样本，也可以用于大样本。检验的具体步骤如下：

（1）建立假设检验模型，即

$$H_0:\rho=0,\quad H_1:\rho\neq 0 \tag{6-23}$$

（2）构建 t 检验统计量为

$$t=\frac{\sqrt{N-2}}{\sqrt{1-r_{\boldsymbol{n},S}^2}}\,|r_{\boldsymbol{n},S}-0| \tag{6-24}$$

式中：N 为样本数量，$N-2$ 为自由度；$r_{\boldsymbol{n},S}$ 为上述的折射率与应力的样本相关系数。

（3）在统计假设检验中，P 定义为在原假设 H_0 所规定的总体中做随机抽样，获得大于等于现有样本统计量的最小显著水平。由于式（6-24）是双侧假设检验，可以得到

$$p=P\{|t|\geqslant\alpha\}=2P\{t\geqslant\alpha\} \tag{6-25}$$

（4）在给定的显著水平 α 下，比较 p 和显著水平 α：如果 $p<\alpha$，则拒绝原假设 H_0 接受 H_1，说明折射率与应力的相关性显著；如果 $p\geqslant\alpha$，则不能拒绝原假设 H_0，说明折射率与应力之间没有显著的相关性。

6.6.2 三种氧化物薄膜分析结果

基于6.3节至6.5节中的研究结果，将离子束溅射制备的 Ta_2O_5 薄膜、HfO_2 薄膜和 SiO_2 薄膜的应力与633nm波长折射率特性整理到一起，结果见表6-24。

表6-24 三种氧化物薄膜的折射率与应力测量结果

序号	SiO_2 薄膜		Ta_2O_5 薄膜		HfO_2 薄膜	
	折射率	应力/GPa	折射率	应力/GPa	折射率	应力/GPa
1	1.475	-0.396	2.144	-0.396	1.947	-0.446
2	1.466	-0.547	2.136	-0.547	1.940	-0.697
3	1.473	-0.620	2.130	-0.620	1.934	-0.730
4	1.477	-0.807	2.149	-0.807	1.974	-1.093
5	1.491	-0.818	2.181	-0.818	1.987	-1.218
6	1.481	-0.809	2.158	-0.809	1.996	-1.009
7	1.482	-0.926	2.183	-0.926	2.051	-2.124
8	1.488	-0.967	2.173	-0.967	2.030	-2.533
9	1.483	-0.960	2.205	-0.960	2.033	-2.340

利用6.6.1节中的相关性研究方法，得到三种氧化物薄膜的折射率与应力的相关系数如图6-130所示，薄膜折射率与应力的相关性从小到大依次是 SiO_2 薄膜、Ta_2O_5 薄膜和 HfO_2 薄膜，相关系数分别为 -0.72737、-0.78884 和 -0.92049。t 检验统计值依次为2.80427、3.39585和6.23246，见图6-131。样本数据的自由度为7，计算得到三个 t 统计值下的 p 值分别为0.0264、0.0115、0.0004。在此处选择显著水平 $\alpha=0.05$，三者的 p 值均小于显著水平，说明总体样本相关系数不等于零的概率超过95%。在此基础上可进一步得到 SiO_2 薄膜、

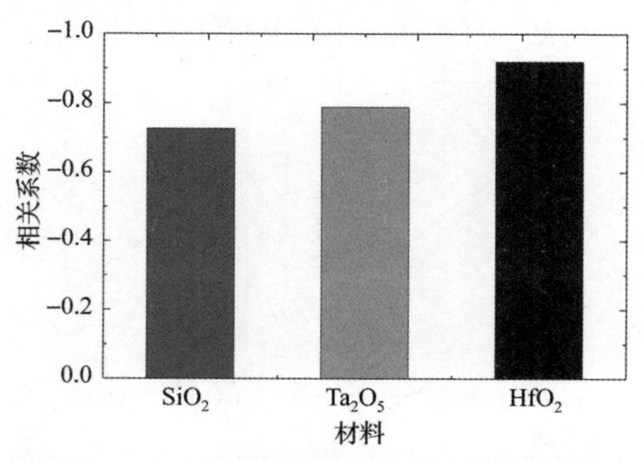

图6-130 三种薄膜折射率与应力的相关系数

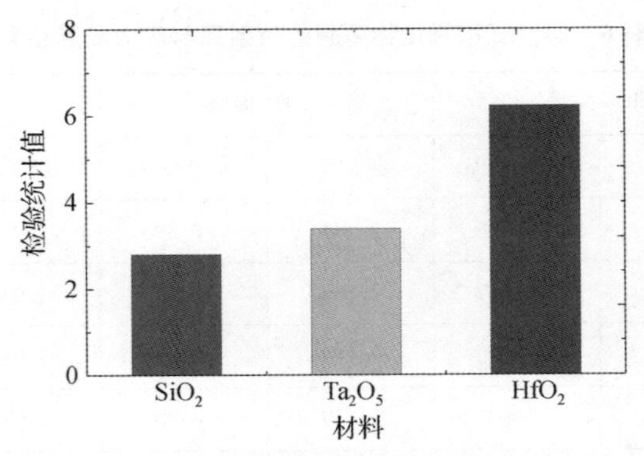

图 6-131　三种薄膜折射率与应力的 t 检验统计值

Ta_2O_5 薄膜和 HfO_2 薄膜的折射率与应力相关性置信概率分别为 97.36%、98.985%、99.96%。通过样本相关系数显著性检验可以证明：离子束溅射制备的三种薄膜折射率与应力的相关系数 $\gamma_{n,S}<0$ 且 $|\gamma_{n,S}|\to 1$，即薄膜折射率与应力存在负相关的线性关系，随着薄膜折射率的增加，膜层压应力逐渐增加，反过来也可以说随着膜层压应力的增加，膜层的折射率也呈现增加的趋势。

下面通过对置信椭圆进行分析验证薄膜折射率与应力的相关性。设定置信概率为 95%（显著性水平 5%），得到的三种氧化物薄膜的置信椭圆见图 6-132。根据置信椭圆的意义，当两个变量不相关时置信椭圆变成圆，随着相关性的增加置信椭圆的长短轴之比逐渐增加。从图 6-132 中可以看出，三种氧化物薄膜的折射率与应力关系的置信椭圆明显，椭圆的长短轴之比从小到大依次是 SiO_2 薄膜、Ta_2O_5 薄膜和 HfO_2 薄膜，说明三种薄膜的折射率与应力相关性不同，SiO_2 薄膜折射率与应力相关性最低，而 HfO_2 薄膜的折射率与应力相关性最高，与上述的样本相关系数分析结果一致。

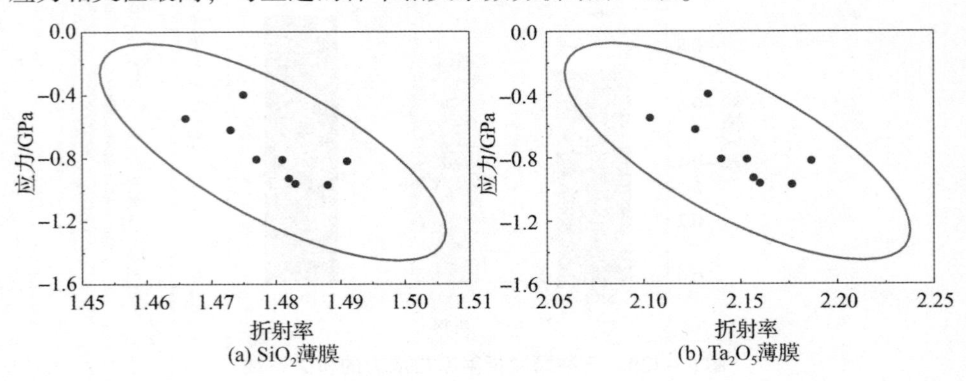

(a) SiO_2薄膜　　(b) Ta_2O_5薄膜

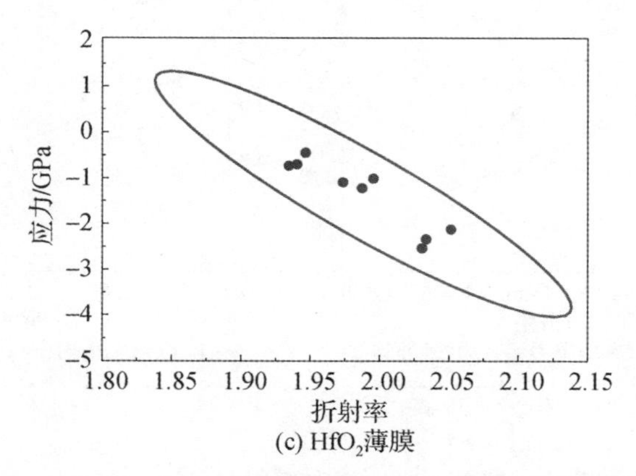

(c) HfO_2薄膜

图6-132 三种氧化物薄膜的折射率与应力相关性置信椭圆

上述的相关性统计分析表明了薄膜折射率与应力存在较强的负线性相关，下面对三种氧化物薄膜折射率与应力的关系进行线性回归，回归方程为

$$S = a + b \times n \tag{6-26}$$

式中：n为折射率；S为应力；a为截距；b为斜率。判断线性回归拟合度的参数是修正R平方值，该值越大说明线性回归的效果越好，回归方程参数见表6-25。依据表6-25中的参数，得到三种氧化物薄膜的折射率与应力关系的线性回归结果见图6-133。

从上述结果的分析中可以确定，离子束溅射薄膜的折射率与应力存在一定的线性关系。由于离子束溅射制备薄膜的重要特点是致密度高，下面将薄膜密度作为中间变量，从物理角度定性分析折射率与应力之间的关系。

表6-25 三种离子束溅射薄膜的应力与折射率的线性回归参数

项目	SiO_2 薄膜	Ta_2O_5 薄膜	HfO_2 薄膜
Pearson 系数	-0.727	-0.787	-0.920
截距	26.953	12.794	31.430
截距标准差	9.883	4.012	5.261
斜率	-18.732	-6.269	-16.490
斜率标准差	6.680	1.856	2.646
残余平方差	0.149	0.120	0.734

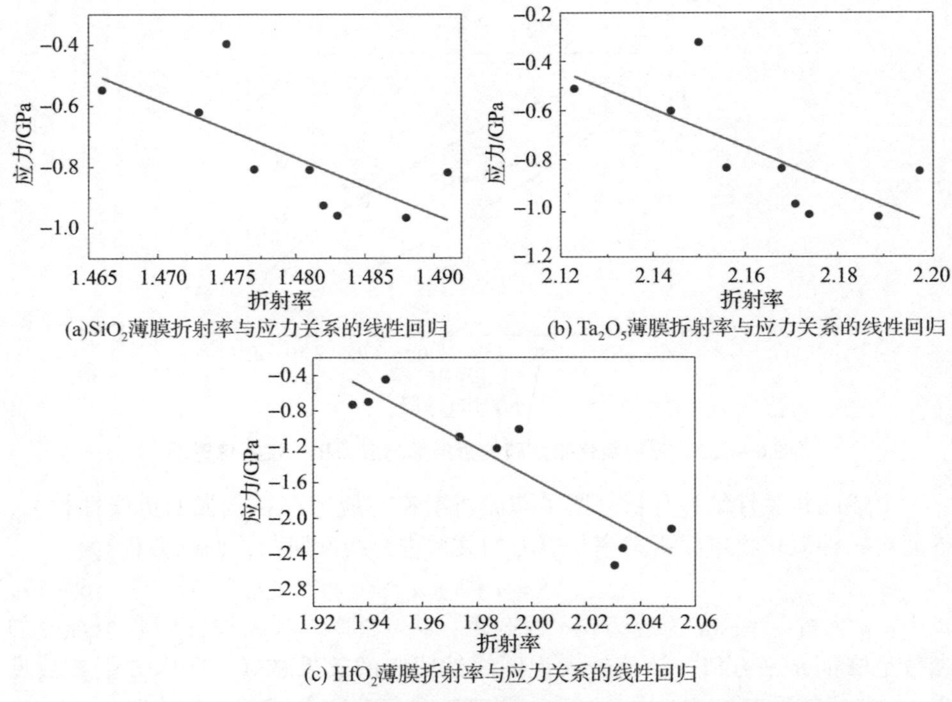

(a) SiO_2薄膜折射率与应力关系的线性回归

(b) Ta_2O_5薄膜折射率与应力关系的线性回归

(c) HfO_2薄膜折射率与应力关系的线性回归

图 6-133　三种氧化物薄膜的折射率与应力线性回归结果

首先，分析薄膜折射率 n 与密度 ρ 的关系。根据洛仑兹的电场极化理论，材料的折射率 n 与质量密度 ρ 的关系为

$$\frac{n^2-1}{n^2+2}=\frac{1}{3\varepsilon_0}\rho\left(\frac{\alpha}{M}\right) \tag{6-27}$$

式中：α 为原子或分子极化率；M 为原子质量或者分子的约化质量。Martin Jerman 等人基于式（6-27）研究了 SiO_2 薄膜、ZrO_2 薄膜和 HfO_2 薄膜的折射率与质量密度的关系[38]，得到两者之间的线性相关关系，即随着薄膜的密度增加折射率显著增加。

其次，分析薄膜应力 S 与密度 ρ 的关系。薄膜的应力为平面双轴应力，在薄膜的弹性极限以内，产生的效应就是基板发生变形。压应力使薄膜相对基板具有膨胀的趋势，而张应力使薄膜相对基板具有收缩的趋势。平面双轴应力的特点是应力沿着两个轴向作用在薄膜平面内，在垂直于薄膜表面的方向上没有应力，但是在该方向上却存在应变，因此平面双轴应力导致薄膜的物理厚度发生变化。根据 Takashashi 提出的理论公式[39]，可以得到薄膜的应力与厚度的关系为

$$l_z = l_0\left(1 - 2\gamma \frac{S}{E}\right) \tag{6-28}$$

式中：l_0 为无应力的膜层厚度；γ 为泊松比；E 为杨氏模量；S 为应力值。该公式也说明了在热应力（一般为张应力）作用下，随着热应力的增加，薄膜厚度方向上会有收缩的趋势，即随着热应力的增加，薄膜密度具有增加的趋势。而本节讨论的氧化物薄膜应力均为压应力状态，薄膜相对基板具有膨胀的趋势，压应力值越大说明被压缩的程度就越大，即薄膜密度就越大。

综上所述，通过使用中间变量质量密度，可以定性得到薄膜折射率与应力的关系，当薄膜质量密度增加时，折射率呈现增加的趋势，即压应力绝对值呈现增加趋势。因此，离子束溅射制备的氧化物薄膜的折射率与应力之间存在负相关的关系，即折射率与压应力的绝对值呈正相关关系。

参考文献

[1] DEBELL G, MOTT L, GUNTEN M V. Thin film coatings for laser cavity optics[J]. Proc. SPIE, 1988(895):254-270.

[2] BENNETT H, BURGE D K. Simple expressions for predicting the effect of volume and interface absorption and of scattering in high-reflectance multilayer coatings[J]. Journal of the Optical Society of America, 1980, 70(3): 268-276.

[3] TEMPLE P A. Measurements of thin-film optical absorption at the air-film interface within the film and at the film and at the film-substrate interface[J]. Applied Physics Letters, 1979, 34(10): 630-634.

[4] 吴周令，范正修. 多层介质膜的体吸收与界面吸收的研究[J]. 光学学报, 1989, 9(7): 630-634.

[5] BLOEMBERGEN N. Role of cracks, pores, and absorbing inclusions on laser induced damage threshold at surfaces of transparent dielectrics[J]. Applied Optics, 1973, 12(4): 661-664.

[6] GUENTHER K H. The influence of the substrate surface on the performance of optical coatings[J]. Thin Solid Films, 2007, 77(1-3):239-252.

[7]《数学手册》编写组. 数学手册[M]. 北京:高等教育出版社, 1979:853-858.

[8] ATKINSON H V, DAVIES S. Fundamental aspects of hot isostatic pressing: An overview [J]. Metallurgical & Materials Transactions A, 2000, 31(12):2981-3000.

[9] WANG L, LIU H, JIANG Y, et al. Effects of hot-isostatic pressing and annealing post-treatment on HfO_2 and Ta_2O_5 films prepared by ion beam sputtering [J]. Optik, 2017(142): 33-41.

[10] LIU H, WANG L, JIANG Y, et al. Study on SiO_2 thin film modified by post hot isostatic pressing [J]. Vacuum, 2018(148): 258-264.

[11] BROWN M A, ROSAKIS A J, FENG X, et. al. Thin film/substrate systems featuring arbitrary film thickness and misfit strain distributions. Part II: Experimental validation of the non-local stress/curvature relations [J]. International Journal of Solids and Structures, 2007(44): 1755-1767.

[12] LISOVSKII I P, LITOVCHENKO V G, LOZINSKII V G, et al. IR spectroscopic investigation of SiO_2 film

structure[J]. Thin Solid Films, 1992(213):164 – 169.

[13]GUNDE M K. Vibrational modes in amorphous silicon dioxide [J]. Physica B Condensed Matter, 2000, 292(3): 286 – 295.

[14]刘华松, 姜承慧, 王利栓, 等. 热处理对离子束溅射 Ta_2O_5 薄膜特性的影响[J]. 光学精密工程, 2014, 22(10): 2645 – 2651.

[15]MASSE J P, SZYMANOWSKI H, ZABEIDA O, et al. Stability and effect of annealing on the optical properties of plasma – deposited Ta_2O_5 and Nb_2O_5 films [J]. Thin Solid Films, 2006, 515(4):1674 – 1682.

[16]BRIGHT T J, WATJEN J I, ZHANG Z M, et al. Infrared optical properties of amorphous and nanocrystalline Ta_2O_5 thin films [J]. Journal of Applied Physics, 2013, 114(8):083515.

[17]KLEMBERG – SAPIEHA J E, OBERSTE – BERGHAUS J, MARTINU L, et al. Mechanical characteristics of optical coatings prepared by various techniques: a comparative study [J]. Applied Optics, 2004, 43(13):2670 – 2679.

[18]LIU H S,JIANG Y,WANG L,et al. Correlation between properties of hafnium oxide thin films and preparative parameters by ion beam sputtering deposition [J]. Applied Optics,2014, 53(4): 405 – 411.

[19]LIU H, JIANG Y, WANG L, et al. Effect of heat treatment on properties of HfO_2 film deposited by ion – beam sputtering[J]. Optical Materials, 2017,(73): 95 – 101.

[20]ZANATTA A R, MULATO M, CHAMBOULEYRON I. Exponential absorption edge and disorder in Column IV amorphous semiconductors [J]. Journal of Applied Physics, 1998, 84(9):5184 – 5190.

[21]BRIGHT T J, WATJEN J I, ZHANG Z M, et al. Optical properties of HfO_2 thin films deposited by magnetron sputtering: From the visible to the far – infrared [J]. Thin Solid Films, 2012, 520(22):6793 – 6802.

[22]刘华松, 王利栓, 姜承慧, 等. SiO_2 薄膜的可见光与红外波段光学常数的色散特性 [J]. 光学学报, 2013(10):301 – 306.

[23]PULKERH K. Coatings on glass [M]. Amsterdam:Elsevier Science Publishers BV, 1999:351 – 354.

[24]PALIK E D. Handbook of optical constants of solids [M]. SanDiego:Academic Press, 1991.

[25]刘华松, 季一勤, 姜玉刚,等. SiO_2 薄膜内部短程有序微结构研究[J]. 物理学报, 2013(18): 426.

[26]BRUNET – BRUNEAU A, FISSON S, VUYE G, et al. Change of TO and LO mode frequency of evaporated SiO_2 films during aging in air [J]. Journal of Applied Physics, 2000, 87(10):7303 – 7309.

[27]LUCOVSKY G, MANTINI M J, SRIVASTAVA J K, et al. Low - temperature growth of silicon dioxide films: a study of chemical bonding by ellipsometry and infrared spectroscopy [J]. Journal of Vacuum Science & Technology B: Microelectronics Processing and Phenomena, 1987, 5(2): 530 – 537.

[28]MARTINET C, DEVINE R A B. Analysis of the vibrational mode spectra of amorphous SiO_2 films [J]. Journal of Applied Physics, 1995, 77(9):4343 – 4348.

[29]BROWN J T. Center wavelength shift dependence on substrate coefficient of thermal expansion for optical thin – film interference filters deposited by ion – beam sputtering [J]. Applied optics, 2004, 43(23): 4506 – 4511.

[30]KIM S H, HWANGBO C K. Derivation of the center – wavelength shift of narrow – bandpass filters under temperature change [J]. OpticsExpress, 2004, 12(23): 5634 – 5639.

[31]刘华松, 王利栓, 姜玉刚, 等. 离子束溅射制备 SiO_2 薄膜的折射率与应力调整 [J]. 光学精密工程, 2013, 21(9):2238 – 2243.

[32]何少华, 文竹青, 娄涛. 试验设计与数据处理[M]. 长沙:国防科技大学出版社, 2002:62 – 92.

[33] LI S, WANG L, YU G, et al. Effect of oxygen flow rate on microstructure properties of SiO_2 thin films prepared by ion beam sputtering[J]. Journal of Non－Crystalline Solids, 2018(482):203－207.

[34] DE LEEUW S W, THORPE M F. Coulomb splittings in glasses[J]. Physical Review Letters, 1986, 55(26): 2879－2882.

[35] PELLICORI S F, MARTINEZ C L, HAUSGEN P, et al. Development and testing of coatings for orbital space radiation environments[J]. Applied Optics, 2014, 53(4): 339－350.

[36] STENZEL O. The Physics of Thin Film Optical Spectra[M]. Brelin: Springer, 2018.

[37] HEIDEL J R, ZEDIKER M S. Technique for measuring stress－induced birefringence[J]. Proc. SPIE, 1991(1418):240－247.

[38] JERMAN M, QIAO Z, MERGEL D. Refractive index of thin films of SiO_2, ZrO_2, and HfO_2 as a function of the films' mass density [J]. Applied Optics, 2005, 44(15): 3006－3012.

[39] TAKASHASHI H. Temperature stability of thin－film narrow－bandpass filters produced by ion－assisted deposition[J]. Applied Optics, 1995, 34(4): 667－675.

第7章

超低损耗激光薄膜表征技术

7.1 概 述

超低损耗激光薄膜技术带动了高精度测试技术的发展，推动了10^{-6}量级薄膜的弱吸收率、低散射率和总损耗的测量技术突破。本章重点针对超低损耗薄膜的积分散射、低透射率、低剩余反射率和总损耗的测试表征方法开展研究，深入分析积分散射、弱透射率、低剩余反射率的基本原理和误差源，推导谐振腔时间衰荡法的总损耗表达式，给出基于谐振腔时间衰荡法测量薄膜总损耗的误差分析结果。使用离子束溅射沉积技术，研究多层膜制备的系统误差修正方法，分别制备高反射薄膜（工作角度为45°）和减反射薄膜（工作角度为0°），最后利用低损耗薄膜测试手段综合表征超低损耗薄膜的性能。通过表面粗糙度、表面面形、表面缺陷、积分散射、吸收损耗和总损耗的测试分析，给出高反膜和减反膜的损耗分量在总损耗中的权重。使用离子束溅射沉积技术实现高反膜元件反射率$>99.9986\%$，减反射薄膜元件总损耗$<5\times10^{-5}$。

7.2 超低散射与透射损耗的表征

7.2.1 积分散射率测试装置

积分散射测试仪器的核心部件为积分球[1-5]，如图7-1所示。图7-2给出了激光积分散射仪的基本结构。激光波长为632.8nm，入射角度为45°，积分球的半径为r，内表面积为$S=4\pi r^2$。在积分球上入射光和反射光的开口面积分别为S_1和S_2。球壁内侧涂有漫反射率较高的$BaSO_4$（绝对漫反射率ρ_0），光在内壁多次漫反射后被球壁上安装的微弱信号光电探测器 D_2 接收，光电转换系数为 K_2，锁相放大器的放大倍数为 β_2。样品架开口处的面积为 S_3，通常选择一块与开口面积 S_3 相同的 $BaSO_4$ 作为标准漫反射板，用于系统测试百线的校准。光通过斩波器经分束镜分光后（反射率和透射率分别为 R 和 T），反射光作为参考光被探测器 D_1 接收。透射光作为测试光，经过两个反射镜（M_1 和 M_2）从入口 A_1 入射到积分球内，经样品架上的反射镜表面反射后从 A_2 出口处出射，在反射镜表面散射的光被探测器 D_2 接收。

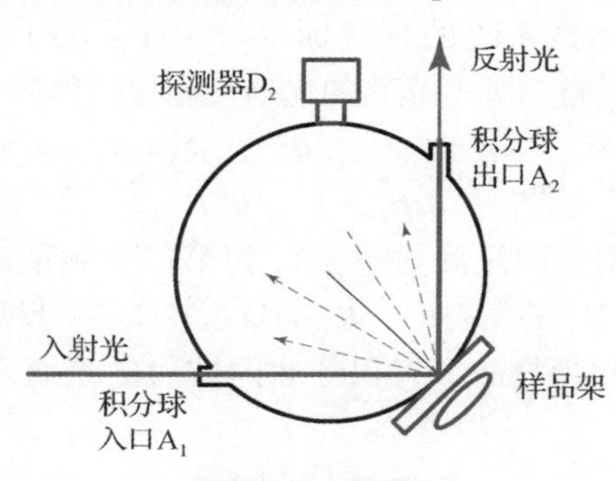

图7-1　积分球

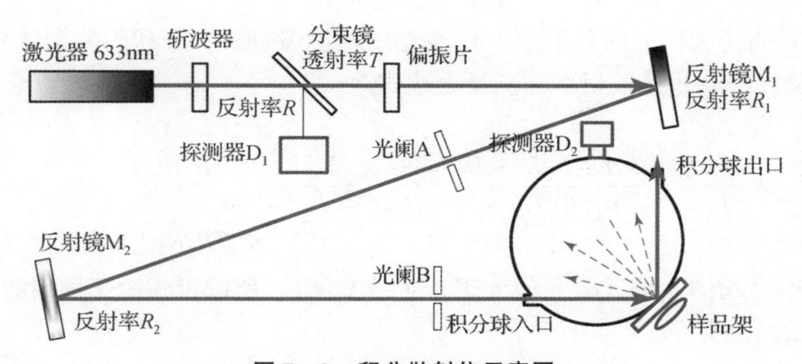

图7-2　积分散射仪示意图

假设漫反射到积分球内表面的光通量为 Φ_s，在探测器上的电信号输出为

$$I = K_2\beta_2 \frac{\rho_0 \Phi_s}{S\left[1-\rho_0\left(1-\dfrac{S_1+S_2+S_3}{S}\right)\right]} \tag{7-1}$$

定义系统参数为

$$\kappa = \frac{\rho_0}{S\left[1-\rho_0\left(1-\dfrac{S_1+S_2+S_3}{S}\right)\right]} \tag{7-2}$$

下面给出样品积分散射的测试方法：

（1）对积分散射测试系统的零线标定：在样品架上不放置任何样品时测试背景信号，将积分球内散射的光通量与参考光路的光通量相比，得到

$$I_0 = \kappa \frac{K_2\beta_2}{K_1\beta_1}\frac{X_1}{\Phi_i R} \tag{7-3}$$

式中：β_1 和 K_1 分别为探测器 1 的锁相放大倍数和光电转换系数；Φ_i 为激光器的辐射光通量；X_1 为第一次测量进入积分球内的杂散光通量。

（2）对积分散射测试系统的百线标定：在样品架上放置标准漫反射板，将积分球内散射的光通量与参考光路的光通量相比，得到

$$I_{100} = \kappa \frac{K_2\beta_2}{K_1\beta_1}\frac{\rho_s(\Phi_i T R_1 R_2 + X_2)}{\Phi_i R} \tag{7-4}$$

式中：ρ_s 为标准漫反射板的漫反射率；X_2 为第二次测量进入积分球内的杂散光通量；R_1 为反射镜 M_1 的发射率；R_2 为反射镜 M_2 的反射率。

（3）在样品架上更换样品，将积分球内散射的光通量与参考光路的光通量相比，得到

$$I_s = \kappa \frac{K_2\beta_2}{K_1\beta_1}\frac{D_s(\Phi_i T R_1 R_2 + X_3)}{\Phi_i R} \tag{7-5}$$

式中：D_s 为薄膜样品的散射率；X_3 为第三次测量进入积分球内的杂散光通量。

因此，得到积分散射率的测量表达式为

$$f_{\mathrm{TIS}} = \frac{I_s - I_0}{I_{100}} = \frac{\Phi_i T R_1 R_2 D_s + D_s X_3 - X_1}{\rho_s(\Phi_i T R_1 R_2 + X_2)} = \frac{\left(D_s + \dfrac{D_s X_3 - X_1}{\Phi_i T R_1 R_2}\right)}{\left(\rho_s + \dfrac{\rho_s X_2}{\Phi_i T R_1 R_2}\right)} \tag{7-6}$$

令 $\chi = 1/\Phi_i T R_1 R_2$，$\rho_s$ 一般大于 0.9，$\chi X_2 \ll 1$，所以得到薄膜样品的积分散射率测试结果为

$$f_{\mathrm{TIS}} \cong \frac{D_s + \chi(D_s X_3 - X_1)}{\rho_s} \tag{7-7}$$

通过对式（7－2）～式（7－6）的变换，可以消除探测器参数、积分球几何参数、分束镜分光参数和光源参数的影响。积分散射测试其他参数主要为标准漫反射板的反射率和三次测试过程中的杂散光能量。积分散射测量的误差传递为

$$\Delta f_{\mathrm{TIS}} = \left|\frac{\partial f_{\mathrm{TIS}}}{\partial D_s}\right|\Delta D_s + \left|\frac{\partial f_{\mathrm{TIS}}}{\partial \rho_s}\right|\Delta\rho_s + \left|\frac{\partial f_{\mathrm{TIS}}}{\partial X_1}\right|\Delta\chi + \left|\frac{\partial f_{\mathrm{TIS}}}{\partial X_1}\right|\Delta X_1 + \left|\frac{\partial f_{\mathrm{TIS}}}{\partial X_3}\right|\Delta X_3 \tag{7-8}$$

由于 D_s 为样品的散射率，在测试过程中为常值，因此这项误差可以忽略，得到

$$\begin{aligned}\Delta f_{\mathrm{TIS}} &= \left|\frac{\partial f_{\mathrm{TIS}}}{\partial \rho_s}\right|\Delta\rho_s + \left|\frac{\partial f_{\mathrm{TIS}}}{\partial X_1}\right|\Delta X + \left|\frac{\partial f_{\mathrm{TIS}}}{\partial X_1}\right|\Delta X_1 + \left|\frac{\partial f_{\mathrm{TIS}}}{\partial X_3}\right|\Delta X_3 \\ &= \left|\frac{D_s + X(D_s X_3 - X_1)}{\rho_s^2}\right|\Delta\rho_s + \left|\frac{D_s X_3 - X_1}{\rho_s}\right|\Delta X + \frac{X}{\rho_s}\Delta X_1 + \frac{D_s X}{\rho_s}\Delta X_3\end{aligned} \tag{7-9}$$

综上分析，对控制积分散射率的测试误差需要做到以下几点。

1）标准漫反射板的校正

$BaSO_4$ 标准漫反射板的反射率 ρ_s 随着时间退化，根据式（7－6），积分散射与标准漫反射板的反射率直接相关，从式（7－8）中可以判断，原则上 ρ_s 越接近于样品的反射率，积分散射的结果就越准确。如果 ρ_s 下降，测试的积分散射率就较真实值偏大。

2）进入系统的杂散光通量 X

进入积分球内的杂散光也是影响积分散射测试的关键因素，根据式（7－8），三次测试过程的杂散光通量有不同的影响权重，其中零线校准时的杂散光抑制最为重要：①当测试样品杂散光信号较强时，在校准仪器的零线和百线后，样品表面的散射信号被杂散光信号淹没，测试结果不是样品的真实积分散射值；②当样品表面散射较弱时，积分散射的测试误差与测试样品和零线标定时的杂散光通量差相关；③杂散光信号与激光器信号的比例越小，积分散射结果就越准确。所以，尽可能降低测试过程的杂散光信号，才能系统地降低积分散射测试的误差。

3）杂散光信号的抑制

在积分球内接收的散射信号探测灵敏度与入射光的通量和探测器的灵敏度有关。①在探测器灵敏度一定的条件下，如果入射光的亮度低，散射信号被淹没于噪声中；如果入射光的亮度太高，则会增加在积分球内光路上尘埃和悬浮物的寄生散射，杂散光比例增加。②激光的发散角应与积分球开孔比相匹配，避免在开孔处出现衍射而增加进入积分球的杂散光，所以应当在积分球入口处放置光阑，光阑的大小应避免产生衍射现象。③探测器的暗电流噪声足够小，锁相放大器的绝对放大倍数对于整个测试系统不是很关键，只要保证散射的微弱信号不失真即可，两个探测器也可以选择相同或不同的放大倍数，对实际的积分散射测试结果影响不大。

4）积分球的开孔比

虽然积分球具有较强的散射光收集能力，在球壁内侧形成均匀的漫反射，

但是在入射孔、出射孔和样品架处，仍存在漫反射的光损耗。如果样品表面的角微分散射空间分布均匀，则这种损耗可以通过数学模型修正。如第 6 章中对多层膜的散射损耗分析，在镜面反射角附近的锥角光路内，形成方向性较强的多层膜散射分布。如果出射光开孔过大，在开孔光轴附近散射光能量不能被积分球收集会导致测试的散射值偏小，而开孔小于反射光斑尺寸的衍射极限时，则把镜向反射的部分光能量滞留在积分球内，会导致散射测试结果偏大，这是积分球散射测试的系统误差。

7.2.2 超低透射率测试装置

超低透射率薄膜样品可以用图 7 – 3 中的实验装置进行测试。与积分散射的测试装置不同之处在于：在分光镜和反射镜 M_1 之间增加可变角度的样品架和光路（偏折）补偿器，补偿器与样品具有相同的折射率和物理厚度。补偿器的法线方向和待测样品的法线方向相互垂直，即两个法线方向的夹角为 90°。

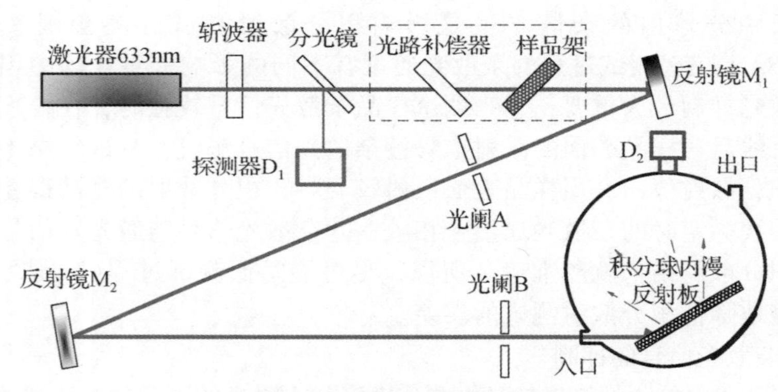

图 7 – 3 超低透射率测试装置示意图

在积分球内放置可以控制的漫反射挡板，校准百线时将该挡板打开，使入射光漫反射到积分球内。当测试薄膜样品的透射率时，将待测样品放置在样品架上，进入积分球内散射的光通量与参考激光通量之比为

$$I_{st}=\kappa\frac{K_2\beta_2}{K_1\beta_1}\frac{\Phi_i TR_1R_2\rho_s(T_fT_b)+\rho_sX_4}{R\Phi_i}\tag{7-10}$$

式中：X_4 为进入到积分球的杂散光通量；T_f 为待测样品的实际透射率；T_b 为光路补偿器的透射率；ρ_s 为用于百线校准的标准漫反射板的反射率。

根据式（7 – 3）和式（7 – 4），测试的透射率可以写为

$$T_{\text{ftest}}=\frac{I_{\text{st}}-I_0}{I_{100}}=\frac{\Phi_i TR_1R_2\rho_{\text{s}}(T_{\text{f}}T_{\text{b}})+\rho_{\text{s}}X_4-X_1}{\rho_{\text{s}}(\Phi_i TR_1R_2+X_2)}=\frac{(T_{\text{f}}T_{\text{b}})+\dfrac{\rho_{\text{s}}X_4-X_1}{\Phi_i TR_1R_2\rho_{\text{s}}}}{\left(1+\dfrac{X_2}{\Phi_i TR_1R_2}\right)} \tag{7-11}$$

式中：T_{ftest}为待测样品的测试透射率。

令$\chi=1/\Phi_i TR_1R_2,\chi X_2\ll 1$，则式（7－11）写成

$$T_{\text{ftest}}\cong(T_{\text{f}}T_{\text{b}})+\chi X_4-\chi\frac{X_1}{\rho_{\text{s}}} \tag{7-12}$$

绝对测试误差传递函数为

$$\begin{aligned}\Delta T_{\text{ftest}}&=\left|\frac{\partial T_{\text{ftest}}}{\partial X_4}\right|\Delta X_4+\left|\frac{\partial T_{\text{ftest}}}{\partial X_1}\right|\Delta X_1+\left|\frac{\partial T_{\text{ftest}}}{\partial \rho_{\text{s}}}\right|\Delta\rho_{\text{s}}\\&=\chi\Delta X_4+\frac{\chi}{\rho_{\text{s}}}\Delta X_1+\frac{\chi X_1}{\rho_{\text{s}}^2}\Delta\rho_{\text{s}}\end{aligned} \tag{7-13}$$

从式（7－13）看出，测试的误差主要取决于在测试样品和零线校准时，进入积分球的杂散光与进入积分球测试光的比例，以及百线校准的标准漫反射板的反射率偏差。

7.3　弱吸收损耗的表征技术

在第 3 章给出的光谱测试与分析方法中，常规表征薄膜吸收的测试方法，吸收率测试精度约 10^{-3}量级。对于超低损耗薄膜的吸收损耗测试，测试精度需要达到约 10^{-6}甚至更低，因此需要研究更高灵敏度的吸收测试方法。20 世纪 60 年代后，光热吸收探测技术逐渐发展起来，其最高探测灵敏度可以达到 10^{-8}，广泛地应用于物理、化学、生物和工程等各个领域。

目前用于光学薄膜的光热吸收测量技术主要有激光量热法[6]、热透镜技术[7]和光热光偏转技术（平行结构[8]和垂直结构[9]）等。光热吸收探测的原理是基于各种光热效应，样品吸收光能量导致样品的温度、内部压强和折射率的变化，进而引起光线偏折、会聚或发散等现象，通过相关的检测手段推演出光学薄膜吸收的大小。在所有的光热探测技术中，热透镜技术具有灵敏度高、对光散射不敏感、实验装置简单稳定、分辨率高、非接触实时测量等优点，成为光学薄膜微弱吸收测试的重要技术之一。

基于热透镜效应的弱吸收测试原理如图 7－4 所示。当一束径向对称、高斯分布的高能量激光（泵浦光）辐照样品时，由于光束中心的光强最强，

样品在该点吸收的能量最多，因此在光斑作用范围内产生径向温度梯度，从而使样品的折射率也产生类似径向梯度分布，在泵浦光的作用下导致样品表面热膨胀形成“热包”，类似于光学透镜的元件。使用大光斑的探测光照射整个样品表面“热透镜”区域，表面“热透镜”使探测光的反射波前产生畸变，如果将反射光线围绕样品表面做镜像反转，则反射光可以看成是带有相位畸变的透射光，使用探测器对这种光学效应进行测试就可以得到样品的吸收率信息。

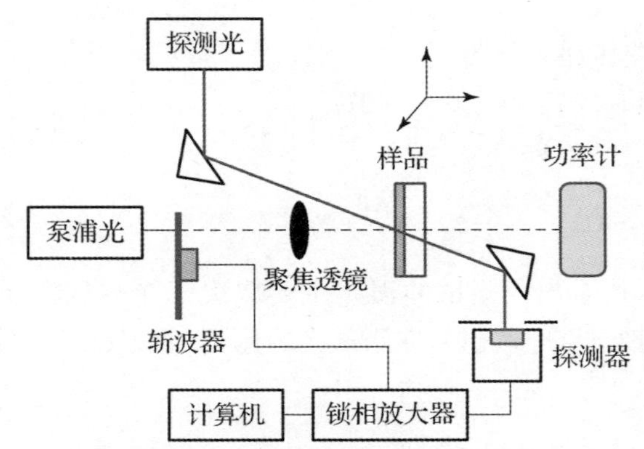

图 7－4 热透镜效应的弱吸收测试原理

当基板的吸收远小于薄膜的吸收时，膜层厚度满足“光薄”（膜厚≪吸收长度）、“热薄”（膜厚≪热扩散长度）条件，基板满足“热厚”条件且光热形变很小，泵浦激光调制频率很低，如在几十赫兹以下时，在任一时刻 t 下，样品表面的光热形变 u 可近似表示为[10]

$$u(r,t)=\frac{AP_0\alpha_{T_S}}{32fR^2\rho_s c_s}e^{\frac{r^2}{4R^2}}[1-\cos(\omega t)] \tag{7-14}$$

热包中心的最大形变高度为

$$u_0=\frac{AP_0\alpha_{T_s}}{16fR^2\rho_s c_s} \tag{7-15}$$

式中：A 为薄膜的吸收率；P_0 为泵浦激光的功率；α_{T_s} 为基板的线性膨胀系数；f 为泵浦激光调制频率；R 为样品表面泵浦激光光斑半径；ρ_s 为基板的密度；c_s 为基板的定压比热；r 为表面热包上某一位置到热包中心的距离；ω 为泵浦激光调制角频率。如图 7－5 所示，采用表面热透镜技术测量典型高反射薄膜吸收损耗的光热信号振幅分布，测试范围为 2.0mm×2.0mm，从振幅分布上看，薄膜吸收率越低则光热信号越弱。

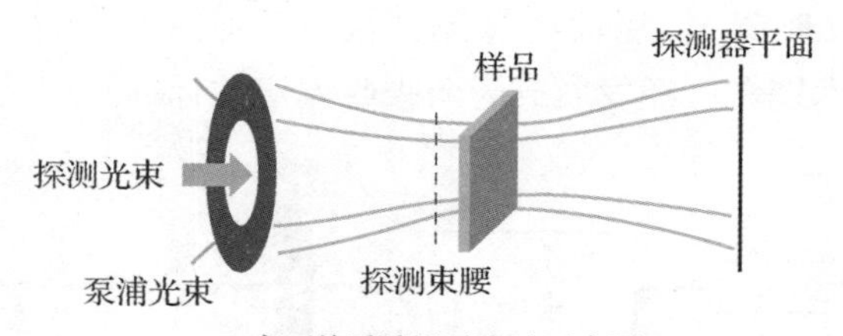

(a) 表面热透镜测试方法示意图

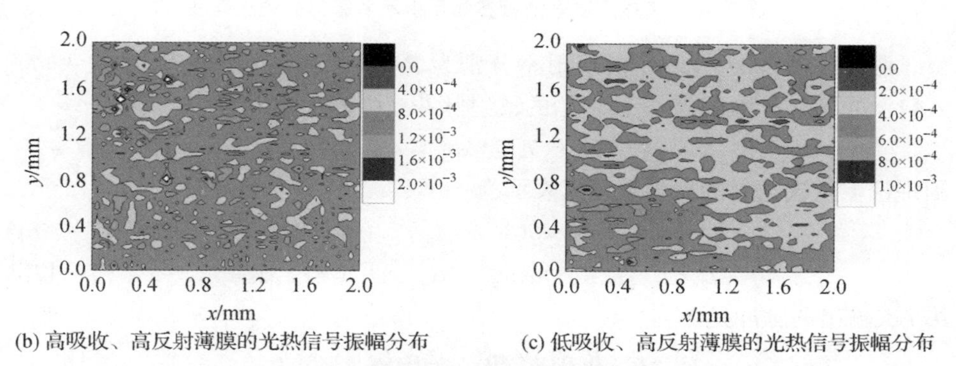

(b) 高吸收、高反射薄膜的光热信号振幅分布　(c) 低吸收、高反射薄膜的光热信号振幅分布

图7-5　表面热透镜测试方法示意图和高反膜实测结果

基于激光热透镜技术测量光学吸收需要关注的几个要素。①样品表面泵浦激光光斑的大小：样品表面泵浦激光聚焦程度越高，吸收测量的灵敏度越高，同时也可以提高吸收测量的径向空间分辨率。②泵浦激光调制频率的选择：低调制频率也是“热薄近似条件”的要求，激光调制频率越低，光热信号越大，才能避免薄膜本身除吸收率以外的特性对测量结果的影响。③探测激光腰斑到样品距离的选择。④探测激光束腰尺寸的选择：减小探测激光的束腰尺寸可以提高测量的灵敏度。

7.4　多层膜总损耗表征技术

7.4.1　谐振腔光衰荡测试原理

7.4.1.1　直腔结构的测试原理

激光器输出的脉冲光入射到由两个腔镜组成的谐振腔内，如图7-6所示。入射到谐振腔内部的光会在腔镜（M_0 和 M_1）之间往返形成振荡，脉冲在腔内往返一次，由于腔镜的透射、吸收和散射以及腔内介质的损耗，脉冲能量会产生衰荡现象，反射镜 M_0 后面的探测器接收光脉冲信号并记录信号的衰荡特性[11,12]。该技术现在已经发展成为弱吸收光谱的标准测试技术。

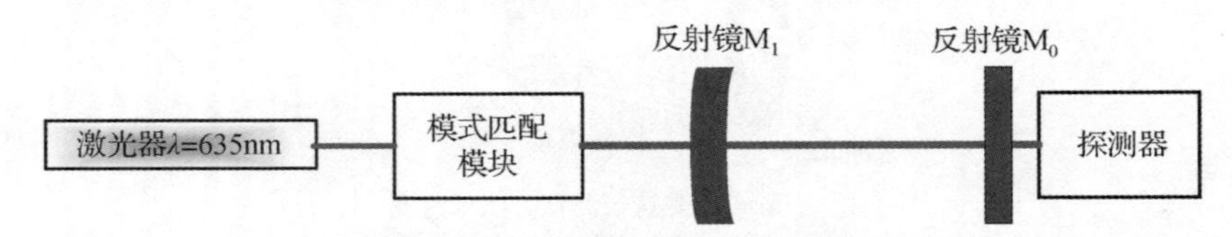

图 7-6　谐振腔衰荡法测量高反射率薄膜样品的原理图

假设反射镜 M_0 和 M_1 的反射率分别为 R_0 和 R_1，透射率分别为 T_0 和 T_1。入射激光脉冲的强度为 I_{int}，初始的透射脉冲光强度为 I_0，则

$$I_0 = I_{\mathrm{int}} T_1 T_0 \exp(-\alpha_0 L_0) \tag{7-16}$$

则理论上依次透射的光强度可以表示为

$$I_1 = I_0 R_0 R_1 \exp(-2\alpha_0 L_0) \quad （第一次） \tag{7-17a}$$

$$I_2 = I_0 (R_0 R_1)^2 \exp(-4\alpha_0 L_0) \quad （第二次） \tag{7-17b}$$

第 j 次输出的脉冲光强为

$$\begin{aligned} I_j &= I_0 (R_0 R_1)^j \exp(-2j\alpha_0 L_0) \\ &= I_0 \exp[-2j\alpha_0 L_0 + j\ln(R_0 R_1)] \end{aligned} \tag{7-18}$$

式中：L_0 为腔长；α_0 为谐振腔内介质吸收系数。将首次激光输出的时刻记为 $t=0$，则 t 时刻光在腔内的循环次数为 $j = t/(2n_0 L_0/c)$，n_0 为谐振腔内介质折射率，c 为光速。得到在 t 时刻输出的光强度为

$$I(t) = I_0 \exp\left\{\frac{t}{2n_0 L_0} c[-2\alpha_0 L_0 + \ln(R_0 R_1)]\right\} \tag{7-19}$$

根据吸收介质的比尔定律，输出光强的衰荡特性为

$$I = I_0 \exp[-t/\tau_0] \tag{7-20}$$

τ_0 为衰荡时间常数，根据式（7-19）将式（7-20）改写为

$$I(t) = I_0 \exp\left\{-t\frac{c[2\alpha_0 L_0 - \ln(R_0 R_1)]}{2n_0 L_0}\right\} \tag{7-21}$$

当脉冲激光入射到谐振腔内时，只有很少的光能够进入谐振腔内形成振荡，每经过一次往返在反射镜 M_0 输出，所以透射光的强度是不连续的。根据光强度单指数衰荡公式（7-21），透射脉冲激光光强的包络线是一条指数函数的衰荡曲线，其特性与谐振腔的长度、谐振腔镜反射率、谐振腔内的损耗相关[13-14]。

根据式（7-21），将谐振腔光的衰荡寿命 τ 定义为出射脉冲光强衰荡为初始光强的 1/e 时经历的时间，从式（7-21）中得到衰荡时间常数 τ_0 为

$$\tau_0 = \frac{n_0 L_0}{c(\alpha_0 L_0 - \ln\sqrt{R_0 R_1})} \tag{7-22}$$

谐振腔内介质为空气 $n_0 = 1$，得到

$$\sqrt{R_0 R_1} = \exp\left\{\alpha_0 L_0 - \frac{L_0}{c\tau_0}\right\} \tag{7-23}$$

如果 $R_0 = R_1$，则将反射率 R_0 变换为损耗 δ_0，则有

$$R_0 = 1 - \delta_0 = \exp\left\{\alpha_0 L_0 - \frac{L_0}{c\tau_0}\right\} \tag{7-24}$$

在损耗很小的情况下，根据 $e^x \approx 1 + x(x \approx 0$ 时$)$，式（7-24）可以写为

$$\delta_0 \cong \frac{L_0}{c\tau_0} - \alpha_0 L_0 \tag{7-25}$$

在损耗越小的情况下，这种近似越精确。因此，通过测试衰荡时间常数 τ_0 就可以得到谐振腔反射镜的反射率 R_0。

7.4.1.2　折叠腔结构的测试原理

测试斜入射工作的超高反射率薄膜样品时，将光路由直腔式变为折叠腔，相当于在谐振腔内增加一个反射面，通过改变谐振腔结构调整光线的入射角度，待测样品 M_R 的反射率为 R_m，如图 7-7 所示，反射镜的入射角度为 45°。

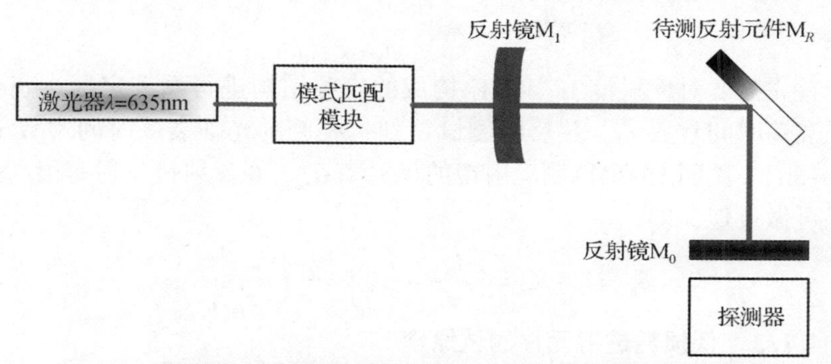

图 7-7　折叠谐振腔衰荡法测量斜入射高反射率薄膜样品的原理图

入射到反射镜 M_1 的激光强度为 I_{int}，初始的透射脉冲光强度为 I_0，即

$$I_0 = I_{int} T_1 \exp(-\alpha_0 L_0) R_m T_0$$

则在理论上依次透射的光强度为

$$I_1 = I_0 (R_0 R_m R_1 R_m) \exp(-2\alpha_0 L_0) \quad \text{（第一次）}$$

$$I_2 = I_0 (R_0 R_m R_1 R_m)^2 \exp(-4\alpha_0 L_0) \quad \text{（第二次）}$$

第 j 次输出的脉冲光强为

$$I_j = I_0 (R_0 R_m R_1 R_m)^j \exp(-2j\alpha_0 L_0) \tag{7-26}$$

式中：L_0 为折叠腔的长度。光在腔内往返一次的时间周期为 $2n_0L_0/c$，将第一次输出记为 $t=0$，则在 t 时刻的输出光强度为

$$I(t)=I_0\exp\left\{\frac{t}{2n_0L_0}c[-2\alpha_0L_0+\ln(R_0R_1R_m^2)]\right\} \tag{7-27}$$

根据式（7－27），并且认为腔内无吸收 $\alpha_0=0$，谐振腔内气体折射率为 $n_0=1$，得到谐振腔出射光强为初始光强 1/e 的衰荡时间常数 τ_m 为

$$\tau_m=\left[-\frac{L_0}{c}\frac{1}{\ln(\sqrt{R_0R_1R_m^2})}\right] \tag{7-28}$$

变换上述公式得到

$$R_m\sqrt{R_0R_1}=\exp\left(-\frac{L_0}{\tau_mc}\right) \tag{7-29}$$

从上述测试原理可知，对于直形结构的谐振腔，两块反射镜的反射率不需要完全相同。为了降低测试过程的不稳定性，一般将 M_0 反射镜与探测器的相对位置固定，同时为了保证腔内光强度相对较强，要求 M_1 反射镜具有一定的透射率。根据式（7－23）和式（7－29），折叠腔中待测试的反射镜总反射率为

$$R_m=\frac{R_m\sqrt{R_0R_1}}{\sqrt{R_0R_1}}=\frac{\exp\left(-\frac{L_0}{c\tau_m}\right)}{\exp\left(-\frac{L_0}{c\tau_0}\right)}=\exp\left(\frac{L_0}{c\tau_0}-\frac{L_0}{c\tau_m}\right) \tag{7-30}$$

因此，首先需要对反射镜 M_0 和 M_1 构成的直腔结构进行系统定标，获得直腔的光强衰荡时间常数 τ_0，然后再测试得到折叠腔的光强衰荡时间常数 τ_m，从式（7－30）中可以解出待测反射镜的反射率 R_m，在反射镜反射率很高的情况下，仍可做近似，即

$$\delta_m=1-R_m=\left(\frac{L_0}{c\tau_m}-\frac{L_0}{c\tau_0}\right)=\frac{L_0}{c}\left(\frac{\tau_0-\tau_m}{\tau_m\tau_0}\right) \tag{7-31}$$

7.4.1.3 低损耗透射元件测试原理

当在直腔内放置减反射透射元件时，等效于在谐振腔内增加两个透射面，入射角度为 0°，如图 7－8 所示，谐振腔长为 L_0，待测元件厚度为 L_t，元件的透射率为 T_t，除去元件厚度的谐振腔长为 $L'=L_0-L_t$。入射到反射镜 M_1 的激光强度为 I_{int}，初始的透射脉冲光强度为 I_0，即

$$I_0=I_{int}T_1\exp(-\alpha_0L')T_tT_0$$

依次透射光强度在理论上表示为

$$I_1=I_0(R_0R_1T_t^2)\exp(-2\alpha_0L') \quad \text{（第一次）}$$

$$I_2=I_0(R_0R_1T_t^2)^2\exp(-4\alpha_0L') \quad \text{（第二次）}$$

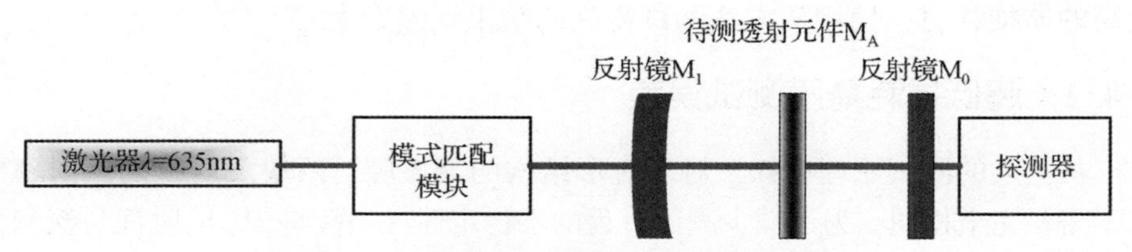

图7-8 透射元件减反膜总损耗测试示意图

第 j 次输出的脉冲光强度为

$$I_j = I_0 (R_0 R_1 T_t^2)^j \exp(-2j\alpha_0 L') \tag{7-32}$$

简化为

$$\begin{aligned} I_j &= I_0 (R_0 R_1 T_t^2)^j \exp(-2j\alpha_0 L') \\ &= I_0 \exp[-2j\alpha_0 L' + 2j\ln(\sqrt{R_0 R_1 T_t^2})] \end{aligned} \tag{7-33}$$

光在腔内往返一次的时间周期为

$$[2n_0(L_0 - L_t) + 2n_t L_t]/c$$

将第一次输出时刻作为 $t=0$ 点，则在 t 时刻输出的光强度为

$$I(t) = I_0 \exp\left\{-tc\frac{[\alpha_0 L' - \ln(T_t\sqrt{R_0 R_1})]}{[n_0(L_0 - L_t) + n_t L_t]}\right\} \tag{7-34}$$

得到谐振腔的光衰荡时间常数 τ_t 为

$$\tau_t = \frac{n_0(L_0 - L_t) + n_t L_t}{c[\alpha_0(L_0 - L_t) - \ln(T_t\sqrt{R_0 R_1})]} \tag{7-35}$$

出射的脉冲光强度衰荡为初始光强的 1/e 时，谐振腔内的吸收系数 $\alpha_0=0$，谐振腔内的折射率 $n_0=1$，从式（7-35）得到

$$T_t\sqrt{R_0 R_1} = \exp\left[-\frac{(L_0 - L_t) + n_t L_t}{c\tau_t}\right] \tag{7-36}$$

将式（7-36）除以式（7-23），得到

$$\frac{T_t\sqrt{R_0 R_1}}{\sqrt{R_0 R_1}} = \exp\left[-\frac{(L_0 - L_t) + n_t L_t}{c\tau_t}\right] \Big/ \exp\left\{-\frac{L_0}{c\tau_0}\right\} \tag{7-37}$$

进一步得到

$$T_t = \exp\left[-\frac{(L_0 - L_t) + n_t L_t}{c\tau_t} + \frac{L_0}{c\tau_0}\right] \tag{7-38}$$

当 T_t 接近于1时，$\delta_t = 1 - T_t$，式（7-38）可写为

$$\delta_t \cong \left[\frac{(L_0 - L_t) + n_t L_t}{c\tau_t} - \frac{L_0}{c\tau_0}\right] \tag{7-39}$$

此处的总损耗 δ_t 包含了薄膜的总损耗和元件本身的体损耗，当元件具有较高的体损耗时，使用该方法测试得到的结果误差较大。

7.4.2 超低损耗薄膜测试误差

从上述的测试原理可知，对于直形结构的谐振腔，两块反射镜的反射率可以不需要完全相同。为了减少测试过程的不稳定性，一般将 M_0 反射镜与探测器的相对位置固定，使 M_1 反射镜具有一定的透射率。因此，首先需要对反射镜 M_0 和 M_1 构成的直腔结构进行系统定标。根据式（7-25）得到直腔的总损耗为

$$\delta_0 = \left(\frac{n_0 L_0}{c\tau_0} - \alpha_0 L_0\right) \tag{7-40}$$

忽略腔内吸收且 $n_0 = 1$，可以得到

$$\delta_0 = \frac{L_0}{c\tau_0} \tag{7-41}$$

在后续的测试研究中，使用的谐振腔直腔长度为44.68cm，45°折叠腔的长度为62.50cm，腔长的选择满足直腔和折叠腔的稳定性条件；激光波长为635nm，脉冲宽度为3ns，探测器的采样频率为50MHz，触发时间为5μs（探测器开始工作到关闭光开关的时间间隔），光强度全采样时间为35μs，探测器响应时间小于1ns，可实现 10^{-6} 量级的薄膜总损耗测试。

测试直腔得到的光强衰荡曲线见图7-9，将触发点5μs处记为光强衰荡曲线的起点，对图7-9中的衰荡曲线进行指数衰减模型拟合，如图7-10所示。拟合得到的时间衰荡常数 $\tau_0 = 5.483\mu s$，用式（7-41）计算得到整个系统的损耗为 2.6909×10^{-4}，误差为 $\pm 1.5 \times 10^{-7}$。

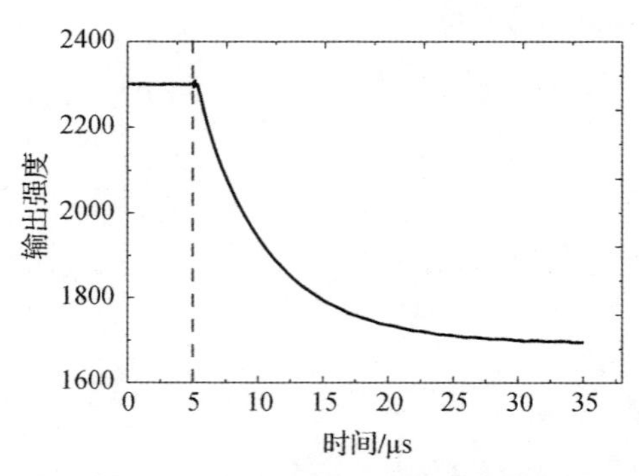

图7-9 直腔系统的光强衰荡曲线

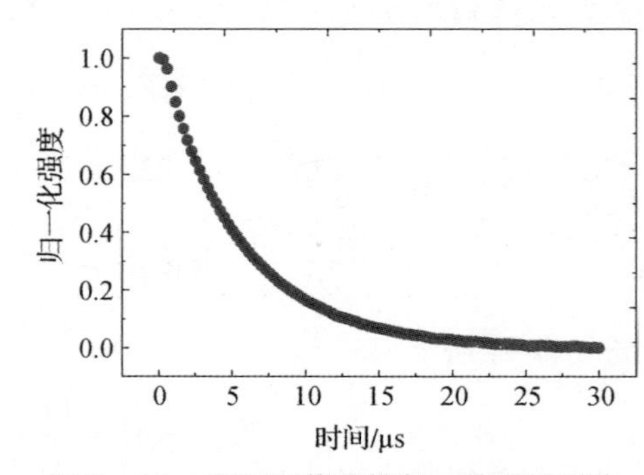

图7-10 光强衰荡曲线归一化后的拟合

对于确定高反射膜和减反射膜的测试误差，一方面是来自于系统的误差，另一方面上述各项的正负号往往又无法确定，为了迅速给出一个足够大

的误差范围，便于对结果进行定性判断分析，以确定哪个因素对测量结果的总误差影响最大[15]，等式右边各项误差系数均取绝对值。根据误差分析理论和式（7-31），高反射薄膜损耗测量的绝对误差公式为

$$\begin{aligned}\Delta\delta_{\mathrm{m}} &= \left|\frac{\partial\delta_{\mathrm{m}}}{\partial L}\right|\Delta L + \left|\frac{\partial\delta_{\mathrm{m}}}{\partial\tau_{\mathrm{m}}}\right|\Delta\tau_{\mathrm{m}} + \left|\frac{\partial\delta_{\mathrm{m}}}{\partial L_0}\right|\Delta L_0 + \left|\frac{\partial\delta_{\mathrm{m}}}{\partial\tau_0}\right|\Delta\tau_0 \\ &= \frac{1}{c\tau_{\mathrm{m}}}\Delta L + \frac{1}{\tau_{\mathrm{m}}^2}\frac{L}{c}\Delta\tau_{\mathrm{m}} + \frac{1}{c\tau_0}\Delta L_0 + \frac{1}{\tau_0^2}\frac{L_0}{c}\Delta\tau_0 \end{aligned} \tag{7-42}$$

相对误差公式为

$$\begin{aligned}\frac{\Delta\delta_{\mathrm{m}}}{\delta_{\mathrm{m}}} &= \left|\frac{\partial\delta_{\mathrm{m}}}{\partial L}\right|\frac{\Delta L}{\delta_{\mathrm{m}}} + \left|\frac{\partial\delta_{\mathrm{m}}}{\partial\tau_{\mathrm{m}}}\right|\frac{\Delta\tau_{\mathrm{m}}}{\delta_{\mathrm{m}}} + \left|\frac{\partial\delta_{\mathrm{m}}}{\partial L_0}\right|\frac{\Delta L_0}{\delta_{\mathrm{m}}} + \left|\frac{\partial\delta_{\mathrm{m}}}{\partial\tau_0}\right|\frac{\Delta\tau_0}{\delta_{\mathrm{m}}} \\ &= \frac{1}{c\tau_{\mathrm{m}}}\frac{\Delta L}{\delta_{\mathrm{m}}} + \frac{1}{\tau_{\mathrm{m}}^2}\frac{L}{c}\frac{\Delta\tau_{\mathrm{m}}}{\delta_{\mathrm{m}}} + \frac{1}{c\tau_0}\frac{\Delta L_0}{\delta_{\mathrm{m}}} + \frac{1}{\tau_0^2}\frac{L_0}{c}\frac{\Delta\tau_0}{\delta_{\mathrm{m}}} \end{aligned} \tag{7-43}$$

利用上述的系统参数计算绝对误差和相对误差的分配，以总损耗为 8.5×10^{-5} 的样品进行模拟计算，结果见表7-1。从误差分配来看，两个谐振腔长度误差导致的测试误差比例相当，两次衰荡时间常数的误差比例相当。

表7-1　高反射膜时间衰荡法测试的误差分配计算结果

变量		误差传递系数	变量最大绝对误差	总损耗的绝对误差/$\times10^{-8}$	相对误差
直腔长度 L_0	0.4468m	5.12×10^{-4}	1.00×10^{-4}m	5.1	0.102%
直腔衰荡时间常数 τ_0	5.520μs	48.9	1.00×10^{-9}s	4.9	0.098%
折叠腔长度 L	0.6250m	6.04×10^{-4}	1.00×10^{-4}m	6.0	0.121%
折叠腔衰荡时间常数 τ_{m}	4.190μs	49.1	1.00×10^{-9}s	4.9	0.098%

针对不同损耗的薄膜样品测试，假定谐振腔的长度和直腔时间衰荡常数不变，利用式（7-42）和式（7-43）计算得到测试的绝对误差和相对误差与总损耗的关系，如图7-11和图7-12所示。计算结果表明，总损耗越小测试的绝对误差就越小，相对误差较大；当总损耗增大时，绝对误差增大，相对误差变小。

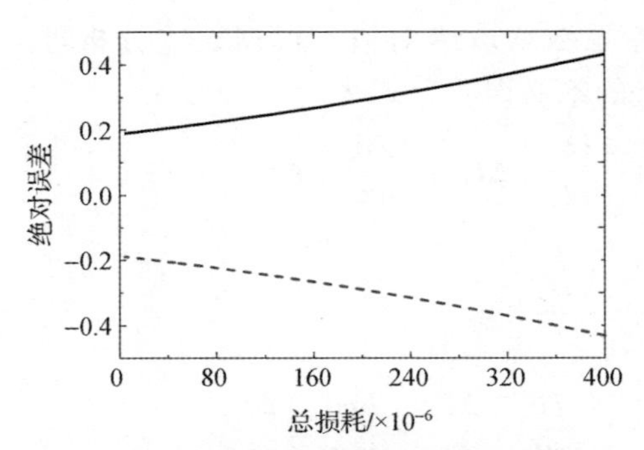

图 7－11　不同损耗高反膜的测试绝对误差

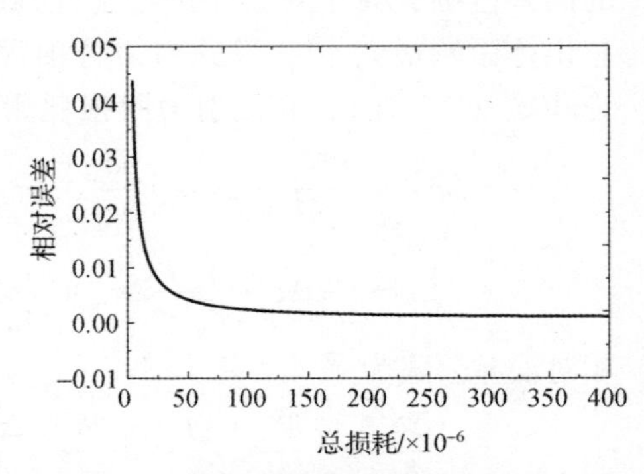

图 7－12　不同损耗高反膜的测试相对误差

根据式（7－39），减反射薄膜损耗测试的误差传递公式为

$$\begin{aligned}\Delta\delta_{\mathrm{t}} &= \left|\frac{\partial\delta_{\mathrm{t}}}{n_{\mathrm{t}}}\right|\Delta n_{\mathrm{t}} + \left|\frac{\partial\delta_{\mathrm{t}}}{L_{\mathrm{t}}}\right|\Delta L_{\mathrm{t}} + \left|\frac{\partial\delta_{\mathrm{t}}}{L_0}\right|\Delta L_0 + \left|\frac{\partial\delta_{\mathrm{t}}}{\tau_{\mathrm{t}}}\right|\Delta\tau_{\mathrm{t}} + \left|\frac{\partial\delta_{\mathrm{t}}}{\tau_0}\right|\Delta\tau_0 \\ &= \left(\frac{L_{\mathrm{t}}}{c\tau_{\mathrm{t}}}\right)\Delta n_{\mathrm{t}} + \left(\frac{n_{\mathrm{t}}-1}{c\tau_{\mathrm{t}}}\right)\Delta L_{\mathrm{t}} + \left(\frac{1}{c\tau_{\mathrm{t}}} - \frac{1}{c\tau_0}\right)\Delta L_0 \\ &\quad + \left[\frac{n_{\mathrm{t}}L_{\mathrm{t}} + (L_0 - L_{\mathrm{t}})}{c\tau_{\mathrm{t}}^2}\right]\Delta\tau_{\mathrm{t}} + \frac{L_0}{c\tau_0^2}\Delta\tau_0 \end{aligned} \tag{7-44}$$

相对误差公式为

$$\begin{aligned}\frac{\Delta\delta_{\mathrm{t}}}{\delta_{\mathrm{t}}} &= \left|\frac{\partial\delta_{\mathrm{t}}}{n_{\mathrm{t}}}\right|\frac{\Delta n_{\mathrm{t}}}{\delta_{\mathrm{t}}} + \left|\frac{\partial\delta_{\mathrm{t}}}{L_{\mathrm{t}}}\right|\frac{\Delta L_{\mathrm{t}}}{\delta_{\mathrm{t}}} + \left|\frac{\partial\delta_{\mathrm{t}}}{L_0}\right|\frac{\Delta L_0}{\delta_{\mathrm{t}}} + \left|\frac{\partial\delta_{\mathrm{t}}}{\tau_{\mathrm{t}}}\right|\frac{\Delta\tau_{\mathrm{t}}}{\delta_{\mathrm{t}}} + \left|\frac{\partial\delta_{\mathrm{t}}}{\tau_0}\right|\frac{\Delta\tau_0}{\delta_{\mathrm{t}}} \\ &= \left(\frac{L_{\mathrm{t}}}{c\tau_{\mathrm{t}}}\right)\frac{\Delta n_{\mathrm{t}}}{\delta_{\mathrm{t}}} + \left(\frac{n_{\mathrm{t}}-1}{c\tau_{\mathrm{t}}}\right)\frac{\Delta L_{\mathrm{t}}}{\delta_{\mathrm{t}}} + \left(\frac{1}{c\tau_{\mathrm{t}}} - \frac{1}{c\tau_0}\right)\frac{\Delta L_0}{\delta_{\mathrm{t}}} \\ &\quad + \left[\frac{n_{\mathrm{t}}L_{\mathrm{t}} + (L_0 - L_{\mathrm{t}})}{c\tau_{\mathrm{t}}^2}\right]\frac{\Delta\tau_{\mathrm{t}}}{\delta_{\mathrm{t}}} + \frac{L_0}{c\tau_0^2}\frac{\Delta\tau_0}{\delta_{\mathrm{t}}} \end{aligned} \tag{7-45}$$

注意，上述公式必须满足如下的条件，否则当误差较大时必须考虑高阶项，即

$$\left|\frac{\Delta L_0}{L_0}\right| \ll 1,\ \left|\frac{\Delta\tau_{\mathrm{t}}}{\tau_{\mathrm{t}}}\right| \ll 1,\ \left|\frac{\Delta\tau_0}{\tau_0}\right| \ll 1\ \left|\frac{\Delta n_{\mathrm{t}}}{n_{\mathrm{t}}}\right| \ll 1$$

计算得到的减反膜测试误差分配比例见表 7－2。其中样品折射率的误差影响最小，其次是样品厚度和谐振腔长度误差，影响最大的仍是谐振腔衰荡时间常数。

针对不同损耗的减反射薄膜样品，仍假定谐振腔的长度和直腔衰荡时间常数不变，在不考虑基板材料的厚度和折射率误差时，利用式（7－44）和式（7－45）计算得到测试的绝对误差和相对误差与总损耗的关系，如图 7－13

和图 7-14 所示。计算结果表明，减反膜的测试误差与高反膜的测试误差量级相当。

表 7-2　减反射薄膜损耗测试的误差分配计算结果

变量		误差传递系数	变量最大绝对误差	总损耗的绝对误差/ $\times 10^{-8}$	相对误差
直腔长度 L_0	0.4468m	1.08×10^{-4}	1.00×10^{-4}m	1.1	0.022%
直腔衰荡时间常数 τ_0	5.520μs	48.9	1.00×10^{-9}s	4.9	0.098%
样品厚度 L_t	0.0060m	3.25×10^{-4}	1.00×10^{-4}m	3.3	0.065%
样品折射率 n_t	1.457	4.27×10^{-6}	0.001	4.0	0.009%
折叠腔衰荡时间常数 τ_t	4.685μs	68.3	1.00×10^{-9}s	6.8	0.137%

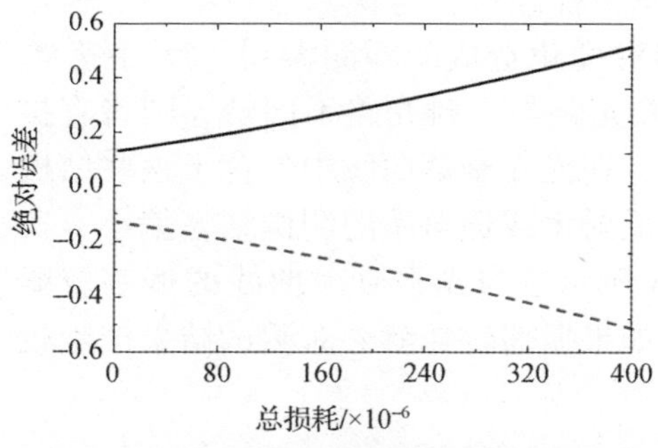

图 7-13　不同损耗减反膜的测试绝对误差

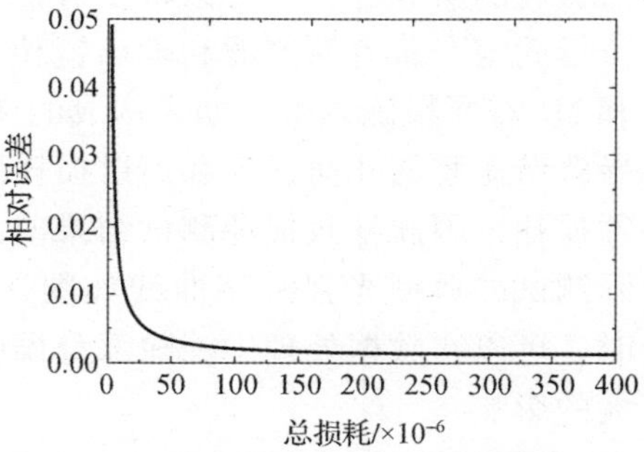

图 7-14　不同损耗减反膜的测试相对误差

7.4.3　光强衰荡曲线测试误差

光强度衰荡曲线的时间衰减常数与待测反射镜的反射率密切相关，如图 7-15所示。从谐振腔光强衰荡法的测试原理可知，损耗越小的反射镜用腔衰荡法测试越精确。光强衰荡曲线的获得是低损耗测试的首要问题，下面给出几种典型的测试误差并给出实际测试的调整方法。

入射激光的脉冲宽度要小于光在谐振腔内往返一次的渡越时间。脉冲宽度大于渡越时间时，谐振腔内产生光的干涉效应，随着光在腔内往返次数的增加，干涉相长的现象越明显，无法清晰分辨出脉冲形状，输出后的脉冲能量随着时间变化不是单调的衰荡曲线，而是振荡的光强衰荡曲线。因此需控制脉冲宽度与渡越时间的比例，一方面选择脉冲宽度小于渡越时间的激光器，另一方面也可以通过调整谐振腔的长度增加渡越时间。

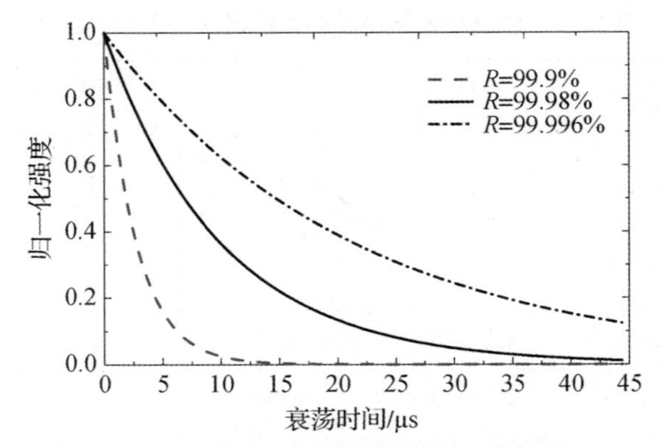

图 7-15　腔镜 M_1 反射率对光强衰荡曲线的影响

谐振腔结构失调造成的测试误差。反射镜 M_0、M_1 和待测薄膜样品都是谐振腔的组成部分，可以将反射镜 M_0 作为标准镜，与探测器在结构上相对位置固定，避免探测器和输出镜位置相对变化造成的探测误差。反射镜 M_0 和 M_1 需要精确调整，如果构成的谐振腔光路与入射光路不同轴，则将直接导致谐振腔的几何损耗和衍射损耗增加，在光强衰荡曲线中包含了这些结构性损耗，因此导致损耗测试结果偏大，反射率或透射率的测试结果偏小。实际测试的典型光强衰荡曲线如图 7-16 所示，当光强衰减曲线的振荡较弱时，可以在数据处理中消除部分误差，如果振荡较强就会对测试结果产生较大的影响。

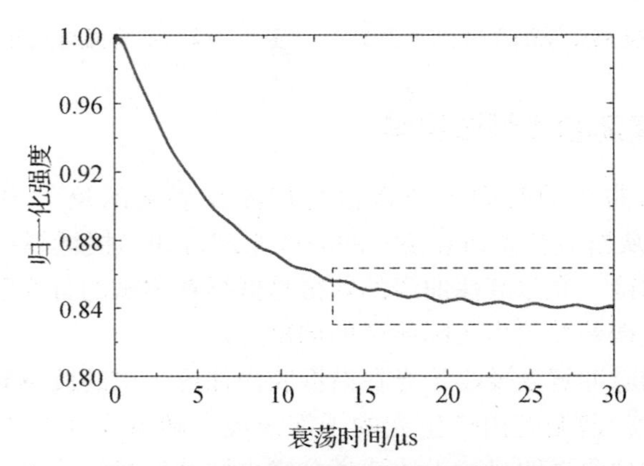

图 7-16　典型有振荡的光强衰荡曲线

综上两点因素，对测试仪器的操作提出关键要求，以图7-6的直腔为例，给出如下的谐振腔调整方法：①首先去掉反射镜M_1，微调反射镜M_0的位置将入射到表面的反射光斑与模式耦合输出镜的输出光斑位置一致；②将反射镜M_0与探测器的相对位置固定，加上反射镜M_1并微调整其俯仰和倾斜，使反射镜M_1的腔外表面反射的光斑与模式耦合输出镜的输出光斑位置一致；③以光强输出衰荡曲线为准，观察光强衰荡曲线起始点是否为最大，如果光强度的变化起伏较高，则继续调整反射镜M_1，直至光强衰荡的起始点相对最大为止；④观察输出光强曲线是否有如图7-16中所示的衰荡振荡情况，如果出现振荡的现象则微调反射镜M_0的俯仰和倾斜，直至没有振荡为止。经过上述四个过程的谐振腔调整，可以降低测试过程的人为误差，加入待测的薄膜样品后，谐振腔的调整方法可参考本过程。

7.4.4 衰荡时间常数拟合精度

损耗测试的精确度与衰荡时间常数τ的计算相关，τ的计算决定了损耗测试结果的准确性。对于严格的振荡谐振腔，腔的输出光信号应遵从单指数衰荡的规律，因此需要将谐振腔调整到最佳衰荡振荡的状态。图7-17给出了典型的光强衰荡测试结果，选择区间Ⅰ、区间Ⅱ、区间Ⅲ的数据点分别进行拟合计算，结果如图7-18所示。如果衰荡曲线的衰减时间常数相同，那么则说明单指数衰荡规律成立，谐振腔的调整非常成功保证了测试精度。

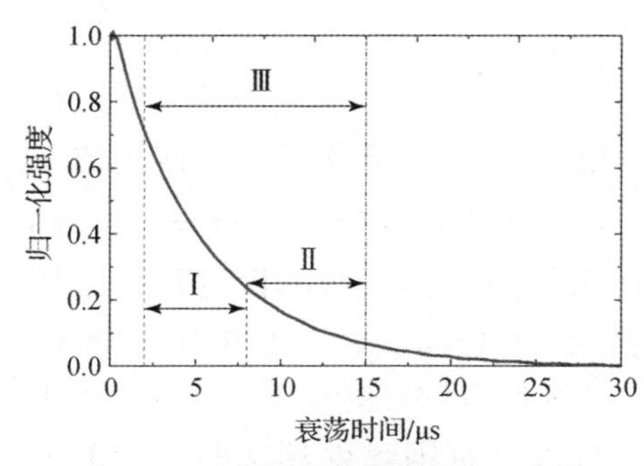

图7-17 光强衰荡曲线的分段表示

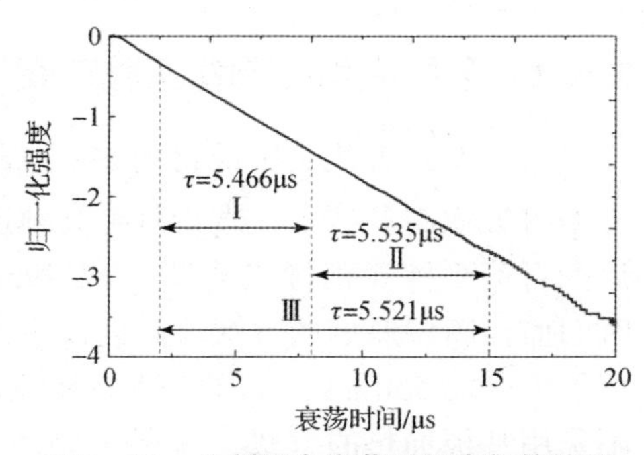

图7-18 分段拟合衰荡时间常数的结果

衰荡时间常数τ的拟合计算与光强衰荡的起始时间和终止时间相关，下面分别讨论τ与两个参数之间的关系。对于图7-17所示的实验测试光强衰荡曲线，由于光开关的响应时间为0.4μs，则从0.4μs开始可以认为衰荡曲线已经不受光开关的影响，谐振腔的透射光强度以一定的特征衰荡输出。固定数据终止点，改变拟合的起始点，整个曲线的评价函数MSE值比较平缓，说明起始点的选择对衰荡常数的拟合影响不大，如图7－19所示；固定数据起始点，改变拟合的终止点，整个衰荡曲线的评价函数MSE值单调变化，如图7－20所示。从计算结果来看，终止点的选择对衰荡常数的拟合结果影响较大，这个现象主要是由于终止点的光强度信号较弱，信噪比与起始的一段时间内相比要差，同时也可说明信噪比是时间的函数，因此实际测试得到光强度衰荡曲线的单指数衰荡模型正确。

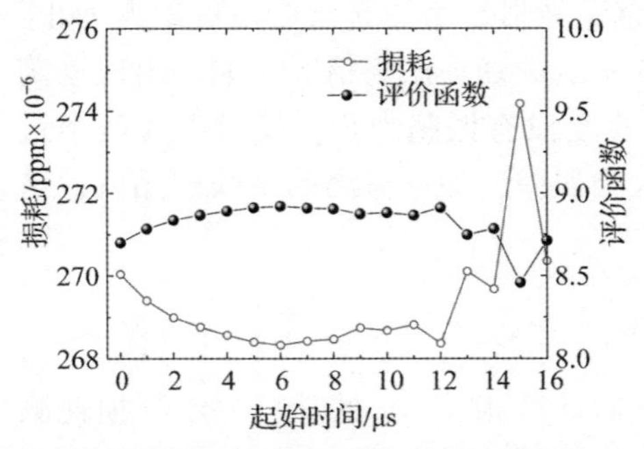

图7－19　起始点对拟合τ参数的影响

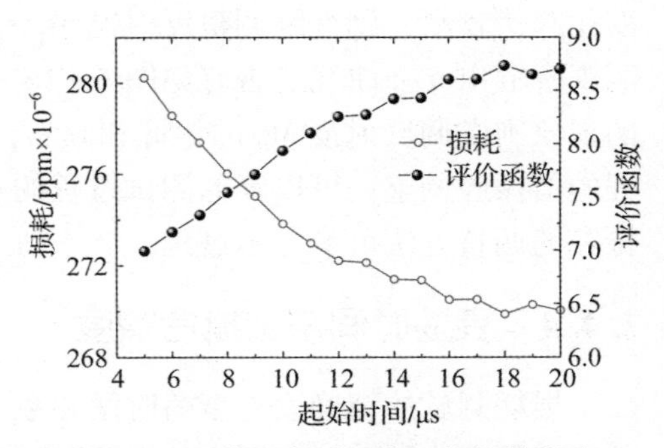

图7－20　终止点对拟合τ参数的影响

7.5　低损耗多层膜测试表征结果

7.5.1　多层膜样品制备实验方案

（1）制备方法：膜层材料选择Ta_2O_5和SiO_2两种薄膜材料，使用离子束溅射沉积制备技术，直接溅射高纯度金属Ta（靶材的纯度＞99.95%）和熔融石英靶材（靶材的纯度＞99.995%）获得多层膜，在沉积过程中采用时间监控膜层厚度的方法。溅射离子源的口径为16cm，离子束电压1200V，离子束电流550mA，工作气体为高纯氩气（纯度＞99.999%），制备过程中不采用基板加热的方式，多层膜制备后进行大气氛围热处理实验（250℃，保温24h）。

（2）实验样品：选择超光滑的远紫外熔融石英（Φ25mm×6mm）和超光滑的单晶硅片作为基板，分别加工为双面抛光和单面抛光，基板表面的粗糙度优于0.2nm。石英样品用于光谱透射率测试、散射损耗测试、吸收损耗和总损耗测试，硅片样品则用于多层膜横断面的结构测试。多层膜的设计波长为632.8nm，采取第4章的膜系结构，具体实验样品安排见表7－3。

表 7-3 实验样品的制备和测试项目

	样品编号	层数	热处理	表面形貌	散射损耗	吸收损耗	透射损耗	剩余反射损耗	总损耗
45°高反膜	G061827	33	250℃/24h	轮廓仪	*	—	*	—	*
	G100326	33	250℃/24h	轮廓仪	*	—	*	—	*
	120881	29	—	—	—	*	—	—	—
	090652	29	—	—	—	*	—	—	—
	112575	33	250℃/24h	—	—	*	—	—	—
	121131	33	250℃/24h	—	—	*	—	—	—
	130831	29	250℃/24h	—	—	*	—	—	—
	110218	29	250℃/24h	—	—	*	—	—	—
0°减反膜	A061715	2	—	轮廓仪	*	—	—	*	*
	A080267	2	—	轮廓仪	*	—	—	*	*

7.5.2 多层膜制备误差修正方法

在多层膜制备过程中，膜层厚度制备的精准性决定了实际结果与设计结果的一致性。一方面，从离子束溅射技术的优点出发考虑，折射率的误差与工艺参数稳定性的关联性较大，当工艺参数控制稳定时，其偏差一般不超过5‰，而且在理论上可以证明，折射率偏差在5‰以内对薄膜的性能影响不严重；另一方面，用物理厚度标定沉积速率是在一定的沉积时间下完成的，由于在离子束溅射沉积过程中，离子源栅网的热稳定、靶表面温度场分布、真空室内分子的热运动以及基板表面温度场分布等因素均是时间的函数，随着时间的增加沉积速率逐渐趋于稳定[16]。因此，常规标定的沉积速率是沉积时间的函数，即沉积系统具有一定的系统误差，这种系统误差在下面的讨论中可认为是线性误差。从具体的多层膜系出发，膜系结构中 H 层和 L 层的物理厚度也不同，因此必须对具体膜系进行系统误差修正，修正方法如图 7-21 所示。

在镀膜实验中，首先在熔融石英基板上沉积设计多层膜系，通过分光光度计测试出正入射光谱透射率，再用椭圆偏振光谱仪测试出反射椭偏光谱，将两

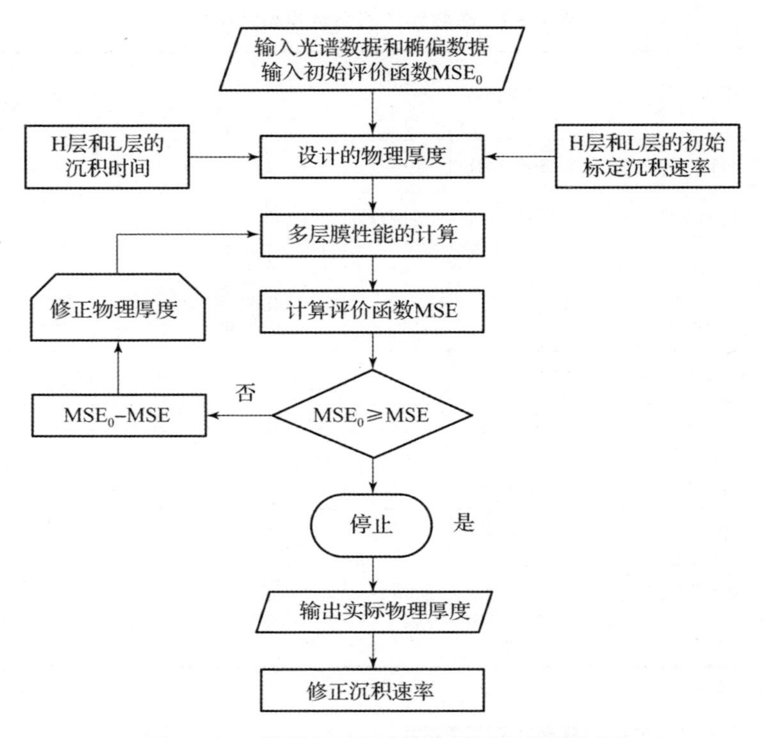

图 7-21　膜层物理厚度误差修正的计算流程

个光谱复合作为优化的目标，基于 OptiLayer 薄膜设计软件对复合目标数据进行反演，选择适当的迭代算法反演计算出薄膜的真实厚度。将反演计算的光谱曲线与实际测试结果相比较，构建的反演拟合评价函数为

$$\mathrm{MSE}=\sqrt{\frac{1}{N}\sum_{i=1}^{N}\left[\left(\frac{\Psi_i^{\mathrm{mod}}-\Psi_i^{\mathrm{exp}}}{\sigma_{\Psi,i}^{\mathrm{exp}}}\right)^2_{\theta=45^\circ}+\left(\frac{\Delta_i^{\mathrm{mod}}-\Delta_i^{\mathrm{exp}}}{\sigma_{\Delta,i}^{\mathrm{exp}}}\right)^2_{\theta=45^\circ}+\left(\frac{T_i^{\mathrm{mod}}-T_i^{\mathrm{exp}}}{\sigma_{T,i}^{\mathrm{exp}}}\right)^2_{\theta=0^\circ}\right]} \tag{7-46}$$

评价函数中相关参数的意义在式（3-22）中已经详细阐述。

图 7-22 给出了理论设计的反射椭偏参数（Ψ 和 Δ）和光谱透射率，在石英基板上制备设计的高反膜，将测试的光谱透射率和反射椭偏参数与理想设计相比，如图 7-23 所示。从图 7-23 中可以看出，实际中心波长偏离了理想设计向短波方向移动。利用测试的 0°光谱透射率和 45°反射椭偏光谱进行反演计算，优化物理厚度得到的曲线见图 7-23，反演计算与测试的结果吻合程度较好，整体的评价函数 MSE = 2.6798。根据优化的结果判定每层膜物理厚度偏

差，如图7－24所示。随着沉积时间的增加，L层物理厚度逐渐减小，H层的物理厚度逐渐增加，说明沉积系统存在沉积速率线性系统误差，沉积速率修正的结果见图7－25。

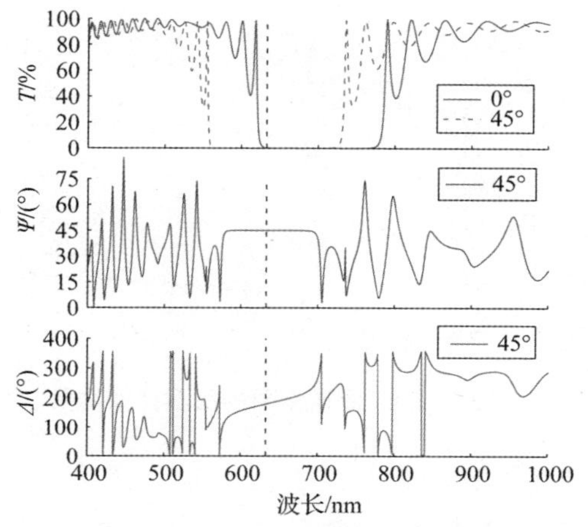

图7－22 高反射膜理想设计结果

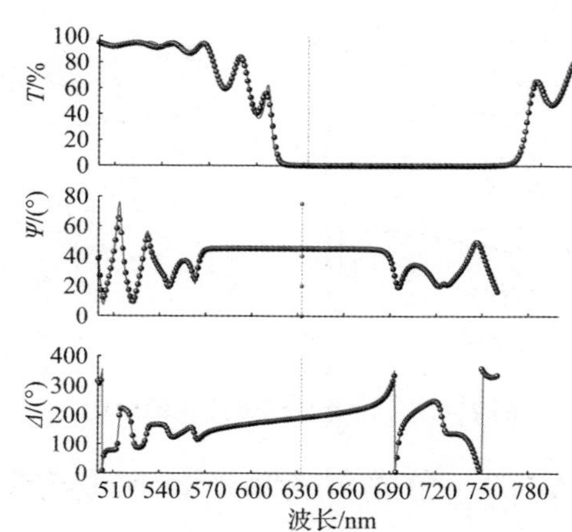

图7－23 实际制备样品的光谱拟合结果

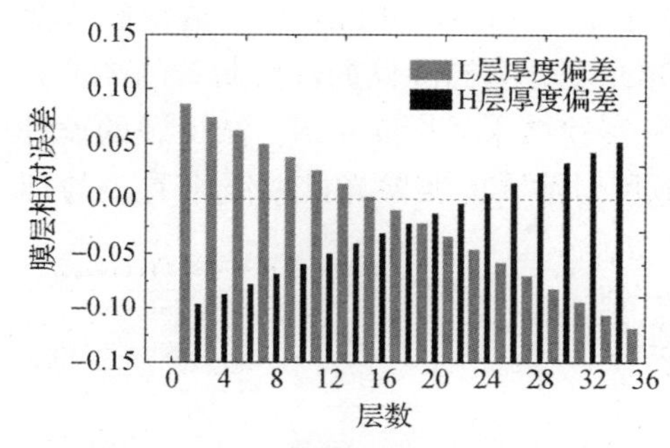

图7－24 膜层物理厚度的相对误差

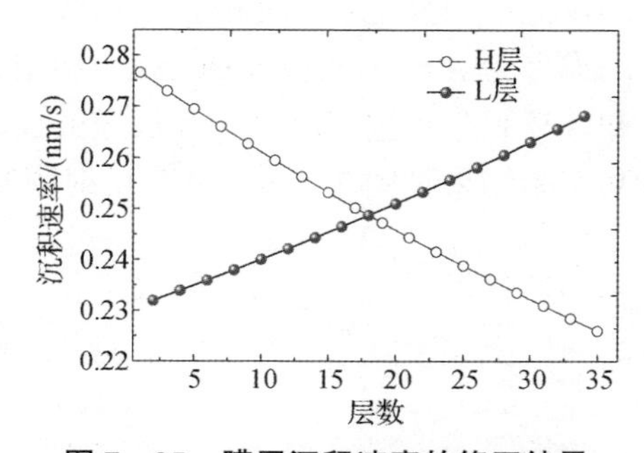

图7－25 膜层沉积速率的修正结果

将理论设计的两层减反射薄膜在石英基板上制备，测试的光谱透射率和反射率、反射椭偏光谱与理论设计的结果对比如图7－26所示，两种光谱与理论设计相比短波方向偏离较大，反射椭偏光谱的变化较为明显。将物理厚度作为优化变量，得到优化结果与测试结果的对比曲线，优化后与测试的结果吻合程度较好，整体的评价函数MSE＝1.8798，如图7－27所示，通过修正物理厚度可以获得中心波长的偏差。H层物理厚度的相对误差为6.71%，L层物理厚度的相对误差为1.49%，所以两层膜的沉积速率误差的相对修正值分别为6.71%和1.49%。

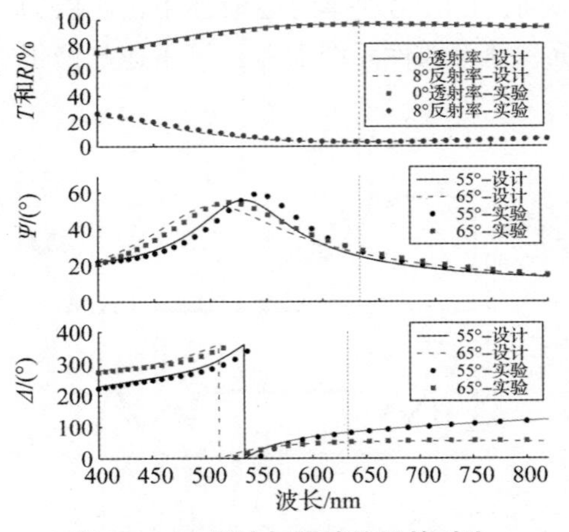

图 7-26 设计与测试结果的对比

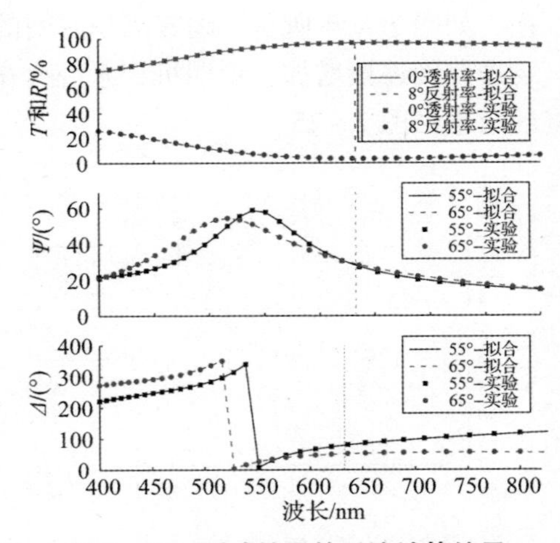

图 7-27 测试结果的反演计算结果

7.5.3 分光与椭偏光谱测试结果

利用 7.5.2 节中的系统误差修正结果，按照 7.5.1 节中的实验安排，分别制备了高反射膜和减反射薄膜的样品，高反膜样品的编号为 G061827、G100326、120881、090652、112575、121131、130831 和 110218，减反膜样品的编号为 A061715 和 A080267。利用分光光度计和椭圆偏振仪对制备的高反膜和减反膜分别进行测试。高反膜的设计和实验结果见图 7-28，减反膜的设计和实验结果见图 7-29。从高反射膜和减反射薄膜的实验光谱曲线来看，与理

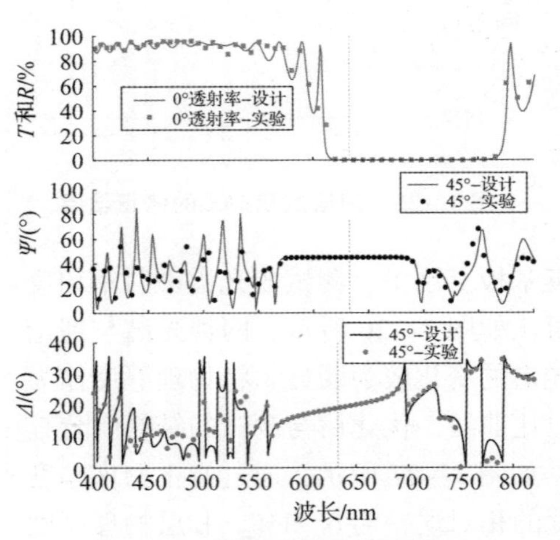

图 7-28 高反膜的光谱透射率和反射椭偏光谱

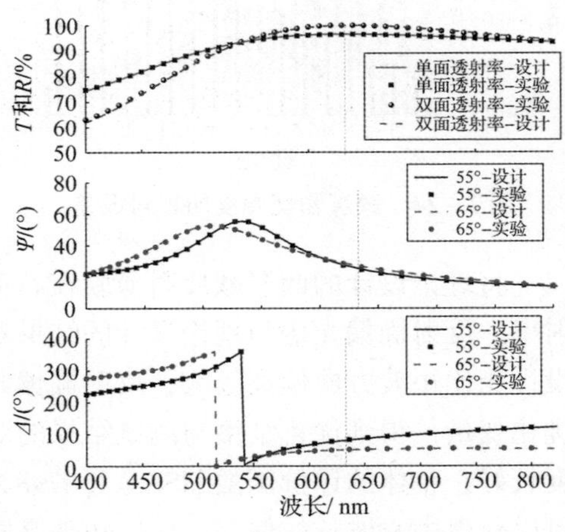

图 7-29 减反膜的光谱透射率和反射椭偏光谱

论设计光谱基本吻合，由于分光光度计的波长精度较高，从两个图中可以看出设计波长无偏差。

7.5.4　超低损耗高反膜测试结果

7.5.4.1　表面形貌测试

对高反膜样品 G061827 和 G100326 使用 ZYGO 表面显微轮廓仪进行表面粗糙度测试，测试区域为 0.702mm×0.526mm，物镜放大倍率为 10X。对测试的表面粗糙度数据低通滤波处理，与镀膜前的基板相比，镀膜后和热处理后的表面粗糙度均有降低趋势。①样品 G061827 镀膜前表面粗糙度为 0.414nm，镀膜后的表面粗糙度为 0.329nm，热处理后的表面粗糙度为 0.219nm，如图 7－30所示。②样品 G100326 镀膜前的表面粗糙度为 0.342nm，镀膜后的表面粗糙度为 0.256nm，热处理后表面粗糙度为 0.189nm，如图 7－31 所示。

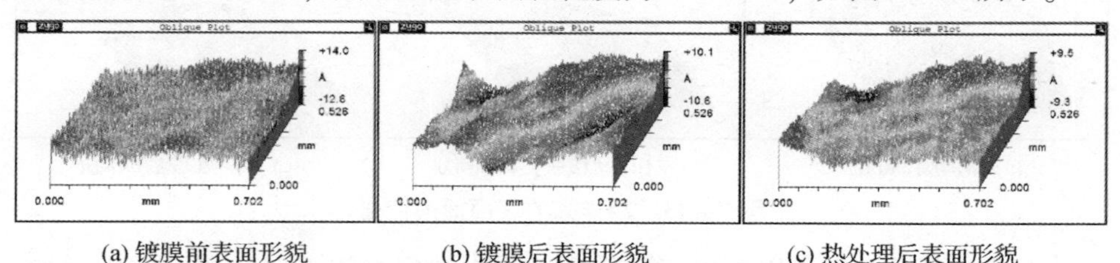

(a) 镀膜前表面形貌　　(b) 镀膜后表面形貌　　(c) 热处理后表面形貌

图 7－30　G061827 样品表面形貌

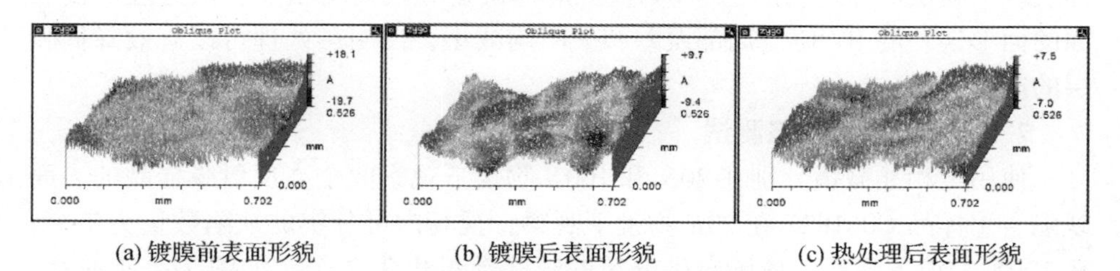

(a) 镀膜前表面形貌　　(b) 镀膜后表面形貌　　(c) 热处理后表面形貌

图 7－31　G100326 样品表面形貌

7.5.4.2　表面面形测试

在制备样品的同一批次内放置两块 Φ25mm×1mm 的单面抛光样品，分别标记为 1#和 2#样品，使用 ZYGO 激光干涉仪对表面面形进行测试。①1#样品的初始面形为负偏差，即表面具有一定的负方向矢高，PV 值为 1.317λ，局部误差 0.615λ，矢高为－671.34nm；镀膜后的表面 PV 值为 14.963λ，局部误差 8.391λ，矢高为－9372.85nm；热处理后的表面 PV 值为 8.942λ，局部误差 5.075λ，矢高为－5568.67nm。三种状态表面面形如图 7－32 所示。②2#样品的初始面形为正偏差，即表面具有一定正方向的矢高，PV 值为 2.343λ，局部误差1.140λ，矢高为1227.202nm；镀膜后的表面PV值为12.958λ，局部误差7.345λ，矢高为-9372.85nm；热处理后的表面PV值为5.605λ，局部误差3.104λ，矢高为-3402.55nm。三种状态表面面形如图7-33所示。

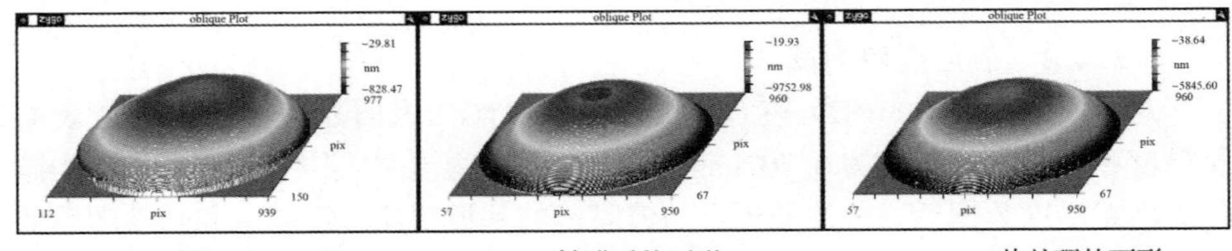

(a) 1#镀膜前的面形　　(b) 1#镀膜后的面形　　(c) 1#热处理的面形

图7-32　1#样品的表面面形变化

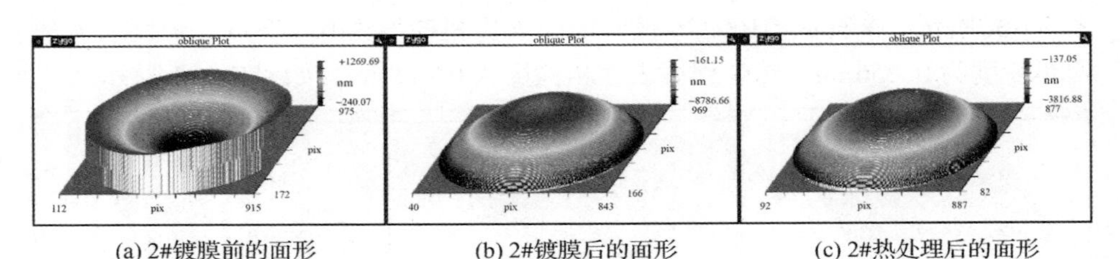

(a) 2#镀膜前的面形　　(b) 2#镀膜后的面形　　(c) 2#热处理后的面形

图7-33　2#样品的表面面形变化

上述的测试结果可以看出，镀膜后使表面的面形误差向负偏差方向增加，即表现了膜层的压应力状态，PV值、局部误差和矢高均增加；热处理后使表面的面形误差的PV值、局部误差和矢高均减小，说明热处理可以有效降低膜层的应力。

7.5.4.3　表面缺陷测试

使用金相显微镜分别在20X和100X物镜下观察两个高反射膜样品的表面缺陷。①样品G061827在20X物镜下观察，视场内可分辨的缺陷数量为7个；在100X物镜下观察，视场内可分辨的缺陷数量也为7个，如图7-34所示。②样品G100326在20X物镜下观察，视场内可分辨的缺陷数量为6个；在100X物镜下观察，视场内可分辨的缺陷数量为8个，如图7-35所示。

7.5.4.4　积分散射测试

基于7.2.1节中积分散射的测试方法，对样品G061827和G100326镀膜后和热处理后的积分散射进行测试，在样品表面连续测试25个点，可得到积分散射的平均值。其中样品G061827的散射测试结果见图7-36，镀膜后积分散射值为1.63×10^{-5}，热处理后为1.23×10^{-5}；G100326的散射测试结果见图7-37，镀膜后积分散射值为1.33×10^{-5}，热处理后为1.10×10^{-5}。热处理对积分散射值有一定的改善。

(a) 20X金相显微镜观察　　(b) 100X金相显微镜观察

图 7 - 34　G061827 样品表面显微图

(a) 20X金相显微镜观察　　(b) 100X金相显微镜观察

图 7 - 35　G100326 样品表面显微图

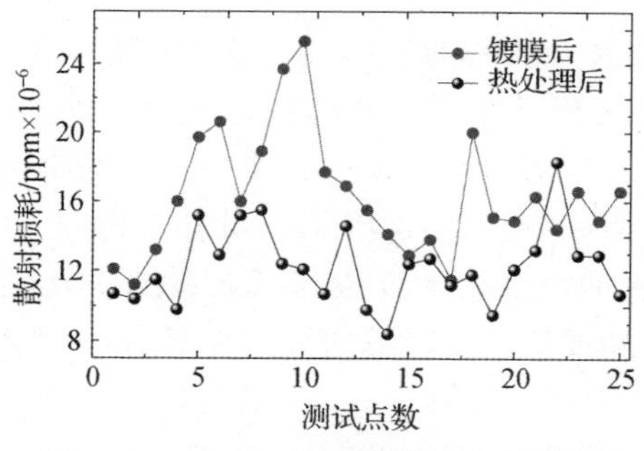

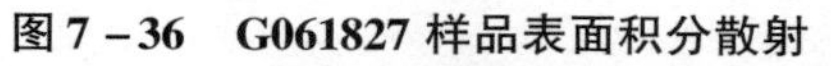

图 7 - 36　G061827 样品表面积分散射

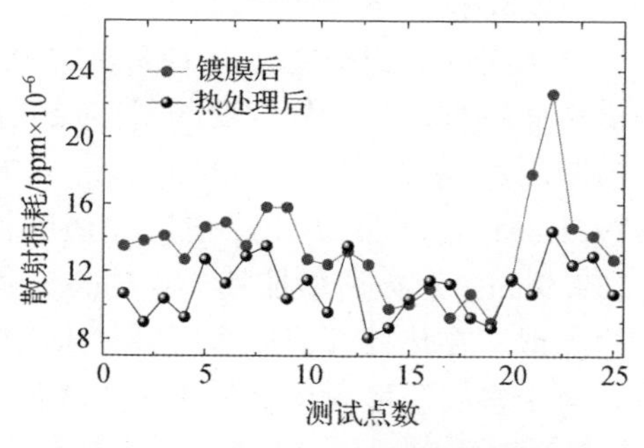

图 7 - 37　G100326 样品表面积分散射

7.5.4.5　透射率测试

基于 7.2.2 节的方法，对 G061827 和 G100326 两个样品的透射率在镀膜后和热处理后进行测试，选择 25 个点测试平均透射率值。两个样品的透射率一致，在热处理前的透射率为 1.0×10^{-6}，热处理后的透射率为 2.0×10^{-6}。

7.5.4.6　吸收损耗的测试

使用光热技术对高反膜样品进行测试（合肥知常光电科技有限公司研发的弱吸收测试仪器）。在表 7 - 3 中，低损耗高反射薄膜样品 6 块，其中编号

120881 和 090652 未进行热处理，编号 112575、121131、130831 和 110218 进行了热处理（250℃，24h），还有 1 块为超光滑表面的石英基板。对基板和 6 块高反膜样品进行光热扫描，扫描区域 2.1mm × 2.1mm，获得其光热信号的振幅和相位。对 6 块高反膜样品进行相对标定测试，熔融石英的吸收率 1×10^{-8}，进行热处理后的 112575、121131、130831 和 110218 高反膜样品吸收率小于 4×10^{-6} 量级，未进行热处理的 120881 和 090652 高反膜样品的吸收率大于 1×10^{-5}。光热信号测试结果如图 7－38 所示，从光热振幅测试和相对标定分析，超低损耗激光薄膜的吸收损耗最小可以达到 2×10^{-6}。

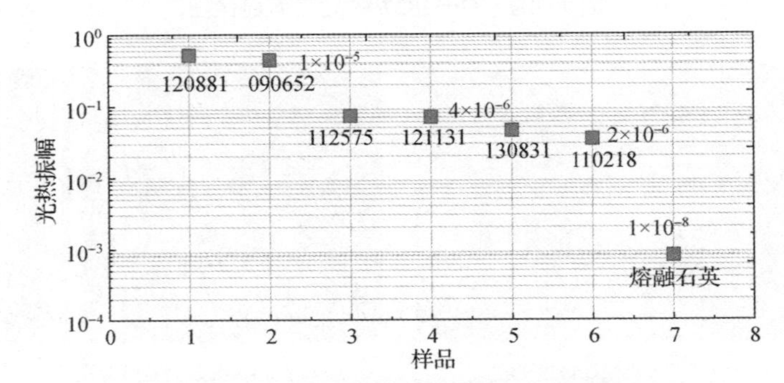

图 7－38　超低损耗激光薄膜吸收损耗测试结果

7.5.4.7　横断面的测试

采用透射扫描电镜（TEM）方法，对退火前后的超低损耗激光多层膜的横断面进行测试，分别观测了多层膜的内层和最外层。最内层为 Ta_2O_5 薄膜，横断面图像如图 7－39 所示，最内层的厚度为 77.9nm，退火后增加到 79.1nm；最外层为 SiO_2 薄膜，横断面图像如图 7－40 所示，最外层厚度为 239.9nm，退火后增加到 244.9nm。多层膜的厚度增加现象与第 6 章的研究规律相似。在热处理前后多层膜并未发生结晶现象，多层膜的界面平滑清晰，因此对于多层膜散射损耗的影响并不显著。

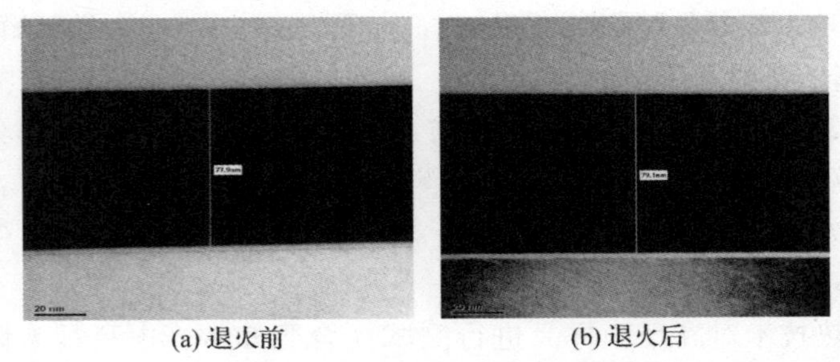

(a) 退火前　　(b) 退火后

图 7－39　最内层 Ta_2O_5 膜层退火前后的横断面测试结果

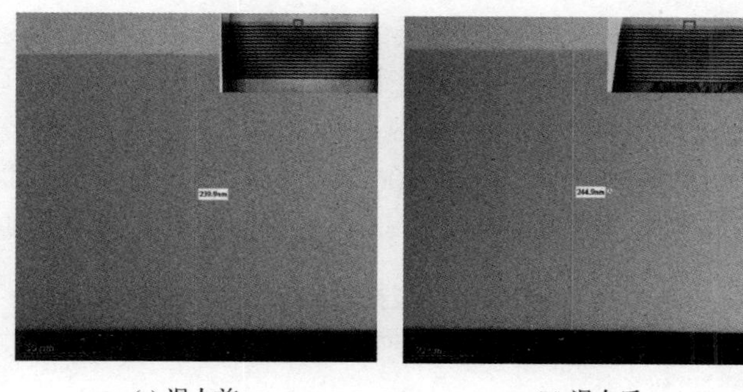

(a) 退火前　　(b) 退火后

图7-40　最外层 SiO_2 膜层退火前后的横断面测试结果

7.5.4.8　总损耗的测试

基于7.4节中给出的方法对样品G061827和G100326的总损耗进行测试，谐振腔时间衰荡曲线如图7-41和7-42所示。从光强衰荡曲线可以得到：G061827镀膜后的总损耗为4.87×10^{-5}，热处理后的总损耗为1.44×10^{-5}；G100326镀膜后的总损耗为4.78×10^{-5}，热处理后的总损耗为1.69×10^{-5}。在热处理后，高反膜总损耗均有减小的趋势。

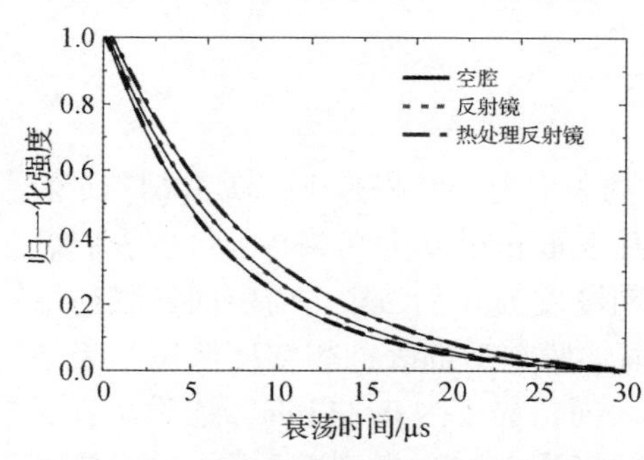

图7-41　G061827的光强衰荡曲线拟合

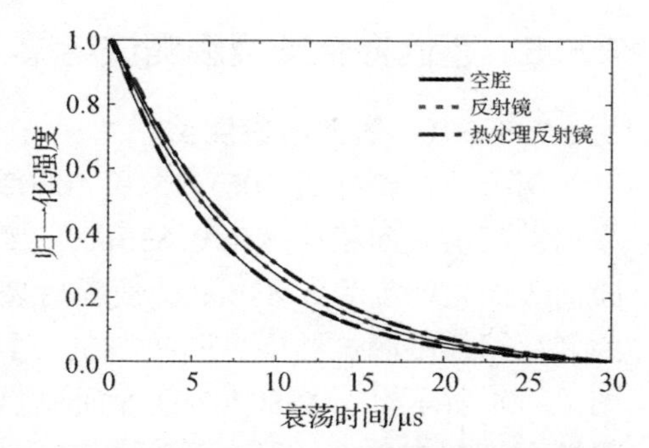

图7-42　G100326的光强衰荡曲线拟合

7.5.4.9　高反膜特性的综合分析

将高反膜样品的光学特性总结在表7-4中，可得到如下结论。

(1) 高反膜的表面特征：①表面粗糙度相对镀膜前有减小的趋势；②具有不同尺度的表面缺陷，经过高倍放大的金相显微镜观察此类缺陷无纵向高度；③面形误差向负偏差方向变化，PV值和局部误差相对镀膜前均增大。

(2) 高反膜损耗分量的权重：①在样品G061827的总损耗中，散射损耗的比例为34.2%，透射率损耗比例为2.1%，吸收损耗的比例为63.7%。②在样品G100326的总损耗中，散射损耗的比例为27.8%，透射率损耗比例为2.1%，吸收损耗的比例为68.1%。上述数据说明高反膜吸收损耗的权重最大，是总损耗的主要因素，其次是膜层的散射，权重最小的是膜层透射率。因此控制高反膜的总损耗重点仍然在于控制吸收损耗。

（3）热处理对高反膜的影响：①热处理后高反膜表面粗糙度有减小的趋势；②热处理后吸收损耗下降最多，G061827 和 G100326 的吸收损耗在总损耗中的比例分别下降到 0.7% 和 23.1%；③热处理前后积分散射的变化不大。

表 7-4　超低损耗高反薄膜元件性能综合评价

光学性能	G061827		G100326	
	镀膜后	热处理后	镀膜后	热处理后
总损耗	4.87×10^{-5}	1.44×10^{-5}	4.78×10^{-5}	1.69×10^{-5}
散射 S	1.63×10^{-5}	1.23×10^{-5}	1.33×10^{-5}	1.10×10^{-5}
透射 T	1.0×10^{-6}	2.0×10^{-6}	1.0×10^{-6}	2.0×10^{-6}
吸收 A	3.04×10^{-5}	1.0×10^{-7}	3.25×10^{-5}	3.9×10^{-6}
反射率 R	99.9952%	99.9986%	99.9953%	99.9983%

7.5.5　超低损耗减反膜测试结果

7.5.5.1　表面形貌测试

两个减反膜样品 A061715 和 A080267 的表面形貌结果如下。①A061715 前表面镀膜前表面粗糙度为 0.336nm，镀膜后表面粗糙度为 0.330nm；后表面镀膜前表面粗糙度为 0.832nm，镀膜后表面粗糙度为 0.813nm。前表面镀膜前后的表面粗糙度测试结果见图 7-43，后表面镀膜前后的表面粗糙度测试结果如图 7-44 所示。②A080267 前表面镀膜前表面粗糙度为 0.342nm，镀膜后表面粗糙度为 0.328nm；后表面镀膜前表面粗糙度为 0.451nm，镀膜后表面粗糙度为 0.384nm。前表面镀膜前后的表面粗糙度测试结果如图 7-45 所示，后表面镀膜前后的表面粗糙度测试结果如图 7-46 所示。

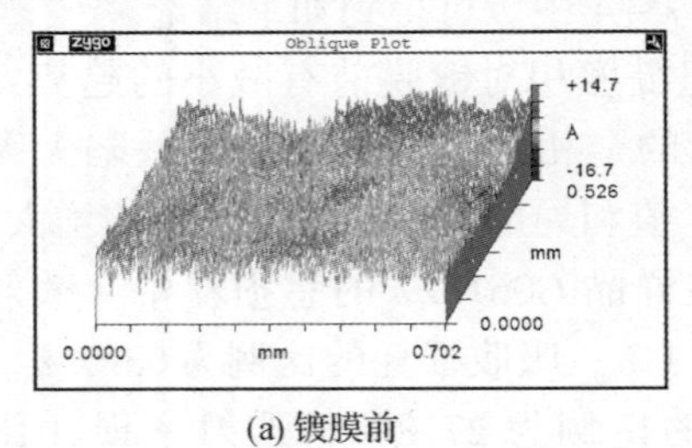

(a) 镀膜前　　(b) 镀膜后

图 7-43　A061715 前表面镀膜前后的表面形貌

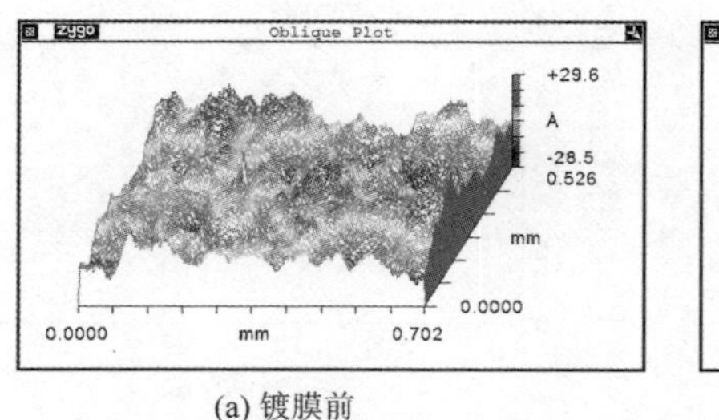

(a) 镀膜前

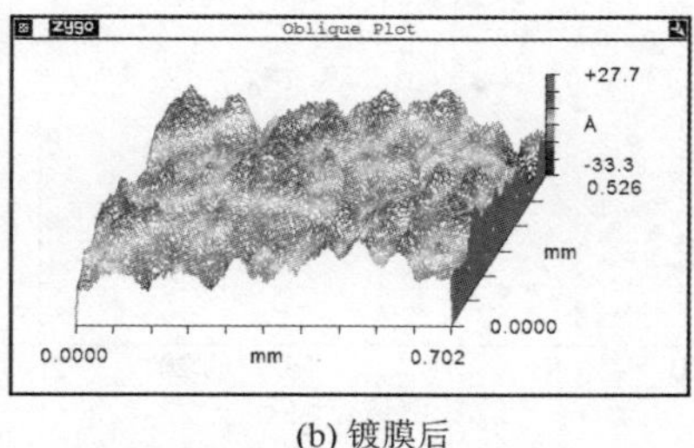

(b) 镀膜后

图7－44　A061715 后表面镀膜前后的表面形貌

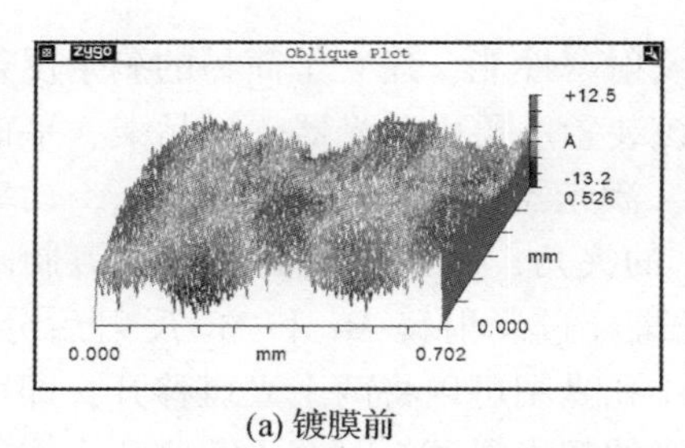

(a) 镀膜前

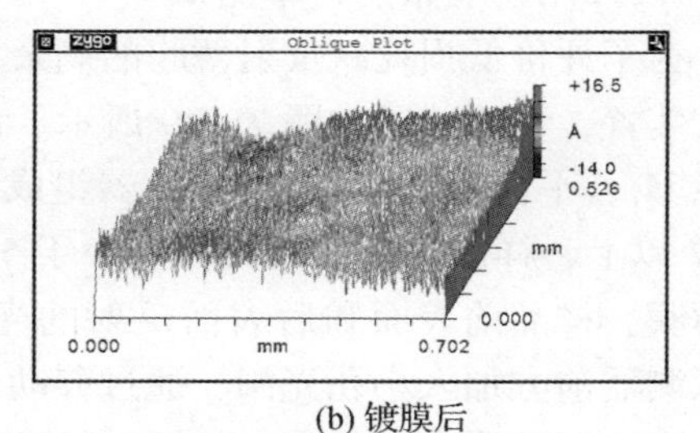

(b) 镀膜后

图7－45　A080267 前表面镀膜前后的表面形貌

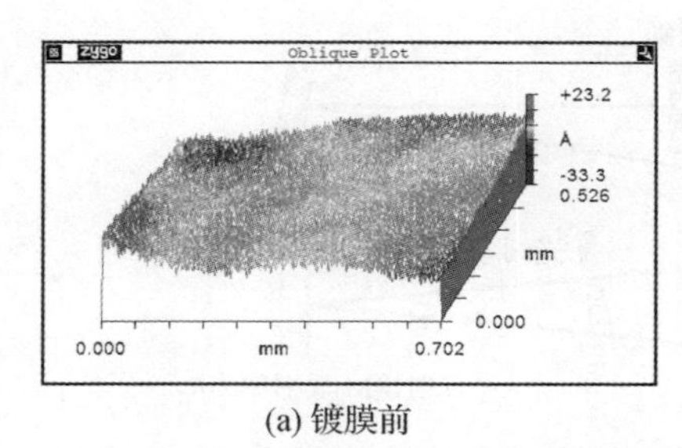

(a) 镀膜前

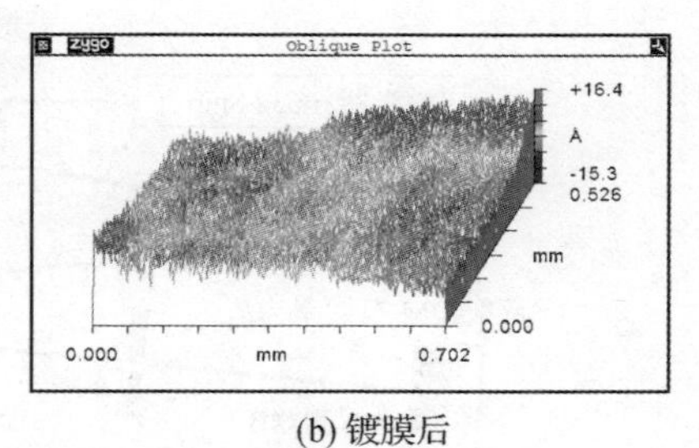

(b) 镀膜后

图7－46　A080267 后表面镀膜前后的表面形貌

7.5.5.2　积分散射测试

对样品 A061715 和 A080267 镀膜后的积分散射进行测试，在样品表面连续测试 25 个点，得到积分散射的平均值。样品 A061715 的积分散射测试结果见图 7－47，前表面平均散射为 1.37×10^{-5}，后表面平均散射为 3.22×10^{-5}；样品 A080267 的积分散射测试结果见图 7－48，前表面平均散射为 1.29×10^{-5}，后表面平均散射为 1.51×10^{-5}。明显后表面的积分散射要大于前表面积分散射，在 7.5.5.1 节的粗糙度测试结果上也可证明这一点。

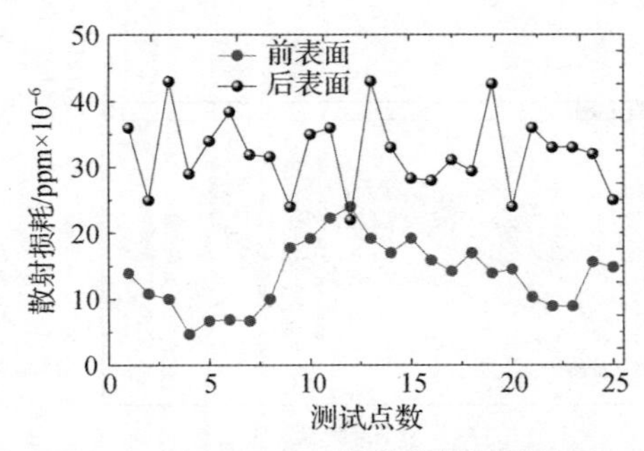

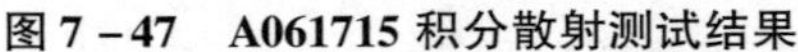
图 7-47　A061715 积分散射测试结果

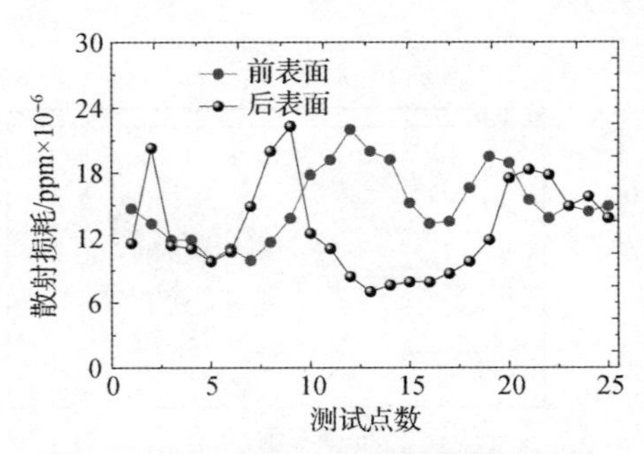

图 7-48　A080267 积分散射测试结果

7.5.5.3　剩余反射率测试

为了评价低损耗减反射薄膜的剩余反射率性能，建立了简易的剩余反射率测试装置，实验装置如图 7-49 所示。该装置主要由激光器、样品架、平面反射镜 M_1、平面反射镜 M_2 和探测器组成。激光器的工作模式为 TEM_{00}，功率在 3mW 以上，样品两个表面具有不小于 5′的夹角，在两个表面上分别镀制减反射薄膜，样品前表面和后表面反射的光斑经过反射镜 M_1 和 M_2 反射后分离，在探测器前方加入小孔光阑，通过移动小孔光阑可以将两个光斑移开，即可得到两个表面的剩余反射率。使用单面抛光的超光滑基板时，无需改变光阑的位置即可实现剩余反射率的测试。

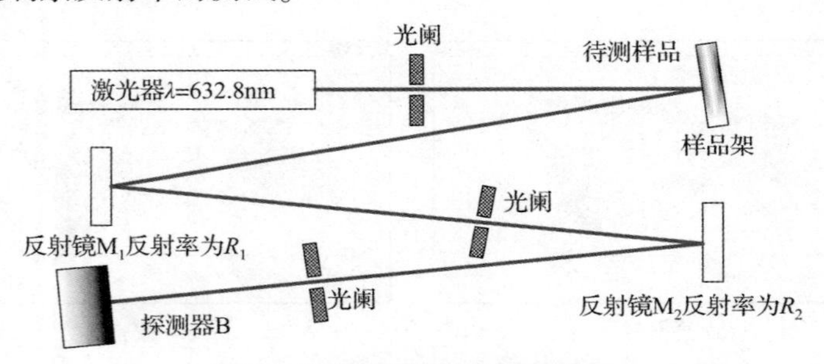

图 7-49　剩余反射率测试装置

在测试过程中，首先在样品架上放置反射率为 R_0 的标准反射镜，R_1 和 R_2 分别为反射镜 M_1 和 M_2 的反射率，激光的发射功率为 I_0，在探测器 B 上得到的光功率读数为 I'_0，有

$$I'_0 = I_0 \times R_0 \times R_1 \times R_2 \tag{7-47}$$

其次，移除标准反射镜放置减反膜样品，在探测器 B 上得到的光功率读数为 I_m，探测器的灵敏度为 1nW，则有

$$I_m = I_0 \times R_f \times R_1 \times R_2 \tag{7-48}$$

将表达式（7-48）除以式（7-47），得到样品表面的剩余反射率为

$$R_{\mathrm{f}}=R_0\frac{I_{\mathrm{m}}}{I_0'} \tag{7-49}$$

剩余反射率的绝对误差可以表示为

$$\begin{aligned}\Delta R_{\mathrm{f}}&=\left|\frac{\partial R_{\mathrm{f}}}{\partial R_0}\right|\Delta R_0+\left|\frac{\partial R_{\mathrm{f}}}{\partial I_{\mathrm{m}}}\right|\Delta I_{\mathrm{m}}+\left|\frac{\partial R_{\mathrm{f}}}{\partial I_0'}\right|\Delta I_0'\\&=\frac{I_{\mathrm{m}}}{I_0'}\Delta R_0+\frac{R_0}{I_0'}\Delta I_{\mathrm{m}}+R_0\frac{I_{\mathrm{m}}}{I_0'^2}\Delta I_0'\end{aligned} \tag{7-50}$$

在该公式中代入系统参数计算其误差分配，计算结果见表7－5。

表7－5 剩余反射率测试的误差分析

基本参数		误差传递系数	最大绝对误差	剩余反射率绝对误差
标准镜反射率 R_0	0.9999	1.00×10^{-5}	0.0001	1.00×10^{-9}
样品反射强度 I_{m}	26nW	3.85×10^{-7}	2.0	7.69×10^{-7}
标准镜反射强度 I_0'	2.600mW	3.85×10^{-12}	1.00×10^{5}	3.85×10^{-7}

从表7－5中可以看出，标准反射镜的反射率误差对测试结果影响最小，其次是标准反射镜的反射强度 I_0'，影响最大的因素是样品表面反射强度，选择探测器灵敏度在1nW时，评价减反膜的剩余反射率已经足够。当样品剩余反射率为 1×10^{-5} 时，最大的测试误差为 $\pm1.16\times10^{-6}$，相对误差为11.6%。

使用上述制备的超低损耗高反射薄膜反射镜作为标准镜，利用环形腔衰荡方法测试其反射率为99.9986%。在样品前表面和后表面镀膜时，分两次分别放置单面抛光的 Φ25mm × 1mm 熔融石英样品，用来表征样品A061715、A080267的前表面和后表面的剩余反射率。在测试中将样品的每个表面移动6次进行测试，分别测试两个表面的剩余反射率见表7－6。测试结果表明，前后表面的剩余反射率分别为 4.3×10^{-6} 和 4.5×10^{-6}。

表7－6 剩余反射率的测试结果

表面	测试次数	I_{m}/nW	I_0'/mW	R_0	反射率/$\times10^{-6}$	
前表面反射率 R_{front}	1	11	2.619	99.9986%	4.2	4.3
	2	12	2.666	99.9986%	4.5	
	3	11	2.619	99.9986%	4.2	
	4	11	2.683	99.9986%	4.1	
	5	11	2.683	99.9986%	4.1	
	6	12	2.666	99.9986%	4.5	

续表

表面	测试次数	I_m/nW	I'_0/mW	R_0	反射率/×10⁻⁶	
后表面反射率 R_{back}	1	13	2.653	99.9986%	4.9	4.5
	2	12	2.666	99.9986%	4.5	
	3	11	2.619	99.9986%	4.2	
	4	11	2.683	99.9986%	4.1	
	5	13	2.653	99.9986%	4.9	
	6	12	2.666	99.9986%	4.5	

7.5.5.4 总损耗测试

基于7.4.1.3节中给出的方法对减反膜样品A061715和A080267的总损耗进行测试，谐振腔光强时间衰荡曲线见图7－50和图7－51。谐振腔的直腔总损耗为2.179×10^{-4}，A061715样品的总损耗为6.18×10^{-5}，A080267样品的总损耗为4.49×10^{-5}。

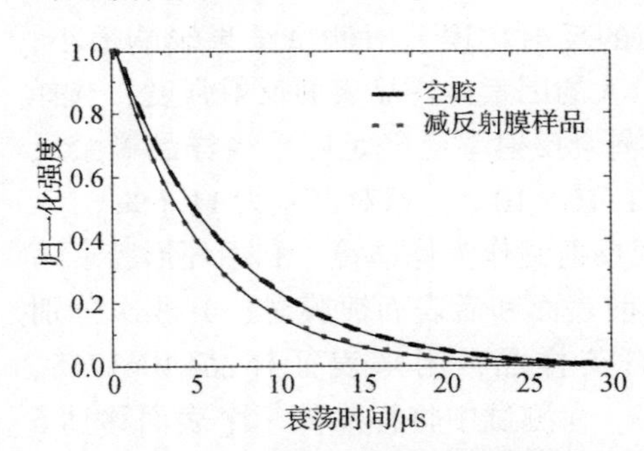

图7－50　A061715的腔光强衰荡曲线

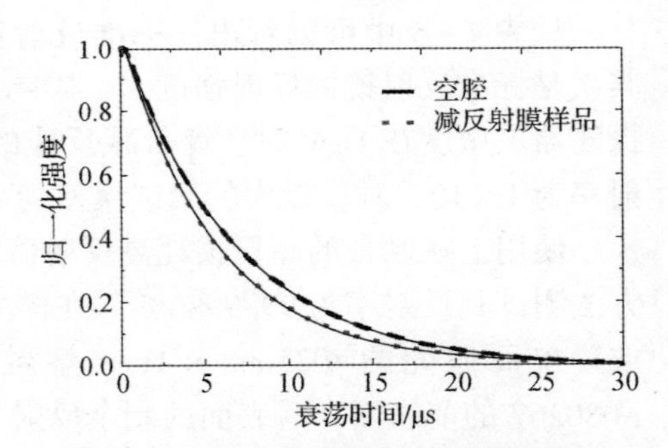

图7－51　A080267的腔光强衰荡曲线

7.5.5.5 综合分析

将两组减反膜样品的光学特性总结见表7－7，可得到如下的结果。①表面粗糙度相对镀膜前的变化不明显。②样品A061715总损耗中各损耗分量比例分别为：前表面散射损耗占比为22.2%，后表面散射损耗占比为52.1%；前表面剩余反射率占比为7.0%，后表面剩余反射率的占比为7.3%；基板体吸收和膜层吸收的总和占比为11.5%。③样品A080267总损耗中各损耗分量比例分别为：前表面散射损耗占比为28.7%，后表面散射损耗占比为33.6%；前表面剩余反射率占比为9.6%，后表面剩余反射率占比为10%；基板体吸收和膜层吸收的总和占比为18.0%。

上述数据说明减反膜表面散射损耗的比例最大，是总损耗的主要因素，其次是基板与膜层的吸收，比例最小的是膜层剩余反射率。从基板体吸收和膜层吸收的总和数值来看，膜层体散射很小。因此，控制减反膜总损耗的重点在于控制表面散射，其次为基板与膜层的吸收，最后是减反膜的剩余反射率，本书的相关研究能够确保超低剩余反射率的实现。

表7-7　减反膜性能综合评价

光学性能分量	A061715	A080267
总损耗 Loss	6.18×10^{-5}	4.49×10^{-5}
前表面散射率 S_{front}	1.37×10^{-5}	1.29×10^{-5}
后表面散射率 S_{back}	3.22×10^{-5}	1.51×10^{-5}
前表面剩余反射率 R_{front}	4.3×10^{-6}	4.3×10^{-6}
后表面剩余反射率 R_{back}	4.5×10^{-6}	4.5×10^{-6}
基板体吸收率+膜层吸收率	7.1×10^{-6}	8.1×10^{-6}
透射率 T	99.9938%	99.9955%

参考文献

[1] LIU H, LUO Z, WANG Z, et al. Analysis of the measured method for scattering properties of high-reflection coating[J]. Proc. SPIE, 2011(7995):799529.

[2] MATTSSON L, JACOBSSON J R. Total Integrated Scatter Measurement System For Quality Assessment Of Coatings On Optical Surfaces [J]. Proc. SPIE, 1986(652):264-271.

[3] GUENTHERK H, WIERER P G, BENNETT J M. Surface roughness measurements of low-scatter mirrors and roughness standards [J]. Applied optics, 1984, 23(21):3820-3836.

[4] KIENZLE O, STAUB J, TSCHUDI T. Description of an integrated scatter instrument for measuring scatter losses of 'superpolished' optical surfaces [J]. Measurement Science and Technology, 1999, 5(6):747.

[5] RÖNNOW D, VESZELEI E. Design review of an instrument for spectroscopic total integrated light scattering measurements in the visible wavelength region [J]. Review ofEntific Instruments, 1994, 65(2):327-334.

[6] 李斌成，熊胜明，HOLGER B，等. 激光量热法测量光学薄膜微弱吸收[J]. 中国激光，2006，33(006)：823-826.

[7] SHELDON S J, KNIGHT L V, THORNE J M. Laser-induced thermal lens effect: a new theoretical model [J]. Applied Optics, 1982, 21(9):1663-1669.

[8] OLMSTEAD M A, AMER N M, KOHN S, et al. Photothermal displacement spectroscopy: An optical probe for solids and surfaces [J]. Applied Physics A, 1983, 32(3):141-154.

[9]JACKSON W B, AMER N M, Boccara A C, et al. Photothermal deflection spectroscopy and detection [J]. Applied optics, 1981, 20(8): 1333 -1344.

[10]季一勤,刘华松. 二氧化硅光学薄膜材料[M]. 北京:国防工业出版社,2018.

[11]ANDERSON D Z , FRISCH J C , MASSER C S . Mirror reflectometer based on optical cavity decay time [J]. Applied Optics, 1984, 23(8):1238 -1245.

[12]OKEEFE A, DEACON D A G. Cavity Ring - down Optical Spectrometer for Absorption Measurements using Pulsed Laser Sources [J]. Review of Scientific Instruments, 1989, 59(12):2544 -2551.

[13]REMPE G, THOMPSON R J , KIMBLE H J, et al. Measurement of ultralow losses in an optical interferometer [J]. Optics Letters, 1992, 17(5): 363 -365.

[14]王利, 程鑫彬, 王占山, 等. 数据拟合点的截取对光腔衰荡法测量反射率的影响 [J]. 红外与激光工程, 2008, 37(5):871 -873.

[15]易亨瑜, 吕百达, 胡晓阳,等. 腔长失调对光腔衰荡法测量精度的影响 [J]. 强激光与粒子束, 2004, 16(8):993 -996.

[16]LIU H, XIONG S, LI L , et al. Variation of the deposition rate during ion beam sputter deposition of optical thin films [J]. Thin Solid Films, 2005, 484(1 -2):170 -173.

第 8 章

宽带激光薄膜面形误差控制

8.1 概　述

在光学薄膜技术领域，激光反射薄膜和滤光薄膜一直都是研究的重点和热点。尤其是宽带可调谐激光器技术的发展，对宽带激光高反射薄膜提出了迫切需求[1-5]。激光高反射薄膜的反射率决定了激光输出的波长、线宽和强度。可调谐激光器的工作谱段几乎覆盖整个可见光谱段，要实现宽谱段的高反射薄膜制备，所需要的膜层厚度高达 10 ~ 20μm[6,7]。离子束溅射沉积是实现高质量激光薄膜的主流制备技术之一，但离子束溅射沉积的薄膜通常表现出高达百 MPa 的压应力，高的薄膜应力诱导基板变形，将会导致激光系统中光束传输发生波前畸变[8]，严重影响到激光系统性能。因此，在考虑降低多层膜损耗的同时，还要考虑光学薄膜面形误差的控制问题。

从国内外离子束溅射沉积薄膜的面形误差控制研究现状来看，主要从控制薄膜应力的制备技术[9-11]和后处理技术[12,13]两方面开展研究。①通过调整离子束溅射沉积参数，开展了沉积温度、沉积速率、离子辅助等对薄膜应力的控制研究，尤其是离子辅助沉积技术的应用，可以有效改善薄膜的应力[14]。②采取热处理的方法也能调整薄膜应力，但是这种后处理方法并不具有通用性，例如自适应光学系统的光学组件就不能承受高温的退火过程。因此，优化薄膜的沉积参数和多层膜的设计仍然是降低面形误差的首选技术手段。

本章以宽带激光薄膜为主要研究对象，重点针对低折射率薄膜材料开展离子辅助沉积 SiO_2 薄膜的应力特性调控研究。首先，采用高能离子辅助沉积降低薄膜的应力，制备了压应力为 -80MPa 的 SiO_2 单层膜和 -130MPa 的 Ta_2O_5 单层膜，最终实现高反射多层膜总应力降低约 70%。其次，基于“基板 | 多层膜”系统的应力变形理论，通过理论预测光学多层膜元件的变形量，分别

采取两种方法进行面形误差控制：①根据膜系设计的理论变形量，在单表面采取基板光学加工预补偿方法；②对光学基板两个表面的多层膜变形量同步设计，实现两个表面多层膜应力变形量的匹配。两种方法分别在宽带高反射薄膜和激光滤光薄膜中得到应用验证。

8.2　基于离子辅助的应力控制方法

8.2.1　SiO_2 薄膜应力调控实验方法

采用离子束溅射沉积技术制备 SiO_2 薄膜，基板为 $\Phi 25mm \times 1mm$ 的熔融石英。真空室本底真空度优于 1×10^{-6}torr，采取不加温的方式，溅射的主离子源电压为1250V、离子束电流为600mA、氧气流量为30sccm，充入氧气的工作真空度优于 1×10^{-5}torr。重点研究了12cm 口径辅助离子源参数对薄膜应力特性的影响，通过改变辅助离子源的离子束电压、离子束电流、气体流量三个重要的工艺参数，对 SiO_2 薄膜应力进行调控。设计的 SiO_2 薄膜应力调控实验方案见表8－1。在沉积过程中，采用行星转动工件架的安装方式，所有实验条件下的薄膜沉积时间均为3000s。

表8－1　不同辅助离子源制备工艺参数

序号	离子束电压/V	离子束电流/mA	氧气流量/sccm	氩气流量/sccm
实验1	600	250	15	0
实验2	1200	150	15	0
实验3	1200	250	7.5	7.5
实验4	1200	250	15	0
实验5	300	250	15	0
实验6	1200	60	15	0
实验7	1200	250	0	15

8.2.2　辅助工艺参数对薄膜性能影响

使用VASE反射椭圆偏振仪测量光谱椭偏参数 $\Psi(\lambda)$ 和 $\Delta(\lambda)$，测量波长为240~1500nm，数据采样间隔为2nm。使用柯西模型作为SiO_2薄膜的色散模型，通过反射椭偏参数的反演，计算出不同辅助离子源参数下SiO_2薄膜的光学常数和物理厚度。上述7组实验的反射椭偏参数并未全部给出，仅给出不同辅助离子束电压制备SiO_2薄膜的反射椭偏参数结果，SiO_2薄膜的反射椭偏参数$\Psi(\lambda)$和$\Delta(\lambda)$的拟合效果见图8-1。

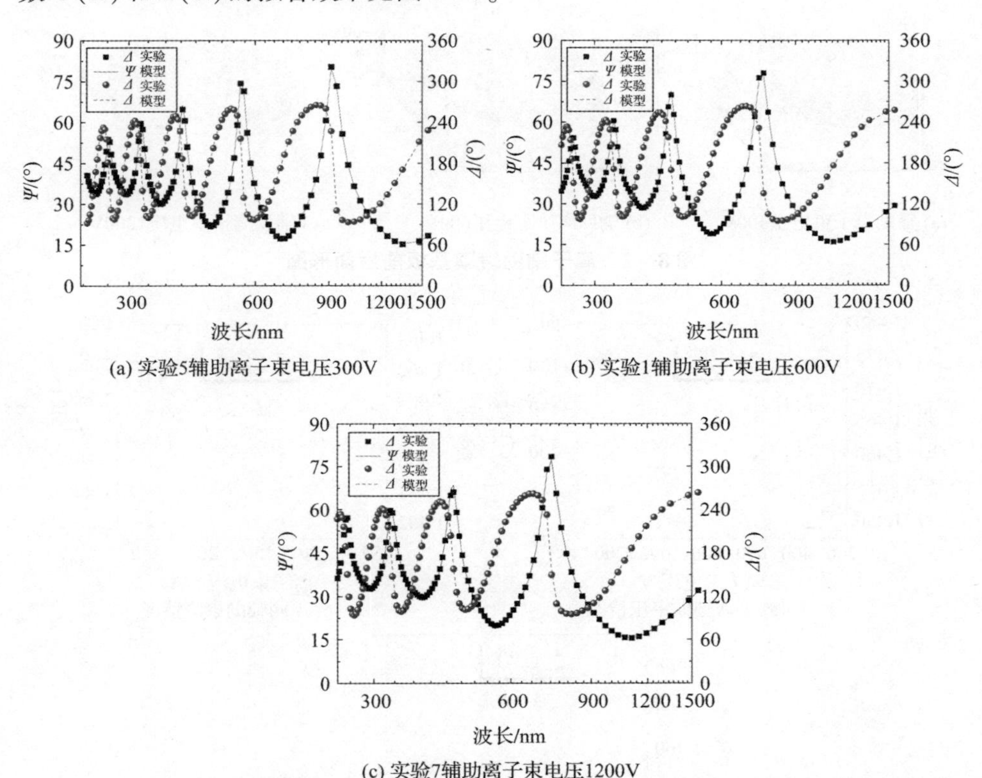

(a) 实验5辅助离子束电压300V

(b) 实验1辅助离子束电压600V

(c) 实验7辅助离子束电压1200V

图8-1　不同辅助离子束电压制备SiO_2薄膜的椭偏参数拟合效果

使用不同辅助离子束电压制备SiO_2薄膜，基板镀膜前后的面形如图8-2所示（上图为基板镀膜前面形，下图为基板镀膜后面形）。随着辅助离子束电压的增加，基板镀膜前后的面形变化量逐渐变小，通过面形的变化使用Stoney公式可以计算出薄膜应力，随着离子辅助电压的降低薄膜应力逐渐降低。

图8-3分别给出了辅助离子源的离子束电压、离子束电流以及氧气流量对SiO_2薄膜折射率（633nm波长）和应力的影响。如图8-3所示，SiO_2薄膜的折射率和应力与离子束辅助制备参数之间呈现近似线性关系，具体分析如下。

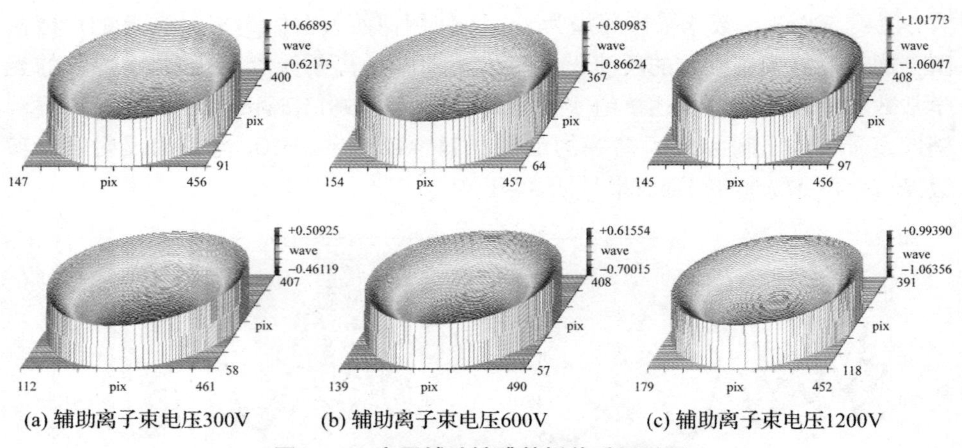

(a) 辅助离子束电压300V　(b) 辅助离子束电压600V　(c) 辅助离子束电压1200V

图 8－2　离子辅助镀膜基板前后面形图

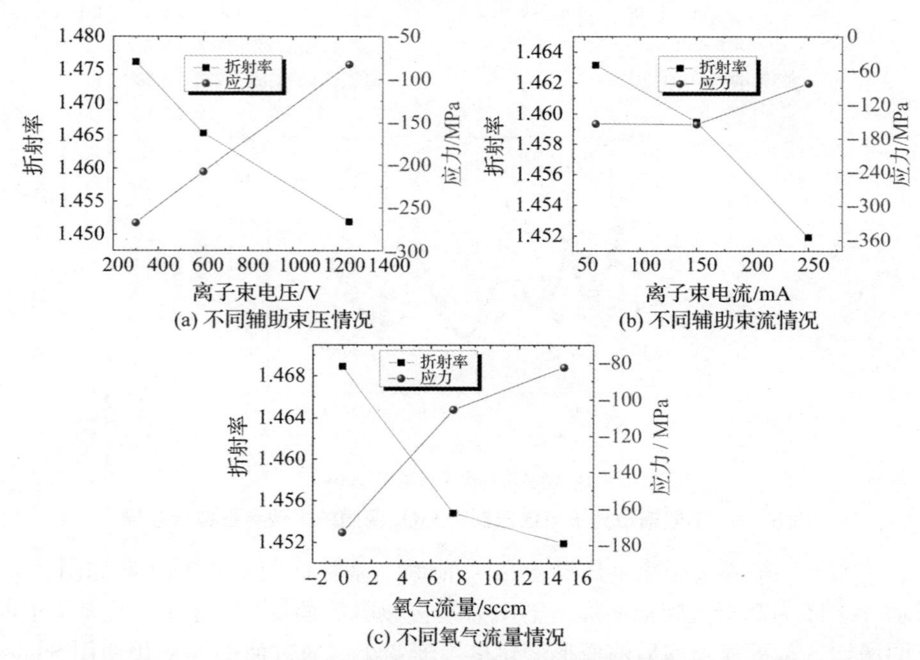

(a) 不同辅助束压情况　(b) 不同辅助束流情况

(c) 不同氧气流量情况

图 8－3　不同离子辅助参数对 SiO_2 薄膜折射率和应力特性的影响

图 8－3（a）和图 8－3（b）中分别给出 SiO_2 薄膜折射率和应力随辅助源离子束电压和离子束电流的变化曲线。随着辅助源的离子束电压（离子束电流）的升高，SiO_2 薄膜的折射率降低：当辅助源的离子束电压从 300V 增加到 1200V 时，薄膜折射率从 1.476 下降到 1.452；当辅助源的离子束电流从 60mA 增加到 250mA 时，薄膜折射率从 1.463 下降到 1.452。对于薄膜应力的变化情

况，随着辅助源的离子束电压（离子束电流）的升高，SiO_2 薄膜的应力降低，极小值达到 -82.5MPa。在辅助离子源中气体总流量不变的前提下，改变氧气和氩气的比例分别进行 SiO_2 薄膜的制备，图 8-3（c）给出了 SiO_2 薄膜折射率和应力随氧气流量的变化情况。从图中可以看出，随着辅助源氧气流量的增加，SiO_2 薄膜的折射率下降：当辅助源的氧气流量从 0sccm 增加到 15sccm 时，SiO_2 薄膜的折射率从 1.469 下降到 1.452，薄膜的应力极小值为 -82.5MPa。为了验证应力极小值的准确性，对表 8-1 中的实验 4 进行三次镀膜实验，分别进行了应力实验得到平均值，测试结果表明，高能氧离子辅助沉积确实可以降低 SiO_2 薄膜应力。

将 SiO_2 薄膜的应力和折射率进行线性回归分析，结果如图 8-4 所示。随着薄膜应力的下降，薄膜折射率也随之下降，这主要是薄膜致密度下降所致。采用高能氧离子辅助沉积方法，提高了到达基板表面的离子动量。根据离子束溅射沉积动量转移原理，辅助离子束对生长的薄膜微结构具有调制作用，导致薄膜的聚集密度下降，进而出现薄膜折射率下降的现象。由于薄膜致密度下降，孔隙的增加减弱了薄膜原子之间的内聚力，从而降低了薄膜的宏观应力，也降低了薄膜的折射率。请注意，这个分析是定性分析，定量化的解释仍需进一步研究。

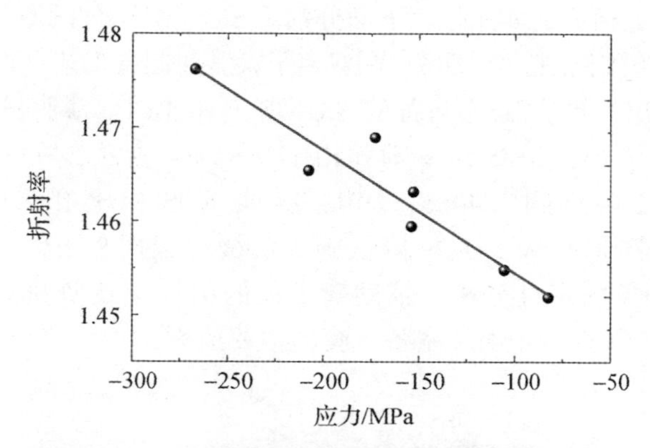

图 8-4　SiO_2 薄膜折射率和应力特性之间的关系

对上述 7 组实验结果分析可知，当辅助离子束电压（从 300V 到 1200V）、离子束电流（从 60mA 到 250mA）和氧气流量（从 0sccm 到 15sccm）近似等比例升高时，SiO_2 薄膜应力分别降低 69%（实验 4 和实验 5）、52%（实验 4 和实验 6）和 46%（实验 4 和实验 7，实验 7 仅使用氩气作为离子源气体），薄膜折射率分别降低 1.6%、0.8% 和 1.2%。将离子辅助参数与折射率和应力关系的数据归一化，如图 8-5 所示。辅助离子源参数对薄膜应力影响的权重从大到小依次为辅助源的离子束电压、离子束电流和氧气流量，所占权重分别约为54%、26%和20%；对薄膜折射率影响的权重从大到小依次为辅助源的离子束电压、氧气流量和离子束电流，所占权重分别约为47%、32%和21%。因此，在高能氧离子辅助沉积技术中，对降低 SiO_2 薄膜应力影响最大的是离子束电压，同时也降低了 SiO_2 薄膜折射率。

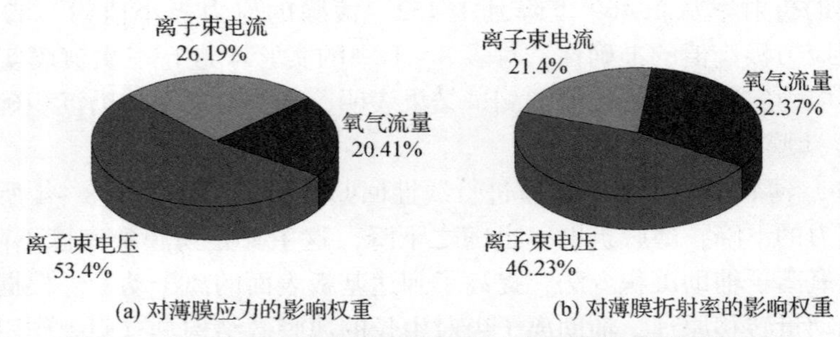

(a) 对薄膜应力的影响权重　(b) 对薄膜折射率的影响权重

图 8-5　工艺参数对薄膜折射率和应力特性影响的权重分析

8.2.3　辅助沉积与传统薄膜特性对比

通过上述实验结果可以确定，使用离子辅助沉积可以降低 SiO_2 薄膜应力。为了提高上述工艺研究的实用性，下面分别对 SiO_2 薄膜和 Ta_2O_5 薄膜进行分析，对比单离子束溅射制备工艺（IBS）和双离子束溅射制备工艺（DIBS）的差异。

图8-6给出了两种工艺制备的 SiO_2 薄膜和 Ta_2O_5 薄膜的折射率色散曲线，从图中可以看出：DIBS SiO_2 薄膜相比 IBS SiO_2 薄膜，在633nm波长处的折射率从1.4742降低到1.4486；DIBS Ta_2O_5 薄膜相比 IBS Ta_2O_5 薄膜，在633nm波长处的折射率从2.0929降低到2.0266。根据8.2.2节中对薄膜折射率和应力降低现象的定性分析，辅助离子束的引入导致薄膜变得疏松，也是DIBS制备薄膜折射率低于IBS制备薄膜的主要原因。

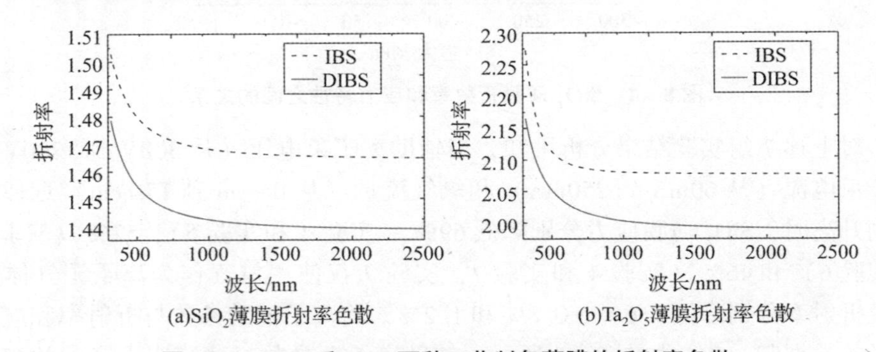

(a) SiO_2 薄膜折射率色散　(b) Ta_2O_5 薄膜折射率色散

图 8-6　DIBS 和 IBS 两种工艺制备薄膜的折射率色散

图 8－7（a）和图 8－7（b）给出了 IBS SiO_2 薄膜和 DIBS SiO_2 薄膜的表面形变图，计算出的应力分别为－337.3MPa 和－82.5MPa，DIBS 工艺使 SiO_2 薄膜应力相对降低 75%；图 8－7（c）和图 8－7（d）给出了 IBS Ta_2O_5 薄膜和 DIBS Ta_2O_5 薄膜的表面形变图，计算出的应力分别为－223.8MPa 和－130.3MPa，尽管没有 SiO_2 薄膜应力降低的明显，但是应力也相对降低 42%。总体而言，与 IBS 制备工艺相比，DIBS 工艺降低薄膜应力的效果很显著。

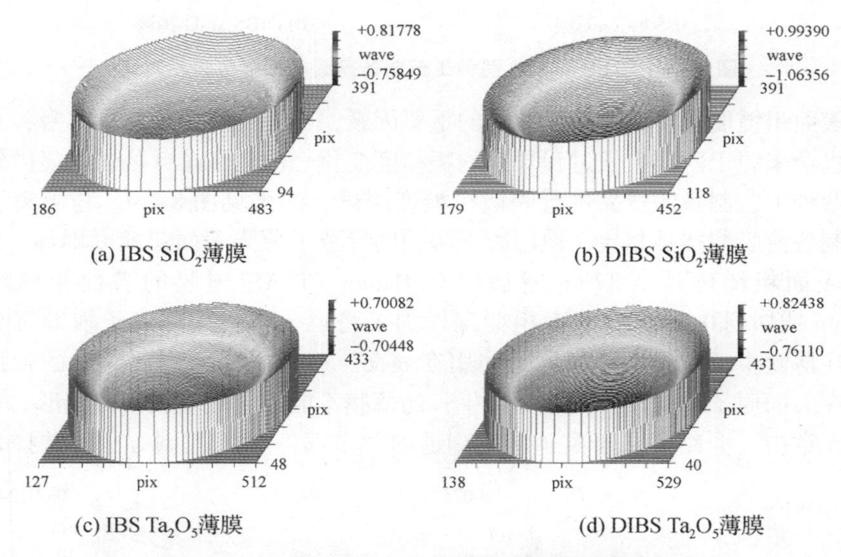

(a) IBS SiO_2薄膜　(b) DIBS SiO_2薄膜

(c) IBS Ta_2O_5薄膜　(d) DIBS Ta_2O_5薄膜

图 8－7　DIBS 和 IBS 两种工艺制备薄膜的表面面形

图 8－8 是两种制备工艺薄膜在 20000× 下扫描电镜图像，由图像可以看出，IBS 工艺制备的薄膜更加平滑，薄膜的孔隙率低、致密度高。在薄膜微结构特性上，DIBS 工艺降低了薄膜的应力，但是同时也降低了薄膜的折射率。

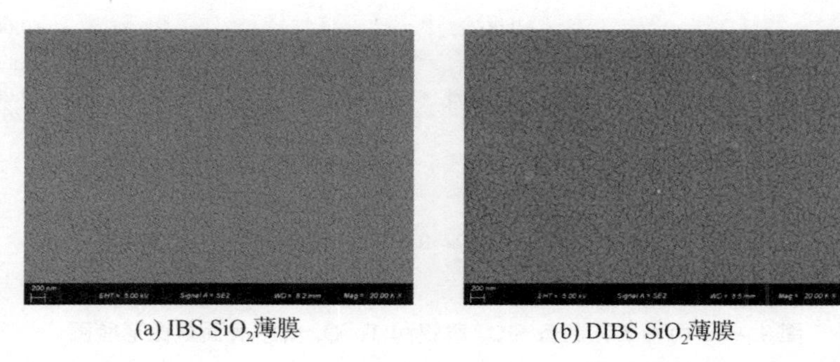

(a) IBS SiO_2薄膜　(b) DIBS SiO_2薄膜

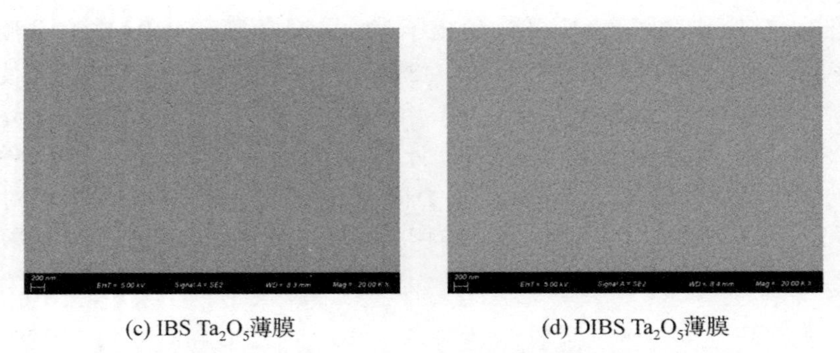

(c) IBS Ta_2O_5薄膜　　(d) DIBS Ta_2O_5薄膜

图 8 – 8　DIBS 和 IBS 两种工艺制备薄膜的扫描电镜图对比

表面粗糙度是导致薄膜光散射的重要因素，一方面来源于基板本身，另一方面也会来源于薄膜生长过程导致的粗糙度变化。使用 ZYGO 公司的显微轮廓仪对两种工艺制备的样品进行表面粗糙度测试，结果见图 8 – 9。与单离子束溅射制备薄膜的样品相比，使用离子源辅助导致了薄膜表面粗糙度增加：SiO_2 薄膜表面粗糙度从 0. 47nm 增加到 0. 91nnm，Ta_2O_5 薄膜的表面粗糙度从 0. 46nm 增加到 0. 89nm，表面粗糙度增加了将近 1 倍。使用离子辅助沉积技术，在薄膜生长过程高能氧离子作用在表面，改变了薄膜表面原子的弛豫效应，在表面原子重构过程中，导致生长的薄膜不能完全对基板表面赋形。在本书第 5 章中，介绍了基于离子辅助刻蚀的“节瘤”缺陷控制方法，选择合适

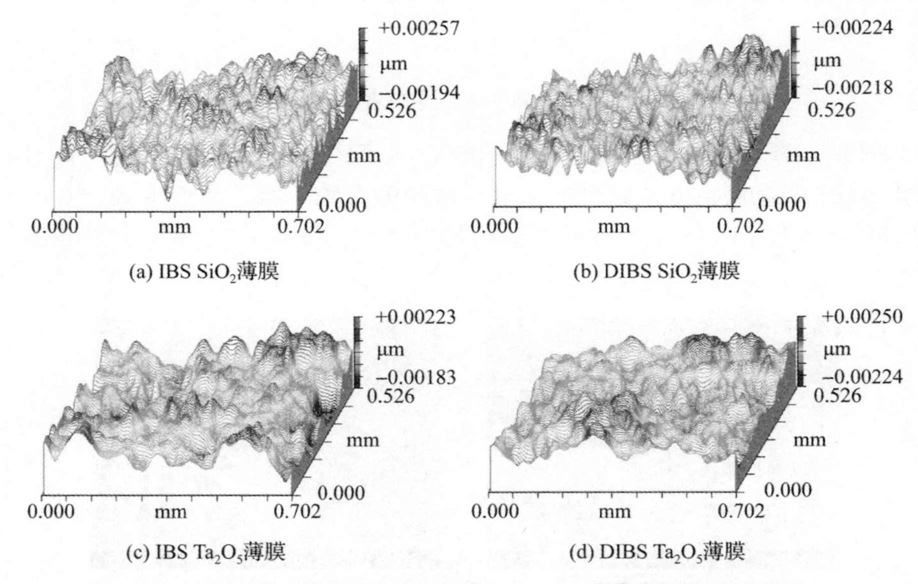

(a) IBS SiO_2薄膜　　(b) DIBS SiO_2薄膜

(c) IBS Ta_2O_5薄膜　　(d) DIBS Ta_2O_5薄膜

图 8 – 9　两种工艺制备 SiO_2 薄膜和 Ta_2O_5 薄膜表面显微形貌图

的离子辅助参数的辅助沉积，可以降低多层膜界面生长的相关性，改变了多层膜复制基板表面形貌的能力。因此，使用双离子束溅射沉积技术制备薄膜，尤其是在高能氧离子辅助沉积的条件下，薄膜表面粗糙度变差。

基于上述两种工艺制备薄膜的应力研究结果，开展单离子束溅射和双离子束溅射制备宽带高反膜的实验研究。选择基板为超光滑熔融石英，设计并制备了工作谱段为 500 ~ 600nm 的超低形变多层膜反射镜。分别以 Ta_2O_5 和 SiO_2 作为高、低折射率材料，工作角度为 45°，设计波长为 550nm。采用标准的高反射薄膜结构 $(1H\ 1L)^{16}\ 1L$，共计 33 层，其中 H 层厚度为 73.37nm，L 层厚度为 103.47nm。

两种制备工艺得到的高反膜光谱反射率如图 8 – 10 所示：两种方法都获得了较高的反射率，在 500 ~ 600nm 谱段的极小反射率达到 99.5%，极大值达到 99.98%。表面粗糙度变化导致散射增加，在分光光度计测试的精度下无法获得精确的数值。因此，从反射率来看，两种工艺制备的高反膜在光学性能上无明显的差异，只是采用高能氧离子辅助制备的高反膜带宽减小。使用 ZYGO 激光干涉仪对薄膜样品进行面形测试，镀膜后表面面形如图 8 – 11 所示。对于 DIBS 沉积方法，基板表面的初始面形为正向曲率近似球面，沉积高反射薄膜后表面变为负向曲率近似球面，镀膜前后基板表面 PV 值从 1.576λ 变为 0.524λ，矢高从 1.475λ 变为 – 0.497λ，局部误差 RMS 值从 0.426λ 变为 0.143λ。对于 IBS 沉积方法，基板表面的初始面形为正向曲率近似球面，沉积高反射薄膜后表面变为负向曲率近似球面，镀膜前后基板表面 PV 值从 1.944λ 变为 1.742λ，矢高从 1.867λ 变为 – 1.517λ，局部误差 RMS 值从 0.540λ 变为 0.439λ。通过面形数据转化为应力特性，IBS 制备的高反射薄膜应力为 – 200MPa，DIBS 制备的高反射薄膜应力为 – 63Mpa，与 IBS 制备工艺相比，DIBS 将多层膜的应力降低了约 70%。

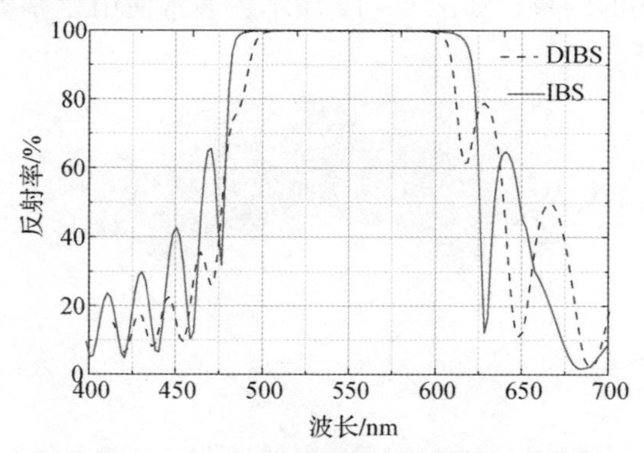

图 8 – 10　DIBS 与 IBS 两种工艺制备高反射薄膜的光谱反射率

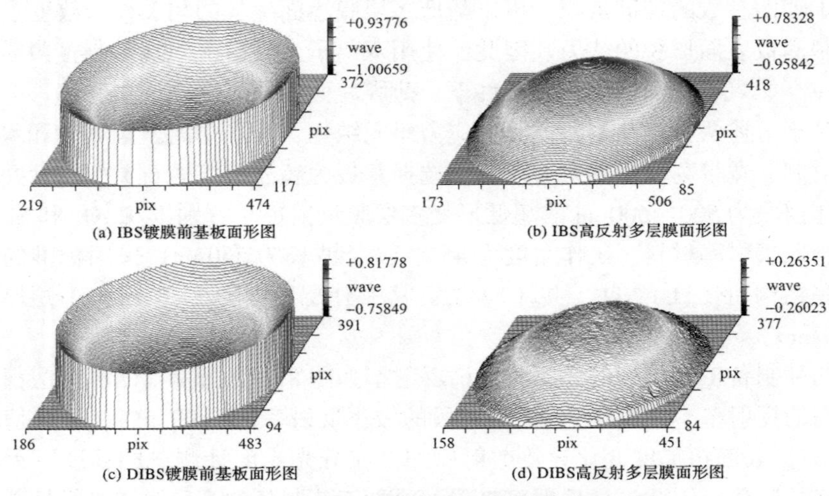

图 8-11　两种工艺制备高反射薄膜的面形图

8.3　基于表面特征的面形控制方法

8.3.1　多层膜形变预测计算模型

在“基板|薄膜”系统的形变理论分析中，薄膜的应力机制主要为热应力和本征应力：一方面，在真空镀膜的过程中，薄膜和基板都处于较高的温度，薄膜与基板的热膨胀系数差异导致产生热应力；另一方面在薄膜生长过程中，微结构的缺陷产生了本征应力。因此，“基板|薄膜”系统的变形是热应力和本征应力共同作用的结果，如图 8-12 所示，通常使用“基板|薄膜”系统的挠度表征形变特征。

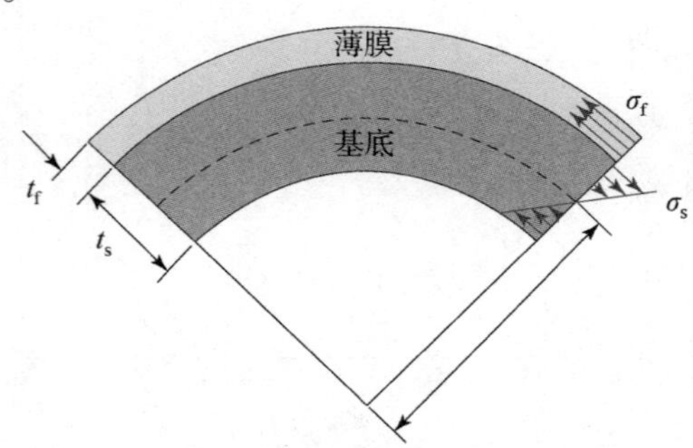

图 8-12　光学薄膜元件应力形变示意图

在圆形“基板|薄膜”系统中，假定基板与薄膜结构不发生塑性变形，由温度变化引起的系统形变挠度 ω 表示为

$$\omega(r)=f\left(1-\frac{r^2}{R^2}\right) \tag{8-1}$$

$$f=3\frac{E'_\mathrm{f}}{E'_\mathrm{s}}\frac{R^2}{t_\mathrm{s}^2}t_\mathrm{f}\Delta\alpha\Delta T \tag{8-2}$$

式中：r 为距离基板中心的距离；E'_s为基板等效杨氏模量（$E'_\mathrm{s}=E_\mathrm{s}/(1-v_\mathrm{s})$）；$v_\mathrm{s}$ 为基板泊松比；t_s 为基板厚度；R 为基板半径；E'_f为薄膜等效杨氏模量（$E'_\mathrm{f}=E_\mathrm{f}/(1-v_\mathrm{f})$）；$v_\mathrm{f}$ 为薄膜泊松比；t_f 为薄膜的厚度；$\Delta\alpha$ 为薄膜与基板的热膨胀系数之差；ΔT 为镀膜前后的温度差。“基板|薄膜”系统的最大挠度在基板中心处（$r=0$），得到系统的最大挠度为

$$\omega_0=3\frac{E'_\mathrm{f}}{E'_\mathrm{s}}\frac{R^2}{t_\mathrm{s}^2}t_\mathrm{f}\Delta\alpha\Delta T \tag{8-3}$$

由于薄膜热应力为 $\sigma_{\mathrm{f,T}}=E'_i\Delta\alpha\Delta T$，再加上薄膜的本征应力 $\sigma_{\mathrm{f,I}}$，两种应力共同作用使基板面形发生变化。因此，本征应力和热应力综合作用引起“基板|薄膜”系统的最大挠度为

$$\omega_0=3\left\{\frac{E'_\mathrm{f}\Delta\alpha\Delta T+\sigma_{\mathrm{f,I}}}{E'_\mathrm{s}}\right\}\left(\frac{R}{t_\mathrm{s}}\right)^2 t_\mathrm{f} \tag{8-4}$$

在由 m 层薄膜构成的“基板|多层膜”系统中，假定每层膜的应力相互独立，所以“基板|多层膜”系统的形变可认为是每层膜形变量的累加，因此“基板|多层膜”系统的最大挠度为

$$\omega_0=3\left(\frac{R}{t_\mathrm{s}}\right)^2\sum_{i=1}^{m}\left\{\frac{E'_{\mathrm{f},i}\Delta\alpha_{\mathrm{f},i}\Delta T+\sigma_{\mathrm{I},i}}{E'_\mathrm{s}}\right\}t_{\mathrm{f},i} \tag{8-5}$$

式中：$E'_{\mathrm{f},i}$为第 i 层膜的等效杨氏模量；$\Delta\alpha_{\mathrm{f},i}$为第 i 层膜与基板的热膨胀系数差；$\sigma_{\mathrm{I},i}$为第 i 层膜的本征应力；$t_{\mathrm{f},i}$为第 i 层膜的厚度。

上述模型为“基板|多层膜”系统形变的预测奠定了理论基础。对于设计的光学多层膜结构，在已知薄膜热学参数和力学参数的情况下，可以实现对“基板|多层膜”系统形变的精准预测。

8.3.2 薄膜材料的力学参数测试

从 8.3.1 节可知，如果预测“基板|多层膜”系统的形变，除了热膨胀系数以外，必须知道薄膜材料的杨氏模量和泊松比等力学参数。实验中采用纳米压痕技术测量薄膜材料杨氏模量，该技术又称为深度敏感压痕技术。通过计算机控制载荷连续变化，并在线检测压入深度，继而推算出薄膜的硬度和杨氏模

量[15,16]。图 8－13 给出了纳米压痕仪实物图及其加载和卸载曲线示意图。完整的压痕测试过程包括两个步骤：加载和卸载过程。在加载过程中给压头施加外载荷，使之压入样品表面，随着载荷的增加，压头压入样品的深度也随之增加，当载荷达到最大值时开始移除外部载荷，样品表面会出现残留的压痕。

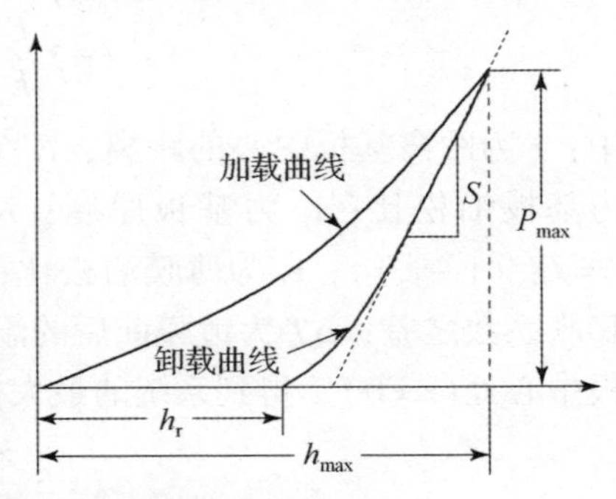

图 8－13　纳米压痕仪及其加载和卸载曲线图

在加载过程中样品表面首先发生弹性形变，随着载荷的提升，逐渐开始出现塑性变形；卸载过程主要是弹性变形恢复过程，而塑性变形最终使得样品表面形成了压痕。图中 P_{max} 为最大载荷，h_{max} 为最大位移，h_r 为卸载后的位移，S 为卸载初期的卸载曲线斜率。纳米硬度的计算仍然采用传统的硬度公式，即

$$H = \frac{P_{max}}{A} \tag{8-6}$$

$$E_r = \frac{S\sqrt{\pi}}{2\sqrt{A}} \tag{8-7}$$

式中：H 为硬度（GPa）；S 为卸载曲线的斜率（$S = dP/dt$）；A 为压痕面积的投影（nm^2），根据接触深度计算得到；E_r 为约化弹性模量，与杨氏模量的关系为

$$\frac{1}{E_r} = \frac{1-v^2}{E} + \frac{1-v_i^2}{E_i} \tag{8-8}$$

式中：v 和 v_i 分别为材料和压头的泊松比；E 和 E_i 分别为材料和压头的杨氏模量。

实验中选择 Φ25mm×5mm 的熔融石英作为基板，使用离子束溅射镀膜机分别制备膜厚约 150nm 的 TiO_2、HfO_2、Ta_2O_5 和 SiO_2 单层薄膜，采用纳米压痕仪连续刚度测量模块可获得薄膜材料杨氏模量和硬度随压入深度的关系，并且可以有效避免基板效应，准确获得薄膜的力学参数。为了消除系统误差和随机误差，对同一样品进行多次测量并对结果进行平均化处理。不同薄膜样品的杨氏模量和硬度随着压入深度的变化规律见图 8－14 和图 8－15，灰色区域是多次测试的误差带。

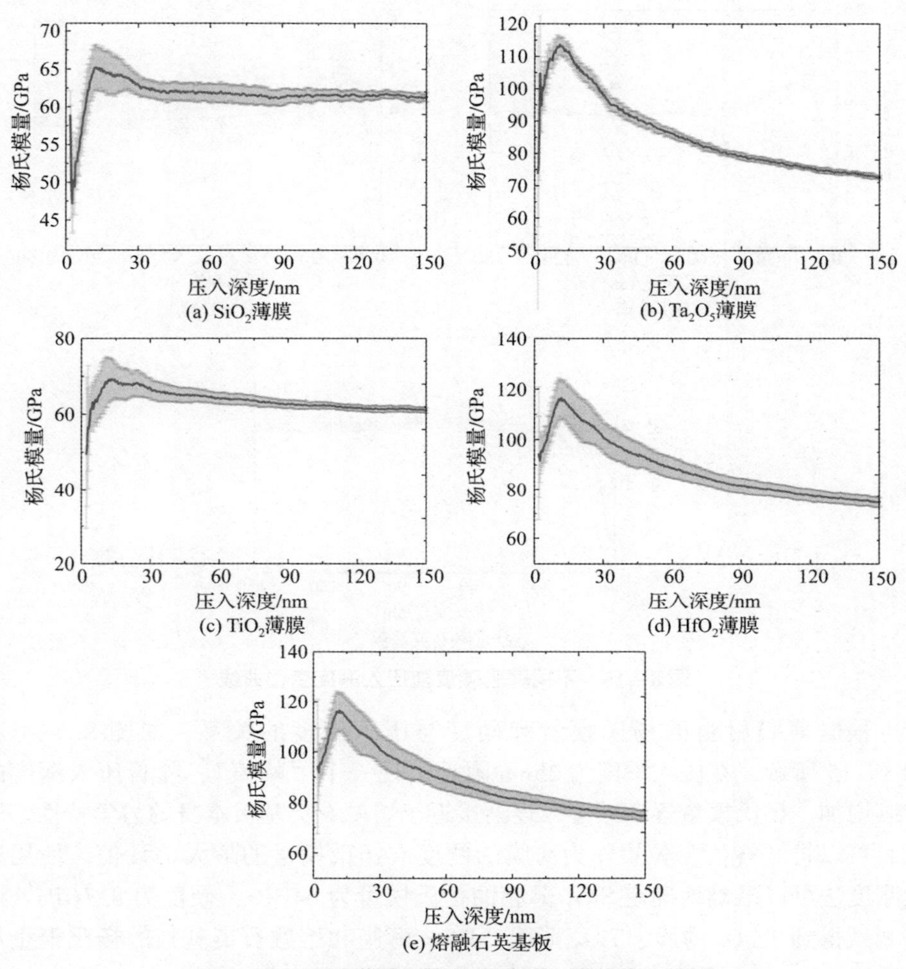

图8-14　不同薄膜杨氏模量随压入深度变化曲线

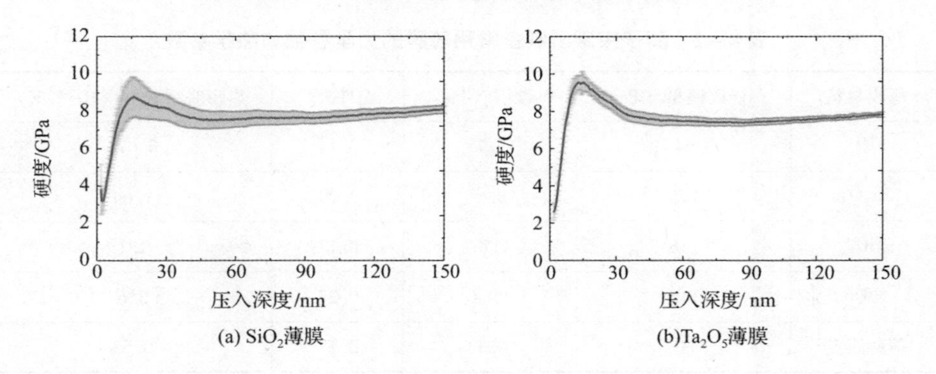

(a) SiO_2薄膜

(b)Ta_2O_5薄膜

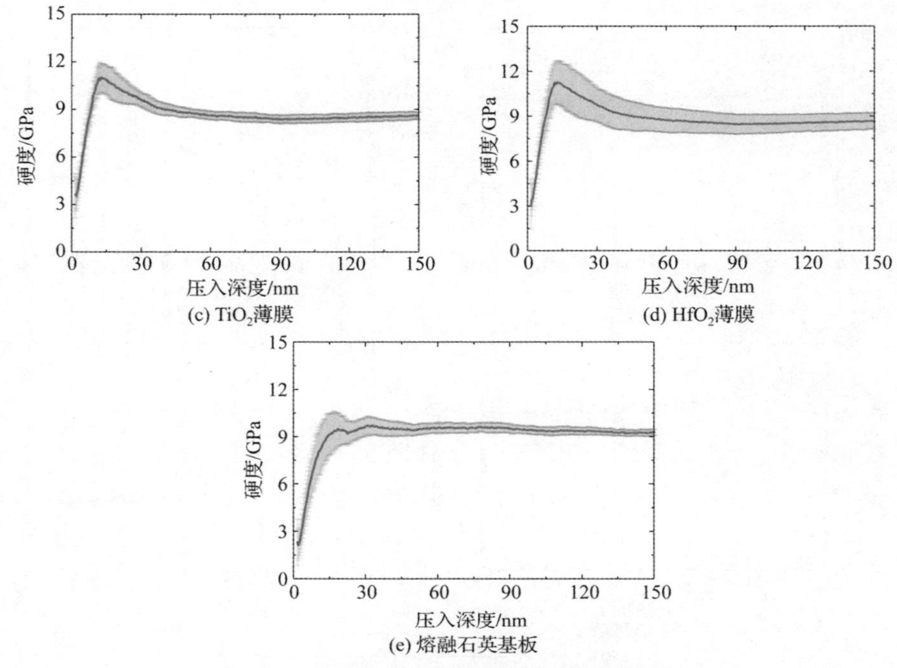

(c) TiO_2薄膜　(d) HfO_2薄膜

(e) 熔融石英基板

图 8-15　不同薄膜硬度随压入深度变化曲线

根据薄膜材料的杨氏模量和硬度与压入深度的关系，如图 8-14 和图 8-15 所示，在压入深度为 25nm 附近出现一个“峰值”，随着压入深度的持续增加，杨氏模量逐渐减小，逐渐接近于熔融石英基板本身的力学特性。因此，可以将“峰值”位置作为薄膜的硬度或杨氏模量的最大估计值。使用连续刚度法可以准确地确定 SiO_2 薄膜的杨氏模量为 64GPa，硬度为 8.7GPa。同样测试得到 Ta_2O_5 薄膜、TiO_2 薄膜、HfO_2 薄膜和熔融石英基板的杨氏模量和硬度见表 8-2，泊松比和膨胀系数的数据来源于各类文献。

表 8-2　离子束溅射制备常用薄膜的力学参数和热学参数

薄膜材料	杨氏模量/GPa	硬度/GPa	泊松比	热膨胀系数/($\times 10^{-6}$/K)
SiO_2	64	8.7	0.14	0.678
Ta_2O_5	116	9.6	0.29	1.64
TiO_2	116	11	0.17	1.1
HfO_2	116	11.2	0.27	3.6
熔融石英	69	9.7	0.17	0.55

8.3.3　薄膜材料本征应力的标定

标定薄膜材料本征应力选用 Φ25mm × 1mm 的熔融石英作为基板，基板初始面形为负光圈，使用离子束溅射镀膜机分别制备膜厚约 150nm 的 TiO_2、HfO_2、Ta_2O_5 和 SiO_2 单层膜，利用 ZYGO 激光干涉仪进行应力测量，基板镀膜前后面形变化情况如图 8 – 16 所示。

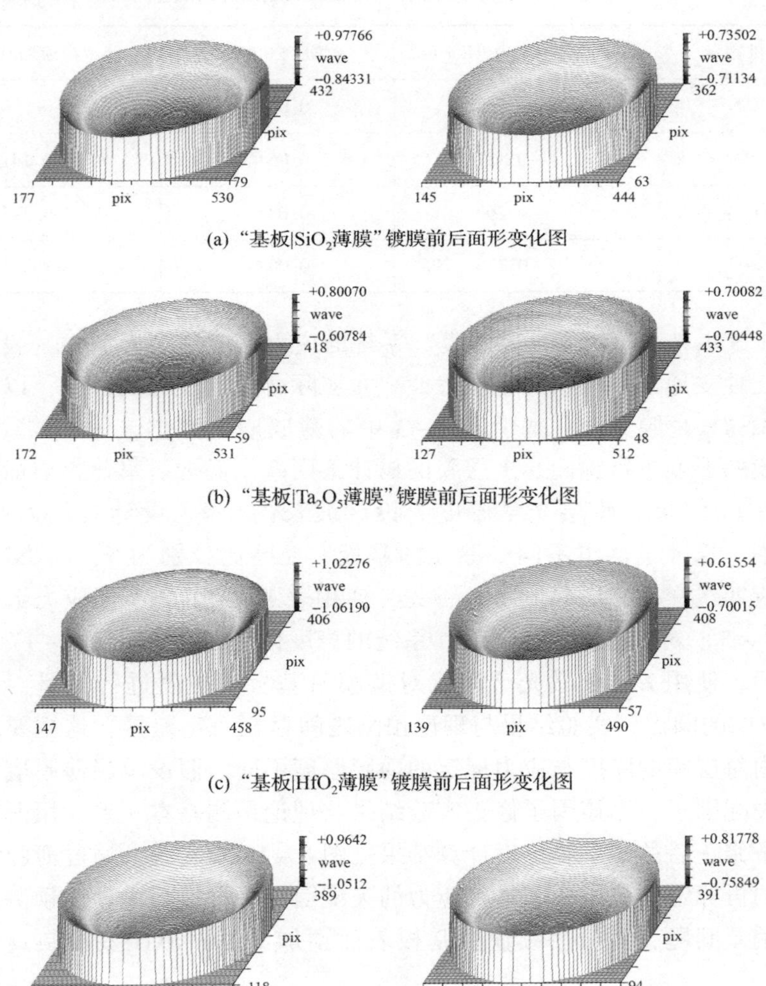

(a) “基板|SiO_2薄膜” 镀膜前后面形变化图

(b) “基板|Ta_2O_5薄膜” 镀膜前后面形变化图

(c) “基板|HfO_2薄膜” 镀膜前后面形变化图

(d) “基板|TiO_2薄膜” 镀膜前后面形变化图

图 8 – 16　离子束溅射薄膜镀膜前后面形变化图

离子束溅射制备的薄膜应力主要由本征应力和热应力组成，本征应力是薄膜制备过程中的固有特性，取决于制备工艺参数，不随外界环境的变化而变化。因此，将图 8－16 的测试面形结果换算成应力值，使用热应力计算公式得出薄膜的热应力，将测试得到的应力值减去热应力值就可得到薄膜的本征应力值，因此得到离子束溅射沉积常用薄膜材料的应力值见表 8－3。

表 8－3　离子束溅射制备常用薄膜的应力值

材料	残余应力/GPa	热应力/GPa	本征应力/GPa
SiO_2	－0.260	0.0004	－0.260
TiO_2	－0.137	0.0044	－0.141
HfO_2	－0.269	0.0242	－0.293
Ta_2O_5	－0.226	0.0089	－0.235

在 8.3.1 节中“基板｜多层膜”系统的应力形变预测模型中，假设了每层膜相互独立地累加作用到基板表面。在实际薄膜设计与制备中，以常用的 Ta_2O_5 和 SiO_2 薄膜为例，基于表 8－3 中的薄膜应力数据，使用式（8－5）对多层膜的形变进行预测。多层膜的设计采用高、低折射率薄膜的标准周期结构 $(1H\ 1L)^{16}1L$，膜层光学厚度为设计波长的 1/4，设计波长为 633nm。在实验中，选择了四组不同径厚比的基板，径厚比分别为 5、7、25 和 40，同时完成四组样品多层膜制备。首先，使用表 8－3 中的本征应力数据，基于式（8－5）对“基板｜多层膜”系统的挠度计算，结果见图 8－17 中的虚线；然后，使用 ZYGO 激光干涉仪对镀膜后基板的挠度进行测量，结果见图 8－17中的圆点。实验结果与理论预测之间存在一定差异，这主要是由于多层膜内每层膜的厚度与应力标定的薄膜厚度不同。假设单层薄膜应力具有线性的失配因子，用该因子修正实验结果与理论预测基本一致，用薄膜应力失配因子修正后的多层膜挠度计算结果见图 8－17 中实线。通过薄膜材料本征应力的再标定，获得薄膜材料应力的失配因子，可以解决理论预测和实验结果的偏差问题，对于后续使用基板表面预加工的面形误差控制具有指导意义。

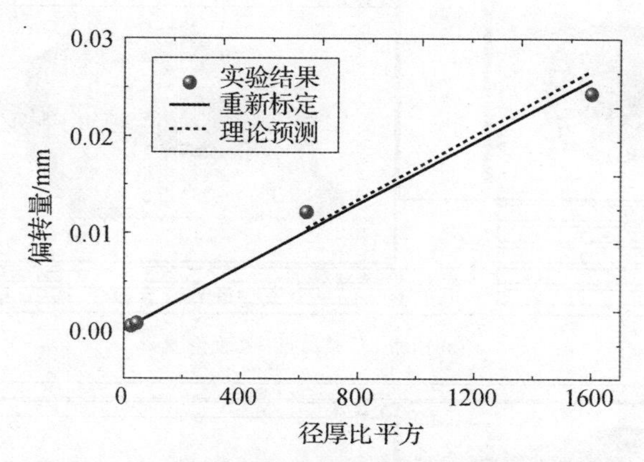

图 8-17　不同径厚比基板挠度的计算与测试结果

8.3.4　宽带激光反射膜面形控制

使用 Ta_2O_5 和 SiO_2 两种薄膜材料设计宽带高反射膜，基板为 Φ100mm × 15mm 的熔融石英，工作波长为 550~750nm，工作角度为 45°。两种薄膜材料的折射率色散见图 8-6，设计的多层膜结构为"基板|[1.365H 1.365L]^{16}[1.17H 1.17L]^{16}[H L]^{16}|空气"，设计波长为 600nm，多层膜总物理厚度为 9.79μm。高、低折射率材料的总物理厚度分别为 4.047μm 和 5.743μm，其比值为 0.705。理论设计的反射镜在 550~750nm 范围内极小反射率 $R\geqslant 99.5\%$。

基于上述"基板|多层膜"形变预测模型，对宽带高反射薄膜元件面形误差控制的技术流程为：①使用表 8-2 中标定的力学参数值和表 8-3 中 Ta_2O_5 和 SiO_2 两种薄膜本征应力值，基于多层膜面形挠度的预测公式（8-5），计算熔融石英表面宽带高反膜的理论挠度值，得到理论面形变化为 -1.233λ（λ = 632.8nm）；②对基板按照面形预测值进行预补偿加工，预加工面形量为 1.233λ，实际加工的面形结果为 1.233λ，如图 8-18（a）所示；③使用单离子束溅射完成多层膜的沉积，使用 ZYGO 激光干涉仪对镀膜后的薄膜元件进行测量，实际面形 PV 值为 0.086λ、局部误差 RMS 为 -0.031λ，如图 8-18（b）所示。使用分光光度计对薄膜元件进行光谱测量，在 550~750nm 波长范围内极小值反射率 $R\geqslant 99.3\%$，反射率平均值为 99.6%，400~1000nm 波长范围的光谱反射率如图 8-19 所示。

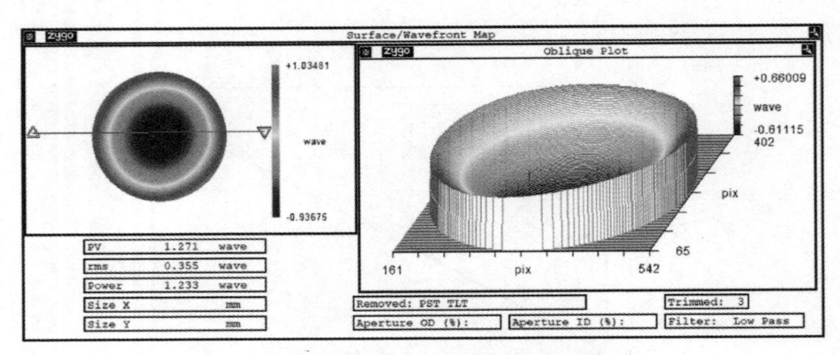

(a) 预加工后待镀膜基板面形图

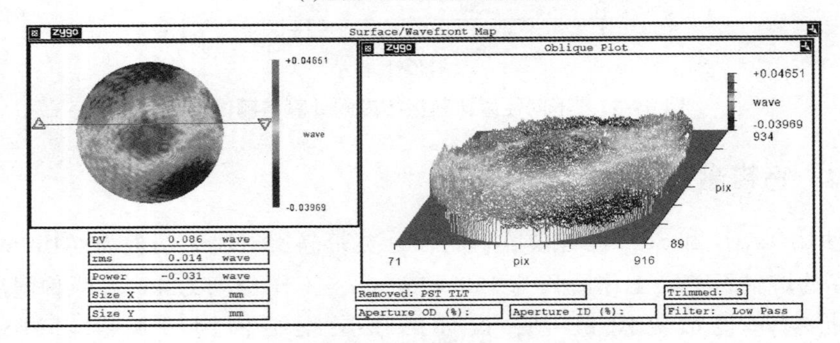

(b)宽带高反射薄膜元件面形图

图 8－18　宽带高反射膜镀膜前后的面形变化图

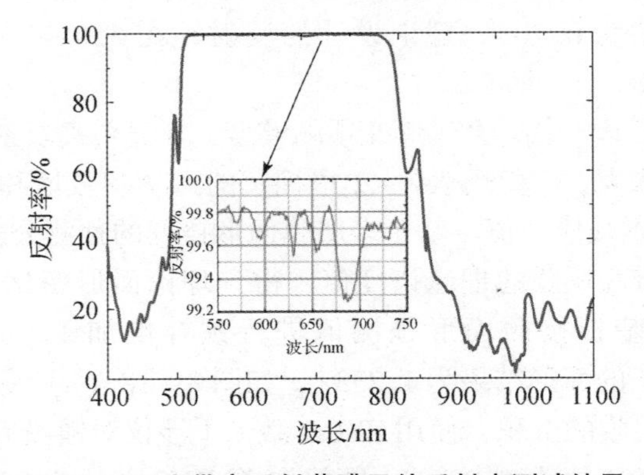

图 8－19　宽带高反射薄膜元件反射率测试结果

8.3.5　激光滤光薄膜的面形控制

在高精度激光光学测量系统中，为了消除杂散光的影响，通常需要宽带深截止、高透射率的激光滤光片，尤其是在激光光学成像技术领域，还对激光滤

光片提出了面形误差的要求。由于常规光学基板的透射带较宽，实现宽带深截止必然增加多层膜的层数和物理厚度，进而导致滤光片面形累积误差增加。为了控制滤光片的面形误差，充分利用基板两个表面的多层膜进行变形补偿，在多层膜光学性能设计中引入力学性能设计。将应力作为评价光学薄膜的一项性能指标，使用“基板|多层膜”系统形变预测模型进行应力双面匹配设计，通过调控膜系结构中特定膜层物理厚度，达到控制“基板|多层膜”系统面形误差的目的。

下面以单离子束溅射制备1064nm激光滤光薄膜为例，截止带分别为350~950nm和1230~1300nm，截止深度分别为 $<1\times10^{-4}$(OD4)和 $<1\times10^{-3}$(OD3)，工作角度为0°±30°。选择HWB850型有色玻璃作为基板，为了增加截止带宽同时考虑应力变形，根据表8-3中离子束溅射制备常用薄膜的应力标定结果可知，高折射率 TiO_2 薄膜材料的本征应力最小，因此选择高折射率材料为 TiO_2，其折射率色散见图8-20[17]，选择低折射率材料为 SiO_2，其折射率色散见图8-21。

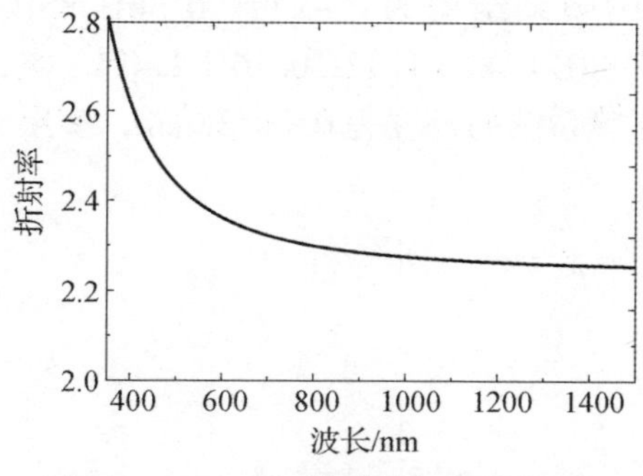

图8-20 TiO_2 薄膜的折射率色散

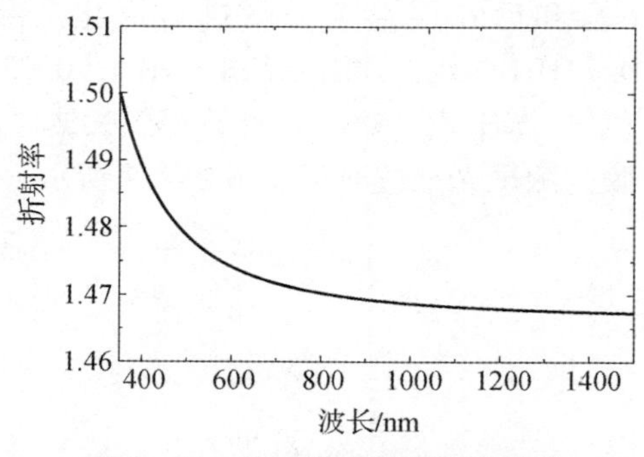

图8-21 SiO_2 薄膜的折射率色散

由于滤光片的工作角度最大为30°，偏振效应导致光谱特性随着入射角的增大向短波漂移，因此综合考虑牺牲滤光片的带宽而保证工作角度。利用基板的两个表面匹配抑制基板双面多层膜系统的变形，具体设计方法如下：

（1）在基板的前表面设计短波通多层膜，膜系初始结构为“基板|$(0.5L\ H0.5L)^x$|空气”，x 为基本结构的周期数，参考设计波长为1280nm。将短波通多层膜前后各五层优化，实现与基板和空气界面的导纳匹配，得到短波通的膜系结构为“基板|0.78L 1.18H 1.17L 0.92H 1.11L $(HL)^{10}$ H 1.10L 0.94H 0.96L 1.34H 0.11L|空气”。基板的尺寸为 $\phi20mm\times2.5mm$，基于式(8-5)计算得到短波通多层膜系统的挠度为0.00138mm，最终测试多层膜的光谱透射率如图8-22所示。

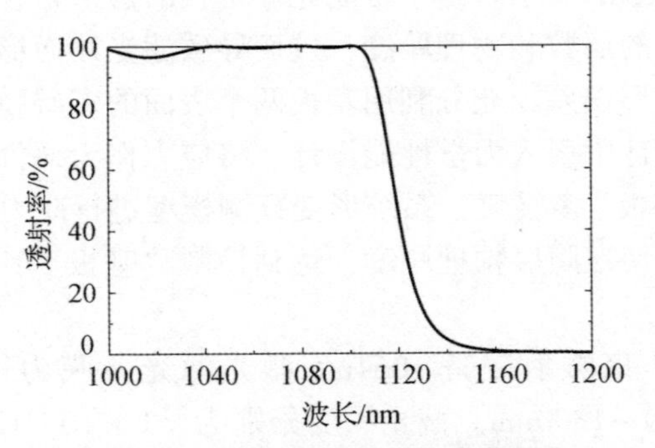

图 8-22　设计的短波通光谱透射率

（2）在基板的后表面设计长波通多层膜，膜系初始结构为“基板 |（0.5H L 0.5H）^{x} | 空气”，x 为基本结构的周期数，设计波长为890nm。为了匹配前表面短波通的形变，将该长波通多层膜的总物理厚度设定与前表面短波通多层膜相同，保证该面多层膜应力与短波通多层膜应力相同。将长波通滤光薄膜的前6层和后6层设为变量进行优化，得到的膜系结构为“基板 | 0.56H 85L 0.74H 1.16L 1.08H 0.76L（HL）^{11} 0.73H 0.90L 1.44H 1.17L 0.16H 2.43L | 空气”。基于式（8-5）计算得到长波通多层膜系统的挠度为0.00138mm，多层膜的测试光谱透射率如图8-23所示。

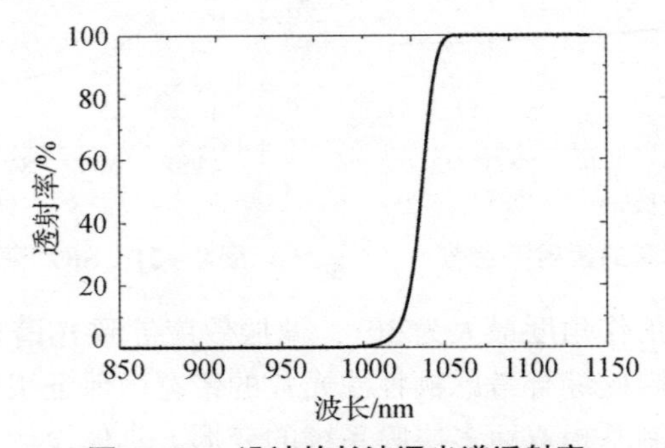

图 8-23　设计的长波通光谱透射率

使用离子束溅射技术在HWB850基板上制备了上述设计的两个多层膜系统。分别使用了Lambda900分光光度计和ZYGO激光干涉仪对光谱和面形进行测试。激光滤光薄膜元件的光谱透射率结果见图8-24，激光通带宽度（半高宽）为80nm，镀膜后的面形误差为PV = 0.127λ，RMS = 0.016λ，如图8-25所示。从面形误差的测试结果来看，可以不通过改变工艺制备参数降低薄膜带来的面形误差，也可以不采用基板预补偿的方法，进而降低“多层膜 | 基板

|多层膜”系统面形误差，但是这种方法对光学基板两个表面的面形误差一致性要求非常严格。

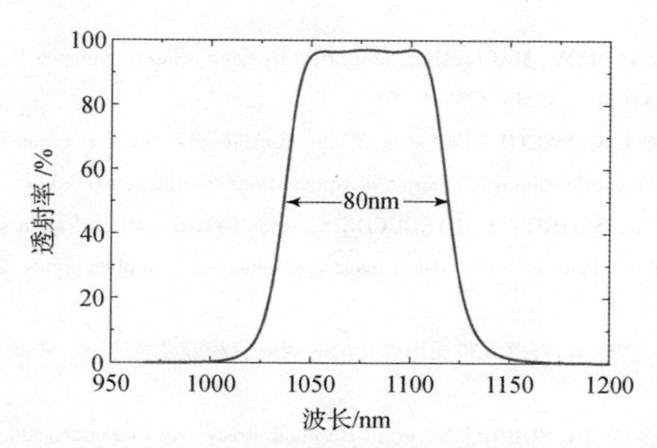

图 8－24　“多层膜|基板|多层膜”系统的光谱透射率（入射角为 0°）

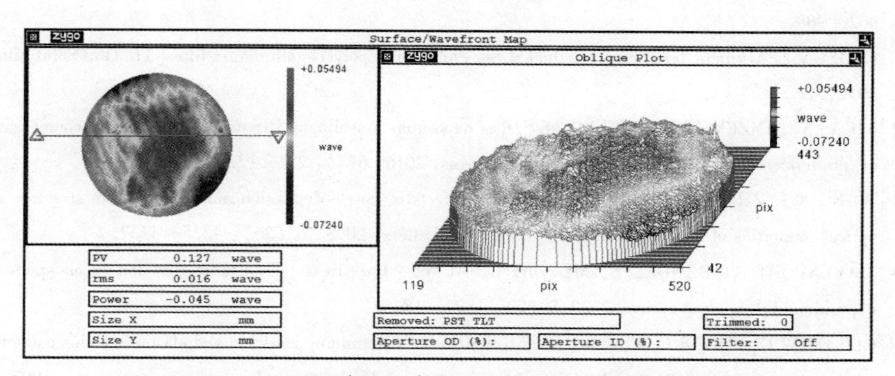

图 8－25　“多层膜|基板|多层膜”系统的实际测试面形图

参考文献

[1] EALEY M A. Actuators: design fundamentals, key performance specifications, and parametric trades[J]. Proc. SPIE, 1992(1543): 346－362.

[2] POIRIÉ T, SCHMITT T, BOUSSER E, et al. Influence of internal stress in optical thin films on their failure modes assessed by in situ real－time scratch analysis[J]. Tribology International, 2017(109): 355－366.

[3] CHENG L, ZHU S, ZHENG W, et al. Ultra－wide spectral range (0.4～8μm) transparent conductive ZnO bulk single crystals: a leading runner for mid－infrared optoelectronics[J]. Materials Today Physics, 2020 (14): 100244.

[4] 张静，林兆文，付秀华，等. 超短紫外到近红外宽波段增透膜的研制[J]. 光子学报，2018，47

(10)：1031003.

[5]薛庆生，陈伟. 改进的宽谱段车尔尼 - 特纳光谱成像系统设计[J]. 光学精密工程，2012，20(2)：233 - 240.

[6]PETER W R，ALEXANDERV，MACLEAN J，et al. Directly diode - laser - pumped Ti：sapphire laser[J]. Optics Letters，2009，34(21)：3334 - 3336.

[7]DUARTE F J，LIAO L S，VAETH K M，et al. Widely tunable green laser emission using the coumarin 545 tetramethyl dye as the gain medium[J]. Journal of Optics A，2006，8(2)：172 - 174.

[8]BAILLARGEON M M，SCHMITT T，LAROUCHE S，et al. Design and fabrication of stress - compensated optical coatings：Fabry - Perot filters for astronomical applications[J]. Applied optics，2014，53(12)：2616 - 2624.

[9]祝沛，沈卫星，陈卫华，等. 镀膜元件面形变化的时间效应和湿度效应[J]. 强激光与粒子束，2009，21(06)：851 - 854.

[10]LEPLAN H，GEENEN B，ROBIC J Y，et al. Residual stresses in evaporated silicon dioxide thin films：Correlation with deposition parameters and aging behavior[J]. Journal of Applied Physics，1995，78(2)：962 - 968.

[11]CHASON E. A kinetic analysis of residual stress evolution in polycrystalline thin films[J]. Thin Solid Films，2012(526)：1 - 14.

[12]KIČAS S，GIMŽEVSKIS U，MELNIKAS S. Post deposition annealing of IBS mixture coatings for compensation of film induced stress [J]. Optical Materials Express，2016，6(7)：2236 - 2243.

[13]WANG X J，ZHANG L D，ZHANG J P，et al. Effects of post - deposition annealing on the structure and optical properties of Y_2O_3 thin films [J]. Materials Letters，2008，62(26)：4235 - 4237.

[14]DAVENPORT A，RANDEL E，MENONI C S. Ultra - low stress SiO_2 coatings by ion beam sputtering deposition[J]. Applied optics，2020，59(7)：1871 - 1875.

[15]OLIVER W C，PHARR G M. An improved technique for determining hardness and elastic modulus using load and displacement sensing indentation experiments [J]. Journal of materials research，1992，7(6)：1564 - 1583.

[16]OLIVER W C，PHARR G M. Measurement of hardness and elastic modulus by instrumented indentation：Advances in understanding and refinements to methodology[J]. Journal of materials research，2004，19(1)：3 - 20.

[17]JIANG Y，HE J，WANG L，et al. Annealing effects on optical and structural properties of TiO_2 thin films deposited by ion beam sputtering[J]. Proc. SPIE，2019(11064)：640.